装备全寿命质量管理

(第2版)

刘小方 谢 义 编著

国防工業出版社
·北京·

内 容 简 介

本书在对装备质量管理基本理论与方法进行介绍的基础上，从军方管理的角度系统、全面地阐述了武器装备全寿命周期内所涉及的质量管理工作内容、方法及相关知识。主要包括装备质量管理的基本概念、理论与方法，装备质量技术基础，装备质量管理基础工作，装备质量管理体系的建立与监督，装备论证、研制、生产、使用和维修阶段质量管理与监督的任务、要求和工作内容，装备质量信息管理，装备质量经济性等内容。本书融学术性与实用性为一体，力求全面反映当前军方武器装备质量管理与监督工作中所涉及的内容和方法。

本书可供从事武器装备管理、采办工作人员阅读和参考使用，也可作为有关装备管理工程专业高年级本科生、军事装备学研究生教材，以及装备管理干部任职培训教学用书和参考资料。

图书在版编目(CIP)数据

装备全寿命质量管理 / 刘小方，谢义编著. -- 2版.
北京：国防工业出版社，2024. 10. -- ISBN 978-7-118-13476-6

Ⅰ. E241

中国国家版本馆CIP数据核字第2024NQ7567号

※

国防工业出版社出版发行

（北京市海淀区紫竹院南路23号　邮政编码100048）

北京凌奇印刷有限责任公司印刷

新华书店经售

*

开本 787×1092　1/16　**印张** 25½　**字数** 628千字

2024年10月第2版第1次印刷　**印数** 1—1000册　**定价** 150.00元

国防书店：(010)88540777　发行邮购：(010)88540776

发行传真：(010)88540755　发行业务：(010)88540717

前　言

自本书第1版出版以来，广泛地应用于装备采购、管理干部培训、军事装备学科研究生以及相关专业本科生的教学和质量相关岗位的在职学习，承蒙广大读者的支持和厚爱，提出许多修改建议、意见。新时代武器装备的快速发展建设促进了装备质量管理思想理念的更新、研究领域的扩展，有关质量新规定、新标准相继颁布，对装备质量管理的理解、认识不断加深，有必要对本书中的内容进行修改、更新，使内容体系更为合理、科学、系统，体现装备质量管理新发展和相关研究的新成果，适应武器装备的建设发展实际。

再版对总体框架、章节未做重大调整，而是着重在通用质量特性管理、质量管理体系新标准、试验鉴定新术语等方面进行了修订。第3章装备通用质量特性部分，原内容没有对通用质量特性一体化处理、较零散，本次修订吸收新颁布的《装备通用质量特性管理》规定的全寿命、一体化思想，对此部分内容进行了调整。第5章质量管理体系部分，因2017年有关质量管理机构颁布了新的国家军用标准，其中的质量管理原则由原来的8项改为7项，以及风险管理等方面要求有所改变，再版对此部分进行了修订。同时，由于武器装备质量涉及军方与承制方，所以修订时增加了军民一体化质量管理体系内容。由于国防与军队深化改革后，加强了试验鉴定工作，规范了新的条例规定中的一些相关工作术语，据此对第7章装备研制质量监督、第9章装备使用与维修质量管理及其他章节进行了相关术语修订、内容增补与删减。此外，根据最新颁布的其他装备条例、规定对相关内容进行了些微修订，使之体现新要求、适应新形势。

在本书编写、修订过程中，刘小方负责全书内容统筹、定稿。由于作者水平有限，难免存在不足和疏漏之处，敬请同行专家与读者批评指正。

编著者

2023年8月

第1版前言

武器装备是军队现代化建设的基础,是部队战斗力的重要组成。武器装备的质量事关官兵生命、事关战争胜负、事关安全稳定,必须牢固树立“质量第一”“质量至上”的思想,把质量作为武器装备建设永恒的主题,作为一项经常性、长期性的工作开展,以确保武器装备质量水平不断提高,确保武器装备交付质量和使用安全,推动武器装备建设又好又快发展。

强化管理是确保武器装备质量的有效途径。现代武器装备日趋复杂,其质量既涉及技术因素又涉及人为因素,是国家经济能力、科技实力、工业基础、管理水平和人员素质的综合反映。因此,质量管理是一项系统工程,涉及多个层面,贯穿于武器装备的全寿命周期,任何环节的疏忽、管理监督不到位,都将导致武器装备质量问题的出现。近期所发生的武器装备重大质量问题的原因,主要体现在论证、设计、研制存在缺陷,导致武器装备质量“先天不足”,装备“带病”生产、“带病”交付部队,不仅造成巨大的经济损失,有些甚至付出血的代价;由于国防科技工业在材料、元器件、制造工艺总体水平上,与西方发达国家相比还存在较大差距,生产工艺和装配水平不高,导致武器装备生产质量出现问题,直接影响装备的按期交付和形成作战能力;由于质量意识和责任意识淡薄,质量保证体系不健全,过程监督执行不力,检验验收不严格,考核程序不规范,装备合同管理制度不够完善,外协、配套产品管控不严等管理上的漏洞和薄弱环节造成重大质量事故。这些情况表明:武器装备质量管理必须立足于全系统、全寿命、全方位,方可有效地提高其质量水平。2010年中央军委、国务院颁布的《武器装备质量管理条例》正是体现了这一思想。

武器装备全寿命质量管理涉及多个层面、多个部门。仅就军方而言,上至总部、军兵种装备机关,下至基层部队、军事代表室都参与其中;既与装备综合计划部门相关,也与装备科研、采购、管理部门密切相连。军方在武器装备全寿命各阶段质量管理的作用与所涉及的部门、人员、工作任务、要求、内容均有较大差异,如在论证阶段提好质量要求,在研制、生产阶段实施好质量监督,在使用阶段实施好质量评价,保持住装备的质量水平;论证、使用阶段是管理责任主体,研制、生产阶段作为合同甲方负有质量监督责任。因此,军方各层次、各部门不仅要关注自身质量管理工作,还需要以系统的观点,站在更高的角度对武器装备质量管理予以全面了解,才能更好完成自身质量管理工作;作为上层装备机关的装备管理人员更需要全面了解武器装备全寿命质量管理知识与内容,才能更好地筹划质量管理整体工作、指导部属开展质量管理活动。目前,有关质量管理类书籍多为从社会企业角度出发而撰写,与装备相关的质量管理内容散见一些著作之中,还没有从军方角度系统、全面地论述武器装备质量管理的相关书籍。为此,作者结合当前军队武器装备质量管理工作实际,论述了军方在武器装备全寿命周期各阶段质量管理的内容、方法及相关知识,以期为武器装备管理人员开展质量管理工作提供理论指导,促进武器装备质量建设。

本书理论密切联系实际,视角独特,学术思想先进。本书内容涵盖军方开展装备质量管理的各方面工作,结构安排上以装备质量管理基础理论到实际应用、全寿命质量管理工作过程为顺序,结构体系合理。

本书共分11章,各章论述内容与写作思路如下:

第1章,在介绍质量及质量管理相关概念、质量管理发展历程的基础上,结合武器装备要求,阐述了装备质量管理的概念、在装备管理中的地位与任务,分析装备质量管理的特点。

第2章,着重介绍目前装备质量管理工作所涉及的相关基础理论与方法,理论方面包括全面质量管理、6σ管理、卓越绩效管理、质量链管理等内容,在介绍质量波动与正态分布理论的基础上,从定性、定量两方面阐述质量统计分析技术。

第3章,从与装备质量密切相关的标准化、计量工作、可信性工程(包括可靠性、维修性、保障性、测试性、人机工程等)、环境适应性的相关概念出发,探讨它们与装备质量的关系,阐述其在装备全寿命周期不同阶段的相关工作内容。

第4章,阐述开展装备全寿命质量管理的基础性工作内容、要求、措施,包括质量法规、承制资格审查、质量监督、质量教育、质量人才队伍、质量文化等方面,以便于后续章节叙述不同寿命周期阶段质量管理与监督工作。

第5章,在介绍GJB 9001B质量管理体系标准相关知识的基础上,阐述军方内部承制单位质量管理体系的建立与认证,以及军方对承制单位质量管理体系的监督、审核与评价。

第6章,针对装备论证工作过程与特点,探讨装备论证阶段军方质量管理的任务、要求,按照论证流程分析其关键环节的质量管理内容。

第7章,针对装备研制分阶段转进特征明显的特点,按照装备研制阶段顺序分别介绍招投标与合同、方案阶段、工程研制阶段、设计定型阶段、生产定型阶段的质量监督任务。由于装备技术状态、装备软件质量主要形成于研制阶段,因而又分别叙述了技术状态管理监督和软件质量监督的内容。

第8章,针对装备生产过程影响装备质量要素多、是军方质量监督的重点环节的特点,以装备生产过程为顺序,依次介绍所涉及各方面要素的军方监督内容、方法。

第9章,结合装备使用阶段的许多使用管理活动对装备质量有不同程度影响的特点,按照使用管理活动的性质分类阐述军方质量管理的内容、要求、措施,包括接收质量管理、日常质量管理、维修质量管理、售后服务质量监督、重大任务质量管理、延寿改进与退役报废质量管理。

第10章,从装备质量信息概念与特性出发,介绍了装备质量信息管理系统建设、质量信息需求管理、质量信息管理流程,着重阐述了装备质量信息运用中的两个重要方面:质量问题处理和质量评估与分析。

第11章,在介绍质量经济管理和质量成本管理的相关概念与方法的基础上,阐述了装备全寿命周期费用管理和装备价值工程分析的内容、要求、方法,探讨了提高装备质量经济性的实施措施。

在编写过程中,研究生代海飞帮助进行了资料收集、文字录入,第二炮兵装备部主管质量工作的骆民、赵军阳、冯雨等领导提出了许多有益的建议,同时本书引用了一些专家的部分资料,在此一并表示衷心感谢。

参加编写的人员有刘小方、谢义等,全书由刘小方负责统稿。由于作者水平有限、经验不足,书中错误在所难免,恳请同行专家与读者批评指正。

作者

目　录

第1章　概　　述

1.1　质量管理及其发展过程

1.1.1　质量及质量特性

质量代表一个国家的科学技术水平、生产水平、管理水平和文化水平。产品质量的提高,意味着经济效益的提高。当今世界经济的发展正经历着由数量型增长向质量型增长的转变,市场竞争由价格竞争为主转向质量竞争为主。为能在激烈的竞争中立于不败之地,越来越重视质量问题。质量是关系到经济建设、人民生活、出口贸易、企业存亡、民族形象的重大战略问题,质量的好坏是各方面因素的综合反应。

1.1.1.1　质量定义

1. 质量

ISO 9000:2005 标准及其后续版本对质量的定义是:“一组固有特性满足要求的程度。”(注:①术语“质量”可使用形容词如差、好或优秀来修饰;②“固有的”(其反义是赋予的)是指在某事或某物中本来就有的,尤其是那种永久的特性)在此之前,ISO 8402:1994 对质量的定义是:“反映实体(产品、过程或活动等)满足明确和隐含的需要能力的特性总和。”

前后两种对质量所下定义的内涵基本是一致的:一是指事物的特性,二是指满足程度。质量是由一组固有特性组成的,这些固有特性是指满足顾客和其他相关方的要求的特性,并由其满足要求的程度加以表征。

固有特性是通过产品、过程或体系设计和开发及其后的实现过程形成的属性,如物质特性(机械、电气、化学、生物特性)、感官特性(嗅觉、触觉、味觉、视觉等感觉控制的特性)、行为特性(礼貌、诚实、正直)、时间特性(准时性、可靠性、可用性)、人体工效特性(语言、生理特征、人体安全特性)、功能特性(飞机的航程、手表显示时间的准确性)等。这些固有特性的要求大多是可测量的。赋予的特性(如某一产品的价格),并非是产品、体系或过程的固有特性。

满足要求就是应满足明示的(如明确规定的)、隐含的(如组织的惯例、一般习惯)或必须履行的(如法律法规、行业规则)需要和期望。只有全面满足这些要求才能评定为好的质量。

顾客和其他相关方对产品、体系或过程的质量要求是动态的、发展的和相对的,并随着时间、地点、环境的变化而变化。因而,应定期对质量进行评审,按照变化的需要和期望,相应地改进产品体系或过程的质量,才能确保持续地满足顾客和其他相关方的要求。

2. 产品质量(主要是指硬件)

产品质量是指产品能够满足使用要求所具备的特性,包括性能、可靠性、寿命、安全性、外观以及经济性等。

(1)性能。性能即根据产品使用目的所提出的各项功能的要求,包括正常性能、特殊性能、效率等。

(2)可靠性。可靠性即产品在规定时间内和规定条件下,完成规定功能的能力。特别是对机电产品、高压力的产品，以及飞机、隧道和那些发生质量事故会造成巨大损失或危及人身、社会安全的产品。可靠性是使用过程中主要的质量指标之一。

(3)寿命。寿命即产品能够正常使用的期限，包括使用寿命和储存寿命两种。使用寿命是指产品在规定条件下满足规定功能要求的工作总时间；储存寿命是指产品在规定条件下功能不失效的储存总时间。医药产品对这方面的规定较为严格。

(4)安全性。安全性即产品在流通、使用过程中保证安全的程度。一般要求极其严格，视为关键特性而需要绝对保障。

(5)外观。外观泛指产品的外形、美学、造型、感官、装潢款式、色彩、包装等。

(6)经济性。经济性是产品赋予的特性，即产品寿命周期的总费用，包括生产、销售过程的费用和使用过程的费用等。

产品质量的概念，在不同的历史时期有不同的要求。随着生产力的发展、科学技术发展水平的不同，以及各种因素的制约，人们对产品质量会不断提出不同的要求。

1.1.1.2 质量特性

1. 质量特性的定义

ISO 9000:2005 标准对质量特性的定义是："产品、过程或体系与要求有关的固有特性。"(注：①"固有的"是指在某事或某物中本来就有的，尤其是那种永久的特性；②赋予产品、过程或体系的特性(如产品的价格、产品的所有者)不是它们的质量特性)。

2. 质量特性参数

定量表示的质量特性，通常称为质量特性参数，或称为质量适用性参数。在质量形成全过程的各个环节，应从保证使用质量的要求出发，提出定量的要求，以便明确质量责任，确保使用质量。

3. 真正质量特性与代用质量特性

真正质量特性是用户所要求的使用质量特性。而企业为了便于生产，往往将其转化为生产中用以衡量产品的标准或规格。由产品标准所反映的质量特性称为代用质量特性。

人们的认识受科学技术水平和各种条件的限制，再加上用户的要求往往是多方面的，并且是不断更新和发展的。因此，企业所制定的质量标准与实际使用质量要求之间，存在着既相互适应、又相互矛盾的地方。只有明确真正质量特性与代用质量特性的区别，经常研究质量标准和使用质量要求的符合程度，并做必要的调整和修改，尽可能使质量标准符合实际使用质量要求，才能促进质量的改进和发展。

4. 质量特性值

质量特性值通常表现为各种数值指标，即质量指标。一个具体产品常需用多个指标来反映其质量。测量或测定质量指标所得的数值即质量特性值。根据质量的指标性质，质量特性值可分为计数值和计量值两大类。

(1)计数值。当质量特性值只能取一组特定的数值，而不能取这些数值之间的数值时，这样的特性值称为计数值。计数值可进一步区分为计件值和计点值。对产品进行按件检查时所产生的属性(如评定合格与不合格)数据称为计件值。每件产品中质量缺陷的个数称为计点值，如棉布上的疵点数、铸件上的砂眼数等。

(2)计量值。当质量特性值可以取给定范围内的任何一个可能的数值时，这样的特性值称为计量值。例如，用各种计量工具测量的数据(长度、重量、时间、温度等)，就是计量值。

不同类的质量特性值所形成的统计规律是不同的，从而形成了不同的控制方法。一般把所要了解和控制的对象产品的全体或表示产品性质的质量特性值的全体,称为总体。通常是从总体中随机抽取部分单位产品即样本,通过测定组成样本大小的样品质量特性值,来估计和判断总体的性质。质量管理统计方法的基本思想,就是用样本的质量特性值来对总体作出科学的推断或预测。

1.1.2 质量管理

根据2008版GB/T 19000系列标准的理论基础和术语,“质量管理”是指“在质量方面指挥和控制组织的协调活动”。它是随着社会生产力的发展和科学技术的进步而产生和发展的(注:在质量方面的指挥和控制活动,通常包括制定质量方针和质量目标以及质量策划、质量控制、质量保证和质量改进)。

另外,ISO 8402:1994标准对质量管理的定义是:“确定质量方针、目标和职责并在质量体系中通过质量策划、质量控制、质量保证和改进,使其实施全部管理职能的全部活动。”

ISO 9000:2005标准质量管理定义与ISO 8402:1994标准相比,主要是做了概括,其区别在于将有关质量管理的内涵在注释中予以说明。从定义中可知,组织的质量管理是指挥和控制组织与质量有关的相互协调的活动。它是以质量管理体系为载体,通过建立质量方针和质量目标,并为实施规定的质量目标进行质量策划,实施质量控制和质量保证,开展质量改进等活动予以实现的。组织在整个生产和经营过程中,需要对质量、计划、劳动、人事、设备、财务和环境等各个方面进行有序的管理。由于组织的基本任务是向市场提供能符合顾客和其他相关方要求的产品,围绕着产品质量形成的全过程实施质量管理是组织各项管理的主线。所以,质量管理是组织各项管理的重要内容,通过深入开展质量管理能推动组织其他的专业管理。质量管理涉及组织的各个方面,是否有效地实施质量管理关系到组织的兴衰。组织的最高管理者在正式发布本组织的质量方针、确立组织质量目标的基础上,认真贯彻八项质量管理原则,运用管理的系统方法来建立质量管理体系,配备必要的人力和物力资源,开展各项相关的质量活动,这也是组织各级管理者的职责。

下面对质量管理的质量方针、质量目标,以及质量策划与质量计划、质量控制、质量保证和质量改进等活动予以阐述。

1. 质量方针

质量方针是“由组织的最高管理者正式发布的该组织总的质量宗旨和方向”。其中,“组织”包括公司、集团、社团、商行、企事业单位等或上述组织的部分或组合。管理者是指指挥和控制组织的人,如企业的中层以上领导干部。装备承制单位的最高行政领导(如厂长、所长、总经理)是组织的最高管理者。

2. 质量目标

质量目标是在质量方面所追求的目标。它是根据质量方针的要求,组织在一定时间内,不同层次上的质量方面所要达到的预期成果,是质量方针的具体化。在作业层次上,质量目标一般应是定量的。质量目标可分为短期目标(如1年、1个月)和长期目标。按照目标特点可细分为控制性目标和突破性目标。控制性目标是为了把质量控制在现有水平,突破性目标是为打破和超过现有质量水平而制定的质量目标。

(1)为保持质量上的领先地位,进行创新的产品设计。

(2)提高产品竞争力,扩大市场份额。

(3)通过质量改进、提高产量,减少用户损失、降低产品故障率。

(4)改善和提高企业对外形象与质量信誉。

质量目标通常由质量方针来确立、展开和细化,且应与质量方针和组织对持续改进与承诺相一致,不能偏离或不协调。

3. 质量策划与质量计划

质量策划是质量管理的一部分,致力于制定质量目标并规定必要的运行过程和相关资源以实现质量目标。

质量策划的目的在于制定并采取措施实现质量目标,质量策划的结果是形成质量计划。质量目标可能涉及组织的质量目标和产品的质量目标等,二者所策划的对象和结果均有所不同。

质量策划包括产品策划、管理和作业策划、编制质量计划和规定质量改进等方面的内容。

(1)产品策划。产品策划包括产品质量特性的识别、分类和比较,产品目标、质量要求和约束条件的建立。

(2)管理和作业策划。管理和作业策划是指为实现管理体系所进行的准备,包括质量管理体系文件的编写、人力和物质资源的配置、工作的组织和安排等。

(3)编制质量计划和规定质量改进。编制质量计划是质量策划的组成部分和结果,质量改进是质量计划应强调的内容。

质量计划是针对特定的项目、产品、过程或合同,规定由谁和何时使用哪些程序与相关资源的文件,是对某一具体产品形成过程中主要环节质量控制活动的总体规划。质量计划与承制单位质量管理体系的其他要求应一致,通常参照质量手册中适用于特定情况的部分来制定。在军品生产的合同环境下,依据使用方要求制定的《质量保证大纲》《可靠性保证大纲》就是质量计划的一种形式。

4. 质量控制

质量控制是致力于满足质量要求的活动。

(1)质量控制的目标是确保产品的质量能满足顾客、法律法规等方面所提出的质量要求(如适用性、可靠性、安全性等)。

(2)质量控制的范围涉及产品质量形成全过程的各个环节。

(3)质量控制的工作内容包括作业技术和活动,围绕着质量环每个阶段的工作如何做好,应对影响其工作质量的人、机、料、法、环等因素进行控制,并对质量活动的成果进行分阶段验证,以便及时发现问题、查明原因、采取相应纠正措施,防止不合格的重复发生。同时,为了使每项质量活动能够真正做好,质量控制必须对做什么、为何做、谁来做、何时做、何地做、怎么做(5W1H)作出规定,并对实现质量活动进行监控。

为此,组织在质量控制阶段应该做到以下几点。

(1)制定过程监视和测量程序。

(2)制订应变计划。

(3)聚集关注点,明确关键、重要特性,并对其实施控制。

5. 质量保证

质量保证是质量管理的一部分,致力于提供质量要求能得到满足的信任。质量保证的核心是“提供信任”,即对达到预期质量要求的能力提供足够的信任。

质量保证是一种有目的、有计划、有系统的活动,不是一些互不相关的活动,也不是一些质量活动的机械组合。通过质量保证活动的开展,有利于组织质量方针和目标,以及长远效益的实现。

质量保证可分为内部质量保证和外部质量保证两种。内部质量保证是在组织内部向各层次管理者提供足够的信任。外部质量保证是在合同或其他情况下,顾客以及第三方、上级主管部门等其他各方提供足够的信任。显然,外部质量保证是建立在内部质量保证基础上的。

质量要求是质量保证的前提和基础,因为只有当质量要求全面和正确地反映了顾客要求,质量保证才可能提供足够的信任。

质量保证的某些活动和质量控制相关联的,有效的质量控制才能达到质量保证的目的。

6. 质量改进

质量改进是指致力于增强满足质量要求的能力的质量活动,是过程显示效果的关键步骤,该步骤要获得解决问题的方案。对潜在问题进行分析,并以解决方案易于操作者接受。

质量改进的目的是为使用方提供更高的价值并使之满意,质量改进的结果将使组织、国家和社会受益。

质量改进的内容包括:①顾客满意度测量;②内、外部质量审核;③产品过程和产品的监视与测量;④对不合格品的控制;⑤对测量数据的分析;⑥纠正和预防措施的制定。

质量改进的途径是通过采取各种措施提高活动和过程的有效性与效率。因此,承制单位应根据自身的需要和资源的特点,在活动和过程中寻找质量改进的机会,制定富有挑战性而又恰如其分的质量改进目标,运用科学方法进行分析研究,提出有效、可行的措施加以实施。质量改进应贯穿于全部活动和整个过程持续不断地开展,并最终反映为活动和过程的优化。

1.1.3 质量管理发展

20 世纪以来,为了应对激烈的市场竞争,自然科学和管理科学都得到了迅速的发展,特别是 20 世纪 50 年代以来,由于高度重视管理科学在物质生产中的研究和运用,发达国家的经济及国民生产总值取得了高速增长。其中,工业企业是管理科学运用最成功的领域之一,质量管理也随着管理科学的发展而发展,是 20 世纪以来管理科学领域最杰出的成就。

随着管理科学理论和实践的发展,质量管理作为企业管理中的一个重要组成部分,与企业管理发展同步,由于在不同时期解决质量问题的理论依据与方法不同,质量管理的发展大致经历了以下 4 个阶段。

1.1.3.1 不出错——检验质量管理阶段

20 世纪之前,世界各国科学技术落后,生产力低下,普遍在手工作坊中用手工进行生产,靠人的技艺和经验进行质量控制。由操作工人自己生产、自己检验,这个时期称为操作者质量管理时期。

到 20 世纪初期,随着蒸汽机的发明,劳动生产力迅速提高,手工作坊式的管理已不能满足机器生产和复杂生产过程的要求。于是,美国科学家泰勒总结前人经验,提出以计划、标准、统一管理三条原则来管理生产,主张计划与执行部门、检验与生产部门分开,成立了专职检验部门对产品进行检验,使质量管理由过去的“操作者质量管理”进入了“检验员的质量管理”,即进入“检验质量管理阶段”。

这种以检验为中心的质量管理,实质上是“事后把关”,管理的作用有限,只不过是剔除废品而已。它的主要缺点如下。

(1)一旦发现废品则损失已无法弥补,经济性差,不能预防废品的产生。

(2)采用全数检验,在大批量生产中,要花费大量人力和费用,拖延了产品出厂的时间,增加了生产成本,且检验的可靠性不高。

针对以上问题,当时在美国贝尔电话研究所工作的休哈特认为:质量管理应该具有预防废品产生的职能。1924 年,他利用概率论的原理,提出了生产过程中控制产品质量的方法,创立了"质量控制图",并提出了"预防缺陷"的概念。1931 年,休哈特出版了《工业产品质量的经济控制》一书,最早把数理统计方法引入质量管理中。与此同时,道奇和罗明两人又提出了"抽样检验表"。当时一些大公司,如威斯汀豪斯电气公司,在质量管理中运用休哈特的统计方法取得了显著效果。但是,由于 20 世纪 30 年代发生了经济危机,商品滞销、产品大量积压、生产力下降,使这种方法未能得到充分运用和发挥作用。因此,直到 40 年代初期,绝大多数企业仍然采用"事后检验"的质量管理方法。

1.1.3.2 符合性——统计质量管理阶段

20 世纪 40 年代第二次世界大战期间,美国大批生产民用品的公司转为生产军需品,当时面临的严重问题是:由于事先无法预防废品发生,经常发生质量事故,而且产品的可靠性和质量都很差,往往不能按时交货,极大地影响了部队的战斗力。为了解决这一难题,美国国防部要求生产军需品的各个公司普遍开展统计质量管理,并先后制定了战时质量管理三项标准,即 AWASZ1.1—1941《质量管理指南》、AWASZ1.2—1941《数据分析用控制图法》、AWASZ1.3—1942《工序控制用控制图法》,责令生产军需品的企业执行,并在全国宣传讲解这些标准。同时,在军需品交货检验时还采用了"抽样检查法",结果使美国战时生产在数量上、质量上、经济上都获得极大的成功。这种建立在统计学基础上的战后质量管理,被更加广泛地推广,并取得了迅速的发展。

1946 年,美国成立了质量管理协会,创办了《工业产品质量管理》专刊,同年发表了格兰特(E. L. Grant)的著作《统计质量管理》。20 世纪 50 年代初,联合国资助国际统计学会等组织大力推行数理统计方法,使统计质量管理进入兴旺发展的时期。

1950 年,美国国防部公布了军用标准 MIL-STD-105A《计数抽样程序和抽样表》。1951 年出版了质量管理专家朱兰(J. M. Juran)主编的《质量控制手册》。1952 年成立电子设备可靠性顾问委员会,开始研究可靠性问题。1954 年召开第一次可靠性及质量管理讨论会,一直发展到 20 世纪 60 年代,质量管理与可靠性形成了一个专门学科,并在各国广为传播。

第二次世界大战后的日本,为了重建工业,开始研究美国战时的管理方式。1950 年,美国管理专家戴明(W. E. Deming)博士到日本讲学,为推动日本工业企业开展质量管理起到了重要的作用,但是当时仍偏重于统计方法的应用,并局限在制造现场开展质量管理。1954 年,美国另一位质量管理专家朱兰博士到日本讲学,提出了经营质量管理,即为了确保企业的利益,根据消费者的要求来进行最经济生产的质量管理,戴明强调了质量管理的统计性,朱兰强调了质量管理的经营性。

从 1950 年开始,日本许多工厂为了保证产品质量,都推行了统计质量控制,并迅速取得明显效果。日本质量管理专家石川馨教授在学习国外质量管理方法的基础上,结合本国实际情况,发明了因果分析图,并对各种类型的质量控制图进行简化,促使日本在第二次世界大战后的短短 10 年内,产品质量得到大幅度提高,打入国际市场,并获得良好信誉。虽然统计质量管理较质量检验阶段的管理要科学和经济,但仍然存在许多缺点。

(1)统计质量控制仅仅是为了达到产品标准而已,并未考虑是否满足用户的需要。

(2)仅限于对工序进行控制,而未考虑对质量形成的全过程进行控制,很难预防废品的产生,因而经济性仍然比较差。

(3)统计方法难度大,一般管理人员和工人难以掌握。因此,这种管理方法推广困难,再加上这种方法未在组织、管理上落实,也没有引起领导的足够重视,影响了其应用范围和使用的广泛性。

1.1.3.3 适用性——全面质量管理阶段

随着科学技术的迅速发展,对许多大型设备和复杂系统的质量要求越来越高,特别是对安全、可靠方面的要求,于是在产品质量中引入了可靠性的概念。显然,要达到产品的质量要求,单纯依靠统计方法控制生产过程是不够的,还要有一系列的科学管理方法。20 世纪 50 年代后,在统计质量和经营质量管理思想的基础上,美国通用电气公司(General Electric Company, GE)的质量管理部长费根堡姆(A. V. Feigen - baum)等提出"全面质量管理"(Total Quality Management,TQM)的概念,主张在企业内一切部门和一切生产活动中必须开展质量管理活动。其内容包括要生产出高质量的产品,除采用数理统计方法控制工序外,还应从经营管理上对产品质量、成本、交货期和售后服务加以全面考虑,并要对产品质量形成的全过程进行控制。从 20 世纪 60 年代开始,经过大约 10 年的时间,全面质量管理逐步完善起来。全面质量管理的发展,大大提高了产品的可靠性,特别是对大型的系统工程项目更为突出。美国国防部和航空航天局由于实施了新的质量管理和可靠性管理技术,使"阿波罗计划"和"空中实验室计划"得以完成。

20 世纪 70 年代产品的安全问题也被提到了显著地位,为了保证"军工、核动力和压力容器"生产与保证产品的安全性,又提出了"质量保证"的概念,各国企业制定出具有法规性的文件《质量保证手册》,并请第三方进行监督、贯彻执行,获得了显著效果。

20 世纪 60 年代以来,世界上已有 60 多个国家和地区推行了全面质量管理,取得的显著成效促进了世界各国经济的复兴和发展。尤其是日本结合本国特点,提出了"全公司质量管理"的概念,并结合本国实际总结出一套较为完整、具有特色的质量管理思想、方法和体系,取得了巨大的效益。人们赞誉全面质量管理是 20 世纪以来管理方面所取得的最杰出的成就。

1.1.3.4 顾客满意——质量创新管理阶段

随着生产力的发展,生产加工的机械化、自动化程度的进一步提高,质量概念从符合性发展为适用性。也就是说,质量的好坏优劣是以适用于顾客需求为标准的。与此相适应,质量管理也发展为全面质量管理。20 世纪中叶以后的消费者运动,迫使各国纷纷立法以保护消费者的合法权益,加大加重了组织的质量责任。生产力的发展使产品供应充足,社会总供给大于总需求,任何产品都能在极短的时间内达到饱和。若组织的产品仅仅是"符合"某种要求,则很难竞争得过对手和长期占领市场,人们不得不把质量管理前伸到营销、市场调查和用后处置等,形成全员、全组织和全过程的质量管理模式。20 世纪 70 年代,日本以田口玄一博士所著的《质量工程学》为指导,创立了以顾客为关注焦点的质量管理新学说,正是依靠这种新的质量管理模式,日本的产品迅速占领了世界市场,并很快成为一个超级经济大国。我们所理解的质量管理或全面质量管理,实际上也是建立在"适用"这个质量概念上的。仔细研究 1987 版和 1994 版的 ISO 9000 系列标准,将其与 2000 版对照会发现,它们的出发点、理论基础或逻辑起点也是建立在"适用"的质量概念上的。

纵观前面所述的三个阶段,先后出现了以下一些比较有代表性的质量概念。

(1)质量是不出错(民间俗成)。

(2)质量是物美价廉(通俗定义)。

(3)质量是产品或工作的优劣程度(《辞海》中的定义)。

(4)质量是事物的优劣程度和数量(《汉语大词典》中的定义)。

(5)质量是“零缺陷”符合要求(质量专家克劳斯比的定义)。

(6)质量是适用性(质量专家朱兰的定义)。

(7)质量是产品上市进入流通领域后给社会带来损失的大小(质量专家田口玄一的定义)。

(8)质量是一个综合的概念,要把战略、质量、价格、生产率、服务和人力资源、能源和环境等一起进行考虑(质量专家费根堡姆的定义)。

(9)质量是一个零件或产品包括性能在内的所有属性或特性的组合(美国军用标准 1969 年定义)。

(10)质量是以全部特性或性能作为评价目标,以决定产品或服务是否满足使用目的(日本工业标准 1981 年定义)。

(11)质量是产品或服务满足明确或隐含需要能力的特征和特性的总和(国际标准化组织 1986 年定义)。

质量概念从“符合性”到“适用性”,只是将质量的“质”从组织一方转到了顾客一方。但“适用”依然是站在组织一方来判定质量好坏优劣的,是组织去“适用”。这种质量观主要还是针对产品(硬件产品),还未包括“服务”,未体现人们对精神、环境等相关方面的要求。

20 世纪 90 年代,在人类质量管理历史上具有转折性的意义。从生产力的发展来说,这种转折主要体现如下。

(1)知识经济在崛起,信息产业在飞速发展,高新技术向传统经济部门扩张,使社会物质财富越来越丰富,人类生活质量在大幅度提高。

(2)人们的需求,即对高质量生活的需求,正在从对单纯使用或主要是使用产品转移到主要是接受服务上,从而促进了服务业的迅猛发展。这种发展不仅仅体现为服务业的从业人员所占的百分比,也不仅仅体现为第三产业创造的国内生产总值(Gross Domestic Product,GDP)所占的百分比,而且更体现为服务的正向扩展,几乎遍及人们生活的所有方面,从一般服务逐渐深入人们的精神世界。

(3)经济全球化的加剧使市场竞争更加激烈,组织的生存几乎完全取决于顾客。那种依靠市场之外的力量,如政府垄断、行政支撑之类来赢得市场的做法已行不通了。

随着质量管理这种历史性的转折,人们的质量观也在发生转变。顾客满意就是一种崭新的质量观,或者说是一个崭新的质量概念。这期间,国际标准化组织先后出现了两种新的质量概念。

(1) 1994 年:质量是反映实体满足明确或隐含需要的能力的特性的总和。

(2) 2000 年:质量是“一组固有特性满足要求的程度”。

当然,早在 20 世纪五六十年代就有了“顾客满意”这个术语,还有诸如“顾客至上”“顾客是上帝”之类的用语。但是,那时的人们,包括组织与顾客并没有将“顾客满意”作为质量概念的内涵以及质量的根本。不论是在理解上还是在实际中,“顾客满意”更像是一句口号,一种广告用语。经过几十年特别是近 20 年的社会实践,“顾客满意”越来越被组织和顾客所接受,已经形成世界性的潮流。20 世纪 90 年代以来的世界经济变化和转折,更加促使这种质量观深入人心。可以说,“顾客满意”是适应于知识经济时代的质量观。顾客满意程度的高低,是商品竞争胜败的关键。及时掌握顾客的满意程度,是加快组织振兴和经济发展的有效途径,物质精神财富将一定会呈现出高质量、高效益、高速度的蓬勃增长。

综上所述,可以看出:质量管理的发展过程是一个不断发展和逐步完善的过程,从质量管理的思想到管理方法、内容、范围和对象都是从不全面、不成熟,逐步走向全面、成熟的。表1-1概括了这几个阶段的基本特点。

表1-1 各质量管理阶段的基本特点

质量管理阶段	质量管理模式	主要特征	出现时间
不出错	检验	单纯检验把关为主	20世纪初以前
符合性	统计控制	生产过程控制与检验把关相结合	20世纪40年代
适用性	全面质量管理	全员、全组织和全过程质量控制	20世纪60年代
顾客满意	质量创新	质量战略管理	20世纪90年代

1.2 装备质量管理

1.2.1 装备质量管理的有关概念

国家军用标准(GJB 1405A)直接引用ISO 9000:2000中质量相关的定义,如质量是“一组固有特性满足要求的程度”,要求是“明示的、通常隐含的或必须履行的需求或期望”。

质量的定义明确提出,武器装备质量必须全面满足使用方——部队的要求(明确的)和期望(隐含的)。军队现代化建设的各方面发展,都与武器装备质量密不可分,甚至都是以武器装备质量为前提和基础的。没有质量就谈不上数量,当然也就难以保障军队现代化建设的发展。在这里“明确需要”主要是指有关标准、规范、合同、图纸和战术技术任务要求等文件已作出明确规定的需要;“隐含需要”主要是指用户对产品的期望,人们公认的、不必作出规定的需要,例如,要求价廉物美、使用方便、经久耐用、安全可靠和环境适应性强等。要把用户的这些需要都转化成产品的特性,如战术和技术性能、可靠性、维修性、测试性、保障性、安全性、储存性、环境适应性和经济性等,这些特性的综合就是质量。现代武器装备的质量包括内容非常广泛,涉及质量指标很多,但都是从部队“需要”提出来的,这些需要包括作战和训练任务的需要,使用和维修保障的需要,运输和储存的需要,以及防护和生存的需要等。总之,是否满足“需要”,是衡量产品质量的唯一标准。

现代质量观念把产品质量内涵,从狭义概念扩展到包括性能、可靠性、维修性、安全性、保障性、经济性和售后服务等在内的广义质量概念;质量管理从抓装备生产过程,延伸到抓装备论证、研制、生产到售后服务及使用全过程管理;质量控制从检验为主转变为预防为主,实行预防与把关相结合的过程控制;强调不断改进和完善;强调质量责任由各管理部门分工负责,由最高管理者负全责。现代质量观念着眼于产品“长时期良好性能”和“最佳寿命周期费用”,这对于现代高技术武器装备来说尤为重要。现代武器装备的复杂化、自动化、综合化和智能化,不仅要求具有优良性能,而且要求具有优良的综合效能和最佳寿命周期费用,提高可靠性、维修性、安全性和保障性是解决效能好与费用少矛盾的有效途径,并成为军工产品质量管理工作的重点内容。

武器装备的质量管理从大的方面看主要分为两大块:一是承制方的质量管理,通常讲的产品质量管理主要是对承制方而言的,如设计质量(含研制质量)、生产质量和使用质量等;二是订购方的质量管理,立项论证质量、方案评审质量、研制和生产过程中的质量监控,以及使用维修质量、储存质量等,军方都要负很大的质量责任。如果军方不注意从头至尾狠抓质量管理,就不可能获得优质的装备,也就不可能使武器装备发挥出应有的效能。所以对于武器装备的质量管理,与其相关的军队各部门如计划、科研、管理、使用与维修以及军代表系统、装备科研院所等,都有直接的责任,必须以质量为中心来抓好装备科研管理、生产管理、使用和维修管理。

承制方的质量管理是指确定质量方针、目标和职责,并通过质量体系来实施其全部管理职能的所有活动,诸如质量策划、质量控制、质量保证和质量改进等。实施质量管理,由组织机构、职责、程序、过程和资源等构成的有机整体,称为质量体系。在质量保证体系内所进行的全部有计划、有系统的质量管理活动,以满足规定的质量要求,称为质量保证。为使用户和各级管理者确信,必要时对质量保证应给予证实,包括质量体系认证、质量保证评审、质量审核和质量认证等。

为便于叙述,在此对"装备"和"产品"的概念予以说明。"装备"是军队用于作战和作战保障的各种器械、器材等军事装备的统称。"产品"是指生产出来的物品,包括装备生产过程中的零部件、半成品、成品。配备于部队的成品即为装备,可见产品的内涵更为丰富。本书中,在不产生歧义的情况下,这两个概念的运用采取了灵活做法。未作勉强的文字上的统一,而是从表达实际意义的角度出发来确定具体使用。

1.2.2 装备质量管理的地位与任务

装备质量是设计、制造出来的,也是管理出来的。管理是一门科学,管理出生产力、战斗力。在体现科学技术是第一生产力时,人们往往仅指技术,而忽视管理所发挥的生产力的作用。部队战斗力是一个由许多因素组成的体系,除指战员、作战装备、保障装备等实体之外,还有非实体因素,其中主要是战术的运用和管理。事实表明,只有实施有效的管理,武器装备才能发挥出最大的作战效能。

装备质量管理是装备管理的主要内容,是军队质量建设的重要组成部分。其基本任务依照有关法律、法规,对武器装备质量特性的形成、保持和恢复等过程实施控制与监督,保证武器装备性能满足规定或预期要求。

现代武器装备对于国家的政治、军事、经济和科学技术的发展具有重要影响,是综合国力的体现,关系到国威、民心,质量责任重大。在新的历史时期,强化管理已成为越来越多人的共识。因此,加强管理、提高装备质量是当前部队建设中的一项重要任务。"以质量取胜"是部队质量建军的重要基点之一,部队追求的目标,首先是提高战斗力。在现代高技术条件下,战斗力的提高,装备质量是一个主要因素。所以说,装备质量关系到指战员的生命安全、战争胜负,甚至关系到国家的存亡。因此,装备质量不仅是经济问题,而且是军事和政治问题,装备的质量管理具有特殊的重要意义。

装备质量管理绝不是喊几句口号、一时兴起抓一抓,而是一项需要持久开展的工作。装备质量代表着部队的战斗力,是走向战争胜利的"通行证"。部队对待装备质量管理,必须首先建立起质量意识和危机意识,然后才有决心与魄力来推动装备的质量管理工作。

装备质量管理必须坚持"严、细、慎、实、深、透"的原则,对保证武器装备的高可靠性、高安全性、长寿命具有十分重要的现实意义。

1.2.3 装备质量管理的发展概况

装备质量管理发展与质量管理思想发展历程密切对应。20 世纪初,随着工业革命的兴起,生产力水平迅速提高,批量生产成为主要的工业生产形式,以“全数检验”为特征的“剔除”不合格品的质量管理模式已不能满足复杂的工业生产要求。因此,出现了专职检验部门对产品进行“抽样检验”,即“质量检验管理” 阶段。这一期间,先进国家基本上都采用了与其工业化水平相适应的“质量检验管理”的技术方法,但其本质是“事后把关”。在装备生产领域也是如此。

20 世纪 30 年代,人们认识到以“事后把关”为特征的质量检验只能剔除不合格品,不能预防不合格品的产生。于是,产生了基于概率论和数理统计理论、用于生产过程缺陷预防的质量管理方法,即统计过程控制(Statistical Process Control,SPC)方法。但这些方法直到第二次世界大战结束后,才被工业界逐渐认识和使用。当时以美国为代表的西方先进国家在已实现工业化的基础上,大批量研制发展新一代装备和民用产品,装备质量主要依赖“生产过程质量管理”中的“质量检验”和“统计过程控制”方法,保持生产工艺的一致性和稳定性,提高产品的合格率。

20 世纪 50 年代初,在朝鲜战场上,美军发现大量经质量检验合格的产品在实际使用中还是会出现故障。战后经过对这一问题的深入研究,诞生了可靠性工程的概念与方法。

20 世纪 60 至 70 年代,国外第三代武器装备开始研制,其系统庞大、结构复杂、功能多样、电子化和综合化程度高,加之新技术、新材料、新工艺、新器件的大量使用,直接导致装备研制的高风险和高成本,因此,在装备研制中,除专用的功能特性要求外,还提出了安全性、可靠性、维修性、测试性等更多更新的要求。因此,人们认识到仅靠“生产过程质量管理”已不能完全保证产品质量,必须要从“设计过程质量管理”这个源头开始控制。这一时期,日本提出了全面质量控制(Total Quality Control, TQC)、美国提出了全面质量管理(Total Quality Management, TQM)等概念和方法。同时,在可靠性工程的基础上又诞生了维修性工程、测试性工程等新的工程专业。针对“设计过程质量管理”,国外提出了“工作分解结构”“技术状态管理”“工程专业综合”等方法,其中“工作分解结构”和“技术状态管理”的主要目的是设计过程的状态控制,保持功能状态的一致性和稳定性。而“工程专业综合”的目的是把可靠性和维修性等与装备故障紧密相关的属性综合到产品设计中去,保证产品功能的持续能力。

20 世纪 80 年代,国外第三代武器装备部署后,由于维修难、保障差等问题,使得武器装备出现了“买得起用不起”的现象。装备保障费用大幅增加。同时,美军开始发展第四代武器装备,装备体系化、集成化、软件化、昂贵化程度大大提高,使得国外不得不再次寻找新的途径来保证装备的质量。这一阶段提出了装备系统的保障性要求,提出了经济可承受性要求,其实质是把装备质量管理的内涵在“生产过程质量管理”“设计过程质量管理”基础上,补充强调了“论证过程质量管理”(用户需求的完备和合理)和“使用过程质量管理”(装备的科学使用与保障),构成了武器装备现代质量管理,即装备的全系统、全特性、全寿命质量管理,其目标是使装备全寿命周期效能/费用比最高。

1.3 装备质量管理特点

现代质量管理的实质是全系统、全特性、全寿命的质量管理,是装备质量管理发展的必然阶段,装备全系统、全特性、全寿命质量管理要素如图 1 – 1 所示。除上述特点外,由于现代武器装备的成本高、技术复杂、风险高,其质量管理还具有重视质量经济性管理和运用先进科学手段、方法管理的特点。

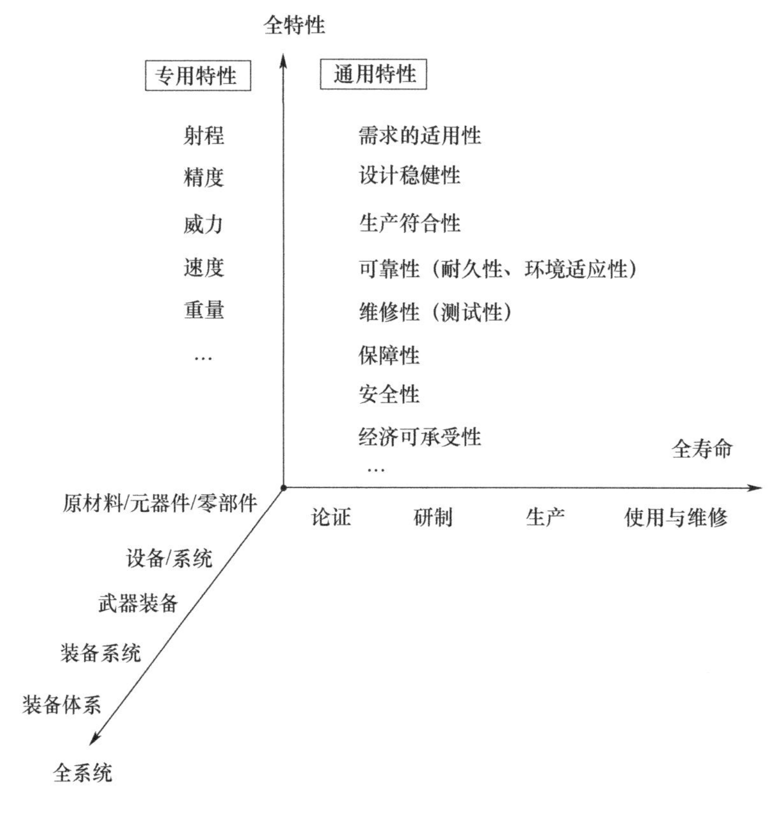

图 1 – 1　装备全系统、全特性、全寿命质量管理示意图

1. 全系统质量管理

全系统是指各种质量特性所依附的对象,一般包括从元器件、零部件到武器装备,从硬件到软件,从主装备到保障系统,从单一装备到装备体系的各个层次、各个方面。从装备质量管理的角度出发,必须从整体上对质量管理的对象进行宏观把握。

全系统质量管理在纵向层面从低层次的原材料、元器件直至高层次的装备体系开展质量管理,不仅要关注元器件、零部件的质量,还要关注武器装备的整体质量、硬件质量、软件质量、装备的质量、保障系统的质量、单一装备的质量,更要关注装备体系的质量。在横向层面,开展全方位的质量管理,不仅对主战装备开展质量管理,同时对主战装备的各类保障要素开展质量管理,如所涉及的人员、资料、器材、设施等,才能确保主战装备充分发挥效能。

同时,注重全体系的质量管理。现代大型武器装备系统的研制、生产往往需要几十家甚至几百家企事业单位互相协作配套,涉及众多的工程设计研制和管理部门,以及成千上万的工程技术人员、工作和管理人员。这些单位、部门和人员的工作,都直接关系着装备的质量。因此,全系统必须有一个科学有效的质量管理体系,既扎根于每个质量环节,又进行全面的综合质量管理,才能确保这种大型装备的质量。

2. 全特性质量管理

质量的定义是一组固有特性满足要求的程度,亦即是用户需求的满意程度。对武器装备而言，可将这些特性分为专用特性和通用特性两部分，专用特性是反映不同武器装备类别和自身特点的个性特征，通用特性是反映不同武器装备均应具有的共性特征。常用的装备通用特性简要介绍如下。

1）安全性

安全性是指装备不发生事故的能力。安全性作为装备的设计特性，是装备设计中必须满足的首要特性。它可定义为装备在规定的条件下和规定的时间内，以可接受的风险执行规定功能的能力。装备的安全性一般用事故概率、损失率、安全可靠度来度量。

2）可靠性（耐久性、环境适应性）

可靠性是指装备在规定条件下和规定时间内，完成规定功能的能力。可靠性反映了装备是否容易发生故障的特性，其中基本可靠性反映了装备故障引起的维修保障资源需求，任务可靠性反映了装备功能特性的持续能力。基本可靠性常用故障率、平均故障间隔时间来度量。任务可靠性常用任务可靠度、飞行可靠度等来度量。

耐久性是指装备在规定的使用和维修条件下，其使用寿命的一种度量，是可靠性的一种特殊情况。耐久性一般用使用寿命、首翻期、大修期来度量。

环境适应性是指装备适应环境条件变化的能力，是可靠性的一种特殊情况。环境适应性反映装备在变化的环境条件下仍能正常工作的能力。

3）维修性（测试性）

维修性是指装备在规定条件下和规定时间内，按规定程序和方法进行维修时，保持或恢复其规定状态的能力。维修性一般用平均修复时间、拆装时间、维修工时等来度量。

测试性是产品（系统、子系统、设备或组件）能够及时而准确地确定其状态（可工作、不可工作或性能下降），并隔离其产品内部故障的一种设计特性。测试性一般用检测时间、技术准备时间、故障检测率、故障隔离率来度量。

4）保障性

保障性是指装备的设计特性和计划的保障资源能满足平时战备与战时使用要求的能力。保障性描述的是装备使用和维修过程中保障是否及时的能力。保障性一般用平均保障延误时间、资源满足率、资源利用率等来度量。

5）经济可承受性

经济可承受性反映的是装备全寿命周期所需费用的可承受程度。进行经济性设计时需要关注全寿命周期费用的构成。全寿命周期费用一般由研制费用、生产费用、使用与保障费用三大部分组成，而使用与保障费用在寿命周期费用中所占比例最大，约为60%，但它在立项论证时却往往为人们所忽视，在装备立项论证和研制方案论证时，人们往往侧重于对研制费用和生产费用的论证，却常常忽视对影响使用与保障费用的主宰因素，从而使研制出来的装备使用和保障费用高昂，而战备完好性和任务持续性却不高。

6）战备完好性

战备完好性是指装备在平时和战时使用条件下，能随时开始执行预定任务的能力。战备完好性一般用战备完好率、可用度、发射可靠度来度量。

7）任务持续性

任务持续性是指装备在任务开始时处于可用状态的前提下，在规定的任务时间内，能够使用且能完成规定功能的能力。任务持续性一般用任务持续时间、任务中断时间、任务可靠度来度量。

此外,装备的通用特性还包括易用性、可生产性和可处置性等特性,易用性反映了装备好不好用的特性,主要对应人素工程或人为因素的设计;可生产性反映了装备以最有效和最经济的方法进行制造、装配、检验、试验、安装、核查和验收的固有特性;可处置性反映了装备生产、使用和退役全寿命过程中所产生废弃物的可回收特性和再利用特性。

全特性质量管理是指不仅要关注装备的专用特性,还要关注装备的安全性、可靠性、维修性、保障性,更要关注装备系统、装备体系的经济可承受性、战备完好性和任务持续性,长远考虑还应关注装备的易用性、可生产性和可处置性等通用特性。这些通用特性是专用特性充分发挥的基础和保证。

现代武器装备的综合功能强,战术技术性能要求高,以便满足各方面的需求和适应各种复杂多变的战场使用条件。因此,它的质量要求也是多方面的,各项质量指标都是重要的和不可缺少的。所以必须切实进行全特性、全指标管理,从而做到全面优质。

3. 全寿命质量管理

全寿命(Total Life)或称寿命周期(Life Cycle),是指装备从立项论证开始,经过设计、研制、试验、评审、生产、采购、使用、保障直至退役处理的整个过程。不同类型的装备,其全寿命的阶段划分,因性质、功能、复杂程序的不同而有所不同。一般装备的寿命周期大致可分为立项论证、初步设计(预研)、详细设计与研制、生产与部署、使用保障和退役处理等阶段。《常规武器装备研制程序》又将装备研制程序划分为论证阶段、方案阶段、工程研制阶段、定型阶段。本书根据装备寿命周期各阶段质量管理的任务与特点,结合《武器装备质量管理条例》的要求,将装备全寿命周期划分为论证阶段、研制阶段、生产阶段、使用与维修阶段,分阶段阐述军方在装备全寿命周期的质量工作,即为论证质量管理、研制质量监督、生产质量监督和使用与维修质量管理。其中,装备方案阶段包括方案论证和方案设计,以军方为主导的方案论证本书划入论证阶段,以承制单位为主导的方案设计划入研制阶段,在某些章节统而论之。

全寿命质量管理是指不仅要关注装备生产、研制过程质量,更要关注装备论证过程,特别是使用与维修过程的质量。

(1)装备质量在形成和发展过程中,与装备论证、研制、生产、使用与维修、退役和报废等各阶段紧密联系,既有明确分工,又要紧密配合,尤其是论证、研制、生产阶段是装备质量形成阶段,是其使用与维修阶段的质量基础,对其后期质量影响更大。全面地组织各阶段的管理活动,以保证提高装备质量。

(2)快速更新的现代装备,必须重视技术寿命和使用寿命的管理。现代装备是在尖锐的对抗中发展的,21 世纪初装备的更新周期为 20 ~ 30 年,而目前的更新周期已缩短为 10 年左右,有的则更短。若不重视战术技术性能的时间性,刚研制出的装备很快就会因其技术落后而被淘汰。

(3)控制装备全寿命周期费用。高成本的装备必须重视经济质量管理。现代大型装备系统结构复杂,研制要求高,周期长,投入人力、物力和财力巨大,再加上保密原因,导致无法像民品那样与市场建立更快速、更直接、更广泛的联系,难以预测的项目费用开支较多,故成本费用很高,因此必须更加重视经济性管理,注意提高效费比,不能因经济上的失策而影响装备质量。

装备全寿命周期费用包括装备论证、研制、生产、使用与维修、保障等全部的费用,只有全面研究、考虑设计和使用中的费用分配问题,降低全寿命费用,才能真正降低装备的总费用,提高装备的可靠性和可维修性,减少能源的消耗,并降低使用保障费用。使用部门在购置装备决策时不仅要考虑武器装备的先进性和当前是否"买得起",还要考虑整个使用期间是否"用得起”,衡量是否既买得起又用得起的总尺度就是全寿命费用。

大量武器装备全寿命周期各阶段费用统计表明:越靠近寿命周期的早期进行决策对全寿命费用的影响就越大,即早期的决策决定了大部分寿命周期费用。早期决策对寿命费用的影响还表现在:一个影响装备效能的质量问题越早解决越好。某些问题在设计图上解决只花费1美元,在进入初样阶段解决将花费10~100美元,如待样机出来后发现则需1000美元乃至上万美元,而一旦投入批量生产后,再发现、解决这些问题,则会导致数十万美元、上百万美元乃至更多的损失。因此,应把装备质量管理的重点放在论证、研制阶段,经过严密、科学的分析及早作出决策,使全寿命费用最低。

(4)高技术装备必须实行高技术的质量管理。影响高技术的现代武器装备质量的因素也越来越复杂。既有物质的因素,又有人的因素;既有技术因素,又有管理因素;既有自然环境因素,又有人的心理因素;既有承制单位、使用单位内部因素,又有外部因素。要把这一系列的因素系统地控制起来,全面管好,生产出高质量的装备,高质量使用好装备,必须根据不同情况,区别不同的影响因素,运用高技术成果,采用最先进的科学技术手段,进行科学的管理,综合治理,才能真正取得实效,真正做好装备的质量管理工作。

第2章 装备质量管理理论与方法

2.1 全面质量管理理论

2.1.1 全面质量管理概念与特点

2.1.1.1 全面质量管理的含义

在全面质量管理的产生和发展过程中，其概念也在不断发展。在 ISO 9000:2005 标准中对全面质量管理的定义是："一个组织以质量为中心，以全员参与为基础，目的在于通过让顾客满意和本组织所有成员及社会受益而达到长期成功的管理途径。"

在此定义中，"全员"指该组织结构中所有部门和所有层次的人员。最高管理者强有力和持续的领导，以及该组织内所有成员的教育和培训是这种管理途径取得成功所必不可少的。在全面质量管理中，质量概念与全部管理目标的实现有关。"社会受益"意味着在需要时满足"社会要求"。

全面质量管理的创始人之一费根堡姆下的定义是："全面质量管理是为了能够在最经济的水平上并考虑到充分满足顾客要求的条件下，进行市场研究、设计、制造和售后服务，把企业内各部门的研制质量、维持质量和提高质量的活动构成一体的有效体系。"

上述两个定义的内涵是一致的，都强调全面质量管理是全员通过有效的质量体系对质量形成的全过程和全范围进行管理与控制，并使顾客满意和社会受益的科学方法与途径。由此可以概括地说全面质量管理的内涵是：①具有先进的系统管理的思想；②强调建立全面有效的质量管理体系；③其目的在于让顾客满意、社会受益。

2.1.1.2 全面质量管理的特点

全面质量管理是从过去的事后检验，以"把关"为主，转变为以预防、改进为主；从"管结果"转变为"管因素"，即找出影响质量的各种因素，抓住主要矛盾，发动各部门全员参加，运用科学管理方法和程序，使所有生产经营活动均处于受控制状态；在工作中将过去的以分工为主转变为以协调为主，使企业联系成为一个紧密的有机整体；在推行全面质量管理时，要求做到"三全一多样"，即全面的质量管理、全过程的质量管理、全员参加的质量管理，以及质量管理所采用的方法是科学的、多种多样的。因此，全面质量管理除具有工程性、系统性、统计性和强调预先管理的特点外，还具有主要体现在全员、全过程、全指标、科学的质量管理的特点。

1. 全面的质量管理

全面质量管理是相对广义的质量概念而言的，它不仅要对产品质量进行管理，也要对工作质量、服务质量进行管理；不仅要对产品性能进行管理，也要对产品的可靠性、安全性、经济性、时间性和适应性进行管理；不仅要对物进行管理，也要对人进行管理。总之，它是对各个方面的质量进行的管理。

2. 全过程的质量管理

产品质量有一个产生、形成和实现的过程。全面质量管理的范围包括从市场调查开始，到产品设计、生产、销售等，直到产品使用寿命结束为止的全过程。为了使顾客得到满意的产品，并使产品能充分发挥其使用价值，不仅要对产品的形成过程进行质量管理，还要对形成以后的过程乃至使用过程进行质量管理。把产品质量形成全过程的各个环节全面地管理起来，形成一个综合性的质量管理体系。

全过程的质量管理突出表现在三个方面。

(1)把质量管理重点从事后检验把关转到事先控制，从管结果变为管因素，从消极防御变为积极进攻。因而，它是“进攻性”和重在预防的管理。

(2)企业各工序、各工作环节都应树立“下道工序即用户”“为下道工序服务”的整体概念。

(3)既要保证产品的生产质量，还要保证产品的设计质量和使用质量，使质量管理的范围前伸后延，从而使产品质量得到可靠保证。

3. 全员参加的质量管理

由于全面质量管理是对全面质量和全过程进行的质量管理，所以全面质量管理不仅是质量管理部门或质量检验部门的事，还是设计、生产、供应、销售、服务过程中有关人员的事，也是企业中各个部门所有人员的事。因为企业中从事党政工团、人保、教育、财务、总务、卫生、炊事、环保等各项工作的人员的工作质量，都直接或间接地影响着产品质量和销售服务的质量。因此，全面质量管理要求企业全体人员都来参加，并在各自有关的工作中参与质量管理工作。

要求企业运用科学质量管理的理论和方法，提高本职工作质量，同时广泛开展群众性的质量管理小组活动。这对于过去只由少数检查人员进行质量管理来说，又是一大进步。

4. 全面质量管理采用的方法是科学的、多种多样的

随着科学技术的不断发展，对产品质量、服务质量提出越来越高的要求，影响产品质量的因素也越来越复杂。既有物质的因素，又有人的因素；既有技术因素，又有管理因素；既有自然环境因素，又有人的心理因素；既有企业内部因素，又有企业外部因素。要把这一系列因素系统地控制起来，全面管好，生产出高质量的产品，提供优质的服务，光靠单一的管理方法是不行的。

必须根据不同情况，区别不同的影响因素，采用专业技术、管理技术、数理统计、运筹学、电子计算机，如目前所采用的 SPC 软件和 ISO 9000 系列软件、质量功能展开(Quality Function Deployment，QFD)、六西格玛法(6σ)，以及思想教育等各种方法和措施，按客观规律办事，进行科学的管理，综合治理，才能真正取得实效，真正做好全面质量管理工作。

2.1.2 全面质量管理基本理念

2.1.2.1 从系统和全局出发

全面质量管理是一种科学的管理系统。系统管理思想是指对与质量有关的一切方面和一切联系进行全面研究与系统分析的一种管理理念。它要求人们在研究、解决质量问题时，不仅要重视影响产品质量的各种因素和各个方面的作用，而且要把重点放在整体效应上，通过综合分析和综合治理，达到整体优化，即用最小的投入生产出满足顾客需要的产品，以取得最佳的经济效果。

全面质量管理作为一个系统,是由许多部分组成的。系统的目的或特定的功能是由许多目标(指标)形成的。系统是作为整体而存在的,其组成的各个部分不能离开整体去研究和协调,脱离了整体,其各个部分也就失去了作用。在全面质量管理中,对各项质量指标的协调、对各个过程的协调、对各种工作的协调、对各类人员的协调都必须从整个系统和全局出发,进行综合性的考察和研究。在一些相互矛盾的要求中,追求全局最优、整体效益最优,而不是追求某个局部最优,还要注意暂时利益服从长远利益,在解决质量问题时,要从全局的长远利益出发。

2.1.2.2 为顾客服务

为顾客服务是指从顾客的立场出发,生产出满足顾客需要的产品,尊重顾客权益,方便顾客。生产的目的是满足人民日益增长的物质和文化生活的需要。因此,为顾客服务的理念完全符合企业的宗旨和企业生产的目的,应成为企业贯彻始终的经营指导理念。

为顾客服务理念包含企业、顾客和社会三者的利益。企业贯彻为顾客服务的理念,产品深受顾客欢迎,就能打开市场。占领市场,取得经济效益,这是企业生存发展的重要因素;顾客从企业服务中,能正确地掌握产品使用方法,发挥产品效能,做到物尽其用;社会从企业服务中,可避免不必要的原料和能源的浪费,提高社会效益。所以贯彻为顾客服务的理念,对繁荣经济、提高人民生活水平、加速社会各项建设的进程都将产生积极的作用。

2.1.2.3 以预防为主

以预防为主的理念是指分析影响产品质量的各种因素,找出主要因素加以重点控制,防止质量问题的发生,做到防患于未然的一种管理理念。以预防为主,就必须在产品质量的产生、形成和实现全过程的每一环节中充分重视质量管理,产品质量是各道工序质量作用积累的结果。每道工序质量受到人、机器、原材料、工艺方法、环境等因素的影响,要保证工序质量,必须控制影响工序质量的各种因素,变管工序结果为管工序因素,通过管工序因素以达到保工序结果。为了保证产品质量,必须进行超前管理,即不仅要管好本工序,还要管好影响本工序质量的前面工序。

质量管理的重点要从质量检验把关转到预防,转到开发设计生产制造上来。这不仅可以做到防患于未然,而且可以减少许多因质量问题而产生的不必要的浪费。开发设计是产品质量产生阶段,产品设计上若存在质量问题,则无论制造过程怎么严格控制,生产出来的产品总是存在“先天不足”,所以要求产品设计过程严格按科学的程序进行,切实抓好产品设计过程的审核和鉴定,做到早期报警,把质量问题消灭在它的形成过程之中。

在方法上,要充分利用数理统计等科学方法,揭示质量运动规律,使人们能从本质上认识、掌握质量运动情况,力争主动、可靠地生产出优质产品。在组织上,要建立质量管理体系,把影响产品质量的管理、技术及人员等因素有效地控制起来。查明实际的或潜在的质量问题,预防和控制一切质量问题的产生。

2.1.2.4 用事实和数据说话

用事实和数据说话是指以客观事实为依据,反映、分析、解决质量问题的管理理念。其实质是实事求是,科学分析。质量管理中的事实与数据是反映质量运动、揭示质量规律的基础,也是质量管理的科学性的体现。当然,在质量管理中有许多现象不能用数据来表达,只能用事实来表示。但无论是事实或数据都必须真实可靠,真正反映出质量运动的本来面目,而这样的事实与数据只有经过加工整理、计算、归纳、分类、比较、分析、解释、推断等,才能从本质上深刻反映质量运动的规律性,为质量管理提供正确的信息情报。

2.1.2.5 不断改进

不断改进是指企业职工具有高度的质量意识,善于发现产品、服务、活动和总体目标上存在的问题,并对它进行不断改善和提高。其实质是促使企业不断提高管理水平、改善产品质量、生产出满足顾客需要的产品。随着时间推移、社会进步、科技发展,人们对产品质量的追求也不断提高。不断追求质量改进是顾客的需要,是社会发展的必然。所以,应当树立不断改进的理念,遵循产品质量运动的客观规律。

要树立不断改进的理念,首先必须具有发现问题的意识,即每个职工对自己岗位及周围环境中存在的影响质量的因素,具有敏锐的洞察能力、分析能力和反省能力。也就是要不断地发现问题和提出问题,不安于现状,不断提出改进方向和目标,并在此基础上积极采取各种措施和行动,以求实、求真、求深的精神,谋求质量工作不断深化、改革、创新,使质量工作生机勃勃、日新月异、不断前进,跃上新台阶。不断改进的理念,包含质量意识、问题意识和改进意识三个方面的内容。质量意识是前提,问题意识是先导,改进意识是结果,这三者相辅相成,促进质量工作奋发向上、不断创新。因此,不断改进的理念,是质量工作者极其宝贵的资源和财富。

2.1.2.6 以人为本贯彻群众路线

以人为本贯彻群众路线是指在质量管理的各项活动中,把重视人的作用、调动人的主观能动性和创造性、发动全员参与作为根本的管理理念。以人为本的管理理念,要求在推行全面质量管理过程中,不断提高人的素质,创造优良的工作质量以保证产品质量,并要求企业千方百计地使全体职工掌握并贯彻企业的质量方针与目标。只有每个职工明确了企业质量方针与目标对自己的要求,以及自己对质量方针与目标应做的贡献,才能使每个职工发挥其聪明才智,积极主动地工作,以主人翁的态度去完成自己所承担的任务;同时,企业制定的各项质量政策,要有利于调动广大职工的积极性和创造性。要采取各种形式发动职工群众参与管理,行使当家做主的权利。要爱护、支持广大职工的首创精神、进取精神和独到的见解,不能轻易否定。还要做到奖罚分明,对那些在质量工作中勇于创新、作出贡献的职工给予精神上和物质上的奖励。要采取各种形式和途径开展职工培训,强化质量意识,提高技术和管理水平。总之,要通过各种措施、途径,营造出一种既严肃紧张,又民主活泼的环境,以利于人们心情舒畅地投入生产活动中,高效率地生产出优质产品。

2.1.2.7 质量与经济统一

质量与经济统一是在不同的经营条件下,企业尽可能以小的劳动消耗和劳动占有,生产出满足顾客需要的优质产品,以获得尽可能大的收益的一种管理理念。其实质是探求质量与经济的最佳配合条件,以最少的投入,获得数量多、质量好的产品。

质量与经济统一的理念,是企业生产经营所追求的。企业向社会提供质优价廉的产品,为企业积累资金,为社会创造财富。要实现这一目的,就必须在产品质量的产生、形成和实现的全过程中,贯彻质量与经济统一的理念,谋求质量与数量、质量与消耗、质量与技术、质量与收益的最佳组合,优化决策,做到质量上适用、经济上合理,物美价廉,适销对路,走质量效益型的道路。要在产品质量寿命周期各个阶段质量改进的所有经济活动领域的质量经济分析中,采用各种优化模式找出最佳组合条件。要开展质量成本管理,这是产品制造过程和使用过程中质量经济分析的主要内容。通过质量成本管理,不仅可以从经济上衡量管理的有效性,还可以揭示质量改进的方向。质量成本管理,是企业建立质量管理体系必须具备的要素之一。

贯彻质量与经济统一的思想，要克服片面追求技术上的指标越高、越纯、越精、越牢，提倡在数量上、技术上、价格和交货期一致的基础上达到最适宜的质量。贯彻质量与经济统一的理念，有利于提高企业管理水平与经济效益，有利于有效合理地利用资源，提高社会的整体经济效益。

2.1.2.8 突出质量经营

突出质量经营是指在企业经营活动的所有环节中，必须重视质量，并把它放在重要的地位上的管理理念。企业的经营管理要以质量管理为纲。企业为实现预期的目标所开展的一切活动，包括企业的产、供、销等全部工作，都必须以质量为主线，以科学的质量管理原理为指导，进行有效的计划、组织、协调、检查、控制，正确处理数量与质量、质量与效益、质量与消耗的各种矛盾，生产出质优价廉、适销对路的产品。这样，企业首先要树立起以质量求生存、以品种求发展的经营管理理念。同时，企业要制定出一套以质取胜的经营目标。围绕着提高质量、发展品种和提高效益，企业要提出一定时期内的奋斗目标，作为生产经营活动的重点，并以此为中心建立质量目标体系，把企业各单位各部门的活动连成一个有机整体，朝着质量效益型方向前进，形成本企业的经营特色。在产品设计、生产和销售各个环节，都必须贯彻以质取胜的思想。

随着市场竞争的日益激烈，突出质量经营理念越来越显示出它的重要作用。质量是企业经营的永恒主题，质量上、效益增、企业兴，这已为许多企业成功的经验所证实。全面质量管理带动企业的各项管理工作，必然成为企业管理的中心环节。

2.1.3 全面质量管理工作程序

2.1.3.1 PDCA 循环的内容

全面质量管理采用一套科学的、合乎认识论的办事程序，即 PDCA 循环法。PDCA 由计划(Plan)、执行(Do)、检查(Check)、处理(Action)几个英文词的第一个字母组成，它反映了质量管理必须遵循的 4 个阶段。

第一阶段为 P 阶段，即要适应顾客的要求，并以取得经济效益为目标，通过调查、设计、试制，制定技术经济指标、质量目标，以及达到这些目标的具体措施和方法。这是计划阶段。

第二阶段为 D 阶段，即要按照所制订的计划和措施去实施。这是执行阶段。

第三阶段为 C 阶段，即对照计划，检查执行的情况和效果，及时发现和总结计划实施过程中的经验和问题。这是检查阶段。

第四阶段为 A 阶段，即根据检查的结果采取措施，巩固成绩，吸取教训，以利再干。这是总结处理阶段。

质量管理工作程序，可以具体分为以下 8 个步骤。

第 1 步：调查研究，分析现状，找出存在的质量问题。

第 2 步：根据存在问题，分析产生质量问题的各种影响因素，并对这些因素逐个加以分析。

第 3 步：找出影响质量的主要因素，并从主要影响因素中着手解决质量问题。

第 4 步：针对影响质量的主要因素，制订计划和活动措施。计划和措施应尽量做到明确具体。

以上 4 个步骤是 P 阶段的具体化。

第 5 步：按照既定计划执行，即 D 阶段。

第 6 步：根据计划的要求，检查实际执行结果，即 C 阶段。

第7步:根据检查结果进行总结,把成功的经验和失败的教训总结出来,对原有的制度、标准进行修正,巩固已取得的成绩,同时防止重蹈覆辙。

第8步:提出这一次循环尚未解决的遗留问题,并将其转到下一次PDCA循环中去。

以上第7和第8步是A阶段的具体化。

2.1.3.2 PDCA循环的特点

1. 大环套小环,互相促进

PDCA循环不仅适用于整个企业,而且也适用于各个车间、科室和班组乃至个人。根据企业总的方针目标,各级各部门都要有自己的目标和自己的PDCA循环。这样就形成了大环套小环,小环里边又套有更小环的情况。整个企业就是一个大的PDCA循环,各部门又都有各自的PDCA循环,依次又有更小的PDCA循环,具体落实到每一个人。上一级的PDCA循环是下一级PDCA循环的依据,下一级PDCA循环又是上一级PDCA循环的贯彻落实和具体化。通过循环把企业各项工作有机地联系起来,彼此协同,互相促进(图2-1)。

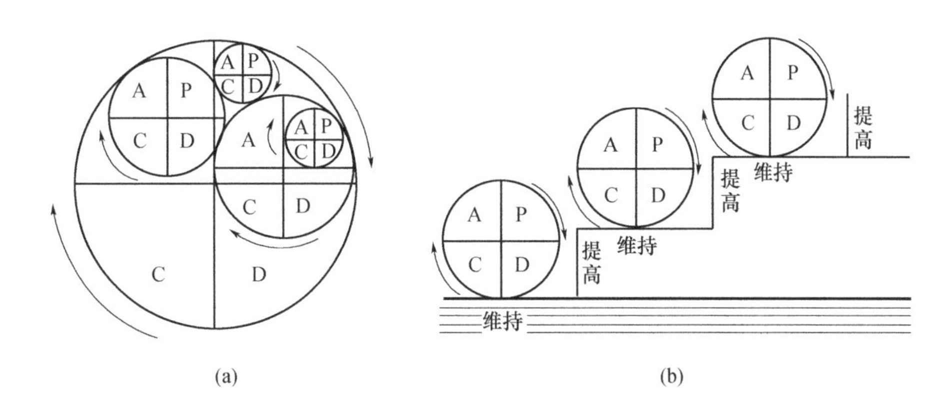

图2-1 PDCA循环特点示意图

2. 不断循环上升

4个阶段要周而复始地循环,而每一次循环都有新的内容和目标,因而就会前进一步,解决一批问题,质量水平就会有新的提高。正如上楼梯一样,每经过一次循环,就登上一级新台阶,这样一步一步地不断上升提高。

3. 推动PDCA循环关键在于A阶段

总结是总结经验,肯定成绩,纠正错误,提出新的问题以利再干。这是PDCA循环之所以能上升、前进的关键。如果只有前三个阶段,没有将成功经验和失败教训纳入有关标准、制度和规定中,就不能巩固成绩,吸取教训,也就不能防止同类问题的再度发生。因此,推动PDCA循环,一定要抓好总结这个阶段。

2.2 6σ管理理论

2.2.1 6σ管理的由来与发展

六西格玛(也称6σ或6sigma)管理,是世界级企业追求卓越的一种先进质量管理方法。实践证明,美国摩托罗拉等知名企业推行此方法后,取得了很好的效果,许多大企业纷纷仿效和推行,从而在全球掀起了一场“6σ”的浪潮。

2.2.1.1 6σ管理的由来

摩托罗拉公司是一个生产电子设备和电子零部件的大型跨国公司,创建于1929年,1985年摩托罗拉公司通信部门的质量水平约为4个西格玛的水平,而日本已达到5个西格玛的水平。为此,首席执行官兼董事长罗伯特W.盖尔温带领其高层管理人员到日本进行访问调研,对日本过程性能优于摩托罗拉大约1000倍的现实,留下深刻的印象。因此,决定改进摩托罗拉的过程水平至6σ。

西格玛(Sigma)是希腊字母“σ”的译音,在统计学上常用来表示数据的离散程度,对连续可计量的质量特性值,可用σ度量质量特性总体上对目标值的偏离程度,称为标准差。6σ本是一个衡量业务流程能力的指标。从市场营销观点出发,盖尔温先生利用新奇事物来吸引人们的注意力,所以将改进摩托罗拉的过程水平至6个西格玛命名为“6σ”,这就是6σ管理的由来。

2.2.1.2 6σ管理的发展

摩托罗拉公司在盖尔温先生的倡导下,于1986年首先在其通信部门启动其“6σ方案”,并在1987年推广到全公司,为了保证其总目标的实现,重视高级管理层的表率作用,自上而下说服员工严肃认真地推行“6σ方案”。为了培养贯彻“6σ方案”所需要的人才,在公司内专门建立了“摩托罗拉大学”,对所有员工分层进行6σ培训。

摩托罗拉公司推行6σ管理取得了非常可观的成绩,并取得良好的经济效益,获得美国国家质量奖,大部分部门已经达到6σ水平。如此突出的成绩,引起了各方面的关注。许多顶级大企业纷纷仿效,特别是美国通用电气公司,在杰克·韦尔奇的领导下,1996年开始把6σ作为一种管理战略在全公司推行,取得了显著效益,仅用5年时间就完成了10年计划,杰克·韦尔奇因此而名满天下。此外,联讯、德仪等公司推行6σ管理也获得了很大的成功,我国在20世纪90年代末引入6σ管理,正在推行之中。

目前,6σ管理与精益管理方法相结合,形成精益6σ管理理论,已在许多企业获得应用,取得良好效果。6σ管理是解决问题的方法论,有一个非常好的解决问题的框架。它以数据分析为基础,旨在通过消除过程变异、持续改进获得近乎完美的质量,满足顾客。精益管理方法是一种消除浪费、优化流程、准时制造的方法。它将任意处都作为改善起点,其最终目的是以尽善尽美的流程为顾客创造尽善尽美的价值。精益管理关注于成本和速度,其核心是降低成本、提高效率。把精益管理和6σ方法进行整合,就可以同时获得二者的优势,摒弃其不足。精益6σ是精益生产与6σ管理的有机融合,作为一种先进的管理模式,精益6σ不仅能通过6σ管理大幅度提升产品质量,增加顾客价值,同时能利用精益生产减少资本投入、提高效率和市场响应能力。

2.2.2 6σ管理基本理论

2.2.2.1 6σ与质量

6σ具有多种含义:

(1)6σ是一个统计测量基准,它反映了目前自己的产品、服务和工序的真实水准如何。6σ方法可使组织与其他类似或不同的产品、服务和工序进行比较,通过比较知道自己处于什么位置。最重要的一点是可以使组织知道自己的努力方向,以及如何才能达到目的。也就是说,6σ帮助组织建立了目标和测试顾客满意度的标尺。例如,当一个工序具有6σ能力时,可以肯定它是世界范围内最好的，这种能力意味着在生产100万件产品中，只有3.4件不良品出现的机会；当一个工序具有5σ能力时，意味着在生产100万件产品中，有233件不良品出现的机会；当一个工序具有4σ能力时，意味着在生产100万件产品中，有6210件不良品出现的机会；当一个工序具有3σ能力时，意味着在生产100万件产品中，有66807件不良品出现的机会；当一个工序只具有2σ能力时，意味着在生产100万件产品中，有308770件不良品出现的机会。由此可以看出，6σ测量标尺提供给组织一个精确测量自己产品、服务和工序的"微型标尺"。

(2)6σ是一种工作策略，它极大地帮助组织在竞争中占取先机，原因十分简单，当改进了工序的σ值后，产品质量改善，成本下降，顾客满意度自然上升。

(3)6σ是一种处世哲学，要求做到精益求精，它总结出一套业务方法，特别是它能使工作更精简而不是更费力。它使组织在做任何事时，都能将失误降到最低程度，从采购直到完成生产，因为避免了不利因素的影响，工序能力改善，不良品减低以至消除，质量水平大大提高。

2.2.2.2 百万次机会不合格数

在6σ管理中，通常采用下列统计单位。

1. 单位不合格数

单位不合格数（Defects Per Unit，DPU）是一个通用的度量单位，它是将不合格数除以单位数，其中每个数字都是从某个特定的控制点而来的。DPU的公式如下：

$$\text{DPU} = \frac{\text{不合格数(在某个控制点发现的)}}{\text{单位数(经过该控制点处理的)}}$$

2. 百万次机会不合格数

摩托罗拉采用了百万次机会不合格数（Defects Per million Opportunities，DPMO）作为比较的指标，它定义为

$$\text{DPMO} = \frac{\text{DPU} \times 1000000}{\text{每单位出错机会数}}$$

采用DPMO的优点是无论在生产部门、服务部门或一般办公室，都可以加以应用，这是一个统一的指标。DPU乘以1000000首先是为了去掉小数点，其次是当不合格率较低时，如为0.003(0.3%)，从传统管理来看，似乎已经很不错了，但将其换算成3000DPMO后，会使人有一种"改进空间"还很大的感觉，从而有利于督促改进。

3. 均值偏移以及将DPMO换算为西格玛水平

在目前的科技水平下，过程均值平均有1.5σ的偏移，如图2-2所示。图中，在6σ情形下，无论是左偏或右偏1.5σ(以右偏1.5σ为例，参见图2-2中最右侧的正态分布曲线)，都可以得到其超出规范界限的部分，即其不合格品率为

$$P = P(4.5) + P(7.5) = 3.4\text{DPMO}$$

式中：$P(4.5)$表示正态分布曲线右偏1.5σ超出上公差的概率；$P(7.5)$表示正态分布曲线右偏1.5σ超出下公差的概率。

而在正态分布无偏移的情况下的不合格品率为

$$2 \times P(6) = 2 \times 10^{-9} = 0.002\text{DPMO}$$

式中：$P(6)$表示在6σ水平，正态分布曲线超出上公差和下公差的概率。

而将6σ换算为3.4DPMO是在有1.5σ偏移的条件下加以换算的，如表2-1所示。

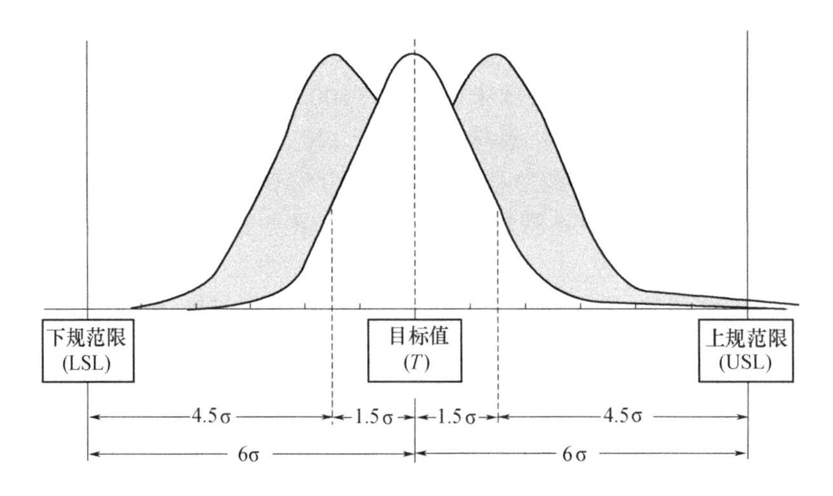

图 2－2　在 6σ 情况下均值平均有 15σ 的偏移

表 2－1　西格玛质量水平与均值偏移 1.5σ 情形的 DPMO 数的换算

西格玛质量水平	均值无偏移情形的不合格品率	均值偏移 1.5σ 情形的 DPMO
1σ 质量水平	31.7×10^{-2}	697670
2σ 质量水平	4.55×10^{-2}	308770
3σ 质量水平	2.70×10^{-3}	66807
4σ 质量水平	63.3×10^{-6}	6210
5σ 质量水平	0.573×10^{-6}	233
6σ 质量水平	0.002×10^{-6}	3.4
7σ 质量水平	2.5596×10^{-12}	0.019

2.2.2.3　各种质量水平对于工序能力指数的要求

由于不合格品率与工序能力指数是有关系的，所以也可以应用工序能力指数来反映质量水平。3σ 水平提出下列质量要求：

$$C_p \geqslant 1.0$$
$$C_{P_K} \geqslant 0.5$$

事实上，从 $C_p \geqslant 1.0$ 知：

$$C_p = 1.0 = \frac{6\sigma}{6\sigma} = \frac{T}{6\sigma}$$

即 $T = 6\sigma$。若通常均值的偏移为 1.5σ，则偏移度为

$$K = \frac{1.5\sigma}{T/2} = \frac{1.5\sigma}{6\sigma/2} = \frac{1}{2}$$

故

$$C_{P_K} = (1-K)C_P = \left(1-\frac{1}{2}\right)\times 1.0 = 0.5$$

从而有　　$C_P \geqslant 1.0$

$$C_{P_K} \geqslant 0.5$$

与此类似，可得到表2－2。

表2－2　不同西格玛水平下工序能力指数要求

西格玛水平	对工序能力指数的要求	备注
1σ 水平		在此情形下，由于偏移1.5σ，分布中心偏移至规范界阶之外，偏移度 $K>1$，在工程上无意义，故未列出
2σ 水平	$C_P \geqslant 0.67, C_{P_K} \geqslant 0.17$	
3σ 水平	$C_P \geqslant 1.0, C_{P_K} \geqslant 0.5$	
4σ 水平	$C_P \geqslant 1.33, C_{P_K} \geqslant 0.833 \approx 0.9$	
5σ 水平	$C_P \geqslant 1.67, C_{P_K} \geqslant 1.17$	
6σ 水平	$C_P \geqslant 2.0, C_{P_K} \geqslant 1.5$	
7σ 水平	$C_P \geqslant 2.33, C_{P_K} \geqslant 1.83 \approx 1.9$	

2.2.3　实施6σ管理的条件及准备工作

2.2.3.1　实施6σ管理应具备的条件

西格玛水平的高低已经成为衡量一个企业综合实力与竞争能力的重要指标之一。企业引入比较复杂的新的6σ管理，要取得成功，需要具备一定的条件。不论是工商企业、服务部门或事业单位，只要具备下列条件，都可以尝试引入6σ管理。

（1）高层领导对6σ管理有足够认识，并有决心推广6σ管理。因为6σ管理是一项从根本上对组织进行变革，进行流程重组与优化的工作。如果高层领导对此没有认识、没有决心，不能全力支持，是无法开展6σ管理的。

（2）已通过ISO 9000标准的认证，取得合格证书（注册）。这是企业进行科学管理的基础，如果企业质量管理基础很差，实施6σ管理是很困难的。所以只有科学管理的基础，才能进行6σ管理。

（3）需有能够担任6σ管理过程的负责人和“黑带大师”，或称6σ管理教练的人才，而且还要有一群具有6σ管理知识并热衷于这一工作的骨干人才。

（4）各部门的主要负责人，要统一认识，进行互相协作，支持6σ管理的实施，并积极参与。如果企业各部门各自为政，对6σ管理的实施不支持、不协作，那么6σ管理是不可能进行下去的。

（5）要具有启动6σ管理活动足够的资金，否则6σ管理无法开展。

2.2.3.2　实施6σ管理的准备工作

6σ管理不只是在统计学领域的计算过程，它涵盖全面管理理念、义务，卓越的见解，以顾客为中心，过程改进以及度测的规则等。它的主要内容是使组织内的每一个领域都能更好地满足顾客、技术、市场的不断变化的需求，为顾客、社会、企业和员工带来更大的利益。因此，要取得成功，实施6σ管理要做好各项准备工作。

1. 成立一个实施6σ管理领导小组（或委员会）

我国在推广全面质量管理多年来，总结出一条重要的经验是“领导是关键”。因此，实施

6σ 管理首先也是抓领导,成立“6σ 管理领导小组(或委员会)”,其成员要有企业的主要领导者,并要负起 6σ 管理的诸多领导责任。主要是由他们来讨论确立实施 6σ 管理初始阶段的各种职位和基本组织结构;选择具体项目、分配资源;定期评定各种项目的进程;帮助形成 6σ 管理对企业底层影响的定量分析;评估获得的成绩,指出改进中的长处和缺点;在企业内部进行经验交流,在合适的时候,也可以与供应商和顾客进行交流等。

领导小组中的总负责人,是对改进项目全面监控的高层管理者,这是一个非常重要的职位,需要由具有较强的平衡协调能力的人来担任,其职责主要包括:在他的监控之下为改进项目设置和维护广泛目标,包括创建新“项目理念”,并且确信该项目与其他机构优先考虑事项保持一致;必要时为项目设定和修改方向或范围;为项目寻找资源;在领导集体中代表行动小组,并且是该小组的支持者;帮助解决小组之间的纠纷,或小组与组外其他人员的纠纷;协调“流程总负责人”的工作;在改进项目结束时平稳地做好移交工作;将“流程改进”中得到的知识应用于管理任务中。

2. 实施 6σ 管理的组织结构

前面谈到实施 6σ 管理首先要确定领导,成立 6σ 管理领导小组(或委员会),在领导小组的领导下要进行一系列的组织工作。

(1)除非现任高层领导当中有一位计划将 6σ 管理改进的任务加入自己的职责当中,否则一定要有专门的资源用于 6σ 管理的日常进程和后勤管理,这就需要设一个“执行领导”或一个助手,帮助处理以下任务:在行动当中,支持领导小组的工作,包括沟通方案选择、项目监管;确定担任关键角色的个人(团队),包括外部咨询和培训支持部门;准备和执行培训计划,包括课程选择、安排及后勤工作;帮助负责人履行他们作为支持者和帮助者的职责;记录全面的进程和提出需要注意的事项;执行 6σ 管理的推广计划。这个执行领导(或助手)需要有很强的能力,而且精力充沛,并且是个多面手。

(2)教练。教练是个技术专家,在不同的企业中,其专业水平会由于他在企业里的位置和需要其解决问题的复杂性的不同而有所不同。教练是真正的咨询师,其关键的作用是界定清楚每个人所扮演的角色以及他们参与项目和流程的程度。一般教练应提供如下指导:与项目负责人和领导集团沟通;建立和严格监督项目进度表;处理企业内部抵制或缺乏协作的行为;估计并实现潜在的结果(消除缺陷、节省费用等);解决小组成员之间的分歧和冲突等;收集和分析小组活动的数据;帮助小组促进并加速成功。

(3)项目小组领导人。该领导人是对 6σ 管理项目工作负主要责任的个体。他不仅要关注流程改进或设计/再设计方面,同时还应该关注顾客意见反馈系统、流程评估及流程管理等方面的工作。他对于保证项目正常持续地运转起着关键作用。其具体职责包括:与负责人一起评估或理清项目理念;制订和更新项目章程及实施计划;选择或帮助选择项目小组成员;辨别和寻找资源与信息;帮助其他有关人员运用合适的 6σ 管理工具及小组管理技巧;保证项目的进度,确保项目向最终的结果与目标迈进;协助总负责人或部门主管工作时,支持新的方案或流程向实践的转换;记录最终结果,创建项目的“进度公告栏”。

(4)项目小组成员。大多数企业都用项目小组作为实施改进的主体单位。在项目的评估、分析、改进的背后,项目小组成员付出了额外的脑力和体力劳动。同时,他们还帮助进行 6σ 管理工具和流程的推广,并且成为未来“改进项目”的后备力量。

实施 6σ 管理组织结构如图 2－3 所示。

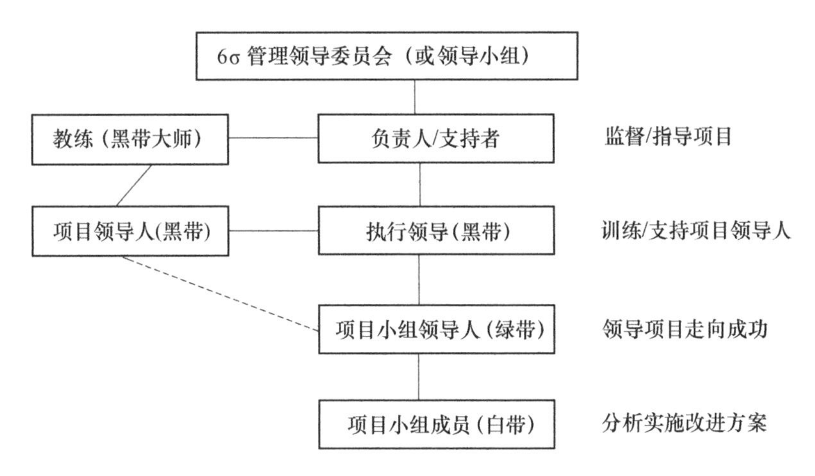

图 2－3　实施 6σ 管理组织机构

3. 确定目标

从实施 6σ 管理开始就必须确定企业要达到的目标。提高产品质量与顾客满意度是企业愿景与目标的重要组成部分，也对形成企业文化有重大影响。例如，在 20 世纪 90 年代初，摩托罗拉公司提出其最终目标：使顾客完全满意（Total Customer Satisfaction，TCS）作为每位员工业务工作的目标、中心与工作业绩评价的最终标准，要求做到百分之百的顾客满意。为此，他们制定了三个战略目标：增加全球市场的占有份额；达到世界一流的人才、技术、营销、产品、制造与顾客服务水平；获得更高的利润与收益。为实现目标，他们提出了实施 6σ 管理的全套要求：①公司的主要处世信念是必须遵循以礼待人，忠诚不渝。②主要的工作目标是必须达到同业之冠，增长全球市场占有量，卓越的财务成果。③主要的进取精神是必须坚持 6σ 的品质；缩短总的运转期；成为产品、制造工艺及环境保护的领导者；增进企业利润；人人有权参与，发挥集体协作，鼓励创新工作环境。

目标计划指的是统一所有员工的工作目标和行为的企业战略目标的方法。最有代表性的是摩托罗拉公司的 6σ 管理法，把 6σ 作为总体要求、质量标准和最终业绩评价标准：①公司所有的员工都要逐步达到 6σ 的工作质量，要求工作、产品与服务的缺陷以每两年 10 倍的速度压缩；②公司所有员工都要逐步达到总运转周期的压缩，要求所有工作、产品与服务的流程总时间以每五年 10 倍的速度压缩；③压缩库存周转期。

4. 培训工作

培训是实施 6σ 管理的重要环节。从领导到专家、技术人员、管理人员、工人都要掌握 6σ 管理的知识。要求他们能把概念、理论、方法工具运用到直接操作中。理论上这些需要动手做的工作包括要实施到实际流程、项目、过程改进活动中的所有措施。要想公司员工从内心领会 6σ 管理在公司的运作，就要与公司的实际相联系，强调动手式的学习，而且要区分不同的培训对象，使他们掌握西格玛管理的内容、方法工具和步骤，才能够更好地投入到这一工作中去，并取得成功。

2.2.4　实施 6σ 管理的方法步骤

6σ 管理实质上包括两个重要的方面，即“6σ 设计”和“6σ 改进”。前者一般是指全业务流程重组与优化，也即全局优化；后者一般是指 DMAIC 改进流程，也即局部优化，具体包括定义（Define）、测量（Measure）、分析（Analyze）、改进（Improve）、控制（Control）5 个阶段。

2.2.4.1 DMAIC 改进流程

1. 定义

定义是确定顾客的关键需求并识别需要改进的产品/过程,将改进项目奠定在合理的基础上。

(1)目标。为了使小组能够辨识与确认其改进项目,说明商务过程,定义顾客需求,自行准备有效的项目小组。

(2)主要活动。①识别与确认商业机遇;②确认与开发小组许可证;③辨识与描画过程/流程;④辨识“快速获胜”与精练过程/流程;⑤把顾客的需要变换成企业的标准要求;⑥建立与开发小组指南及运行规则。

(3)潜在工具与方法。①顾客呼声的流程;②流程图;③通过小组辨识过程/流程改进项目所有相关因素(包括供应商输入、过程/流程输入和顾客);④因果图;⑤头脑风暴法;⑥质量功能展开(QFD,如顾客需求分析技术);⑦横向对比等。

2. 测量

测量是测量现有过程,确定过程的底线与期望值,并对测量系统的有效性进行评价。

(1)目标。为了辨识关键的测度,必须评价成功满足关键顾客的需求和进行一种有效搜集测度流程业绩数据方法的开发。为了理解 6σ 管理法计算的要素和建立流程/过程的基准,应该进行小组分析。

(2)主要活动。①辨别输入过程与输出指示器;②开发运作定义与测量计划;③数据绘图与分析;④确定是否存在特殊原因;⑤确定 6σ 的业绩;⑥搜集其他基准业绩数据。

(3)潜在工具与方法。①测量计划;②过程控制图;③柏拉图;④数据检测表;⑤直方图;⑥控制图;⑦雷达图等。

3. 分析

分析是在数据分析的基础上,确定关键因素。

(1)目标。为了分析机遇与划分层次,必须辨识一个特定的问题,定义易于了解的问题表达,为识别与确认根本的原因,必须确认它是真正的原因,并要求小组以它为中心。

(2)主要活动。①划分流程/过程;②分解数据层次与辨识特定的问题;③开发问题的陈述;④识别根本原因;⑤设计原因来源的验证与分析;⑥确认根本的原因;⑦增进小组的创新性。

(3)潜在工具与方法。①因果分析图;②FMEA(风险分析技术);③柏拉图;④头脑风暴法;⑤直方图;⑥控制图;⑦雷达图;⑧仿真;⑨SPC;⑩DOE(如田口方法)。

4. 改进

改进是减少过程的缺陷或变异。

(1)目标。为了辨识、评价与选择正确的改进解决方案,应该开发帮助组织适应由于导入解决方案的实施而引发变化的管理方法。

(2)主要活动。①构思通用的解决办法;②确定解决办法的影响及好处;③评价与选择解决的办法;④开发过程图和高水平的计划;⑤开发与介绍情节;⑥与所有受益者沟通了解。

(3)潜在工具与方法。①柏拉图;②因果图;③头脑风暴法;④直方图;⑤雷达图;⑥项目规划工具;⑦力场图;⑧多次表决;⑨优先矩阵。

5. 控制

控制是将改进后的过程标准化,并加以监控,以保持改进的成果。

(1)目标。为了解规划与理解实施对计划的重要性,确定达到规定目标的结果。为了解如何传播学习、辨识重复与标准化机遇/过程,必须开发相关的计划。

(2)主要活动。①开发领航计划与领航解决方案;②核实 6σ 管理改进的结果;③辨识是否需要附加达到目标所必要的解决办法;④辨识和开发重复与标准化的机遇;⑤按每天的工作流程集成与管理;⑥集成已经学过的课程;⑦辨识保持机会的小组下一阶段和计划。

(3)潜在工具和方法。①FMEA(风险分析技术);②柏拉图;③数据检测表;④因果图;⑤头脑风暴法;⑥直方图;⑦控制图;⑧SPC;⑨ISO 9000 系列标准。

6σ 管理就是通过一系列的 6σ 设计或 6σ 改进项目来实现的,其实质是系统工程的做法。

2.2.4.2 推行 6σ 管理的具体实施步骤

推行 6σ 管理,目前还没有一个固定的、统一的实施步骤。在推行 6σ 管理的过程中,可参考成功企业的做法,大致可以归纳为以下的"七步骤法"。

(1)企业在进行可行性研究的基础上,统一认识,确定是否可以推行 6σ 管理。如果确定推行,企业最高领导者要表态支持,并参与领导。

(2)成立 6σ 管理工作委员会或领导小组,以领导这一工作的开展。

(3)选择和任命开展 6σ 管理的各层次领导和技术骨干。

①总负责人,即委员会主任或领导小组负责人。

②教练,即黑带大师,负责培训黑带人员。

③黑带人员。一般应具备以下条件:具有大学或大学以上的学历;精力充沛,积极肯干,在群众中有威信;允诺在本公司继续工作几年;专职从事 6σ 管理工作。

④绿带,即项目负责人。

⑤项目小组成员。

(4)培训。培训是推行 6σ 管理的一项重要的经常性工作。在准备工作中要进行培训,在实施过程中也要不断地进行培训工作。

黑带培训一般需要 3 ~4 个月的脱产学习,每个月由教师课堂讲授学习 1 周,其余 3 周则在企业操作质量改进项目,理论联系实际,培训与解决质量改进项目交替进行。

(5)过程实绩评估。在实绩评估中应注意以下几个方面:①选择本公司最重要的产品或服务,以及其过程和统计量;②上述统计量同时必须是对顾客重要的并且是便于度量的;③过程实绩评估是个综合性度量,内容包括设计过程、制造过程、运输、售后服务以及对供应商等的评估;④把上述度量结果综合到 6σ 度量体系中,成为一个统一的数值,以便于进行比较;⑤在度量波动或变异时取 DPMO 作为度量单位。

(6)确定改进项目(目标),并坚持得出其改进结果。根据 DPMO 评估结果,提出 DPMO 的 6σ 长远目标,以及把其分解到按年度的改进率;确定目标后,必须落到实处,得出结果,决不放任自流,对于这点高层领导需要亲自过问,并坚持到底;所有 6σ 管理的成果都必须向整个单位通报,以促进全单位 6σ 管理的推进;把有效方法制度化,当方法证明有效后,便制定为工作守则,各员工必须遵守。

(7)持续改进。改进工作不可能一劳永逸,必须持续改进。检讨成效,发展新目标,与时俱进,持之以恒。在制造部门取得成功以后,还要扩大到非制造部门以及公司其他方面。对此,企业高层领导的决心与恒心起着决定性的作用。

2.3 卓越绩效管理理论

ISO 9000 系列标准为建立、规范质量管理体系提供了基本框架,但还远远不够。在激烈的市场竞争环境下,任何组织都需要适应变化,不断改进完善自己的管理体系,努力提升竞争力。近年来,许多国家和地区通过设立质量奖的方式来激励与引导各类组织提高质量,其中最为著名、影响最大的是美国马尔科姆·波多里奇国家质量奖、欧洲质量奖和日本戴明奖。由质量奖标准所代表的一类质量管理模式称为“卓越绩效模式”。

2.3.1 卓越绩效模式产生的背景

质量奖和卓越绩效模式产生于日本。第二次世界大战后,为了扭转日本产品的劣质状况,日本科学技术联盟于 1950 年邀请戴明、朱兰等美国质量专家赴日讲学指导,逐渐形成日本式的全面质量管理。1951 年,日本设立了戴明奖,奖励那些为实施全面质量管理作出突出贡献并取得杰出成果的个人和组织。20 世纪 80 年代,日本产品在全球成为高质量的代名词,日本的经济和日本企业的竞争力达到了巅峰。戴明奖的设立对日本全面质量管理的发展作出了重要贡献。

与此同时,由于受到日本企业和产品的强烈挑战,美国经济界和企业界开始反思。他们认识到,在日益激烈的市场竞争环境中,强调质量不再是企业选择的事情,而是必需的条件。很多个人和组织建议政府设立一个类似于日本戴明奖的国家质量奖,以促进美国企业全面质量活动的开展。

1987 年 8 月,时任美国总统里根签署了国家质量提高法,提出设立美国国家质量奖计划。为了纪念极力倡导质量管理、对推动“质量改进法”的立法不遗余力的美国商务部长马尔科姆·波多里奇,美国国家质量奖命名为“马尔科姆·波多里奇奖”(简称为波奖)。此后,很多国家和地区参照波奖标准与运作模式设立质量奖,卓越绩效模式得到普遍认可,并被认为是全面质量管理的实施框架、经营管理事实上的“国际标准”。

2004 年,在参考国外质量奖评价准则和我国企业质量管理实践经验的基础上,国家质检总局和国家标准化管理委员会联合发布了 GB/T 19580《卓越绩效评价准则》和 GB/Z 19579《卓越绩效评价准则实施指南》,引起了企业界及其他相关领域的广泛关注和重视,广大企业积极学习、导入卓越绩效模式,一些地方、行业陆续设立质量奖,有效促进了卓越绩效评价准则的应用。

GB/T 19580《卓越绩效评价准则》用于为追求卓越绩效的组织提供自我评价的准则和质量奖的评价。其目的包括:帮助组织提高其整体绩效和能力,为组织的所有者、顾客、员工、供方、合作伙伴和社会创造价值;有助于组织获得长期成功;使各类组织易于在质量管理实践方面进行沟通和共享;成为一种理解、管理绩效并指导组织进行规划和获得学习机会的工具。

由此可见,它超越了狭义的符合性质量的概念,致力于组织所有相关方受益和组织的长期成功。因此,可以把《卓越绩效评阶准则》理解为全面质量管理的一种实施细则,它将以往全面质量管理的实践标准化、条理化、具体化,以结果为导向,构造出一个综合的绩效管理系统,为组织通过全面、系统、科学的管理获得持续进步和卓越的经营绩效提供指导和工具,并通过质量奖的方式,促进优秀企业管理经验的共享。

2.3.2 卓越绩效模式的特点

卓越绩效模式是建立在广义质量概念上的质量管理体系,实质上以结果为导向,关注组织经营管理系统的质量,致力于获得全面且良好的经营绩效。随着经济全球化和市场竞争的加剧,卓越绩效评价准则已成为各类组织评价自身管理水平和引导内部改进工作的依据。对照这些评奖准则来对组织的经营管理系统进行自我评估,寻找差距,提升竞争力,是近年来一个全球性的潮流。

卓越绩效模式具有以下几个方面的特点。

1. 体现"大质量"的概念

卓越绩效模式所体现的质量包括从产品和服务质量、过程质量到经营质量的大质量,致力于不断提高经营管理的成熟度,追求卓越的经营质量。

2. 关注经营结果,强调为相关方创造平衡的价值

卓越绩效模式所追求的结果,不仅限于财务结果,还包括产品和服务、顾客与市场、财务、资源、过程有效性以及领导方面的结果,是全面的、综合的结果,以确保利益相关方的平衡和组织长短期利益的平衡,保证组织的协调可持续发展。

3. 标准的非规定性和灵活适用性

卓越绩效评价准则由结果导向的要求所构成,这些要求是非规定性的,以"如何""说明"开头的句式出现,鼓励企业根据实际情况,采用适合自己的管理方法,并不断进行改进和创新。

4. 以关键绩效指标为纽带,保持全组织的目标一致性

卓越绩效评价准则以关键绩效指标为纽带,将组织的使命、愿景、价值观与战略、过程、结果贯穿在一起,形成完整的、协调一致的运作系统,确保组织实现其目标。

5. 非符合性诊断式的评价

卓越绩效评价准则通过定性评价和定量打分相结合的方法,不仅能够帮助组织识别其优势和改进空间,还能够定量地描述组织管理的成熟水平,从而为改进指明方向,提供动力。这不同于 ISO 9001 审核的符合性评价。

2.3.3 核心价值观

卓越绩效的核心价值观是卓越绩效准则的基石和浓缩,反映了现代经营管理的先进理念和方法,是世界级企业成功经验的总结。美国波奖提出了 11 项核心价值观,分别是领导作用、以顾客为导向、培育学习型的组织和个人、建立组织内部与外部的合作伙伴关系、灵活性和快速反应、关注未来追求持续稳定发展、管理创新、基于事实的管理、社会责任与公民义务、重在结果和创造价值、系统的观点。

GB/T 19580 标准提出了 9 项基本理念。

1. 远见卓识的领导

"领导"是企业兴衰成败的关键和追求卓越的动力。组织要卓越,需要高层领导具有卓越的领导力,包括为组织设定方向、创建有利于员工高绩效工作的良好环境等。

2. 战略导向

在复杂多变的竞争环境下,组织要以战略统领经营管理活动,才能获得持续发展和成功。要预测和分析影响组织发展的各种内、外部因素,根据组织的使命和愿景,制定组织的发展战略,并配置资源进行战略部署。

3. 顾客驱动

组织的产品和服务质量是由顾客来评判的。因此,必须为顾客解决问题和创造价值,不断增进顾客的满意度和忠诚度,才能提高组织绩效。“顾客驱动”是战略性的概念,意味着要在以顾客为关注焦点的基础上,对顾客信息进行分析,驱动产品、服务与业务流程的改进和创新,进而驱动组织的卓越。

4. 社会责任

组织的决策和经营活动会对社会造成影响,组织应积极主动地履行社会责任,包括公共责任、道德行为和公益支持,确保组织成为卓越的企业公民,促进社会的全面协调可持续发展。

5. 以人为本

员工是组织之本,以人为本意味着人性化的管理,包括:优化组织设计和绩效激励;为员工提供学习和知识共享的机会,帮助员工实现职业发展目标;改善工作环境,为员工提供工作和生活支持;保障员工的权益。

6. 合作共赢

组织要与顾客、关键的供方及其他相关方建立长期伙伴关系,应着眼于共同的长远目标,从制度和渠道上保证做到互相沟通,形成优势互补,互相为对方创造价值,增强组织与合作伙伴各自的核心竞争力和战略优势。

7. 重视过程与关注结果

组织的经营管理是否卓越,最终体现在能否取得卓越的经营结果。因此,既要重视过程,更要关注结果;还要通过有效的过程管理实现卓越的结果。卓越组织的“结果”应是经过“过程”的努力而取得的“有因之果”,“过程”的实施和改进也应以“结果”为导向。

8. 学习、改进与创新

培育学习型组织和个人是组织追求卓越的基础,传承、改进和创新是组织持续发展的关键。“组织的学习”意味着适应变化,不断改进;“个人的学习”通过教育、培训以及职业生涯发展而实现;“创新”意味着对产品、服务和过程实施富有意义的变革,形成新的竞争优势,为组织绩效带来新的突破,为利益相关方创造新的价值。组织应领导和管理创新,使之融入日常工作中,成为组织文化的一部分。

9. 系统管理

将组织视为一个整体,以科学、有效的方法,实现组织经营管理的统筹规划、协调一致,提高组织管理的有效性和效率。“系统管理”强调全局观、协调一致、融合互补、整体优化,意味着绩效管理体系中的各独立部分以充分互联的方式运作,以取得组织整体的持续成功。

2.3.4 评价准则的内容

卓越绩效评价准则包括领导、战略、顾客与市场、资源、过程管理,以及测量、分析与改进和经营结果七大类目的要求,其中前6个类目是有关过程的要求,称为过程类条目,第七个类目是有关结果的,称为结果类条目。

2.3.4.1 卓越绩效评价准则的框架图

GB/Z 19579《卓越绩效评价准则实施指南》的附录A中,提出了卓越绩效评价准则框架模型(图2-4),表述了各类目要求之间的相互关系。

对于一个组织的经营管理系统来说,“领导”决定和控制着组织前进的方向。“领导”“战略”“顾客与市场”构成“领导作用”三角,是驱动性的;“资源”“过程管理”“经营结果”构成

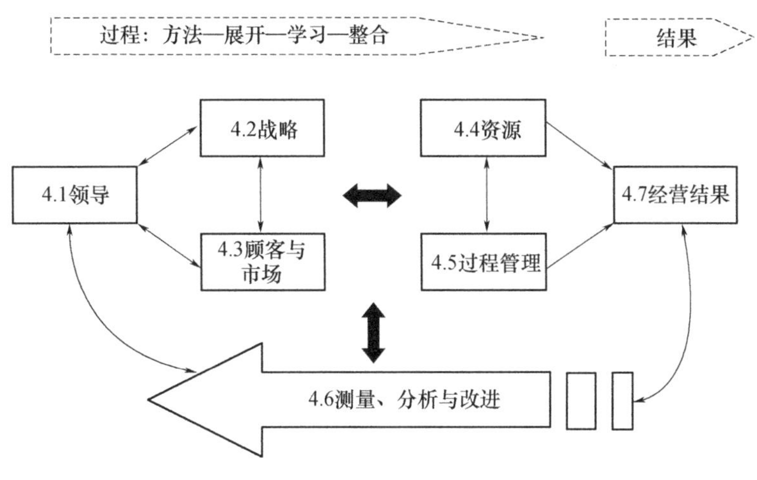

图2－4　卓越绩效评价准则框架模型

“资源、过程和结果”三角，是从动性的；而“测量、分析与改进”犹如链接两个三角的“链条”，转动着改进和创新的PDCA之轮，不断提升组织的整体经营绩效和竞争能力，其中的数据、信息和知识对于基于事实的管理与竞争性改进而言，是至关重要的，构成了组织运作和绩效管理系统的基础。图中每个三角中的小箭头表示了各类目之间的相互作用。中间的双向粗箭头表示“领导”密切关注着“经营结果”，并通过对经营结果的绩效评价来改进领导系统。下方的双向粗箭头以及左、右下方的细箭头表示“测量、分析与改进”贯穿其他所有类目中，并相互作用。

2.3.4.2　卓越绩效评价准则的条款要求及赋予分值

在7个类目之下，准则要求还细分为22个条目，设定总分为1000分，条款的具体内容和赋予分值如表2－3所列。

表2－3　卓越绩效评价准则条款要求及赋予分值

4.1　领导(100)	4.5　过程管理(110)
4.1.1　组织的领导(60)	4.5.1　价值创造过程(70)
4.1.2　社会责任(40)	4.5.2　支持过程(40)
4.2　战略(80)	4.6　测量、分析与改进(100)
4.2.1　战略制定(40)	4.6.1　测量与分析(40)
4.2.2　战略部署(40)	4.6.2　信息和知识的管理(30)
4.3　顾客与市场(90)	4.6.3　改进(30)
4.3.1　顾客和市场的了解(40)	4.7　经营结果(400)
4.3.2　顾客关系与顾客满意(50)	4.7.1　顾客与市场的结果(120)
4.4　资源(120)	4.7.2　财务结果(80)
4.4.1　人力资源(40)	4.7.3　资源结果(80)
4.4.2　财务资源(10)	4.7.4　过程有效性结果(70)
4.4.3　基础设施(20)	4.7.5　组织的治理和社会责任结果(50)
4.4.4　信息(20)	
4.4.5　技术(20)	
4.4.6　相关方关系(10)	

(1)“领导”类目用于评价组织高层领导在价值观、发展方向、目标、对顾客及其他相关方的关注、激励员工、创新和学习等方面的作为,还用于评审组织的治理以及组织履行社会责任的情况。

(2)“战略”类目用于评价组织如何确定战略目标和行动计划,还用于评价组织行动计划如何实施以及如何监测其实施和改进。

(3)“顾客与市场”类目用于评价组织如何确定顾客和市场的需求、期望和偏好,还用于评价组织如何建立顾客关系,确定影响赢得并保持顾客、使顾客满意和忠诚的关键因素。

(4)“资源”类目用于评价组织的人力资源开发和管理工作系统、激励机制、员工培训与教育体系,如何发挥和调动员工的潜能,并如何营造充分发挥员工能力的良好环境,还用于评价组织的财务、基础设施、信息、技术、相关方关系等其他资源。

(5)“过程管理”类目用于评价组织过程管理的主要方面,包括为顾客和组织创造价值的主要生产、服务和业务过程以及关键的支持过程,涵盖所有工作部门的主要过程。

(6)“测量、分析与改进”类目用于评价组织选择、收集、分析和管理数据、信息和知识的方法,还用于评价组织如何充分和灵活使用数据、信息和知识,改进组织绩效。

(7)“经营结果”类目用于评价组织在主要业务方面的绩效和改进,包括顾客满意度与忠诚度,产品、服务和市场的结果;财务结果;人力资源及其他资源结果;过程有效性结果;组织的治理和社会责任结果。

可见,卓越绩效准则体现的是大质量的概念,以让所有相关方满意为目的,是一个以结果为导向的经营管理系统。卓越的经营结果,是在重要的利益相关方、长短期目标之间平衡的结果,是依靠组织有效的领导、战略、顾客导向,科学的资源配置、过程管理获得的有竞争力的、环境友好的结果,并通过持续改进机制的建立,追求组织的长期成功。

2.4 质量链管理理论

在经济全球化条件下,企业间的竞争已经转变为组织群间的竞争,质量已非一家企业单独完成,而由组织群共同协作完成。以组织内部管理为重点的质量管理理论和方法已暴露其局限性,研究组织群为重点的“链”质量管理成为企业提高质量和竞争力的必然要求。

2.4.1 质量链管理概念

“质量链”(Quality Chain)的概念是由加拿大英属哥伦比亚大学学者1996年首先提出的,他们综合了质量功能展开、统计过程控制、服务提供商接口(Service Provider Interface,SPI)、供应链及工序性能、产品特性值和工序能力等重要的质量概念,并系统全面地表示了它们之间的有机联系。1999年,朱兰博士按照他的理解,提出了“质量环”(Quality Loop)的概念,即产品质量是在市场调查、开发、设计、计划、采购、生产、控制、检验、销售、服务、反馈等全过程中形成的,同时又在这个全过程的不断循环中螺旋式提高。实质上,“质量环”与“质量链”在本质上是一样的,都强调质量控制过程中的系统性和协作性。

质量链的内涵不断得到丰富,国内也开展了深入研究,提出不同观点。1999年,丁文琴等提出了另一种意义上的质量链思想,即从质量意识、人员质量、质量文化、工作质量、产品质量等不同方面的相互联系,以及最终达到提高产品质量这个目的的角度可以看出,这5个方面一环扣一环,互为联系,组成一条“质量链”。2002年,唐晓青等受供应链质量管理的启发,提出了面向全球化制造的“协同质量链管理”概念，强调彻底打破质量黑箱的封闭界限，综合运用技术、管理等多种手段，从观念、方法、过程、体系等方面营造基于开放、合作、协同模式的新型企业间质量关系，以整体的、系统的、集成的观点看待并组织产品全生命周期与全过程的管理，在供应商、制造商、销售商乃至最终用户之间建立一条敏捷、畅通、受控、优化的广域质量链路。

通过对质量链的反复研究和论证，2005 年，唐晓青等进一步提出了质量流（Quality Flow）、质量链、链节点（Chain Junction）、链节图（Chain Junction Chart）、耦合效应等基本概念，丰富了质量链管理理论基础。质量流是产品固有的或隐含的质量特性在设计、制造、交付、服务等过程中的定向流动和有序传递，存在于所有产品生产和服务提供的过程中，它与信息流、价值流共存，是实现满足顾客需要的质量特性的物质表现形态；质量链是组织群共同参与实现的质量过程集合体，是质量流以及信息流、价值流运行的载体；链节点是在质量链中，由多个组织、多种要素协同实现的质量过程或活动，或在特定时段内完成的事件；对关键质量特性有决定性影响的链节点，即质量链的瓶颈、薄弱环节，则为关键链节点，质量链管理的实质是对关键链节点的选择和控制；链节图是用于描述多组织、多要素的链节点的结构图；耦合效应是描述关键链节点处相关组织和要素发生的相互影响、相互作用所产生的结果和程度。

质量链管理（Quality Chain Management，QCM），即是以多个组织、多种要素共同实现质量过程为背景，以质量流、信息流、价值流为对象，通过控制关键链节点，实现协调耦合、增值高效的一种管理方法。质量链管理的目的是，针对整个企业群范围内的产品、服务质量的产生、形成和实现全过程进行管理，从而建立起一个完整有效的质量链保证体系。目前，质量链管理正在广泛地应用于工程建筑、产品制造、航天产品等领域的实际工程、产品质量管理研究中。

2.4.2 质量链管理特征

质量链是一个动态的链式结构，随着企业运作过程的变化而不断变化。因质量链管理涉及多个组织共同参与，因而在管理范围与复杂性方面，与传统的单个企业内部质量管理有很大不同。质量链管理的特征可概括如下。

（1）多组织、多要素相互影响、相互作用的质量功能块。多组织、多要素是质量链的重要特征，链节点表现为多组织、多要素参与的过程集合，尤其在对关键链节点处的分析中，发现了这些组织和要素共同作用实现的关键质量特性。

（2）核心企业发挥主导作用。核心企业是质量链形成和运行的关键。它决定质量链整体运行的绩效，决定整体功能的发挥。它在质量链中的作用表现为控制和协调其他组织质量链中的运作方式，优化关键链节点上的耦合效应，提升质量链满足顾客要求的能力。

（3）关键链节点集中反映质量链的运行效果。关键链节点上多组织、多要素参与形成关键质量特性。在这个过程中任何组织和要素的缺陷都可能导致关键质量特性的失效，影响质量链实现所预期的目标。它是质量链管理的核心，决定质量链整体的运行效果。

（4）分散于多组织中的信息在质量链中定向流动、有序传递。质量链上信息表现为较强的规律性，信息的流动是把顾客要求转化为产品特性、过程特性的过程，各个相关组织和要素的作用与一定的质量特性相关联。信息的有序流动是质量链运行的重要特征。

（5）在质量形成与实现过程中，呈现明显的“骨牌”效应。质量链上的组织和要素根据质量链运行的要求不断发生相互影响和相互作用。某个组织行为或要素的变化可能导致其他组织行为或要素的变化，从而引起更多的相关组织行为和要素的变化。质量链管理需要采取一定的措施避免“骨牌”效应的发生。

(6)组织文化、价值观的差异制约质量链功能的实现。质量链是由多组织、多要素组成的。由于组织间的环境、文化、价值观、生产结构和经营理念的不同而产生组织间利益的冲突，其运行过程中存在着一些先天性的障碍，如果没有理顺彼此之间的各种关系，必然影响质量链运行的有效性。

2.4.3 质量链管理运行模式

质量链运行从顾客需求分析开始到满足顾客需求而结束，主要内容包括：关键质量特性确定；关键链节点的识别与管理；耦合效应分析；质量链运行绩效评价；质量链管理信息系统设计。在此基础上，进行持续质量改进，得到 PDCA 质量链管理循环，并与质量链主要管理内容一起，构成了质量链管理运行模式，如图 2 – 5 所示。

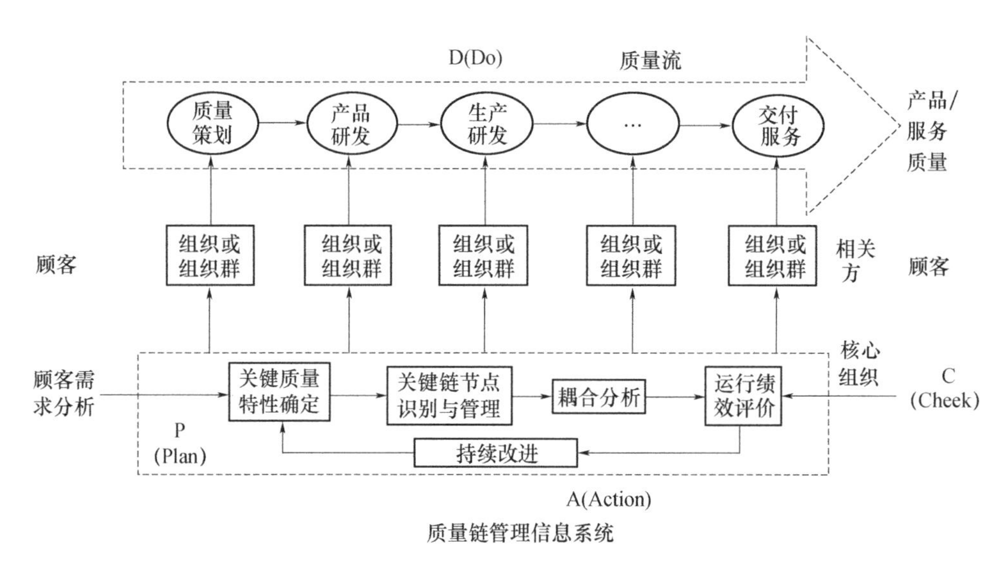

图 2 – 5 质量链管理运行模式

1. 关键质量特性确定

在顾客需求分析基础上，确定关键质量特性或质量改进目标，以便将顾客需求转化为质量链上各组织所分别承担的产品研发、生产研发、制造、交付服务等每一阶段的工作内容和质量标准要求。

在具体分析顾客需求、确定关键质量特性时，可以借助 Kano 模型、质量功能展开、价值链分析等方法，识别目标顾客对产品/服务的各种质量需求，制定质量技术标准，并配置相应的资源，以最经济的成本、最短的周期追求最佳的经营绩效。

2. 关键链节点的识别与管理

关键链节点是质量流运行过程的瓶颈或薄弱点，是多个企业合作完成的核心流程中的核心过程，是接受、处理和传递质量流的重要环节，对整个质量链平稳有效运行具有重要影响。识别关键链节点是进行质量链管理的基础和核心。

识别和选择关键链节点的一般原则：一是关键节点必须参与质量形成的核心过程；二是与关键质量特性密切相关；三是质量链中的瓶颈或薄弱环节；四是要素的集合。上述原则是判断关键链节点的充分条件。具备上述一个或多个特征的链节点可判断为关键链节点。

除此之外，在一些工程项目中，利用运筹学中计划评审法通过对主要业务流程的时间、成本与收益分析，也可确定质量链上的关键路径和关键链节点。

3. 耦合效应分析

1）耦合效应的协同理论基础

协同理论的直观表达是 1 + 1 > 2。将其应用于质量链管理，意指质量链管理的整体价值大于各组织独立质量活动价值的简单总和。

质量链的协同管理是要强调对组织群质量链、质量流程和内部质量链各维度中链节点之间的整合，然后再加上企业群内各个企业的质量意识、质量文化、质量管理习惯等方面的控制与整合，从而使整个企业群质量链成为一个流动、高效、敏捷的质量管理通道。其内容包括质量战略协同、质量标准协同、质量过程协同、质量文化和意识协同。对贯穿于企业群并有延伸特征的质量链，相应的管理机制有综合管理机制、信息共享机制、协同工作机制、协同风险防范机制、协同激励机制和市场预测机制。目的是在供应商、制造商、销售商乃至最终用户之间建立一条敏捷、畅通、受控、优化的广域质量链路，从而在整体上提升企业群的质量水平。

2）耦合效应分析步骤

耦合主要发生在相关组织和要素之间，发生相互影响和相互作用的过程中，进行耦合效应分析的步骤主要是绘制链节图、确定关键链节点处相关方关系、耦合效应分析。

3）耦合效应分类

质量链上的各类参与主体主要分为：核心组织，有契约关系的相关方组织，无契约关系的政府部门、非营利性组织、客观自然环境，以及人力资源、信息、技术、标准等要素。根据相关方与核心组织关系密切程度，质量链管理中存在 4 种耦合类型。

（1）人与自然之间的耦合。人与人之间的耦合适应或克服自然环境带来的不利影响，同时积极利用自然环境的有利之处，为我服务，确保质量链的高效平稳运转。

（2）组织与组织之间的耦合。组织与组织之间的耦合即彼此之间存在明确契约关系的组织之间所发生的耦合，主要表现为：核心组织统一指挥契约方组织，为彼此的合作提供良好的参与和沟通氛围，制定激励措施；相关组织以局部利益服从整体利益，依据各自的核心竞争优势积极配合，相关方之间相互支持、互为补充。

（3）组织与社会的耦合。组织与社会的耦合主要体现为与政府有关部门、社会非营利性机构等之间各司其职，主动配合。组织要服从政府相关部门的监督与约束，履行社会责任；社会相关组织也要为组织提供良好、及时的服务，共同参与质量的形成过程。

（4）要素与要素的耦合。要素与要素的耦合即人力资源、信息、技术（设备、工艺方法等）、标准和法规等要素在质量链各组织间的耦合关系。

4）耦合效应分析和改进方法

耦合效应分析和改进方法主要采用流程分析（Process Analysis，PA）、网络分析法（Program Evaluation and Review Technique，PERT）、故障树分析法（Fault Tree Analysis，FTA）、试验设计（Design of Experiment，DoE）、回归分析（Regression Analysis，REG）等方法。

4. 质量链运行绩效评价

进行质量链运行绩效评价应遵循的原则是：①突出重点；②反映整个质量链运营情况；③尽可能采用实时分析与评价方法。

质量链运行绩效评价的主要内容包括三个方面：①内部绩效度量。内部绩效度量主要是对质量链上的企业内部质量管理绩效进行评价，可以采用成本、生产率、合格率等指标。②外部绩效度量。外部绩效度量是对质量链上下游伙伴之间的协调状况进行评价。③质量链整体绩效度量。质量链整体绩效度量主要是从用户满意度、时间、成本、效益等几个方面展开。

5. 质量链管理信息系统设计

质量链管理信息系统是融合质量链管理理论、作业过程控制技术、现代信息技术等在内的信息化管理平台,可以高效便捷地进行质量链管理的过程分析、关键质量特性识别、耦合效应分析等,多维度地实现对质量链整体运行的管理、考评、反馈与改进。

质量链管理信息系统的设计原则包括:①以质量管理技术为核心,以先进的软件技术为实现手段;②信息系统的设计应参照国际规范、遵循国家标准、符合企业现实需求;③适应企业群经营模式不断变化的需求;④紧扣核心企业的经营特点、所在行业特点等来展开,充分分析质量链上产品/服务的特性。

跨企业的质量链管理信息系统包括业务应用集成、数据管理集成及日常管理服务的集成。这种集成化工作平台的开发主要涉及如下关键技术:接入系统;数据管理;数据挖掘技术;数据呈现技术;工作流技术;与其他管理系统兼容。

6. 质量链管理循环

借鉴反映质量管理活动规律的 PDCA 循环思想,从质量链管理的实际需要出发,提出质量链管理循环,即质量链管理的策划、实施、控制和改进。

1)质量链管理策划

从规划设计到交付用户,产品/服务质量的形成过程大多需要经过多家单位(核心组织和相关方),流经多道工序环节,需要众多组织、人员、上下游工序的紧密合作,是一项复杂的系统工程活动。必须在活动伊始就针对全过程的质量控制进行设计和策划。

质量链策划的主要内容可以按照 5W + H 进行,具体包括以下内容。

(1)组织、参与质量链活动的需求分析(Why)。进行质量链管理的总目的在于用最低的成本、在规定工期内,提供符合设计要求和质量标准的产品/服务,由此可以分析得到各相关方的参与动机与利益需求。

(2)质量链伙伴选择(Who)。质量链伙伴包括上游伙伴和下游伙伴。

(3)相关方工作内容分配(What)。通过对总目的进行细分,制定出各相关方、相关工序应承担的项目内容、质量要求、成本和进度等。

(4)何时何地开展相关活动(When 和 Where)。规划相关方活动顺序,绘制质量链活动的 PERT/CPM 结构图。

(5)如何相互配合(How)。对质量链上组织间相互交叉的每道工序、每个环节,都制定出手段、方法、标准,以便平稳实现组织间的工作交接。

2)质量链管理实施

质量链实施阶段,主要是执行质量链策划内容。根据各自职能分工进行产品/服务的设计、制造、销售等活动。

3)质量链管理控制

质量链管理控制是指核心组织为保证按预定标准实现产品/服务质量,而对相关方组织所采取的各种质量保证措施。

进行质量链管理控制的原则是分类管理,差别对待。根据质量链伙伴与核心组织之间关系密切程度,分别采取宽严不一的质量控制措施。

质量链管理控制的重点是防止出现本位思想、诚信缺失、信息失真、协调不当、“一仆多主”。

4)质量链管理改进

质量链管理改进主要围绕如何提高耦合效应来进行。改进的关键是发挥核心企业作用，可采取的方式如下。

(1)统一理念。核心组织应通过加强对价值观的宣传与教育，使相关各方达成共识，克服本位思想，重视长远利益，自觉地将整体目标与局部目标结合起来。同时，必须为相关方营造很好的合作氛围，精心挑选诚信的合作伙伴，在共同目标前提下，加强对合作伙伴的投入与支持。

(2)集中指挥。发挥核心企业的凝聚力作用，提前规划、有序实施，有条不紊地组织开展各种质量活动。

(3)合理配置。核心企业必须很好地整合、优化调配质量链组织间的人力、知识、技术和信息等资源，尤其是知识和技术资源。

(4)权责分明。权责分明有助于企业之间的协调合作，避免出现“一仆多主”现象。

(5)信息共享。核心企业可以通过建立知识库、信息管理系统等，发挥核心企业信息处理中心的作用，建立共享信息平台，实现各企业之间的统一和协调。

(6)标准规范。各组织在共同的信息平台上进行数据传输和业务往来时，必须有公认的标准支持，确保组织之间的沟通、通信顺畅实现。

2.5 质量波动理论和正态分布特性

2.5.1 质量波动理论

在生产过程中，产品质量状态服从波动规律，即同样的生产过程中，生产相同产品，它们的质量特性不会是一个固定不变的恒量，而总是在一定范围内波动变化的。也就是说，完全一样的产品是没有的。造成质量波动的因素很多，一般来说，主要有原材料(Material)、工艺方法(Method)、操作者(人)(Man)、设备(Machine)、测量(Measurement)及环境(Environment)6个方面，简称为5M1E。

(1)原材料因素：原材料物理、化学特性方面的保证程度。

(2)工艺方法：加工过程的工艺、工装选择、操作方法、工作条件等。

(3)操作者：企业员工的质量观念、技术熟练程度、身体健康状况、疲劳程度等。

(4)设备：机器设备本身的精度，工具、量具、辅助工具的精度，以及使用、保管和维修状况。

(5)测量手段方法：测量仪器、测量方法、测量人员等。

(6)环境因素：生产过程中的各种环境因素。

将上述各种因素所引起的质量波动，按其对产品质量影响的程度和排除的难易程度分类，可将所有因素划分为偶然性因素和系统性因素两大类。

偶然性因素属于正常的质量波动。它的主要形成原因是材料性质上的微小差异，机床的正常振动，刀具的正常磨损，夹具的微小松动，室内温度、湿度、电力的微小差异，工人操作的微小变化等。它们既不易避免，又难以清除，但对质量波动的影响不大。

系统性因素引起的质量波动是非正常波动。它的主要形成原因有：原材料中夹有不同的规格或不同的材质；机床发生故障；刀具过度磨损；工人不遵守工艺规程；仪器和量具本身准确性差等。系统因素对质量波动的影响较大,但容易识别,只要及时采取措施就可以避免。

大量的观察分析证明,生产过程中由于偶然性因素造成产品质量的波动,并不是杂乱无章的,而是具有一定规律性的波动。并且应用数理统计方法,从大量波动的数据中找出的产品质量变化特征函数服从正态分布,可以应用数理统计方法进行质量分析和控制。

2.5.2 正态分布特性及其参数

由质量波动理论可知,在生产过程中尽管采取各种措施保持条件稳定,但由于偶然性因素影响,加工出的一批零件特性值总会有波动。而对数量足够大的一批零件来说,特性值的波动存在一定的规律性,即统计规律性。在质量管理中常用的统计规律有正态分布、二项分布和泊松分布等,而用得最多的是正态分布。正态分布曲线如图2-6所示,正态分布特性如图2-7所示。

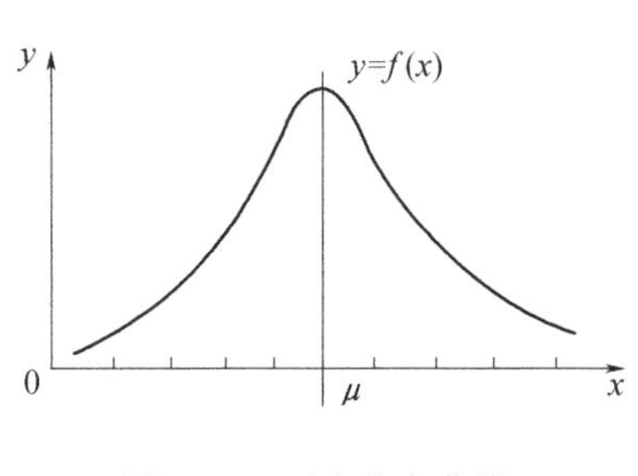

图2-6 正态分布曲线

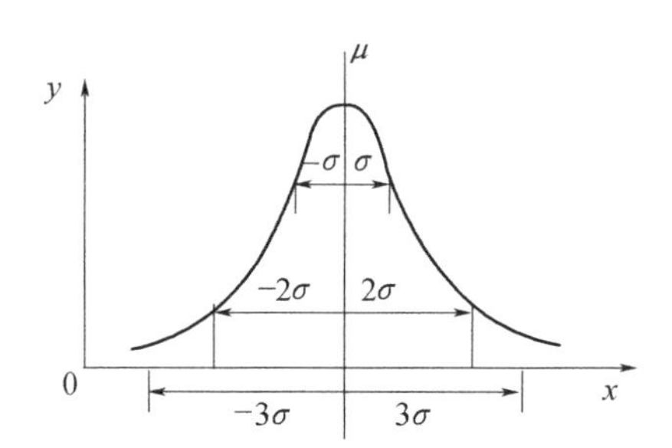

图2-7 正态分布特点

(1)曲线以 $x=\mu$ 这条直线为轴,左右对称。

(2)曲线与横坐标所围成的面积等于1,即有

$$\int_{-\infty}^{+\infty} f(t)\,\mathrm{d}x = 1 \tag{2-1}$$

式中:在 $\mu\pm\delta$ 范围内的面积占总面积的68.26%;在 $\mu\pm2\delta$ 范围内的面积占总面积的95.45%;在 $\mu\pm3\delta$ 范围内的面积占总面积的99.73%;在 $\mu\pm4\delta$ 范围内的面积占总面积的99.993%。

2.6 定性质量统计技术与方法

2.6.1 因果分析图

因果分析图又称树枝图和鱼刺图,是一种用于寻找影响质量问题的所有因素的有效工具。由于影响质量问题的一些表面性的大原因一般由一系列中原因构成,并且还可以进一步逐级分层地找出构成中原因的小原因及更小原因等。如此分析下去,直到找出能直接采取有效措施的原因为止,这就是在质量分析时要追究的根本原因,最后根据根本原因采取对策。

因果分析图由质量问题和影响因素两部分组成。如图2-8所示,图中主干箭头所指的为质量问题,主干上的大枝表示大原因,中枝、小枝表示原因的依次展开。

编制因果分析图的主要步骤如下。

(1)先由左向右画一个宽的箭头,箭头指向即是待分析的质量问题。

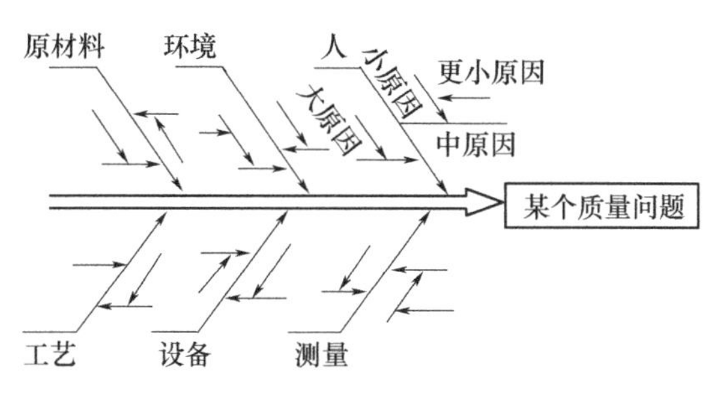

图 2-8　因果分析图

(2)分析造成质量问题的各种可能原因,按 5M1E(操作者、原材料、设备、工艺方法、测量和环境)对原因进行分类,每一类形成一个分支箭头,箭头指向主干箭头。

(3)在各种主要原因的基础上再分析其产生的第二层、第三层原因,用分支箭头表示。

绘制因果分析图是一项专业性很强的工作,一般应采用质量分析会的方式,尽可能让各方面有关人员都参加,充分发扬民主,把各种意见都记录下来。主要原因可用作排列图、投票或其他方法来确定。例如,对某工件"焊缝气孔缺陷"这一质量问题作因果分析图,最后经分析确定主要原因为焊接质量差、奖惩不明、坡口未清理、电流不稳定、拉紧架压力不足与滚动不便、表面成型差等,并在图中作出标记,如图 2-9 所示。

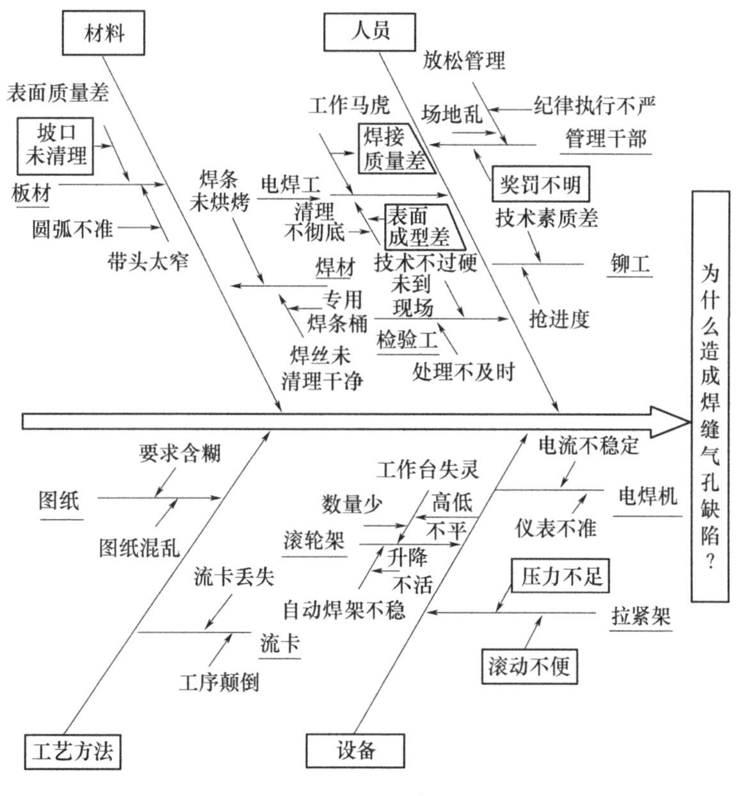

图 2-9　因果分析图

因果分析图帮助人们在解决问题时进行开放性的思维。在将可能的原因及其相互关系进行分类时,因果分析图就显得极为有用。其重要作用在于明确因果关系的传递路径。

例如:某激光测距仪是近年开发的技改换型产品,用于对飞行器诸元的测定。测距能力是该产品的一项主要指标,在厂内验收时由于找不到远距离目标,所以一般都采用消光比值法测试,并列入部颁标准。但是,在某批产品的验收中,用消光比值法检查合格的产品,在野外进行远距离目标实测时,有10%的产品,最远只能测得6km(指标要求为8km),这说明消光比值法检测结果与实际测试存在一定的差异性。解决这一测不回问题,不但对该批产品的验收,而且对所有脉冲激光测距仪的验收都至关重要。

在解决此问题时,应用因果分析系统图(图2-10),对远距离测不回问题的影响因素进行分析。经军代室与工厂组成的QC小组讨论分析后,认为造成这一问题的主要原因是:光学系统中的观瞄轴、激光接收轴、激光发射轴三轴不平行(因果分析图中用△标记);逻辑电路中的双绞线接地(Twisted Pair Ground,TPG)信号有误、波形宽度过宽。

在此例中,进行因果分析的图是一种方框图,并非标准的鱼刺图,但实质原理是相同的。此种因果分析图称为故障树,由根(某个质量问题)到枝干到叶,找出关键的原因。一目了然,原因之间的逻辑类属关系非常清楚。

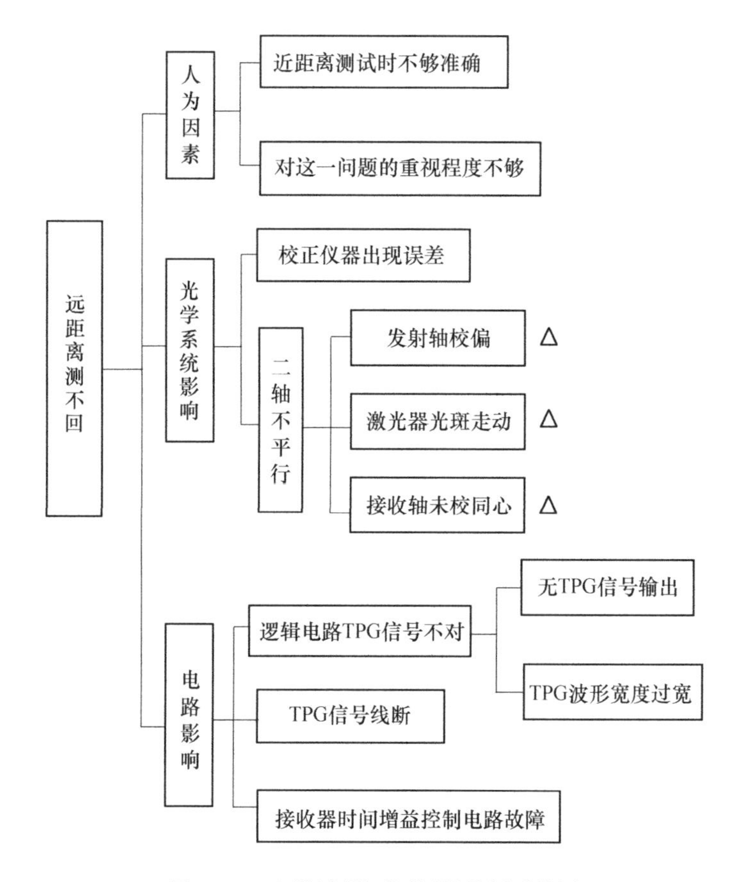

图2-10　远距离测不回因果分析系统图

2.6.2　对策表

对策表是在找出质量问题的主要原因后,紧接着找出解决问题的具体办法。将作出的对策用表格形式明确列出,同时列出存在的各种问题、应达到的质量标准、解决问题的具体措施、责任者和期限等。表2-4是针对“远距离测不回”而制定的对策表。

表2－4 “远距离测不回”对策表

序号	项目	目标	措施
1	光学系统三轴不平行	尽量使光学三轴平行	检修故障产品的激光器,更换染料片重新调校,重新校准激光接收轴。重新校准激光发射轴增加激光器本体高温失效次数及失效时间
2	装配工艺不完善	完善	修改单板调试及整机调试工艺,在逻辑电路联调时应检测TPG波形
3	TPG波形有误	完全排除	更换逻辑电路板上的电容,改善输出的TPG波形

2.6.3 分层法

分层法又称为分类法,是加工整理数据、分析影响质量原因的一种方法。它把收集的不同数据,按不同目的加以分类。把性质相同,在同一生产条件下的质量数据归类在一起加工整理,使数据反映的事实更明显、更突出,便于找出问题,对产品质量进行更有针对性的分析和管理。

数据分析处理分层法,通常根据以下原则进行分类。

(1)按操作人员分,如按不同性别、年龄、工龄、技术等级等进行分类。

(2)按设备或工作场地分,如按不同类型的设备,同一种设备的不同型号,设备的新旧程度,不同的工、夹、模具,不同的车间、工段等进行分类。

(3)按原材料分,如按不同的供应单位、不同的进料时间、不同的成分等进行分类。

(4)按操作方法分,如按不同的切削用量,不同的压力、温度等进行分类。

(5)按生产时间分,如按不同的班次、不同的日期进行分类。

(6)按测量手段分,如按不同的检测人员,不同的仪器、量具和方法等进行分类。

(7)按其他分类标志分,如按环境条件、气候及不同的工件部位、工序原因等进行分类。

例如:有甲、乙两个车工组,日加工产量均为1000根轴,共产生废品50根。为准确地找出造成废品的原因,可分别对两个车工组用分层法进行分析,如表2－5所列。

表2－5 轴加工不合格原因分类表

废品原因	甲组	乙组	合计
表面粗糙度不合格	22	2	24
锥度过大	1	1	2
超差	4	18	22
弯度过大	1	1	2
合计	28	22	50

从表2－5中可以看出,甲组产生废品的原因主要是表面粗糙度不合格,而乙组产生废品的原因主要是超差。因此,可针对各组产生废品的主要原因分别采取不同措施加以解决。

总之,分类的目的是把不同性质的问题分清楚,找出原因所在。但是运用分层法往往按一个标志分类不能完全解决问题,这就要求按几个相关标志分别进行分类。进行综合分层分析,有时还要应用质量管理中的其他方法联合使用才能使质量问题原因明朗化,如分层排列图。分层排列图是在绘制一个排列图的基础上,对排列在前面的主要因素再进行分组而形成的排列图表系统。它可以依照同一绘制原理,绘出第二层排列图,第三层排列图……进行层层深入分析,以便更加直观地分析影响质量的主要因素。排列图的设计,应首先建立在合理分层的基础上,分别找出各层的主要矛盾及相互关系。例如,从一个企业找出影响产品质量的主要车间,而从这个车间内部又可分别找出关键工序。例如,按产品分层,可以找出主要产品的主要部件、关键零件或关键工序。

2.6.4 关系图

关系图是表示事物因果关系的连线图。它是以系统的连线圈来表示事物之间的因果关系,谋求解决那些在原因和结果、目的和手段等方面存在复杂关系的问题的方法。对质量管理而言,它是用系统图的形式,把影响质量的各种因素联系起来,研究应如何解决问题的方法。关系图的基本形式如图 2-11 所示。

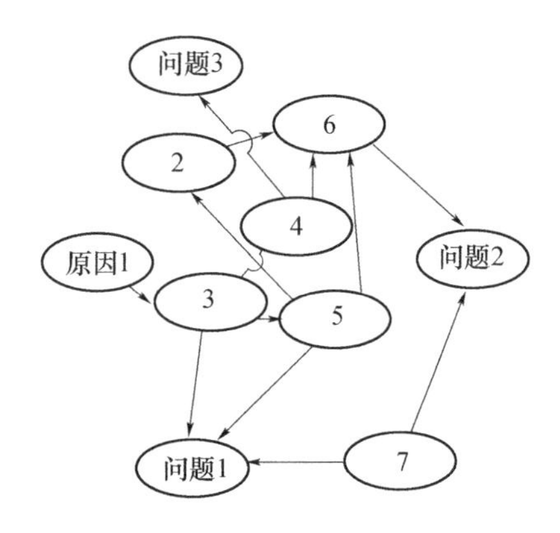

图 2-11 关系图

1. 绘制关系图的主要要求和步骤

(1)提出认为与问题有关的全部主要因素。

(2)用确切与简明的词汇表达各主要因素。

(3)用箭头把各因素的因果关系(逻辑关系,而不是顺序关系)从理论上联系起来(即画出关系图)。

(4)根据图形,统观全局,掌握全貌,进行分析讨论,并检查有无遗漏或不够确切之处,复核认可各因素及其相互间的因果关系。

(5)提出全部重点,确定从何处入手解决问题,拟订实施计划。

2. 关系图法的适用范围

关系图法广泛用于社会现象的分析以及解决企业活动方面的问题。它在质量管理方面有以下用途。

(1)制订推行全面质量管理的计划。

(2)制订质量保证的方针。

(3)产品制造过程中,研究防止和减少潜在废品的措施。

(4)制订开展质量管理小组活动的规划。

(5)帮助外协件厂制订开展质量管理的计划,制订防止市场索赔的措施。

(6)改进其他管理部门的业务工作。

3. 绘制关系图应该掌握的要领

(1)要尽可能广泛地收集情报和数据,听取各方面的意见,集思广益,把问题摆透。

(2)语言、文字表示要明确生动,选用名词、动词要准确,使人一目了然。

(3)组成小组,共同研究,充分发挥集体智慧,把各因素的相互因果关系搞准。

(4)为了明确找准重点项目,管理人员要不厌其烦地对图形进行反复修改,多问几个为什么。

2.6.5 统计分析表

统计分析表又称质量调查表,它是利用统计图表来收集、统计数据,进行数据整理并对影响产品质量的原因作粗略分析的常用图表。其格式多种多样,可根据产品和工序的要求灵活确定其形式与项目,常用的统计分析表如下。

(1)不合格品统计调查表。不合格品统计调查表是将不合格品分类统计在表上,用于调查生产中发生了哪些不合格品及其比率。

(2)缺陷位置调查表。缺陷位置调查表直观地将质量缺陷标注在调查对象示意图或展开图上,以表明缺陷所在位置及其状态,较多地用于工序分析。如表 2-6 所列的某产品喷漆不良调查表。

表 2-6 缺陷位置调查表

型号		检查部位	外表
工序		检查表	年 月 日
检查目的	喷漆缺陷	检查件数	500 台
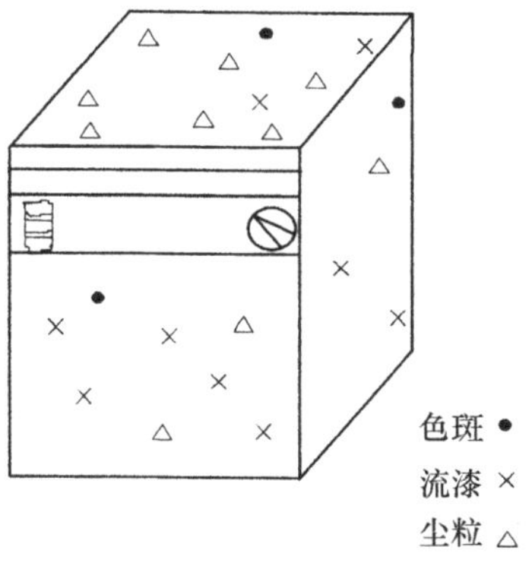 色斑 ● 流漆 × 尘粒 △			

(3)频数分布调查表。频数分布调查表是将产品质量特性值出现的频数及其分级列成表格,并按测量的数值在相应的组内画上符号而构成的。可用于描述工序质量特性值的分布情况。如表 2-7 所列,在频数分布坐标纸上,预先在坐标轴上标好可能出现的产品特性值与频数的标度,每测一个数据就在相应栏内画出即可。如此下去,测量结束时频数分布也就作出来了。

表 2-7　频数分布调查表

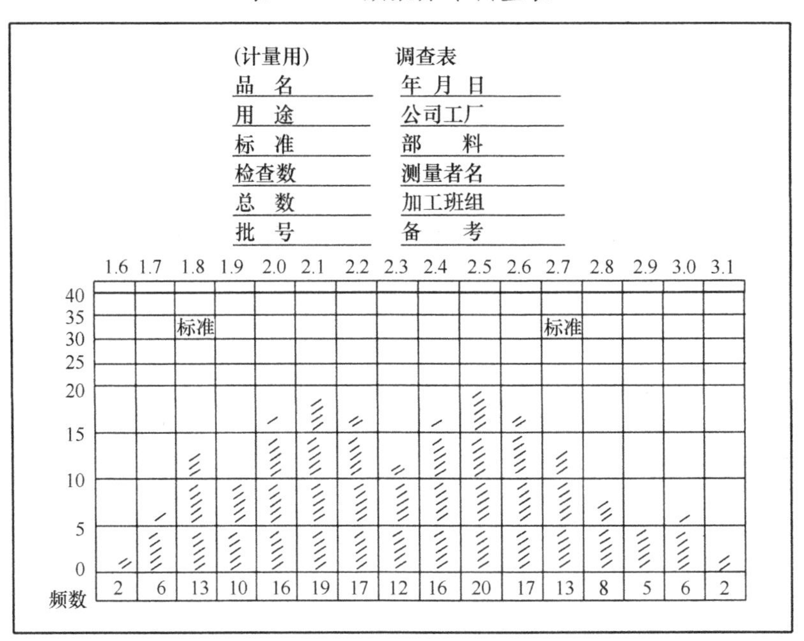

在实际工作中,统计分析表往往和分层法结合起来使用,这样就有可能使影响产品质量的原因调查得更清楚。

2.6.6　KJ 法

1. KJ 法概念

KJ 法是川喜田二郎(Kawakita Jiro)提出的一种方法。它是指将从杂乱无章状态中收集来的语言、文字资料,利用其内在的相互关系加以归并整理,以抓住问题的本质,找出解决问题的新途径的一种方法。KJ 法的基本做法是通过重复使用 A 型图来解决问题。A 型图解是把收集起来的语言、文字资料按其互相接近加以综合的方法,所以又称为近似图解法。

KJ 法与统计方法是不同的。统计方法主张一切用数据说话,主要靠定量分析。KJ 法则主要用事实说话,借"灵感"发现新思想,解决新问题。川喜田二郎认为许多新思想、新理论往往是灵机一动、突然发现的,KJ 法与统计法的比较如表 2-8 所列。

表 2-8　统计法和 KJ 法的比较

统计法	KJ 法
(1)假设验证型	(1)发现问题型
(2)现象数量化,采用数据性资料	(2)不需数量化,采用语言、文字之类资料(现象、意识)
(3)着重分析、分类	(3)侧重于综合
(4)用理论分析(数理统计理论分析)	(4)凭"灵感"归纳问题是否合乎情理

应该指出,统计法与 KJ 法也有共同点,就是从实际出发,重视根据事实考虑问题。

2. KJ 法的主要用途

(1)用于弄清事实。例如,要控制市场,就要了解顾客对商品的要求和反应;要使生产保持均衡,就得掌握各生产车间的运行状况和进度,做到正确的调度与调整。

(2)用于形成构思。对未知或无经验的新事物,总结归纳自己的见解和想法,提出新办法。

(3)用于打破现状。用A型图解,打破思想上的老框框,提出一些新的想法。

(4)用于彻底更新。在学习仿效前人构成的思想体系和理论体系的基础上,归纳自己的思想体系和理论体系。换言之,就是不断采纳他人的意见和观点,从而构成自己独立的论点。

(5)用于筹划组织工作,促进协调,统一思想。

(6)用于贯彻上级方针,使上级方针变成下属的行动。

川喜田二郎认为,KJ法至少可以锻炼人的思考能力。

3. KJ法的工作步骤

(1)确定对象(主题、用途)。KJ法适用于解决那种非解决不可,而又允许用一定时间解决的问题。对于要迅速解决、急于求成的问题,不宜使用KJ法。

(2)搜集语言、文字资料。搜集资料时既要尊重事实,又要重视原始思想("活思想""思想火花")。

搜集资料的方法主要有以下三种:

①直接观察法。到现场看、听和直接接触,吸取感性知识,从中得到启发。KJ法强调"外部探索",即到现场去了解,掌握第一线资料。

②面谈、阅览法。直接与有关人谈话、开会、访问、查阅文献和集体头脑风暴(Brain Stoming,BS)法等。用通俗的语言来表达,就是"开诸葛亮会""眉头一皱,计上心来"。

③个人思考法。自我回忆,总结经验。川喜田二郎把个人思考的过程称为"内部探索",这是一个人开动脑筋的有效方法。

在具体运用时,应根据不同的目的选择不同的搜集资料的方法,如表2-9所列。

表2-9 搜集资料方法的应用

使用目的	直接观察	查阅文献	面谈阅读	BS	回忆	检讨
认识新事物	⊙	△	△	△	○	×
归纳思想	○	○	⊙	○	○	⊙
打破现状	⊙	○	○	⊙	⊙	⊙
脱胎换骨	△	⊙	⊙	×	○	○
参与计划	×	×	×	⊙	○	○
贯彻方针	×	×	×	⊙	○	○
注:⊙常用;○使用;△不常使用;×不使用						

(3)把搜集的所有资料,包括思想火花都写成卡片。

(4)把杂乱无章的卡片按相似性进行分类,逐步整理出新的思路。

(5)把同类的卡片集中起来,并写出分类卡片。

(6)根据不同的目的,选用上述资料卡片,整理出思路,写成文章。

2.6.7 系统图

1. 系统图概念

系统图是一种系统地寻求达到目的最佳手段的方法。如图2-12所示,把达到目的所必需的手段系统地展开,并绘制成系统图,然后从图中找出问题的重点和实现目的最好的手段与方法。

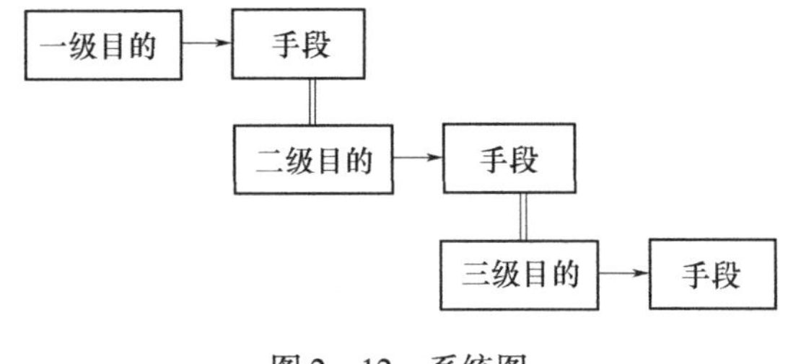

图 2 - 12　系统图

图 2 - 12 中一级手段等于二级目的,二级手段等于三级目的,如此类推,把目的、手段系统化,即系统工程理论在质量管理中的具体运用。

系统图法中采用的系统图大致可以分为两类:一类是把构成系统对象的因素展开为目的 - 手段关系的“结构因素展开型”;另一类是把为了解决问题或实现目的、手段系统地展开的“方法展开型”。

2. 系统图用途

系统图不仅可用来明确质量管理活动中的管理重点及改善实施效果,而且对企业管理人员来说,在完成日常业务的过程中,对手段的思考训练方面也很有作用。它的应用范围很广,归纳起来主要有以下几个方面。

(1)在发展新产品中,开展质量设计。

(2)开展质量保证活动,建立质量保证体系。

(3)把企业解决其内部质量、成本、产量各种问题所采取的措施加以展开并找出重点。

(4)对质量管理目标、方针、实施事项的展开。

(5)探求部门机能、管理机能和提高效率的方法。

(6)可作为因果分析图灵活运用,也可结合因果分析图一起使用。单用因果图很难看出“中原因”或“小原因”之间横向的相互关系,以及应采用哪些措施落实到哪些部门等问题。如果把因果图与系统图结合在一起使用,就可以克服这些缺陷。其结合的形式如图 2 - 13 所示。

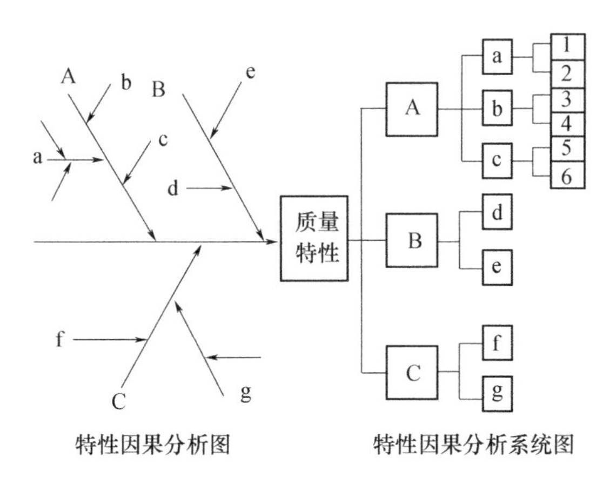

图 2 - 13　因果图与系统图的结合形式

3. 系统图的工作步骤

(1)明确目的。把要达到的最终目的和目标用名词或短文形式明确地记录在卡片上,使人能一目了然。

(2)根据目的和目标的要求,自上而下或自下而上地集思广益,提出各种手段和措施。

(3)对提出的各种手段和措施进行评价。评价时要慎重调查,然后决定取舍,并应注意:不要轻易地用肤浅的认识否定别人提出的手段和措施,即使初看起来不可能实行的设想,也要反复地思考、推敲和调查研究,使其有可能实行。

对离奇的意料之外的设想要特别注意,不要草率从事,不可轻易否定。因为一般来说,设想越离奇,越容易被否定;但是,这种离奇的设想一旦实现,往往在效果上就是一个重大的突破。

在评价过程中,往往会出现新的想法,应对其逐渐补充,使之成为完善的设想。

(4)把各种手段和措施都写在卡片上。

(5)把手段和措施系统化。

(6)在确认上述各种手段和措施时,至少要问三个问题:为了达到目的和目标,首先应采用什么手段?如果把上一级手段作为"目的",那么为了达到此"目的",还需进一步采用什么手段?如果实现了这些手段,能否达到目的?应注意,在系统图中各级目的和手段之间是有顺序的。

2.7 定量质量统计技术与方法

2.7.1 排列图

排列图是找出影响产品质量的主要因素的一种方法,有助于确定需要改进的关键项目。

1. 排列图原理

排列图最早是由意大利经济学家帕雷托(Vilfredo Pareto)用于统计意大利的财产分布状况时,发现少数人占有社会上大部分财富,而绝大多数人处于贫困状态,即"关键的少数与次要的多数"这一相当普遍的社会现象,如图2-14所示。美国质量管理学家朱兰把这个原理应用到质量管理中来,认为少量问题造成的不合格品占据总不合格品的大部分。排列图也就成为质量管理活动中寻找关键问题的一种有力工具。

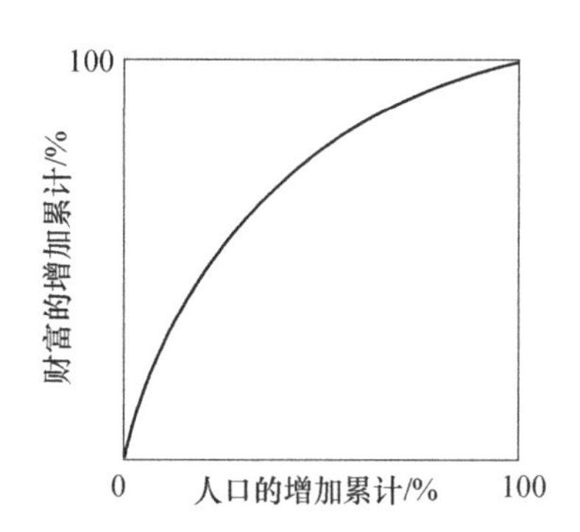

图2-14 帕雷托图原理

企业在生产过程中产生不合格品的原因,一般是多种多样的。但是,实际上大都是其中一两个原因对产品不合格的影响较大。亦即由于一两个主要原因而影响产品的质量。一般来说,这种现象是由于生产过程中管理不善所致。找出对产品质量影响较大的主要原因,采取措施消除这些原因后,会得到提高质量的较好效果。至于影响不大的多数原因,即使花了很大精力一一消除,结果还是事倍功半。这种分析找出"关键少数和次要多数"的方法,称为帕雷托分析。排列图是作这种分析时所使用的工具。

2. 排列图绘制及应用实例

以某化工机械厂对已制造的15台尿素合成塔的焊缝缺陷返修所需工时进行统计分析为例，说明排列图绘制的具体步骤，如表2－10所列。

表2－10　焊缝缺陷的统计数据

序号	项目	返修工时f_i	频率p_i/%	累计频率F_i/%	类别
1	焊缝气孔	148	60.4	60.4	A
2	夹渣	51	20.8	81.2	A
3	焊缝成型差	20	8.2	89.4	B
4	焊道凹陷	15	6.1	95.5	B
5	其他	11	4.5	100.0	C
合计		245	100.0		

(1)确定分析的对象。一般是指某种产品(或零件)的废品件数、吨数、损失金额、消耗工时及不合格项数等，本例是返修工时。

(2)确定问题分类的项目(因素)。可按废品项目、缺陷项目、零件项目、不同操作者进行分类。本例为缺陷项目，如焊缝气孔、夹渣、焊缝成型差等，对于有些影响很小项目可以统一归到“其他”类。

(3)收集与整理数据。列表汇总每个项目(因素)发生的数量，即频数f_i，项目按发生的数量大小，由大到小排列。“其他”项不论发生的数量大小，皆放在最后一项。

(4)计算频数f_i、频率P_i和累积频率F_i。首先统计频数f_i，其总和为f，分别计算频率：

$$P_i = \frac{f_i}{\sum f_i} = \frac{f_i}{f} \tag{2-2}$$

$$F_i = P_1 + P_2 + \cdots + P_i \tag{2-3}$$

(5)作排列图。排列图由两个纵坐标、一个横坐标，几个顺序排列的矩形和一条累计频率折线组成。图中横坐标表示影响产品质量的因素或项目，一般以矩形的高度表示各因素(项目)出现的频数(各矩形宽度相等)，并从左至右按频数由大到小的顺序排列；左边的纵坐标表示项目出现的频数，右边的纵坐标表示出现的频率；在各直方的右边延长线上标记点子，各点的纵坐标值表示对应项目的累计频率；以原点为起点，依次连接上述各点，所得折线即为累计频率折线，如图2－15所示。

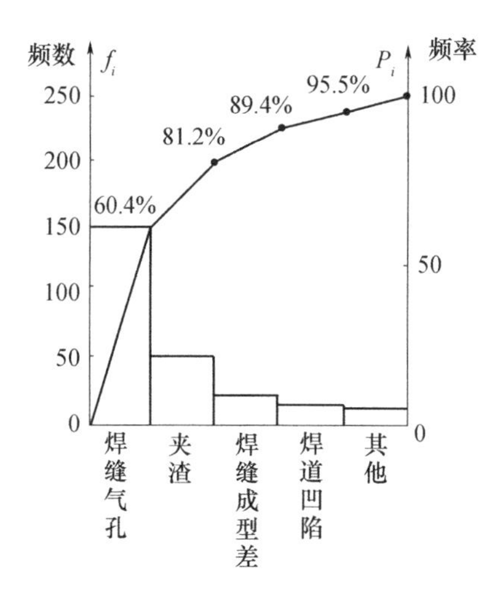

图2－15　焊缝缺陷排列图

(6)根据排列图确定影响产品质量的主要因素。

①主要因素：累计频率F_i在0～70%的若干因素。它们是影响产品质量的关键原因，又称为A类因素。其个数为1～2个，一般不超过3个。

②有影响因素：累计频率 F_i 在 70%～90% 的若干因素。它们对产品的质量有一定的影响，又称为 B 类因素。

③次要因素：累计频率 F_i 在 90%～100% 的若干因素，其对产品质量仅有轻微影响，又称为 C 类因素。

在本例中，"焊缝气孔"和"夹渣"为主要因素，"焊缝成型差"和"焊道凹陷"为有影响因素，"其他"为次要因素。因此，排列图又称为主次因素分析图或 ABC 分析图。

在进行排列图分析时，要注意以下几点。

(1)主要因素若可以进一步分层，则需根据分层类别重新收集数据，再作排列图，以便对影响因素进行深入分析，找出主要因素中的子因素，特别是其核心因素，从而采取措施，予以解决。

(2)主要因素一般为 1～2 个，最多不超过 3 个，否则要对因素重新分类；若因素较多，可将最次要的若干因素合并为"其他"项。

(3)左边的纵坐标用件数、金额、时间等表示，原则是以更好地找到主要因素为准。

3. 排列图用途

排列图是一种用途极广的统计工具，具有简单明了、直观、主次因素一目了然的优点，同时还能定量地进行分析比较。它可以分析造成产品质量波动的因素种类，并能把影响产品质量的"关键的少数与次要的多数"直观地表现出来，明确应该从哪里着手来改进产品质量。实践证明，集中精力将主要因素的影响减少比消灭次要因素收效显著，而且容易得多。所以应当选取排列图前 1～2 项主要因素作为质量改进的目标。

排列图不仅可以用于产品质量改善，其他工作如分析安全事故、设备故障产生的主要原因，节约能源、减少消耗、降低成本等都可用排列图来改进，提高工作质量。只要涉及企业内改善的问题，都可运用排列图。

排列图还可用来检查改进质量措施的效果。如果确有效果，则采取质量改进措施后的排列图中，横坐标上影响因素排列顺序或频数直方高度应有变化。例如，在表 2－10 中，对主要因素"焊缝气孔"改进后，频数直方高度明显下降，且在排列图中退居为第二项，如表 2－11 及图 2－16 所示。

表 2－11 焊缝气孔改进后焊缝缺陷的统计数据

序号	因素	返修工时 f_i	频率 p_i/%	累计频率 F_i/%	类别
1	夹渣	48	36.4	36.4	A
2	焊缝气孔	40	30.3	66.7	A
3	焊缝成型差	17	12.9	79.6	A
4	焊道凹陷	15	11.3	90.9	B
5	其他	12	9.1	100	C
合计		132	100		

2.7.2 相关图

在质量管理中，常常遇到一些变量(质量因素)共处于一个统一体中，它们相互联系、相互制约，一定条件下又可相互转化。这些变量之间的关系，有些属于确定关系，也就是说，可以用函数关系来表达;而另一些变量之间虽然存在密切的关系,但不能由一个(或几个)变量的数值精确地求出另一个变量的值,这种关系称为非确定性关系。

相关图是将两个非确定性关系变量的数据对应列出,用点子画在坐标图上,来观察它们之间近似关系的图表,因此相关图又称为散布图,对相关图进行分析,称为相关分析。

对相关图的分析,可以用相关系数、回归分析进行定量的分析处理。

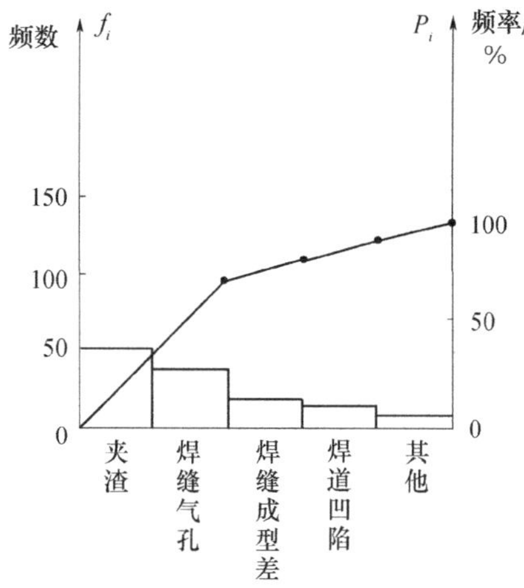

图 2-16　焊缝气孔改进后的排列图

1. 相关图作用

(1)确定各种因素对产品质量有无影响及影响程度的大小。

(2)若两个变量之间相关程度很大,则对其中一个变量的直接观察可以代替对另一个变量的观察。或者直接控制某一变量的数值来间接控制另一变量的变化,也就是从一个变量的取值,就能确定另一个变量取值的大致范围。

(3)对散布图的分析,能帮助肯定或否定关于两个变量之间可能关系的假设。

2. 散布图应用实例

例如:某材料的强度与其拉伸倍数有关,表 2-12 是 20 个样品的强度与相应的拉伸倍数的实测记录。试分析强度与拉伸倍数的关系。

作图应用步骤如下:

(1)收集数据。所要研究的两个变量若一个为原因(因素),另一个为结果(质量指标),则一般取原因变量为自变量 x,结果变量为因变量 y,本例中取拉伸倍数 x 为原因变量,强度 y 为结果变量。数据如表 2-12 所列。

表 2-12　强度与拉伸倍数的关系

编号	拉伸倍数 x	强度 y/MPa	编号	拉伸倍数 x	强度 y/MPa
1	1.9	14	11	4.6	35
2	2.0	13	12	5.0	55
3	2.1	18	13	5.2	50
4	2.5	25	14	6.0	55
5	2.7	28	15	6.3	64
6	2.7	25	16	6.5	60
7	3.5	30	17	7.1	53
8	3.5	27	18	8.0	65
9	4.0	40	19	9.0	80
10	4.5	42	20	10.0	81

(2)绘制散布图。在直角坐标系中,把上述对应的点一一描出,如图 2-17 所示,即得散布图。注意横轴与纵轴的单位长度要取得使 x 的散布范围与 y 的散布范围大致相等,以便分析两个变量之间的相关关系。

(3)从散布图可以看出,这些点虽然是散乱的,但大体上散布在某条直线的周围,也就是说,拉伸倍数与强度之间大致呈线性关系。

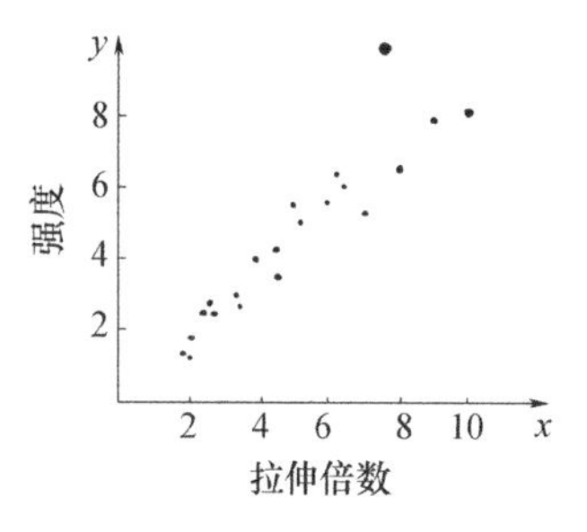

图 2-17 强度散布图

3. 散布图的观察与分析

两个变量之间的散布图大致可以分为 6 种情形,如图 2-18 所示。

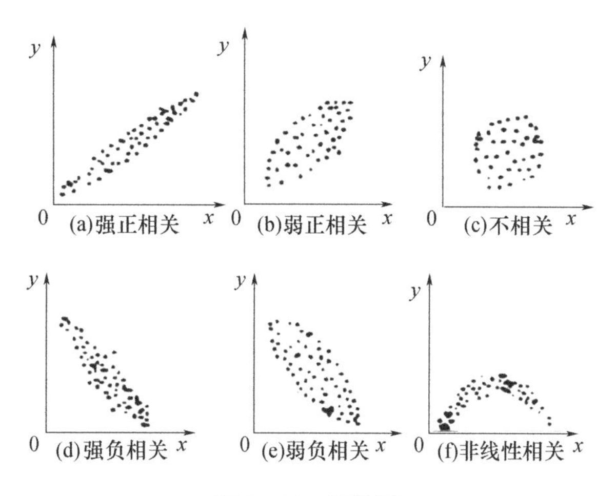

图 2-18 相关图

(1)强正相关。x 增大,y 随之线性增大。x 与 y 之间可用直线 $y = ax + b$ $(a > 0)$ 表示,此时,只要控制了 x,y 也就随之确定了,图 2-17 就属于这种情况。

(2)弱正相关。点靠近一条直线,且 x 增大,y 基本随之线性增大。此时除了因素 x,可能还有其他因素。

(3)不相关。两者没有明显的相关性。

(4)强负相关。x 增大,y 随之线性减小。x 与 y 之间可用直线 $y = ax + b(a < 0)$ 表示。此时,由 x 可以控制 y 的变化。

(5)弱负相关。x 增大,y 基本随之线性减小,此时除 x 外可能还有其他因素影响 y。

(6)非线性关系。x、y 有关系,但不是线性的,而是非线性的。

4. 相关系数

散布图只能定性地、近似地解决两个变量之间是否存在线性相关关系。为了能从定量方面精确地度量两个变量之间的线性相关程度,需要计算它们的"相关系数"。

(1)相关系数的计算公式。两个变量 x 与 y 之间的线性相关程度可用相关系数 r 来度量。其计算公式为

$$r = \frac{L_{xy}}{\sqrt{L_{xx}L_{yy}}} \tag{2-4}$$

式中:L_{xx} 为 x 的偏差平方和;L_{yy} 为 y 的偏差平方和;L_{xy} 为 x 与 y 的偏差积之和,即

$$L_{xx} = \sum_{i=1}^{n} (x_i - \bar{x})^2 \tag{2-5}$$

$$L_{yy} = \sum_{i=1}^{n} (y_i - \bar{y})^2 \tag{2-6}$$

$$L_{xy} = \sum_{i=1}^{n} (x_i - \bar{x})(y_i - \bar{y}) \tag{2-7}$$

其中:

$$\bar{x} = \frac{1}{n}\sum_{i=1}^{n} x_i, \bar{y} = \frac{1}{n}\sum_{i=1}^{n} y_i$$

x 的偏差平方和 L_{xx} 可以反映数据 $x_1, x_2, x_3, \cdots, x_n$ 的散布程度;y 的偏差平方和 L_{yy} 可以反映数据 $y_1, y_2, y_3, \cdots, y_n$ 的散布大小;L_{xx} 和 L_{yy} 永远大于0,但偏差积之和 L_{xy} 可正可负,由式(2-4)可知,相关系数 r 与 L_{xy} 符号一致。

(2)相关系数的几何意义。相关系数 r 的取值在[-1,1]范围内,与散布图类似,r 的变化可分为以下7种情况,如表2-13所列。

随着计算机应用的普及和大量应用软件的支持,在计算相关系数时,可使用统计回归软件来方便快捷地计算出相关系数的值,并且建立起最适合于所分析的散布数据的分布曲线和曲线方程(线性和非线性的)。

表2-13　相关系数 r 的几何意义

r	意义
$r=-1$	最佳负相关
$-1<r\leqslant-0.7$	良好负相关
$-0.7<r<0$	坏的负相关
0	不相关,两参数之间没有丝毫关系
$0<r\leqslant0.7$	坏的正相关
$0.7<r<1$	良好正相关
$r=1$	最佳正相关

2.7.3　直方图

直方图是用于工序质量控制的一种质量数据的分布图形。它是按质量数据的分布情况绘制的,以组距为底、频数为高的一系列直方形连起来的矩形图。它适用于对大量计量值数据进行整理加工,找出其统计规律,即分析数据分布的形态,以便对其总体的分布特征进行推断的方法。

1. 直方图的做法

例如:某轧钢厂生产钢板,其厚度尺寸要求为(6±0.44)mm,从生产的批量中随机取样,检测数据如表2-14所列,作其厚度尺寸的分布直方图。

表 2－14　钢板厚度检测数据

5.77	△6.27	5.93	6.08	6.03	6.12	△6.18	△6.10	5.95	5.95
6.01	6.04	5.88	5.92	6.15	5.72	5.94	6.07	6.00	5.75
※5.71	※5.75	5.96	6.19	※5.70	5.65	5.84	6.08	△6.24	※5.61
6.19	6.11	5.74	5.96	6.17	△6.13	※5.80	5.90	5.93	5.78
△6.42	6.13	※5.71	5.96	5.78	※5.60	6.14	※5.56	6.17	5.97
5.92	5.92	5.75	6.05	5.94	6.13	5.80	5.90	※5.93	5.78
5.87	5.93	5.80	6.12	△6.32	5.86	5.84	6.08	6.24	5.97
5.89	5.91	6.00	△6.21	6.08	5.95	5.94	6.07	6.00	5.85
5.96	6.05	△6.25	※5.89	5.83	6.12	6.18	6.10	5.95	5.95
5.95	5.94	6.07	6.02	5.75	6.03	5.89	6.97	6.05	△6.45
注：△—列中最大值，※—列中最小值									

作直方图的具体步骤如下：

（1）抽取样品，测量数据。数据的数目一般在 30 个以上，最好是 100 个左右，以 N 表示，本例子中取 $N=100$。

（2）找出数据中的最大值和最小值。为寻找方便，可以先找出每列的最大值和最小值，再找出数据中的最大值和最小值。本例中，最大值 $L_a=6.45$mm，最小值 $S_m=5.56$mm。

（3）计算最大值与最小值之差，即计算极差（用 R 表示），这个差值表示数据分散范围，即

$$R=L_a-S_m=6.45-5.56=0.89(\text{mm})$$

（4）将数据进行分组，划分组数（以 K 表示）。组数可以从表 2－15 中选取。本例 $N=100$，即按 100～250 时选取 $K=10$。

表 2－15　分组个数参考表

数据个数/N	适当的分组个数/K	本例使用的分组个数/K
30～50	5～8	10
50～100	6～10	
100～250	7～12	
250 以上	10～20	

（5）计算组距（用 h 表示），即分组的宽度，一般用下式确定：

$$h=\frac{L_a-S_m}{K}=\frac{R}{K}=\frac{0.89}{10}\approx 0.09$$

（6）确定各组分组的组界。确定组界的原则主要是不使数据漏掉及不使数据出现在组界线上。第 1 组的下界值，一般用下面公式确定：$S_m-\frac{\text{测量单位}}{2}$；上界值公式：下界值＋组距。本例中，最小测量单位为 0.01mm。所以第 1 组的下界是 $5.56-\frac{0.01}{2}=5.555$；第 1 组的上界值是 $5.555+0.09=5.645$；其余各组的上、下界限值的确定是：第 1 组的上界限值，就是第 2 组的

下界限值,第2组的下界限值加组距 h,就是第2组的上界限值,以此类推,直到最后一组的上界限值为止。

(7)记录各组中的数据,整理成频数分布表,如表2-16所列。

表2-16 频数分布表

组号	组距	中心值 x_i	频数统计	频数 f_i	简化中心值 u_i	$f_i \cdot u_i$	$f_i \cdot u_i^2$
1	5.555~5.645	5.60	丅	2	-4	-8	32
2	5.645~5.735	5.69	下	3	-3	-9	27
3	5.735~5.825	5.78	正正下	13	-2	-26	52
4	5.825~5.915	5.87	正正正	15	-1	-15	15
5	5.915~6.005	5.96	正正正正正一	26	0	0	0
6	6.005~6.095	6.05	正正正	15	1	15	15
7	6.095~6.185	6.14	正正正	15	2	30	60
8	6.185~6.275	6.23	正下	7	3	21	63
9	6.275~6.365	6.32	丅	2	4	8	32
10	6.365~6.445	6.41	丅	2	5	10	50
合计				100		26	346

根据频数分布表,可在坐标纸上画出直方图,其中横坐标表示检测产品质量特性值,纵坐标表示频数,画出以频数为高度,以组距为底边的若干矩形,即为直方图,如图2-19所示。

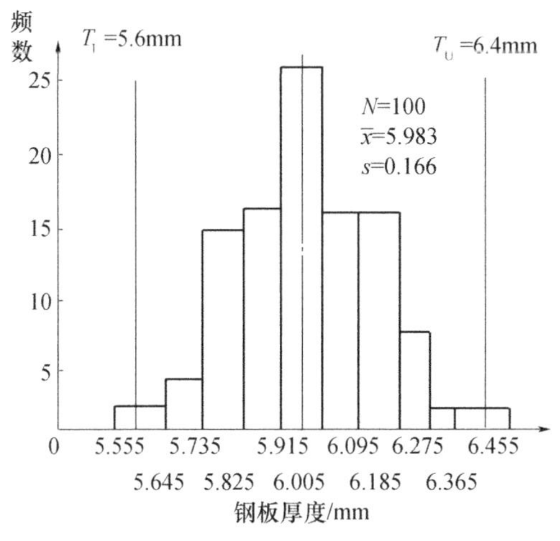

图2-19 钢板厚度直方图

直方图可以告诉我们整个工序质量分布情况,包括分布位置、偏差大小及分布形状等,若在图上标出公差界限,则可以清楚反映出质量特性值的偏离情况,实现对生产过程工序质量的分析和控制。

2. 直方图分析

从直方图中可以直观地看出质量特性的分布状态,通过观察图形的形状,能判断生产过程是否处于受控制状态,以决定是否采取相应的处理措施。还可观察直方图本身的形状,并与标准(公差)相比较,得出产品的质量状况。

1)直方图分布状态

从分布状态来看,直方图可分为正常型和异常型。正常型直方图是指工序处于稳定状态(统计控制状态)的图形。它的形状是“中间高,两边低,左右近似对称”。“近似”是指一般直方图多少有点参差不齐,主要看整体形状,如图 2 – 20 所示即为正常型直方图,这也是观测值来自正态总体的必要条件。上例画出的图 2 – 19 也是正常型直方图。

做完直方图后,首先要判断它是正常型还是异常型。如果是异常型,还要进一步判断它属于哪类异常型,以便分析原因,加以处理。下面是 6 种异常型频数直方图。

(1)孤岛型(图 2 – 21)。在直方图旁边有孤立的小岛出现。当工序中有异常原因,如原料发生变化、在短期内由不熟练工人替班加工、测量有错误等,都会造成孤岛型分布,此时应查明原因,采取措施。

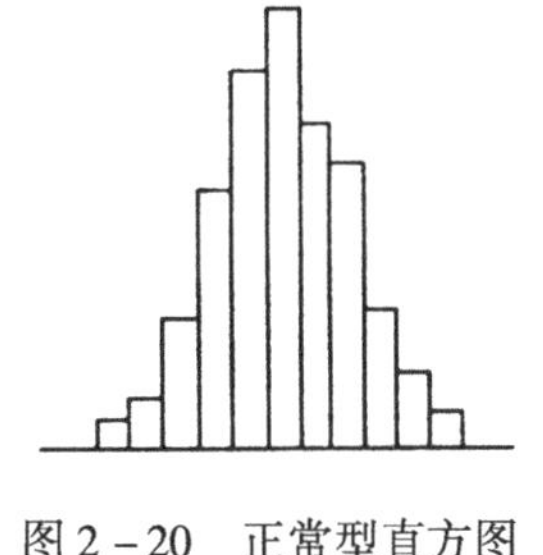

图 2 – 20　正常型直方图

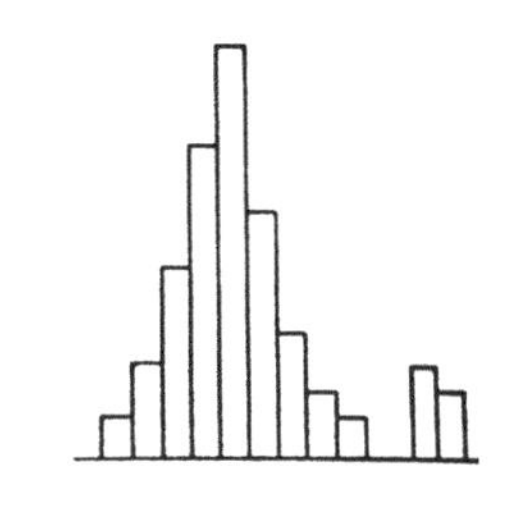

图 2 – 21　孤岛型直方图

(2)双峰型(图 2 – 22)。直方图中出现两个峰(正常状态只有一个峰),这是由于观测值来自两个总体,两个分布,现在混合在一起造成的。例如,两种有一定差别的机床(或原料)所生产的产品混在一起,或者两个工厂的产品混在一起。此时应当加以分层,然后再绘制直方图分析。

(3)折齿型(图 2 – 23)。直方图出现凹凸不平的形状,这是由于作直方图时数据分组太多、测量仪器误差过大,或观测数据不准确等造成的,此时应重新收集和整理数据。

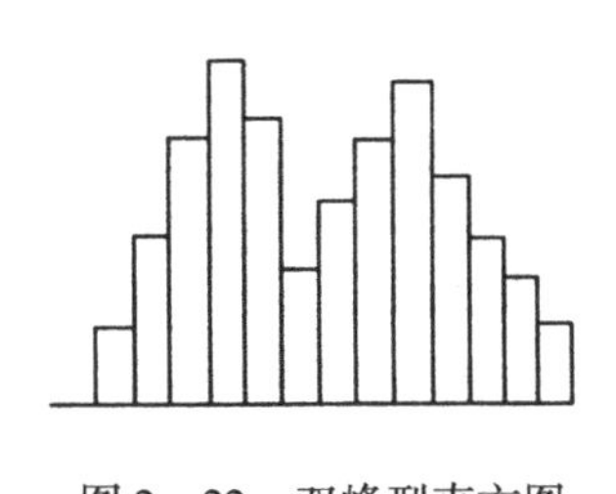

图 2 – 22　双峰型直方图

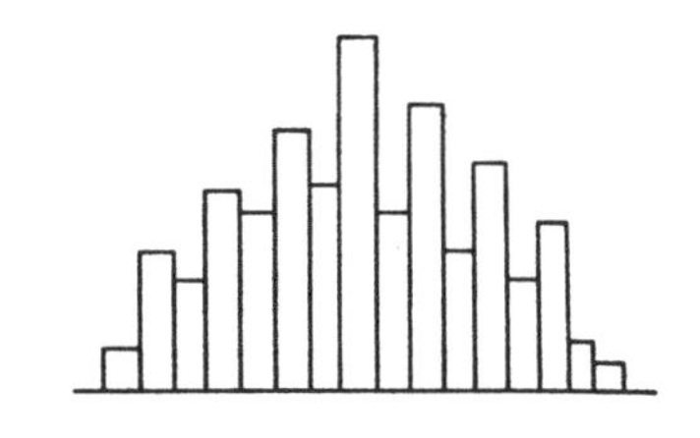

图 2 – 23　折齿型直方图

(4)陡壁型(图 2 – 24)。直方图像高山上的陡壁,向一边倾斜。通常在产品质量较差时,为了得到符合标准的产品,需要进行全数检查,以剔除不合格品,当用剔除了不合格品的产品数据作频数直方图时容易产生这种陡壁型,这是一种非自然形态。

(5)偏态型(图 2 – 25)。直方图的顶峰偏向一侧,有时偏左,有时偏右,主要原因有:①由于某种原因使下限受到限制时,容易发生“偏左型”,如用标准值控制下限、跳动等形位公差,不纯成分接近于0，疵点数接近于0，或由于加工习惯（如孔加工往往偏小），都会形成偏左型，②由于某种原因使上限受到限制时，容易发生"偏右型"，如用标准值控制上限，纯度接近100%，合格率接近100%，或由于加工习惯（如轴外圆加工往往偏大），都会形成偏右型。

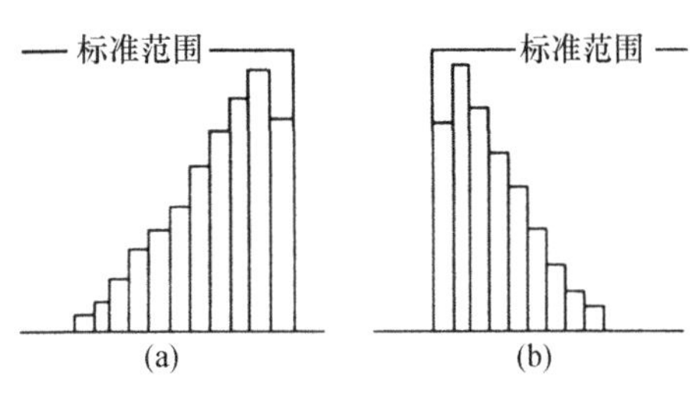

图2-24　陡壁型直方图

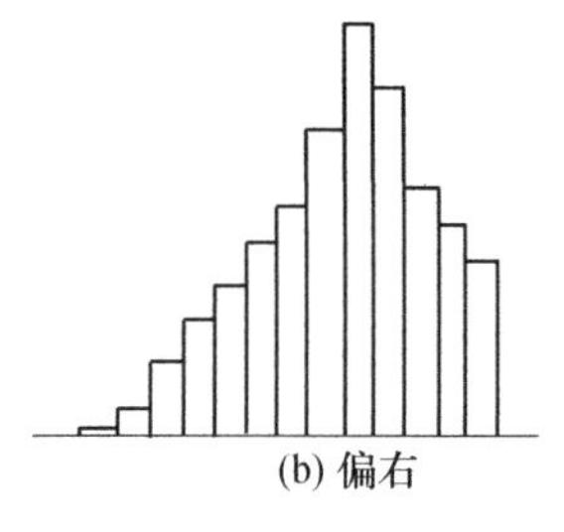

图2-25　偏态型直方图

（6）平顶型（图2-26）。直方图没有突出的顶峰，呈平顶形，一般可能是以下三种原因造成的：①与双峰型类似，由于多个总体，多种分布混在一起；②由于生产过程中某种缓慢的倾向产生作用，如工具的磨损、操作者的疲劳等；③质量指标在某个区间中均匀变化，如偏心角 A 在区间［0，2π］中均匀变化（图2-27）。

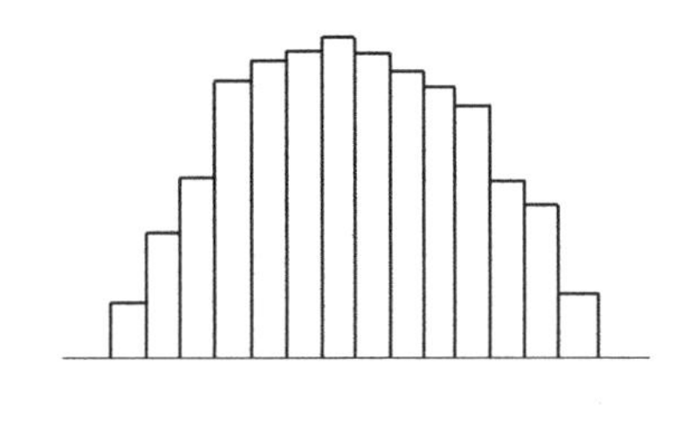

图2-26　平顶形直方图

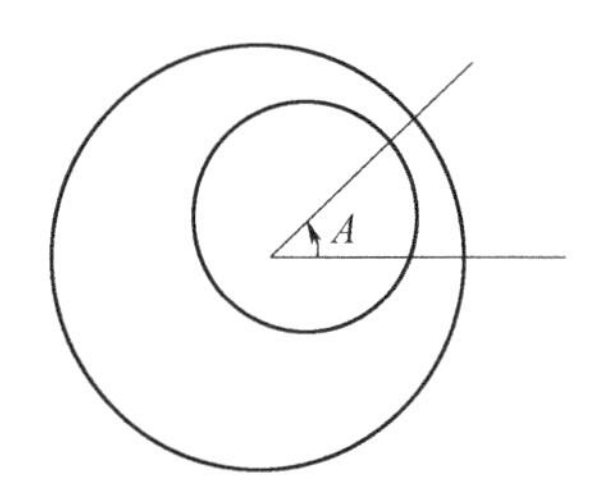

图2-27　偏心角

2）直方图与规格范围（公差）比较

用直方图与规格范围（公差）进行对比，可以看出直方图的频数分布是否都在公差范围之内，以便控制和加以调整。

（1）观测值分布符合公差规格的直方图情况。

①理想状态（图2-28）。此时，散布范围 B 在公差规格范围 $T[T_L, T_U]$ 内，实际质量特性平均值正好与公差中心值重合，且质量特性值分布与公差上、下限都有一定余量，是理想直方图。

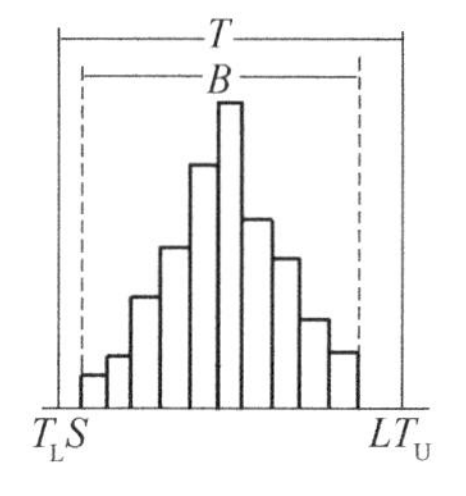

图2-28　理想状态

②直方图单侧与公差重合状态（图2-29）。B 位于 T 内，一边有余量，一边重合，分布中心偏离公差规格中心，说明有系统误差。这时应采取措施使两者重合，否则一侧无余量，稍不注意，就会超差，出现不合格品。

③直方图双侧与公差规格重合（图2-30）。B 与 T 完全一致，即实际质量特性值分布虽然在公差之内，但由于两者重合，两侧无余量，很容易超差出现不合格品，此时应加强管理，设法提高工序能力，缩小分布范围，或者扩大公差范围。

（2）观测值分布不符合公差规格的直方图情况。

①分布中心偏离公差中心，一侧超出公差范围，出现不合格品，如图2-31所示，这时应减小偏移，使两者重合，消除不合格品。

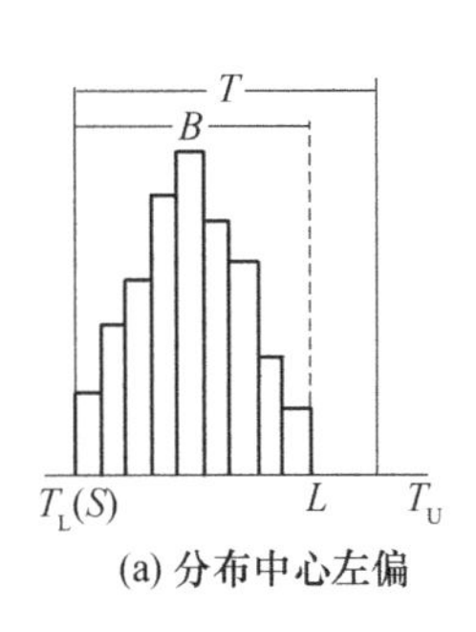

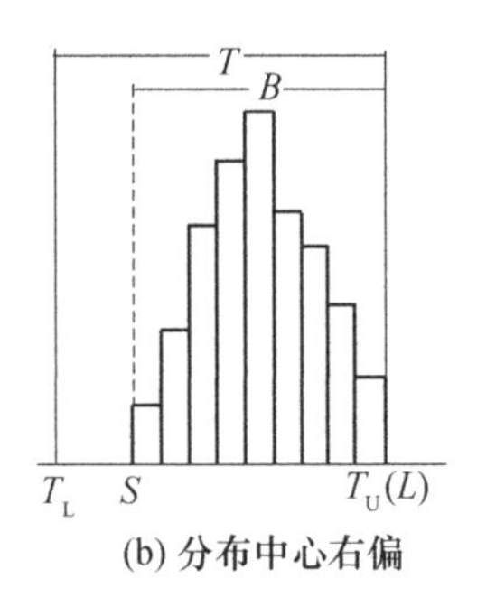

图 2－29　重合状态(1)

图 2－30　重合状态(2)

②散布范围 B 大于 T，两侧超出公差范围，如图 2－32 所示。此时，实际质量特性值分布过大，应缩小分布范围或放宽公差。

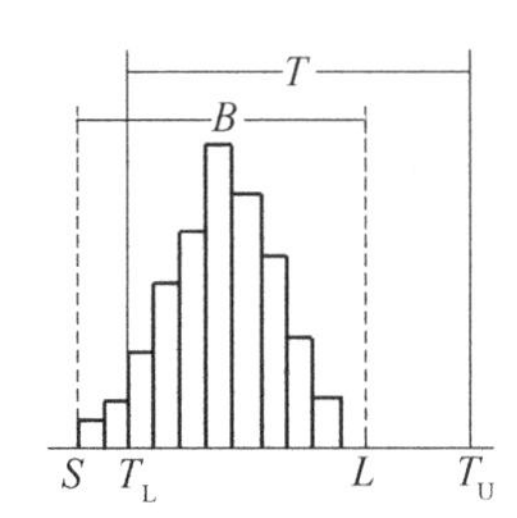

图 2－31　分布中心偏离公差中心

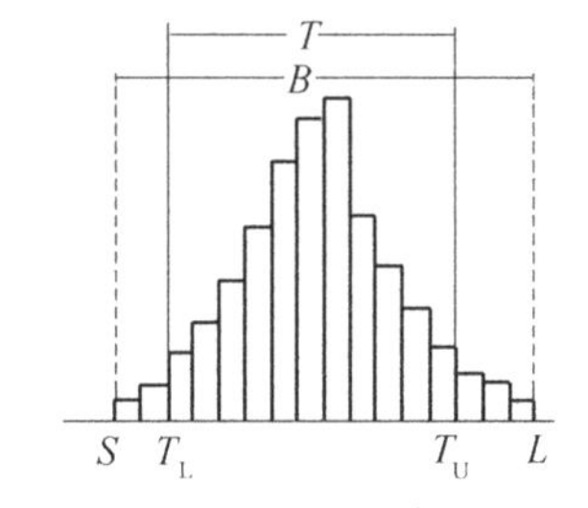

图 2－32　$B>T$

③B 完全不在 T 内，产品全部不合格，应停产检查，如图 2－33 所示。

④精度过于富余状态(图 2－34)实际分布过分集中，与公差余量过大。为了提高经济性，可适当降低材料、工具、设备的精度，以提高效率，降低成本。

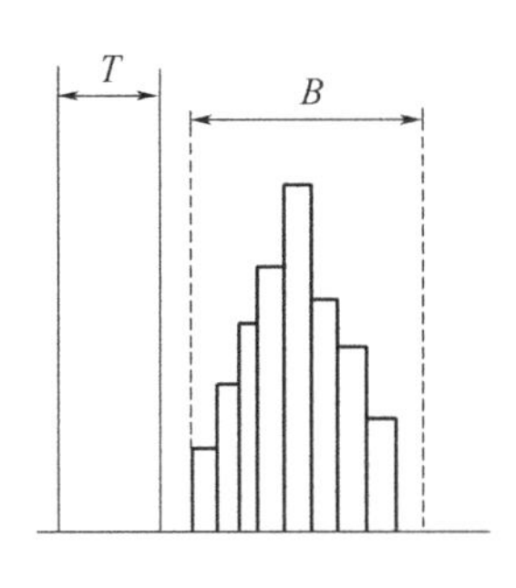

图 2－33　B 完全不在 T 内

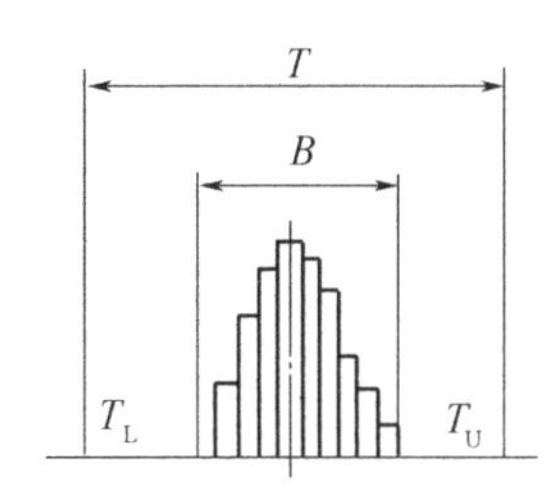

图 2－34　精度过于富余状态

3. 直方图的局限性

直方图的一个主要缺点是不能反映生产进程中质量随时间的变化。若存在时间倾向，如工具的磨损，或存在某些其他非随机排列，则直方图将会掩盖这种信息。例如，图 2－35 中，在时间进程中存在着趋向性异常变化，但直方图图形却属正常型，掩盖了这种信息，因此，直方图不能用来定义工序能力。

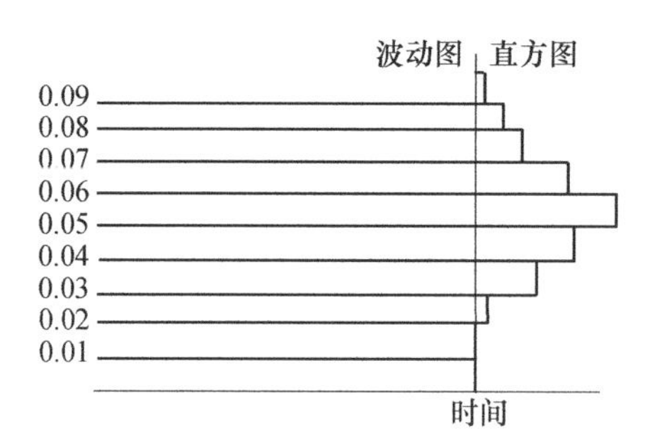

图 2－35　直方图掩盖质量随时间变化示意图

2.7.4　控制图

1. 控制图的基本概念、原理及用途

1)控制图及基本原理

控制图是用于分析和判断工序是否处于稳定状态、是否有不正常现象出现所使用的带有控制界限的一种图表。它是利用图表形状来反映生产过程中的运动状况,并据此对生产过程进行分析、监督、控制的一种工具。

控制图是把质量波动的数据绘制在图上,看它是否超过控制界限来判断工序质量能否处于稳定状态,以表明质量管理的有效性。控制图是进行工序质量控制的重要工具,它先规定出公差上下限、控制上下限及中心线,然后测量质量特性,将测得的数据按时间顺序画在控制图上,连成折线之后,就可以清晰地看出质量的发展趋势,以便随时调整,使产品的质量保持在质量标准的控制界限之内。

控制图的基本原理是把现实生产中造成产品质量波动的 6 个原因,即人、设备、原材料、测量、方法和环境分为两大类:一类是随机性原因(也称偶然性原因),另一类是非随机性原因(也称系统原因)。随机性原因是对产品质量经常起作用的因素。一般来说,经常起作用的因素多,它们对质量波动的影响小,不易避免,也难以消除,不必加以控制。因此,凡是随机性原因造成的质量波动,称为正常的波动。非随机性原因,又称系统性因素,它对质量波动的影响大,容易识别,也能避免。由系统性因素引起的波动称异常波动,异常波动造成的误差大小往往可以在造成波动的物体上测量出来,如孔加工的系统误差,如果是由于刀具基本尺寸的误差造成的,就可在刀具上测量出来。这些差异的大小和方向,对一定时间来说,都是一定的或做周期性变化。对于影响质量波动的系统性因素应严加控制,因此,控制系统性误差造成的质量波动,是控制图的主要任务。

2)控制图作用

在现实生产中,对生产工序有两个基本要求:①生产过程中要有足够的精度($C_p>1$),即工序质量要能够满足工艺加工要求;②生产过程应保证稳定且正常,即处于控制状态。前者可用直方图和公差相比较来判断并调整,后者可用控制图法来解决,即控制图法的主要作用是用于工序控制,保证生产过程稳定而正常。具体来说有以下作用。

(1)有效地分析判断生产过程工序质量的稳定性,从而可降低检验、测试费用,包括通过供货方有效的控制图记录证据,购买方可免除进货检验,同时仍能保证进货质量。

(2)及时发现生产过程中的异常现象和缓慢变异,预防不合格品的发生,以降低生产费用,提高生产效率。

(3)查明生产设备和工艺装备的实际精度,根据控制图反映的动态,来确定如何对设备、工装进行调整。

(4)为真正地制定工艺目标和规格界限,特别是对配合零部件的最优化确立了可靠的基础,也为改变未能符合经济性的规格标准提供了依据。

(5)使工序的成本和质量成为可预测的,能以较快的速度和准确性测量出系统误差的影响程度,从而使同一工序内工件之间的质量差别减至最小,以评价、保证和提高其质量。

2. 控制图主要形式

控制图部分的基本形式如图 2－36 所示,图中,横坐标为取样时间或取样序号,纵坐标为测得的质量特性值。图上有与横坐标平行的 5 条线,中间一条称为中心线,用点画线表示。其上面虚线称为上控制界限,实线是公差上限线。中心线下面分别称为下控制界限线和公差下限线。一般取 $\pm 3\sigma$ 作为上、下控制界限的范围。然后在生产过程中按规定的时间间隔抽取子样,测量其特性值,把经过计算的统计量按大小绘在图上,并根据数据的分布情况对生产过程的状态作判断。若“点”子落在控制界限内,且“点”子的排列无缺陷,则表明生产过程正常,不会出现废品;若“点”子越出控制界限,或虽未跳出控制界限,但“点”子的排列有缺陷,则表明生产条件发生了较大的变化,将会出现质量问题,应采取相应的防止措施。所以,控制图可起到监控、报警和预防出现大量废品的作用。

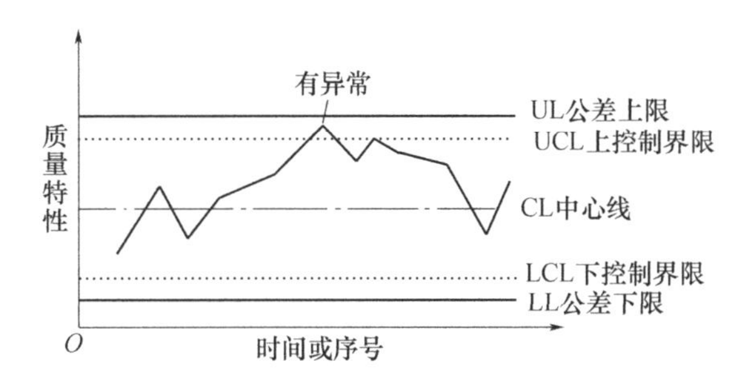

图 2－36　控制图

3. 控制图种类和绘制

1)控制图分类

按产品质量特性,控制图可分为计量值控制图与计数值控制图。

计量值控制图适用于产品质量特性为计量值的情形。例如,长度、重量、时间、强度、成分等连续变量,常用的计量值控制图有单值控制图、平均数(均值)和极差控制图,中位数和极差控制图。

计数值控制图适用于产品质量特性为计数值的情形,如不合格品数、不合格品率、缺陷数、单位缺陷率等离散变量。常用的计数值控制图有不合格品率控制图、不合格品数控制图、单位缺陷数控制图、缺陷数控制图。常用控制图的种类如表 2－17 所列。

表 2-17　常用控制图的种类

控制图符号	名称	用途
X	单值控制图	用于计量值。在加工时间长、测量费用高,需要长时间才能测出一个数据,或样品数据不便分组时用
$\bar{X}-R$	平均数和极差控制图	用于各种计量值,如尺寸、重量等
$\bar{X}-R$	中位数和极差控制图	用于各种计量值,如尺寸、重量等
P_n	不合格品个数控制图	用于各种计数值,如不合格品个数的管理
N	不合格品率控制图	用于各种计数值,如不合格品率、出勤率等的管理
U	单位缺陷数控制图	用于单位面积、单位长度上的缺陷数的管理
C	缺陷数控制图	用于焊接件缺陷数、电镀表面麻点数等的管理

2)计量值控制图绘制

以均值-极差($\bar{X}-R$)控制图来说明计量值控制图的绘制步骤。

(1)搜集数据。例如:搜集100个生产数据,组成25个样本,每个样本包含4个数据。以N表示数据总数$N=100$;以k表示样本数,$k=25$;以n表示每个样本包含数据的个数,$n=4$。

(2)计算各样本的平均值:

$$\bar{X}_j = \frac{\sum X_j}{n} \tag{2-8}$$

式中:$\bar{X}_j$为第j个样本的平均值;X_j为该样本中的各个数据值;n为每个样本所含的数据数目。

(3)计算各样本的极差:

$$R_j = X_{max} - X_{min} \tag{2-9}$$

式中:R_j为第j个样本的极差;X_{max},X_{min}分别为该样本中的最大值和最小值。

(4)计算总平均值:

$$\bar{\bar{X}} = \frac{\sum \bar{X}_j}{k} \tag{2-10}$$

式中:$\bar{\bar{X}}$为各样本平均值的平均值,即总平均值;k为样本数。

(5)计算极差平均值:

$$\bar{R} = \frac{\sum R_j}{k} \tag{2-11}$$

(6)计算控制界限。这里包括$\bar{X}$图的上、下控制界限($\bar{X} \pm A_2\bar{R}$)和R图的上、下控制界限($D_4\bar{R}$、$D_3\bar{R}$)。公式中有关系数A_2、D_3、D_4可从表2-18中查到。各系数的数值大小取决于每个样本所含的数据个数n,当n不大时,R图的下控制界限可不予考虑。

(7)画出控制图。在$\bar{X}$图上将各样本的平均值依次点出来;在R图上将各样本的极差依次点出,看有无超出界限的,如果有,将这些点子打上圆圈。

表 2-18　控制图系数表

N	A_2	m_3	D_3	D_4	E_2	d_2	d_3
2	1.880	1.880	—	3.267	2.660	1.128	0.853
3	1.023	1.187	—	2.575	1.772	1.693	0.888
4	0.729	0.796	—	2.282	1.457	2.059	0.880
5	0.577	0.691	—	2.115	1.290	2.326	0.864
6	0.483	0.549	—	2.004	1.184	2.534	0.848
7	0.419	0.509	0.076	1.924	1.109	2.704	0.833
8	0.373	0.432	0.136	1.864	1.054	2.847	0.820
9	0.337	0.412	0.184	1.816	1.010	2.970	0.808
10	0.308	0.363	0.223	1.777	0.975	3.078	0.797

3)计数值控制图绘制

(1)不合格品百分率 p 质量控制图的作法。绘制 p 控制图的步骤一般如下:

①搜集数据:预测在工程可能出现的不合格品率,在抽样组中,有 3~5 个不合格品出现,像这样大小的抽样组,一共取 20~25 个抽样组加以检查。各个抽样组的大小尽可能一致。预计抽样组大小用 n 表示,其中不合格率为 p。

$pn=3\sim5$,即 $n=3/p\sim5/p$。例如,预计不合格品率为 5% 左右,$n=(3\sim5)/0.05=60\sim100$。

②p 的计算:用 p 来计算各抽样组的不合格品率,公式为 $p=pn/n$,其中 pn 为抽样组中的不合格品数,n 为抽样组的大小。

③准备质量控制图所使用的图纸:在方格纸上,纵轴为不合格品百分率 p,横轴为各抽样组顺序。在控制图纸上,除了记载注意事项,还应在专栏中,记录探索原因的处理方法等。

④记入点子:在②项求得的 p 值,用点子来表示,把这些点子记入③项准备好的图纸上。记入时,按照①项的方式,采用 20~25 个抽样组的数据来进行。

⑤计算控制界限线:根据所搜集的数据,计算控制界限,即中心线、上控制界限与下控制界限。

总的不合格品数除以总的检查产品个数,得到平均不合格品率,作为中心线。用公式表示为

$$\bar{p}=\frac{\sum pn}{\sum n} \tag{2-12}$$

式中:$\sum pn$ 为不合格品数总和;$\sum n$ 为检查产品总数。

按照下列公式计算控制界限。

上控制界限:

$$\mathrm{UCL}=\bar{p}+3\sqrt{\frac{\bar{p}(1-\bar{p})}{n}} \tag{2-13}$$

下控制界限:

$$LCL = \bar{p} - 3\sqrt{\frac{\bar{p}(1-\bar{p})}{n}} \tag{2-14}$$

这里$\sigma_{\bar{p}} = \sqrt{\frac{\bar{p}(1-\bar{p})}{n}}$,$3\sigma_{\bar{p}} = 3\sqrt{\frac{\bar{p}(1-\bar{p})}{n}}$,$3\sigma_{\bar{p}}$ 的意义与 $\bar{X}-R$ 质量控制图是相同的。

⑥画出控制图。在 p 图上将各样本的平均值依次点出来,看有无超出界限的,如果有,将这些点子打上圆圈。

(2)不合格品数 pn 质量控制图的作法。pn 质量控制图与 p 质量控制图相类似,但前者所控制的与处理的是不合格品的数量。在这种情况下,抽样组大小 n 必须是一致的。

绘制 pn 控制图的步骤一般如下:

①搜集一定数量的抽样组,一般共取 20~25 个组,检查各个组中的不合格品数 pn。根据抽样组大小,预测工程的不合格品率。在抽样组中,含有 3~5 个不合格品就行。估计抽样组 n 的大小,可参考 p 图的方法办理。

不合格品数 pn 是按照直接检查所获得的结果,而不是从 p 乘以 n 求得。

②准备质量控制图所使用的图纸:图纸式样与 p 图相类似,纵轴为不合格品数,横轴为各抽样组顺序号码。在控制图纸上有记载注意事项、研究原因、采取措施等记事栏。

③记入点子:与 p 图相同。

④控制界限线的计算:根据所搜集的数据,计算控制界限,即中心线、上控制界限与下控制界限。

中心线:为了使用全部不合格品数,按组数去除所得的平均不合格品数。一般计算公式为

$$\bar{p}n = \frac{\sum pn}{\sum k} \tag{2-15}$$

式中:$\sum pn$ 为不合格品数总和;k 为组数。

控制界限按以下公式计算。

上控制界限:

$$UCL = \bar{p} + 3\sqrt{\bar{p}n(1-\bar{p})} \tag{2-16}$$

下控制界限:

$$LCL = \bar{p} - 3\sqrt{\bar{p}n(1-\bar{p})} \tag{2-17}$$

如果平均不合格品百分率在 10% 以下,即 $\bar{p} < 0.1$ 时,$1-\bar{p} \approx 0.1$,按下列公式计算。

上控制界限:

$$UCL = \bar{p}n + 3\sqrt{\bar{p}n} \tag{2-18}$$

下控制界限:

$$LCL = \bar{p}n - 3\sqrt{\bar{p}n} \tag{2-19}$$

若 LCL 为负数、UCL 比 n 大,则对此两者分别不予考虑。

⑤画出控制图:在 pn 图上将各样本的平均值依次点出来,看有无超出界限的,如果有,将这些点子打上圆圈。

4. 控制图的观察判断与分析

如何利用控制图判断生产过程是否处于控制状态呢? 如果点子在控制界限之内,原则上

可以看作生产过程处于控制状态;若点子超出控制界限之外,或者恰在控制界限上,则表示生产过程处于失控状态。此外,还有下列一些判断准则。

(1)在点子基本上随机排列的情况下,符合以下条件就可认为生产过程处于控制状态:连续25点全部在界限之内;连续35点,在界限外的点不超过1点;连续100点,在界限外的点不超过2点。当然,后两种情况也需要找出界外点的异常原因。

(2)在中心线一侧连续出现的点称为链。其点数称为链长,当链长不小于7时则应判断有异常,如图2-37所示。

(3)点子逐渐上升或下降的状态称为倾向。当有连续不少于7点上升或下降的趋向时,则判断有异常,如图2-38所示。

(4)中心线一侧点子连续出现,属于以下情况的判断有异常,如图2-39所示。连续11点中,至少有10点在中心线一侧;连续14点中,至少有12点在中心线一侧;连续17点中,至少有14点在中心线一侧;连续20点中,至少有16点在中心线一侧。

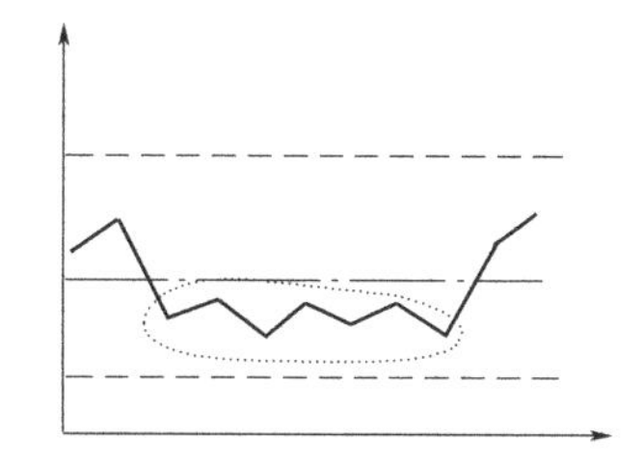

图2-37 控制图中出现的链本图链长为7(异常)

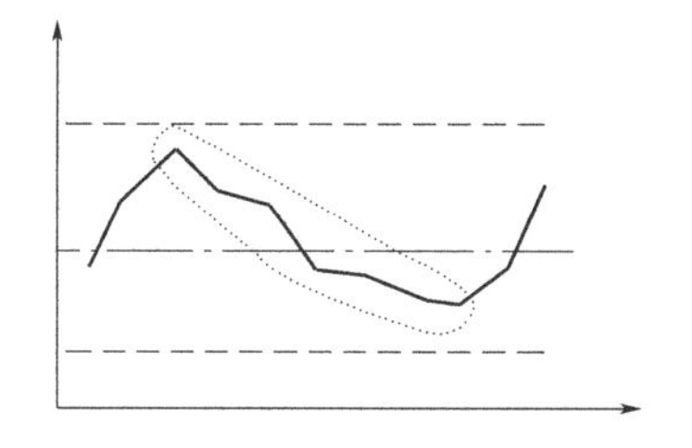

图2-38 控制图中出现的倾向链本图连续7点下降(异常)

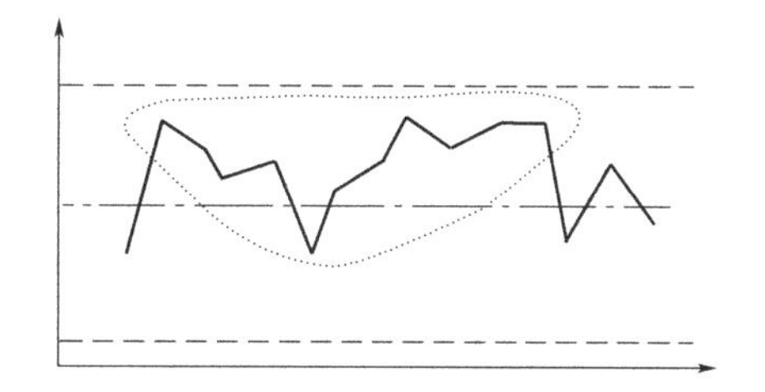

图2-39 中心线一侧点子连续出现链本图连续11点中,有10点在一侧(异常)

(5)点子屡屡接近控制界限,在$\mu \pm 2\sigma$外的范围内,属以下情况的,判断有异常。如图2-40所示,连续3点中,至少有2点接近控制界;连续7点中,至少有3点接近控制界;连续10点中,至少有4点接近控制界。

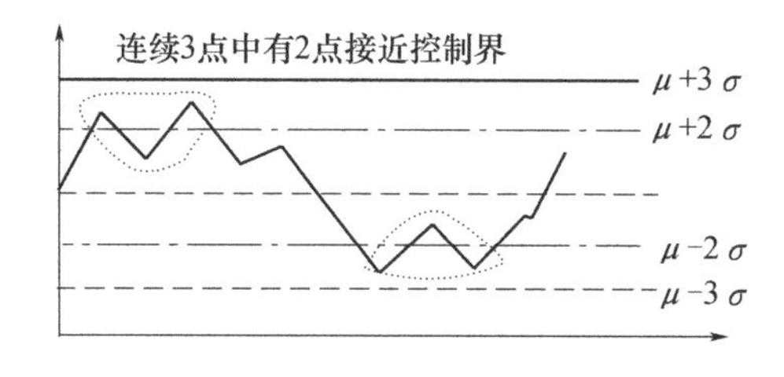

图2-40 点子屡屡接近控制界限

(6)所有点都集中在中心线附近呈周期性波动,判断有异常。

上述这些准则的制定,都是根据小概率事件实际上不发生的原理,由此判断工艺过程发生了异常的变化,经过对控制图的观察分析判断,发现异常后要分析原因,找出原因,然后采取对策措施,使所控制的工序恢复正常。

2.7.5 工序能力指数

工序能力可使制造过程处于生产优质品的良好状态,为产品设计、工艺设计、设备管理等提供必要的信息和依据。当质量特性分布规律符合正态分布时,一定的工序能力指数是与一定的不合格率相对应的。在对质量状态进行判断时,可根据现成的工序能力指数得到不合格品率。

1. 工序能力

1)工序能力的含义

工序能力是指工序处于控制状态,即人员、机器、材料、方法、测量和环境充分标准化并处于稳定状态下,所表现出来的保证产品质量的能力。简单地说,工序能力是指在正常条件和稳定状态下产品质量的实际保证能力,又称为加工精度,用符号 E 表示。一般认为工序能力主要包含机器设备和工艺方法保证产品质量的能力。

2)工序能力的度量

一般来说,工序能力与产品质量指标的实际波动成反比,即质量波动越小,工序能力越高;质量波动越大,工序能力越低。因此,往往用产品质量指标的实际波动来描述工序能力。对于处于控制状态下的工序,用质量指标分布标准差 δ 的 6 倍来表示工序能力,即

$$E = 6\delta \tag{2-20}$$

这是因为,如果工序处于控制状态,产品的质量指标服从正态分布 $N(\mu\delta^2)$,在 $\mu \pm 3\delta$ 的范围内包括了 99.73% 的产品,用数理统计的语言来说,就是正态总体落在区间 $\mu \pm 3\delta$ 中的概率为 99.73%,它几乎包括了全部产品。通常,把区间 $\mu \pm 3\delta$ 称为正态总体 X 的散布范围。若区间取小,如 $\mu \pm \delta$,$\mu \pm 2\delta$,则概率太小,包含产品比例(即合格率)太低;若区间取大,如 $\mu \pm 4\delta$,$\mu \pm 5\delta$,则合格率虽然很高,但不够经济,因此,工序能力 E 用 6δ 表示较合适。必须指出,E 值越小,工序能力越高。

2. 工序能力指数

工序能力仅表示工序固有的加工能力或加工精度,还没有考虑产品或工序的质量标准(技术要求),因此引入工序能力指数的概念。

工序能力指数是技术要求和工序能力的比值,用 C_p 表示。技术要求用质量标准的公差 T 来表示,据此,工序能力指数为

$$C_p = \frac{T}{E} \tag{2-21}$$

它是反映工序能力满足质量要求程度的一个综合性指标。工序能力指数越大,说明工序能力越能满足技术要求,甚至有一定储备,质量指标越有保证或越有潜力。

下面分两种情况来介绍工序能力指数的计算方法。

(1)当产品的质量特性值(如尺寸)分布中心与质量标准中心(公差中心)重合时(工序无偏),如图 2-41 所示。这是一种理想的情况,图中 M 是公差中心,μ 是分布中心。C_p 值的计算公式为

$$C_p = \frac{T}{6\sigma} = \frac{T_U - T_L}{6\sigma} \tag{2-22}$$

一般来说,通常 $N \geqslant 20$ 时,总体标准差 σ 通常可由样本标准差 S 来近似代替,总体平均值 μ 可用样本平均值 $\bar{X}$ 来代替。

(2)当产品的质量特性值分布中心与公差中心不重合时(工序有偏),如图2-42所示,计算工序能力指数 C_p 值时,应进行修正,其计算公式为

$$C_{pk}=(1-k)C_p=\frac{T-2\varepsilon}{6\sigma} \tag{2-23}$$

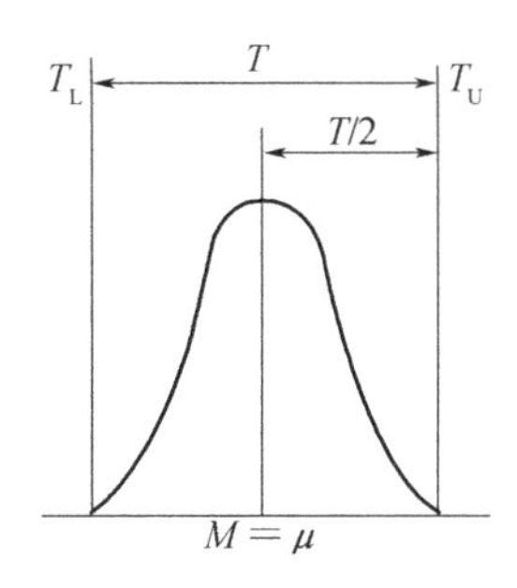

图2-41　分布中心与公差中心重合

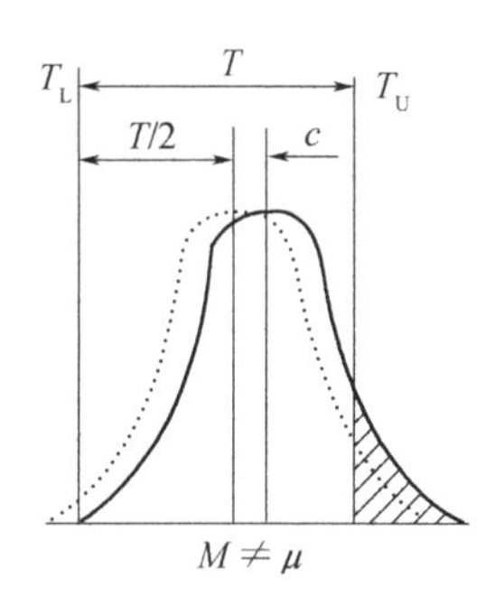

图2-42　分布中心与公差中心不重合

式中:C_{pk}为修正后的工序能力指数;ε 为平均值的偏移量(分布中心 μ 与公差中心 M 的偏移量),其公式为

$$\varepsilon=|M-\mu| \tag{2-24}$$

式中:k 为平均值的偏移度,其公式为

$$k=\frac{\varepsilon}{T/2} \tag{2-25}$$

C_{pk}与 C_p 的关系如下:

①当 $\mu=M$ 时,$k=0$,从而 $C_{pk}=C_p$,即当工序无偏时,C_{pk}等于 C_p 值。所以 C_p 值可看作 C_{pk} 域值的特例。

②当 $\mu=T_L$ 或 $\mu=T_U$ 时,$k=1(\varepsilon=T/2)$,从而 $C_{pk}=0$,说明当分布中心偏移到公差限 T_L 或 T_U 时,$C_{pk}=0$。

③当 $\mu\notin[T_L,T_U]$ 时,即分布中心处于公差范围之外时,$\varepsilon>\frac{T}{2}$,$k>1$,因此 C_{pk}取负值(实际上不可能取负值),应立即调整工序,纠正分布中心 μ 与公差中心 M 之间的偏移。

以上两种计算工序能力指数的算法中,质量特征值公差均有上、下限。然而在某些质量特征值只有单侧公差限(只有 T_L 或 T_U)时,此时可按下式计算 C_p 值。

①有上公差界限 T_U 时,有

$$C_p(U)=\frac{T_U-\mu}{3\sigma} \tag{2-26}$$

若 $\mu\geqslant T_U$,则规定 $C_p(U)=0$,此时,分布中心已超出公差上限,工序急需调整。

②只有下公差界限 T_L 时,有

$$C_p(L)=\frac{\mu-T_L}{3\sigma} \tag{2-27}$$

若 $\mu\leqslant T_L$,则规定 $C_p(L)=0$,分布中心已超出公差下限,工序急需调整。

3. 工序能力的判断评价和分析

1)工序能力指数的判断评价

通过计算工序能力指数值可以了解工序能否保证质量及满足质量标准公差要求的程度。工序能力的判断评价标准如表 2-19 所列。利用工序能力指数还可以为设备验收、工艺方法和质量标准的制定、修改提供科学依据。

表 2-19 C_p 值的判断评价标准

C_p 值	评价
$C_p>1.33$	工序能力充分满足要求,但 q 值过大时,应对公差要求和工艺条件加以分析,避免设备精度的浪费
$C_p=1.33$	工序能力充足,是理想状态
$1\leqslant C_p<1.33$	工序能力符合要求,但 G 值过分接近 1 时,有超差的可能,应加强控制
$0.67\leqslant C_p<1$	工序能力不足,不合格率将接近 5%,应采取措施
$C_p<0.67$	工序能力严重不足,不适宜该项生产,应研究或调整工艺

2)工序能力指数应用程序

(1)确定分析的质量特征值。

(2)收集观测值数据,样本大小 N 应不小于 50。

(3)判断工序质量是否处于稳定(控制)状态,只有稳定状态时方可计算工序能力指数。

(4)判断观测值是否来自正态分布的总体。

(5)计算样本平均值 $\bar{X}$ 和标准差 S。

(6)计算工序能力指数,判断工序能力状态。

(7)当 C_p(或 C_{pk})值小于 1 时,求出相应的总体不合格率。

(8)分析 C_p(或 C_{pk})值小于 1 的原因,采取措施加以改进,提高 C_p 值。

3)工序能力分析

当工序能力指数小于 1 时,必须进行工序能力分析,一般可分为两种情况进行讨论。

(1)工序能力本来足够,但由于时间的推移,使 C_p(或 C_{pk})<1。出现这种情况的根本原因是分布中心偏离公差中心,这种情况出现的主要原因如下。

①设备、工具调整不当,或工序指导不妥。

②量具、仪表配置不足,不能给出质量特性值数据,无法发现趋势性变化。

③工序本身逐渐产生规律性偏移,这一般是由于加工条件、刀具磨损等因素随时间而逐步变化。

④工序不稳定,如由于材料改变、机器的操作温度变化所致。

(2)工序能力本身不足。这种情况一般可以采取如下措施进行解决。

①修改工序。修改进料周期,以减少新添材料的影响;修改操作程序;修改工具等。

②更改设备。把精度低的设备更换为精度高的设备。

③设置防止误差出现的保险措施。

④加强检验。

2.7.6 矩阵图

矩阵图是通过多维(多元)思考逐步明确存在问题的方法。

1. 矩阵图概念

矩阵图是从存在问题的一些事件中,找出成对的因素,排成行列式(或称为矩阵图),然后根据矩阵图进行分析,确定关键点的方法。如图 2-43 所示,把属于成对因素的 $L_1, L_2, \cdots, L_m$ 和 $R_1, R_2, \cdots, R_m$ 分别排成行和列,在交点处表示 L 和 R 各因素的互相联系的一种图形,根据图 2-43 中显示出行和列的因素在交点上有无关联与关联程度有下列几种情况:

(1)从二元的排列中探索问题的所在和问题的形态。

(2)从二元的关系中,求得解决问题的方法或设想。

<table>
<tr><td colspan="2" rowspan="2">B (b)</td><td colspan="6">A</td></tr>
<tr><td>a_1</td><td>a_2</td><td>…</td><td>a_i</td><td>…</td><td>a_n</td></tr>
<tr><td rowspan="6">B</td><td>b_1</td><td></td><td></td><td></td><td></td><td></td><td></td></tr>
<tr><td>b_2</td><td></td><td></td><td></td><td></td><td></td><td></td></tr>
<tr><td>…</td><td></td><td></td><td></td><td></td><td></td><td></td></tr>
<tr><td>b_i</td><td></td><td></td><td></td><td colspan="3">○←着眼点</td></tr>
<tr><td>…</td><td></td><td></td><td></td><td colspan="3"></td></tr>
<tr><td>b_m</td><td></td><td></td><td></td><td colspan="3"></td></tr>
</table>

图 2-43 矩阵图

从 L 与 R 的交点中得到"着眼点"来有效地解决问题,这种方法就是矩阵图。在矩阵图中,按图的形式分为 L 形矩阵、T 形矩阵(相当于两个 L 形的组合)、Y 形矩阵(相当于三个 L 形的组合)和 X 形矩阵(相当于 4 个 L 形的组合)等,其中 L 形为基本形矩阵。在实际问题中可以根据不同的对象和目的选用适当的图形。应当指出,这里所说的"矩阵图"不是真正的数学矩阵,而是采用矩阵的形式。

2. 矩阵图用途

(1)确定产品需要研究改进的重点。

(2)确定建立质量保证体系中的关键环节。

(3)分析产品质量产生的原因。

(4)进行质量评价和提高工作效率。

(5)根据市场和产品的联系,制定产品打入市场的战略。

(6)明确为实现某些工程的技术关联情况。

(7)探索技术、材料、元件等的应用领域。

2.7.7 矩阵数据分析

1. 矩阵数据分析概念

矩阵数据分析是对排列在矩阵图中的大量数据进行整理和分析的方法。它与矩阵图相类似,区别之处在于矩阵数据分析不是在矩阵图上画符号,而是填数据,求解行列式。

矩阵分析法一般可分为主成分分析法和多变量分析法两种。主成分分析法具有广泛的通用性;多变量分析法,其理论尚不够完善,所以还未普遍应用,在日本是作为一种“储备工具”提出的。运用这种方法,需要借助计算机。

2. 矩阵数据分析的主要用途

(1)分析生产工序中各种因素的影响。

(2)分析由大量数据组成的不良因素。

(3)根据市场调查资料分析掌握需求情况。

(4)对功能特性体系进行分类。

(5)评价复杂的质量问题。

(6)分析曲线对应数据等。

2.7.8 PDPC

PDPC(Process Decision Program Chart)是把运筹学中所使用的过程决策程序图应用于质量管理的方法。

1. PDPC 概念

PDPC 是一种随事态的发展对可以推想出各种结果的问题确定一个过程,使之达到令人满意的结果的方法。也就是说,在计划阶段,预先对各种可能发生的不利情况加以估计,并提出对应措施,以保持计划的灵活性;在计划执行过程中,遇到不利情况,立即采取原先预计到的措施,随时修正方向,以便最终达到目标。它类似制订作战方案,要事先预见到可能出现的各种情况,提出两个以上的作战方案,当第一方案在执行中遇到困难时,立即按第二个方案执行。不是走着看,而是事先预计好。其特点是有预防性、预见性。PDPC 的基本模式如图 2-44 所示。

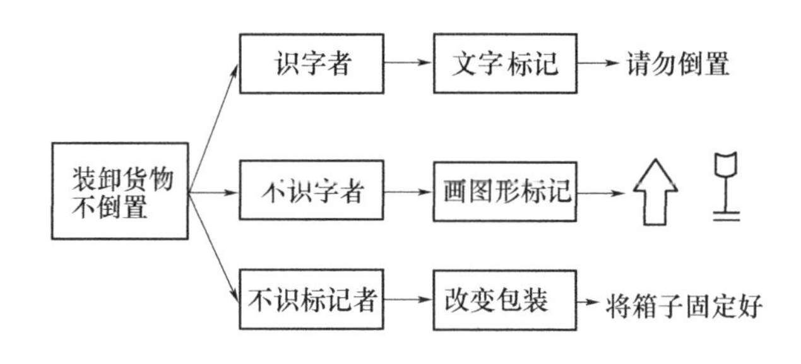

图 2-44 过程决策程序图

2. PDPC 的用途

(1)制订目标管理的实施计划。

(2)制订科研项目的实施计划。

(3)预测整个系统中可能发生的重大事故,并制定解决措施。

(4)制定控制生产工序的措施。

(5)制定和选择谈判中的措施。

3. PDPC 工作步骤

PDPC 没有严格的固定顺序,视工程的特点而定,现将 PDPC 的绘制方法介绍如下。

(1)召集有关人员(尽可能要求各个领域的人参加)进行讨论,提出解决方案。如果项目负责人有可能在讨论前先把实施项目的设想作为初步方案提出来,将会使讨论效果更为理想。

(2)从自由讨论中提出有必要研究的事项。

(3)在实施提出的研究事项的同时,要提出预计的结果。如果这些事项和办法行不通或难以顺利进行,关键是要进一步提出另外的解决方案。

(4)对探讨的事项可按紧迫程度、工时、可能性、难易程度等加以区分。对目前要着手进行的事项,则应根据对事项的探讨,预见事项的结果,决定首先应该做什么,并用箭头符号向理想状态连接。

(5)对性质不同的内容,要根据它们的相互关系决定其先后顺序。从一个途径(路线)所得的情报,对其他途径也有影响,此时要用虚线把互相关联的事项连接起来。

(6)如果确定了由各部门负责实施若干个途径所构成的程序,就要用细线把这一部分图圈起来,并注明负责实施的单位和部门。

(7)预先确定完成程序研究的计划日期(总时间及预定结束日期),在具体实施最初制成的 PDPC 时,在各个阶段中可能会出现新情况和新问题。为此,定期召集有关人员对最初 PDPC 作进一步检查。这时,对新问题的处理,就是修改和补充实施项目,并以此为出发点重新绘制 PDPC。

2.7.9 箭条图

1. 箭条图含义和由来

箭条图又称为矢线图或网络分析技术,是把计划管理中的计划评审技术(Program Evaluation and Review Technique,PERT)、关键路线法(Critical Path Method,CPM)引进到质量管理中来,使质量管理计划具有时间、进度、内容的一种方法。它是将研究和开发的规划项目及其控制过程作为一个系统来加以处理,基本原理是将组成系统的各项工作通过网络形式,对整个系统统筹规划、合理安排,有效利用人力、物力、财力,达到以最少的时间和资源消耗来完成整个系统的预期目标。

一台装备车的大修过程可看成一个系统。装备车大修任务是由许多工序组成的,如拆卸、清洗、检查、零件修理、零件加工、电气检修和安装、部件组装、最后总装和试车等。这些工作是一台装备车辆大修的技术性工作,同时也是一个大修过程的组织工作。在同等的技术条件下,工序的组织合理与否直接影响着大修的质量、速度和费用等指标。由此可见,网络图法对工作的合理安排非常重要。

如果只有少数几项工作组成的任务,其安排是否合理,凭经验或进行简单分析是可以解决的。但在现代化大系统中,如在工业生产、农业生产、国防建设和科学技术的研究与开发工作中,其生产活动过程错综复杂、工序繁多,参加的单位和人员也是成百上万,如何合理地组织好生产,使生产中各个环节互相密切配合、协调一致,使任务完成得既好又快且省,就不是单凭经验或稍加分析所能解决的。这就需要运用网络分析技术来进行统筹安排、合理规划,而且越是复杂的、多头绪的、时间紧迫的任务,运用网络分析技术就越能取得较大的经济效益。

网络分析技术以工序所需工时为时间因素,用工序之间相互联系的“箭条图”和数学算法,来反映出整个工程和任务的全貌,并指出对全局性有影响的关键工序和线路。这样可对工程或任务的各个工序作出比较切实可行的全面规划和安排。归纳起来,它具有以下特点。

(1)编制网络图的过程是深入调查研究的过程,有利于克服过去编计划凭经验、想当然的主观唯心主义。

(2)网络图能够反映出各工序之间的相互依赖、相互制约的关系。在计划执行中,某一工作完成时间因某种原因提前或推迟时,可以预见到它对工期的影响。

(3)从网络图中可以了解到哪些工序是关键的,必须确保按期完成,哪些工序有潜力可挖。

(4)能够从许多可行方案中选择最优方案。

(5)按照网络图的指示,在工程(或任务)执行中,能根据环境变化情况,迅速调整,保证自始至终对整体计划进行有效的控制和监督。

(6)可以利用计算机进行计算。

2. 网络图的应用

(1)利用网络图找出工程的关键路线。

(2)合理安排人力。当人力不够时,把时差大的工作往后拖。而当人力有规定(多了窝工,少了又干不成)时,让时差小的工作的人力配置尽量先达到高限额。

(3) 缩短工期。此时必须选择关键路线上费用变化率最小的关键工作,缩短其作业时间。使其在缩短工期时,增加费用最少。费用变化率是指工作作业时间变化(推迟或缩短)一个时间单位,所引起的直接费用变化(减少或增加)的数值。应当指出,缩短工期的着眼点是缩短关键工作、关键路线上的时间,因为它是决定工期长短的唯一因素。

缩短工期的措施:利用时差,挖掘非关键工序的潜力,如人员、设备的机动时间;集中兵力打歼灭战;优先保证关键工序的人力、物力;尽可能采用平行、交错作业;其他措施,如在条件允许的情况下,适当增加投入的人力和设备,单班制改为多班制等。

(4)按资源分配情况,寻求工期最佳。一般采用分段处理方法,对同一段工作按其重要程度,依次进行编号、排序,分配不到资源的工作则推迟。这样逐段对各工作进行资源的分配和开工时间的调整,直至在所有时间内资源需求量都不会超过可能提供的资源为止。

(5)按上述原则修改网络图,进行优化处理。

2.8 质量统计抽样检验技术与方法

2.8.1 统计抽样检验

1. 统计抽样检验概念

统计抽样检验是指抽样方案完全由统计技术所确定的抽样检验。统计抽样检验的优越性体现在能够以尽可能低的检验费用(经济性),有效地保证产品质量水平(科学性),且对产品质量检验或评估结论可靠(可靠性),而且实施过程又很简便(可用性)。

2. 统计抽样检验发展历史

统计抽样理论是美国贝尔实验室工程师道吉和罗米格于1929年创立的。1950年,美军发布了具有全球影响力的计数调整型抽样标准,即美国军用标准MIL-STD-105A,以后几经修改于1963年公布了MIL-STD-105D。发达国家的标准基本上是照搬或参照MIL-STD-105A而制定的。1973年国际标准化组织(International Organization for Standardization,ISO)在此标准的基础上制定了“计数调整型抽样检验国际标准”,1974年正式颁布实施ISO 2859。1989年将其修订为ISO 2859-1标准。为强调过程管理与持续不断改进的重要性,美军于1996年推出新版的抽样标准MIL-STD-1916,用以取代MIL-STD-105E作为美军采购时主要选用的抽样标准。

我国在统计抽样检验方面的应用起步较晚,20 世纪 60 年代只有少数先进企业采用。1981 年我国制定了 GB 2828(逐批检验)和 GB 2829(周期检验)的统计抽样检验国家标准,并于 1987 年进行重大修订。1987 年颁布了国家标准 GB 8053《不合品率的计量标准型一次抽样检查程序及表》,1995 年颁布了国家标准 GB 8054《平均值的计量标准型一次抽样检查程序及表》。对于军工产品,于 1986 年颁布了 GJB 179《计数抽样检查程序及表》,1996 年对其进行了修订,目前执行的是 GJB 179A—96。到目前为止,我国制定的统计抽样检验国家标准已有 22 个。

2.8.2 抽样检验

抽样检验是指从已交检的一批产品 N 中,随机抽取含量为 n 的样本进行测试,将测试结果同产品批的质量标准比较,从而作出产品批合格或不合格的判断。抽样检验减少检查工作量,节约检查费用,一般用于需要做破坏性检验的产品、不易划分单位体的连续性产品(如流体产品、粉粒状产品等)和批量大而质量要求不是很高的产品等。

采用抽样检验可能产生两种错误的判断,即把本来合格的交检批可能错判为不合格批,或把不合格批错判为合格批。前者称为第一类错误,即把好的产品当成坏的,使生产者蒙受损失,故称为生产者冒险率,第一类错误的概率 α,一般定为 5%;后者称为第二类错误,即把不合格产品当成合格产品,使消费者蒙受损失,故称为消费者冒险率,第二类错误的概率 β,通常定为 10%。

1. 计数抽样与计量抽样

按单位产品质量特性的性质,抽样检验可分为计数抽样检验和计量抽样检验。

(1)计数抽样检验用计数值作为产品批是否合格的判定标准。它又可分为以下两种:

①计件抽样检验用不合格的件数作为产品批是否合格的判定标准。

②计点抽样检验用一百单位产品缺陷数作为产品批是否合格的判定标准。

(2)计量抽样检验用计量值作为产品批是否合格的判定标准,根据给定的技术标准,将单位产品的质量特性(如质量、长度、强度等)用连续尺度测量出其具体数值,并与标准对比的检验。计量抽样检验一般是用产品批的平均值作为产品批是否合格的判定标准。平均值计量抽样检验,是先规定产品批的可接收的平均值 μ_0,然后将产品批抽样的平均值 $\hat{\mu}$ 与 μ_0 进行比较,确定是否接收。

2. 抽样检验方案

按抽取的样本数目,抽样检验方案可分为一次抽样、二次抽样、多次抽样和序贯抽样。

(1)一次抽样方案(N,n,A_e)。从交验批产品 N 中随机抽取 n 个进行检验,若不合格品数为 d,规定合格判定数为 A_e,不合格判定数为 R_e。①若 $d \leqslant A_e$,判定该批产品合格,予以接收;②若 $d \geqslant R_e$,判定该批产品不合格,予以拒收。

(2)二次抽样方案($N,n_1,n_2,A_{e1},A_{e2},R_{e1},R_{e2}$)。交验产品批量为 N,第一次抽 n_1 个进行检验,不合格品数为 d_1,若规定合格判定数为 A_{e1},不合格判定数为 R_{e1},有三种情况:①$d_1 \leqslant A_{e1}$,判为合格,接收;②$d_2 \geqslant R_{e1}$,判为不合格,拒收;③$A_{e1} < d_1 < R_{e1}$,进行第二次抽样检验。

第二次抽 n_2 个进行检验,不合格品数为 d_2,合格判定数为 A_{e2},不合格判定数为 R_{e2},则按以下规则进行判定:①$d_1 + d_2 \leqslant A_{e2}$,判为合格,接收;②$d_1 + d_2 \geqslant R_{e2}$,判为不合格,拒收。

(3)多次抽样方案。需要随机抽取多个样本检验之后,才能作出接收或拒收该批产品的结论。其操作程序与二次抽样近似,只是判断合格与否的程序增加了。

(4)序贯抽样方案。序贯抽样检验在抽样时每次只能抽取一个单位产品进行检验,之后依次继续抽样并检验,直至能够作出合格与不合格的判定为止。

3. 抽样检验的类型

抽样检验的类型一般分为标准型、调整型、挑选型和连续型4种。

(1)标准型抽样检验:所选定的抽样方案能同时满足订购方和承制方的质量保护要求。一般对承制方通过确定 P_0 和 α (厂方风险)来提供保护,对订购方通过确定 P_1 和 β (用户方风险)来提供保护。标准型抽样方案的特性曲线(*OC* 曲线)同时通过($P_0, 1-\alpha$)和(P_1, β)两点(图2-45)。这种方案不要求提供检查批的事前情报,适于孤立产品的检查,还适于不能作全数检查场合的抽样检验,故使用广泛。

(2)调整型抽样检验:具有动态特点,对于一个确定的产品批,它不是采用单独一个标准方案,而是根据该批产品质量的优劣,采用一组严格程度不同的方案(正常、加严、放宽),并按照产品的质量情况,根据“转换条件”的规定,确定下一个阶段所采用的方案。调整方式有调整检验的宽严程度、调整检验水平、调整检验方式(全检、抽检、免检)。

(3)挑选型抽样检验:适用于非破坏性检验,一旦抽检认为不合格的产品批,则要进行再次全数挑选,剔除其中的不合格品。对于不便全数挑选的破坏性检验,不能采用这种类型的抽查。

(4)连续型抽样检验:适用于生产过程质量处于稳定控制状态的场合的抽查。开始时,逐个检验每个产品,如果接连 j 件都合格,即可转为按比例 f 抽查;一旦抽到不合格品,则恢复逐个检查,重新继续上述过程。j 和 f 根据规定的可接收质量水平确定。若生产过程质量不稳定,则不能用这种方案抽检。

2.8.3 抽样特性

“不合格率为 p 的产品批,用某种方案抽检,判作合格被接收”这个事件是一个随机事件。这个随机事件发生的概率称为合格概率或接收概率,记为 $L(p)$。按同一随机抽样方案(n, c),根据不同的不合格率 p,可以描出接收概率 $L(p)$ 曲线,称为抽样特性曲线(*OC* 曲线)。它反映了抽样方案的抽检特性(图2-45)。

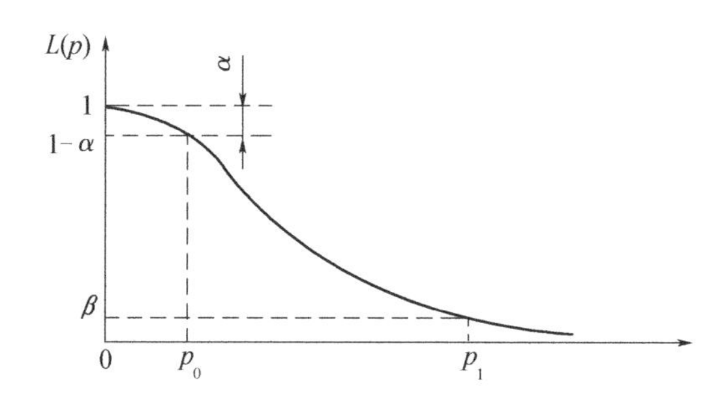

图2-45 标准型抽样 *OC* 曲线

1. *OC* 曲线的计算

确定某抽检方案的 *OC* 曲线,关键在于求 $L(p)$。下面将介绍几种计算方式。

按照超几何分布,从批量为 N、不合格率为 p 的产品批中,随机抽取大小为 n 的样品进行检查时,不合格品出现个数 k 的概率为

$$P(k)=\frac{C_{Np}^{k}\cdot C_{N-Np}^{n-k}}{C_N^n} \tag{2-28}$$

当采用抽检方案(n,c)检查一批产品时，只要样本中的不合格品数不超过合格判定数c，则认为该批产品合格，予以接收，因此不合格率为p的产品批的接收概率$L(p)$为

$$L(p)=\sum_{k}^{c}\frac{C_{Np}^{k}\cdot C_{N-Np}^{n-k}}{C_N^n} \tag{2-29}$$

具体计算时，首先应用公式(2-29)分别算出$k=0,1,2,\cdots,c$的概率，然后相加即得批的接收概率：

$$L(p)=P(0)+P(1)+P(2)+\cdots+P(c) \tag{2-30}$$

例如：用$N=50,n=5,c=1$的抽检方式，在批废品率$p=6\%$条件下，试求批接收概率$L(p)$。

解：计算$n=5$试样中不出现废品$(k=0)$的概率：

$$P(0)=\frac{C_3^0\cdot C_{50-3}^{50-0}}{C_{50}^5}=0.724$$

同样，计算$n=5$试样中出现1个废品$(k=1)$的概率：$P(1)=0.253$。所以，批接收概率为

$$L(p)=P(0)+P(1)=0.724+0.253=0.977$$

可以看出，当N值很大时，阶乘的计算相当麻烦。

因此，当$N\geqslant 10n$时，批的接收概率$L(p)$可用二项分布近似计算：

$$L(p)=\sum_{k}^{c}C_n^k\cdot p^k\cdot(1-p)^{n-k}\quad(k=1,2,\cdots,c) \tag{2-31}$$

如果$N>10n$，且$p<10\%$时，批的接收概率$L(p)$可用泊松分布近似计算：

$$L(p)=\sum_{k}^{c}\frac{(np)^k}{k!}e^{-np} \tag{2-32}$$

用二项分布和泊松分布计算，均与批量N无关，但结果与用超几何分布的计算基本一致。计数值抽检表基本是用二项分布或泊松分布计算的，因为一般抽检均满足$N\geqslant 10n$的条件。

因为以上所述的方法计算概率较麻烦，因此，就研究出使用非常便利的图表，也就是用抽样个数n、批的不合格率p和合格判定个数c，求出不合格率为p的批接收概率$L(p)$的图表。此图表称为桑狄克(Sondak)曲线(图2-46)，这是用泊松分布近似求出的不合格率为p的批接收概率$L(p)$。

又如：当抽样方案为$n=100,c=2$时，试用桑狄克曲线求出废品率为2%的批接收概率$L(p)$。

解：

(1)计算$np=100\times 0.02=2$。

(2)在横轴上取下此值。

(3)求出过此点且垂直于横轴的直线与图上$c=2$曲线的交点。

(4)由此点向左方作平行于横轴的直线，交纵轴于一点，此点的数值为0.67，即为批的接收概率。

按照上例的方法，可利用桑狄克曲线求出不合格率从0～10%各批所对应的接收概率(表2-20)。并以$L(p)$为纵轴、p为横轴，画出图2-47所示的OC曲线。

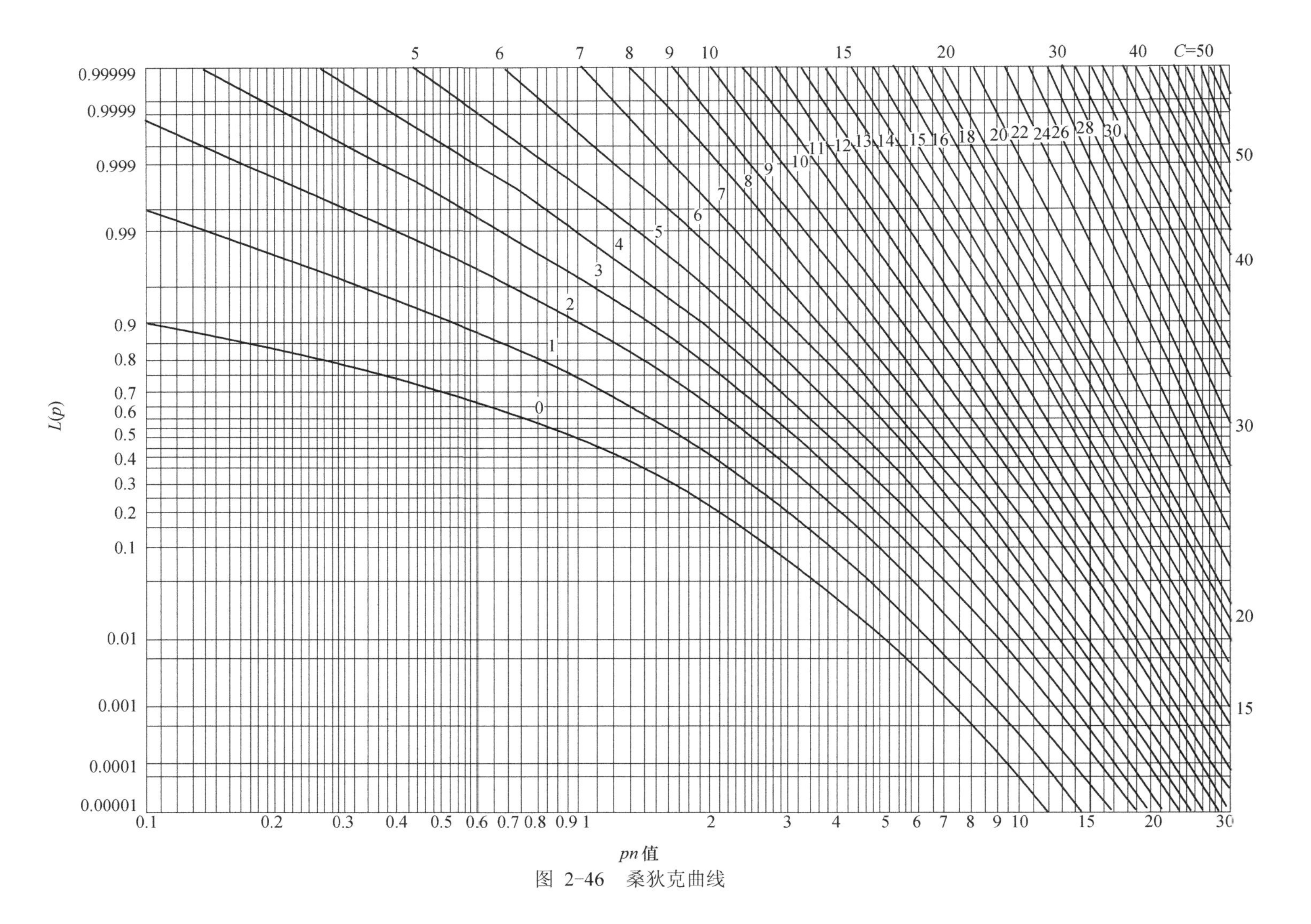

图 2-46　桑狄克曲线

表 2-20　批接收概率($n=100,c=2$)

p/%	批接收概率 $L(p)$	p/%	批接收概率 $L(p)$
1	0.92	6	0.06
2	0.67	7	0.03
3	0.42	8	0.015
4	0.25	9	0.006
5	0.12	10	0.002

2. 抽检方案与 *OC* 曲线的关系

下面讨论 OC 曲线与 N、n、c 的关系。

(1)当抽检方案(n,c)一定,而批量大小(N)变化时,对 OC 曲线的影响。

例如:当采用 $n=20,c=2$ 的抽检方式时,OC 曲线的 $L(p)$ 值随批量 N 变化的数据如表 2-21 所示。并根据表 2-21 作 $N=60$ 与 $N=\infty$ 的 OC 曲线,如图 2-48 所示。

表 2-21　p、N 变化时的 $L(p)$ 值($n=20,c=2$)

p/%	60	80	100	200	400	600	1000	∞
5	0.966	0.954	0.947	0.935	0.929	0.928	0.927	0.925
15	0.362	0.375	0.378	0.394	0.400	0.401	0.402	0.405
25	0.053	0.063	0.069	0.088	0.089	0.091		

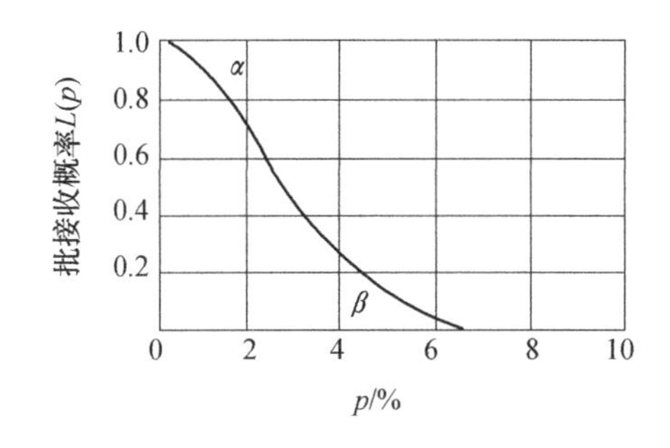

图 2-47　OC 曲线($n=100,c=2$)

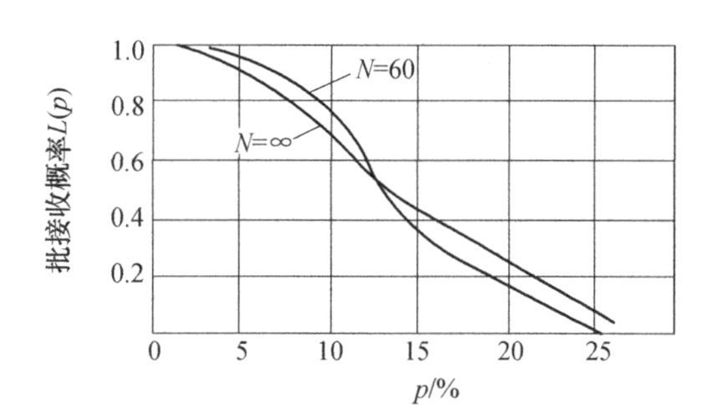

图 2-48　N 变化对 OC 曲线的影响($n=20,c=2$)

由表 2-21 中所列数值可以看出,当 N 值在 200 以上时,虽然 $L(p)$ 值还有一点差别,但实质上也可认为没有差别。至于当 $N\geqslant 1000$ 而趋于∞时,两者的 $L(p)$ 值之差已小到可以忽略不计了。因此,一般在批量大小 $N\geqslant 10n$ 时,即可将批量大小看作为无限大。此时,虽然 N 发生变化,但 OC 曲线几乎没有变化。

(2)在抽检方案(n,c)中,c 不变而 n 变化时 OC 曲线的变化。

例如,$c=2,n=50,100,200$ 时的 OC 曲线,如图 2-49 所示。由图可见,曲线随着 n 的变大,其下部向左移,且越来越陡。这说明,随着抽检量 n 的增加,相应的抽检方案变严,并且 $L(p)$ 值随 p 的增大而急趋下降。

(3)在抽检方案(n,c)中,n不变而c变化时OC曲线的变化。

例如,当$n=100$,而$c=0,l,2,3,4,5$时就形成图2-50所示的OC曲线。根据c值增加的程度,OC曲线随之向右移动,当$c=1,2,3$时,曲线的形状大体上相似。可是当$c=0$时,曲线的圆弧与其他曲线不同,若不合格率(p)从零开始增加,$L(p)$则急剧减少。

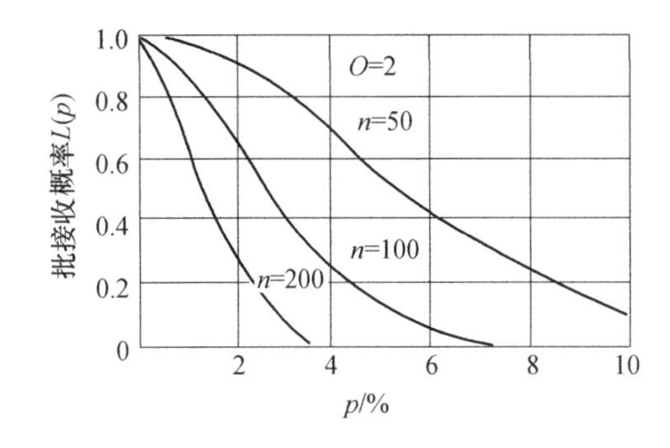

图2-49　n变化时的OC曲线

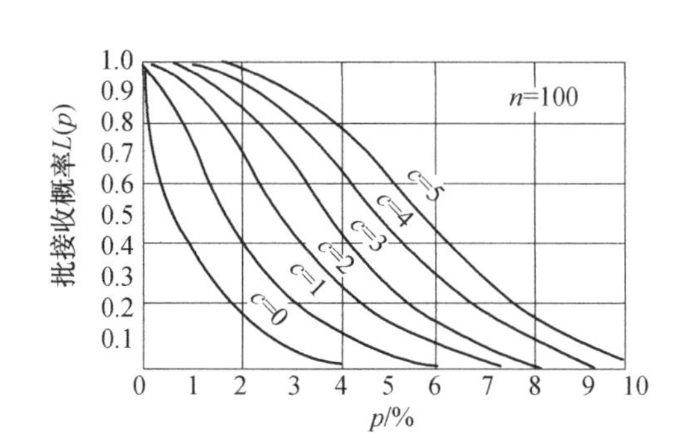

图2-50　c变化时的OC曲线

2.8.4　计数标准型一次抽样检查

1. 明确检验产品批

标准型抽检原则上仅以单批(分批)为对象,该批产品应是在同一生产条件下生产的。如批量过大,也可划分为小批分批进行抽检。

2. 指定p_0和p_1值

p_0和p_1是极限质量保护值,是对生产能力、经济和质量的必须要求,是对检查费用、检查劳力和时间等各种因素的综合考虑而定的。这些值不能简单机械地由现成的公式计算,而是主要由生产方和订购方协商确定。

一般对于致命缺陷和严重缺陷,p_0值尽可能取小些,如取0.1%、0.3%、0.5%;对于轻缺陷,出于经济性考虑,p_0值可以取大些,如取3%、5%、10%。

此外,p_1/p_0值过小(<3),会增加抽检个数,增加检查费用;而p_1/p_0值过大(>20),又大大增加订购方的风险率。

选取风险率时,一般取生产方风险$\alpha=0.01\sim0.05$,订购方风险$\beta=0.05\sim0.1$为准,选取$p_1/p_0=4\sim10$。

3. 确定抽检方案

先根据质量检查水平(一般检查或特殊检查)和产品批量,从GJB 179A—96表1中查出样本量字码,再根据可接收质量水平(Acceptable Quality Level,AQL)和样本量字码从该军用标准表2中查出样本量n和所需的抽检方案$(A_c、R_e)$。

表2-22所列为GJB 179A中的一般检查水平,已知产品批量可以查相应抽检的样本量字码。

表2-23所列为GJB 179A表2A的一部分,可接收质量水平为1.0%~10%。已知样本量字码和可接收质量水平,就可以查出样本量n和合格与不合格判定数A_c与R_e。

表 2-22　一般检查水平样本量字码

批量范围	样本量		
	一般检查水平		
	放宽	正常	加严
2 ~ 8	*A*	*A*	*B*
9 ~ 15	*A*	*B*	*C*
16 ~ 25	*B*	*C*	*D*
26 ~ 50	*C*	*D*	*E*
51 ~ 90	*C*	*E*	*F*
91 ~ 150	*D*	*F*	*G*
151 ~ 280	*F*	*G*	*H*
281 ~ 500	*F*	*H*	*J*
501 ~ 1200	*G*	*J*	*K*
1201 ~ 3200	*H*	*K*	*L*
3201 ~ 10000	*J*	*L*	*M*
10001 ~ 35000	*K*	*M*	*N*
35001 ~ 150000	*L*	*N*	*P*
150001 ~ 500000	*M*	*P*	*Q*
500001 以上	*N*	*Q*	*R*

表 2-23　一次正常抽样方案(部分)

样本字码	样本大小	可接收质量水平/%					
		1.0	1.5	2.5	4.0	6.5	10
		A_cR_e	A_cR_e	A_cR_e	A_cR_e	A_cR_e	A_cR_e
A	2				▽	0 1	
B	3			▽	0 1	△	▽
C	5		▽	0 1	▽	▽	1 2
D	8	▽	0 1	△	▽	1 2	2 3
E	13	0 1	△	▽	1 2	2 3	3 4
F	20	△	▽	1 2	2 3	3 4	5 6
G	32	▽	1 2	2 3	3 4	5 6	8 8
H	50	1 2	2 3	3 4	5 6	7 8	10 11
J	80	2 3	3 4	5 6	7 8	10 11	14 15

续表

样本字码	样本大小	可接收质量水平/%					
		1.0	1.5	2.5	4.0	6.5	10
		$A_c R_e$	$A_c R_e$	$A_c R_e$	$A_c R_e$	$A_c R_e$	$A_c R_e$
K	125	3 4	5 6	7 8	10 11	14 15	21 22
L	200	5 6	7 8	10 11	14 15	21 22	△
M	315	7 8	10 11	14 15	21 22	△	
N	500	10 11	14 15	21 22	△		
P	800	14 15	21 22	△			
Q	1250	21 22	△				
R	2000	△					

说明：▽表示向下一组 A_c 和 R_e 的方案；△表示向上一组 A_c 和 R_e 的方案。

4. 抽取试样

从产品批量 N 中随机抽取 n 件作为试样。具体方法可以采用随机数表抽样(计算机随机抽样)，也可以将批量很好地混合，然后不加目视地随机抽取试样。

5. 检查或测试试样

检测时要按统一规定的质量指标，用统一规定的仪表、工具和检测方法进行检测。根据缺陷的等级对每件试品作出检测结论，如良好、轻缺陷、严重缺陷和致命缺陷等。

6. 判定批的合格与不合格

根据事先确定的抽检方案和质量检测结果进行判决：不合格品数等于或小于 A_c 则接收，不合格品数等于或大于 R_e 则拒收。

7. 不合格批处理

拒收的批，只有在所有产品经过再次检查或试验，剔除了不合格品后，才能再次提交抽检。检查水平根据具体情况由双方协商确定。

在抽检中发现的任何不合格品，不管它是属于接收批还是拒收批，都应剔除，用良好品补齐。

2.8.5 计量标准型一次抽样检查

属计量值(连续变量)的产品质量特性值多数服从正态分布。正态分布取决于平均值和标准偏差两个参数。

1. 已知标准偏差(α)的抽检

(1)假设某产品质量标准的上限为 T_U，指定：具有不合格率 $p \leqslant p_0$ 的批为优质批；具有不合格率 $p \leqslant p_1$ 的批为劣质批。

一般生产方风险 α 取 0.01 ~0.05，订购方风险 β 取 0.05 ~0.10。

从检查批中随机抽取 n 个试样检测，得特性值 X_i，计算其平均值 $\bar{X}$：

$$\bar{X} = \frac{1}{n}\sum_{i=1}^{n} X_i \tag{2-33}$$

则按以下规则判断：$\bar{X} \leqslant \bar{X}_U$，批合格；$\bar{X} > \bar{X}_U$，批不合格。

判定值 $\bar{X}_U$,由下式求得:

$$\bar{X}_U = T_U - k\alpha \tag{2-34}$$

式中:k 为合格判定系数,其值由 p_0、p_1、α 和 β 决定,即

$$k = \frac{k_{p_0}k_\beta + k_{p_1}k_\alpha}{k_\alpha + k_\beta} \tag{2-35}$$

式中:k_{p_0}、k_{p_1}、k_α、k_β 可由"不合格率 p 与 k_p 关系"表求得(表 2-24)。

表 2-24　不合格率 p 与 k_p 关系表

p/%	k_p	p/%	k_p	p/%	k_p
0.0	∞	10		30	0.52400
0.1	3.09023	11	1.28155	31	0.49585
0.2	2.87816	12	1.22653	32	0.46770
0.3	2.74778	13	1.17499	33	0.43991
0.4	2.65207	14	1.12639	34	0.41246
0.5	2.57583	15	1.08032	35	0.88532
0.6	2.51214	16	1.03643	36	0.35846
0.7	2.45726	17	0.99446	37	0.33185
0.8	2.40892	18	0.95417	38	0.30548
0.9	2.36562	19	0.91537	39	0.27932
1.0	2.32635	20	0.87790	40	0.25335
2.0	2.05375	21	0.84162	41	0.22754
3.0	1.88079	22	0.80642	42	0.20189
4.0	1.75069	23	0.77219	43	0.17637
5.0	1.64485	24	0.73885	44	0.15097
6.0	1.55477	25	0.70630	45	0.12566
7.0	1.47579	26	0.67449	46	0.10043
8.0	1.40507	27	0.64335	47	0.07527
9.0	1.34076	28	0.61281	48	0.05015
		29	0.59284	49	0.02507
			0.55338	50	0.0000

计量抽检方案中的样本量 n 可由下式计算:

$$n = \left[\frac{k_\alpha + k_\beta}{k_{p_0} - k_{p_1}}\right]^2 \tag{2-36}$$

由于式(2-36)计算比较复杂,通常都是查表(参见文献或有关标准)。

(2)假设某产品质量指标的下限为 T_L 时,判定值 T_L 由下式计算:

$$\bar{X}_L = T_L + k\alpha \tag{2-37}$$

并用以下规则判断:$\bar{X} \geqslant \bar{X}_L$,批合格;$\bar{X} < \bar{X}_L$,批不合格。

2. 未知标准偏差(σ)的抽检

具体检验步骤如下。

(1)给定批的不合格率 p_0、p_1。

(2)根据规定的 α、β(一般 $\alpha=0.05$,$\beta=0.10$),以及 p_0、p_1,查表找出抽检方案(n,k)(参见有关文献或有关标准)。

(3)抽取 n 个试样进行检测,得特性值 X_i,计算均值 $\bar{X}$。

(4)计算样本无偏方差平方根:

$$\sqrt{V} = \sqrt{\frac{1}{n-1}\sum_{i=1}^{n}(x_i - \bar{x})^2} \tag{2-38}$$

(5)计算合格判定条件,并判定合格与否。

①若给定了上限标准值 T_U 时:$\bar{X} \leqslant T_U - k\sqrt{V}$,批合格;$\bar{X} > T_U - k\sqrt{V}$,则批不合格。

②若给定了下限标准值 T_L 时:$\bar{X} \geqslant T_L + k\sqrt{V}$,批合格;$\bar{X} < T_L + k\sqrt{V}$,批不合格。

第3章　装备质量技术基础

根据装备质量的定义，对于某种装备除去其特有的功能特性外，还包括其可靠性、维修性、保障性、测试性、安全性、环境适应性等通用质量特性，只有给予足够重视，才能获得高质量的装备。同时，装备的标准化程度、计量保障特性也是装备质量高低的体现，在装备全寿命不同阶段有不同的工作任务。

3.1　装备标准化

3.1.1　标准与标准化

3.1.1.1　标准

GB 3935.1《标准化基本术语　第一部分》中定义："标准就是对重复性事物和概念所作的统一规定。它以科学技术和实践经验的综合成果为基础经有关方面协商一致，由主管机构批准，以特定形式发布作为共同遵守的准则和依据。"它主要包括以下几个方面的含义。

1. 标准必须具有科学性和实践性

标准是"依据科学技术和实践经验的综合成果，在充分协商的基础上"产生的，一方面将科学研究的成就、技术进步的新成果同实践中积累的先进经验相互结合，纳入标准，奠定标准科学性的基础；另一方面也不是对这些成果不加分析地纳入标准，而是经过分析、比较、选择以后再加以综合，是对科学技术和经验加以消化、融会贯通、综合概括和系统优化的过程。

2. 制定标准的领域和对象是重复性事物与概念

重复性事物，是指同一事物反复多次出现的性质。事物具有重复性，才有制定标准的必要。对重复的事物制定标准的目的是总结以往的经验，选择最佳方案，作为今后实践的目标和依据。既可最大限度地减少不必要的重复劳动，又能扩大"最佳方案"的重复利用范围。标准化的技术经济效果有相当一部分就是从此得到的。对于大量的技术和管理等方面的重复性工作，为了建立生产和工作的正常秩序，完全有必要制定一些标准。

3. 标准的本质特征是统一

统一是把同一事物两种及以上的表现形式归并为一种或限定在一定范围内的标准化形式。统一是标准化活动中内容最广泛、开展最普遍的一种形式。目的是为消除不必要的多样化而形成的混乱，为人类的正常活动建立共同遵循的秩序。其实质是使对象的形式、功能或其他技术特征具有一致性，并将这种一致性通过标准以定量化的方式确定下来。在现代社会中，统一发挥着越来越大的作用。

4. 标准文件具有一套制定、颁发程序和书写格式

标准从制定到颁发有一套完整的工作程序和审批制度。标准的编写、印刷、幅面格式和编号的统一，既可保证标准的编写质量，也便于使用和管理。严格的程序和格式体现了标准文件的科学性与严肃性。

3.1.1.2 标准化

GB 3935. 1《标准化基本术语　第一部分》中定义:“标准化是在经济、技术、科学及管理等社会实践中,对重复性事物和概念通过制定发布和实施标准达到统一,以获得最佳秩序和社会效益。”此定义揭示了标准化的如下特征。

1. 标准化具有明确的目的

标准化的目的是建立有利于人类社会发展,有利于国民经济建设的最佳秩序,从而取得经济效益和社会效益。在开展标准化工作时,不能盲目追求标准的数量,而应重视标准的整体质量。对新上的标准项目,要加强科学论证,做深入细致的科学研究和试验工作,从标准系统全局出发、从实际出发,重视整体和实践的效果。

2. 标准化是一项有组织的活动过程

标准化不是一个孤立的事物,而是一个活动过程,是一个制定标准、贯彻标准进而修订标准的过程。这是一个不断循环、螺旋式上升的运动过程,完成一个循环,标准水平就提高一步。

3. 标准是标准化活动的核心

标准化的目的和作用,都是通过制定和贯彻具体的标准来体现的。所以,标准化活动不能脱离制定、修订和贯彻标准,这是标准化的基本任务。

4. 标准化的效果是通过贯彻标准来实现的

只有当标准在社会实践中实施以后,标准化的效果才能表现出来,绝不是制定一个标准就可以了事的。标准再多、再好,没有运用,没有贯彻执行,就收不到什么效果。因此,在标准化的“全部活动”中贯彻标准是个不容忽视的环节。

5. 标准化是个相对的概念

对一件事物的标准化,不可能是绝对的,在深度上有差别。例如,对一种产品的标准化,可以只规定技术要求和试验方法,或只规定这种产品的基本参数,也可以只规定某些尺寸和精度等。这些规定(标准) 只是这种产品局部的统一规定。随着实践经验的积累和客观的需要,再制定这种产品的完整标准。这个标准还要不断修改、不断完善、不断提高。

标准化在广度上也是如此。制定了一种产品的完整标准,不能以为标准化的目的就达到了。因为只有一项孤立的产品标准,标准化的目的是不容易实现的。有了产品标准以后,还必须把与其相关的一系列标准都建立起来。每一项标准都不可能孤立存在,都要向深度和广度扩展。

6. 标准化概念的相对性,还包含标准与非标准的互相转化

已经实现了标准化的事物,经过一段时间会突破原先的规定,成了非标准的,于是又可能再对它制定标准。处于系统中的各个环节,往往由于系统的运动和变化使某些环节的标准失去意义。这种互相转化过程,是否定之否定规律在标准化过程中的表现。

3.1.1.3 标准的类型与级别

1. 标准分类

按标准性质,可分为推荐性和强制性两大类。推荐性标准又称为自愿性标准,是指产品的制造者和用户对标准的制定与执行都带有自愿原则。强制性标准是指产品的制造者和用户对标准的制定与执行都带有强制原则。

按标准化的对象,可分为技术标准、管理标准、工作标准三大类。

(1)技术标准包括基础标准、产品标准、方法标准、安全与环境保护标准。

①基础标准:在一定范围内作为其他标准的基础普遍使用,具有广泛指导意义的标准。例

如,GJB 668《导弹武器系统术语》,就是对导弹武器系统的各类术语给出统一规定,供有关科研、生产、使用之用。

②产品标准:为保证产品的使用性,对产品必须达到的某些或全部要求所制定的标准。其包括品种规格、技术性能、试验方法、检验规则、标志包装、运输储存要求等内容。

③方法标准:以试验、检查、分析、抽样、统计、计算、测量、作业等各种方法为对象所制定的标准,如设计计算方法、抽样检查方法等。

④安全与环境保护标准:以保护人和物的安全为目的制定的标准称为安全标准;为环境保护和有利于生态平衡,对大气、水、土壤、噪声等环境质量及有关各项制定的标准称为环境保护标准。

(2)管理标准包括管理业务标准、质量管理标准、程序标准等。ISO 9000 系列标准就是一套质量管理标准。

(3)工作标准包括专用工作标准、通用工作标准、工作程序等。

2. 标准分级与编号

国际上根据标准适用的地区和范围将标准分为国际标准、区域标准和国家标准三级。

(1)国际标准:国际标准化团体通过的标准,如国际标准化组织(ISO)、国际电工委员会(International Electrical Commission,IEC)、国际电信联盟(International Telecommunication Union,ITU)等国际标准化组织通过的标准。

(2)区域标准:世界上某一地区标准化团体通过的标准,如欧洲标准化委员会(European Comittee for Standar dization,CEN)等。

(3)国家标准:由国家标准化主管机构批准发布,在全国范围内统一的标准。

我国根据标准的适应领域和有效范围,把标准分为 4 级,即国家标准、行业标准、地方标准和企业标准。国家标准的代号是"GB"。

我国的军用标准,按照目前的情况,分为国家级军用标准和部门军用标准两级。由总装备部和总后勤部批准、发布的标准均属国家级军用标准。由各军兵种批准、发布的军用标准则属部门军用标准。国家军用标准的代号是"GJB"。

3.1.1.4 标准化形式

标准化的形式有简化、统一化、系列化、通用化、组合化与模块化。

1. 简化

简化是指在一定范围内,将具有相同标准化对象的品种规格进行适当缩减,保留下的品种规格在一定时期内,满足社会一般需求的标准化形式。通过简化,可以淘汰一些多余的、低劣的品种规格,而保留必要的和优良的品种规格,达到删繁就简、淘劣存优的目的。

2. 统一化

统一化是指把同类事物两种及以上的表现形式归并为一种,或将同类事物的参数限定在一定范围内的标准化形式。其主要应用于术语、符号、代号、标志、编码、量与单位、工程制图等,以达到在生产、生活中共识、共遵、一致、互通的目的,还应用于产品性能规格的统一。

统一化消除了不必要的多样化造成的混乱,建立共同遵守的秩序。统一化使得零部件具有互换性,统一的技术标准协调了现代化生产。简化着眼于精练,而统一化则着眼于一致性,比简化更深刻。

3. 系列化

系列化是将产品的品种规格按最佳数列排列,以有限的品种规格来满足最广泛社会需求的标准化形式。系列化是简化的延伸,是标准化的一种高级形式。其主要应用于产品参数系列化,使产品的规格(尺寸、性能)分级分档、科学合理。还应用于产品系列标准的编制。系列化有利于新产品的开发,便于针对社会需求和市场变化较快地设计出新的变型品种规格的产品。

4. 通用化

通用化是在互换性的基础上,尽可能扩大同一对象(产品、零部件)的使用范围的标准化形式。在产品设计时,针对具有共性的零部件,选用通用件或标准件;产品制造时,针对典型零件工艺,编制典型零件通用工艺规程,对于该种零件的每一类零件的加工都具有指导意义。

对于具有尺寸互换性的产品,选用通用件或标准件,可以大大减少设计制造时的重复劳动,缩短工时,简化管理,提高质量,降低成本。对于具有功能互换性的产品,通用性越强,对市场的适应性越强,销路越广,经济效益越高。

5. 组合化与模块化

组块化与模块化是通过对某一产品系统的分析研究,把其中含有相同或相仿功能的单元分解出来,进行简化、统一而得到模块,而后用不同模块组合成多种产品的标准化形式。

组合化与模块化是实现标准化与多样化有机结合的一种形式。随着科学技术的飞速发展,市场竞争日益激烈,产品更新换代速度加快,组合化、模块化为多样化、小批量的“柔性生产”开辟了道路。老产品的淘汰并不意味着组成产品模块的淘汰,它们可以组合成新的产品,这就大大提高了模块的重复利用率,形成了产品的多品种、小批量。

3.1.2 标准化工作与质量管理的关系

标准化工作和质量管理有着极其密切的关系。标准化是质量管理的基础,质量管理是贯彻执行标准的保证。

标准一方面是衡量产品质量以及各项工作质量的尺度,另一方面又是企业进行生产、技术管理和质量管理工作的依据。在企业中实行标准化,就是要对产品的尺寸、质量、性能以及技术操作等各个方面规定出标准,根据这些标准来组织生产技术活动,把全体员工的行动纳入执行标准的轨道上来,严格遵守和执行这个标准,并为提高和超过标准而努力。加强质量管理,必须自始至终都以标准为工作依据,抓好标准化工作。

同时,标准化工作的贯彻实现也离不开质量管理。因为包括产品技术标准在内的各方面标准的贯彻,都必须通过全面的质量管理来实现。例如,通过设计过程的质量管理,对图样、工艺规程等进行标准化审查,使全部设计符合标准化要求;通过生产技术准备过程和制造过程的质量管理,根据制定的各项标准,对日常生产中的图纸等技术文件、标准、设备、工装、工艺等方面的执行情况进行检查和改正,促使实现标准化的要求,不断地巩固和扩大标准化的成果。因此。全面质量管理是贯彻执行标准的保证。可见,加强标准化工作,对于加强质量管理、提高产品质量等都具有十分重要的意义。在开展全面质量管理活动中,必须十分重视标准化工作,认真做好标准化工作。

3.1.3 装备通用化、系列化与组合化

标准化主要是在经济、技术、科学和管理领域内,对重复性事物和概念,通过制定、发布和实施标准,达到统一,以获得最佳秩序和社会效益。装备标准化活动长期实践中所形成的、行之有效的标准化基本方法之一即为装备的通用化、系列化和组合化。

3.1.3.1 通用化

1. 通用化含义

在标准化的初期,通用化指的是同一类型不同规格,或不同类型的产品和装备中结构相近似的零部件,经过统一以后可以彼此互换的标准化形式。显然,通用化以互换性为前提。互换性指的是不同时间、不同地点制造出来的产品或零件,在装配、维修时不必经过修整就能任意替换使用的性质。

互换性概念有两层含义:一是指产品的功能可以互换,称为功能互换性,它要求某些影响产品使用特性(常指线性尺寸以外的特性)的参数按照规定的精确度互相接近;二是尺寸互换性,当两个产品的几何尺寸相接近到能够保证互换时,就达到了尺寸互换性。尺寸互换性是功能互换性的部分内容,对于零部件的通用化具有突出作用,但功能互换性在标准化过程中显得越来越重要。因此,通用化概念还应该包括功能互换的含义。

在此,通用化广义定义:在互相独立的系统中,选择和确定具有功能互换性或尺寸互换性的子系统或功能单元的标准化形式。

2. 通用化形式

(1)借用通用化。从旧产品(必须是定型产品)借用次数较多且又有通用价值的零部件,按一定的规律排列成近似系列化程度,然后编成"借用手册",供设计新产品时直接使用。

(2)相似通用化。在同类或不同类型的产品中,很多零部件具有结构和功能等方面的相似性,按一定规律对它们进行统一化设计,并编成"通用件图册",以供设计人员选用。

(3)系统通用化。在对整个系列产品中的零部件进行系统分解和全面分析的基础上,经过试验和选择,凡能够通用的都使之通用,使同一系列不同型号产品中的相同零部件,彼此都能互换通用。因此,系统通用化是标准化的最高形式。

3. 通用化程度评定

产品通用化程度的高低,可用通用化系数来评定。产品主要由零件、部件和整件三部分组成,评定时应分别对三部分的通用化系数进行统计计算。三种计算的方法相同,仅以零件为例来说明。

(1)通用件件数系数 K_j:

$$K_j = \frac{\Sigma_j}{\Sigma} \times 100\%$$

式中:Σ_j 为产品中通用件、借用件的总件数;Σ 为产品中全部零件的总件数。

(2)通用件品种系数 K_p:

$$K_p = \frac{\Sigma t_p}{\Sigma_p} \times 100\%$$

式中:Σt_p 为通用件品种系数;Σ_p 为自制件的品种总数。自制件是指本单位制造的、或由外单位按本单位图纸协作制造的制品、零件。

目前,我国许多单位都用通用化系数(品种系数或件数系数)评定产品的通用化程度。国外对产品通用化程度评定方法也作了广泛的研究,除了上述两个系数,还提出了通用件重量系数 K_s、劳动量系数 K_l 和成本系数 K_c 三个评定准则。

由于各种原因,上述准则在统计计算时都带有偶然性,且比较烦琐,不再一一叙述。通过实践证明,采用通用件品种系数 K_p 是评定产品通用化程度最理想的准则。

①K_p的计算比较简单,该系数可使75%以上的各种产品通用化程度得到准确的反应。

②用K_p计算得出的评定结果,与其他准则所得出的结果相差不大。

③按K_p准则评定,既符合设计部门和生产部门的要求,也符合使用部门的要求,因为对使用部门来说,K_p是一项敏感的指标,有些产品应用面广、易损件多,应充分而及时地保证维修备件的供应。

当然,K_p并不是唯一的评定准则。当产品中有大量重复的某种零件,或拥有大量价格昂贵的外购件时,除按K_p评定外,还应按其他准则(如K_s、K_c)进行补充评定。

3.1.3.2 系列化

1. 系列化定义

系列化是将产品或其参数、结构型式、尺寸作出合理设计和规则,排出相应型谱表,从而有目的地指导今后的发展。

与简化相比,系列化不但要适当考虑当前已存在的产品品种,更要着眼于按科学技术和经济规律指导发展未来的新产品,建立一个结构合理、能以较少品种满足绝大部分需要的总体效益最佳的产品体系,所以它可以看成简化的延伸和进一步发展的高级形式。

系列化工作的内容包括:①制定产品基本参数系列标准;②编制产品系列型谱;③开展系列产品设计并组织这些标准的实施。下面着重介绍系列设计的概念。

2. 系列设计

(1)系列设计是最有效的统一化,也是最广泛的选型定型工作,能有效地防止同类产品形式、规格的杂乱。

(2)系列设计可以最大限度地发挥同行业的设计优势,防止各企业平行设计同类产品却又互不统一的不合理现象,做到最大限度地节约设计力量,还可防止个别企业盲目设计落后产品。

(3)系列设计的施工图统一发放,统一管理,集中修改,可以保证全国范围内的统一与高度互换性,便于组织专业化协作生产,便于维修配套。

(4)系列设计的产品,基础件通用性好,能根据市场的动向和消费者的特殊要求,采用发展变型产品的经济合理的办法,机动灵活地发展新品种,既能及时满足市场的需求,又可保持生产组织的稳定。

(5)系列设计不是简单的选型定型,而是选中有创,选创结合,经过系列状态鉴定的产品,一般都有显著改进,所以它也是推广新技术、促进产品更新的一个手段。

3.1.3.3 组合化

组合化(模块化)是在零件通用化基础上发展起来的一些通用化形式,主要是系列产品、系列内的通用化。

组合化是用若干通用部件和专用件组合成某种产品的各个品种,从而形成产品系列。在组合时,根据标准化的原则,把事先制作好的标准化、通用化的零部件,与为某一特定产品而专门设计或具有独立功能的组件,按照新产品的特定要求将它们有机地组装连接,以组成能够满足预定要求及用途的新型产品;当这个新产品完成既定使用后,可将组成该产品的标准单元、通用单元和专用单元进行拆卸分解,以备再次使用。组合—分解—再组合—再分解,以达到多次重复使用的目的,这就是组合化的过程和原则。

组合化的基本方法是:对产品的结构、特征及功能进行分析研究,按照标准化原则划分为某些独立的组合单元,对这些单元的结构、尺寸、参数、功能进行系列化和系列型谱的制定工作，以标准单元、通用单元的形式独立存在，单独组织生产，进行单独的性能、质量的考核，并储备起来，然后根据不同产品对象的要求，将这些单元与特定设计制造的专用单元组装成不同用途的产品。若要改变产品的某些功能要求，则可通过改变这些单元的连接方法和空间组合，重复使用于各种产品对象，组装出具有新功能的产品。例如，135 型柴油机，它的缸头、缸套、活塞等是通用件，机体、凸轮轴是专用件，用它们可组成 2 缸、4 缸、6 缸不同规格的柴油机，若再增加一些专用部件则可组合成若干变形产品（如船用或发电用等）。

模块化是把产品的各组成部分按功能分若干单元，把同一功能的单元设计成若干个有不同用途或性能的可以互换的“模块”，组成一个模块组，从每个模块组中各选一个模块组合起来，就可以形成许多不同品种，以适应不同的需要。例如把舰船上的武器或动力设备按事先规定的安装要求，将其主体和附属部分一起设计成一个组装的独立整体，即模块。模块具有统一的安装尺寸、固定方法及能源和信息的接口方式。应强调指出，在战时损坏、更换修理和现代化改装时，只要简单地更换一个模块，即可达到目的，无须大拆大卸，在军事上十分有利，在时间和经费上十分划算。

3.1.3.4 武器装备的“三化”建设

“三化”是通用化、系列化、组合化的简称。对武器装备实行“三化”是社会生产力和科学技术水平发展到一定程度的必然结果。

武器装备，尤其是高新技术武器装备的发展：一是靠继承；二是靠创新。没有创新，武器装备的水平不可能提高，没有继承，创新也很困难。一项新武器装备的研制，新技术、新成果的应用如超过 30%，风险就非常大。而应用推行“三化”，不仅继承已经证明是成功的成果，而且还在新装备的研制中结合研制要求，创造性地应用已有的成果，成为武器装备发展的基础，受到各国的重视。

20 世纪 80 年代以来，武器装备发展的总趋势是走基本型派生发展的道路，实现“一机多用，一机多型”，满足不同的作战需求。在某类武器装备进行综合分析论证的基础上，集中力量研制一种称为基本型，并将其设计成“通用部分”“准通用部分”和“专用部分”。然后以它为基础修改“准通用部分”，重新设计专用部分，并派生出满足各种需求的武器装备。这种发展思路是综合运用“三化”的思想，利用“三化”的成果为派生型武器装备提供各类通用或系列的产品，大大减少派生型研制的费用、周期和风险，起到基础和铺垫作用，使派生成为可能。可以说，走基本型派生发展的道路在很大程度上是综合运用“三化”成果和方法的道路。

1. 推行“三化”是解决诸多矛盾的战略举措和发展武器装备的基本政策

（1）推行“三化”是降低研制费用，解决高技术武器装备所需的高投入与经济承受能力有限这一矛盾的重要选择。武器装备推选“三化”，实现产品通用，“一机多用”“一机多型”，可以消除同一水平上的重复研制，从而缓解资源有限的矛盾。例如，美军 F-35 研制中实行“联合先进攻击技术”（Joint Advanced Strike Technology，JAST）计划，取消空军多用途战斗机和海军 AF/X 攻击机两项研制计划，彻底改变空、海军各搞一套的传统做法。该计划的实施，可使飞机的通用性达 90%，航空电子设备的硬件 90% ~95% 通用，软件 100% 通用，由同一条生产线进行生产，节省了型号研制费用。

（2）推行“三化”是降低研制风险、缩短研制周期的重要措施。武器装备发展推行“三化”，可以最大限度地继承和利用现有成功的经验与成果，降低研制风险，缩短研制周期，在高新技术迅速发展及先进武器装备激烈竞争中赢得时间和战机。美国海军把模块化造船作为一项发展、制造舰艇的根本性政策。其中，DD963 驱逐舰，由于采用模块化方法，设计和建造周期从49个月缩短到36个月。

(3)推行“三化”是提高武器装备陆、海、空、天、电一体化作战能力的有效途径。未来战争是陆、海、空、天、电一体化的战争,信息成为决定战争胜负的关键因素。推行“三化”有助于网络互联、信息互通、功能互操作。美军在海湾战争后,为了改进战术通信设备兼容性和抗干扰性,采用开放型模块结构,最大限度地扩大模块的通用性,联合研制一种具有相互操作能力的标准通信系统,能与美军及盟军现役的15种电台和设备兼容。

(4)推行“三化”有利于提高装备保障能力,有利于现有装备的更新改造,延长其有效寿命。推行“三化”有利于简化部队的装备保障,缩短维护和修复时间,简化培训,加速武器装备重新投入作战过程。例如,F-22航空电子设备,由于高度综合化和模块化,系统的可靠性、维修性、保障性大大提高,其平均故障间隔时间(Mean Time Between Failure,MTBF)可达58h,其维修工作量只占飞机总维修工作量的5%,所需备件种类只有43种。而同样F-16航空电子设备的MTBF仅为7.3h,维修工作量要占17%,备件种类多达437种。此外,F-22航空电子系统由于高度模块化,取消了中继级维修,实现两级维修制度。

推行“三化”,走基本型道路也便于采用新技术对现役装备进行技术改造,增强其功能,延长装备的使用寿命。例如,米格-21歼击机投入生产后经三大阶段12次改进,发展出不同性能的18种型别,生产期长达30年。

由于推行武器装备的“三化”可以解决高新技术装备发展中存在的许多问题,许多国家已把它作为发展武器装备的一项重要的基本政策。

2. 搞好规划,加强管理,积极推进“三化”

(1)提高认识,转变观念和管理习惯。要搞好“三化”,首先要正确认识“继承”和“创新”的辩证关系,要建立综合是创造,“三化”也是创造的新观念,摒弃那种于全局毫无实际意义的标新立异,要从整体效益出发,打破局部利益驱动的思想羁绊。

武器装备发展推行“三化”也是发展思路、设计思路、管理思路的变革。以往武器装备的研制着重于以型号牵头的“纵向”管理,今后应在加强“纵向”统一管理的同时实行跨型号、跨行业的“横向”综合管理和协调。

(2)做好顶层设计和规划。要搞好“三化”,必须从高层决策、早期决策开始抓起,做好顶层设计和预先规划,避免分散和各自为政。

制定长远规划要有重点,要根据技术成熟程度、应用前景和经济承受能力选择重点。制定长远规划要和型号研制、标准制定、预先研究、技术改造结合起来,这样有利于节省资源,也为国家国力所能接受。“三化”产品只有制定标准,研制协调、生产、使用才有根据,要充分重视开展“三化”,产品应通盘规划,分门别类,逐步建立。

(3)发挥主动性,带动和监督“三化”的实施。军队是武器装备“三化”最终的受益者,要发挥主动性,在开展“三化”工作中起好“龙头”作用。在新装备立项阶段,就要充分考虑“通用”或“一机多用”。根据装备体制系列和规划,首先研制是否能够利用或改进现有系统或设备,将不必要的重复研制消灭在立项之前。在论证阶段提出研制总要求时,要对研制部门提出“三化”要求,指导方案设计或配套系统及设备的“三化”。在新装备立项、论证的前期就考虑“三化”,能事先消灭不必要的重复,带动后续研制阶段的“三化”工作,效果最好。

军队是武器装备研制全过程中贯彻“三化”基本政策的监督者,要通过对设计方案、图样和技术文件的审查,对装备研制鉴定、定型时的审查,监督“三化”要求和政策的实施,对于不符合要求者可以按照法规规定,不转阶段,不定型。

(4)适应市场经济环境,调动研制单位积极性。武器装备开展“三化”既要体现使用要求,又要在武器装备系统及其配套产品的设计、研制中落实。研究单位承担具体型号的研制和生产,是落实“三化”的主体。因此,开展“三化”必须要军队装备部门和研制单位密切合作,统一认识,协调动作,充分利用研制单位的力量。

随着武器装备采办日益面向市场,“三化”工作要在新的管理体制下运作。因此,要从全局出发,充分利用武器装备实行统一管理的有利条件,运用经济杠杆,妥善处理矛盾,鼓励和保护研制单位开展“三化”工作的积极性。例如,美国国防部采办合理化的方针政策要求,在合同中对承包商采用非研制项目等合理化举措列出专门的奖励条款,提出具体的奖励分配计划和评审准则。这种做法值得结合国情进行研究和借鉴。

3.1.4 装备寿命周期标准化工作

现代武器装备的研制和生产是一项复杂的系统工程,涉及很多科学技术领域,需要成百上千个单位协作,运用标准化手段,以标准为纽带,把各方面的工作有机地联系和组织起来。所以,在新产品研制和生产阶段贯彻实施标准化具有特别重要的意义。是否贯彻标准,贯彻的标准是否先进科学,对武器装备的性能质量、经费的影响都非常大。

3.1.4.1 标准的法制性

在讨论标准贯彻实施之前,首先要明确标准的法制性问题,它是组织贯彻实施标准的前提。在1979年颁发的《中华人民共和国标准化管理条例》第十八条中规定“标准一经发布,就是技术法规,各级生产、建设、科研、设计管理部门和企业、事业单位,都必须严格贯彻执行,任何单位不得擅自更改或降低标准。对因违反标准造成不良后果以至重大事故者,要根据情节轻重,分别予以批评、处分、经济制裁,直至追究法律责任。贯彻标准确有困难者,要说明理由,提出暂缓执行的期限和贯彻执行的措施报告,经上级主管部门审查同意,报发布标准的部门批准”。

与此相应,1984年由国务院、中央军委颁发的《军用标准化管理办法》第十四条则规定“军用标准一经发布,各有关部门都必须严格贯彻执行。各级标准化管理部门负责督促检查。贯彻标准确有困难的……”,规定了大致相似的内容。

为了使标准化工作适应国家建设和发展对外经济关系的需要,根据标准的内容、作用及其造成的后果和影响的不同,《中华人民共和国标准化法》将国家标准、行业标准分为强制性标准和推荐性标准。保障人体健康、人身、财产安全的标准和法律、行政法规规定强制执行的标准是强制性标准,其他标准则是推荐性标准。1990年的《中华人民共和国标准化法实施条例》则进一步明确了强制性标准范围,其中与武器装备管理有关的内容如下。

(1)重要的通用技术术语、符号、代号和制图方法。

(2)通用的试验、检验方法标准。

(3)互换配合标准。

(4)国家需要控制的重要产品质量标准。

《中华人民共和国标准化法》还规定,强制性标准必须执行,不符合强制性标准的产品,禁止生产、销售和进口。推荐性标准,国家鼓励企业自愿采用。

标准作为一种统一规定、有关方面联系和协调的纽带,有其约束性、共同遵守的一面,但应以有关方面的批准认可或共同约定为前提,它和无条件强制执行的法规性文件(如法律、条例、法规)是有区别的,标准应处在法规性文件以下层次,不能像要求执行法律、条例、法规那样无条件地去要求贯彻实施。

因此,通用性的标准,除法律引用或行政规定必须执行外,都应该是推荐性的,标准只有通过企业或特定产品的专用文件(如合同、图样、技术规范等)对执行标准的内容和要求作出具体规定并经有关方面签署或批准后,才具有必须执行的强制意义。这样更合乎经济规律,与世界大部分国家特别是发达国家能很好地接轨。在下列三种情况下,标准必须贯彻执行:①法律、行政法规规定执行时;②军事装备或军工产品研制、生产合同规定时;③军事装备或军工产品型号专用文件规定时。

3.1.4.2 论证阶段标准贯彻工作

论证阶段标准化工作是战术技术指标论证工作的组成部分,是产品研制标准化工作的起点和重要依据。一个起点、一个依据,正是论证阶段标准化工作重要性所在。换句话说,新产品标准化必须从论证抓起,绝不能在论证之后的某阶段开始;而且战技指标中的标准化要求(含通用化、系列化、组合化)也应该经过充分论证,使之既能满足使用要求,又是经过军工部门努力可以达到的要求,才能成为一种依据,使后续工作有所遵循,有力地推动新产品的标准化工作。虽然在我国不能说使用部门不提出标准化要求,军工部门就不进行标准化工作,但是,多年的实践证明,战技指标中有无要求,效果大不相同,要求是否明确、准确、全面,更有直接的影响。

使用部门要根据武器装备发展规划和作战需要,通过论证将作战需求转化为具体的战术技术指标要求。该阶段标准化的主要任务是,论证和贯彻装备体制系列标准;在向研制部门提出战术技术指标要求的同时,提出贯彻有关装备总体性能及其考核方法方面的标准化要求。

该阶段提出贯彻标准要求时应根据装备作战任务需求,使用、维修环境和过去存在的问题,并考虑经费和周期的限制,选用一批合适的标准、规范,并通过对这些标准、规范的分析、剪裁,将必须保证的最低要求确定下来,订入战术技术指标要求任务书或合同书等有关文件中。例如,空军在某型歼击机的战术技术指标任务书中就提出在该机研制中要贯彻约58项系统一级以上的重大标准的要求。

战术技术指标要求中提出贯彻标准和标准化要求是新产品研制、生产、使用各阶段标准化工作的起点和基本依据,对装备的最终效能和寿命周期费用具有决定性意义。但该阶段提出贯彻采用的标准只是那些直接影响装备体制系列和总体性能方面的高层次标准,对这些标准的贯彻要求只是原则性的,对它们的详细要求应在以后各阶段及下一层次各类文件中去明确。

3.1.4.3 研制阶段标准贯彻工作

1. 方案阶段

方案阶段的标准化工作是方案论证工作的组成部分,是确定新产品研制标准化工作要求和计划的关键阶段。做好方案阶段的标准化工作,对完成工程研制阶段、状态鉴定阶段及列装定型阶段的标准化工作,确保研制任务总体目标的实现,具有重要意义。所以,它是后续研制阶段标准化工作的牵引和依据,具有承上启下的作用。

方案阶段标准化的主要任务是根据使用部门提出的贯彻标准和标准化要求,结合研制方案论证进行新产品标准化目标分析,编制《新产品标准化大纲》。《新产品标准化大纲》是指导新产品研制全过程标准化工作、指导标准贯彻实施的纲领性文件,对标准化工作的效果起决定性作用。该阶段应完成如下工作。

(1)收集资料,收集与新产品有关的国内外标准资料和其他信息资料。

(2)建立标准化目标,根据使用部门提出的标准贯彻要求和其他标准化要求,结合新产品设计方案、标准化现状,分层次提出整个装备及分系统、设备各级贯彻标准和标准化要求的全部目标。

(3)对目标进行可行性分析。

(4)提出贯彻实施标准和标准化要求的方案。

(5)方案优化。

(6)编制《新产品标准化大纲》。

以上各项工作中,其任务内容就是“贯彻实施哪些标准及如何实施这些标准”。《新产品标准化大纲》包括一个要求贯彻实施的标准目录清单,这个清单不但包括使用部门在战术技术指标任务书中提出的标准项目,还包括研制部门从研制需要出发要求贯彻实施的标准项目,而且在必要时还对这些标准项目作一些贯彻实施要求方面的说明和补充。除上述贯彻实施标准的技术性要求外,该大纲还对新产品贯彻实施标准中共同性的重大原则问题及实施标准中的计划、经费、物质条件、人员、培训等方面作出规定。

《新产品标准化大纲》编制的初期阶段是标准化系统工程人员提出的贯彻实施标准和标准化要求的决策建议,经过必要的评审并经批准后就成为“新产品研制任务书”的组成部分,对新产品研制是指令性文件。

和新产品研制一样,新产品贯彻实施标准也是一个逐级、逐步完善和细化的过程。从空间上说,按照新产品工作分解结构,要将贯彻实施标准和标准化要求从总体单位到分系统、设备设计单位逐级分解和细化,具有层次性,各级研制单位都要根据上一级要求编制不同层次、包含相应内容但粗细不同的《新产品标准化大纲》。

《新产品标准化大纲》具有动态性。随着研制阶段的进展、问题的暴露,《新产品标准化大纲》应定期地经过一定评审和手续逐步修改、补充、完善,并在一定时予以冻结。

2. 工程研制阶段

工程研制阶段是根据已批准的《研制任务书》(或合同书、协议书)进行详细设计、试制和装配试验阶段。因此,该阶段是全面、具体地贯彻标准的实施阶段。其具体任务如下:

(1)按《新产品标准化大纲》和被采用标准的要求进行新产品设计。

(2)按被采用标准的要求加工、检验零部件,采购、复验外购件。

(3)按被采用标准的要求进行装配和厂内模拟试验。

(4)按有关管理标准组织工程研制阶段的有关技术活动。

(5)按指定的系列型谱或其他标准的要求组织零部件的系列化、通用化、组合化设计。

工程研制阶段是标准的具体实施阶段,要做好标准实施前的各项准备工作,在研制过程中,标准化人员要深入现场了解情况,协调解决问题,按照一定的计划安排做好实施过程中的监督检查。

3. 定型阶段

新产品定型阶段是产品研制中的关键性阶段,它不仅要确保产品定型的顺利通过,还要求为以后的生产、使用和维修工作建立可靠的基础。新产品定型阶段的标准化工作是研制定型工作的组成部分,是全面考核和总结其标准化工作的阶段,对整个新产品研制和标准化工作都具有重要的意义。它对保证新产品设计性能和冻结其技术状态、巩固研制工作成果、提高新产品的图纸、资料和文件的质量起到了把关作用,对其生产、试验和使用也都具有重要的指导作用。从标准化工作自身的发展来看,抓好定型阶段的标准化工作还是监督检查重要标准是否正确应用的好时机。只有在定型图纸、文件和试验程序上将有关标准正式采用、贯彻采用的过程才算是落实。

定型阶段的标准化工作还是标准化工作和国家组织的新产品定型工作相结合的接口,可以使标准化工作更好地为定型工作服务,从而也可使标准化工作的地位和作用得到提高。近年来,在军用新产品的定型工作上,标准化已经作为一项重要的内容列入定型工作的议程,得到了使用、研制和生产试验部门的重视与支持,并取得了一定的经验。

定型工作有设计定型和生产定型两个阶段。设计定型标准化工作主要是对新产品的设计和研制质量进行审查,以现行标准、技术文件和标准化大纲审查设计结构的合理性、完善性,审查其可靠性、维修性和适用性等能否达到指定的要求。而生产定型则主要是针对工艺和工装标准化情况进行审查与分析,以确定该新产品是否具备了按标准顺利进行批量生产的条件。设计定型和生产定型的标准化工作虽然列成了两个工作阶段,尽管在目的和意义方面存在差异,但其基本性质和要求却有相同之处,因此把它们合在一起加以论述,以减少重复。

设计定型阶段,研制部门要会同使用部门、试验单位,根据《新产品标准化大纲》要求通过定型试验和对图样及技术文件的标准化检查,审查新产品是否按要求贯彻实施了有关标准,是否达到了标准规定的要求。通过审查要编写《新产品状态鉴定标准化审查报告》,其主要内容就是标准及标准化要求的贯彻实施情况以及贯彻实施标准的经济效果分析,所以实质上它是一份标准贯彻实施情况的总结。

和设计定型阶段相类似,在生产定型阶段,生产单位要会同使用部门的代表,根据《新产品工艺标准化综合要求》,通过生产定型试验和对图样及技术文件,包括工艺文件的标准化检查,审查新产品的生产是否按要求贯彻实施了有关标准,是否达到了按标准规定要求建立了成批生产的条件。通过审查,编写《新产品列装定型标准化审查报告》,其主要内容就是标准及标准化要求的贯彻实施情况及实施标准的经济效果分析,所以实质上它是一份工艺、工装标准贯彻实施情况的总结。

3.1.4.4　生产阶段标准贯彻工作

装备批生产中按照有关规定贯彻实施标准,是保证装备维持研制时达到的固有性能和批生产质量稳定可靠的重要手段与技术措施,对为部队提供成批的优良装备具有重要的直接意义。相反,若不重视这项工作,本来设计、生产定型性能稳定的装备,由于生产阶段不严格按标准要求,造成大量装备质量低劣、返修、报废,甚至直接在训练或战场上造成各种惨痛的事故。

批生产中标准化的任务是在生产的各环节中认真、一丝不苟地按照图纸资料规定实施各级各类标准,保证产品质量,并且不断地按标准化原理合理简化品种,提高批生产的经济效益。

批生产中,按定型设计资料的规定贯彻实施标准,应着重做好以下几方面工作。

(1)贯彻外购件质量标准。装备批生产中,大量外购的原材料半成品(金属和非金属)、元器件、标准零部件的质量优劣、品种繁简,对保证装备批生产质量、生产的效率及生产、使用维修的经济效益有重大影响。因此,在订货、入厂复验时要严格按资料规定的标准检验验收,对不符合标准的外购件必须按规定退货或办理必要的代用审批手续。

为了提高生产、使用、维修、管理效率,降低装备采购、维修费用,要在可能延续多年的批生产期间,根据标准变动、市场供应情况,在保证产品性能和使用效能的前提下,不断将其采用的标准及其品种规格进行更新、压缩、合理简化。

(2)贯彻各类自制零部件加工质量标准。为了提高加工效率,保证零部件质量,要按规定严格贯彻执行工艺装备制造验收、零部件加工、检验标准，特别是关键零部件的关键部位、热加工（锻、铸、焊、热、表面处理等）零部件的加工和质量检验标准，对产品的质量、可靠性有重大影响。

为了提高生产效率，在保证产品性能的前提下，要对已经贯彻实施的零部件、结构要素标准和品种进行压缩，统一技术要求，制定成新的企业标准并在生产中予以执行。

（3）贯彻装配、试验、包装、储运方面的标准。在产品装配、出厂试验和包装运输、储存中实施有关标准，以确保最终向部队提供合格产品。

（4）贯彻批生产管理方面的标准。批生产中，贯彻有关管理方面的标准，如质量管理方面的标准等，是稳定地生产出成批合格产品的重要保证。

批生产是实施标准和标准化要求的直接实践，也是对新产品选用标准正确性、合理性的检验，因此在标准实施时，不但要协调处理好有关问题，而且要做好标准本身和标准选用中有关问题的记录，及时将信息反馈给标准制定部门和选用标准的新产品设计部门，以便及时改进。

3.1.4.5 装备使用阶段标准贯彻工作

随着现代武器装备自动化、智能化程度越来越高，装备复杂性也大大提高，装备的订购、人员培训、操作运行、综合后勤保障、维修，甚至退役报废的技术要求和费用也越来越高。此外，在和平时期，武器储存的周期大大加长，储存的要求和定期检测、寿命期的确定都是非常复杂的技术问题，储存期的费用也越来越高。因此，在装备使用阶段贯彻实施有关技术和管理标准，对保证装备可靠性和效能，降低寿命周期费用，具有非常重要的现实意义。当前国家军用标准或部门、专业标准的制定中已充分重视这方面需要，使这方面的技术和管理标准不断完善。

装备使用阶段标准化工作的主要任务是在运输、储存、人员培训、操作运行、综合保障、维修、退役、报废等各个环节中贯彻实施各级、各类标准。使用部门首先要按照新产品设计资料、说明书等规定，进行操作运行和维修。此外，亦可以在装备设计、生产部门规定之外，由使用单位把那些通用的标准及其内容，根据具体装备使用的实际条件和需要，引入具体装备的操作、维修规程及其他各种技术资料中，具体指导各环节的工作。

按照一定标准研制、生产、使用维护的装备，在使用期间暴露的问题是对有关标准最终最客观的检验，因此，和前面所说的一样，使用单位要做好标准实施中有关信息的记录并及时反馈给有关部门。

3.1.4.6 装备引进中标准贯彻工作

引进国外先进军事技术和装备是加速发展我国军事技术装备的有效途径，技术标准是引进工作的基础和重要依据。为了保证技术引进项目的先进性、适用性，充分发挥引进的经济效果，在引进军事技术和装备时，必须同时引进并贯彻相应的标准。

以往，没有把标准的引进和贯彻作为技术引进的一个组成部分，使引进带有一定的盲目性，从而造成很大损失。例如，有的项目，事先未对标准进行摸底和提出要求，事后发现没有标准或标准不适用；有的项目，引进的标准和我国标准不一致，未经仔细分析就盲目代用，造成生产产品达不到引进技术的预定要求。因此，《军用标准化管理办法》规定，引进军事装备技术必须进行标准化审查，它是贯彻实施有关标准和标准化方针政策的一个方面。

技术引进中的标准化工作主要是审查引进项目是否符合我国有关标准化的方针、政策和有关标准，引进的标准是否适用，与我国标准体系是否相容，然后进行转化并贯彻实施。例如，在编制引进项目建议书和可行性研究阶段，要审查项目是否符合我国军事装备的体制系列或系列型谱标准;在谈判签约阶段,要具体、全面摸清引进的项目标准情况,提出贯彻实施标准或提供标准的要求订入合同条款;在组织试制阶段,要分析引进标准和我国标准的异同,组织标准转化工作,并按本章前述的方法组织贯彻实施。

为了有效地完成引进任务,达到引进的目的,要按以下要求贯彻实施有关标准和标准化方针政策:

(1)应把国家标准和国家军用标准、专业标准作为审查技术引进的主要技术依据之一。当引进技术及其标准与我国的标准协调一致时,应将它们直接或做局部修改后转化为我国标准加以贯彻执行。当我国现行标准不能满足引进技术的要求或没有相应的标准时,除了提请有关部门组织制定,也可直接采用国际标准或国外先进标准。

(2)引进技术和设备的计量单位应采用国际单位制,符合我国颁发的计量单位标准,原则上不应引进英制单位的技术和装备。但世界上军事工业比较发达的国家都大量采用英制单位,因此引进国外先进装备特别是军事技术装备时,存在大量英制问题,对此应区分不同情况,分别对待。例如,引进生产某飞机,原则要求所有英制均改为公制,但为了出口竞争,对于外贸出口型则要求保留英制,便于用户在国际范围内采购配件和维修。

(3)技术引进中,涉及装备工作电压、频率等基本特性参数及仪器、设备、计算机的接口,除出口外销产品外,凡是要在国内生产使用的,均应符合我国标准,不符合者应经计算分析或试验验证后改过来。例如,美军舰用电气设备标准,其工作频率为60Hz,与我国不符,应按我国标准转化为50Hz,并同时修改相关参数。

3.2 装备计量

3.2.1 计量及计量工作

1. 计量与计量分类

以保持量值统一和传递为目的的专门测量称为计量。研究测量,保证量值统一和准确的科学称为计量学。

计量学研究计量单位及其基准、标准的建立、保存和使用;测量方法和测量器具;测量精度;观测者进行测量的能力及计量法制和管理。简而言之,计量学是关于测量知识领域的科学。按基本物理量计量单位,计量学研究的范围包括长度、质量、时间、电流强度、热力学温度、光强度和物质的量七大类。在我国,习惯按物理学类别对计量分类,分别为长度、力学、热学、电磁、无线电、时间频率、声学、电离辐射、光学、标准物质共10类计量。

现代武器装备集现代最先进的科学、技术、材料和工艺技术于一身,每一个系统、每一个部组件都有量值的反应,也都有其量值的标准。例如,在导弹武器的几何外形设计和测量、导弹陀螺电机轴承的加工和测量中,对垂直度、同轴度、圆柱度等几何量值的准确性要求极高,惯性仪表的安装和调试也有非常严格的位置度要求,其中所涉及的主要特征量属于长度(几何量)计量专业;在推进剂及加注设备、发动机及动力系统,导弹的存储和运输中所涉及的特征量分属力学、热学和化学计量专业;导弹武器中的头部、发瞄、测地仪器装备广泛地应用了核材料、光电子、大地测量技术,其中的主要特征量分别属于电离辐射(放射性)、光学、长度计量专业;在导弹弹上仪器和地面测试设备中,各种仪表及所测量的多种模拟和数字信号,分属于电磁学、无线电、时间频率计量专业范围。随着科学技术的进步和现代武器新型号的发展,武器装备计量测试技术将不断更新,涉及的专业也将更加广泛。

2. 计量工作

计量工作包括计量技术、计量检定和计量管理工作,主要是用科学的方法和手段,对社会活动中的量、质的数值进行掌握和管理。

1)计量技术

计量技术是指从计量基准标准的建立到量值传递,以及进入生产中的测量,包括测量方法和测量手段。计量技术一般可分为标准测量技术、工业测量技术和计量测试技术三种。

(1)标准测量技术:同基准器有关的直接通过法制手段进行量值传递系统的测量。标准测量的目的是要求量值严格地“绝对”准确,图 3-1 所示为长度基准的量值传递系统。

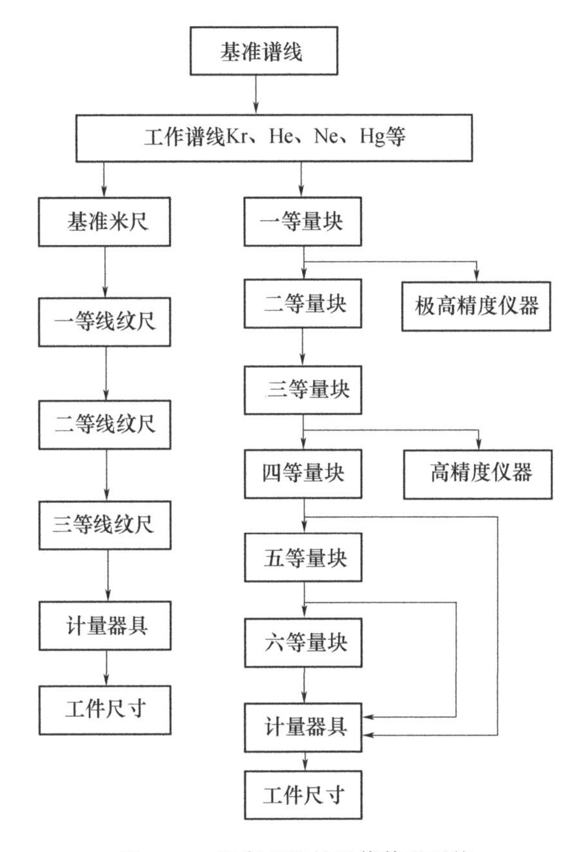

图 3-1　长度基准的量值传递系统

(2)工业测量技术:生产中的工艺测量,目的在于监测和控制生产现场的量值,属于标准系统以外的测量,不属于法制传递系统的测量,用以保证起码的产品技术指标要求。

(3)计量测试技术:法制标准量值传递系统末端的测量,是标准过渡的中间测量,目的在于扩大标准的上下量限,衔接标准和生产的量值统一。

2)计量检定

计量检定(简称检定)是指为评定计量器具的计量特性,确定其是否合格所进行的全部工作。

检定是进行量值传递或量值溯源以及保证量值准确一致的重要措施,因此,检定在计量工作中具有重要的地位。检定必须执行计量检定规程。检定规程中对计量器具检定的要求,主要是基本的计量特性,如准确度、稳定度、灵敏度等。对有些计量器具还规定了影响准确度的其他计量特性,如零点漂移、线性度、滞后等。对于计量动态量的计量器具,还规定了动态计量性能,如频率响应、时间常数等。

在评定计量特性前,检定人员必须先对被检计量器具的外观、工作正常性等非计量特性进行检查。

检查合格后进行校准。校准的定义为:"在规定条件下,为确定计量仪器或计量装置的示值或实物量具所代表的值与相对应的被计量的已知值之间关系的一组操作。"可以用校准的结果评定计量仪器、计量装置或实物量具的示值误差,或给任意标尺上的标记赋值;校准也可以确定其他计量特性。

若被检计量器具的示值偏移过大,则须进行调整。调整的定义:"为使计量仪器达到工作正常和没有偏移而适于使用的状态所进行的操作。"

3)计量管理

计量管理主要是研究量值传递系统以及技术手段和法制手段的协调关系。它是全面质量管理中不可缺少的,具有重要地位,若计量管理无方,虽然有好的标准,则量值也不会统一。计量管理可分为工业计量管理、商业计量管理和法制计量管理三种。

(1)工业计量管理:是以产品为核心的计量单位量的管理。例如,生产计量管理是研究单位量的量值传递系统,合理地建立工业系统中的计量机构,科学地配备企业计量手段;计量技术管理是研究如何正确地建立计量标准和技术标准,提高生产过程中的测量水平,评价产品的综合计量指标;综合协调管理是加强计量的通用性和专用性的协调、部门与地方的协调、信息反馈与预测的协调。

(2)商业计量管理:以商品为核心的计量单位量的管理,也可以说就是市场管理。

(3)法制计量管理:是国家以法令形式确定的,主要是针对有益国计民生利益的单位量。法制计量的范围各国不尽相同,但是有 7 个单位量是国际标准量,即米、千克、秒、安培、开尔文、坎德拉、摩尔。

3. 计量工作性质

1)技术综合性

计量学是横跨多学科领域的综合性科学,计量的 7 个基本单位量贯穿了所有学科,十大计量范围包括社会整个技术生产领域,将科学、工程和技术,通过计量融合在一起。

2)行政协调性(政府协调性)

计量工作在行政上代表政府执行国家的计量方针政策,协调部门、地方和企业的关系,协调国内外的关系。

3)法律仲裁性

根据《中华人民共和国计量法》执行法制计量,当为计量数值而发生纠纷时,计量工作有权代表政府进行干预和仲裁。

4. 计量工作要求

计量工作是全面质量管理中一项非常重要的技术基础工作,是产品全寿命周期活动的一个重要组成部分,因此计量工作要求如下。

1)齐全完整

测量的量具、量仪、化验和分析的仪器要配备齐全。一个组织应按产品实现过程的需要,核定测量器具的配备率。

2）准确合理

计量器具一定要准确可靠、严格执行计量器具检定规程，计量器具不准时，要及时修复或报废。计量器具要合理使用、正确操作，才能延长器具和仪器的寿命及应有的精度，提高计量工作的效率。

3）严格统一

对测试仪器和计量器具要进行严格的检定，如温度计、百分表、硬度计及其他度量衡器，都要设基准件，按基准件严格检定，做到入库检定、领用检定和周期检定。各种测试接口和计量器具，要按各级规定的标准进行统一。

4）精确科学

使用仪器测试及器具计量要尽量减少和防止误差，提高测试和计量的精确度。为提高产品质量水平和竞争力，需加强对其质量的测量和控制，因此要加强计量工作的技术革新，改革计量工具和计量方法，使用科学的检测方法，采用高效能的检查装置，应用先进测试技术装备，实现测试手段的现代化。

3.2.2 计量工作在质量管理中的作用

计量工作基本任务是统一国家计量单位制度，保证各行各业所使用的计量器具和仪器仪表的量值准确可靠，为经济建设和国防建设服务。现代计量广泛应用于工农业生产、国防建设、科学研究、国内外贸易、环境保护、医疗卫生及人民生活的各个领域，尤其在装备承制企业全面质量管理中起着重要的作用。在工业生产中，计量工作直接影响产品质量、生产安全、协作配套，影响经济责任的落实和经济效益的提高；在现代战争中，影响正确指挥和准确地命中目标。所以，计量工作在经济建设和国防建设中都有着重要的作用。

装备承制单位以质量求生存，以品种求发展，其计量的基本任务就是掌握生产数据和产品质量，对生产数据进行分析和平衡，来提高产品质量，生产出有竞争能力的产品。

计量工作是用计量器具认识生产的重要手段。在生产过程中，如果没有计量手段或计量不准，都会给生产带来严重的损失，甚至造成事故。如果承制单位不重视计量工作，测试仪器计量不严格，就会使产品误差率高，废品增多。计量工作不论是确保产品质量的检测计量，还是推行全面经济核算的数量计量，对承制单位的生存和发展都起着决定性的作用。所以必须做好计量工作，充分发挥其在管理中的作用。各承制单位要设置专门的测试仪器和计量管理机构，配备专职工作人员，负责全厂的计量工作。

国防科技工业承担着研制、生产、维修武器装备的重任，开展计量工作对于保证武器装备质量具有重要作用。国防军工计量工作的重要意义表现如下。

（1）保证国防科技工业量值统一、准确。国防科技工业是系统庞大、技术复杂、准确度和可靠性要求都很高的跨行业、跨地区的高技术产业。实现国防科技工业计量单位统一，确保产品测量量值准确、可靠、一致，关系重大。国防军工计量工作要保证和监督军工产品研制、试验、生产、使用各阶段的量值准确一致。

（2）保证国防科技工业产品质量。高新武器装备的研制、生产是国防科技工业肩负的重任，确保国防科技工业产品的质量是保证部队用得上、用得好的基本条件。而国防计量机构正是通过有效的计量保证、高质量的计量测试服务、高水平的计量测试技术支持，保证国防科技工业产品质量。

3.2.3 装备寿命周期计量工作

装备计量工作坚持归口管理、统筹规划、分工负责、共同建设、同步发展的管理原则和发展思路。在装备寿命周期的各阶段,计量工作发挥着重要的技术监督保障作用,只是不同阶段对计量工作有不同的需求。

3.2.3.1 论证阶段计量保障

计量保障在论证阶段主要是参与装备早期保障性分析,就是对武器系统可计量性分析和计量保障资源分析。论证阶段计量保障性分析主要包括以下三方面工作。

1. 了解新武器装备的战术技术要求

新武器装备预期的战术技术指标是确定各项保障性因素的依据,对确定测量测试组分可计量性设计指标、计量保障资源参数等计量保障性指标有重要的指导作用。它将在总体上为选择基准比较系统、确定研究规模和重点方向、考察现役装备计量保障资源和保障系统可用程度,乃至进一步的具体设计划定出范畴。

2. 掌握现役武器装备计量保障状况

在了解新武器装备的战术技术要求的基础上,选定现役武器系统中尽可能相近的型号作为参照,明确其计量保障性状况,包括装备可计量性状况、装备计量保障资源状况及保障系统状况。

武器装备可计量性状况是指装备设计特性中可计量性设计体现的情况。

(1)实际情况:包括现役型号计量保障对象情况,对现役武器装备测量测试组分在可计量性方面的设计项目、参数,设计实际达到要求的程度,实现设计的代价等。

(2)满足实际保障要求的情况:在应进行校准或检定的测量测试组分中,实现可计量性设计效能评估。

(3)对原有设计的意见和建议:装备计量保障资源状况和保障系统状况是指按综合保障要求对保障资源的设计状况、部署情况,保障系统对资源的维持、调整、改进、统计情况,对保障效果的分析情况。这些情况来源于对现役型号计量保障性评估信息。

通过上述分析,以现役装备中计量保障性方面的不足为参照,为新型号的保障性设计提供必要的借鉴,从而提出计量保障性改进目标。

3. 提出新武器装备计量保障的原则

通过对现役武器装备计量保障状况分析,对照新武器装备的战术技术指标,提出新武器系统计量保障的原则性要求,并将其纳入新武器系统综合保障要求中。在这个阶段,新装备的研制方案还没有产生,所以还不会有计量保障对象的具体形象概念,但是提出定性要求还是必要和可能的。通过以上工作,按照战术技术指标要求,可以形成新型号武器系统的总轮廓,以及对现役武器装备比较系统的再认识,具备了提出定性要求的基本前提条件。这种要求表明了军方对于计量保障的一个关注方向,可以认为是在计量保障方面提出的总的限定。定性要求包括如下要点。

(1)装备可计量性设计原则。

(2)保障资源设计原则。

(3)避免现役型号计量保障中的不足(尽可能以实例详细说明)。

(4)充分注意同综合保障其他要素或资源在研究、设计、部署、运作等方面的关系。

3.2.3.2 研制阶段计量保障

1. 方案阶段计量保障

1)了解新武器装备全系统对计量的需求

了解新武器装备全系统对计量的需求,是对计量保障实施必要性、开展领域和规模的进一步认识,也是对计量保障进行相应设计的前提。随着武器系统使用目的和方式、功能结构的不断更新,装备需要的测量测试的作用范围、深度、方式、技术等都可能有所变化。对这些信息的了解和掌握,直接影响计量保障性参数种类、数量、分布等设计指标的提出。通过全面掌握保障对象情况,区分出保障重点,才可能在进行计量保障设计时抓住主要方向和主要因素,进而分析出保障资源需求量、保障体系运作涉及范围。装备对测量测试的需求,就是分析装备全系统需要进行测量测试的部分,可能采取什么样的测量测试原理和方式,有哪些关键的测量测试部位或项目,涉及参数、参量的类型等。经过对这些情况的了解,就可以有针对性地开展进一步的计量保障方面的研究和设计。

2)定性提出新装备测量测试组分的可计量性要求

武器装备可计量性是指测量测试组分所具有的设计特性。

(1)可计量性设计建立在测量设备一般特性指标基础上。例如,关于标称范围、量程、标称值、测量范围、响应特性、灵敏度、稳定性等方面的指标,表明了测量设备能够对被测量物(现象)进行测量的能力。

(2)可计量性包括装备可测试性的有关指标,如可预置初始状态、测试可控性(提供专用通路,可影响装备内部工作,以判别故障)、测试观测性(具备测试点和检测插座等)、与外部测试(测量)设备的兼容性(减少专用接口装置)等。这些指标主要反映了装备自身具有的能够被检测,特别是能被诊断、隔离、确定故障位置的能力。对测量设备一般特性指标和装备测试性指标提出要求,应该说已经有了比较成熟的经验。

(3)测量设备之所以能测量其他物体或现象,是因为相对于被测对象而言,它还具有一种作为标准给出标准量值的能力,即平时所说的要能测得准,这种能力通过测量设备的多种设计项目组合形成。测量设备的这种能力本身也应受到检测,即要确认其测得准不准(对量值而言)和能不能测准(对测量设备而言)。

武器装备可计量性设计包括的项目。可计量性就是这些设计项目能为接受考查提供的便利性,可计量性指标就是对这种便利性应达到程度的描述。可供考查的可计量性项目指标包括以下内容。

(1)具备清晰、准确、可调基准信号表示。

(2)符合国家标准、有限的并与被测量一致的量值,即可被校准定值,这一点对被测对象会有制约。

(3)清晰准确并易于观察的标度。

(4)方便准确的观测性,即测量可达性。

(5)标准化的信号传递接口和载体。

(6)允许误差表示明确,信号失真度低,即信号噪声可容程度低。

(7)具备恰当的抗干扰能力。

(8)精简的测量步骤和时间。

(9)简洁的、功能明确的测量测试装置组成。

(10)溯源性。

3)分析计量保障资源约束条件

对计量保障资源需求设计、部署和运用有影响、制约、限定作用的因素,称为计量保障约束条件。对这些因素的清醒认识,有助于保障体系的顺利产生以及低耗高效的运作;反之,将可能带来延误、阻滞、浪费。

对约束条件的分析,首先要确定对计量保障资源需求有影响的因素种类;其次要分清影响的作用范围和深度;再次是估计约束条件实施的必要性和可能性;最后是参照对约束条件的分析提出保障资源相应要求。下面列举了实施计量保障的部分约束条件种类及对资源需求的可能影响,在实际规划计量保障时,应具体分析这些条件的约束程度,进而定性提出相应的保障资源要求。这些约束条件如下:

(1)武器系统作战使用方式。武器系统作战使用方式是单波次还是多波次、是主动还是被动、是机动还是固定、是远距离还是原位或就近、是战役战术性还是战略性等,对计量保障的经常性准备、动用前遂行、应急手段配备、实施方式等都会产生影响。而这些又会对设备设施配置和投入、人力和人员数量及能力、包装运输条件等形成要求。此外,作战方式也影响训练方式,对计量保障的训练产生要求。

(2)武器系统预期部署地域、数量。武器系统预期部署地域、数量对相应的计量保障机构、人力和人员配备、运输条件、保障设备数量、外部支持的动员等都会有要求,同时地域环境对计量保障设备的性能、结构以及设施的建设条件和技术要求产生影响。

(3)武器系统测量测试组分构成。武器系统测量测试组分构成对保障设备配置、人力和人员配备、技术方法采用、技术资料配套、军事训练等都会有要求。

(4)校准时机要求。校准时机包括正常周期性、突发应急性、维修保障性等,会决定检定周期安排,也会影响对设备状况准备、人员能力保持、包装运输条件选择、备件和文书资料准备等的考虑。

(5)校准(检定)人力和人员技能等级要求。校准(检定)人力和人员技能等级影响对训练工作与外部支持的要求。

(6)保障费用。保障费用是对各类资源配置和动用都有制约作用的因素,首要的是计量保障用设备设施的配置需要,特别是专用计量保障设备(专用校准装置)的配置。

(7)现有可利用的保障资源。在充分考虑通用性的前提下,利用原有资源可大大减少新资源的开支和部署消耗,只有经过详细规划,才能判别出哪些资源可重复使用或共同使用,哪些面临过时淘汰应被更新等。

2. 工程研制阶段计量保障

工程研制阶段主要是承制方根据军方在前面阶段的有关要求,开始进行较具体的设计,这些设计涉及武器装备自身保障设计特性和综合保障工程中“保障设备”和“技术资料”两种保障资源的设计。

1)研制专用计量保障设备,编制相应检定规程

(1)研制专用计量保障设备或专用校准装置。对武器系统测量测试组分的可计量性设计,在接口、信号类型和量值、使用方法等方面力求通用化的基础上,对具有特殊功能或结构的装置,特别是对武器系统有重要作用的测量测试装置,在不能选用进行校准或检定的通用测量标准时,不应放弃对其的计量保障。

随着武器装备的信息化、集成化,设备(或系统)设计将带有自校准功能,但这不能完全代替用更高标准对它们的检定。对这种情况,应考虑研制专用计量保障设备或专用校准装置,包

括专用标准和配套设备。

在研制专用计量保障设备时,应注意以下三点。

①高准确性和高可靠性。因为研制的是计量保障设备,而且又具有专用标准的性质,所以准确度、可靠性要求更高,这涉及结构原理设计、器件选用乃至装配工艺等。

②具有溯源性。所研制的专用设备或专用校准装置必须能向上溯源至更高的标准,使自身能力也能受到监控。一般而言,这种再高一级的标准要求是通用的仪器设备或系统,因此研制的专用计量保障设备应该具有能接受这些通用标准检定的条件。

③系统性。武器系统测量测试组分常常是几台设备连成一个系统开展测试,究竟是针对单台设备设计专用标准还是针对一个系统设计,应进行比较研究,特别要重视系统测试误差对武器使用的影响。对上述情况的考虑和应对措施以及结果,包括针对何种测量测试设备,仪器仪表需研制专用计量保障设备,研制的可行性、实现难度,以及花费的代价等。

(2)专项检定规定的编制。使用专用计量保障设备进行专项校准同样需要依据检定规程进行。对使用专用标准开展检定的方法,在专用标准设计之初就必须考虑,因为这关系到标准本身及被检对象可计量性设计的合理性。如果设计的专用标准使用条件苛刻,操作繁杂不易掌握,不仅会影响设计、生产的费用,增加使用人员掌握的难度,降低溯源的便利性,而且最终会影响开展计量保障工作的代价和效果。校准方法不仅是技术问题,还应全面认识,越早考虑越好,以影响设计,制定出比较适宜的设计方案,产生适用的设备和规程。

2)明确新装备计量保障资源参数

计量保障资源参数是装备保障性参数的重要组成,它连同保障性综合参数、保障性设计参数一起,用于定性和定量地描述装备保障性,评价整个武器系统的保障性水平。保障性综合参数是在总体上反映装备保障性水平的参数,如装备使用可用度。计量保障作为一个体系,使装备具有的计量保障特性通过多种资源的有机组合和协调运用实现。计量保障资源参数既是这种组合和运用的依据,又是这种组合和运用结果的表现。

计量保障资源参数可以反映武器系统在接受应有的计量保障方面达到的外部条件水平。对计量保障资源参数的评价,可以了解武器系统具有计量保障外部条件的程度。研制阶段的主要工作之一是明确参数种类,这是对计量保障资源参数进行评价的前提,其研究成果将在定型试验中得到评价。

计量保障资源参数的种类很多,有些参数的内容(量值或描述)可以在装备研制阶段提出,有些则只能在装备使用阶段产生。研制阶段可以考虑的计量保障资源参数如下。

(1)计量保障设备和标准物质种类、用量、技术指标,以及可操作性、溯源性要求。

(2)计量人员配备和预计技术等级。

(3)计量保障训练内容及预计时间。

(4)技术资料种类和数量。

(5)对实施武器系统计量保障有重要影响的信息种类。

(6)计量保障的包装和运输条件。

(7)根据上述参数预估的计量费用。

上述参数的确定是计量保障资源配置设计的必要条件,在此基础上,形成计量保障资源配置的初步方案。

在工程研制阶段,须明确的计量保障资源参数如下。

(1)新研制装备计量保障对象的种类、数量、功能、性能(包括可计量性)、使用部位。

(2)新研制装备计量保障对象情况与现役装备情况的对比。

(3)新研制装备计量保障资源种类。

上述工作在研制阶段的开始和过程中都要进行,以在必要时根据分析结果影响装备可计量性设计,量化分析计量保障资源参数。装备研制完成时上述工作也应基本完成,以便在装备定型时参与保障性试验和评价。

3. 定型阶段计量保障

在武器装备通过定型时,对装备进行计量保障涉及的基本因素也应得到相应的确定,这些基本因素如下。

(1)装备测量测试组分的可计量性。

(2)需要的专用计量保障设备和检定规程。

(3)计量保障资源配置初步方案。

(4)计量保障系统运作模式。

(5)计量保障资源初始部署计划。

这些基本因素必须文件化,并通过试验和评价。

经过试验、评审和必要的改进,为使装备生产和交付时,保障能力也基本具备,需要逐步确认有关事项,并通过正式文件将这种确认表示出来。在此阶段,需要编制下列文件。

(1)新武器系统计量保障对象目录。新武器系统计量保障对象目录中,武器系统平时须进行计量保障和战时必须开展计量保障的项目要特别明确,尤其是须进行强制检定的项目,包括设备、仪器仪表或系统名称。目录还应明确设备可计量的技术指标和参数。这是开展实际保障和配置资源的最基本的依据。

(2)新武器系统计量保障设备及技术资料配套目录。该目录中应明确开列的设备及技术资料与保障对象的对应关系,明确具体设备、资料名称,包括研制的专用计量保障设备和专用检定规程。除此以外,在这个文件中也要明确军方和承制方对计量保障设备与技术资料的筹措分工。

(3)计量保障设备专用备件供应办法。该办法中应明确计量保障设备专用备件种类、备件名称、备件来源、供应时机、供应量等。对新研制的专用计量保障设备的备件供应,应放在显著位置给予说明。

(4)计量保障资源初始部署保障计划。根据现役装备保障资源的实际部署、使用情况以及新武器系统定型试验中对保障资源配置初步方案执行效果的验证,提出新武器系统装备初始部署保障计划。计划的内容涉及资源的调整、新配、资源来源、部署地点、部署时机等事项,以及部署费用预计等。

3.2.3.3 生产阶段计量保障

武器装备投入生产并验收交付部队,综合保障工程各要素要为实际的保障做积极准备。在生产阶段,计量保障需要做的工作是在订货合同中明确计量保障需求,监督生产过程中的计量保障,编制文件资料,筹备计量保障具体资源等。

1. 装备订货合同明确计量保障需求

通过定型试验得到的计量保障的文件化要求,在装备订货合同中加以明确。

(1)新武器系统计量保障设备及技术资料配套目录。明确开列的设备及技术资料与保障对象的对应关系,明确具体设备、资料名称,包括研制的专用计量保障设备和专用检定规程。此外,还要明确军方和承制方对计量保障设备与技术资料的筹措分工。

(2)计量保障设备专用备件供应办法。明确计量保障设备备件种类、名称、来源、供应时机、供应量等,尤其是对新研制的专用计量保障设备的备件供应。

2. 生产过程的计量保障

生产过程中对装备产品的计量保障不仅是保证产品质量的手段,而且在相当的范围和程度上也是装备交付部队使用后计量保障的缩影。除了在定型阶段试验中获得的装备计量保障状况反映,生产过程中装备产品的计量保障对装备部署后的计量保障性也有相当大的前导作用,所以此阶段的计量保障实施情况,应该从装备保障性角度给予足够重视,注意了解和整理技术方法、资源配置和运用等信息。

3. 文件资料编制

文件资料状况是装备计量保障性的重要反映。为使装备交付使用后在这方面的保障性尽可能完善,应根据前面各阶段工作,产生一些重要的文件资料。

(1)装备测量测试组分校准或检定操作手册和专用计量保障设备使用操作手册。这两种手册按设备种类编制,内容侧重于操作步骤、技术要求、注意事项等。

(2)训练大纲和训练教材。这是针对新武器系统装备计量保障特殊要求编制的,涉及计量保障人员根据新装备计量保障性要求应掌握的各项知识,包括开展新装备使用阶段计量保障性分析工作的知识。

(3)计量保障实施方案(预案)。这是结合装备综合保障和技术保障工作内容的文件。通过它的实施,能不断完善实际保障工作。方案(预案)是针对平战时的保障,主要内容如下。

①保障对象:对定型阶段产生的保障对象清单内容的肯定或进一步完善。

②保障方式:适应新装备交付后可能的各种使用方式的保障方式要求,以及满足新装备测量测试组分、专用计量保障设备对特殊校准或检定方式的要求。

③保障级别:强调何种装备由哪一级计量技术机构实施直接保障,如开展校准或检定、动用哪一级资源、收集哪一级信息。

④资源配置:对设备、人员等资源,具体应如何配置、配置种类、在哪里配置、调整方法、如何建立外部支持关系等。

⑤实施步骤:对不同方式的计量保障实施程序,特别是预案中的保障展开过程。

⑥管理和指挥要点:包括责任、监督管理方法、保障效果考核原则及标准。

(4)计量保障勤务指南或手册。这是针对特定型号的实用技术文件,主要是使计量保障的直接执行人员了解对有关技术、管理事项的说明,内容如下。

①新装备计量保障体系各要素含义和具体工作的概括说明。

②不同保障方式执行程序的明确规定。

③新装备计量保障技术工作注意事项和预测问题处置方法说明等。鉴于指南(手册)内容涉及实际经验的总结,在此阶段可产生初稿,待装备交付使用一段时间后再对其进行修订完善。

(5)计量保障性评估标准。这是一份重要的文件,应作为新装备部署使用后收集有关信息、进行保障性动态评估的依据。

(6)计量保障设备、技术资料随装交付验收要求。该要求应明确接受验收的设备、资料种类和数量。验收不仅是一般的数量清点和质量检查,也是为保证交付部队的计量保障设备和技术资料符合装备保障性要求所采取的措施。

(7)计量人员培训效果考查要求。对军方计量人员的培训效果考查,重在掌握实际技能方面，就是要会用设备、会看资料、会按新的检定规程进行校准或检定。

4. 资源筹备

资源筹备的程度反映了装备交付使用时保障性的满足程度。在订货生产阶段，资源筹备的依据是定型阶段的相关结论，主要工作如下：

(1)生产、筹措专用计量保障设备和其他保障设备，并配齐技术资料。在这项工作中，注意对市购的通用计量设备在功能、性能、溯源性等方面情况的掌握，确认其符合武器系统装备计量保障方面的要求。

(2)军方计量保障人员接受新装备测量测试组分校准或检定和新研制的专用计量保障设备的使用培训。培训内容应特别注重新检定规程的掌握。

(3)计量保障资源部署。依据定型时编制的计量保障资源初始部署保障计划，在计量保障设备、保障人员、保障设施和部分技术资料方面，统筹协调已有资源和根据新装备需要新增资源，尽量发挥已有资源作用。具体工作如下。

①新建或调整计量保障设施。

②已有计量保障设备和新增设备的统一配置。

③已有计量保障人员新任务明确和根据需要增添新的具有相应技术等级、能力的人员。

④确立新装备计量保障信息管理机制。

⑤新增计量保障设备的运输准备，以适应新武器装备的部署和运用方式。

⑥新工作文表、器材的准备。

在实际部署时，会对原计划进行调整，特别是关系到资源量、部署时间、适用程度、费用等情况，需要及时作为保障性分析信息列入记载。

总之，生产阶段是新装备交付使用前的最后阶段，实际的计量保障能力将从这个阶段产生并开始接受检验。

3.2.3.4 使用阶段计量保障

1. 装备调配计量保障

装备调配保障是装备活动的重要组成部分，通常包括武器装备的申请、补充、调拨供应、换装、调整、交接、退役、报废和储备等。计量保障作为装备调配过程中任务之一，将装备配套的检测设备及必要的测量标准列入调配计划，并负责对储存、退役、报废、延寿装备的量值特性进行鉴定。

系统配套和规范使用是对装备调配保障种类及质量的要求，是确保调配后形成计量保障能力、发挥整体作战效能的关键。现代计量保障装备种类繁多，系列化、标准化程度逐渐加强，保障资源短缺或性能不匹配，都会影响战斗力的形成及整体作战效能的发挥，这就要求在装备调配的过程中，注重系统配套和规范使用。

1)计量保障的配套

(1)武器系统计量保障设备及技术资料配套目录。该目录中开列的设备及技术资料应明确与保障对象的对应关系，明确具体设备、资料名称，包括研制的专用计量保障设备和专用的检定规程。列入文件中的设备和技术资料，要随装备调配而统一考虑。

(2)计量保障设备专用备件供应办法。该办法中应明确备件种类、名称、来源，供应时机、供应量等，特别是对新研制的专用计量保障设备的备件供应。武器装备调配后，原有的计量保障设备专用备件供应办法要进行修改，以适应调配后装备的计量保障需求。

2) 计量保障能力的形成

(1) 生产、筹措专用计量保障设备和其他保障设备，并配齐技术资料。在这项工作中，要注意对市购的通用计量设备在功能、性能、溯源性等方面的情况掌握，确认其符合武器系统装备计量保障方面的要求。

(2) 计量保障人员接受调配装备测量测试组分校准或检定和新研制的专用计量保障设备的使用培训。培训内容应特别注重新检定规程的掌握。

(3) 计量保障资源部署。其具体工作如下。

①新建或调整计量保障设施。

②已有计量保障设备和新增设备的统一配置。

③已有计量保障人员新任务的明确。

④确立新装备计量保障信息管理机制。

⑤新增计量保障设备的运输准备，以适应新武器装备的部署和运用方式。

⑥新工作文表、器材的准备。

3) 计量保障工作

装备调配中的计量保障工作，除可参与进行装备调配前技术参数测定等工作外，重点是做好装备调配后的计量保障分析工作，建立或完善新的“基准比较系统”。通过运用以往的资料信息，对照保障性评估标准，用新装备的“基准比较系统”模式作参照，进行综合性分析。分析内容集中在以下几个方面。

(1) 测量测试组分可计量性。

(2) 专用计量保障设备状况及使用。

(3) 计量保障方式。

(4) 计量保障资源选配和综合运用。

(5) 计量保障体系运作机制。

分析是对装备服役期计量保障能力和效果的总估价，便于装备调配后实施针对性的计量保障任务。

2. 装备日常管理计量保障

1) 计量保障勤务

勤务是指担负保障任务的部队或分队所进行的各种专业工作的统称。计量保障勤务集中反映了装备使用、维修保障中计量保障的工作内容和作用，其核心工作是对装备测量测试组分的校准或检定。根据时机、目的和运作方式，这种校准或检定可分为平时校准或检定和武器系统动用(战时)的校准或检定。其主要工作如下。

(1) 制定装备强制检定目录。在装备研制、订货阶段，已经制定了新武器系统计量保障对象目录，明确了平时需进行保障和战时必须开展保障的项目，特别是需进行强制检定的项目表，包括设备、仪器仪表或系统名称以及设备可计量的技术指标和参数。

在装备日常管理中，要根据装备保障需求，对直接影响装备作战效能、人身与设备安全的参数或者项目，制定武器装备强制检定、校准目录。

(2) 计量保障人员训练。这是对保障人力和人员、训练资源进行的工作。应注意对训练代价和效果、人员能力情况的统计，特别要关注在人员流动情况下，保持能力的训练措施。

(3) 测量标准器具校准(检定)、维护、修理。这是对保障设备资源进行的工作。在这项工作中，要注意贯彻“计量确认”的宗旨。计量确认是为保证测量标准器具能满足预期使用要求的状态,需要进行的校准(检定)、必要的调整或修理和随后的再校准(检定),以及加标记等一组操作。在对计量标准器具进行的工作中,要注意校准(检定)、维修有关情况的统计。

(4)计量保障技术资料补充、修订。这是对技术资料资源进行的工作。对装备进行实际校准(检定)、资源调配运用等可能带来新情况、新问题,相关的资料也要作出应对,目的是使保障需要的资料始终保持可用、好用。对资料补充、修订原因以及变更项等情况应及时记载。

(5)计量保障实施预案演练。这是针对武器动用(战时)计量保障能力的全面检验。演练中发生的各项资源要素对装备保障需要的满足情况应详细记载。

(6)校准(检定)的质量控制和监督。这是围绕对计量技术机构的全面管理开展的工作。其主要依据是 GJB 2725A《测试实验室和校准实验室通用要求》和《军事计量技术机构考核通用要求》。这项工作的有关情况是计量技术队伍及管理整体能力的一种反映。

(7)校准(检定)及质量保证方式方法研究、改进。虽然在装备交付部队时也交付了基本的校准(检定)方法,但随着实际使用经验的积累及使用环境等的差异,特别是在装备服役期间又可能会出现新的更合适的计量技术,为了提高保障能力,有必要继续进行计量技术的研究、改进(包括对环境要求合理性、适用性研究)。在进行这种属于计量科研范畴的工作时,也要注意积累和保障工程有关的信息,如所选研究项目对装备可计量性、资源利用效率等方面的作用;采用新方法对保障资源配置带来的影响和实际效益;研究费用等。

(8)计量保障环境监测。这是对保障设施资源进行的工作。要注意对设施环境符合计量工作要求、符合装备使用要求情况的统计。对机动保障设施,更应加强这项监测工作。

(9)计量保障外部支持情况的了解和必要的联系。外部支持是计量保障的资源,也可以看作内部能力的扩展。在现代战争的保障方面,社会力量的广泛动员有着比过去战争更大的需求和可能,这种需求特点之一是技术力量的支持。计量技术开展、法制管理要求都使这种内外联系成为必然。在争取可能的外部支持工作中,对这种资源状况的了解、掌握尤为重要。获得了情况,建立了必要的联系,也可以说就是获得了装备的潜在保障性。

2)保障体系建设

使用阶段计量保障体系建设的起点,是在装备交付前制订的初始部署保障计划以及与装备一同交付的基本保障能力(资源配置和一定的组织)。尽管有现役装备计量保障提供的"基准比较系统"作参照,加之尽可能详细的规划设计,但在新装备交付后实际的、相对较长的若干年内的保障工作中,难免会发现原有的对保障体系考虑不周或随着多种情况变化带来资源、体系运作机制等方面的新问题。例如,装备老化、保障设备陈旧过时、人员流动等引起保障能力的相对减弱,军队建设要求或军事任务发展显示出的原有管理的不适应。这些都需要对现行保障体系状态进行经常性监测,并需不断争取条件,适时加强建设,使保障体系始终处于健全状态。

计量保障体系建设的基本依据是计量保障勤务中获取的信息,加之专门的保障性分析结论。保障体系建设是在保障勤务准备中单项资源具体工作基础上开展的工作,基本内容围绕以上的体系要素及有关要求展开,同时对管理情况进行考察和完善。在计量保障体系的建设中,也要根据需要考虑逐步确立新的"基准比较系统",以在研制更新型号武器装备时作为参照。

3)计量保障性分析

计量保障性分析是个反复迭代的过程。从最初的论证设计到装备交付使用,分析始终围绕装备设计特性和保障资源进行。分析的目的是评估装备系统的保障水平,发现保障性问题,提出纠正措施。计量保障性分析是装备使用阶段计量保障中的一项特定工作,它以计量保障勤务为依托,获取必要信息,通过“评估”的形式来开展。

(1)评估的内容。

①测量测试组分可计量性。

②专用计量保障设备状况及使用。

③计量保障方式。

④计量保障资源选配和综合运用。

⑤计量保障体系运作机制。

(2)评估的方式。

①计量保障资源状态检查、考核。这是为计量保障效能评估和保障体系建设所进行的工作,实质上是对资源自备能力的全面考查。这项工作可以充分利用其他工作取得的信息,对资源的相互匹配性和整体实力做重点研究、分析。

②计量保障体系要素运作状态检查、完善。这是为计量保障效能评估和保障体系建设所进行的工作,是对整个计量保障工作,特别是资源整体运用能力进行的考查,突出分析“装备-资源-管理-武器系统运用”彼此的有机关系以及维持系统运转的实际整体保障费用方面。

除上述内容外,计量保障作为武器系统综合保障工程组成要素,在装备日常管理使用阶段的工作还包含以下内容:承制方提供技术服务、备件及其他保障资源;对交付的保障资源和形成的保障系统继续进行评价与分析,考核它们是否符合使用要求,必要时为提高保障能力可以改进设计和改善保障资源;较准确地核算保障资源费用,为装备改进、新装备研制等提供较完整的有价值的资料。

3. 装备维修的计量保障

装备维修是为保持或恢复装备良好的技术性能而进行的维护和修理活动。装备维修平时可以最大限度地保持装备的良好技术状态,延长使用寿命,战时可以修复大量的战损装备,保持军事的持续作战能力。装备维修的基本任务是充分发挥各种维修资源的作用,以最低的消耗,保持和恢复装备的性能,保障部队完成作战、训练和其他任务。计量保障是衡量装备维修后技术状态的手段,是评估装备维修效能的要素之一。

装备维修的方法有检查与维护,原件修理、换件修理和拆拼修理,按技术标准修理和应急修理。无论采用哪类、哪种维修方法,都需要进行测量测试工作,即使是装备最低级的检查,也要使用器具、仪表及其他专用设备进行查看、测试、监控、校验、化验等。

1)装备维修计划中的计量保障要求

装备维修计划是对装备各项工作的内容、步骤和实施程序作出的科学安排与规定,是维修工作与维修目标的统一。完成维修后的装备是否达到原有的战术技术指标,要有计量保障来判别和评价。装备维修计划要对计量保障工作做出具体安排。

(1)装备维修中计量技术工作的内容。

(2)装备维修中计量技术工作介入的时机。

(3)装备维修中计量技术工作的要求。

2)装备维修中计量保障实施

(1)了解装备维修对计量技术工作的需求。这是对计量保障实施必要性、开展领域和规模的进一步认识,也是对计量保障进行相应设计的前提。由于装备维修目的和方式不同,装备需要测量测试的范围、深度、技术等也都可能有所变化,对这些信息的了解和掌握,直接影响计量保障设备、人员、资料和设施等的提出。

(2)装备计量保障勤务。一是计量保障资源筹备,包括筹措专用计量保障设备和其他保障设备,配齐技术资料,人员培训;二是对装备维修用检测设备的配套、调整、更新、改进,提出技术等级、校准操作便利性、溯源性意见,并参与技术鉴定;三是装备维护和修理过程中计量检定、校准工作。

3)装备维修中计量保障评估

对参与装备维修的计量保障资源和形成的保障系统进行评价与分析,考核它们是否符合使用要求。为提高保障能力可以改进保障计划和改善保障资源。装备维修中计量保障评估要素包括:计量保障体系;计量保障的内容、时机、要求;计量保障设备;计量保障设施;计量保障人员;计量保障资料;计量保障费用。

3.3 装备通用质量特性

3.3.1 装备通用质量特性概念

装备通用质量特性是相对专用质量特性提出的,专用质量特性是指尺寸、重量、精度等质量特性,而通用质量特性是指“六性”,即可靠性、维修性、保障性、测试性、安全性、环境适应性。

我国通用质量特性的发展体系是借鉴美国标准,并伴随着装备发展而建立起来的。我国从20世纪60年代中期开始研究可靠性工程,在1988年发布了可靠性系列军用标准并逐步进行了修订。标准体系如下。

(1)GJB 450A—2004《装备可靠性工作通用要求》;

(2)GJB 368B—2009《装备维修性工作通用要求》;

(3)GJB 3872—2009《装备综合保障通用要求》;

(4)GJB 2547A《装备测试性工作通用要求》;

(5)GJB 900A《装备安全性工作通用要求》;

(6)GJB 4239《装备环境工程通用要求》。

GJB 9001B《质量管理体系要求》明确了“六性”的概念,为承担装备论证、研制、生产、试验、维修任务的组织规定了质量管理体系要求,并为实施质量管理体系评定提供了依据。2014年5月,原总装备部发布了《装备通用质量特性管理规定》,要求综合运用经济、法律、行政手段,促进“六性”工作能力的提升。

2017年发布的GJB 9001C标准对“六性”要求发生变化。GJB 9001B规定适用时,组织应建立、实施和保持产品的可靠性、维修性、保障性、测试性、安全性和环境适应性等工作过程,GJB 9001C变更为根据产品的特点,建立并实施可靠性、维修性、保障性、测试性、安全性和环境适应性等通用质量特性工作过程。

装备通用质量特性的定义和要求如下。

1. 可靠性

可靠性是装备在规定的条件下和规定的时间内,完成规定功能的能力。常用的可靠性特征量有可靠度函数、故障分布函数、故障密度函数、故障率、平均寿命、特征寿命等。

装备可靠性要求可分为定性要求和定量要求。定性要求是对装备设计、工艺、软件等方面提出的非量化要求，通用的可靠性要求有成熟技术运用、简化设计、模块化、规范化等。定量要求是指选择和确定装备的可靠性参数、指标以及验证时机和验证方法，以便在设计、生产、试验验证和在装备使用过程中用量化方法来评价或验证装备的可靠性水平。

确定产品可靠性就是通过可靠性预计、试验、系统可靠性分析等各种途径来确定产品的失效（故障）机理、失效模式以及各种可靠性特征量的全部数值或范围等。得到产品的可靠性是通过产品寿命周期中一系列技术与管理措施来得到并提高产品可靠性，从而实现产品可靠性的最优化。可靠性工程是指一系列技术与管理活动，包括可靠性设计与分析、可靠性试验和可靠性管理，其涵盖了产品研制、生产、使用阶段的可靠性工作。

2. 维修性

维修性是装备在规定的条件下和规定的时间内，按规定功能的程度和方法进行维修时，保持和恢复到规定状态的能力。

装备维修性包括：①定性要求，具有良好的维修可达性、提高标准化和互换性程度；具有完善的防差错措施及识别标记；保证维修安全性；具有良好的测试性、重视贵重件的可维修性；减少维修项目和降低维修技能要求；符合维修中人机环工程需要。②定量要求，包括维修时间参数（平均修复时间（Mean Time to Repair，MTTR）、恢复功能的任务时间（Mission Timeto Restore Function，MTTRF）、最大修复时间 Mmax ct、预防性维修时间率（MD 和 MTUT）、重构时间（Mrt）、维修工时参数和维修费用参数。

表现在装备的维修过程中包括预防维修、修复性维修、战场损伤修复和保养，更全面的还包含改进性维修以及软件的维护。

维修性工程是指为了确定和达到产品的维修性要求所进行的一系列技术和管理活动，包括维修性论证、管理、设计与分析、试验与评价、评估与改进等工程活动。维修性工程以全系统、全寿命的观点为指导，在产品工程研制阶段，通过设计与分析、试验与评价确保新研制和改型的装备达到顾客规定的与隐含的可靠性要求；在产品使用阶段通过维修性数据收集、分析、评价及设计改进，实现产品维修性的增长。

3. 保障性

保障性是装备设计特性和计划的保障资源能满足平时战备和战时使用要求的能力。保障性定量要求可分为三类，即系统战备完好性参数，如能执行任务率（MC）、使用可用度（A0）、利用率（UR）、单车战斗准备时间等；保障性设计参数，如平均故障间隔时间（MTBF）、故障率（λ）、可靠度（R）、故障隔离率等；保障系统及其资源的保障性参数，如平均保障延误时间（Mean Logistic Delay Time，MLDT）、平均管理延误时间（Mean Administrative Delay Time，MADT）、备件利用率、保障设备利用率等。

定性要求主要有可靠性定性要求、维修性定性要求、测试性定性要求、保障系统及其资源要求。保障性强调装备自身的设计特性和外部的保障条件，一方面装备设计得可靠、易维修、可测试，就容易保障和便于保障，另一方面装备使用与维修过程保障设备、设施、人员、资料、备件等保障资源配置合理，提供了良好的保障条件。因此，保障性是构成装备系统的综合特性，是从保障的角度对整个装备系统设计的系统描述。

4. 测试性

测试性是装备能及时并准确地确定其状态，并隔离其内部故障的能力。

测试性定性要求主要包括：合理划分产品单元；合理设置测试点；合理选择测试的方式、方法;性能监控要求;兼容性; 故障指示、报告、记录(存储)要求。

定量要求常用参数为故障检测率(Fault Detection Rate,FDR)、故障隔离率(Fault Isolation Rate,FIR)、虚警率(False Alarm Rate,FAR)、故障检测时间、故障隔离时间、不能复现率(Cannot Duplieated Rate,CNDR)、重测合格率(FTOK)。

装备测试主要分为内部测试和外部测试两种。内部测试主要是指装备在加电时或控制信号引发时,机内测试(Built in Test,BIT)装置进行的测试;外部测试主要是指离开装备正常的操作环境下,利用自动测试设备(Automatic Test Equipment,ATE)或人工对装备进行的测试。

装备维修性、保障性和安全性工作都与故障检测及测试紧密相关。随着装备日益复杂和对任务成功性、战备完好性和安全性要求的不断提高,能否及时并准确地判断装备状态并隔离其内部故障,直接关系到装备的功能恢复、任务成功和安全使用。测试性已成为提高装备维修性、保障性和安全性的重要指标。

5. 安全性

安全性是装备在生产、运输、储存和使用过程中不导致人员伤亡,不危害健康及环境,也不给设备或财产造成破坏或损伤的能力。

安全性的定性要求是采取一定的技术途径,减少系统在执行任务中出现危险造成的后果,通常包括系统安全性设计和系统安全性措施优先次序要求。

安全性定量要求常用安全性参数及其值(指标)描述,常用的安全性定量要求有事故率(PA)、装备损失率(PL)、安全可靠度(RS)、平均事故间隔时间(TBA)、安全事故预警率(PP)、安全裕度。

安全性设计与分析是一种系统性的检查、研究和分析技术,用于检查系统或设备在每种使用模式中的工作状态、确定潜在的危险、预计这些危险对人员伤害或对设备损坏的可能性,并确定消除或减少危险的方法。GJB 900 规定了初步危险分析(Preliminary Hazard Analysis,PHA)、分系统危险分析(Subsystem Hazard Analysis,SSHA)、系统危险分析(System Hazard Analysis,SHA),以及使用和保障危险分析(Operational &Support Hazard Analysis,O &SHA)四种危险分析,适用于不同寿命周期阶段。此外,还规定了软件安全性分析。

6. 环境适应性

环境适应性是指装备在其寿命期预计可能遇到的各种环境的作用下能实现其所有预定功能与性能和(或)不被破坏的能力。

环境适应性指标包括整个装备对其寿命期遇到的各种环境适应性指标和装备的各个组成部分中的系统、分系统和设备对其遇到的各种环境的环境适应性指标。

装备环境适应性指标主要偏重于气候环境适应性指标,主要为高温、低温、淋雨、结冰/结霜、温热、雪载荷、风等自然气候因素,盐雾、霉菌等气候因素则主要用试片或结构件在实验箱中进行。

安装在装备上的各系统、分系统、设备和部件等的使用状态经受的主要是由装备自身运动、气动加热、发动机产生振动和发热、临近设备发热、环控系统以及装备壳体和结构件对各种环境的阻挡、遮护或减缓、放大综合作用造成的诱发环境,另外还需考虑装备储存和运输等不工作状态自然环境和诱发环境的影响。

环境适应性的要求取决于其自身结构设计和选择的材料、元器件的防护或耐各种环境应力作用的能力,具有唯一性、复杂性、定量和定性组合的特点。

环境适应性要求既可以是定量要求,也可以是定性要求,或两者组合。对大多数可定量表征其作用强度的环境因素,如温度、湿度、振动等,可用表征应力强度的参数及其量值来表示;对于无法定量表征其应力强度的环境因素,如霉菌,只能定性或半定性地规定在这些环境因素中允许受到影响或损坏的程度。

3.3.2 装备通用质量特性工作特点

装备通用质量特性工作具有如下特点。

(1)通用质量特性工作覆盖装备的全寿命过程。通用质量特性是在论证中提出,在设计中落实,在研制生产中实现,在使用中发挥、保持和提高的。

(2)通用质量特性工作要靠军用标准来规范。装备通用质量特性工作是一项技术性、政策性很强的工作,涉及可靠性、维修性、保障性等具体专业技术,涉及广大的装备承制单位和部队使用人员,需要统一制定颁布相关标准予以规范。

(3)通用质量特性水平的形成和提高,需要以关键技术攻关和试验验证为基础。通用质量特性的形成和提高,需要通过一系列的设计、研制工作才能完成,一些重要通用质量特性指标甚至需要通过关键技术攻关才能实现。通用质量特性水平能否达到设计要求,还必须通过试验手段进行验证,通过使用才能确认。

新形势下装备通用质量特性将不断向信息化、自动化、综合化、智能化和军民两用化方向发展。

信息化是新军事变革的本质和核心,也代表了装备通用质量特性的发展趋势。装备通用质量特性信息化是实现装备信息化建设的重要领域。利用数字化通信、网络传输等信息技术来完善通用质量特性管理、加快装备通用质量特性信息系统建设,已成为装备通用质量特性发展的必由之路。

自动化是通用质量特性发展的另一个趋势。随着计算机辅助技术的日益广泛应用,以计算机为中心的通用质量特性设计与分析自动化将进一步改善武器装备通用质量特性设计和分析的质量,缩短研制周期,提高通用质量特性水平。通用质量特性管理自动化将大大提高装备的通用质量特性管理效率,通用质量特性信息收集和处理的自动化将提高信息收集速度与精度,从根本上解决通用质量特性信息问题,最终提高装备通用质量特性水平。

综合化是用综合指标来表征装备的通用质量特性。工程体系的综合化是指通用质量特性设计分析综合化、可靠性试验综合化、硬件软件可靠性分析综合化和通用质量特性信息综合化。

智能化是装备通用质量特性管理和设计分析的专家系统,用于帮助设计师和可靠性工程设计更加可靠、易保障而且费用更低的武器装备;通用质量特性设计人员培训专家系统用于培训新装备设计及维修的通用质量特性人员,提高培训质量和效率。

军民两用化是指随着高性能和高可靠的民用装备的发展与广泛应用,军用和民用技术已日益融合。因此,发展军民两用技术,实现军民两用化已成为当前装备通用质量特性的重要发展战略。

3.3.3 装备寿命周期通用质量特性管理

装备寿命周期通用质量特性是由论证、设计、研制的整个过程决定的,并且贯穿于寿命周期的各个阶段,使装备使用性能得到充分的保障和可靠的发挥。通用质量特性的主要工作包括:通过论证明确装备通用质量特性的目标和要求,依靠设计把通用质量特性要求落实到装备,用充分的试验评价装备的通用质量特性,通过定型固化装备的通用质量特性,再通过使用,使装备的通用质量特性得到保持和发挥。这是一个有机系统工程,贯穿于装备全寿命周期的各个阶段。

1. 装备研制立项综合论证阶段

在立项综合论证阶段,装备论证单位的工作如下。

(1)根据新装备作战使用顶层规划,结合通用质量特性相关国家军用标准,按照新装备初步使用方案和初步保障方案的要求,研究新装备的通用质量特性需求,明确装备研制初步的通用质量特性相关要求。在此过程中,应邀请部队使用保障人员深度介入,系统梳理部队现役装备使用维修保障的经验教训,提出部队装备作战使用需求,具体化通用质量特性的定性要求,以充分反映部队需求,为在后续研制过程中有效约束装备研制单位奠定基础。

(2)采取科学论证手段将作战需求转换到通用质量特性技术指标,明确量化通用质量特性指标。提出的指标是先进而可行的,与我国技术发展水平相适应,而不是一味贪高、贪好,实际却难以达到,挫伤装备研制单位的自信心。

(3)编制独立的装备通用质量特性论证报告,将论证结果纳入装备立项综合论证报告、研制总要求和状态鉴定试验总案中。同时,通用质量特性论证报告要按照规定的详细模板和编写要求进行撰写。

(4)在立项综合论证报告评审时,不能缺少通用质量特性要求及指标等相关内容的评审。

2. 装备研制方案阶段

在军方与装备承研单位签订的研制合同中,应详细规定新装备通用质量特性定量与定性要求、工作项目要求、验收准则和验收方法。

在此阶段装备承研单位制定新装备通用质量特性工作计划,细化新装备通用质量特性要求。在确定新装备基本任务和使用要求的基础上,装备承研单位提出一组经过细化、优化的科学可行的装备通用特性要求与指标,不仅具有总系统的通用特性指标,而且包括分系统、重要单机的通用特性指标。上述计划与要求、指标均交由军方审查。

军方应监督装备承研单位的新装备通用质量特性工作计划制订与指标细化、优化工作,全面了解通用质量特性在新装备方案落实的情况,要求装备承研单位邀请包括军方人员在内的专家对通用质量特性要求、通用质量特性工作计划相关内容进行评审。评审通过后的通用质量特性要求、工作计划,分别纳入新装备研制总要求的“装备研制总体方案”和“质量、可靠性、维修性及其标准化控制措施”相应内容中。

3. 装备工程研制阶段

装备承研单位依据通用质量特性工作计划,开展通用质量特性设计分析、试验验证与评估等工作。

首先是通用质量特性的设计分析,即分别对可靠性、维修性、保障性、测试性、安全性、环境适应性自上而下进行分配,自下而上进行设计、预计,这些均有相应的专业技术书籍进行论述。不仅是对每个特性的设计分析,还要求积极推行通用质量特性一体化设计,保证各自之间要求的协调性。运用系统工程和军事运筹学理论方法,以多指标综合优化设计技术、风险分析和费用管理评估为基础,以战备完好为综合保障指标体系优化论证目标函数,以综合保障费用为约束条件,建立装备综合保障一体化论证数据模型。通过优化组合、集约管理,使装备的综合保障特性指标和外部的各种保障资源按内在比例与逻辑关系组织起来,科学论证确定装备的可靠性、维修性、保障性、测试性等指标,并通过反复的迭代分析综合保障要求、制订并优化综合保障系统方案、确定并优化保障资源要求,实现装备通用质量特性指标体系的优化设计。同时,还需加强通用质量特性和性能的权衡,通用质量特性与装备性能的统筹协调,是高新技术装备科学发展的客观要求。国内外装备发展的历史已证明, 性能固然重要, 但忽视通用质量特性, 装备的使用效能将大打折扣。因此, 需对二者进行综合权衡,使性能在通用质量特性的助力下得以充分发挥。

在研制的初样、正样阶段,确定不同的测试项目与要求进行试验验证,最后通过部队试验、测试达到状态鉴定的要求。初样研制阶段是在严格元器件的筛选和老化工作的基础上,重点把握产品的功能实现和必要环境测试,如高、低温试验等,这是落实通用质量特性指标的重要基础。正样阶段必须根据研制总要求规定的各项环境要求进行全面的考核试验,之后再对装备的战术技术性能指标进行全面测量。试验应该强调的是使用性能要求,特别是涉及通用质量特性指标的落实,在此基础上对装备的战技术指标进行全面的试验和测试。要在充分开展仿真试验、功能试验、环境试验的基础上,大力推进可靠性研制试验、可靠性增长试验、环境应力筛选试验,重点开展软件测试(试验),并对试验和测试中发现与暴露的设计缺陷和故障隐患及时予以消除。

装备承研单位不仅开展整系统产品的通用质量特性试验,还要开展对关键的分系统、设备以及关键件、重要件的通用质量特性试验。对试验中发现和暴露的设计缺陷、故障隐患应当及时予以消除并做好记录,处理研制和试验中出现的通用质量特性问题。注意收集装备研制、试验过程中不同层次产品故障信息,以利于通用质量特性评估。此外,装备承研单位还要对关键外协、配套产品的通用质量特性工作实施控制。

在研制转阶段评审时,对此阶段的通用质量特性工作相关内容一并进行评审。必要时,可以组织专项评审。

军方依据通用质量特性工作计划,监督、指导装备研制单位开展的通用质量特性工作,监督的内容包括设计分析工作的充分性、试验验证的有效性、评估结果的准确性等。例如,检查通用质量特性在样机上的落实情况、细化“六性”试验验证条件和管理要求、信息资料要求、特性评估等工作。同时,要监督装备研制单位对关键外协、配套产品的通用质量特性工作实施控制的情况,以及关键的分系统、设备和关键件、重要件的通用质量特性试验。

4. 装备设计定型阶段

在此阶段,装备承研单位在制定装备设计定型试验大纲时应纳入通用质量特性试验内容,将通用质量特性定性与定量要求落实在大纲中,这些要求应当在定型试验中可以测量、检查、验证,随试验大纲一起评审。必要时可以组织专项评审。

独立的装备设计定型试验单位,应严格按照设计定型试验大纲中相关要求进行通用质量特性试验,记录试验信息,给出是否满足要求的结论。强化定型试验考核,立足实战要求,推行加大实际使用和边界条件下装备性能考核验证的监督力度,紧贴实战、强化考核,真正让通用质量特性工作与装备边界条件和实战化考核紧密相连。

军方不仅参与相关装备设计定型试验大纲的评审,还应监督试验过程与结果,并予以确认。要充分考核验证所有部附件的“六性”指标要求,加大力度检查和监控小批生产装备的“六性”指标的稳定性以及可靠性增长计划的实施情况,暴露可靠性设计与批次性质量问题,使其在交付部队之前彻底解决。

装备设计定型审查时,通用质量特性相关内容是审查的重点内容之一。主要审查:试验报告对通用质量特性要求的结论是否满足研制总要求,以及装备研制、试验过程中暴露出的故障和缺陷所采取措施的有效性。

5. 装备生产阶段

装备生产阶段通用质量特性工作可分为装备采购合同订立与执行两个过程的活动。

装备采购合同订立期间,有关通用质量特性工作主要是确定其要求,评审后纳入采购合同。

(1)根据装备设计定型阶段所确定的通用质量特性要求与指标,军地双方协商制定所购置装备通用质量特性要求内容主要包含:装备的通用质量特性要求和验收方法,随装备配套的保障资源清单,需要单独订货的保障资源清单及分步采购实施计划,装备的使用、维修保障方案,对用装部队的培训计划,售后服务计划。

(2)采购合同评审时,对照装备设计定型结论应着重检查通用质量特性要求内容,确保内容可执行性。通过评审后将其要求内容纳入采购合同条款。

装备采购合同执行期间,装备承制单位按照已经定型的装备技术状态,生产合格的装备交付部队,搞好售后服务。装备通用质量特性虽然已经定型,但原材料元器件、生产工艺、人员、环境等因素可能会影响装备通用质量特性。在该阶段,主要工作如下。

(1)军地双方通过控制装备技术状态,坚决杜绝元器件、原材料、软件、外协配套件等的更改失控,坚决杜绝分析不全面、试验不充分、故障归零不彻底等问题。承制单位通过规范管理生产过程稳定工艺状态,坚决杜绝规章制度不健全、生产检验不严格、有章不循、违规操作等问题。

(2)军方严格按照采购合同中装备通用质量特性要求内容,对其进行检验验收。

(3)军方监督装备承制单位按照合同约定,交付规定的保障设备、备件、技术资料等保障资源,对部队开展装备使用与维护培训等技术服务,促使部队尽快形成保障能力。

(4)军方监督装备承制单位对合同执行期间发生的故障及缺陷进行分析,纠正设计和生产过程中存在的通用质量特性缺陷,主导装备技术状态控制工作。

6. 装备使用与保障阶段

在装备使用与保障阶段装备通用质量特性难以得到根本改变,但是却可以在使用与保障过程中,通过合理的储存、维修得到保持甚至改善。部队装备使用与保障分为两种情况,即设计定型后小批量生产首批交付列编和列装定型后大批量生产部署。

在装备首批交付列编部队后,一般要组织开展装备作战试验,装备通用质量特性水平同样是重要的考核内容之一。在此阶段装备通用质量特性工作主要内容如下。

(1)制订通用质量特性评估及其数据信息采集方案,评审通过后交付部队执行。承制单位开展培训部队相关人员的使用与保障活动,收集与反馈装备质量信息。

(2)评估所交付装备通用质量特性水平,针对存在的缺陷提出纠正和改进的意见建议,为装备列装定型奠定基础。

装备列装定型后大批量生产部署部队后,部队建立健全综合保障系统,充分发挥新装备的作战使用效能,主要开展的通用质量特性工作内容如下:

(1)部队收集装备使用、维修和储存期间的质量信息,定期上报和反馈给装备机关与装备论证、承研承制单位,以供评估与改进通用质量特性活动使用。

(2)军方定期组织评估装备通用质量特性水平,向承研承制单位提出装备通用质量特性优化的合理化建议、措施。

此外,在装备全寿命管理中,还应统一制定颁布通用质量特性相关标准,建设通用质量特性标准化体系，使全寿命周期的各项工作有“法”可依，避免各自为政，随心所欲的乱象；建立完备的装备通用质量特性管理工作体系，包括军队和政府的各级相关主管部门，以及军内外装备论证单位、承制单位和使用单位，发挥各自的职能、责任，促进通用质量特性管理工作有序开展；运用信息化、智能化等先进技术手段，建立通用质量特性基础数据网，促进行业信息交流与共享、信息价值的挖掘与利用，营造共同发展和合作共赢的良好局面。

第4章　装备质量管理基础工作

4.1　装备质量法规建设

4.1.1　质量法规的重要性

推行质量管理是一项复杂的系统工程,涉及众多过程、专业和技术接口、组织接口。若使管理系统能够有序地、有效地运行则必须建立一套法规体系。这套法规体系包括政府实施宏观管理的"条例""指令"等规定了方针、政策、分工、职责,提出了基本程序和原则要求,而要把这些规定要求落实到装备使用单位和军工产品承制单位,转化为可操作、可检查、可评价的依据,必须制定配套的质量管理标准,使各个方面的工作有法可依、有章可循。

装备质量法规体系建设是国防和军队法规建设的一个重要组成部分,其建设质量好坏直接关系着装备质量水平的高低。随着社会主义市场经济体制的逐步建立,军队和地方工业部门交往越来越频繁,同时装备复杂程度提高,装备研制、生产、使用与保障工作日益复杂,装备质量工作贯穿于装备全寿命周期,装备论证、研制、生产、使用与维修任何阶段的工作都严重影响着装备质量。这些都对装备质量法规建设提出了新的挑战。

市场经济在一定意义上就是法治经济。因此,为提高武器装备建设的质量和效益必须加强装备质量法治建设,制定用于规范装备活动的法令、条例和规章制度。加强装备质量法规体系建设的作用如下。

(1)可以使装备质量建设工作和各项活动有法可依。

(2)保护军方利益,通过法律和法规规范军地双方的装备质量活动,对军队和地方工业部门的活动进行适当的约束和规范。

(3)有效抑制质量活动中各种不规范现象,使装备质量工作依法接受来自不同方面的监督。

质量源于要求。只有坚持高标准、严要求,制定保证质量的各种法令、法规、规章制度、标准、技术规范和工作规范,才能促进工作质量的改进,保证产品质量。但要求必须从实际出发,经过努力是可以达到的,也是保证产品质量所必需的。

4.1.2　质量法规体系

装备质量法规体系是由调整军事装备质量活动中各种社会关系的各种法律规范构成的有机整体,它是一个层次分明、具有内在联系和谐统一的完整体系。不同层次的装备质量法规按等级有序地构成纵向关系,也就是按照装备质量法规的法律效力而划分成的法规等级层次。一般可分为装备质量法律、质量法规、质量规章制度标准三个层次。

装备质量法律是指由全国人民代表大会及其常务委员会按照法定程序制定的,在全国范围内或全国一定范围内适用的有关武器装备质量方面的法律规范。它居于装备质量法规体系中的第一层次,主要包括《中华人民共和国国防法》和《中华人民共和国产品质量法》,其中包含着有关装备质量的法律规范。

装备质量法规是指由国务院、中央军委依据宪法和有关法律,按照一定法律程序单独或联合制定的,在全国、全军或全国、全军的某一领域适用的有关装备质量方面的法律规范。它属于装备质量法规体系中的第二个层次,主要包括两类:一是国务院、中央军委联合制定颁发的属于调整国家、地方、军队之间在装备质量活动中的社会关系的规范性文件。例如,2010年国务院、中央军委联合颁发的《武器装备质量管理条例》,其适应新时期装备全寿命管理思想、提高装备质量水平,具有在全国一定范围内遵行的法律效力。二是中央军委制定颁发的属于调整军队装备质量活动的规范性文件,如《中国人民解放军装备条例》等具有在全军范围内遵行的法律效力。

装备质量规章制度标准是指由国务院有关部(委)、军委各总部依据有关法律、法规按照一定的法律程序单独或联合制定的,在国家或军队某一领域适用的有关装备质量方面的规章制度标准规范。它居于装备质量法规体系的第三层次,主要包括三类:一是中国人民解放军原四总部联合颁发或原总装备部单独颁发的涉及全军或军队装备质量工作的某一方面规定、规则、办法、细则、标准等规范性文件,如质量管理标准必须配套,标准之间应协调一致,形成一个完整的质量管理军用标准体系,以系统地规范军工产品研制、生产、使用过程各项管理活动中各级、各部门、各类人员的行为。二是军兵种、大军区制定颁发的本系统或区域性装备质量规章,主要是根据装备质量法律、法规制定的执行性、补充性、地区性的装备质量规定、办法、细则、标准,具有在本军兵种、本军区范围内遵行的法律效力。三是装备承制单位各行业制定颁发的本系统执行性、补充性、行业性的有关装备质量规定、办法、细则、标准。在政府法规体系的指导下,根据各类质量管理标准要求各军工产品承制单位,还要根据本单位的情况和产品特点编制质量管理手册,制定各项工作程序和作业指导书。只有这样把《武器装备质量管理条例》的要求层层分解展开,才能使其提出的各项要求落到实处。

从法律、条例、规定再到制定配套的质量管理办法、标准构成了我国装备质量管理完整的法规体系和标准体系,为从“人治”转变到“法治”奠定了基础,为从源头抓起实施全寿命质量管理提供了工具。

4.1.3 质量法规建设措施

装备质量法规体系建设与整个国家、军队的法规体系建设密切相关,因此装备质量法规建设受限于国家、军队质量法规体系建设。长期以来,质量法规体系建设滞后于社会、经济、装备的发展建设,现有的法规也存在一些问题。装备质量法规建设水平决定了装备建设的质量和效益。为了加强装备质量法规建设,需要从以下几个方面进行工作。

(1)组织军队与承制单位各级各类相关人员认真学习贯彻国家有关质量工作的政策、法规和标准。为保证军事装备质量法规全面、正确地贯彻执行,必须加强法规的学习、宣贯。加强军事装备质量法规建设最根本的问题就是教育人。一方面要通过法规宣贯,使一切与军事装备质量法规实施有关的人员树立法治观念,增强法规意识,提高其知法、守法和维护法规尊严的自觉性。另一方面要通过法规宣贯,使军事装备质量有关人员较全面而系统地了解和掌握有关军事装备质量法规,做到知法、懂法、用法和守法,在军事装备质量工作活动中自觉用有关法规规范自己的行为。

应当在法规制定工作的后期尽快启动法规的宣贯准备工作,防止法规颁布后法规宣贯工作严重滞后于法规制定,影响法规的实施效果。

(2)组织开展质量政策和立法研究,积极探索与国防科技工业改革相适应的质量管理新模式,逐步完善建立结构合理、层次清楚、满足装备质量建设需要的质量法规和军用标准体系。

应当建立法规实施效果反馈机制和反馈意见处理机制,指定专门机构负责收集、处理和汇总法规执行过程中的意见,为下次修订该项法规提供依据。

对于重要的法规,应当按照规定定期进行修订完善,及时补充相应内容,以保证法规的前瞻性。对于重要的标准应当选择重点部门和重点型号项目进行试用、试点工作,为大规模推广该项标准打下基础,同时为标准的修订提供信息。

(3)加强装备质量法规实施监督检查队伍建设,保证法规实施的效果。建立装备质量法规实施督查队伍,加大执法力度。要真正做到"有法必依、违法必究",保证装备质量法规建设工作的严肃性。建立一支经常性的督查队伍,加强对装备质量法规制定、实施效果的监督检查,定期公布结果,发挥监督管理的作用。建立装备质量法规专业人员培训和资格认证制度,逐步实现装备质量法规专业人员持证上岗制度。

4.2 装备承制单位资格审查

依据《中国人民解放军装备采购条例》《中国人民解放军装备科研条例》《中国人民解放军装备维修工作条例》和《中国人民解放军装备承制单位资格审查管理规定》《中国人民解放军装备承制单位资格审查规范(试行)》及配套管理办法,对申请单位提出的承制装备类型和规定的资格审查内容进行全面检查,做出是否具备或保持装备承制单位资格的评价,为能否注册或保持《装备承制单位名录》资格提供依据。

4.2.1 装备承制单位资格审查意义与特点

根据《中国人民解放军装备采购条例》规定,装备承制单位应当具备的条件包括:具有独立承担民事责任的能力;具有良好的资信和健全的质量保证体系;具有履行装备采购合同所必需的条件和能力。而总部分管有关装备的部门、军兵种装备部依据上述条件定期对装备承制单位进行资格审查,编制本系统的装备承制单位目录并报装备发展部核准。

1. 资格审查意义

开展装备承制单位资格审查,是我军装备采购、科研、维修制度的一项重大改革,具有重要的意义,主要体现在以下几方面。

(1)开展装备承制单位资格审查工作,是推行装备竞争性采购、科研、维修的需要。建立和完善装备竞争采购、科研、维修机制,是装备制度改革的核心。竞争机制的建立和具体竞争工作的实施,不仅要有竞争的方式,还必须有合格、充足的竞争主体。没有竞争主体,就谈不上竞争的实施。所以,开展装备承制单位资格审查,培育装备采购、科研、维修合格的竞争主体,是装备工作竞争的必要条件。为此,所颁发的《中国人民解放军装备采购条例》《中国人民解放军装备科研条例》和《中国人民解放军装备维修工作条例》分别对装备采购、科研、维修工作中有关装备承制单位资格问题做了明确要求,必须是通过资格审查的单位方可承担相应的工作。

开展武器装备承制单位资格审查,在西方军事强国中早已得到大力推行,美国、英国、德国、法国等国为使军方获得价格优惠、性能先进、交付及时、可维护性强、保障费用低的武器装备,均采用竞争性采购策略,鼓励承包商以自身资源投入合同竞标中。他们不仅在主承包商和子承包商层次展开竞争，而且鼓励主承包商利用竞争来选择子承包商。参与竞争的承包商必须通过军方的资格审查，如美国《联邦采办条例》规定了承包商的合格条件和选择合格承包商的规程。西方军事强国在竞争采购中严格供应商的选择和评价，从源头上为武器装备的发展提供了重要保障。

我军开展装备承制单位资格审查，建立《装备承制单位名录》发布制度，完善装备采购、科研、维修市场准入机制，打破军、民界限和部门界限，无歧视地对待所有装备承制单位，为实行公平、公正、适度公开竞争，把装备采购、科研、维修建立在国家最先进的科学技术和工业基础之上，降低风险，确保装备采购、科研、维修质量提供了保障。

(2)开展装备承制单位资格审查工作，是装备采购、科研、维修质量的有力保障。现代战争对装备性能和质量提出了更高要求。装备性能和质量能否满足部队战斗力建设的需求，很大程度上取决于装备承制单位资源配置和管理水平等综合能力。应当看到，市场经济的发展，虽然使装备工作的外部环境发生了很大的变化，但长期形成的行业限制、部门封锁和垄断现象依然存在。这不仅在某个军工集团公司存在，而且在一些总体单位、总装厂也存在，尤其是在选择配套单位时，往往采取“肥水不流外人田”的态度，在本系统、本行业范围内进行选择。行业限制、部门封锁和垄断造成的直接后果就是资源配置不合理，技术发展受限制，管理水平落后，产品质量难保证。

实行装备承制单位资格审查制度，将符合标准的承制单位包括民营企业吸入《装备承制单位名录》中，将为装备采购、科研、维修在更广范围内选择对象营造良好的客观环境，从而打破部门界限和行业封锁，促进装备承制单位转换机制，提升资源配置和管理水平，以其质量高在装备采购、科研、维修的激烈竞争中获得订单和效益，求得生存和发展。

(3)开展装备承制单位资格审查工作是促进承制单位提高综合能力的重要途径。我军装备研制、生产的特色，决定了装备承制单位的综合能力对装备全系统、全寿命管理有着直接影响。装备承制单位资格审查，不仅是把住“准入关”、发放“通行证”，而且贯彻动态管理原则，加强监督检查。

《中国人民解放军装备采购条例》第四十三条要求：“总部分管有关装备的部门、军兵种装备部应当组织驻厂军事代表机构，加强装备生产过程中的质量监督工作，督促装备承制单位建立健全质量保证体系，及时发现和处理生产过程中出现的质量问题，确保装备生产质量符合规定的要求。对因产品质量不稳定或者产品的关键、重要特性不合格而不能提供合格产品的装备承制单位，应当要求采取有效措施限期解决；在规定期限内仍达不到要求的，应当终止装备采购合同的履行，要求装备承制单位承担违约责任，并将其从《装备承制单位名录》中剔除。”

《中国人民解放军装备承制单位资格审查管理规定》规定：“装备承制单位资格从《装备承制单位名录》发布起生效，有效期限 4 年。”“在有效期限内总部分管有关装备的部门、军兵种装备部可视情对装备承制单位进行资格复审。”并且明确：装备承制单位在注册有效期限内出现泄密、危害国家和军队利益，弄虚作假，装备承制能力严重下降，质量问题严重以及虚报成本、骗取合同等行为时，军队要注销其资格。对装备承制单位资格的这些特殊要求，必将促使装备承制单位持续改进其管理，不断提高综合能力，确保装备研制、生产质量和使用管理得到有效的保障。

(4)开展装备承制单位资格审查工作，是《中华人民共和国政府采购法》基本原则在装备采购、科研、维修中的具体贯彻。2003 年施行的《中华人民共和国政府采购法》，是我国加入世界贸易组织(World Trade Organization，WTO)后发布的一部重要的经济法律。该法规定了供应商参加政府采购活动应当具备的6个基本条件和对供应商资格进行审查的基本要求,明确"采购人可以要求参加政府采购的供应商提供有关资质证明文件和业绩情况,并根据本法规定的供应商条件和采购项目对供应商的特定要求,对供应商的资格进行审查"。根据该法规定,中央国家机关和各省、自治区、直辖市分别发布了《政府采购供应商资格登记管理办法》,并组织实施了对供应商的资格审查。取得资格的供应商参加政府采购招标,拓宽了竞争领域,提高了政府采购效益。

《中国人民解放军装备采购条例》在规定装备承制单位应当具备的基本条件和审查要求上贯彻了《中华人民共和国政府采购法》的基本精神和原则。开展装备承制单位资格审查工作,是适应社会主义市场经济体制和政府采购制度建立的需要,是落实依法治装的具体行动。

2. 资格审查特点

进行资格审查,颁发资格证(资质证、合格证),是当今世界各国政府普遍实行的管理制度。对国家经济有序发展、社会安全稳定、各项事业持续进步发挥了重要作用。

我军对装备承制单位进行资格审查,有其自身的特点。分析和把握装备承制单位资格审查特点,对确保装备承制单位资格审查工作质量,培育装备采购、科研、维修竞争环境是非常必要的。

1)发挥军方在资格审查中的主导作用

在现阶段我国军品市场还不够成熟的情况下,需要通过规范军方装备科研、采购、维修行为,强化军方主导作用,积极促进装备科研、采购、维修竞争环境的形成。实行装备承制单位资格审查制度,建立装备科研、采购、维修的竞争机制,主要是通过加强军方主导作用,引导、培育和扩大装备科研、采购、维修的竞争基础。《资格审查管理规定》明确了军方是装备承制单位资格审查的主体,从而确立了军方在装备承制单位资格审查方面的主导地位。

2)总装备部统一领导和管理

全军装备承制单位资格审查工作,由总装备部统一领导并直接管理,主要体现在审查计划(包括单独审查计划和联合审查计划)由总装备部审批下达;《装备承制单位名录》的核准、注册、发布及证书由总装备部统一管理;审查员培训、考核、晋级由总装备部归口管理。集中统一领导和管理,既解决了目前军方各单位进行的对装备承制单位第二方质量管理体系认定注册要求不一、重复审核等问题,又能有效防止装备承制单位资格审查工作中政出多门、各搞一套,标准不统一,要求、做法不一致等现象的发生,有利于实现装备承制单位资格审查工作的规范化和标准化。

3)对装备承制单位资格审查实行动态管理

实行装备承制单位资格审查制度,实质上就是一个军品市场准入的问题,或者说是如何恰当地确定一个进入军品市场的"门槛"问题。装备的特殊性质决定了装备承制单位在诸多方面必须满足一定的基本条件,即具备资格,同时又要积极贯彻引入竞争机制,打破行业限制和部门封锁的思想,使装备科研、采购、维修不排除任何具备条件的承制单位,在更广的范围选择对象。因此,对所有愿意承担装备研制、生产任务的单位既有一定的约束,又有充分的保护;既对参加竞争的单位以严格的准入限制,又为其提供一个公正、公平的竞争环境,最大限度地保障各类承制单位的基本权益。同时,还必须看到,市场经济优胜劣汰的基本规律,要求进入《装备承制单位名录》的承制单位应坚持持续改进的原则,保持其资格,否则,就会因资格条件发生变化或发生重大问题导致被注销资格。资格审查将动态管理作为一条基本原则,主要体现在规定资格的有效期只有4年,且在有效期限内可视情进行资格复审;在注册有效期内出现严重问题时资格将被提前注销。

4)建立以军事代表为骨干的审查员队伍

开展资格审查工作,首先必须有一支高素质的审查员队伍。军事代表熟悉装备科研、采购、维修工作,具有长期从事装备采购、科研、维修质量监督和合同管理的实践经验,国务院、中央军委有关条例、规章也赋予了军事代表这方面的重要职责。因此,以军事代表为骨干的审查员队伍,在经过专门的培训和审查实践的锻炼后,不仅自身素质会得到不断提高和增强,而且审查工作的质量和权威性也会得到不断提高。

4.2.2 装备承制单位资格审查要求与内容

1. 审查要求

开展装备承制资格审查的基本要求如下。

(1)必须以提高装备采购效益为主要目标。开展装备承制单位资格审查是我军装备建设的一项重要任务,其根本目的是贯彻中央军委依法治装的战略思想,按照社会主义市场经济体制和政府采购制度的有关原则与要求,以建立和完善装备采购竞争机制为手段,以促进装备承制单位研制、生产能力和水平不断提高、降低装备采购风险、提高装备采购效益为目标,确保装备采购质量。

(2)必须以法律、法规为准绳。GJB 5713《装备承制单位资格审查要求》中所确定的审查内容大都是国家法律、法规要求承制单位必须具备或达到的基本条件。因此,必须按照国家和军队有关规定、制度、标准的要求进行审查。

(3)必须突出综合能力考核评价。装备质量需要承制单位的综合能力作保障,包括法人资格、专业技术资格、质量管理水平、财务资金状况、企业经营信誉、保密资格等方面的资格审查内容,是装备承制单位能否承担装备研发、生产任务的基本条件,同时也是一个有机整体。因此,评价一个单位是否具备承担装备研发、生产任务的能力,不能仅看某个方面或某个体系,更不能凭印象和感觉而忽略某项内容审查,而是进行综合考核、系统评价作出全面准确的评价结论。

(4)必须以装备产品为牵引。装备承制单位资格审查始终围绕装备产品进行,或者以是否满足适应装备研发、生产任务为前提,没有装备产品的需求也就没有对装备承制单位资格的要求。

(5)必须坚持公正公平的原则。对装备承制单位进行资格审查不仅关系到我军装备研制、生产质量,而且也直接关系到国防科技工业建设和装备承制单位自身的发展。在实施装备承制单位资格审查中,坚持公正公平的原则对装备承制单位作出客观、公正的评价,使真正具备条件的单位进入《装备承制单位名录》,为装备研制、生产、维修提供可靠保障。

2. 审查内容

按照 GJB 5713《装备承制单位资格审查要求》的规定,军方代表机构组织或者参加对承制单位的资质审查工作,并督促纠正措施的落实情况。审查内容包括以下 6 个方面。

(1)法人资格:重点审查法人证明文件的真实性、有效性、申请承制装备技术领域及其经营(业务)范围的符合性。具体审查内容包括企业法人营业执照/事业单位法人证书、法定代表人证书/任职证明文件、组织机构与管理制度、组织机构代码证书、国有土地使用证/租用合同、房屋所有权/租用合同,以及其他与法人资格有关的内容。

(2)专业技术资格:重点审查专业技术能力或专业技术资格证明文件的符合性、专业技术能力是否满足装备研制、生产的需求。具体审查内容包括专业技术管理制度,技术人员队伍状况,研制、生产和维护技术设备与基础设施,检验测试设备和检验测试手段,按技术标准和技术文件研制、生产和维护产品的能力,主体技术和关键技术掌握情况,主要配套单位协作关系,其他与专业技术有关的内容。

(3)质量管理水平和质量保证能力:重点审查质量管理体系文件的充分性、有效性,质量管理体系运行状况。具体审查内容包括质量管理体系文件、第三方质量管理体系认证、质量管理体系运行保持情况、产品实物质量、质量管理活动的有效性,以及其他质量管理活动满足要求情况。有关质量管理体系审核、监督涉及内容较多,将在第5章中详细论述。

(4)财务资金状况:重点审查财务资金状况证明文件的真实性、财务制度是否健全、资金运营状况是否良好、资金规模能否满足要求。具体审查内容包括财务会计管理制度、会计机构设置和会计人员配备证明、近3年的财务会计报告、企业国有资产产权登记证和国有资产产权登记表、银行资信证明,以及其他与财务资金状况有关的内容。

(5)经营信誉:重点审查经营信誉证明文件的真实性,近3年装备研制、生产、维护、技术服务或业务经营中是否严格履行合同,近3年申请单位是否有违纪、违法的不良记录。具体审查内容包括近3年装备交货的记录、近3年产品和服务质量状况的证明文件、近3年产品报价文件及相对应的装备合同银行账号未被冻结过的证明文件、税务登记证和完税凭证、社会保险登记证和缴纳社会保险费的记录,以及其他与经营信誉有关的内容。

(6)保密资格:重点审查保密资格证书的有效性、保密资格等级能否满足申请承制装备的保密要求。具体审查内容包括保密资格证书,以及其他与保密资格有关的内容。

4.2.3 装备承制单位资格审查程序

对装备承制单位进行资格审查,其工作程序应当从军方受理装备承制单位的申请开始,但这项工作对装备承制单位来说相对较新,组织、指导装备承制单位策划和申请装备承制资格也是军方应有的责任。因此,将审查工作程序向前延伸到组织装备承制单位申报。为此,将装备承制单位资格审查工作程序分为组织装备承制单位申报、受理装备承制单位申请、审查准备、文件和现场审查、整改验证和审查报告上报等阶段(图4-1)。

4.2.3.1 组织装备承制单位申报

1. 对装备承制单位基本情况进行调研

随着市场经济飞速发展和体制改革不断深化,装备承制单位目前已是多种经济结构并存的群体,尤其是装备配套单位(包括二、三级配套),军方对许多单位不甚了解或了解不够全面。对此,装备采购、科研、维修机关(主管业务部门)和军事代表机构应对本系统装备承制单位(包括配套单位)进行广泛调查和统计,初步了解装备承制单位的名称(代号)、经济类型、法定代表人、装备类别或主导产品、经济状况、技术力量和生产设备、质量管理体系、企业经营信誉和保密资格等,大致估计装备承制单位能否通过装备承制单位资格审查,从而预先为组织装备承制单位申报做好准备。

2. 组织开展装备承制单位资格审查有关法规、标准宣贯

通过装备承制单位资格法规、标准的宣贯、学习,促使装备承制单位全面了解开展装备承制单位资格审查的目的意义、基本原则、申报条件、审查内容、审查程序和审查要求等。装备承制单位应当根据有关法规、标准的要求,对照自身的实际情况,找出存在的问题,通过整体策划

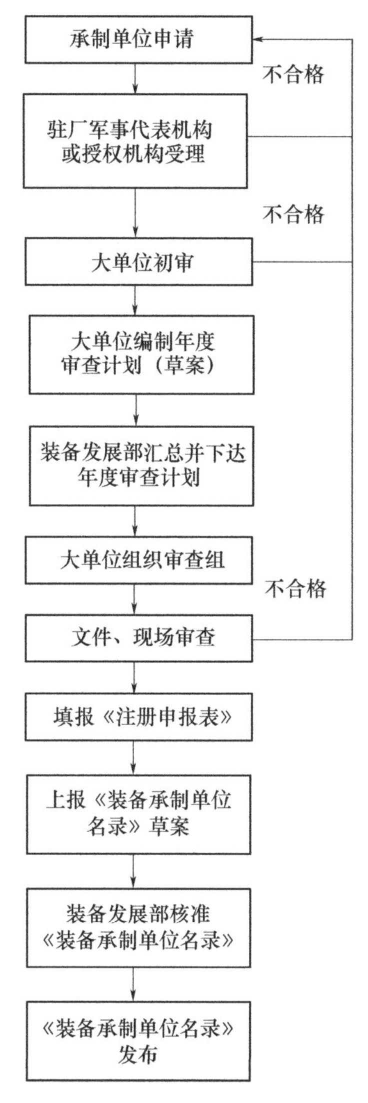

图 4－1　装备承制单位资格审查工作程序

和改进措施，进一步完善条件，达到取得装备承制单位资格的要求，确保顺利通过装备承制单位资格审查。

一般采取会议宣贯或培训的形式，由装备承制单位组织，装备采购、科研、维修机关（主管业务部门）或驻厂军事代表机构或授权机构选派具备授课能力的人员宣讲或培训，并可直观地、面对面地向参加培训的单位和人员讲解有关要求，解答有关疑难问题。

3. 装备承制单位申请承制资格

经过宣贯或培训后，装备承制单位应按照资格审查的有关规定要求，准备申请装备承制资格。其具体步骤如下。

（1）领取《装备承制单位资格审查申请表》。装备承制单位通过所驻军事代表机构或装备采购、科研、维修机关（主管业务部门）领取《装备承制单位资格审查申请表》，申请表内容包括封面、填表说明、基本情况、申请单位简介、法人资格、专业技术资格、质量管理水平和质量保证能力、财务资金状况、经营信誉、保密资格、军队要求的其他情况和附件目录、各部门意见等。

(2)填写《装备承制单位资格审查申请表》。装备承制单位填写《装备承制单位资格审查申请表》,内容必须准确、真实,各项数据必须准确无误,主表内容与附件必须一致。

4.2.3.2 受理装备承制单位申请

装备承制单位提出装备承制资格申请的主要形式是向驻厂(地区)军事代表室提交《装备承制单位资格审查申请表》,若申请单位无相关的军事代表室,可向业务相关的军事代表局或装备采购、科研、维修业务部门提交《装备承制单位资格审查申请表》。驻厂军事代表机构或装备采购、科研、维修业务部门不得无故拒绝申请单位的申请。

在受理申请单位的《装备承制单位资格审查申请表》后,军方应组织有关人员对《装备承制单位资格审查申请表》和证明材料的完整性进行初步审查。审查的主要内容如下:

(1)《装备承制单位资格审查申请表》是否按规定要求填写了所有事项。

(2)《装备承制单位资格审查申请表》的附件是否齐全。

(3)申请单位名称、公章和相关附件等是否一致。

(4)《装备承制单位资格审查申请表》及其附件是否属实,特别是有关装备研制、生产方面的材料是否符合实际情况。

(5)《装备承制单位资格审查申请表》及其附件的填写是否符合规定要求。

经初步审查,申请单位《装备承制单位资格审查申请表》及其附件完整并基本符合规定要求,受理的驻厂军事代表机构或装备采购、科研、维修业务部门在申请表的相应栏内填写"同意受理"的意见,接收其申请,并通知申请单位。对不符合规定要求的,应将申请表退回申请单位,并说明原因。如可进行申请表部分内容修改或部分附件材料补充、调整的,可让申请单位在商定的时间内进行修改、补充或调整,符合要求后再签署意见。

对经初步审查确认基本符合要求的申请单位,驻厂军事代表机构或装备采购、科研、维修业务部门应将其列入本单位编制的《装备承制单位资格审查计划(草案)》,逐级上报。

4.2.3.3 审查准备

1. 组织审查组

《装备承制单位资格审查规范(试行)》规定:"装备承制单位资格审查由具备相应资格的人员组成的审查组负责实施;与受审查单位有冲突或利益关系等任何可能影响公正判断的人员应回避。审查工作实行审查组长负责制。"装备机关(业务部门)或经授权的军事代表机构根据上级下达的审查工作计划,组织审查员形成审查组。审查组一般由 5 ~ 9 人组成,其中至少 1/3 应为本行业技术专家,设组长 1 名。

2. 制订审查实施计划

审查实施计划是指主管装备承制单位资格审查工作的装备机关(业务部门),依据装备发展部下达的年度审查计划,对某申请单位的审查内容、范围、时间及有关事项所作的安排,其目的是保证审查活动的有序进行。

根据装备发展部批准下达的年度审查计划和申请单位申报的有关材料,在对申请单位有关情况适当了解的基础上,由审查组长负责编制审查实施计划。对审查实施计划的编制与执行的要求如下。

(1)审查实施计划应当便于审查活动的日程安排与协调,以提高工作效率。

(2)审查实施计划的详略程度应当反映审查的范围和复杂程度,如初审、续审和复审,内容的详略程度可以有所不同。

(3)审查实施计划应当有充分的灵活性。随着审查活动的进展,对审查范围的更改可能是必要的。例如,首次进行初审,随着审查组对申请单位实际情况了解的不断深入以及有关方面内容审查进度情况,对一些部门、区域分配的审查时间量与任务分工可能需要进行调整;也可能发现一些方面内容或部门、区域、过程原先并未予以考虑,需要扩大审查范围或延长审查时间。同样,也可能出现相反情况,需要缩小审查范围,缩短审查时间。

3. 准备工作文件

现场审查正式开始前,审查组成员还应策划自己的审查工作,准备审查所需的工作文件,以确保审查工作能够针对申请单位的实际情况与特点得以实施。

1)了解审查工作的相关信息

审查组成员应当针对自己所承担的审查任务,通过阅读、分析申请单位《装备承制单位资格审查申请表》及其他信息,了解、掌握申请单位的相关信息,获得自己拟审查的要素、过程、职能、场所、区域及活动的有关情况。

2)工作文件的准备

在了解并评审相关信息的基础上,审查员应当准备相应的工作文件。工作文件用于审查过程中的提示、参考与记录,包括《审查记录单》首/末次会议签到表、不合格项报告、质量管理体系不符合项报告、《改进建议单》《装备承制单位资格审查报告》。

3)《审查记录单》和抽样计划

《审查记录单》确定了具体审查任务实施的线路、方法与内容框架,用于审查员实施审查的提示与参照。

《审查记录单》的内容如下:

(1)审查的装备类型、部门、场所和过程(活动)——到哪儿查?

(2)审查的对象——找谁查?

(3)审查的项目或问题——查什么?

(4)审查的方法(包括抽样计划)——如何查?

抽样计划通常包括在《审查记录单》中,抽样计划的确定通常包括对审查的内容、项目或问题,选择适当的信息源,抽取有代表性的样本与足够的样本量。

审查员针对自己承担的具体审查任务,在了解前面所述信息的基础上编制《审查记录单》,包括抽样计划。《审查记录单》的编制应当结合申请单位的实际情况,确定适当的信息源及收集信息的方法。

4.2.3.4 文件审查

文件审查是指对申请单位按照资格审查内容要求提供的有关证明材料进行审查的活动。它是装备承制单位资格审查的重要环节,是判定申请单位是否具备装备承制单位资格的主要依据之一。申请单位只有首先通过文件审查,方可具备进行现场审查的条件。

1. 文件审查范围

文件审查范围,或者说文件审查的对象,是指申请单位通过受理单位正式提交的《装备承制单位资格审查申请表》及其所附证明材料。申请单位的证明材料包括法人资格证明材料、专业技术资格证明材料、质量管理水平和质量保证能力证明材料、财务资金状况证明材料、企业经营信誉情况证明材料、保密资格证明材料,以及其他有关证明材料等。其中,未通过军方组织的第二方质量管理体系审核的申请单位,在质量管理水平和质量保证能力证明材料中还应提交本单位的质量管理体系文件。

2. 文件审查基本要求

审查组应当依据审查实施方案,按照其完整性、符合性、真实性、有效性的要求进行文件审查。完整性是指申请单位上报的《装备承制单位资格审查申请表》及其所附证明材料齐全并满足审查需求。符合性是指申请单位的上述各类材料符合审查依据的要求。真实性是指申请单位的上述各类材料符合该单位的真实情况。有效性是指申请单位的上述各类材料符合法律法规及有关要求现行有效。

3. 文件审查方式

文件审查通常在申请单位进行,主要是便于调阅各类文件、询问有关人员与澄清问题。装备承制单位资格审查涉及的内容需要大量的证明文件和历史资料,如申请单位应提供前 3 年的装备研制生产质量、进度和报价文件,其涉密程度比较高,难以作为证明材料全部附上,需要到申请单位查阅。同时,在申请单位进行文件审查,有助于审查组更加了解其全面情况以及更加切合实际地分析申请单位文件的完整性、符合性、真实性和有效性。

特殊情况下,审查组也可在申请单位以外的场合进行文件审查。但在此情况下,审查组应对申请单位有全面的了解,并保证文件审查结论的可靠性和有效性。

4. 文件审查记录与结论

审查员在进行文件审查时应填写《审查记录单》,对发现的问题进行标识。

文件审查的结论依据审查内容的规定要求和判定标准做出,与现场审查结论一起填写在《装备承制单位资格审查报告》"审查结论"栏内。

4.2.3.5 现场审查

现场审查是指在文件审查不足以确认申请单位的装备承制资格的情况下,到申请单位现场对其专业技术能力、质量管理水平和质量保证能力、满足军方特殊要求的实际情况进行确认的活动。

由于现场审查的内容涉及申请单位的专业技术能力、质量管理水平和质量保证能力,不仅对申请单位是否具备装备承制单位资格至关重要,而且对能否保证装备研制、生产质量也极其重要,必须坚持标准要求,规范审查程序,严格实施审查。

现场审查程序,通常情况下可包括召开审查组预备会议、首次会议、现场审查的实施、与申请单位管理层沟通、末次会议、编制审查报告等。

(1)审查组预备会议。审查组成员初次集合后,审查组长应主持召开审查组预备会议,主要内容包括:介绍申请单位的基本情况,宣布审查实施计划明确成员分工,明确审查要求,重申审查纪律,协调其他有关事项。需要时可邀请申请单位代表、驻厂军事代表室参加。

(2)举行首次会议。召开审查首次会议,是审查组现场审查的第一项正式活动。参加首次会议的人员包括审查组全体成员、申请单位领导(法定代表人和管理层)和有关职能部门负责人、有关军事代表室领导或军事代表、装备采购(科研、维修)业务部门有关人员等。参加会议的人员应当在《首次会议签到表》中签到。

首次会议的目的是双方人员会面,确认审查实施计划,简要介绍审查活动如何实施,宣布现场审查活动开始。

(3)审查中的沟通。根据审查范围和申请单位承制装备的复杂程度,审查组应加强审查过程中的沟通,以确保审查活动有序与顺利地进行。审查中的沟通包括审查组内部的沟通、审查组与申请单位之间的沟通、审查组与装备采购(科研、维修)业务部门的沟通。

(4)现场审查的实施。首次会议结束后,审查员应根据分工的审查范围依照《装备承制单位资格审查规范》规定的内容和项目对申请单位相应的专业技术、科研生产条件和质量管理体系所覆盖的场所、部门进行检查评价。

在现场审查中，审查员应当收集与审查目的、准则和范围有关的信息，包括与申请承制装备、职能、活动和过程及其相互间接口有关的信息。审查员应根据审查目的所规定的任务并对照审查依据的要求，确定要审查的项目和相关的问题，然后，确定适当的信息源，并确定抽取的样本、样本量以及验证信息的方法，以寻找客观证据。

审查员在现场审查期间应当详细记录客观证据，并对发现的问题，在《审查记录单》中用"△"进行标识。

审查方法的有效运用是实现成功审查的关键之一。现场审查方法是审查员在现场为及时收集到足够的、适用的客观证据而采取的审查方法。审查方法可根据不同的装备类型、装备承制单位的实际情况来选用，既可独立使用，也可交叉使用。使用的有效性主要取决于审查员个人的素质、经验和技巧。常用的方法有操作流程审查方法、组织机构审查方法、部门审查方法、发散审查方法。

审查意见是指对照审查依据、评价客观证据得出的审查结果。在质量管理体系审核中，审查意见也称为"审核发现"。鉴于现场审查主要是进行专业技术资格和质量管理体系审查，所以，这里讲的"审查意见"包括质量管理体系审核中的"审核发现"。

《装备承制单位资格审查规范（试行）》将资格审查内容分为关键项目、重要项目和一般项目，并将审查意见分为合格、基本合格、不合格三类。因此，审查员在确定审查意见时应当掌握审查项目和审查意见的分类，并明确审查意见的判定依据。

现场审查结束后审查组应召开内部会议，根据本次审查的目的对文件审查和现场审查活动中形成的所有客观证据和审查意见进行汇总、分析、联系、归纳和总结，并在此基础上得出审查结论。

在举行末次会议前，审查组应与申请单位管理层进行沟通，通报审查结果，包括申请单位已具备装备承制单位资格的客观证据（合格项内容或特点）、不合格项及整改期限和验证要求、其他值得注意的问题及其建议、审查结论等。审查组应请申请单位对不合格项报告、审查结论、整改期限及验证方式进行确认，申请单位代表还应在不合格项报告上签字。

(5)末次会议。审查组在完成全部审查活动，确定了申请单位存在的不合格项，作出审查结论并形成审查报告后，可组织召开末次会议，参加人员与首次会议应基本一致，并在末次会议的签到表上签名。

(6)编制审查报告。审查组长负责编制审查报告并对审查报告的内容负责。审查报告应当提供有关审查的完整、准确、简洁和清晰的记录。

4.2.3.6 整改验证与审查报告上报

1. 整改验证

整改验证是做好装备承制单位资格审查工作、保证审查质量的一个重要环节，同时也是促进装备承制单位建设，不断提高装备研制、生产能力的一个有效手段。整改验证应注意以下几个方面。

(1)申请单位制订整改计划。末次会议结束后，申请单位应根据审查组提交的审查报告和不合格项报告，研究制订整改计划。整改计划包括不合格项的责任部门和原因分析、纠正和纠正措施、整改完成时间、内部整改验证标准或有关要求。申请单位的整改计划应通报负责整改验证的军事代表机构和其他相关军事代表机构。

(2)申请单位组织实施整改。申请单位应在规定时限内,组织实施整改。军事代表应加强对整改的监督和指导。其中,对现场审查中发现的严重问题,如已经或即将造成严重后果(包括损失)的不合格项,军事代表督促申请单位立即进行纠正或补救,并尽快完成纠正措施。

(3)进行整改验证。申请单位在规定时限内完成整改后,应向负责整改验证的军事代表机构提交书面整改报告,内容包括整改计划完成情况、不合格项原因分析和采取的纠正措施、整改实际效果等。同时,申请单位还应将不合格项的具体整改情况填写在不合格项报告中,并附反映整改效果的有关证明材料。

负责整改验证的军事代表机构收到申请单位的整改报告后,应根据审查的要求,对申请单位纠正措施的完成情况及有效性进行验证。验证结论包括合格、基本合格、不合格。验证合格、基本合格的,由审查组长确认后通过验证。逾期不进行整改或整改不合格的申请单位,可视其为不具备装备承制单位资格。

经验证合格或基本合格的,验证人员在不合格项报告的验证栏内填写"经验证合格,关闭不合格项"或"经验证基本合格,在以后的监督审查中检查其有效性"。经验证不合格的,验证人员在不合格项报告的验证栏内填写"经验证不合格,限在 × 天内完成整改,重新进行验证"。重新验证时,申请单位须提交专题报告,验证人员在专题报告上签署验证结论,审查组长签署确认意见。

整改验证采取书面验证、现场验证和重审的方法。

2. 审查报告上报

整改验证结束后,审查组应当及时向装备采购(科研、维修)业务部门上报《装备承制单位资格审查报告》,并附审查实施计划、不合格项报告和整改报告、首/末次会议签到表。

装备采购(科研、维修)业务部门在收到《装备承制单位资格审查报告》后,应对审查结论、不合格项报告和整改验证报告进行审查,提出是否同意审查结论的意见,并在《装备承制单位资格审查报告》中签署。

由装备采购(科研、维修)业务部门签署"同意审查结论"意见的审查报告,按规定分发有关部门和申请单位。

4.3 军方质量监督

为提高装备质量,实行军事代表工作制度,对装备承制单位实施外部质量监督,取得了显著的成绩。实践证明,科学、高效地开展质量监督活动是提高装备质量的有效途径。在此对军方质量监督的体系、原则、方式方法等进行探讨,研究其内在的客观规律,以此提高装备管理人员的理论基础,实现获取高质、优价的装备之目的。

4.3.1 质量监督概述

1. 质量监督概念及意义

质量监督是指"为了确保满足规定的要求对实体的状况进行连续的监视和验证并对记录进行分析"。其目的是防止实体状态随时间、环境的推移或变化而偏离满足规定的要求(如变质、降级等)。通过对活动过程进行适时监测,发现偏差、及时纠正,促使全部活动过程按预先规定的路径运行。因此,缺少质量监督的质量管理是不完备的。

质量监督理论来源于众多的社会科学和技术科学,主要有系统工程原理、全面质量管理理论和监督学理论等。

军事装备特殊性决定了对其质量的特殊要求,军方建立军事代表工作制度,有效地开展了广泛的科学的质量监督活动,其定义是“为了获取质量优良的军事装备,在产品的形成过程中,由军方派出的军事代表对军工产品研制、生产过程所实施的全部监督活动”。军方质量监督对提高装备质量具有十分重要的意义。

(1)提高装备质量的需求。一般产品的质量验证是通过使用来实现的,军事装备质量也必须通过实践检验,但是,军事装备的实践检验唯有战争,战争的严酷性绝不允许装备质量存在任何质量问题。因此,必须通过对装备质量的生成过程进行严格的科学的质量管理和质量监督,以期满足国家安全对装备的需求。

(2)落实订货计划和订货合同的需求。市场经济条件下装备的订货计划和订货合同的执行势必遵循市场经济普遍规律,交付进度、制造质量、经费使用方面的违约难以避免,但是,军事装备服务的目的是国家防务安全,违约的后果无法弥补。因此,军事装备质量形成过程的质量监督与合同管理一样是必不可少的有效手段之一,适时监控、适时纠正,防止出现难以弥补的局面。

(3)装备承制单位质量建设、质量发展的需要。以质量求发展、求生存,已成为现代企业经营的战略方针,高效运行的质量管理系统必须依靠完善的质量监督系统来保证。

根据不同的目的,质量监督一般分为内部质量监督和外部质量监督两类。外部质量监督可分为用户质量监督、第三方质量监督和社会质量监督三种。军事代表行使的质量监督属于用户质量监督。

2. 质量监督要素

质量监督的主要要素如下。

(1)质量监督主体,即从事监督活动的法人或自然人,也即监督组织或监督者。

(2)质量监督客体,即形成实体全过程中的人和事,或者监督的对象或被监督者。

(3)质量监督内容,即对实体形成过程中所有可能影响规定要求的因素进行监督。

(4)质量监督依据,即监督工作有关的法规、文件和标准。

(5)质量监督方式方法,即如何进行质量监督。它因监督主体、客体的不同而各异。

任何质量监督都必须具备这5个要素,缺少任何要素的质量监督是不存在的,或者质量监督无法开展下去,或者是无效的质量监督。5个要素之间的关系是复杂的。同一主体可以对不同客体进行质量监督,同一客体可以接受不同主体的质量监督。质量监督的内容、依据、方式可以是单一的,也可以多种并用。

4.3.2 军方质量监督体系建立

1. 质量监督体系构成

只要能实现组织目标,最简单的组织结构便是最佳的组织机构。这就是组织基本原则——简化原则。在组织机构设置中还应注意:组织机构设计要明确目标,应以目标为唯一依据;管幅适度,在组织机构中层次的设置要充分体现幅度适当的原则,因为层次少,难于控制,层次多,又带来意见沟通困难等弊端;工作有序,在机构设置中要明确职责,内部分工清楚,指挥要统一,一级管一级,形成良好的职权体系,有利于提高工作效率。

质量监督组织机构设计还应坚持独立性原则:要真正做到独立行使监督职权,不论是行政隶属还是经济利益都应与监督客体保持独立。军事代表设置就体现了这一要求。

质量监督的组织机构设置,通常分为三个层次。

(1)决策层:主要职责是制定质量监督的方针、政策与法规文件,掌握质量监督动态,实施宏观调控和管理。

(2)管理层:按照规定和决策层的要求,对所属质量监督部门、人员、技术、业务和后勤等全方位的管理。

(3)操作层:负责对管辖区域和范围内的质量监督客体实施质量监督。

由于质量监督的类型不同,设置质量监督的机构也不同。我国军事装备质量监督的组织机构,如图4-2所示。

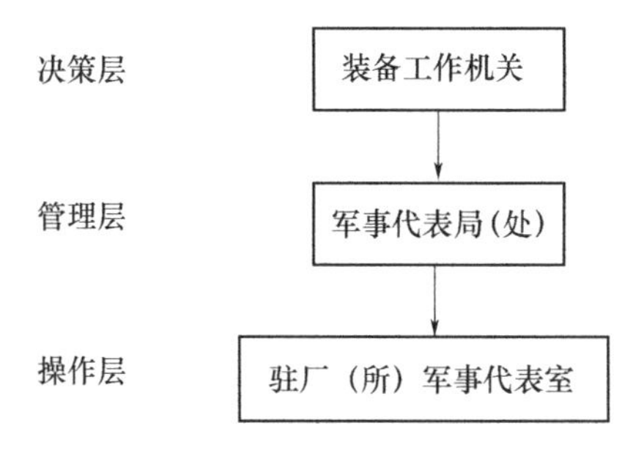

图4-2 装备质量监督体系的组织机构

2. 质量监督体系的主要功能

(1)计划功能。计划功能是质量监督主体为了实现既定的目标,对整体目标进行科学分解和测算,并筹划必要的人、财、物,拟定具体的实施步骤、方法以及相应策略等一系列管理活动。它实际上是决策职能的继续和具体化,在质量监督系统中的作用也是显而易见的,在现代化大生产中,科学、周密的计划往往能产生良好的社会效益和经济效益。例如,某承制方生产一直由于管理不善,影响任务和质量目标的完成。于是,在加强企业全面管理的同时,重点采用现代科学管理,运用网络计划管理技术,妥善地解决了复杂产品均衡生产问题,使生产进度和产品质量都有了较大幅度的提高。

(2)预防功能。预防功能是质量监督系统的一个主要功能。早期的质量管理追求的是以把关为主的事后监督方式,而这种方式见事迟、反应慢,等到发现质量问题,往往已经造成重大损失。从20世纪70年代发展起来的全面质量监督,强调的是预防为主,事前监督,把质量事故消灭在萌芽状态,质量监督体系正是为了适应这种工作思路而建立起来的,具有及时发现潜在问题、使其质量成本降低到最低限度的预防功能。

(3)协调功能。协调功能是指对系统内部各机构之间、人员之间及各项功能之间的关系进行调整和改善,使其按照分工协作的原则,相互支持、密切配合,共同完成预定的计划和任务。质量监督体系和其他社会管理系统一样,是一个复杂的管理系统,没有协调,就没有组织和人员之间正常的密切配合与协作,就不能及时排除管理过程中的不和谐现象,也就不能完成需要各方面共同努力才能完成的任务。协调工作的范围相当广泛,有内部协调、外部协调、部门之间协调、人员之间协调和工作内容协调等。

(4)决策功能。决策是决定政策和在政策指导下决定具体的行动方案。决策的正确与否,对一个系统的建设与发展有着重大的影响,以军事代表质量监督系统为例,随着国家和军队大系统的改革步伐,于20世纪80年代初期,适时提出了军事代表工作标准化、管理制度化、办事程序化、分析问题数据化的"四化要求"。20世纪80年代中期,又针对军工产品质量工作现状提出了“质量监控”的改革方针，为促进军工质量保证体系的健全和完善，起到了功不可没的作用。20 世纪 90 年代初期，又提出了军事代表正规化建设要求，进一步巩固了军事代表工作改革的成果。应该说这些重大决策对军事代表系统的建设，都是非常正确和及时的，也体现了决策的重要地位。

(5)控制功能。控制功能起着监督、检查、修正、纠偏的作用，力求使实际工作的结果同预期相一致。它主要体现在两个方面：一方面依据采集、分析、研究计划执行和完成情况的有关信息资料，对于活动中的数量、时间、质量等因素加以控制；另一方面是依据有关资料，具体掌握人、财、物的流动情况，对活动中的各种行为进行控制。以军事代表系统开展正规化建设为例，单纯提口号、制订计划、颁发标准是不够的，领导机关必须考察、监督、掌握活动开展的实际情况，及时发现问题，通过监督、检查和反馈，纠正活动中的偏差，最终全面达到预期的目标。

3. 质量监督主体权力与责任

质量监督主体虽然存在形式不同，但总是包括团体或组织和个人，如军事代表局(处)、室和军事代表。在质量监督活动中，质量监督主体具有以下权力和责任。

(1)质量监督活动的发起者和组织者。这是由主体的任务或职责以及主体的基本特性所决定的。为了确保满足规定的要求，监督主体要对实体的状况进行连续的监视和验证，并对记录进行分析。例如，在军事装备质量监督活动中，主体为了使部队能够获取适用的、价格合理的、性能优良的军事装备。军事代表主动地组织承制方学习、理解订购合同的条款，根据订购合同和有关文件要求，主动地对承制方的质量保证体系运行的有效性进行检查和监督，督促承制方根据订购合同要求编制质量保证大纲，对装备质量形成全过程的“人、机、料、法、环、测”等因素进行监督和控制，发现问题，及时协同承制方研究和分析原因，采取有效措施纠正质量问题。也就是说，在装备质量监督活动中，军事代表总是根据质量监督的目标和任务，选择特定的监督方式与途径，发起和组织质量监督活动。

(2)质量监督活动的指导者。在质量监督活动中主体对客体实施质量监督，在客观上充当了质量监督活动指导者的角色。主体通过自身的活动利用信息采集和反馈系统，及时获得质量监督信息，并运用统计分析方法，发现、指出质量监督活动中的薄弱环节，对客体实施指导和纠正，即在质量监督活动中，主体有责任凭借自己的知识和才能，指导客体搞好实体质量，促使实体质量沿着规定的目标发展，直到符合规定的要求。

(3)质量监督活动的控制者。在质量监督活动中，主体根据质量监督的目标，对供方提供实体全过程质量监督。这里讲的监督，就是控制之意，主体为了实现自己的目标或维护自身的利益，主动地按照合同文件和有关法规进行控制。这种控制作用最有力的表现在于当实体质量出现混乱状态时，行使停止验收权。主体在质量监督中合理使用控制权力，能够最大限度地提高监督活动的效益和质量，使监督活动沿着规定的目标前进。

总之，在质量监督活动中，主体的责任和权力集中表现在其应能根据质量监督的特定目标和要求，去影响或监督客体的行为，完成特定的目标和要求。

4. 质量监督主体自身职能建设

要有效地实施质量监督，质量监督者必须首先建立、健全自身的职能。健全自身的职能，主要应做好如下几方面的工作。

(1)质量监督者应明确自己的利益、目标和权限，并在此基础上开展质量监督活动。质量监督者代表哪一方开展质量监督工作，其利益就应是质量监督者应予维护的利益，质量监督者必须为此利益服务。军事代表作为军方代表，必须在开展质量监督活动的过程中，时刻把军队的利益放在首位。

质量监督者开展质量监督活动的目标和权限，一般由国家或部门的法规、条例等法律政策文件给予界定，质量监督者必须围绕既定的目标，并在允许的权限内开展工作，这样才能保证质量监督活动的正常进行。

(2)有组织的质量监督活动，应建立完善的组织机构，制定健全的管理制度，并保证其能够有效运行。质量监督活动是一项复杂的系统工程，质量监督者建立、健全自身的组织机构和管理制度，是其有效实施质量监督的基础条件之一。从事质量监督的组织机构，必须上下协调、左右配合，并为同一个根本目标而工作。达到这一标准，要靠完善的、可操作的内部管理制度来保证。

(3)组成质量监督主体的各级单位及个人，应明确划分各自的职责权限。对于有组织的质量监督主体，其总的职责权限明确之后，并不是每个组成单位或个人都有一样的职责权限。哪一级单位或部门具有多大的权限，哪一个职务具有什么样的职责，必须在组织机构建立时就明确划分下来，才能使整个组织系统成为一个可以正常运转、没有相互扯皮的整体。在此应当注意的是，职责权限的划分并不是一成不变的，它应随着客观情况的变化而调整。

(4)根据职责、权限，制定具体的指导自身开展质量监督工作的规则性文件。明确了总体和自身的职责、权限，并不等于质量监督者就能够据此有效地实施质量监督。质量监督者，特别是基层的质量监督者，要有效地开展质量监督工作，必须制定具体的实施细则，以指导和规范自身的工作。例如，质量体系认证机构制定的“质量体系认证办法”、军事代表系统制定的“军工产品质量监控细则”等。

(5)质量监督主体的活动，应注意计划性。质量监督者，特别是有组织的质量监督者，在实施某一项质量监督活动之前，或在实施过程某一阶段之初，应制订详细的实施计划，并在活动结束或阶段之末，针对计划的完成情况进行总结，这样才能保证其所开展的质量监督活动顺利开展，并不断提高工作效率。

(6)质量监督者应注重提高自身的素质和工作水平。随着质量监督活动的深入发展，新的科学的监督方法和手段不断被采用，以适应日新月异的科学技术的进步。这就要求从事质量监督工作的人员，要不断更新知识，提高素质和工作水平，以便有成效地开展工作。提高素质和工作水平，不仅是个人的事，也是组织或单位的事。从事质量监督的部门或单位，应充分重视本单位人员的业务训练工作，采取岗前培训、岗位训练、专题学习等方式，使其具备符合要求的素质。组织业务训练应有计划、有内容、有时间安排、有要求、有总结，使训练确实达到提高素质与工作水平的目的。

(7)质量监督者应在组织机构内部建立合理的激励机制。建立激励机制的目的是充分调动质量监督者的主观能动性，提高工作成效。各种考核、评比以及相应的奖惩措施等是经常采用的激励方法。

5. 复杂武器系统质量监督体系

对大型或复杂的武器系统，应根据需要建立军事代表室室际质量监督体系，把相关军事代表室联系起来，形成一个目标明确、职责分明、纵向衔接、横向协调、信息反馈灵敏准确并相互促进的质量监督体系。室际质量监督体系一般由驻总装单位军事代表室为组长单位，并负责日常工作，主要配套协作单位的军事代表室为成员单位。室际质量监督体系主要职责和任务如下。

(1)根据装备订货合同，制订质量监督工作目标和计划，明确各成员单位的工作任务、年度工作目标和计划并进行分解，落实到成员单位。

(2)建立质量信息传递网络,制定信息收集、传递、处理和使用办法,充分利用质量信息分析,预测产品质量趋势,明确各成员单位的质量监督重点。

(3)参与厂际质量保证体系的有关活动,对厂际质量保证的有效性进行监督,发现薄弱环节,提出改进要求。

(4)当出现重大质量问题时,各成员单位应在上级主管部门的指导下,由驻总装单位军事代表室组织分析、研究,提出改进意见,有针对性地制定质量监督对策,分头组织落实。

(5)定期召开室际监督体系工作会议,分析目标和计划的落实情况,总结室际质量监督体系工作,并将情况及时上报。

4.3.3 军方质量监督原则与方式方法

4.3.3.1 质量监督原则

质量监督工作从总体上讲,是一项复杂的系统工程。质量监督的实施是质量监督系统工程中的一个重要环节。在此环节的运行过程中,有其自身的特点和要求,需要对其归纳、总结以指导质量监督工作的实施。在实施质量监督工作过程中应注重或遵循以下原则。

1. 目的明确的原则

实施每一项质量监督活动,都应把握监督目的明确的原则。只有明确了监督目的,才能在质量监督工作中有的放矢,根据监督目的,确定监督的内容范围、采用的方法、实施的步骤等要求。

2. 注重监督效率和效果的原则

实施一项质量监督工作应力求投入最少的人力、物力,最大限度地达到监督目的。有时对效率的追求和对效果的追求可能会发生矛盾,就应合理地论证实施该项质量监督活动的目的、形式和环境,以判定并选取一个合适的“度”。

3. 全面与重点相统一的原则

在明确监督内容范围的基础上,实施质量监督应把握全面监督与重点监督相统一的原则。全面监督是要求对监督内容的所有方面都应涉及或者监督,而重点监督则是要求把监督内容根据其起作用程度分清主次,即分清主流与支流、主要矛盾与次要矛盾、矛盾的主要方面和次要方面。只有实施全面监督,才能防止质量监督的片面性。而实施有重点的监督,才能把握监督的关键环节,提高监督的工作效率。

4. 内容与方法相统一的原则

实施质量监督,应针对不同的监督内容选择不同的与之相适应的监督方法。只有监督方法与监督内容互相统一、互相协调,才能提高监督工作效率,取得最佳的监督效果。

5. 计划性与灵活性相统一的原则

在每一项质量监督活动实施之前都应制订周详的实施计划,以保证监督工作的顺利开展。但计划并不是一成不变的,随着质量监督活动的逐步实施,监督的主体因素、客体因素以及环境因素都在不断地发展变化,质量监督者应该根据各种因素的变化随时调整或修改原来制订的监督计划,以保证达到监督目的。

6. 经验与创新相统一的原则

质量监督工作经过长期的发展,已经积累了大量的成功经验,充分运用这些经验,可以使质量监督工作事半功倍。但是质量监督理论在发展,质量监督活动亦在进步深入,新情况、新形式不断出现,可能没有现成的经验可以利用,或者原有的经验已经不适应变化的情况,就需要质量监督者具有改革创新的精神,在实施质量监督的实践过程中,总结和发展新的工作模式和工作方法,逐步补充和完善质量监督的理论与实践。

4.3.3.2 质量监督的方式方法

质量监督的方式方法是质量监督系统把质量目标付诸实践的具体手段。根据监督对象和行为特征,质量监督方式可以有不同的分类。例如,以制约手段来划分,有法律、经济、行政、舆论等方式;以企业管理质量为对象来划分,有定期审核、日常监督、随机校正等方式;以工程行为的角度来划分,有验证方式、控制方式、检查分析方式和质量体系监督方式;以产品形成工序过程来划分,有预先(事前)监督、过程(事中)监督和结果(事后)监督等。

质量监督方式方法多种多样,根据不同的监督对象,选择不同的方式方法,以期达到质量监督的最佳效果。在求得相同效果的条件下尽量求得方式方法的科学、经济、合理和有效,并且寻求企业容易配合和符合企业特点的方式方法,以期获得更好的监督效果。在实践中不断总结和发展新的质量监督的方式方法,使其最终形成一个完整科学的体系。

在此主要介绍验证方式、控制方式、检查分析方式和质量体系监督方式。

1. 验证方式

验证在社会活动、生产活动和日常生活中得到广泛应用。在科学研究过程中验证与论证、复证一样都是不可缺少的过程和手段。验证是通过科学试验、社会调查核实等手段,获得可以亲身感观的或被可靠、可信地记录下来的事实,对某些已经被认可的抽象概念或数据进行求证,以支持最终判断的一种活动方式。在质量监督中,验证是对产品质量判定的最主要手段。

1)验证方式简释

在军事装备质量监督中,驻厂军事代表通过对经企业检验确认合格的产品、部件、元器件、材料、工艺、技术、方案等,在相同的条件下,采用相同的手段,确认能否得出相同的结果来达到对产品质量和工厂检验结果最终认定的一类监督活动。

2)验证方式的适用范围

验证方式主要是由驻厂军事代表用于对产品的符合验证,即主要在生产过程中,对产品的实际状态是否符合已经鉴定批准的技术条件进行的求证,以支持对产品质量的最终判断,并通过对工厂检验结论的确认对其检验质量进行综合性复核。

技术和方案的可行性验证与故障再现性验证,主要由企业实施,驻厂军事代表一般应参加并会签有关结论。

3)验证方式的使用目的

验证作为质量监督的一种方式,主要用于对产品质量作出最终判定,确认合格后,才能予以接收。对不符合产品出厂状态和技术质量标准或合同规定、配套不全的产品则拒绝接收。因此,验证方式是驻厂军事代表进行产品质量判定和出厂把关的关键所在。

驻厂军事代表对产品质量的验证,是在承制方质量部门经过检验确认合格并向军事代表履行提交手续之后进行的,实质上,这也是对承制方确认合格产品的再测试、再检验。因此,承制方必须有完善的质量保证工作来保障"确认合格"的准确性,不但零件的生产要控制,设备质量也要控制,而且整个调试过程更应按规范、程序执行,这对企业质量体系建设也起到了促进作用。

2. 控制方式

1)控制方式简释

任何系统的正常运行都是有条件的,并受多种因素的制约。系统的正常运行状态往往会因意外因素的影响而偏离预先的目标、方向,这就是系统运行中的“失控”现象。此时,必须对系统运行中的某个过程、序列事件或相关因素施加某种影响,使系统恢复稳定状态,按给定的条件和预定目标运行,这个过程就是控制。

驻厂军事代表在实施质量监督过程中,通过对某些影响产品质量的因素采取制约手段的办法,使产品质量在给定条件下达到预定的目标,即为质量监督中的控制方式。由于驻厂军事代表实施控制具有一定的间接性,所以长期以来,这种方式称为监控方式。

2)控制方式应用范围

控制的对象是运行中的系统要素,控制是对过程的控制,因而质量监督中的控制方式主要应用于研制、生产过程。

研制、生产过程是产品质量的形成过程。产品质量同时受众多因素的制约,加强对这些因素的控制,才能确保产品质量达到最终目标。控制方式是驻厂军事代表在生产过程中实施质量监督的主要方式。

3)控制方式使用目的

控制方式使用目的是给产品的生产提供一个稳定的环境。当产品生产的稳定环境遭到破坏,从而使产品质量有可能偏离预定目标时,就需要采取控制手段使原来稳定状态得以恢复,因此控制方式是以求得生产条件和生产过程的稳定性为最终目的的。

3. 检查分析方式

1)检查分析方式简释

检查分析包含两个最基本的概念,即检查和分析两种活动,二者可以联系在一起,也可以成为单独活动方式。检查与分析是管理工作中最常见的工作方式。在军事装备质量监督工作中,检查分析方式是广泛采用的最普遍、最基本的工作方式,也称为随机方式或日常监督方式。检查分析方式和验证方式、控制方式联系密切。

2)检查分析方式适用范围

在驻厂军事代表质量监督工作的全部活动中,几乎都可以找到检查分析活动的存在。与验证、控制方式相比,检查分析主要应用于日常性监督承制单位质量管理活动。

3)检查分析方式使用目的

检查分析的主要目的是及时掌握和了解质量动态,及时发现问题,做好预测与预防工作。不像验证主要用于对产品质量的最终判定,也不像控制用于过程中的问题处理,它主要是用于诊断和预防,用于改进工作,但是检查分析方式又是其他活动的基础。

从前述可知:验证主要用于产品,控制主要用于过程,而检查分析则主要用于管理。三者结合起来,就构成了对产品、工程、工作质量全面的、完整的质量监督。当然,这种区分也不是绝对的,三种方式在质量监督中都可以应用。

4. 质量体系监督方式

质量体系是指“为实施质量管理所需的组织结构、程序、过程和资源”。质量体系的内容应以满足质量目标的需求为准。一个组织的质量体系主要是为了满足该组织内部管理的需要而设计的。

实施对军工产品质量体系监督是《中国人民解放军驻厂军事代表工作条例》和《武器装备质量管理条例》赋予军事代表的职责和权限。军事代表作为军方派出的代表,对承制方质量体系实施监督具有一定的独立性和强制性。通过对承制方质量体系的结构功能和运行状态进行监督检查,可以促进承制方不断完善质量体系并正常运行,提高过程质量和工作质量,从根本上提高军工产品质量保证能力,保证产品质量。

军事代表对质量体系的监督,是促进质量体系正常运转的有效手段之一。按照确定的质量模式的质量体系要素和订货合同的要求,军事代表有目的、有计划、有侧重地选择某些质量系统、质量控制环节、程序、要素进行监督,通过监督其工作质量、检查产品质量,实现对质量体系的监督,促进质量体系的正常运转,不断提高承制方的质量保证能力。

军事代表对质量体系的监督方法主要包括审查质量体系文件、开展质量体系审核评价、实施对质量体系运转的监督等。重点是监督质量体系文件的落实和体系的有效运转。

4.4 装备质量教育

装备质量的形成不只是依靠机器设备、工艺和工具装备、原材料等物的因素,更重要的是人的因素。只有与装备质量相关人员牢固地树立“质量第一”的思想和强烈的质量意识,对全面质量管理的重要性有充分的认识,具备一定的质量管理知识和技能,并且能熟练地操作和掌握先进技术,才是保证和提高装备质量、搞好全面质量管理最可靠的基础。因此,为了动员和组织与装备质量相关人员都能积极自觉地参加全面质量管理活动,关心和提高产品质量,单位每个员工都必须接受全面质量管理的教育和训练。

单位应将对物质资本的依赖转为对人力资本的利用。人力资本是经过培训具有经济价值的人力资源。单位应加大人才培训等人力资本投资力度,提高员工的质量和高质量员工的比重,抽出一定的人力、物力和财力用于员工的教育、训练等各种智力、知识、技能开发活动。也可以把人力资本投资视为人才投资、素质投资、教育投资等为改变员工本身的种种投资。通过这种投资为员工创造一个有助于成长的环境,提高他们的满意度。

单位必须认识到教育培训是员工和单位成功的关键,并为其提供足够的资源。员工的质量意识和技能不是自发形成的,必须通过持续不断的学习和教育获得。质量教育培训的内容涉及思想道德、政治、经济、技术等不同领域和多种学科,既有对员工质量意识和质量管理基本知识的教育,又有专业技术与技能的教育培训。但质量教育培训要以人为本,即以员工的自我学习、自我控制、自我提高为主。

4.4.1 全面质量管理的普及教育

全面质量管理包括宣传贯彻实施 ISO 9000 系列标准,作为一种新的质量管理思想和方法体系,尽管已经宣传和实施多年且取得了成效,但对许多人来说还不是很熟悉。如同推广其他新生事物一样要掌握它、运用它就先得认识它、了解它,因此需要有个学习和熟悉的过程。特别是在推行过程中,要涉及单位内外一系列环节,触及许多旧的管理习惯、管理观念和管理方法,突破一套传统的思维方式和管理方式,工作范围和工作内容都有很大变化;对于管理上的深刻变革,人们会有各种不同的认识,不可避免地会遇到各种阻力。对于不同认识,只能通过教育去解决。不经过深入的反复教育,没有在全体员工中牢固地树立“为用户服务”“质量第一”的思想,并在行动上落实,全面质量管理就难以推广。因此,质量管理的宣传教育对开展全面质量管理、贯彻 ISO 9000 系列标准有着直接的作用。通过切实的、有针对性的质量管理教育,解决忽视装备质量的倾向,增强全体员工的质量意识;提高广大员工对科学质量管理的认识,消除种种对开展全面质量管理和贯彻 ISO 9000 系列标准的误解与偏见,启发大家自觉参加质量管理,把切实提高装备质量当作头等大事来对待。与此同时,还要把全面质量管理、

ISO 9000 系列标准的基本知识及其一整套现代化的管理程序、技能、管理工具和方法教给全体员工，使他们能够普遍了解和掌握，并能够运用在各自岗位上。

质量管理教育的方法和形式很多，需要因地因时制宜、因人而异、方式多样、各有侧重、灵活机动。例如，可以采取分层施教、因人而异、抓住重点、联系实际的教育方案。

分层施教、因人而异就是把单位员工分为领导干部、技术骨干和管理人员、一般员工三个层次，按照他们各自的特点采用不同的教材，规定不同的教学时间，达到不同的教学目的。对于领导干部，要进行重点教育，由于他们是单位管理的领导者，是关键人物又是推行全面质量管理和贯彻实施 ISO 9000 系列标准的组织者，对开展全面质量管理和贯彻 ISO 9000 系列标准起关键作用，抓好领导层的教育极为重要。对于技术骨干和管理人员，应当进行系统教育，他们是推行全面质量管理和贯彻 ISO 9000 系列标准的骨干和主力，通过教育要使他们在系统掌握全面质量管理、ISO 9000 系列标准的基本概念、科学管理原理的同时，还要熟练掌握质量管理和质量保证的管理技能与管理方法，达到会算会看、会用会干的目标。在广大员工中则应开展全面质量管理和 ISO 9000 系列标准的基本知识普及教育。通过教育把大家吸收到质量管理队伍中来，用过硬的技术保证装备质量。

总之，质量教育需要根据不同的对象联系实际进行内容、方法各有侧重的普及与提高相结合的教育，并根据任务、形势的变化经常、反复地进行相应的质量管理教育。

4.4.2 技术业务教育与培训

装备质量的好坏归根结底取决于员工队伍的技术水平，以及各方面管理工作的水平。如果员工没有掌握必要的操作技术、缺乏基本功训练，领导干部、管理人员、技术人员不能熟练地掌握本职工作的管理知识、业务技能和专业技术，缺乏管理经验，那么即使有了新的设备、新的技术也仍然生产不出优质产品。因此，还必须组织好员工队伍的技术业务培训教育，使广大员工掌握过硬的基本功。过硬的技术本领是自觉把好产品质量关、实现生产优质装备的重要保证。

质量培训与教育必须以市场需求为导向，采取多种形式强化全员质量意识，特别要努力提高设计人员和一线技术工人的质量意识，用现代质量观和质量管理方法武装全体员工。坚持培训的实用性、有效性、针对性，要注重行政和技术负责人的质量教育培训，加强对高级质量管理工程人才的培养。同时，还要加强全员的技能培训，坚持定期考核、授证和持证上岗制度，不断提高质量管理工程队伍的素质和业务水平。

技术业务教育与培训工作的内容包括：对新员工进行基础技术训练，要求基本掌握装备性能、用途及生产过程、工艺情况、检验方法等全面知识和技能；对老员工通过开展业余教育，举办各种类型技术训练班或者组织技术表演、评选技术能手等引导员工钻研技术，进一步提高专业技术水平；对于各级领导干部和技术、管理人员，也要为之创造条件，举办各种研讨班和讲座等，帮助他们熟悉技术、精通业务，迅速提高业务技术水平，以适应推行全面质量管理和贯彻 ISO 9000 系列标准的要求。

各军工集团公司和研制生产单位要进一步建立健全各类人员培训、考核制度，实施持证上岗，不断提高质量管理工程队伍的素质和业务水平。凡没有经过培训或考核不合格的人员不得上岗。各部门、各单位要把人员质量培训工作作为年度业绩考核的重要内容。

总部分管有关装备的部门、军兵种装备部要深入、持久地开展质量意识教育和素质教育，把质量教育、技术培训作为一项经常化、制度化的工作。要针对当前高新武器装备建设的新形势、新要求,大力加强全员质量意识、质量道德、质量观念的教育,宣传弘扬“两弹一星”和“载人航天”精神,增强做好装备质量工作的政治意识和自觉性。

4.5 装备质量人才队伍建设

4.5.1 质量人才队伍建设的重要性

质量人才是指具有质量管理专门知识、技能,并在质量工作实践中以自己在质量事业上创造性劳动对国家、行业、地区、企事业单位或其他组织的振兴和发展作出贡献的人员。在质量管理中质量人才是第一要素,对质量管理的开展起着决定性的作用。质量人才在单位质量活动中起着领导、组织、监督、把关验收等作用,他们综合素质的高低将直接关系到产品的质量。

众所周知,现代质量管理的理论最早产生于经济最发达的美国。美国人休哈特、费根堡姆等率先研究和采用统计质量控制、全面质量管理科学方法使美国产品质量迅速提高和稳定,促进了美国经济的发展。20 世纪 50 年代,美国生产的汽车占国际汽车市场的 80%。日本产品在 20 世纪 40 年代质量低劣,当时“东洋货”被视为低劣产品的代称。但 20 世纪 50 年代后日本确立质量兴国和教育立国的战略方针,从美国请来许多质量管理专家讲学,向美国虚心学习统计质量控制理论和技术,并培养造就了一大批优秀质量人才,又把质量培训与教育贯穿质量管理的始终。到 20 世纪 60 年代,日本创造性地发展了全面质量管理理论和方法,先后提出了品质圈、全面质量控制(TQC)等许多质量管理新理论和新方法,培养了一大批各种层次的质量人才。人的质量决定了产品质量,也决定了国家的经济。日本的汽车、钢铁、照相机等一大批产品在较短时间内超过了欧美国家居于世界前列。这一历史事实充分说明,质量人才在管理中所起到的作用是决定性的、无可替代的。要想质量振兴,事业腾飞,就必须重视质量人才的培养、发掘,充分发挥他们举足轻重的作用。

作为承担武器装备质量建设的一支庞大人才队伍,他们的能力和素质直接决定了武器装备建设的质量和效益。低能力和低素质的队伍只能建设低质量的武器装备。所以,装备质量人才队伍建设既是装备建设的重要组成部分,又是装备质量的重要保证。

4.5.2 质量人才应具有的素质

全面质量管理将质量和人紧紧地联系在一起,在强调装备质量的同时,更关注在保证装备质量建设过程中人的因素所起的作用。

由全面质量管理的指导思想可以看出,人是决定的因素,人力资源管理是全面质量管理的一项重要内容。就装备质量人才而言,专业人才必须具备 4 个方面的素质(图 4-3),即专业素质、能力素质、政治素质、身体素质。

专业素质是指从事装备质量管理工作所必须掌握的基础理论、基本知识和专业技能,具备较强的质量意识。随着我军武器装备的不断更新,在装备人才专业化建设方面对装备质量管理专业人才的技术素质提出了更高要求。要求须经过院校或者质量管理专业训练机构培训,具有扎实的科学技术知识和专业技能,包括质量管理的新理论、新方法、新工具,以及一般的军事知识和技能、新技术知识、装备保障手段的新技术、新技术兵器与作战技能等。

能力素质包括装备管理保障指挥能力、装备管理保障协调能力、装备管理工作组织能力、装备知识学习扩展能力,必须懂得装备作战的特点以及装备保障要求、适应信息化条件下联合作战装备保障知识,能较好地完成所承担的装备论证、研制、生产、使用和保障等方面的质量工作。

除此之外,装备质量人才还要具备良好的政治素质和身体素质,有献身国防的思想情操、坚决的命令执行力和良好的行为素养,如爱岗敬业、无私奉献、尊重科学、勇于创新、团结协作、服务部队、廉洁奉公、遵纪守法。

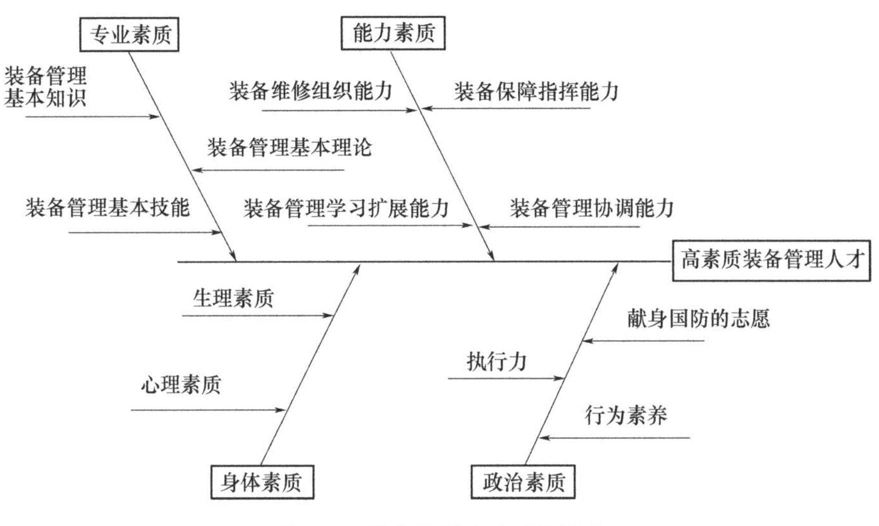

图 4-3　装备质量人才素质需求

4.5.3　培养质量人才的措施

装备质量人才队伍,在军队系统从装备机关到研究院所,加上部队和军事代表,形成一支队伍;而在地方工业部门,从国防工业局到十大集团公司、研究院所、设计和研制、生产、制造单位也有一支队伍。这两支队伍如何配合,对他们如何培养、如何要求,保证成为一支合格的质量人才队伍,是一项艰巨的任务。这支队伍目前来源极其复杂,能力差距比较大,如何统一要求、统一管理是一个难题。

从军队系统来看,这支队伍如何培养、任用、选拔、晋升、考评和淘汰,才能保持一支高素质的队伍,是保证装备建设质量和效益的关键。

目前,装备质量人才培养中存在如下的问题。

(1)全面质量意识不到位。一些部门机关往往认为质量管理是装备质量管理部门的事,是基层管理的事情,质量管理被认为是个别部门的责任。这样阻碍了全面质量管理的正常实施。同时,装备全面质量管理需要高层管理者的重视,当质量问题出现时质量责任才不会出现部门掣肘。

(2)全过程质量方针不强。装备论证、研制、试验、采购、生产、使用、维修和报废全过程质量管理系统性联系不强。质量管理成了部门化质量或是局部化质量管理,成闭环体系的质量观念薄弱,特别是对于装备使用中质量需求信息反馈不健全。

(3)人员质量教育培训效果不佳。装备质量教育培训的对象一般是管理者和质量管理部门的员工,培训学时少、方式也比较单一。参加全国质量管理资格认证统一考试欠缺,对质量培训认识不够,认为培训可有可无,培训效果不明显。

结合目前现状,应从以下几个方面加强装备质量人才队伍建设。

(1)摸清装备质量人才队伍的现状和需求，制订队伍建设规划和计划。总部分管有关装备的部门、军兵种装备部、使用部队要高度重视质量人才队伍建设，质量管理主管部门进行装备建设人才现状和需求调研，摸清装备人才队伍建设的现状，对人才队伍进行专业分类，根据装备质量业务工作的需要，分析对各类专业人才的需求。同时，对装备质量人才建设的规章进行梳理，对装备质量人才建设资源，如院校、基地、手段、教材、师资队伍、培训模式等进行评估。

根据装备质量人才队伍建设现状和需求，制订装备质量人才队伍建设规划和计划，其中规划包括建设目标、指导原则和要求，专业分工和要求，培养、任用、提升、考评、淘汰要求，资源配置管理体制调整，资金保障等。

(2)建立装备质量人才队伍建设规章制度，优化人才队伍建设管理和培养体制。制定装备质量人才队伍建设的规章制度，明确装备质量人才队伍建设的政策、管理体制、制度和分工要求。其核心是实行装备质量人才队伍专业化和职业化，进一步明确装备质量人才建设的管理体制，至少在现有体制内，进一步明确主管部门以及各业务部门对培养机构的领导关系。建立由装备发展部负责的关于装备质量人才队伍职业目录、认证要求以及选拔、任用、考评、淘汰等方面的政策要求，并由各业务部门负责监督实施。

在现有院校管理体制下，以现有军兵种工程技术院校为主，普遍开设质量管理专业方面的课程，积极开展质量管理人才教育、培训工作，全军院校整体规划，进一步明确各个机构的培养重点和专业领域。为了统一培养标准，建议编制统一的培训教材和考评要求，编制统一的培养专业目标、课程标准、培训模式等方面的要求。

针对当前质量专业人才队伍素质不高、人员短缺的问题，学习借鉴国外质量队伍的建设经验，在开展专业教育和职业教育的同时，聘请、吸收有丰富工程实践经验的管理和工程设计人员，充实到质量队伍当中，尽快提高质量队伍的整体素质。

(3)逐步推行装备质量人才队伍职业认证制度，实现装备质量专业人才持证上岗制度。目前，军队在一些质量管理工作上已实行专业人员持证上岗制度，如质量审核员、质量检验员、计量审核员、软件测评员等。这方面也有一些规章制度、管理程序、注册要求等，应当将这些专业人员的范围进一步扩大。

对现有装备质量工作岗位，按照工作任务、职位分别规定应有的专业等级和认证要求。例如，应规定军事代表室的总代表应当达到何种专业等级要求。

(4)针对不同工作岗位，加强质量专业人才队伍建设。加强装备建设队伍的人才培养，掌握先进的技术方法手段，提高装备论证、质量监督、验证评估等业务能力。加强装备使用人才培养，在提前介入研制试验、熟悉装备的基础上，通过贴近实战的装备使用训练，真正掌握装备操作技能。加强装备维修保障人才培养，通过组织培训、跟踪见学，加速掌握装备维修保障专业知识，提高维修保障能力。

(5)充分利用网络资源和国内现有资源，提高装备质量人才建设的质量和效益。长期以来，军队院校调整改革一直没有间断过，但改革的效果和效益并没有发挥出来，关键问题是军队院校的专业设置和培养模式与地方工程院校差距不大，专业设置不能完全满足装备机关和部队需要。目前，国家直接从地方院校培养国防生，到部队进行一定时期的专业培养，从事部队工作，这种培养模式将继续坚持，但军队院校的专业设置并没有跟上这项政策实施的步伐。此外，这种国防生的培养模式，应当再进一步扩展，即由军队某些院校承认某些地方大学专业的学分，包括现有军队在职人员到地方大学进修或学习专业课程。军队院校对地方某些大学的某些专业进行认可后，建立伙伴关系和协议，利用国家现有地方院校的优质资源为部队人才建设提供服务,军民融合培养装备质量人才。

随着信息技术和网络技术的发展,网上教学、学习应当成为质量和效益最高的一种学习方式。但这种方式由于保密问题,没有得到很好的普及。建议利用军队现有网络系统,开发网上教学辅助系统,将有些适于网上教学的课程,需要装备质量人才队伍掌握的基本知识,如法律法规、政策、标准、工作要求、经验总结、最佳实践等,建立一个质量专业人员知识共享系统,让装备质量人才队伍从中持续获得最新的知识。

4.6 装备质量文化

4.6.1 质量文化概述

质量是一个经济问题也是一个社会问题,而质量的形成过程和对质量形成过程的管理确实又是一个文化意识问题。质量文化是伴随着质量管理的发展历程逐步产生和形成的,是在从事产品质量活动中所形成的意识形态、行为模式以及与之相适应的物质表征。

质量文化是一个组织和社会在长期的研制、生产、工作等活动中自然形成的涉及质量空间的意识、思维方式、道德水平、行动准则、法律观念以及风俗习惯和传统惯例等“软件”的总和,体现为一个人、一个单位、一个群体对质量的态度、思维程序及采取的行动方式。它不仅直接显现为产品质量、服务质量、工作质量和管理模式,而且还延伸为消费质量、生活质量和环境质量,并集中体现为整个民族素质的高低。当前质量问题和质量事故所见甚多,劣质产品与服务屡禁不止,其重要原因是受到落后质量文化的制约。

质量文化的具体功能可归纳为以下三个方面。

(1)规范化的质量行为。使每一个社会成员都能意识到质量的含义、对质量的责任、应具有的质量道德,从而自觉地规范自己的质量行为。

(2)组织及协调质量管理机制。由于质量管理是对每一个方面、每一个人的管理,这就要求质量生产能达到协调一致的运作。

(3)使生产进入高质量的良性状态。实践证明,单纯靠改善设备与生产环境并不能保证企业高效有序地运行,还必须有高水平的管理和高素质的员工。质量文化是提高质量管理水平和提高员工质量素质的基础。

质量文化由精神内涵(精神层)、行为落实(行为层)和物化文化(物质层)三部分有机构成,其核心是质量理念和价值观。质量文化的精神内涵是一个组织在从事产品研制、生产、使用实践中所形成的群体意识,反映了一个组织共同的追求和理念。行为落实是质量文化的精神内涵在行为层面的展开和落实。质量文化的物化体现是质量文化的理念、追求和行为的外在表征,具有形象性和感知性。

质量文化从微观角度看,既是一种管理文化又是一种经济文化,也是一种组织文化,这是从更深的层次去理解质量文化的内涵,有利于创造企业的质量文化。在企业中质量文化与企业文化是相通的但不是等同的。企业文化大力提倡企业精神,而质量文化则是着重提倡系统质量管理,如宣贯《质量管理和质量保证》系列标准,侧重于提高企业及社会的质量意识、质量观念和质量管理技法。此外,质量文化的研究领域也在不断拓宽,包括对人员素质、企业行为、质量环境、质量心理以及质量意识形态乃至民族素质进行研究。从发展看,质量管理将进一步扩大其研究的范围,如致力于社会质量管理、宏观质量管理、质量经济、质量策略和战略、质量组织行为、质量法规等问题的研究。企业文化中的企业精神、企业价值观等在相当程度上是由质量来导向的。

美国企业家赖利·费瑞尔(Larry C. Farrell)在他的著作《重寻企业精神》中将企业文化或者说企业精神描述为一种"生命的走向",它以价值为导向,但又是一种观念、一种"使命感",而这种使命感就是"制造生产使人们愉悦的产品",就是"企业的灵魂所在:以顾客、产品为目标"。

4.6.2 装备质量文化内涵

装备质量文化涉及面较广,既与国防科技工业企业有关,也与部队机关、基层单位相关。装备质量文化与其他产品质量文化一样,也由精神内涵深层文化、行为落实中介层文化和物化体现表层文化三部分有机构成,其核心是装备质量理念和价值观。

1. 装备质量文化的精神内涵

装备质量文化的精神内涵是从事装备研制、生产、使用与管理活动的人员在装备工作实践中所形成的群体意识,反映了从事装备工作人员的共同追求和理念。

1)质量方针

装备质量方针是"质量第一"。在武器装备形成、使用过程中,始终要把质量放在首位,没有质量就没有进度、没有效益。在质量与进度、质量与效益发生矛盾时,首先要服从质量。

2)质量理念

质量理念即质量信念或信条。装备质量理念如下。

(1)质量是国防科技工业的生命。

(2)质量是从事装备工作人员素质的体现。

(3)质量是装备研制成功的保证。

(4)质量是战斗力。

(5)对国家负责,为用户服务。

3)质量价值观

质量价值观是从事装备工作人员对质量具有的共同价值取向和价值观念。装备质量价值观如下。

(1)国家利益至上,局部服从全局。在装备研制、生产、使用与管理中,为确保质量,应遵守个人、集体利益服从国家利益的原则,遵守局部服从全局的原则,遵守分系统服从总体的原则。

(2)以需求为准则,追求用户满意。质量始于用户需求,终于用户满意。以用户为关注焦点,才能研制、生产出高质量且适用的产品,满足国防建设的需要。

(3)质量体现价值,质量创造价值。装备产品质量体现了综合国力,体现了国防科技工业高科技、高可靠的工业化水平,体现了武器装备的战斗力,同时,也实现了从事装备研制、生产、使用与管理的全体人员报效祖国的人生价值。

4)质量道德观

(1)诚实守信。有法必依,有错必认;说到做到,不掺虚假。

(2)求真务实。追求真知,立足实干;各司其职,各负其责。

2. 装备质量文化的行为落实

行为落实是装备质量文化的精神内涵在行为层面的展开和落实,具体体现如下。

1)质量政策

以政策为导向,引导国防科技工业、军方的质量工作。

(1)推动建立以质量评价为基础的市场准入机制。实施市场准入,加强军民结合,促进结构调整,提高国防科技工业科研生产的整体水平。

(2)促进形成优质优价、优胜劣汰的激励与竞争机制。实施优质优价、优胜劣汰,引导军工企业实施以质取胜的发展战略,走质量效益型的发展道路。

(3)鼓励采用成熟技术和先进的质量与可靠性工程技术。在保证总体性能的前提下,鼓励采用成熟技术,提高武器装备的可靠性。同时,要依靠技术进步,运用先进的质量与可靠性工程技术和方法,严格过程控制,提高武器装备质量。

(4)推动武器装备和主导产品的品牌战略。实施品牌战略,塑造军工产品高技术、高质量的形象,提升在国内外市场的竞争能力。

2)质量行为准则

产品质量基于人的工作质量,人的工作质量基于其目标及行为所依据的准则。

(1)照章办事,一次做对。照章办事是保证装备产品和工作质量的基本要求。规章与标准源于实践、指导实践。遵章循法可以减少反复,保证一次把事情做对、做好。

(2)严慎细实,缺陷为零。“严、慎、细、实”是针对装备产品的特殊性形成的工作作风。以严格、审慎、细致、扎实的工作作风,确保各行为环节准确无误。实现每个零部件、每道工序的“零缺陷”,才能确保最终装备产品的“一次成功”。

(3)集中统一,大力协同。集中统一是针对武器装备的系统性、复杂性和严密性而形成的运作方式。协同与配合是立足于全局,自觉服从整体,追求全系统高质量的保证。

(4)预防为主,持续改进。预防为主是指装备产品研制生产应从源头抓起,从预研抓起,从隐患抓起,从基础抓起。加强早期投入,是装备产品质量管理的重要思想。经常审视自己的工作,及时发现不足和隐患是实施改进的前提。

(5)学习创新,追求卓越。学习创新是提高全员质量意识和业务素质的重要途径,只有通过不断学习与创新,努力成为学习与创新型组织和员工,才能与时俱进、提升自我、追求卓越,不断满足用户对产品质量越来越高的要求和期望。

3)质量行为规范

质量行为规范是质量理念、质量价值观和行为准则的规范化与制度化。

(1)法规和制度。质量法规和制度是侧重于为解决一个时期的质量管理的共性问题,提出的政策导向、工作原则和要求。

(2)标准与规范。质量标准与规范是针对装备产品科研生产实践提出的技术和管理要求,包括与产品质量相关的国家标准、国家军用标准、行业标准和企业标准,以及完整配套的规范。

(3)质量管理体系文件。质量管理体系文件是针对装备产品质量管理,依据相关的规章和标准提出的工作要求,是装备产品研制生产和单位质量管理体系运行、改进的依据。

3. 装备质量文化的物化体现

装备质量文化的物化体现是装备质量文化的理念、追求和行为的外在表征,具有形象性和感知性。

(1)体现国家意志。装备产品的质量是国防现代化建设的基础,是国家安全的重要保障,与国家命运息息相关,充分体现了军工事业、部队的使命与责任。

(2)装备特色的质量名言。特殊的使命、民族的利益和建设强大国防的重任,使军工队伍、部队在质量工作实践中形成了独特的名言,如“一次成功”“预防为主”“零缺陷管理”“问题归零”“一次把事情做对”等,显现了军工队伍、部队对质量的追求和行为目标。

(3)军工特色的质量工作系统。特殊的产品、复杂而高风险的系统工程,使装备产品研制、生产、使用形成了齐抓共管、互为支撑的质量工作系统。

(4)高质量军工产品的品牌效应。高质量的军工产品是国防科技工业的品牌形象,是军工产品科研生产单位的无形资产,是国家战略性产品高质量的象征。

(5)具有质量文化氛围的标志和工作环境。以特定的标志及各种载体,以有序、清洁、安全的工作环境显现具有浓厚装备特色的质量文化氛围。以直观的感受,增强员工的质量意识和责任感,强化质量行为准则,促进工作质量的不断改进和产品质量的不断提高。

4.6.3 装备质量文化建设

质量文化建设的目的是使一个单位的每一位管理者及员工在质量文化的陶冶和约束中规范自己的行为,激发员工改进质量的积极性和创造性;提高单位的质量管理水平和创新能力,增强核心竞争力,从人的因素方面根本上防止质量问题和质量事故的发生。

结合装备建设和管理实际,开展形式多样的质量文化活动,牢固树立“质量是战斗力”和“保质量就是保战斗力、就是保胜利”的理念,遵循“严、慎、细、实”的质量行为准则,营造本行业、本部门、本单位浓厚的质量文化氛围,从根本上增强全体人员的质量意识和行动自觉性。把质量文化建设同质量管理体系建设相结合,把武器装备质量文化建设作为一个单位文化建设的切入点和重点。

1. 装备质量文化建设的基本原则

(1)全员参与。充分调动单位员工的积极性,增强质量意识,遵守质量规章,提高质量素质,依靠员工改进和提高装备科研、生产、使用质量。

(2)突出特色。紧密结合本单位实际,充分凝练和继承部队长期沉淀下来的优良传统、工作作风和管理经验,消化吸收国内外的先进管理方法,创新质量管理机制,形成科学管理的文化氛围。

(3)继承创新。在充分吸收和继承已有建设成果和成功经验的基础上,不断研究提炼新的方法和措施,丰富质量文化建设的内涵。

(4)循序渐进。按照分步实施、重点推进的原则,在实践中不断总结、积累经验, 推广应用,使质量文化建设始终保持生机和活力。

2. 装备质量文化建设的主要任务

1)精神层面的主要任务

(1)深化质量核心理念。质量核心理念是单位的质量价值取向,要进行持续的宣传教育,得到员工的进一步认同,并用于指导质量实践。不断收集、整理、推广基层单位的先进文化理念,结合自身实际,研究并不断深化质量理念的内涵。

(2)强化“四全”“六性”质量管理意识。《武器装备质量管理条例》提出了新的质量管理要求,充分发挥宣传媒体的作用,以质量知识竞赛、演讲比赛等宣传活动为载体,持续开展“四全”(全系统、全寿命、全特性、全方位)、“六性”(可靠性、维修性、保障性、测试性、安全性、环境适应性)等质量管理新要求和相关标准宣贯,促进广大员工掌握相关知识,增强质量技能。

(3)进一步提高遵章守纪的质量意识。持续开展质量管理体系文件和质量规章制度的宣贯,加强生产、试验现场操作规程的培训和教育,使其为广大员工和管理人员所熟知。加强典型质量案例教育,促进员工认识到违反质量规章的危害性,自觉遵守各项规章制度,预防人为因素造成质量问题。

(4)搭建质量交流研讨平台。持续开展质量与可靠性、质量文化建设、质量控制(Quality Control,QC)成果展示等研讨交流活动,择机开展质量文化环境评比,定期开展全面、系统的质量分析,通过交流和评比,提升质量意识,交流质量经验,共享质量成果,提出改进建议。

(5)旗帜鲜明地表彰质量先进,反对质量不良行为。注重发掘和塑造科研、生产、使用过程中涌现出的先进典型,大力表彰为质量工作作出突出贡献的先进人物和典型事例。对于违规操作造成质量事故、出现质量问题隐瞒不报、处理质量问题推诿扯皮等不端行为,要通过批评、通报和处罚等手段,达到警示、教育和帮助的目的。

2)行为层面的主要任务

(1)持续贯彻落实《武器装备质量管理条例》。适应武器装备科研生产任务需求和事业发展需要,研究建立"体系化预防型"质量管理模式,推进质量管理工作从"事后处理"向"事前预防"转变,从"事后归零"向"设计源头"转移。

(2)健全完善质量管理规章。结合《武器装备质量管理条例》和 GJB 9001C—2017 标准的要求,加强质量管理顶层设计,完善装备科研、生产、使用质量管理规章;充分评估当前任务形势,以优化管理流程、营造科学合理的制度环境为重点,增强质量管理规章的适宜性。

(3)不断增强质量管理体系的适宜性。以新版质量管理体系文件换版和质量管理体系分级评定为契机,建立健全质量管理体系并通过认证审核,不断增强质量管理体系的适宜性。

(4)增强质量规章的执行力。对现有质量管理体系文件和质量规章进行系统清理,分析评估其执行效果。对执行力不强的制度,分析原因,属规定不合理、不适宜的,进行修订完善;属职工不了解的,要加强宣贯;属不愿执行的,要应用奖惩手段强制推行。

(5)推进先进质量管理方法的应用。积极推进"四全"和"六性"管理,研究制定相应管理制度和指导意见,推进软件工程化能力评定、零缺陷管理、6S 管理、精益 6σ 管理、卓越绩效管理、质量链等质量方法应用,提高设计、试验质量和生产工艺水平、使用水平。

(6)加强质量技能培训。广泛开展科研生产需要的各项质量应知应会知识、质量标准和管理规章的学习宣贯。编制规范的相关培训教材并开展培训,以传、帮、带的方式,促进新进人员、新上岗人员尽快掌握岗位质量技能。以"六性"等专业知识为重点,对型号"两师"系统和科研人员进行质量管理知识培训与考核。

(7)打造质量管理核心团队。采取请进来、送出去的方式,有计划地组织质量管理人员学习管理知识。以质量管理形势和现状分析、质量管理专题研讨等形式,发挥核心管理团队的智慧,提高质量管理水平。

(8)持续关注顾客需求。坚持以顾客为关注焦点的原则,推进售后服务管理,形成用户意见反馈机制,从保持装备战备完好性和战时好用性的高度,重视顾客反馈信息的分析和利用,持续开展用户走访、座谈,收集、整理和分析用户意见与建议,反馈到设计师系统,不断提高装备综合性能,改进装备专用质量特性。

3)物质层面的主要任务

(1)进一步推进技术支持机构支撑能力建设。进一步加强检验机构和检测/校准实验室的资源整合与能力提升,积极推进新的质量保证技术支持机构建设。加强质量与可靠性、软件测评等技术支持机构的建设,改进管理模式、完善管理规章,充分发挥技术支持机构的质量技术优势，使其深入装备科研、生产、使用中，为提升装备质量提供更强有力的支撑和保障作用。

(2)改善质量工作环境。以文化挂图、质量名言、品牌标志、质量宣传栏等形式，在办公区、实验室等场所宣传质量核心理念、质量行为准则和操作规程等，营造质量文化氛围。质量标志、标牌等要做到统一、规范和醒目，具有视觉冲击力。

(3)进一步改善质量工作条件。适应装备建设快速发展的形势需要，在各专项工程建设和条件建设中，充分考虑改善各种工作条件，为员工创造方便、适宜和有利于6S管理的工作环境，以一流的工作环境保障产品质量。

(4)推进应用质量信息系统。建设并推进应用质量信息系统管理平台，规范质量信息管理流程，丰富质量信息。加强质量信息的收集和分析，及时发现质量管理的薄弱环节和存在的问题，提出改进建议，使质量信息系统成为质量管理的有效手段。

(5)强化质量奖励。进一步完善质量奖励相关管理规章，按规定对承担质量责任和为质量作出贡献的单位与人员进行奖励，对因人为因素造成重大质量问题或产生严重后果的单位或个人进行处罚，使质量奖惩真正体现责权利的统一。

3. 装备质量文化建设的主要措施

(1)强化领导作用。各级领导作为质量文化建设的倡导者、组织者和推动者，应充分认识装备质量文化建设的重要性、艰巨性和长期性，把装备质量文化建设作为部队文化建设的重要组成部分，制订并落实工作计划，提供必要的人力、经费等方面的保障。

(2)深入广泛宣传。军政齐心协力，充分利用质量信条、格言、漫画、案例等宣传形式，报纸、期刊、网站、电视、博物馆、展示室、视频系统等传媒手段和展示窗口，以及全国“质量月”活动等，宣传装备质量文化，提高员工质量意识，营造质量文化氛围，树立军队质量形象。

(3)完善规章制度。根据质量理念、价值观和行为准则，完善规章制度，形成系统的行业规范，通过宣贯及实践中运用的过程，大力构筑“以法治质”的氛围。工作现场全面推动以“整理、整顿、清洁、规范、素养、安全” 为内容的“6S管理”和一流环境达标活动。

(4)以人为本，加强队伍建设。装备质量文化建设要以人为本。首先要使质量文化能够被员工理解和接受，容易与研制、生产、使用活动相结合并在实践中广泛运用。其次是各级领导理解、关心、尊重员工的同时，引导员工学习和掌握先进的质量文化，要提供培训和提高的机会，通过装备质量的提高体现自身的价值。树立先进典型人物与事例，使装备质量文化得以人格化、品质化。

(5)不断创新、丰富和发展装备质量文化。质量文化建设既要强调继承更要强调创新，同样要坚持古为今用、洋为中用的原则，要使用大家都能理解的管理语言在管理方法和质量可靠性工程技术上实现与社会接轨。

面对国防建设的新形势要有符合时代的语言，要有先进的质量文化和专业知识。因此，需要进一步挖掘、继承和弘扬军队优良传统，进一步营造开放、学习和吸收先进文化的环境，进一步发扬开拓、创新和不断进取的精神，全面推进装备质量文化建设。

第5章　装备质量管理体系建立与监督

5.1　概述

随着全面质量管理的普遍推广和深入发展，质量管理体系的概念应运而生。建立健全质量管理体系和开展质量管理体系认证等工作在世界范围内得到迅速推广和发展，使质量管理的有效性和效率发生了质的飞跃。全面质量管理认为，产品质量是过程的产物，过程包括构成产品寿命周期的研制、生产、使用等各个过程；必须使影响质量的全部因素在其产生的全过程中始终处于受控状态；使组织（为保持与标准的一致性，凡本章出现的"组织"均指承研、承制、承修单位）具有持续提供符合规定质量要求的产品的能力；坚持进行质量改进，最终满足用户的需求。这些管理思想和工作原理及其实践，都集中体现在建立并运行一个完善的质量管理体系上。

按照系统论的观点，体系是指"相互关联或相互作用的一组要素"。管理体系是指"建立管理方针和目标并实现这些目标的体系"。而质量管理体系则是指"在质量方面指挥和控制组织的管理体系"。显然，质量管理体系是站在系统的高度对组织质量管理进行优化和规范，包括建立质量方针和质量目标，以及为实现目标而相互关联和相互作用的一组过程。

单位建立质量管理体系的目的，就是通过构成质量管理体系的组织结构、过程、程序和资源有机的整体活动，使影响产品质量的全部因素，在研制、生产以及服务的全过程中始终都处于受控状态，防止出现不合格，从而长期稳定地生产出满足使用方要求的产品，并通过持续改进使产品质量不断提高。质量管理体系为组织的质量管理提供了系统的方法，同时也向使用方和其他相关方提供信任。其最终目的是使组织和使用方在成本、风险、效益三方面获得最佳利益。

质量管理体系对保证产品质量非常重要，我国于1987年由国务院、中央军委批准发布了《军工产品质量管理条例》，首先提出在军工产品承制单位建立、健全质量保证体系并进行考核，开创了我国以管理体系的方法抓质量管理工作的先河。在随后颁布的《中国人民解放军装备管理条例》《中国人民解放军装备采购条例》和《武器装备质量管理条例》等法规和标准都明确规定，承制单位具备满足军方要求的质量管理体系是承担装备研制、生产和维修任务的前提条件。

军队作为武器装备使用方，需要监督装备承制单位的质量管理体系的建立、认证、运行，根据需要对其质量管理体系开展审核与评价，同时军队内部承担着装备研制、生产和维修任务的单位，也应按要求开展质量管理体系的建立、认证活动。

5.2 GJB 9001 质量管理体系标准

5.2.1 发展历程

质量管理体系标准是承制单位建立质量管理体系的基本依据。随着对质量管理体系理论认识的不断深入以及社会经济发展,国际、国家质量管理体系标准不断进行修订并颁布实施,以适应社会发展的需求,与之相应,我国有关质量管理体系的军用标准到目前为止也颁布了4个版本。

(1)根据《军工产品质量管理条例》的要求,在 GB/T 19001:1994 的基础上增加军工产品的特殊要求,于1996年发布国家军用系列标准 GJB/Z 9000~9004,解决了军工产品质量体系建设、认证与 ISO 9000 族标准以及国际惯例接轨的问题,推动了军工科研生产单位管理体系军民一体化进程,促进了军工产品质量管理体系的建设和认证的迅速发展,提高了军工产品质量与可靠性水平。

(2)2000年,国际标准化组织发布了经过修订的2000版 ISO 9000 族标准,国家标准也随之修订,并于2000年12月发布新的国家标准 GB/T 19000、GB/T 19001 和 GB/T 19004。2000版GB/T 19000 族标准和1994版相比,有了很大变化。标准引入了质量管理的8项原则,突出了以顾客为关注焦点的思想,强化了最高管理者的作用,明确了持续改进是提高质量管理体系有效性和效率的重要手段,对文件化的要求更加灵活,采用"过程方法"结构,加强了 GB/T 19001 和 GB/T 19004 的协调一致,具有广泛的通用性。2001年发布了以国家标准《质量管理体系要求》为基础(A),加上军工产品特殊要求(B)而形成的 A+B 结构的 GJB 9001A《质量管理体系要求》,把军工产品质量体系的建设和认证引向了深入与提高。

围绕着军工产品的特殊性,2001版国家军用标准在保持原国家军用标准通用要求的基础上,突出、增加了以下几方面:兼顾设计、开发、生产、安装和服务,突出了设计和开发;兼顾硬件、软件、流程性材料和服务,突出了硬件和软件;兼顾产品形成的各个过程,突出了关键过程;兼顾相关方,突出了顾客。除此之外,由于自1996年 GJB/Z 9001~9004 国家军用标准实施以来,一些要求已经得到充分实现的事实,在 GJB 9001A 中进行删减和简化,对不适应当前形势发展需要的内容也进行了修改。例如,只明确要求建立6个形成文件的程序,与1996版规定的17项程序文件要求相比,减少了文件化的强制性要求。因而,组织在确保其过程的有效策划、运行和控制的原则下,可以根据自身的需要决定制定多少程序,注重组织的实际控制能力、能够证实的能力和实际效果,而不是用文件化来约束组织,给使用标准的组织带来更大的活动空间。

(3)2008年,GB/T 19000 和 GB/T 19001 依据 ISO 9000:2005 和 ISO 9001:2008 改版发布,使得国家军用标准面临再次修订的必要。同时,在 GJB 9001A 使用过程中,也发现 B 部分存在着一些问题,如可靠性、维修性、保障性等通用质量特性管理方面的要求比较宏观,可操作性不强;在质量管理体系建设以及审核中,存在一些理解不一致或实施中不明确的要求等,需要通过修订标准加以解决。另外,现代战争对承担武器装备的论证、研制、生产、试验、维修任务的组织提出了更多更高的要求,对武器装备的特殊要求也需要在修订标准时进行许多修改、充实。因此,经修订后2009年发布 GJB 9001B。与 GJB 9001A 相比,其变化主要体现在:增加两个必须形成文件的程序,强化对外包过程和采购过程的控制,强调顾客要求,增加体系的有效性和持续改进的要求,增加对产品的“可靠性、维修性、保障性、测试性、安全性和环境适应性”的要求,强化了风险管理和技术状态管理要求,加强软件过程控制。

(4)2015 年 ISO 修订颁布新版 9000 族标准,不仅在标准结构、适用性等方面有很大变化,而且引入了风险管理、知识管理等重要的管理理念。我国于 2016 年相继推出 GB/T 19000—2016《质量管理体系　基础和术语》和 GB/T 19001—2016《质量管理体系　要求》,这就要求对相应的国家军用标准进行修订。同时结合 GJB 9001B 实施过程中出现的问题,经修订后 2017 年发布 GJB 9001C,标准名称和结构模式不变,依然是 A + B 结构,不仅吸纳了国际先进经验,而且结合了我国武器装备快速发展的特点,积极适应改革要求,具有更强的针对性和可操作性。

GJB 9001C 是装备管理部门对装备承制单位提出质量管理体系要求和实施质量管理体系审核的依据,也是装备质量体系认证机构对装备质量管理体系实施认证、审核的依据。

5.2.2　新版标准内容变化与重点

GJB 9001C 积极采用了国际标准和国际通用准则,既体现了现代质量观念,又适应了军民质量管理体系一体化的需要。

与 GJB 9001B 相比,新版标准的变化主要体现在以下 7 个方面。

A 部分主要变化内容如下。

(1)章节结构做了调整,依据《ISO 指南 2013》的附件 SL 的格式重新进行了编排。

(2)对管理者提出了更多的要求。

(3)增加了 4.1“理解组织及其环境”、4.2“理解相关方的需求和期望”,以及“组织的知识”等条款和要求。

(4)强调“基于风险的思维”这一核心概念。GJB 9001B 对于风险管理要求是须能识别风险,有能力解决风险。而 GJB 9001C 要求必须实施风险管理并实施以下活动。

①风险评估:涵盖经营风险、合同风险、生产风险、设计风险、服务风险等。

②风险识别:识别以上项目的各种风险。

③风险分析:分析风险来源、原因,风险的正负结果。

④风险评价:制定风险准则,评价风险的严重程度、风险等级。

⑤风险应对:改变风险的实施性、可能性及应对办法。

(5)部分术语变化。用“产品和服务”代替了“产品”,以强调产品和服务之间的差异;用“外部提供的过程、产品和服务”代替“采购”,包括外包过程;用“成文的信息”替代“文件化的程序和记录”,并用“保持成文的信息”和“保留成文的信息”分别描述文件和记录的管理,同时将其列入“支持”性过程。

(6)删除了“预防措施”这个术语,以及“质量手册”和“管理者代表的具体要求”。

(7)增加了一个新要求,即“改进产品和服务以满足要求并关注未来的需求和期望”。产品和服务正式成为一个不可分割的整体,并强化服务在其中的占比。

B 部分主要变化内容如下。

(1)使用的范围描述更准确。GJB 9001B:“本标准曾承担军用产品的论证、研制、生产、试验、维修任务的组织规定了质量管理体系要求,并为实施质量管理体系评定提供了依据。”GJB 9001C 变为:“本标准适用于承担军队专用装备及配套产品论证、研制、生产、试验、维修和服务任务的组织,提供其他军用产品和服务的组织可参照使用。”

(2)引用文件增多。GJB 9001B 只引用了两个标准,即 GB/T 19000 和 GJB 1405,而 GJB 9001C 除了引用这两个术语标准,还引用了其他 23 个国家军用标准。

(3)术语和定义变化。GJB 9001B:“本标准军用产品特殊要求采用 GJB 1405 中所确立的术语和定义”。GJB 9001C:“本标准武器装备特殊要求采用 GJB 1405、GJB 451 中所界定的术语和定义”。

(4)对“六性”要求的变化。GJB 9001B:“适用时,组织应建立、实施和保持产品的可靠性、维修性、保障性、测试性、安全性和环境适应性等工作过程”。GJB 9001C:“根据产品的特点,建立并实施可靠性、维修性、保障性、测试性、安全性和环境适应性等通用质量特性工作过程”。

(5)对软件的要求更明确。GJB 9001B:“适用时,组织可参照 GJB 5000 的要求,建立、实施并改进其软件过程”。GJB 9001C:“承担军用软件研制任务的组织,应按照 GJB 8000、GJB 5000 和软件工程化要求,建立并实施相应登记的软件工作过程”。

(6)对管理者提出更高要求。GJB 9001B:“对顾客提出的质量管理体系特殊要求作出安排;管理者应确保组织内质量管理部门独立行使职权;管理者应对最终产品质量和质量管理负责;管理者应确保顾客能够获得产品质量问题的信息”。GJB 9001C:“确保组织内质量部门独立行使职权;对最终产品和服务质量负责;确保顾客能够及时获得产品和服务质量问题的信息;建立诚信管理制度,确保组织的质量诚信”。

(7)对质量职责和权限提出了新的要求。提出:“确定各级、各部门、各岗位质量职责,业务谁主管质量谁负责,建立并实施质量责任追究与激励制度,管理者宜在管理层中指定一名具有技术和质量管理能力的成员分管质量工作”。

理解要点如下:

(1)要重点运用过程方法,准确识别出质量管理体系所需的过程,不仅应明确这些过程的输入输出、顺序、相互作用、资源、准则和方法,更应分配好职责和权限、应对风险和机遇、评价和改进,以确保实现过程预期的结果。

(2)核心理念是风险管理,基于风险的思维应贯穿于质量管理体系的所有过程,识别这些过程所面临的风险和机遇,并采取相应的措施,同时及时评价这些措施的有效性,以实现持续监控风险的目的。

(3)使用 PDCA 工具管理过程和体系,要求按照“策划 - 实施 - 检查 - 改进”的方法识别所有过程,该要求从 B 版标准的注解移动到新版标准中,这一改变强调了 PDCA 方法的重要性,在建立体系时必须采用。

(4)新版标准在要求建立质量管理体系时具有外部视角,应关注组织的环境和相关方的需求期望,不能只是眼睛向内,要做到内外结合,更为客观地认识组织所处的环境和自身的能力。

(5)强调知识管理,在运行过程中应识别内部知识和外部知识,采取管理措施充分利用这些知识,提升组织和人员的能力,从而确保装备的质量。

5.3 质量管理原则

质量管理原则是 ISO 9000 族标准管理思想的基础。在 1994 版 ISO 9000 族标准已形成的质量管理 8 项原则的基础上,2000 版 ISO 9000 族标准正式提出了质量管理 8 项原则,即以顾客为关注焦点、领导作用、全员参与、过程方法、管理的系统方法、持续改进、基于事实的决策方法及与供方互利的关系,2008 版 ISO 9000 族标准继承了这一思想,更加强化过程控制、强调顾客要求、增加体系持续改进的要求。2015 版 ISO 9000 族标准在原有质量管理原则的基础上进行了修订,将“管理的系统方法”原则融入“过程方法”中,强调对过程的系统管理。至此,8 项质量管理原则减少为 7 项,如图 5-1 所示。

(a) 以顾客为关注焦点		(a) 以顾客为关注焦点
(b) 领导作用		(b) 领导作用
(c) 全员参与		(c) 全员积极参与
(d) 过程方法	→	(d) 过程方法
(e) 管理的系统方法		(e) 改进
(f) 持续改进		(f) 循证决策
(g) 基于事实的决策方法		(g) 关系管理
(h) 与供方互利的关系		

图 5-1　质量管理原则变化

7 项质量管理原则是在总结世界各国质量管理理论和实践经验的基础上,用高度概括的语言所表述的 ISO 9000 族标准最基本的管理思想。组织的最高管理者可以运用 7 项原则作为发挥其领导作用的基础,指导组织通过关注顾客及其他相关方的需求和期望而达到改进其总体业绩的目的,可以运用 7 项原则作为组织制定质量方针和目标的基础,成为组织文化的一个重要组成部分。

1. 以顾客为关注焦点

以顾客为关注焦点是 ISO 9000 系列标准坚持和倡导的质量文化。新版标准拓展了“顾客”的内涵,将相关方和间接顾客纳入其中,倡导实施顾客满意情况测量与监视;主动进行关系管理,为实现顾客满意采取相应措施等。

质量管理的首要关注点是满足顾客要求并努力超越顾客的期望。组织只有赢得和保持顾客与其他相关方的信任才能获得持续成功。因此,组织应当理解顾客当前和未来的需求,满足顾客要求并争取超越顾客期望,将为组织带来更大的利益。这项原则体现内容如下:

(1)识别从组织获得价值的直接顾客和间接顾客。

(2)理解顾客当前和未来的需求与期望。

(3)确保组织的目标与顾客的需求和期望相结合。

(4)确保在整个组织内部沟通顾客的需求和期望。

(5)为满足顾客的需求和期望,对产品和服务进行策划、设计、开发、生产、交付和支持。

(6)测量和监视顾客的满意情况,并根据结果采取适当的措施。

(7)在有可能影响顾客满意的有关相关方的需求和适宜的期望方面,确定并采取措施。

(8)主动管理与顾客的关系,以实现持续成功。

任何组织均提供产品(硬件、软件、流程性材料、服务或它们的组合),产品的接受者、使用者即为顾客。若不存在顾客,则组织将无法生存。因此,任何一个组织均应创造顾客、吸引顾客、满足顾客,建立以顾客为导向的企业。

2. 领导作用

无论采用哪种质量管理方法,领导作用都是最为关键和重要的。员工的行动就像一面镜子,反映管理者对质量的态度。产品和服务质量搞不好,首先是管理者的责任。最高管理者亲自学习理解、亲自参与实践、大力支持质量提升行动是任何方法都不可或缺的。

各层领导建立统一的宗旨和方向，并且创造全员参与的条件，以实现组织的质量目标。这项原则体现内容如下：

(1)在整个组织内，就其使命、愿景、战略、方针和过程进行沟通。

(2)在组织的所有层次创建并保持共同的价值观，以及公平和道德的行为模式。

(3)培育诚信和正直的文化。

(4)鼓励在整个组织范围内履行对质量的承诺。

(5)确保各级领导者成为组织中的榜样。

(6)为员工提供所需的资源和培训，并赋予其职责范围内的自主权。

(7)激发、鼓励和表彰员工的贡献。

概括地说，领导有两个责任：为团队指明方向；帮助属下实现他们的目标。领导需要经常做的工作：考虑发展方向和目标，并与同事们经常谈论前进中的困难；培养人才，关心下属，让他们能顺利地实现工作目标，帮助他们解决面临的困难；以身作则，有意识地引导团队朝某个方向发展。

3. 全员参与

从原来的"全员参与"变化到"全员积极参与"是倡导所有员工的主动性和自觉性，这一变化反映了 QC 小组的理念和文化。同时，也说明产品和服务的质量与每一员工都密切相关。

整个组织内各级人员的胜任、授权和参与，是提高组织创造和提供价值能力的必要条件。这项原则体现内容如下。

(1)让每个员工了解自身贡献的重要性及其在组织中的角色。

(2)促进整个组织内部的协作。

(3)提倡公开讨论，分享知识和经验。

(4)让员工确定影响执行力的制约因素，并且毫无顾虑地主动参与。

(5)赞赏和表彰员工的贡献、学识和进步。

(6)针对个人目标进行绩效的自我评价。

(7)进行调查以评估人员的满意程度，沟通结果并采取适当的措施。

这是与领导作用相呼应的一个管理原则。管理以人为本，团队的每一个成员在领导下应能积极发挥作用，否则在激烈的竞争中必将落败。为了有效和高效地管理组织，各级人员得到尊重并参与其中是极其重要的，让组织中每个员工有机会、有动力，工作上民主化、透明化。

4. 过程方法

当活动被作为相互关联的功能连贯过程系统进行管理时，可更加有效、高效地始终得到一致的、可预知的结果。GJB 9001C 引言中从理论和实践上进一步阐述了过程方法的作用，解读过程方法的应用，给出单一过程要素示意图。而将 PDCA 循环和基于风险的思维纳入过程方法，进一步说明其要义就是控制过程变化、不断采取措施应对变化，从而实现预期结果和增值。这项原则体现内容如下。

(1)确定体系的目标和实现这些目标所需的过程。

(2)为管理过程确定职责、权限和义务。

(3)了解组织能力，预先确定资源约束条件。

(4)确定过程相互依赖的关系，分析个别过程的变更对整个体系的影响。

(5)将过程及其相互关系作为一个体系进行管理，以有效和高效地实现组织的质量目标。

(6)确保获得必要的信息,以运行和改进过程并监视、分析和评价整个体系的绩效。

(7)管理可能影响过程输出和质量管理体系整体结果的风险。

过程方法的目的是获得持续改进的动态循环,并使组织的总体业绩得到显著提高。通过识别组织内的关键过程,随后加以实施和管理并不断进行持续改进来达到顾客满意。

5. 改进

从“持续改进”到“改进”是增加了改进的内涵,包括建立改进目标,实施改进项目,对改进进行跟踪、评价和表彰等。成功的组织持续关注改进。组织应持续关注过程改进的每一环节和内容,而不是只关注产品和服务最终结果的改进。这项原则体现内容如下。

(1)促进在组织的所有层级建立改进目标。

(2)对各层级人员进行教育和培训,使其懂得如何应用基本工具和方法实现改进目标。

(3)确保员工有能力成功地促进和完成改进项目。

(4)开发和展开过程,以在整个组织内实施改进项目。

(5)跟踪、评审和审核改进项目的策划、实施、完成和结果。

(6)将改进与新的或变更的产品、服务和过程的开发结合在一起予以考虑。

(7)赞赏和表彰改进。

人们对质量的要求也在不断提高,因此对质量过程和活动的管理必须包含对这种变化的管理。管理的重点应关注变化或更新所产生结果的有效性和效率,这是一种持续改进的活动。由于改进是无止境的,所以持续改进是组织的永恒目标之一。改进对于组织保持当前的绩效水平,对其内、外部条件的变化作出反应并创造新的机会都是非常必要的。常见的改进包括顾客满意、销售改进、成本改进、产品改进、管理改进、能力改进。

6. 循证决策

从“基于事实的决策方法”到“循证决策”是强调给予数据和信息的分析与评价的决策。对数据和信息的精细化管理,使得决策更为科学。对每一过程、每项活动的关键指标进行测量和监视,是“循证”的关键,大数据、云计算为数据分析提供了更为先进的手段。这项原则体现内容如下。

(1)确定、测量和监视关键指标,以证实组织的绩效。

(2)使相关人员能够获得所需的全部数据。

(3)确保数据和信息足够准确、可靠和安全。

(4)使用适宜的方法对数据和信息进行分析与评价。

(5)确保人员有能力分析和评价所需的数据。

(6)权衡经验和直觉,基于证据进行决策并采取措施。

决策是一个复杂的过程,并且总是包含一些不确定因素。它经常涉及多种类型和来源的输入及其解释,而这些解释可能是主观的。重要的是理解因素关系和潜在的非预期后果。对事实、证据和数据的分析可导致决策更加客观、科学。

7. 关系管理

从“与供方互利的关系”到“关系管理”扩展了“关系”的范畴,影响组织绩效的不仅是供方,还有其他有关相关方。为了持续成功,组织对所有相关方都应进行管理。这项原则体现内容如下。

(1)确定有关相关方(供方、合作伙伴、顾客、投资者、雇员、社会(政府、本地组织等))及其与组织的关系。

(2)确定和排序需要管理的相关方的关系。

(3)建立平衡短期利益与长期考虑的关系。

(4)与有关相关方共同收集和共享信息、专业知识和资源。

(5)适当时,测量绩效并向相关方报告,以增加改进的主动性。

(6)与供方、合作伙伴及其他相关方合作开展开发和改进活动。

(7)鼓励和表彰供方及合作伙伴的改进与成绩。

相关方影响组织的绩效。当组织管理与所有相关方的关系,尽可能地发挥其在组织绩效方面的作用时,持续成功更有可能实现。对供方及合作伙伴的关系网的管理是非常重要的。

质量管理7项原则提出了组织应正确处理好三个关系的重要思想,即组织与顾客的关系,组织依存于顾客;组织与员工的关系,员工是组织之本;组织与供方的关系,组织与供方相互依存。7项原则实质上也是组织管理的普遍原则,是现代社会发展、管理经验日渐丰富、管理科学理论不断演变的结果。它充分体现了管理科学的原则和思想,不仅适用于质量管理,还可以对组织的其他管理活动提供帮助和借鉴,真正促进组织建立一个持续改进其全面业绩的、融合各类体系为一体的综合管理体系。

5.4 基于过程的管理模式

过程模式实际上是“戴明环”管理思想的发展、深化和延伸。所谓“戴明环”,就是PDCA循环。其中,P表示策划(Plan),D表示实施(Do),C表示检查(Check),A表示处置(Act)。

5.4.1 过程方法定义

要理解“过程方法”,首先必须理解什么是过程。过程是指一组输入转化为输出的相互关联或相互作用的活动。任何使用资源输入转化为输出的活动或一组活动都可视为一个过程。一个“过程”可用图5.2形象描述。

其次,必须理解什么是过程网络。一个组织的质量管理是通过组织内部各种过程来实现的,用图5.3表示,组织的过程呈链形结构。

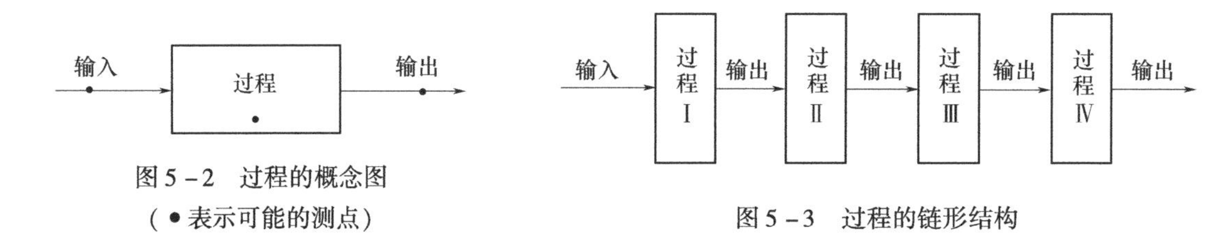

图5-2 过程的概念图
(●表示可能的测点)

图5-3 过程的链形结构

从图5.3可以看出,上一个过程的输出,直接成为下一个过程的输入。这种过程链既存在于横向形式,又存在于纵向形式,还存在于其他各种形式。也就是说,任何一个过程的输入都不是单一的,都可能存在于人、机、料、法、环、测(5M1E)诸方面,而5M1E的每一个要素又都可能来自多个其他过程。同样,每一个过程的输出也不是单一的,也可能包括多种多样的内容和形式。例如,产品和相关信息(产品的特性和状态信息、生产状态信息、5MlE的相关信息等)。这种错综复杂的过程模式,就是过程网络。

在上述两个概念的基础上,可以定义过程方法。过程方法是对过程网络进行管理的一种方法。它要求“系统地识别和管理组织内所使用的过程,特别是这些过程之间的相互作用”。过程方法“将相关的资源和活动作为过程进行管理,可以有效地得到期望的结果”。

5.4.2 过程方法模式的理解与质量管理体系要求

由 GJB 9001B 标准所表述的、以过程为基础的质量管理体系模式可用图 5.4 表示。从图中可以看出,组织内部的“四大板块”过程形成了输入、输出过程链。

“管理职责”的输入是“测量、分析和改进”。质量管理体系运行状况怎么样?产品质量如何?顾客和相关方满意程度处于什么状态?这些信息输入给“管理职责”“管理职责”通过自己的“管理评审”加以改进,形成新的“管理承诺”“质量方针”“质量策划”和“质量管理体系要求”并作为一种输出。这样,“管理职责”就完成了自己的过程“增值”。

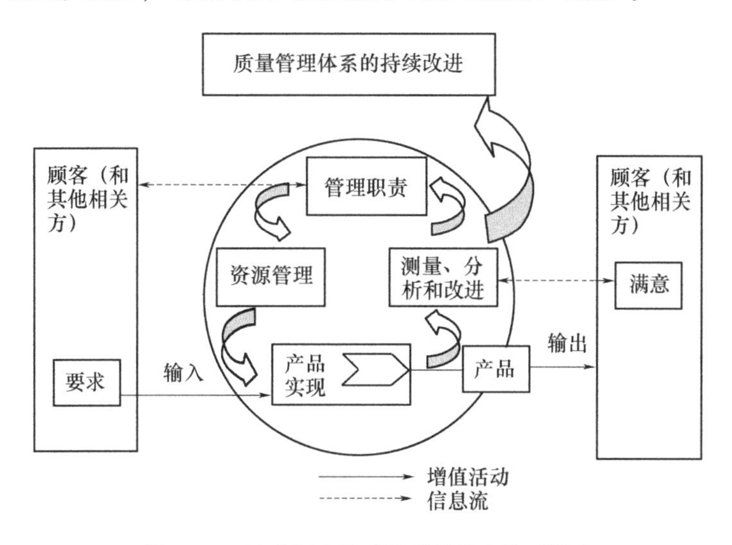

图 5-4 以过程为基础的质量管理体系模式

“资源管理”的输入是“管理职责”。也就是说,根据“管理职责”确定的原则、方针和目标,配齐并提供足够的资源。“资源管理”的输出是资源的实物。读者或许会疑惑,“资源管理”的输入是“管理职责”,主要是信息,为什么输出却主要是实物呢?其实,“资源管理”是资源已经具备,或者说“资源管理”也包括了资源的“采购”。图 5.4 虽然未反映这一点,但可以对此作这样的理解。

“产品实现”的输入包括两个方面:①实物的输入,就是组织内部的“资源管理”,也就是各种资源,包括人员、基础设施、工作环境、信息、财务等;②信息的输入,就是其他相关方的要求。同样,“产品实现”的输出也包括两个方面:①实物的输出,即产品输出给顾客和其他相关方;②信息的输出,即对产品和产品实现过程的“测量、分析和改进”。

“测量、分析和改进”从“产品实现”及顾客和其他相关方获得信息输入,又向“管理职责”输出信息。而且,它还为质量管理体系的持续改进提供信息输入。

上述四大“板块”形成一个闭环,不断循环,不断改进,不断提高,体现了质量管理体系的特征和主要内容。但有一点必须注意:过程方法模式只是质量管理体系的一种简化了的示意图。事实上,在质量管理体系中,各个过程(包括“板块”过程)之间,其输入和输出相当复杂。

上述四大“板块”中,“产品实现”在组织的质量管理体系中具有非常重要的或者是主体的地位。

(1)“产品实现”过程的输入和输出都直接与顾客和其他相关方相联系。也就是说,“产品实现”直接从顾客和其他相关方那里获得信息输入,又直接输出产品提供给顾客和其他相关方。质量管理的基本原则之一是“以顾客为关注焦点”,它的落实就体现在“产品实现”过程中。事实上,顾客最关心的也是“产品实现”,而不是组织口头上的“管理承诺”。

(2)“产品实现”既有实物的输入和输出,也有信息的输入和输出。当然,其他“板块”过程事实上也有两种输入和输出,但没有“产品实现”表现得如此充分。物流和信息流通过“产品实现”才能完成组织的根本任务。没有“产品实现”,组织就不可能存在,其他三大“板块”过程也就失去了意义。

(3)在质量管理体系的四大“板块”中,“产品实现”是最主要的“板块”,是其他“板块”的基础。其他“板块”事实上是围绕“产品实现”来运作的。在组织的过程中,“产品实现”不仅是最主要的过程,而且是最典型的过程。质量管理所说的过程控制,在相当多的情况下就是对“产品实现”过程的控制。事实上,最早的质量管理,包括早期的全面质量管理(TQC),主要就是对“产品实现”(其中又主要是对“生产和服务提供”)的管理或控制。虽然 GJB 9001C 标准对质量管理内容和对象都进行了扩展,但“产品实现”依然是质量管理的主要内容,组织的日常和大量的质量管理工作仍然还是围绕着“产品实现”的过程来进行的。

5.4.3 用过程方法进行质量管理应把握的要点

一个组织要用过程方法进行质量管理,并使自己的质量管理体系实现“持续改进”“不断提高”的目标,应当牢牢把握以下 10 个要点。

(1)识别过程。识别过程实际上是对过程进行策划。一般来说,如果某一过程尚未存在,可以称为过程策划;若已经存在,则是识别问题。识别包括两层含义:①将组织的一个大的过程分解成若干个小的过程;②对已经存在的过程进行定义和分辨。

过程的特性之一是可分性。组织的生产经营是一个大过程,将这样的大过程分到何种层次的小过程,应视具体情况而定。例如,组织已有了设计所、供应科、加工车间、装配车间等机构,那么可以将大过程分为开发设计过程、采购过程、加工过程、装配过程等。而第二层次的过程如何分解,则只要交给下属机构去进行即可。例如,装配过程,可以分为部件装配、总装。而总装若是在流水线上进行,则可以分解到每个员工所做的工作为止。

(2)抓住主要过程。组织的过程网络大都很复杂,不管哪一级管理者,都不可能包揽组织的全部管理职能。平均使用力气,往往会造成管理失败。因此,强调主要过程并对其进行重点控制,对质量管理来说尤为重要。

不同的管理人员主要过程有不同的对象。最高管理者的主要过程是自己的决策过程。生产车间的主要过程是关键过程(工序)。对组织的质量管理部门来说,加强对设计开发过程、采购过程、检验过程、不合格品处理过程的监控尤为重要。一般来说,对主要过程应当有特殊的监控方法,如对关键过程就应设立质量控制点。

(3)简化过程。过程越复杂,就越容易出问题。根据实际情况,对一些过程进行简化,是质量管理的重要方法。简化有两种方式:一是将过于复杂的过程分解为若干简单的小过程,二是将不必要的过程取消或合并。

装配流水线是将复杂的大过程分解为简单的小过程的典型示例。无论是大型复杂产品还是一般的电子产品,早期都是由一名工人负责整台产品的装配,这种方式既对员工的素质要求很高,又很难保证不因偶尔疏忽而出问题。后来将这样的装配过程分解成简单的小过程,形成装配流水线,不仅降低了对员工素质的苛求,提高了工作效率,而且质量也得到了很好的保证。这样的简化,即使在现有的组织中也应努力发掘并付诸实施。

(4)按优先次序排列过程。由于过程的重要程度不同,管理中应按其重要程度进行排列,将资源尽量用于重要过程。当然,这并不是说对次要过程可以放弃管理,可以不给予资源保障。高明的管理者应该是既统揽全局,又突出重点。“统揽全局”要求管理者对所有过程合理分配资源,“突出重点”则要求管理者优先保证主要过程,而不是平均用力、不分主次,“眉毛胡子一把抓”。

(5)制定并执行过程的程序。要使过程的输出满足规定的质量要求,必须制定并执行程序。没有程序,过程就会混乱,不是过程未能完成(如漏装),就是过程输出出现问题(如错装)。程序包括两种:一种是形成文件的书面程序,另一种是工作习惯形成的非书面程序。前者往往是针对主要过程和关键过程制定,如加工文件、作业指导书、生产流程图等,也包括质量管理体系程序。大量的程序都是后者,这些过程主要靠员工自己去控制,过分的约束,反而不利于发挥员工的积极性。非书面程序的执行主要靠员工自己掌握。当然,这并非否定培训。

(6)严格落实职责。任何过程都只有人去控制才能完成。因此,必须严格落实职责,确保“人员”资源的投入。严格落实职责包括三方面内容:①任何一个过程(包括过程中的任何一道程序),都必须规定由谁去“做”;②这种规定必须严格执行,即被规定去“做”的人必须去“做”;③对他“做”的结果应当进行适当的监督、检查,并给予适应的奖励或惩罚。不这样,即使过程明确也无法完成,或其完成的结果可能会与期望相差甚远。

(7)关注接口。接口是上一个过程的输出和下一个过程的输入之间的连接处。如果接口不相容或不协调,就会出问题。过程方法特别强调接口处的管理,把它作为管理的重点。

一般情况下,接口可能出现以下问题:上一过程的输出不能满足下一过程输入需要;上一过程的输出信息未能传递给下一过程;接口处无人管理;接口之间尚须另加过程来补救;下一过程对上一过程的输出情况没有反馈意见;上、下两个过程都争夺接口的权利等。对这些问题,需要在上、下两个过程之间进行协调,必要时应由高一级的管理人员来协调。通过协调,采取对相关事项进行必要的规定,对违反规定的予以及时纠正、定期检查等措施,上述问题便可以得到解决。

(8)进行控制。过程一旦建立、运转,就应对其进行控制,防止出现异常。控制时要注意过程的信息。当信息反映有异常倾向时,应及时采取措施,使其恢复正常。

例如,对加工组织来说,控制的主要对象是产品实现过程,包括与顾客有关的过程、设计和开发、采购、生产和服务提供等。除此之外的其他过程也应进行控制,如文件的形成过程就应经过评审、本部门领导审批、相关部门会签、高层领导批准签发以及复核、校对、检查等控制过程。

(9)改进过程。任何过程都存在改进的可能性。对过程进行改进,可以提高其效率或效益。2008 版 GB/T 19000、ISO 9000 族标准对这一点特别加以强调,持续改进的原则几乎渗透了标准所有条文之中,而持续改进的对象主要就是过程。

过程存在改进的可能性是根据:①过程存在不足(未能充分发挥所投入的资源的潜力);②过程存在缺陷(如其输出质量达不到规定的要求);③可以改进得更好(如与先进水平相比还有差距)。这些可能性可以通过测量和分析发现,可以通过分析原因、采取措施来解决。

(10)领导要不断改进自己的过程。任何领导的工作也是一类过程,一般属于决策过程。领导对自己的过程进行改进,可以提高过程质量,因此对组织的影响也就更大。特别是领导的决策,往往可能关系到整个组织的兴衰。因而领导更要注意对决策过程加以改进,如加强决策过程的科学性(运用决策技术)、民主性(如吸收员工的意见作参考)、及时性(不误时机)等。另外,提高自己的演说能力、改进会议过程,提高自己的组织能力、改进协调过程等,都是可供领导者尝试的、改进自己过程的途径和方法。然而,“运用之妙,存乎一心”,一个领导者要自如地驾驭自己的组织,只有不断学习、总结、积累,才有望提高自己的综合素质,进而改进并完善自己的过程。

5.5 质量目标策划

GJB 9001C 要求:质量目标与组织的战略方向和质量方针保持一致,并在组织内得到沟通和理解;质量目标应在相关职能、层次和过程中得到分解和落实。用“过程方法”的思想策划目标管理的运作技巧,可以勾勒出其基本程序为:先由组织的最高管理者提出组织在一定时期内的总目标,然后由组织内各部门和员工根据总目标确定各自的分目标,并在获得适当资源配置和授权的前提下,积极主动为各自的分目标而奋斗,各项分目标的实现、集合,最终保证组织的总目标全面实现。

5.5.1 质量目标

质量目标是指“在质量方面所追求的目的”,通常依据组织的质量方针制定,一般对组织的相关职能和层次分别规定质量目标。它是质量策划中的重要内容之一,是“目标管理”的核心内容。“目标管理”由管理学大师彼得·德鲁克(Peter Drucker)于 1954 年在《管理的实践》一书中首先提出。

对质量目标应从以下几个方面理解。

(1)质量目标是动员和组织员工实现组织贯彻质量方针的具体体现,是企业经营目标的重要组成部分。

(2)质量目标应是可测量的并与质量方针保持一致,以利于评价和改进质量目标。质量目标应切实可行又要富有挑战性。

(3)质量目标可分为单目标、多目标、定性和定量、时点和时期等类型,无论哪类目标都应包括满足产品要求所需的内容。

(4)质量目标应在组织内不同层次进行分解和展开,总的质量目标是各层次质量目标制定的依据,各层次质量目标是实现总的质量目标的保证。

质量目标制定、实施和评价应随着组织内外环境的变化不断地进行。应依据质量目标实现的程度评价组织质量管理体系的有效性。

5.5.2 质量策划内容和作用

质量策划的关键是制定质量目标并设法使其实现。质量目标是在质量方面所追求的目的,通常依据组织的质量方针制定,并分别规定相关职能和层次的分质量目标。此时所指的质量策划是在质量管理体系层面上的,质量策划的结果是质量计划。

在美国三大汽车公司编写的《产品质量先期策划和控制计划》(QS 9000 标准配套手册之一)中,明确规定质量策划的输出包括:①设计目标;②可靠性和质量目标;③初始材料清单;④初始过程流程图;⑤特殊产品和过程特性的初始清单;⑥产品保证计划;⑦管理者支持。

无论是广义的质量策划还是狭义的质量策划,都是根据外部环境、内部条件以及下一步的经营方针和战略,围绕企业质量管理体系或产品质量所做的总体决策活动。

5.5.3 策划质量目标时应考虑的主要因素

综观众多国家半个多世纪目标管理的具体实践,可清晰地看到其有以下 4 个显著的优点:①它使组织的运作有了明确的方向,使每个人有了明确的努力方向;②充分体现了“全员参与”的原则;③突出了人性管理的思想,促使权力下放,强调员工的自我控制,充分调动员工的主观能动性和工作积极性;④遵循了“持续改进”原则,为业绩的检查、反馈和效果评价提供了更为客观的基础。正如彼得·德鲁克指出:凡是工作状况和成果直接地、严重地影响着组织的生存和繁荣发展的部门,目标管理都是必须的。

然而,策划质量目标是一个涉及组织内部各部门全员和全过程的一项复杂活动,简单地照猫画虎并不能实现预想的效果。因此,组织策划质量目标时应当运用“管理的系统方法”,按照整体性、相关性和动态性原则综合考虑组织的“时”和“空”,并通过对过程网络实施系统分析和优化,以提高系统实现目标的整体有效性和效率。策划质量目标时的“输入”应当考虑以下若干方面。

1. 与组织的质量方针保持有机的一致

既然质量方针为制定质量目标提供了框架,那么质量目标就应当建立在质量方针的基础上,两者必须保持有机的一致。然而,现实中不少组织的质量目标与质量方针是脱节的。例如,质量方针中规定了“顾客至上”,但质量目标中却没有相应的内容,这样“顾客至上”的质量方针事实上成了一句空话而难以落实。

为使质量目标与质量方针保持一致,应当考虑两方面的问题:一方面要力戒用太抽象、太笼统、无法量化的语言作为组织的质量方针;另一方面在制定质量目标时,应正确理解质量方针的确切内涵,从中引出具体的目标项目和目标值。表 5-1 的方法就是一个示例。

表 5-1 从质量方针引出质量目标示意

质量方针	质量目标
顾客至上	顾客投诉率低于 1%
持续创新	2004 年开发 5 种新产品
系统管理	2004 年通过换版认证
行业领先	今年某主导产品的新技术研发成功

表 5-1 仅表示一种思路,具体实践中不必完全像上面那样机械,全部都一一对应。质量方针是制定质量目标的框架,质量目标当然可以超越质量方针的规定。但关键是两者之间应该有内在的一致,存在有机的联系。

2. 组织的现状及未来的需求

在制定质量目标时,应坚持“基于事实的决策方法”的原则,充分考虑组织的现状,既不固步自封,也不好高骛远。例如,一个中小组织如果提出赶超世界先进水平的质量目标就不太现实。同样,一个质量管理刚刚起步的组织,一开始就想获得国家质量奖也不妥当。但也不能说质量目标的水平就可以仅仅停留在组织当前的状况上。组织在制定质量目标时,应充分考虑未来的发展需要。特别是在制定中长期质量目标时,更应考虑未来的需要。未来的需要应该高于现状,因此,质量目标应该有所超前。

一般来说,质量目标定得太低,就失去了激励人心的作用;定得太高,经过努力仍达不到,也会打击员工的积极性。最好是质量目标的水平高于现状,不能轻轻松松实现,经过努力方能达到。这种留有一定余地而又富有挑战性的目标值,用 GJB 9001B 的标准语言讲,就称为“增值”。

3. 市场的现状及未来的需求

质量目标还必须符合市场的需要。策划质量目标时既要考虑市场的现状,又要预测市场的未来。考虑现状,才能使质量目标与市场需求相符合、相适应;着眼未来,才能使质量目标有引导作用、激励作用。而对于一个军工企业来说,其市场的含义,必须包括军用市场和民用市场两个方面,也可能包括国内和国际两个方面。

4. 内、外部审核及管理评审的结果

组织在策划制定质量目标时,应充分利用内、外部审核或管理评审的结果,分析组织的现状,找出薄弱环节,抓住问题焦点,针对薄弱环节和问题焦点,提出质量目标的具体项目和目标值。

例如,管理评审反映顾客投诉率为 2.5% 的问题,那么着眼业绩的改进和提高,组织就应当提出低于 2.5% 的目标值。如果组织针对薄弱环节或问题焦点制定质量目标,就能够使质量目标更具针对性、挑战性,实施起来也更容易,实现后对质量管理体系将起到很好的改进作用。

5. 现有产品和过程的业绩

内、外部审核和管理评审的结果一般是针对质量管理体系而言的,除此之外,还应考虑产品和过程方面存在的问题点,并据此制定质量目标。例如,某海基型导弹已通过了状态鉴定,但陆基型应用前景广阔且目前尚是空白,那么质量目标就可提出移植成熟技术并通过改进设计使海基型导弹“上岸”的目标项目。

6. 所有相关方的满意程度

质量管理体系涉及的相关方包括顾客、员工、所有者、供方和社会。按 GJB 9001C 的要求,组织应对他们的满意度进行测量。这种测量结果,应作为制定质量目标的一种输入。当他们的满意度不高,且这种不高的满意度又可能影响组织的生产经营和市场前景时,质量目标就必须包括提高他们满意度的内容,其中尤以实现并超越顾客的满意度更为重要。

5.5.4 展开质量目标的方法和步骤

上述内容是基于组织层次阐述的,但不是说组织层次上的质量目标确定后,就万事大吉、大功告成了,还必须继续做好质量目标的展开工作。目前许多组织在目标管理上存在问题最多的,恰恰是质量目标展开这个环节。

质量目标展开或者说质量目标分解,是指将质量目标在纵向、横向或时序上分解到各个层次、各个部门、班组,以至每个员工,形成目标体系的过程。“质量目标应当以组织内人员都能对其实现作出贡献的方式加以沟通。质量目标的展开职责应当予以规定(GB/T 19004)”。质量目标展开的目的主要是使组织内的各级、各类人员掌握自己的努力方向;充分调动人员的主观能动性;有利于部门之间和人员之间的协调、沟通及合作;便于职能部门的检查和考核等。质量目标展开示意图,如图 5-5 所示。

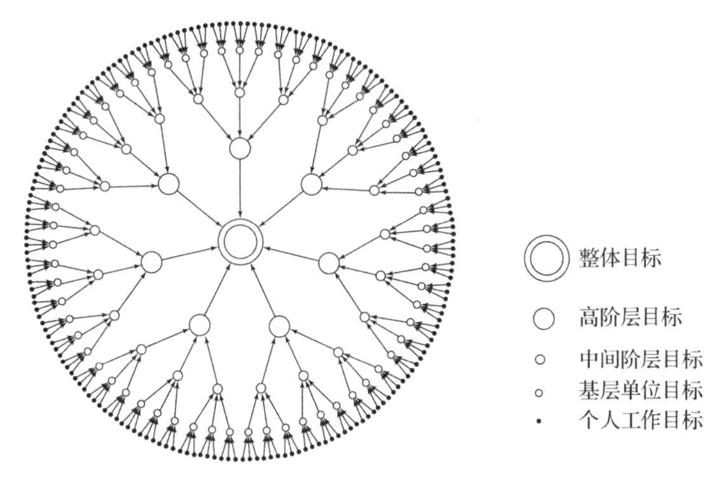

图 5－5　质量目标展开示意图

作为组织下属的一个职能部门，展开质量目标时应认真考虑以下基本方法和步骤。

（1）充分理解组织的整体目标。主要理解组织质量目标中的三个要素。

①时效性：把握组织所提出的质量目标是中长期的、年度的，还是短期的。

②方向：组织所提出的质量目标的具体项目。

③目标值：包括定性和定量两个方面。

（2）细化、分解出本级的具体目标。同样要把握好以下三个环节。

①要依据组织的质量目标制定自己的质量目标，特别注意不能将自己部门的质量目标游离于组织的整体质量目标之外。

②所分解出来的项目要覆盖本部门的主要质量职责。例如，如果是设计部门，目标项目就不能没有设计控制的质量要求；如果是销售部门，就不能不提服务保障质量和顾客的满意度等。

③一定要高于或等于组织的目标值。例如，组织提出“一次交验合格率不低于 95%”的要求，作为组织的下属职能部门，其分解、细化出来的目标值就必须高于或至少等于 95% 才行。

（3）预测可能遇到的问题，提出完成目标所需的资源。现实中，有的部门或个人在制定目标时，只管描绘美丽的“馅饼”，编织漂亮的“光环”，而不考虑部门或个人能力实际，或者纯粹应付交差了事，其结果必然陷入形式主义、虚无主义死胡同。

当组织给本部门确定或自己提出质量目标时，作为部门领导，应该考虑完成这些目标可能会遇到的困难，解决这些困难需要哪些条件和资源等。目标管理就是设定目标，关注结果，但每一个目标的实现都有一个过程，需要适宜的资源保障。如果不谈约束条件，不考虑边界限定，质量目标就没有意义。例如，一个从事固体火箭发动机装药生产的部门，其年装药量只有 500t 的能力，如果组织对它提出了要增加到 600t 的要求，那么，部门领导就必须考虑增加资源（包括人力资源、基础设施、环境和信息）配置的现实问题，否则，这一目标值就是装潢门面的摆设。

（4）注意展开过程中的组织协调。质量目标展开过程中，可能碰到两个方面的问题：①展开中有些项目需要几个部门之间协作完成；②有些项目出现了职责不明或无人负责的现象。因此，质量目标的展开离不开组织的协调。

一般来说，一项质量目标的完成，不仅需要一个部门（或人员）负主要责任，而且还要多个部门(或人员)负次要责任,只有大家互相协作才能保证质量目标的实现。这时,需要协作部门(或人员)根据质量目标的具体情况,将其纳入自己的质量目标之中。对于无人负责的项目,则应根据质量职责分配情况,由相应的管理者予以确定。若确定不下来,则应由最高管理者来确定。任何项目都不能出现无人负责的“真空”现象。

(5)确定质量目标的审核部门以及检查、考核方式。有的组织及其下属部门虽按标准的要求制定了质量目标,但其目标项目或目标值是否合适无人审核。有的部门虽然在年初制定了质量目标,但过程的实施情况无人检查,阶段或年终的实现结果如何,更无人考核。久而久之,部门领导就产生了“目标管理不过是走过场、做样子”的判断,进而把其当成一种累赘和负担。这种虎头蛇尾、有头无尾的不良现象,对组织的管理改善和业绩提高有百害而无一利。

解决这个问题的办法就是按照标准“为保持其适宜性,需要进行评审”的要求,明确质量目标审核、检查和考核的归口管理部门,制定相应的审核、检查和考核程序并确保实施。只有这样,才能对质量目标动态地进行测量、分析和改进,才能使质量目标形成闭环管理,并最终使组织的业绩产生期望的“增值”效应。

5.6 质量管理体系建立与认证

5.6.1 质量管理体系建立

5.6.1.1 质量管理体系建立的有关概念

组织建立质量管理体系的主要目的是提高组织内部的质量管理水平,并通过质量管理体系的有效运行,包括持续改进和预防不合格的过程,使产品质量满足顾客的要求。另外,通过对质量管理体系的审核认证,证实组织有能力稳定地提供满足顾客要求的产品,有利于提高产品的竞争力,有利于与国际接轨,有利于保护消费者利益和社会的安定。

1. 建立质量管理体系的总思路

组织在建立质量管理体系时,首先要对三个问题有所认识。

(1)建立质量管理体系主要是为了满足其内部实施质量管理的需要,应从满足其质量方针和目标出发进行设计。因此组织应结合自身的实际情况,确定质量管理所需的过程,以建立健全质量管理体系。

(2)组织为内部管理而设计的质量管理体系,其内容比外部特定使用方的要求更广泛。使用方和第三方等对质量管理体系的评价仅涉及其中的一部分,也就是说,组织建立质量管理体系,不仅是为了满足使用方的要求,而且其内容应比使用方的要求更广泛。

(3)组织可申请对已建立的质量管理体系进行认证或认定,以证实其质量管理体系建立和实施的情况符合标准的要求。

因此,组织建立质量管理体系的总体思路如下。

(1)识别质量管理体系所需的过程及其在组织中的应用。

(2)确定这些过程的顺序和相互作用。

(3)确定为确保这些过程有效运行和控制所需的准则与方法。

(4)确保可以获得必要的资源和信息,以支持这些过程的运行和对这些过程的监视。

(5)监视、测量和分析这些过程。

(6)实施必要的措施,以实现这些过程策划的结果和对这些过程的持续改进。

需要指出的是,这个总体思路不仅是建立质量管理体系,也是实施、保持和持续改进质量管理体系的总体思路。

2. 建立质量管理体系的要求

建立质量管理体系的要求是指 ISO 9000 系列标准对组织质量管理体系的要求,它与对产品的特性要求不同,不同产品类型对产品技术要求也不同,但是质量管理体系标准却适用于所有类型的产品,只是在一些管理环节和侧重点上有所差异。为此,建立质量管理体系一般应符合以下要求。

1)强调目的性

强调目的性是指组织能证实有能力稳定地提供满足顾客要求的产品,并通过用质量管理体系的实施使顾客满意,因此,“以使用方为中心”是组织建立质量管理体系、实施质量管理的一个基本原则。

2)具有系统性

质量管理体系是由实施质量管理所必需的组织结构、过程、程序和资源构成的有机整体,是把影响产品质量的各个方面综合起来的一个完整系统。具体地说,就是组织以一定的格局确立组织机构,明确职责范围和相互联系的方法,规定实施质量活动方法,对产品质量形成的各个过程进行控制,以及配备必要的资源和称职的人员。因此,建立质量管理体系必须树立系统观念,注重运用系统方法,才能确保组织质量方针和质量目标的实现。

3)保持适宜性

建立质量管理体系必须结合组织的规模产品、工艺特点及产品的复杂程度等,恰当地识别、理解并管理质量管理体系所需要的过程,使质量管理体系能适合需要,符合实际。ISO 9000 系列标准是通用性要求,它尽可能全面地考虑各种需要实施控制的因素,因此,列出的过程较为全面,这并不是要求每个单位在建立、完善质量管理体系时都要全部选用,构成一样的模式,而是允许根据实际情况和产品特点,对标准所列过程进行适当的删减,也允许不同单位因不同的产品要求对同一过程的管理程度有所不同。同时,质量管理体系还应适合使用方规定的特殊要求,当情况发生变化时,应能通过改进,使质量管理体系适合于新情况。总之,质量管理体系应能始终适合本单位管理的需要和满足使用方的要求。

4)突出预防性

建立质量管理体系要突出预防思想,做到预防为主。每项质量活动都要事先制订好计划,规定好程序,使各项质量活动都处于受控状态,以求把质量缺陷减少至最低限度或消灭在形成和过程之中,千万不能完全依靠事后的检查验证。

5)重视全员性

全员参与是承制单位建立一个完善的质量管理体系并使之正常运行的必要条件。建立和实施质量管理体系,领导起着关键作用。组织的最高管理者应该确定本单位的质量方针和目标,并创造一个实施方针和目标的环境。同时,建立和实施质量管理体系还有赖于全员的参与。全员参与就要使各级人员了解自身贡献的重要性及其在单位中的位置和作用,按所赋予的权利和职责做好工作。

6)符合经济性

一个完善的质量管理体系既要满足使用方的需要,同时也要考虑组织的利益,要圆满地解决组织与使用方双方的利益、风险和费用关系,综合权衡产品质量最佳化与产品质量经济性,使质量管理体系运行效果最优化,做到以最少的投入生产出满足使用方要求和期望的产品。

7)注重有效性

质量管理体系的有效性主要体现在对质量管理体系过程管理的有效性、质量管理体系功能发挥的有效性、质量成本保持在最佳水平的有效性和产品质量稳定达到规定目标的有效性。组织建立和完善质量管理体系时,必须将组织、过程、程序和资源有机地组合起来,充分发挥质量管理体系的功能,对产品质量形成的全过程实施连续控制,预防质量问题发生,稳定产品质量并努力持续改进,不断提高质量保证能力。

5.6.1.2 建立质量管理体系的步骤和过程

建立质量管理体系,在具体操作上一般要经历策划与设计、总体设计、体系建立、体系文件编制、体系的实施和运行5个阶段(图5.6)。

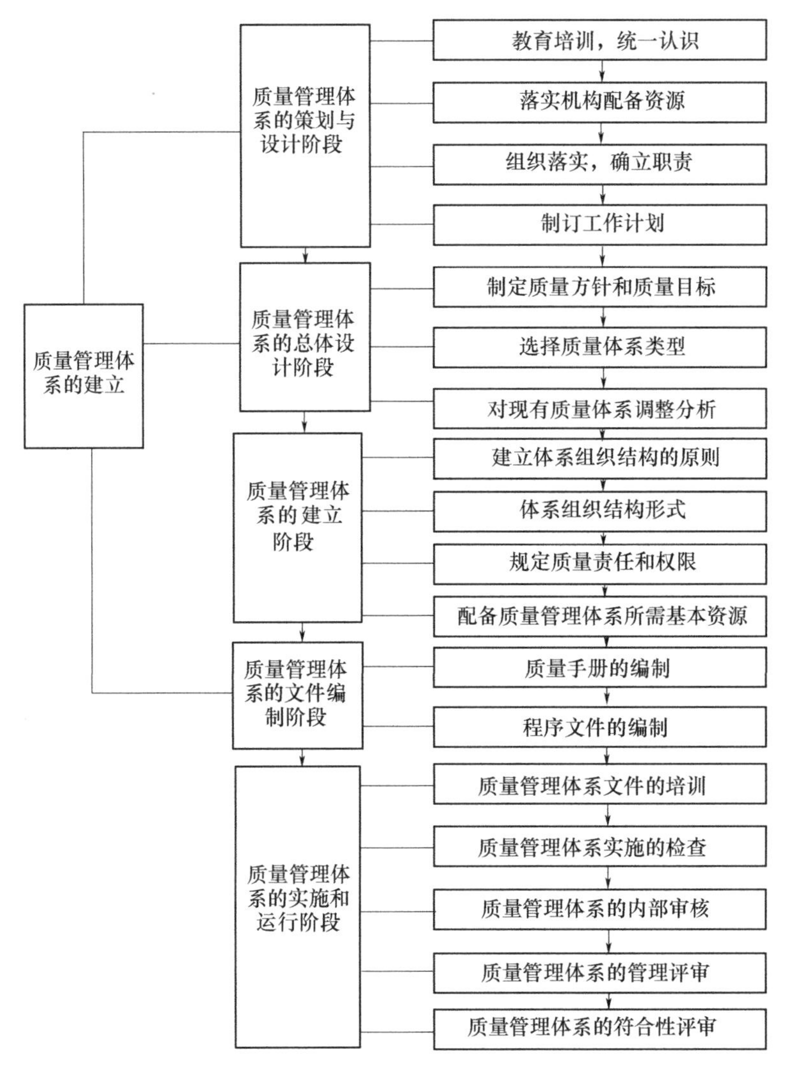

图5-6 质量管理体系建立工作过程

1. 质量管理体系的策划与设计阶段

质量管理体系策划是质量策划的重要组成部分,是对组织建立并完善质量管理体系的全面、系统的策划和构思,是质量管理体系总体设计以及最终形成文件化的质量管理体系并予以实施的前提。只有通过精心策划,才能建立有效的质量管理体系,最终实现质量目标。质量管理体系策划的内容包括4个方面，即教育培训，统一认识；落实机构，配置资源；组织落实，确立职责；制订工作计划。

1）教育培训，统一认识

贯彻ISO 9000系列标准是关系组织转轨变型，转变经营思想，把经营管理转到质量效益型道路的重大变革，关系到企业经营管理全过程各个领域，其涉及面广，对组织机构、各部门的职能、工作关系、工作程序、职责和职权、资源和人员都有很大影响。组织、决策和协调的工作量大，影响深远，应引起组织的各级领导和管理部门高度重视。为此，必须先行一步，认真学习系列标准，统一认识。

教育培训可分层次、多形式循序渐进地进行。通常进行管理层培训、骨干培训、内审员培训。这些培训，企业的管理者代表及贯标主管部门人员都应该参加。只有这样，才能真正承担起组织质量管理体系建立、运行的职责。

2）落实机构，配备资源

（1）落实机构和人员。以正式文件的形式确定一名管理者代表；成立贯标领导机构；建立贯标工作机构。

（2）落实资金和物质条件。需要投入的方面包括咨询费用、工作环境整改、编制体系文件、人员培训、认证培训、有关人员的奖励。

如果在完善体系的过程中需要对组织现有的设备、设施等资源进行更替和补充，那么投入可能会更大。

3）组织落实，确立职责

质量管理体系的运行涉及组织内部质量管理体系所覆盖的所有部门的各项活动。这些活动的分工、顺序、途径和接口都是通过组织机构和职责分工来实现的。所以，必须建立一个与质量管理体系相适应的组织机构并明确其职责分工。

（1）确立组织机构。组织质量管理体系的运行不能只依靠一两个专职质量机构，而要借助于自上而下所形成的质量管理网络。这个管理网络分为以下4个层次。

①决策层：由单位领导负责处理贯彻质量管理体系标准、质量管理体系的建立和运行的所有问题，也可由单位领导授权管理者代表对以上工作负责。

②管理层：质量管理机构负责质量立法、质量控制、质量检验和质量保证工作。具体地说，就是负责编制组织有关质量管理的法规性文件（如质量手册、程序文件等），协调生产、设计、工艺、检验、供应等部门的质量管理，同时负责组织内、外的质量保证活动。

③执行层：组织生产现场和各工作岗位的人员构成了执行层。包括操作者、班组长、质量员、检验员、质量管理员等，他们分别承担不同的质量责任。

④内、外审核咨询人员：利用组织内外人员结合的方式进行质量管理体系审核与咨询是克服组织惰性和阻力，建立健全质量管理体系的良好方式。这类审核、咨询虽然周期长、频次少，但却可以是常设性的，因此，也是组织质量管理体系组织机构的重要组成部分。

（2）职责的分解。职责的分解应遵循以下原则。

①职、责、权、利统一的原则，做到职、责、权、利清晰。

②应从长远规划着眼，充分考虑组织发展的需要，有利于企业向更高的管理水平迈进。

③因其关系到各个部门和有关人员的切身利益，是大家都关心的问题，因此，分解和确定质量职责时应让承担者参与，使职责分解更加切合实际并有利于执行。

4)制订工作计划

当贯标机构落实后应按组织最高管理者要求,由贯标机构制订贯标和质量管理体系建设的工作计划,并报最高管理者批准执行。

2. 质量管理体系的总体设计阶段

质量管理体系的总体设计是指对质量管理体系的统筹谋划、系统分析和系统设计的过程,即从组织的质量方针、质量目标和满足顾客的需求等质量管理总体要求出发,对质量管理体系的总体结构、要素选择、过程网络、质量活动内容、质量职责,以及各过程的联系和协调方法等,进行整体设计和计划。在此基础上,对组成体系的过程和质量活动作出规定,并以文件形式进行阐述,形成各项质量控制程序文件大纲;最后再从总体目标和功能的综合性方面作出评价和协调的一整套系统工作过程。搞好总体设计,有利于提高质量体系的系统性和协调性,保证实施的有效性。

质量管理体系总体设计阶段包括制定质量方针和质量目标、选择质量体系类型、对现有质量体系进行调整分析三个阶段。

3. 质量管理体系的建立阶段

质量管理体系的建立阶段包括建立体系组织结构、规定质量责任和权限、配备质量管理体系所需基本资源三个过程。

1)建立体系组织结构

从组织内部来说,建立组织结构的主要依据是质量活动。质量管理体系组织结构建立的原则:①组织结构应与经营管理一致的原则;②便于统一领导、分级管理,便于分工协作、整体协调;③便于相对稳定和适应环境变化;④便于按体系标准要素和组织的功能设置;⑤应高效、精干。部门内部因事设岗、因岗配员,保证全部质量活动都能落实到岗位,岗位人员又有能力承担为度。

组织结构没有固定的形式。但不管采用何种形式,凡主管某个质量管理体系要素或承担某些质量职能的部门尽管它们还可能承担质量职能以外的其他专业职能,但是它们都属于质量管理体系组织结构范畴。部门设置应有利丁组织的最高管理者统一指挥。在建立质量体系组织结构时,特别要考虑以下两方面的组织形式。

(1)管理者的形式。质量管理的职责首先由组织的最高管理者承担。具有一定规模的组织,也可委派一名副职协助最高管理者工作,如质量经理、质量副厂长或总质量师等。最高管理者负责重大质量决策、监督、检查和指导质量方针、目标的实施;被委派的副职负责日常质量管理工作。需要时,最高管理者可以对质量管理和质量检验部门直接下达指令。

对于重大的质量决策,一般可组成组织级的质量管理委员会,组织的有关管理者和部门管理者参加,协助最高管理者进行决策。

(2)质量管理部门的形式。质量管理部门可以独立设置,这种形式职能专一、职责明确,突出了质量管理在经营管理中的中心地位。质量管理部门也可以兼管其他专项职能。一般有以下几种形式:

①兼管经营管理综合职能。这种形式有利于质量管理与经营管理紧密结合,减少分别设置时的重复工作,更好地发挥该部门的综合协调作用。

②兼管质量检验。这种形式有利于质量管理紧紧围绕产品质量工作,但是要注意保证质量检验职能的独立性、客观性。

2）规定质量责任和权限

落实组织结构各组成部门的职责和职权，是质量活动组织落实和责任落实的重要工作。

（1）组织管理者的职责。管理者最基本的职责是通过建立、完善、实施和保持有效的质量体系，并进行指挥、组织、协调和监督，确保质量方针贯彻执行并达到预定的要求。

（2）管理者的质量责任条例。组织的管理者可以亲自或授权质量管理部门，承担最高管理层的质量责任条例文件编写工作。

（3）职能部门的质量职责。职能部门是经营活动包括质量活动的组织者和实施者，质量活动和部门的衔接，就构成了该部门的质量职责内容。不同的职能部门有不同的质量职责。

职能部门质量职责的表征，一般有单独表征和寓于表征两种形式。单独表征形式是根据分配到本部门的质量活动独立制定本部门质量条例，使质量职责和质量活动相对应。寓于表征形式是将各部门质量职责寓于质量手册、程序文件或作业指导书之中，即通过与质量活动有关的文件，明确主要负责部门的质量职责，同时也明确协同配合部门的职责。这种形式各方面的职责分明、具体，同时也解决了各部门的接口协调问题，是贯标中应提倡的方向。

两种表征形式所反映的质量职责的对象有所不同，单独表征形式以“部门”为主体，寓于表征形式以“要素”或“活动”为主体，质量管理部门应对各部门质量责任条例或程序文件中的质量职责规定进行审核，要求明确、合理。

3）配备质量管理体系所需资源

配备资源是 ISO 9001 和 GJB 9001B 标准的要求。资源是质量管理体系运行的重要保证。资源的配置程度体现了质量管理体系的技术能力，是满足顾客要求的产品的前提和基础。

所以在建立质量管理体系时，一定要把资源配备作为一项重要工作来抓。要根据设计、制造、检查和试验等的需要，为质量管理体系配备技术水平高的装置、设备、仪器仪表和计算机软件等，同时，还需要对人员进行专业技术培训，提高其专业技术能力，完成各自的职责，以保证把质量管理体系建立在可靠的物质基础上。

4. 质量管理体系的文件编制阶段

质量管理体系文件是对质量管理体系的具体描述，是组织质量管理体系策划的结果。通过质量管理体系文件，可以理顺组织内部关系、明确各部门的职责和权限，使各项活动能够有效地开展和实施。另外，质量管理体系文件可以在组织内部沟通意图、统一行动，以利于质量管理体系的实施和开展，所以，编制质量管理体系文件，是建立质量管理体系的一项重要工作。

由于质量管理体系文件的重要性以及涉及的内容较多，对其编写原则、范围和要求以及质量手册等在 5.6.1.3 节中专门论述。

5. 质量管理体系的实施与运行阶段

1）质量管理体系文件的培训

质量管理体系文件培训是指为了帮助组织建立和实施有效的质量管理体系文件而进行的培训活动。通过培训，组织可以提高员工对质量管理体系文件的理解和应用能力，确保质量管理体系的有效运作。

培训过程中，需要充分考虑培训内容设计、培训需求分析、培训方法与工具的选择，以及培训评估和反馈等关键步骤。同时，还需要建立培训结果绩效评估机制，对培训效果进行跟踪和评估。通过不断优化培训内容和方法，组织可以实现持续改进和提高质量管理体系。

2）质量管理体系实施的检查

对质量管理体系实施情况进行检查，确保质量管理体系的有效运行和持续改进，可以发现

和解决潜在的质量问题,提高产品和服务的质量,增强客户满意度。主要对以下方面进行检查:

(1)质量目标的制定和达成情况。

(2)质量管理文件如质量管理手册和程序文件的更新和有效性。

(3)内部市核和管理评市的执行情况。

(4)关键过程的监控和控制措施的执行情况。

(5)不良事件和客户投诉处理情况。

(6)各部门对质量管理体系的理解和贯彻情况。

3)质量管理体系的内部审核与管理评审

质量管理体系的内部审核与管理评审是为保证体系运行的一项有力措施。不论是在体系试运行还是在以后的正常运行阶段都必须周期性地开展质量管理体系的内部审核与管理评审活动。

在质量管理体系试运行阶段,体系内部审核与管理评审的目的主要是对新建立体系的有效性和合理性进行验证,以便及时发现问题,采取纠正措施和改进措施。内部审核内容与要求将在下文论述。

在体系试运行阶段要对所有体系过程全面审核一遍,即审核内容要能覆盖体系的所有过程。参加审核人员应由与审核领域无直接关系的人员担任,同时领导还应发动参与体系试运行的人员主动提供体系存在的问题,特别是接口不清晰和体系不协调的问题。

只有当体系试运行通过审核和评审且取得一定成效后,由单位领导为主体的体系管理评审效果才会更好。

质量管理体系符合性评审就是判定是否符合 GJB 9001C 标准的要求,发现不符合项并确定其重要程度的类别,在下文质量管理体系评价中详述。

5.6.1.3　质量管理体系文件的编写

1. 文件编写原则

(1)指令性。文件能够达到沟通意图,统一行动的目的,应体现指令性原则。体系文件属于组织强制执行的文件,要措词严谨,概念准确,表达清楚,界定明确。

(2)系统性。质量管理体系是将相互关联的过程作为系统加以识别、理解和管理,是一个由组织、程序、过程和资源构成的有机整体,要求形成的文件应体现系统性原则。具有系统的合理的结构,符合 GJB 9001C 标准的要求,应层次分明、结构合理、内容清楚、文字简练、职责明确、互相协调,按管理的系统方法和过程方法实施控制。

(3)协调性。体系文件与其他管理工作应协调一致,体系文件中质量目标、质量手册、程序文件、作业文件和记录要协调一致,应当保持良好的相容性,要各自为实现总目标承担好相应的任务,处理好部门之间的接口和关系,确保体系的有效运行。

(4)实用性。编制体系文件必须把握好两个关键:一是以 GJB 9001C 标准为依据;二是必须联系本组织的实际,体现实用性原则。从本组织实际出发,总结以往的经验,找出存在的问题,比较与标准要求的差距,制定文件。按有效性和效率要求使文件数量尽可能少。文件的多少、详略、结构与组织实际相符合,防止照搬照抄,搞形式主义,力求体系文件先进、科学、经济、合理、简明适用,具有可操作性及文件的唯一性。

(5)有效性。形成文件不是目的,它是一项增值的活动。通过建立实施和保持质量管理体系,不断提高产品与服务质量,增强顾客满意度,使组织得以持续发展才是目的,体系文件应体现有效性原则。

(6)动态性。GJB 9001C 标准对质量管理体系实施动态管理,从顾客的质量要求到体系文件和质量活动,都应体现动态性原则。实施动态控制,要求不断跟踪情况的变化和运行、实施和效果,及时、准确地反馈信息,调整控制的方法和力度,保证质量管理体系能不断适应环境条件的变化,持续有效地运行。

2. 质量管理体系文件的范围和要求

质量管理体系文件如下。

(1)形成文件的质量方针和质量目标。

(2)质量手册。

(3)ISO 9000 系列标准所要求的形成文件的程序。

(4)组织为确保其过程有效策划、运作和控制所需的文件。

(5)系列标准所要求的质量记录等。

上述文件可采用任何形式或类型的媒体,如纸张、磁盘、电子或光学软盘、照片、原指南样本等。

编制质量管理体系文件既要从总体上和原则上满足标准的要求,又要在方法上和具体做法上符合组织的实际。某项活动是否需编制程序文件,应结合组织实际情况具体分析,以能达到质量目标的要求和使过程受控为准则。

3. 质量管理体系文件的结构

质量管理体系文件的结构,如图 5.7 和图 5.8 所示(其中任何层次的文件都可以分开,也可以合并)。

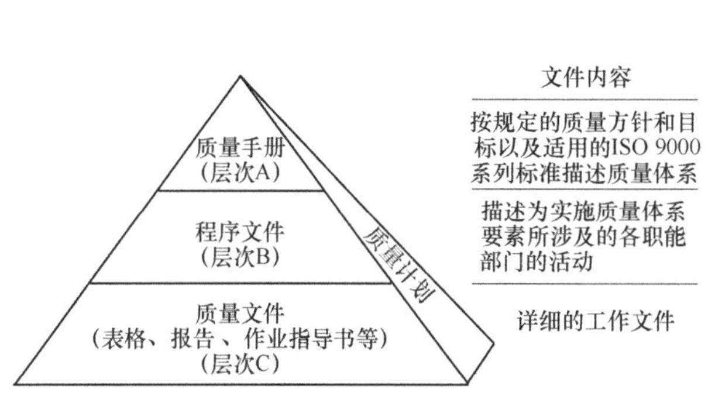

图 5-7　典型的质量体系文件层次

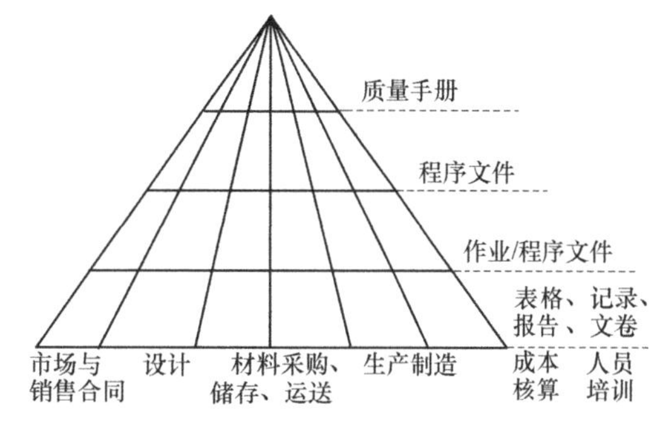

图 5-8　体系文件三角形

(1)质量手册。质量手册是阐述一个组织的质量方针,并规定质量体系基本结构的文件。在质量手册中一般要对组织的质量方针、质量目标、组织结构、质量职责与职权,各项质量活动与过程的工作程序,以及手册的管理办法作出阐述和规定,并规定了质量管理的原则和总体要求,是质量管理体系的顶层文件。组织的质量工作及其他体系文件应遵从质量手册的规定和原则,并与之协调一致,应符合系列标准的规定。

(2)程序文件。程序文件是阐述为实施质量体系要素各项过程的质量活动所规定的方法的书面文件,是质量手册的支持性和基础性文件。

质量管理体系所有要素的质量活动和过程均应编制成书面程序。程序文件涉及组织中各部门的质量活动和质量职能,组织在建立完善质量管理体系时,应按照系列标准的规定,对这些支持性文件进行清理、整顿、修订和理顺,使其成为体系所需要的各种程序文件。

(3)质量记录。质量记录是为进行的质量活动或达到的结果提供客观证据的文件,是实施质量管理体系和质量手册的有效性证实文件。

质量记录包括各类表格、图表、记录单、原始记录、报告书等。它可以是书面的,也可以是电子储存的资料。

(4)质量计划。质量计划是针对特定的产品、服务、合同或项目,规定专门的质量措施、资源和活动顺序的文件。它是参照质量手册的有关内容编制有针对性的体系文件,是对质量手册有关规定的具体化,因而是质量管理体系的计划性、补充性文件。

(5)规范。规范是阐明要求的文件。与活动有关的规范一般有程序文件、过程规范和试验规范;与产品有关的规范一般有产品规范、性能规范和图样等。

(6)指南。指南是指阐明推荐的方法或建议的文件。例如,ISO 9004《组织持续成功的管理——一种质量管理方法》等。

(7)作业指导书。作业指导书是为某项活动的具体操作提供帮助指导信息的文件,如设备操作说明。

(8)表格。表格是规定收集或报告必要的信息的要求文件。

(1)质量方针和目标文件规定了组织在质量方面的宗旨和方向及质量管理体系的预期结果。

(2)质量手册规定了组织的质量管理体系,包括范围、过程、过程顺序和相互作用等,质量手册包括或引用程序文件。

(3)程序文件为完成各项质量活动规定了具体的方法和途径,它起到一种承上启下的作用,对上是质量手册的展开和具体化,对下引出相应的支持性文件,包括作业指导书和记录表格。

(4)其他质量文件是指那些详细的作业文件,它是程序文件的进一步展开和细化,通常以规范、工艺、操作规程、技术标准、图纸和记录表格的形式出现。这类文件在体系文件中所占数量最多、涉及面最广,是质量管理体系运行的基础。

规模较大的和产品结构较复杂的组织,其质量手册和程序文件可分为若干层次,具有更复杂的层次结构。而一个小型组织,也许一本质量手册包括所有的文件化程序。

4. 质量手册和程序文件的编制

1)质量手册的编制

(1)编制目的。质量手册对组织内部而言是描述质量管理体系的原则,对外则是一份介绍组织质量管理体系的说明,它是建立和实施质量管理体系的主要文件依据。编制质量手册的目的如下。

①描述质量管理体系并使其有效运行。

②贯彻组织的质量方针、程序和要求。

③为质量管理体系审核提供基本依据。

④当环境变化时,确保质量管理体系及其要求的连续性。

⑤按质量管理体系要求及相应的方法培训。

⑥规定持续改进的控制方法,促进质量保证活动。

⑦对外介绍质量管理体系。

⑧证明自身的质量管理体系符合合同规定下的质量体系要求。

(2)编制基本要求。由于质量手册是重要的质量管理体系文件,因此,在编制时,应符合以下两个要求。

①应符合系列标准的要求。质量管理体系的范围,包括任何删减的细节与合理性;为质量管理体系编制的形成文件的程序或对其引用;质量管理体系过程之间的相互作用的表述。

如前所述,质量手册是企业质量管理体系策划的结果描述。企业应结合行业特点对标准的通用要求诸如质量管理体系过程方法的模式(管理过程、资源管理过程、产品实现过程),作出系统规定。

质量手册通常还应包括影响质量的管理、执行、验证或评审工作的人员的职责、权限和相互关系;有关手册评审、修改和控制的管理办法。质量手册中对每个体系过程的基本控制程序应重点说明要使该体系过程受控,应开展的主要质量活动,明确由哪个部门负责,哪些部门配合,并对活动的结果提出一定的要求。对于"怎么做"只作原则性的阐述,而详细的实施办法可引用有关的程序文件。

由于质量管理体系既覆盖着产品范围,又覆盖着产品的设计、采购、生产或服务提供的产品实现过程的过程范围,如果因组织及其组织产品特点是不适用的,可以考虑对其进行删减。在手册中须作出说明,并证明其合理性。

②应反映单位的特色。各组织由于产品类型、生产特点、组织规模、机构设置、用户要求、管理方式等的不同,其反映质量管理体系总貌的质量手册也应有较大的差别。组织应结合其实施情况并参照系列标准的要求,选好适用的质量管理体系过程和确定采用的程度,并兼顾顾客对质量管理体系的要求编制质量手册,对单位的质量管理体系做系统、完整而又扼要的描述。

(3)质量手册结构及内容。目前,对质量手册的结构和格式虽没有统一规定,但编写的质量手册应能清楚、准确、全面、扼要地阐述质量方针、目标和控制程序,符合系列标准的要求,在结构形式上,为了便于与系列标准的要求进行对照,便于质量管理体系审核和认证,质量手册的编排格式可与系列标准相一致。

质量手册的内容通常包括封面、批准页、前言、目录、术语和定义、范围和适用领域、质量手册的管理、质量方针和目标、组织结构、质量管理体系过程等。

①封面。封面上反映的内容包括标题名、版本号、组织名称、编码、序号等。

②批准页。在批准页中,一般以组织最高管理者的名义撰写并亲笔签名,注明签发日期、实施日期、修改再版日期等。

③前言。在前言中介绍组织的概况和本手册的基本内容,至少应涉及组织的名称、地点和通讯方法,也可包括业务往来、主要背景、历史和规模等内容。此外,还应介绍质量手册本身的信息,可包括以下内容。

a. 现行发布有效版本的编号、发布日期或有效期及相应的内容。

b. 简述手册如何确认和保持,其内容由谁来审核以及审核的周期,授权谁来更改和批准质量手册,还可以介绍换版的审定方法。

c. 简述手册的标识、分发和控制程序,是内部使用还是可以对外,是否含有机密内容。

d. 负责质量手册实施的人员的批准签名(或其他批准方式)。

④目录。质量手册的目录应列出手册各章节的题目及页码。各章、节、页码、符号、示意图表、图解及表格等的编排均应清楚、合理。

⑤术语和定义。质量手册应尽量使用现行标准中规定的术语和定义。如果需要,可根据实

际情况规定一些专用的术语和定义,这些定义应保证对手册的内容有完整、一致、清楚的理解。

⑥范围和适用领域。质量手册的名称和范围应清楚地反映出其适用的领域。

⑦质量手册的管理。包括:负责管理质量手册的部门及其职责;质量手册的修改、变换、换版的原因和程序;质量手册的控制要求。

质量手册通常分为“受控”和“非受控”两种状态,在手册的首页应有明显的标识加以区别,受控的手册必须严格管理、严格执行,需修改时应确保予以修改,换版时应同时收回作废文本。

⑧质量方针和目标。质量手册应阐述企业的质量方针和目标,明确对质量的承诺和目标。还应说明质量方针如何为全体员工所熟悉和理解,并在所有层次得到贯彻和保持。对于具体的质量政策也可做进一步阐述。对质量方针的内涵和质量目标的制定原则和出处应做进一步说明。

⑨组织机构。应明确企业内部各层质量机构设置,应给出表明各职能部门的职责、权限和相互关系的单位机构图。

⑩质量管理体系过程。为使质量管理体系有效运作,必须识别和管理众多相互关联的过程。对质量管理体系各过程的描述要结合企业的行业、产品、顾客要求的特点,反映出企业加强质量管理的实际需要。在描述体系过程时,一般需考虑以下内容。

a. 目的和适用范围。

b. 负责和配合部门的质量职责。

c. 按工作流程列出应开展的主要质量活动。

质量手册应分章描述质量管理体系所确定的主要过程,然后按过程顺序编排章序,汇编成册。在描述质量管理体系各过程时,一般应掌握以下原则。

a. 应包含经合理删减的标准的全部过程,以确保单位所有的质量活动有效受控。

b. 尽可能与标准的结构保持一致,以利于内部执行,也便于顾客和认证机构审查对照。

c. 对每个过程的描述应反映标准对该过程的全部要求。

d. 重点是本单位实现标准要求所采取的简要方法。这些方法是从有关的程序文件中摘要形成的,因此对体系过程的描述与程序文件的规定不应有任何矛盾。

⑪附录。如果需要,可在附录中列出支持质量手册的所有资料。

2)程序文件编制

程序是指为进行某项活动或过程所规定的途径。当程序形成文件时,通常称为“程序文件”。

(1)编制基本要求。

①修订、完善组织的已有标准或制度。程序文件是质量手册的支持性文件,是各职能部门落实质量手册的要求而规定的实施细则。企业中各职能部门为搞好质量管理而编制的各种管理标准或规章制度,都属于标准中程序文件的范畴。在贯彻标准时,应对照标准的要求,对原有的管理标准或制度进行修订、完善。

②应明确质量活动的目的和范围。程序文件通常包括质量活动的目的和范围,做什么和谁来做,何时、何地和如何做,应使用什么材料、设备和文件,如何对活动进行控制和记录,即5W1H。

③根据具体需要确定程序文件数量和详略程度。组织所要编制的程序文件数量以及每个文件应包含的内容和详略程度,要根据各种文件的需要而定,有的只需对工作方法作出原则性

的规定,而有的却需要对工作方法做具体而详细的规定。

④程序文件不应涉及技术细节。程序文件一般不应涉及纯技术性的细节,这些细节通常在作业指导书中规定,程序文件可以引用有关的作业指导书。

⑤程序文件应规范化,满足系列标准要求。应以相同的格式和大体相同的结构编制每一个程序文件,以利于系统地满足系列标准的要求。程序文件应阐明影响质量的那些因素,如管理、实施、验证或评审人员的职责、权限和相互关系,说明实施各种不同活动的步骤、将采用的文件及控制方法。程序文件要通过实践去修订和补充,使之不断完善和更加有效。

(2)程序文件结构及内容。为了便于编制和协调以及便于实施与管理,组织所编制的所有程序文件应按统一的结构进行陈述,其内容一般包括以下几种。

①文件编号和标题:编号可根据活动的层次、部门、年代等进行编排以便识别和管理。标题应反映开展的活动及特点。

②目的和适用范围:简单地说明开展该项活动的目的或意图,以及涉及哪些方面,有何禁止事项。

③相关的文件:列出本程序所引用的有关标准、程序和规定。

④术语:如果需要,可列出本程序中所使用的术语及其定义。

⑤职责:明确由哪些人实施此项程序以及他们的责权和相互关系。

⑥工作流程:列出开展此项活动的细节,保持合理的编写顺序。明确输入、各环节转换和输出的内容,包括物资、人员、信息和环境等方面应具备的条件以及与其他活动接口处的协调措施。明确各环节转换过程中各项因素,即做什么、由谁做、做到什么程度、怎么做、如何控制、要达到什么要求、需要形成何种记录和报告、相应的签发手续等。必要时,可辅以流程图。

⑦记录表格和报告:明确使用该程序时所产生的记录表格和报告,注明记录的保存期限,写明表格的编号和名称。

5.6.2 质量管理体系认证

1. 质量管理体系认证的概念

质量管理体系认证是在产品质量认证的基础上发展起来的,认证主要来自买方对产品质量放心的客观需要。

1)认证的依据

当今世界公认的质量管理体系认证的依据是 ISO 9001 标准。我国依据的是 GB/T 19001 标准。而 GJB 9001C 标准是装备承制单位质量管理体系认证的依据,申请认证的装备承制单位以该标准为指导,建立健全符合要求的质量管理体系,认证机构则按标准的要求进行检查、评定。

2)认证的性质

质量管理体系认证可分为强制性认证和自愿性认证。对于执行推荐性标准的承制单位的质量管理体系一般执行自愿性认证的原则,主要体现在是否申请认证,向哪一家认证机构申请认证,采用哪些质量管理要求等,都是申请方的自主行为。《军工产品承制单位质量体系认证管理实施细则》明确规定:质量管理体系取得认证合格,是装备承制单位参与军品研制、生产任务的招标竞争和签订合同的必备资格。这就是说,对于装备承制单位的质量管理体系认证具有强制性。

3)认证的公正性

质量管理体系认证是第三方认证机构向社会传递真实质量信息的活动。因此,认证机构与认证对象之间不应有行政上的隶属关系和经济上的利益关系,以保证认证机构能够公正地开展认证活动。另外,咨询机构的咨询工作应与认证机构认证活动分开,所谓“咨询与认证一条龙服务”的做法是十分有害的。

4)认证的统一管理

质量管理体系认证由国家认可批准的质量管理体系认证机构负责实施,不实行部门认证。装备承制单位质量管理体系认证工作,由军工产品质量体系认证委员会统一组织领导,由体系认证委员会秘书处具体负责实施。

2. 质量管理体系认证的实施程序

质量管理体系认证的实施过程一般分为两个阶段。

第一阶段是认证的申请和评定阶段。其主要任务是认证机构受理承制单位的申请并对申请方的质量管理体系进行审核和评定,决定能否批准认证、予以注册并颁发合格证书。

第二阶段是对获准认证的承制单位质量管理体系进行日常的监督管理。其主要任务是通过认证后定期的监督性检查,评价承制单位质量管理体系在认证的有效期内是否持续有效地运行和证书的使用情况。具体的认证程序如图5-9所示。

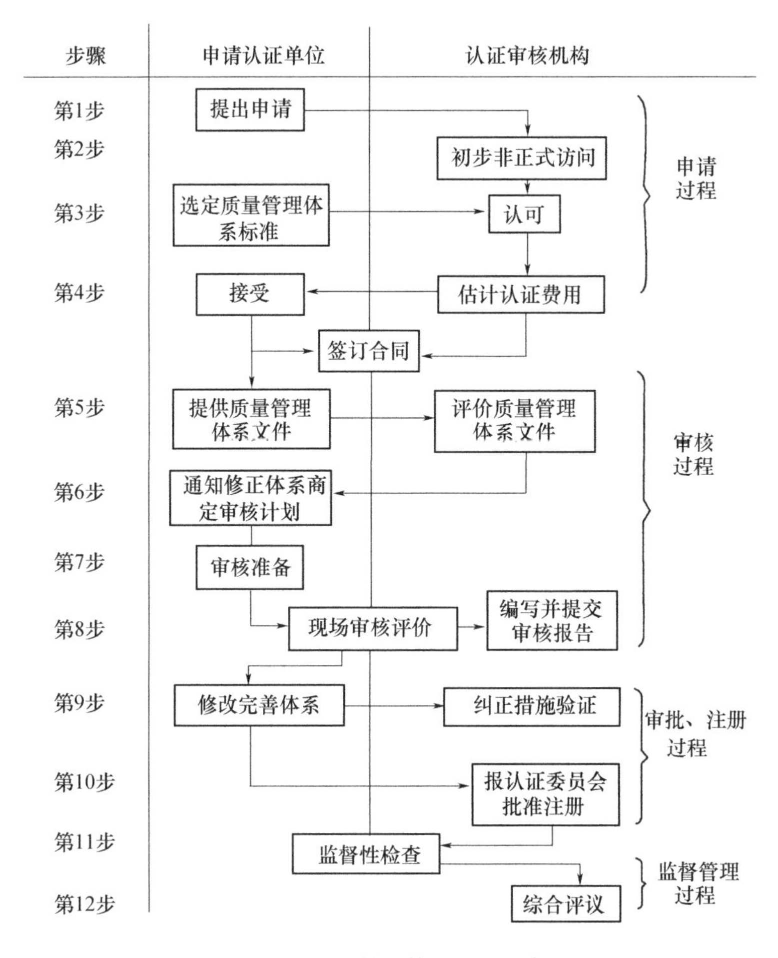

图5-9 质量管理体系认证程序

质量管理体系认证大体可分为4个过程。

(1)申请过程。承制单位根据经营需要和产品特点,确定申请体系认证所覆盖的产品范围、所采用的质量管理体系标准和选择体系认证机构。在经过自检,并确认质量管理体系已达到相应的质量管理体系标准要求后,填写并报送申请表、自检材料以及《质量手册》等质量管理体系文件。认证机构对承制单位的申请进行审查并受理后,与承制单位签订合同,并发出接受申请与否的通知书。

(2)审核过程。认证机构接受申请后,将指派国家质量管理体系注册审核员组成审核组,对申请方质量管理体系按规定的实施程序进行审核并提交审核报告。审核过程是认证的核心过程。

(3)审批、注册过程。认证机构通过对审核报告的全面审查,确认所有不符合项都得到纠正,组织的质量管理体系满足质量管理体系标准和体系评审补充文件(必要时)要求后,予以批准、注册,并颁发合格证书。若需改进后方可批准通过认证时,则要求申请方限期纠正,并经复审确认达到要求后,再批准认证和注册发证。

(4)监督管理过程。质量管理体系认证注册后的有效期一般为民品3年、军品4年。在此期间内,认证机构对承制单位质量管理体系将进行监督审核,以证实是否继续符合要求。认证机构派监督员到承制单位现场检查的频次和范围由认证机构决定,一般民品体系每年至少进行1次监督检查,而对军品体系在4年有效期内要进行5次监督检查。监督管理的主要工作内容包括承制单位通报、监督审核、认证暂停、认证撤销、认证有效期延长等。体系认证注册期满,认证机构将承制单位质量管理体系作一次综合评议。若承制单位质量管理体系在注册有效期中略有变化,则可能只对变化的内容进行评定,对不变内容只作一般确认性审核,即可换发新的合格证书。否则,在体系认证合格证有效期终止前,承制单位应及时重新申请体系认证,认证合格后,换发新的合格证书。

5.7 质量管理体系监督

驻厂军事代表机构是监督装备承制单位质量管理体系的主体,军事代表对质量管理体系的监督,是促进质量管理体系正常运转的有效手段之一。按照明确的质量模式的质量管理体系要素和订货合同的要求,军事代表有目的、有计划、有侧重地选择某些质量系统、质量控制环节、程序、要素进行监督,促进质量管理体系的正常运转,不断提高承制方的质量保证能力。

军事代表对质量管理体系的监督方法主要包括审查质量管理体系文件、开展质量管理体系审核评价、实施对质量管理体系运转的监督等。重点是监督质量管理体系文件的落实和体系的有效运转。

驻厂军事代表机构结合装备承制单位质量管理体系活动,以及武器装备采购合同订立等时机,监督质量管理体系持续有效运行,跟踪检查不符合项纠正措施的落实,促进承制单位质量管理水平和质量保证能力的提高。对装备承制单位发生重大质量问题或质量管理体系出现重大变化的,驻厂军事代表机构可提出警告、督促限期改正、暂停产品检验验收,必要时通过装备综合计划部门,上报武器装备质量管理体系认证委员会处理。

5.7.1 质量管理体系文件的审查

1.《质量手册》的审查

《质量手册》(以下简称《手册》),是承制方质量管理体系的全面描述,也是承制方向订货方和第三方提供质量信任的一种证据。军事代表应对其进行审查、监督。

1)审查时机

(1)首次订货时。

(2)质量管理体系审核或体系认证时。

(3)《手册》更改、修订、换版时。

(4)产品种类发生较大变化、原有内容不能满足要求时。

(5)按一定周期进行审查。

2)审查的要点

(1)是否贯彻了《武器装备质量管理条例》的基本要求,以及是否符合 GJB/Z 9001B ~ GJB/Z 9004 的有关规定。

(2)是否具有指令性、系统性、协调性、先进性、可行性和可检查性。

(3)是否符合 GJB/Z 379A《质量管理手册编制指南》的要求,内容是否完整。

(4)检查有关部门和人员是否能够熟练运用《手册》。

(5)对《手册》的管理工作进行监督,保证《手册》的编制、审核与会签、批准与发布以及更改按规定执行。

3)审查监督的方法

(1)了解和参与《手册》的编制、修订。

(2)对《手册》按规定进行审核、会签。

(3)检查有关部门和人员对《手册》的执行情况。

(4)定期评价《手册》的适用性和现行有效性,针对存在的问题,提出修改建议。

2.《产品质量保证大纲》的审查

《产品质量保证大纲》(以下简称《大纲》),是承制单位针对具体产品满足合同特殊要求而制定的专用质量保证文件,是为使订货方确信订货产品质量所必需的有计划、有系统活动的纲要。军事代表应对《大纲》进行审查、监督。

1)审查的时机

(1)新产品列装定型(鉴定)前。

(2)签订订货合同前。

(3)产品投产前和停产一年以上的产品复产前。

(4)生产工艺发生较大变化、原有内容不能满足要求时。

(5)订货方认为有必要时。

2)审查的要点

(1)是否贯彻《武器装备质量管理条例》的基本要求。

(2)是否符合 GJB 1406《产品质量保证大纲要求》的相关要求,内容是否完整、正确。

(3)是否满足合同要求,质量目标是否明确,工作项目是否具体,检查、控制方法和纠正措施是否得力。

3)审查监督的方法

(1)督促承制方全面分析产品和合同的质量要求,围绕质量目标,制定工作项目,明确工作要求,规定检查、控制方法。

(2)按规定对《大纲》进行审查、会签。

(3)定期抽查《大纲》执行情况,掌握落实效果,发现异常及时提请承制单位解决。

3. 质量记录的审查

质量记录是指设计、工序控制、检验、试验、审核的记录与图表或有关结果。质量体系应保存足够的记录,用于证明产品达到所要求的质量和质量体系在有效运行。因此,军事代表应对承制方设计、生产过程的各种证实资料进行监督,作为监督检查的重点,为检验验收提供依据。军事代表需要检查的各种质量证实资料包括:①检验报告;②试验报告;③鉴定报告;④验证报告;⑤审核报告;⑥原材料代用报告;⑦质量成本报告。

质量记录应按规定保留一段时间,用于分析和确定质量趋势和纠正措施的有效性。军事代表要督促承制方在储存过程中保护好质量记录,以防破损、遗失和由于环境条件造成的损坏。

5.7.2 质量管理体系运行监督

军事代表对质量管理体系实施经常性的监督检查,是质量监督工作的重要内容,对于促进质量管理体系的正常运行具有重要的作用。质量管理体系监督主要形式一般有日常监督、定期审核、纠偏和校正等。

1. 日常监督

日常监督是军事代表对质量管理体系进行经常或随机的跟踪监督检查活动,重点是发现薄弱环节,及时提出改进意见,督促承制单位落实解决。尤其对那些关键、重要的质量管理环节,采取有针对性的非固定式机动抽查。这种非固定性的机动抽查,具有一定的随机性,方法灵活多样,不受时间、地点、人力和工作条件限制,便于组织实施。

2. 定期审核

定期审核是军事代表有计划、有组织地按照一定周期对军工产品质量管理体系进行的审核和评价活动。定期审核一般按年度制订审核检查计划。审核的对象一般是质量管理体系的某些要素或质量活动的某些过程。审核的方法,通常由军事代表室单独组织实施,还可与承制单位联合进行,还可由军事代表局组织进行。定期审核应制订详细的审核计划,按计划组织实施,并将审核结果形成文件,通报承制单位。对审核中发现的问题,提出改进意见,督促承制单位整改,并对改进效果实施跟踪检查。

3. 纠偏和校正

纠偏和校正是指承制单位质量管理体系过程质量和产品质量某些环节明显失控或出现偏差时,军事代表进行的监督检查和纠偏活动。纠偏和校正要与过程质量和产品质量结合起来。处理质量问题时,要举一反三,溯本求源,从质量管理体系上找原因,不能就事论事,把失控的环节控制起来,以防止重复发生,提高军工产品的质量保证能力。推荐采用“质量管理体系监督显示卡”和“质量管理体系监督反馈卡”的形式,当质量管理体系出现缺陷时,用黄色显示卡,向承制单位提出警示,督促承制单位进行改进;当质量管理体系出现严重缺陷、产品质量难以保证时,用红色显示卡,督促承制单位采取紧急措施,限期整改,以促进承制单位尽快恢复到受控状态。对承制单位整顿情况要进行跟踪检查,促进承制单位落实改进措施。并对改进效果进行验证,做好记录,做到有据可查。

5.8 质量管理体系审核与评价

5.8.1 质量管理体系审核基本概念

1. 质量管理体系审核的目的

(1)确定质量管理体系是否符合 GJB 9001C 标准规定的要求。

(2)确定现行的质量管理体系实现规定的质量方针、质量目标的有效性。

(3)为受审核方提供改进质量管理体系的机会。

(4)确定受审核方满足规定的法规要求。

(5)使受审核的组织的质量管理体系能被注册。

2. 质量管理体系审核的类型及相互关系

根据审核目的,质量管理体系审核可分为内部审核和外部审核。内部审核又称为第一方审核,而外部审核有第二方审核和第三方审核两种类型。

1)内部审核

内部审核是组织对自身的质量管理体系进行的审核,审核的目的是保证组织的质量管理体系能持续地运行,通过审核组织可以评价其质量管理体系是否持续满足规定的要求。它为有效地管理评审和纠正、预防措施提供信息,审核结果可向管理者证实质量管理体系运行的有效性。

(1)内部审核的原因如下:

①质量管理体系标准的要求,如判定是否符合 GJB 9001C 标准的要求。

②作为管理者的一种管理手段,如可促进质量管理体系的保持与完善。

③可以不断改进质量管理体系。

④在外部审核前的自查,可在外部审核前发现并纠正不符合项。

(2)内部审核的依据

内部质量管理体系审核的依据,主要有组织的质量管理体系文件、合同以及质量保证标准。

(3)内部审核员。内部审核员通常来自本组织,但也可以从外面聘请审核员代表本组织进行内部审核。

2)外部审核

外部审核通常分为第二方审核和第三方审核。

(1)第二方审核。第二方审核是顾客(用户)或以顾客的名义对供货方或潜在的供货方进行的审核。通常有两种情况:一是在有合同关系的情况下,验证供货方的质量管理体系是否持续满足规定的要求并且正在运行;二是当有建立合同关系的意向时,对供货方进行初步的评价,审核的对象是供货方的质量保证能力。它为顾客(用户)提供对供货方的信任。

第二方审核的原因如下:

①双方合同或质量管理体系标准的要求。

②为顾客(用户)评价、选择供方提供依据,以减少顾客可能承受的风险。

③为改进供货方的质量管理体系提供帮助。

④加强沟通,以增进彼此间对质量要求的理解。

通常,许多大型的采购集团对供货方进行审核,是为了使用户各部门了解供货方的薄弱环节,以便与供货方磋商解决有关问题。

第二方审核的依据有合同、质量保证标准和质量管理体系文件。

(2)第三方审核。第三方审核是认证机构对供货方进行的审核,审核的对象是供货方的质量保证能力。它为许多潜在的顾客提供信任,这与第三方认证机构的独立性、公正性是分不开的。

第三方审核是在组织自愿申请的基础上进行的,申请第三方审核的主要原因如下:

①希望获得通过 GJB 9001C 质量管理体系认证。

②提高企业的市场竞争能力。

③减少采购方、供货方的多头重复审核。

④促进企业的质量管理。

进行第三方审核的依据是 GJB 9001C 标准、组织的质量管理体系文件、法律法规、社会要求、合同等。

3. 质量管理体系审核的特点

质量管理体系审核的特点是审核的系统性、独立性、公正性。

1)系统性

审核活动是依靠审核人员按照审核准则,进行不断的判断活动,是一项系统性很强的工作,审核过程是由审核管理、人员管理、现场审核三个过程构成,并由审核管理来统领各个过程。审核整个过程是按照 PDCA 方式来不断提高审核效果的。

2)独立性

无论是第一方、第二方还是第三方的审核,审核均应由与被审核领域无直接责任的人员实施,对于一个被有关部门认可的第三方认证机构,“它应具有可靠地执行认证制度的必要能力,并在认证中能代表与认证制度有关各方的利益”。它与第一方、第二方既无行政上的隶属,又无经济上的利益冲突。要求第三方认证机构是一个具有独立法人地位和独立认证审核的公正机构。机构应满足以下要求。

(1)具有法律地位的实体。

(2)具有文件化的结构体系,该体系应确保在制定与认证/注册体系的内容和功能有关的政策与规则时,所有与此有利害关系的各方均能参与。

(3)作出认证/注册决定的人不应是参与该项审核的人员。

(4)具有认证/注册体系运行所需的稳定的财务和资源。

3)公正性

对于第三方认证机构应确保机构的活动不会影响认证/注册的保密性、客观性和公正性。机构独立性是做到上述三项要求的基础。公正性要求认证机构及其职员包括涉及认证/注册过程的委员会(选拔成员时应保证各方利益均衡,不使某一单方面占绝对优势)都不受任何商业、财务和其他的压力,以免影响认证/注册过程的结果。如果在两年内参与了对有待认证的受审核方(或任何与之有联系的组织)提供的任何咨询活动,就不应聘请这些人在认证/注册过程中对该受审核方进行审核,即使不是认证机构的专职人员,所从事的其他工作也不得损害他们的公正性。

5.8.2 质量管理体系第二方审核认定

第二方审核是指在合同环境下,由使用方或其代表对承制单位质量管理体系进行的审核,是由第二方认定机构依据程序,证实产品、过程符合规定要求的活动,旨在提供对承制单位的信任程度,确定承制单位是否具有研制、生产第二方指定产品的能力和资格。对军工产品的认定,是由军队使用部门组织的对军品承制单位或分承制单位质量管理体系的审核认定。

1. 第二方审核认定的特点与必要性

无论是第二方认定,还是第三方认证,都是采用质量审核的方法,都是一种正式的外部审核,而且审核方法也基本相同。但是,第二方审核与第三方审核还有着许多不同之处,主要表现在以下4个方面。

1)审核目的不同

第三方审核是要对受审核方的质量管理体系作出是否可以批准其为合格的产品承制单位;而第二方认定的审核是决定受审核方是否具有研制、生产、维修使用方指定产品的能力和资格,因此与使用方的利害关系更直接、更密切。

2)审核依据不同

第三方审核的主要依据是GB/T 19001或GJB 9001C标准。而第二方审核的主要依据是合同,合同中可以规定按双方共同认可的某一质量管理体系标准进行审核,另外还要增加一些使用方最为关注的内容,如具有产品特点的特殊要求,即第三方审核执行的是通用要求,而第二方审核在具备通用要求的同时,还可提出具体的和特殊的要求,针对性更强。

3)产品范围不同

第三方审核可能涉及受审核方全部产品或主要产品;而第二方审核只涉及使用方要研制或订购的那些产品。事实上,由于第三方审核面对的是潜在的用户,所以第二方审核比第三方审核更注重特定的产品质量,把实物质量放在一个更高的高度加以重视,使审核更有成效。

4)审核员要求不同

第三方审核的审核员必须是国家注册审核员,包括注册主任、审核员及一般注册审核员,而第二方审核的审核员既可以是国家注册审核员,也可以是使用方有关部门批准的内部审核员。所以,第二方审核在审核人员的确定上比较灵活,便于组织实施。

第二方审核与第三方审核的差异,充分说明了开展第二方审核认定是非常必要的。使用方应充分认识开展第二方审核认定工作的重要性,努力做好参加第二方审核认定工作。

2. 第二方审核的时机与目的

第二方审核常用在以下时机,以达到不同目的。

1)合同签订前的审核

这是使用方为了确定合格的承制单位进行的第二方审核,常常安排在有建立合同关系的意向而尚未正式签订合同之前对承制单位的评价,而正式进行第二方审核常用于承制单位所提供的产品对使用方十分重要的场合。

2)合同履行过程中的审核

在有合同关系的情况下,使用方在合同签订、供货尚在继续时,为使承制单位能持续提供合格产品,需要定期或不定期地组织必要的第二方审核,以验证承制单位的质量管理体系是否持续满足规定的要求。

3)选择承制单位的审核

在采用招标等形式选择产品的研制或生产单位时,往往对参与竞标的承制单位的质量管理体系组织第二方审核,以评价竞标单位的质量保证能力。此外,第二方审核的结果可用于编制和调整合格承制单位的名单。当然,它仅是制定和调整合格承制单位名单的依据之一。

4)出现特殊情况时的审核

在当承制单位的质量管理体系和所处环境发生重大变化时,原经认定的质量管理体系状态因受过程和条件的影响必然发生相应的变化,是否还能保持要求的符合性和有效性,需要及时通过第二方审核来重新认定。此外,当使用方代表在质量监督中,发现承制单位的质量管理体系不能正常运行且影响产品质量,或者发生重大产品质量问题时,使用方均可组织第二方审核。

3. 审核的组织实施

第二方审核是在使用方业务主管部门的组织或授权下,由其代表机构承担,并按正式的审核程序和有关标准规定组织实施。如果驻受审核承制单位的代表有审核员,一般应参加审核组。审核的程序可分为审核准备、审核实施(包括首次会议、现场审核、末次会议、编写审核报告)以及其后的跟踪监督和档案管理几个阶段。各阶段的工作项目、内容和要求分述如下。

1)审核准备

该阶段的主要工作包括组成审核组、编制审核计划、初审质量管理体系和产品文件、编制检查表。

(1)组成审核组。审核组一般由 3 ~ 5 人组成,设组长 1 人。审核组成员应具有审核的资格和相应的业务、质量工作经验及组织协调能力。

(2)编制审核计划。由审核组组长编制审核计划,审核计划的内容包括审核目的、范围、准则、审核组成员、审核日程和保密承诺等。

审核的范围是指“在规定的时间内,在哪些范围内对质量管理体系的组织单元、场所、过程和活动进行审核”。这里“组织单元”“场所”“过程”和“活动”是范围的主要内容。第二方审核的过程范围,通常由使用方根据需要提出,审核只涉及与使用方产品质量有关的活动,受审核单位建立质量管理体系采用的标准中所列的过程可以进行剪裁,还可以提出补充要求,但要符合合同规定。合同未规定的,则要经使用方和承制单位双方共同认可。凡是与审核的质量管理体系所覆盖的涉及与使用方产品质量有关的部门和区域的活动及场所的应列入审核范围以内,不论其是集中还是分散。

审核计划的具体内容应考虑对质量有较大影响的过程或活动以及承担较重要职能的部门,应安排较多的时间。另外,审核计划中应强调安排对领导层的审核,充分了解最高管理者的承诺、自身的质量意识和对质量管理体系及职责的理解,对最高管理者的审核或座谈应在审核计划中明确并给予足够的时间。

需要指出的是,第二方审核认定的审核中,对剪裁是有明确限制的,那些影响承制单位提供满足使用方、适用法规要求和承制单位承担相应责任的质量管理要求不能剪裁。在质量管理体系的 4 个基本过程中,有关管理职责、资源管理和测量、分析、改进的要求不允许剪裁。剪裁项目经审核与被审核双方充分交流后由审核方决定。

第二方审核的准则主要依据合同确定,合同应明确选定的质量管理体系标准、补充质量要求以及有关标准等内容。

审核计划应提前通知受审核单位,受审核单位如有异议,在审核开始前应协商一致。

(3)初审质量管理体系和产品文件。初审的文件通常应包括质量手册和标准明示要求的文件化程序,并附程序文件和其他主要文件的清单。文件可采取任何的媒体形式或类型。文件初审应考虑受审方的规模、复杂程度以及审核的目的。除了标准要求必需的文件,承制单位的过程或活动是否要有其他文件化程序要到现场审核时判断。因此,如果质量管理体系文件覆盖了审核标准的要求,就可以认为文件是充分的。如果通过文件初审获得的信息不够充分,可安排对受审核方进行初访。文件初审还应注意审查删减的合理性和注意评审质量方针与质量目标是否满足标准要求。

质量管理体系文件是现场审核的主要依据之一,所以必须认真细致地审查把关。当发现质量管理体系文件不够充分或有不符合标准要求的内容时,应通知受审核方进行修改纠正。如果文件严重不合格,可要求受审核方重新编写并试行。在对质量管理体系文件的符合性达成一致意见或文件修改之前,不能进行现场审核工作。文件初审结果可形成初审报告。

(4)编制检查表。为了达到审核的客观性、独立性和系统性原则,应对审核过程进行策划,检查表就是对审核的策划。各审核员都应编制所负责审核部分的检查表,并经审核组长审定。检查表是审核员自用的一种“提示性”工具。编制检查表时,要对照标准和质量管理体系文件要求并结合受审核部门的特点,解决查什么和怎么查的问题,具有针对性和可操作性。检查表的内容及其作用如下。

①明确审核的重点。特别应明确关键过程、特殊过程以及质量工作的薄弱环节,还要注意过程间相互作用的接口以及职能部门的接口。

②确定审核过程的先后顺序,以减少审核中的随意性和盲目性。对产品实现过程的审核最好按过程或活动的顺序进行。在按过程审核时,可按照“目标 - 策划 - 实现 - 测量和监控 - 改进”的过程方法编制检查清单。

③在对过程进行审核时,应对每一个过程提出如下 4 个基本问题。

a. 过程是否予以识别和适当表述?

b. 职责是否予以分配?

c. 程序是否被实施和保持?

d. 在提供所要求的结果方面,过程是否有效?

审核准备工作做得越细致,现场审核就可越深入、越顺利。

2)首次会议

首次会议是审核的正式开始,是审核组与受审核单位高层管理人员见面和介绍审核过程以及发表承诺的第一次会议。由审核组长主持,应在简短、明快和融洽的气氛中进行。受审核单位的领导应参加会议,出席会议的人员都要签到,并做好会议记录。会议的主要内容如下。

(1)向审核单位介绍审核组成员。

(2)重申审核的目的、范围和依据。

(3)简要介绍审核计划、程序和方法。

(4)审核结果(不合格报告、评价、审核报告)形成的思路。

(5)确定审核组所需要资源和设施。

(6)确定陪同审核的人员。

(7)约定末次会议及审核过程中各次会议的时间。

(8)澄清审核计划中不明确的细节和不一致的认识。

(9)听取受审核单位对审核项目的情况介绍。

3)现场审核

现场审核过程实质上是寻求客观证据或者说是收集有关信息的过程,是整个审核工作中最重要的环节,所以必须认真组织好,确保审核质量。现场审核的一般程序包括以下活动内容

(1)征求受审核单位使用方代表的意见。

(2)通过面谈、检查文件、观察有关方面的工作现状来收集客观证据。

(3)审核组长可适当调整审核员的工作任务和审核计划。

(4)当发现审核目的不可能实现时,如发现严重不合格项的情况,审核组长应向上级部门报告原因并向受审单位通报。

(5)整理审核检查记录。

(6)汇总分析所有的观察结果,确定不合格项。

（7）审核组会同受审核方单位代表对观察结果进行复审。

由审核组长分别开出不合格项报告并起草审核报告。所有认为不合格的观察结果都应得到受审核方管理者的认可（在不合格报告上签字）。对有争议的问题应及时协调，如争执意见难以协调，应提请上级主管部门处理。

4）末次会议

末次会议是现场审核的结束性会议。在末次会议召开前，审核组应同受审核单位的最高管理者和有关部门的负责人举行一次会议交换意见，主要目的是向受审核单位的最高管理者说明审核观察结果，以使他们能清楚地理解审核的结果。

在末次会议上，审核组长应说明不合格报告的数量和分类，按重要程序依次宣读这些不合格报告，并要求有关部门尽快提出纠正措施计划的建议。此外，审核组长还应就受审核单位的质量管理体系的有效运行、实现质量目标的有效性和对产品的质量保证能力，提出审核组的结论。结论应全面总结承制单位质量工作的优缺点。

5）编写审核报告

审核报告是说明审核结果的正式文件，应由审核组长亲自编写或在审核组长指导下编写，审核组长对审核报告的准确性和完整性负责。审核报告应如实地反映审核的气氛和内容，并标有日期和审核组长签名。审核报告内容如下。

（1）审核的目的和范围。

（2）审核计划的细节、审核组成员和受审核单位代表名单、审核日期及具体的受审核部门。

（3）审核准则，即审核所依据的有关文件（质量管理体系标准、认可的质量手册、过程控制文件和产品文件等）。

（4）不合格项的观察结果（全部不合格报告作为附件附于审核报告之后）。

（5）审核结论：质量管理体系在审核范围内是否符合审核准则；质量管理体系在审核范围是否得到了有效实施；审核评审过程对确保质量管理体系的持续适宜性和有效性的能力。

（6）审核报告的分发。审核报告由审核组长提交上级业务主管部门。上级业务主管部门负责向受审单位的最高管理者提供审核报告的副本，并根据需要分发质量审核报告。

6）跟踪监督和档案管理

（1）跟踪监督。上级业务主管部门应负责对审核单位不合格项所采取的纠正措施进行跟踪监督检查，直到符合要求。在监督中，如发现问题应及时向承制单位通报。纠正措施完成后，审核员应对其进行验证。验证内容一般如下。

①计划及各项措施是否都已按规定的目标和要求完成？

②完成后的效果如何？最直观的效果检查方法就是看自采取纠正措施以来，是否还有类似的不合格情况发生。

③实施情况是否有记录可查，记录是否按规定编号并保存？

④如引起程序修改，是否按文件控制规定办理了批准和发放手续并加以记录？该程序是否已执行？

如果某些效果要更长时间才能体现，可留作问题待下一次例行审查时再检查。审核员验证并认为计划措施确已完成后，在不合格报告一栏中签字。这项不合格项就得到了纠正确认，形成闭环。

（2）档案管理。质量审核档案由上级业务主管部门归口管理。各级有关部门都应按要求和需要建立审核资料档案,归档资料的范围由各单位结合实际需要确定。质量审核归档资料如下。

①年度质量审核计划和审核项目委托书。

②项目审核实施计划。

③质量审核报告。

④纠正措施跟踪监督情况。

第三方质量管理体系审核实施与上述质量管理体系审核的组织实施内容、方法基本相同。

5.8.3 质量管理体系评价

1. 不合格项的分类

在审核中发现的不符合项已与组织通报并得到确认,就形成了不符合报告。在不符合报告中,并不是所有的不符合对质量管理体系的影响都是相同的。因此,必须明确不符合项的重要程度。

认证机构对审核中发现的不符合项重要程度的分类不同,有的划分为两类(重要的和一般的),也有的划分为三类(严重的、重要的、一般的)。下面以后一种分类为例予以说明。

1)严重不符合项

出现下述4种情况之一,则评为严重不符合。

(1)基本上没有按照质量方针、质量目标和系列标准建立质量管理体系。

(2)虽然按要求建立了质量管理体系,但运行基本无效。

(3)最高管理者基本上不履行质量职责。

(4)某项规定、活动不符合造成的不合格品已提交或造成重大的质量事故或造成严重不符合顾客要求的情况。

2)重要不符合项

出现下述4种情况之一则评为重要不符合。

(1)某项重要的质量活动缺乏系统的管理。

(2)没有进行内部质量管理体系审核,或者审核活动基本无效。

(3)最高管理者未按规定的期限组织管理评审。

(4)某项规定、某项活动的不符合,直接影响顾客所提供的产品的性能、寿命、可靠性和安全性要求。

3)一般不符合项

上述两类之外的不符合项为一般不符合项。

2. 审核结果评定方法

审核结果的评定通常用下述三种方法。

(1)建议通过审核。审核中未发现不符合项,建议通过审核。

(2)建议满足整改要求后通过审核。若审核中发现严重不符合项或重要不符合项,则要求在3个月内尽快纠正。一般需经现场跟踪检查证实纠正措施确实有效,除非仅需提供纠正的文件证据。

若只存在一般不符合项,则要求受审核方在1个月内尽快采取纠正措施,一般不进行现场跟踪检查。

总之,只要审核中存在不符合项,就必须要求受审核方对审核中提供的不符合项均尽快采取纠正措施并提供验证的证据,方可建议通过审核。如果受审核方未在给定期限内落实纠正措施,将导致重新申请认证。

(3)不予推荐。当出现较多严重不符合项时,审核组可不予推荐通过审核。

3. 认证审核的总结评定

审核结果要以会议的形式,由审核组长全面评定检查结果,讨论并确定已写好的不符合报告,并进行重要程度分类,如认定受审核方存在严重不符合项,应及时向认证机构报告。审核组按照认证机构的评定方法,讨论并评价受审核方的质量管理体系文件是否满足标准要求,以及满足的程度,得出审核结论。

1)审查受审核方的质量管理体系文件

在审核组的内部评审中要再次讨论受审核方的质量管理体系文件,特别是对标准的删减是否适宜。根据审核的实际情况,确定是否有必要在审核报告中说明不同产品对标准删减内容的不同,并再次审查受审核方质量手册对标准的删减的叙述是否适宜。

2)对受审方的质量管理体系进行综合评价

评价的重点内容如下。

(1)最高管理者的承诺,在质量管理体系中的作用。

(2)顾客要求的识别,如何增强顾客满意度。

(3)质量方针、目标的适宜性,质量目标的分解与实施,达到规定质量目标的能力。

(4)与产品有关法律、法规的符合性。

(5)以过程方法建立实施质量管理体系。

(6)资源提供。

(7)质量管理体系持续改进的实施与效果。

3)审核基本信息

现场审核完成后应编写审核基本信息,审核基本信息应包括以下内容。

(1)受审核方名称、地址等。

(2)审核目的、类型、范围和准则:①审核的日期和审核情况(共审核多少部门、会见多少人、查了多少项);②审核是抽样调查。

(3)审核结果:①不符合项数目及重要程度分类;②文件审核结论;③审核结论。

(4)要求受审核方采取纠正措施的时间。

(5)报告的分发一般一式两份,审核方(认证机构)和受审核方各一份。

(6)审核报告附件:①不符合项报告;②其他有关说明材料。

4. 审核报告的审批

审核工作结束后,应按要求尽快将审核报告初稿等文件呈报到认证机构,由认证机构审批认证审核结论,作出对受审核方质量管理体系是否认证/注册的决定。

5.8.4 质量管理体系复评

获证方在受审核方的认证证书有效期届满时,应再次提出认证申请,认证机构受理后,重新进行认证审核,目的是验证获证方的质量管理体系的持续有效性。

(1)复评前,审核组长要对获证方的质量管理体系在一个认证周期的运行进行一次评审,并填写《质量管理体系认证上一个认证周期评审报告》。

(2)复评计划的编制要考虑上一个周期评审结果、质量管理体系过程的相互作用、运行整体性及保持体系有效性的承诺的证实等。

(3)复评时按照初评的要求对获证方的质量管理体系进行评价。

(4)复评应涉及受审核方的质量管理体系的全过程。

(5)复评所需人数在认证基础无更改的情况下可比初评略少,约相当于初评人数的2/3。

5.9 军民一体化质量管理体系

装备质量与军方、装备承制单位的质量工作均相关。在装备不同寿命周期阶段质量管理工作中,虽然军方、装备承制单位二者担负的责任与角色有所差异,只有二者共同管理、密切配合、相互协作才能保证装备质量。为此,需要建立军民一体化质量管理体系,更好地开展装备质量管理工作。军民一体化装备质量管理体系是科学运用军民装备质量管理资源和要素,通过统一筹划、综合集成,实现装备质量形成、发挥、保持和恢复全寿命过程的有机链接,建立的装备质量管理组织结构和运行机制。

装备质量管理应坚持军地一体、联合管控,建立健全分工明确、齐抓共管的工作机制,促进军民融合深度发展,提升装备质量水平。

5.9.1 组织机构

实现军民一体化装备质量管理体系首先是建立组织机构。一是整合现有军民装备质量管理力量,建立军民装备质量管理专门机构,清晰装备质量管理职责分工,实现集中统一领导。二是依据军民一体化装备质量管理体系的基本构成,重组装备质量管理资源要素,设计寿命周期各阶段装备质量管理组织结构,合理赋予机构或个人功能权力,为实现军民一体化装备质量管理提供组织保证。为此,军方高层领导与装备承制单位集团领导共同组成领导小组作为军民一体化装备质量管理体系的决策层;军方装备机关与装备承制单位集团机关的相关领导共同组成军民一体化装备质量管理体系的管理层,并成立具体办事机构;基层部队、军事代表机构与装备具体承制单位共同组成军民一体化装备质量管理体系的实施层,承办具体业务。

同时,军地双方应各自建立健全质量管理体系,共同加强监督和管理,确保体系有效运行。装备承制单位应当按规定要求通过装备承制单位资格审查,有效开展质量管理活动;大型复杂装备总体单位应当建立健全厂(所)际质量保证体系。

军方装备机关和军事代表机构等相关单位应发挥军兵种主建职能、军方主导作用,对装备质量负监督管理责任,装备承制单位对装备质量负主体责任。

5.9.2 工作机制

军民一体化装备质量管理体系在建立组织机构的基础上,为推动军民一体化装备质量管理体系的高效运行,还要建立健全工作运行机制。主要是建立军民一体的定期协调、风险管控和信息交流机制。

定期协调机制,将装备质量管理纳入军民一体化装备质量管理体系领导小组工作范畴,坚持决策层年度会商、管理层季度协调和实施层日常沟通,研究装备质量工作,协调处理有关装备质量问题。

风险管控机制,军民双方共同制订装备全寿命周期的风险管控计划和措施,将技术质量风险管控贯穿到装备预研、研制、生产和维修等全过程。

信息交流机制，军民双方定期开展装备质量信息沟通反馈，畅通信息交流渠道，确保装备质量工作信息及时、完整、准确地交流。

5.9.3 信息系统

信息系统是军民一体化装备质量管理体系运行的重要支撑。信息是获知装备质量状态的重要资源，质量管理信息系统是获取、储存、更新信息的载体，军民一体化装备质量管理体系对信息流动的速度和效能提出新的更高要求。因此，实践军民一体化装备质量管理体系，必须研究军民一体化装备质量管理能力的生成对质量信息管理的需求，建设、完善其信息系统，实现质量信息的快速传输与运转，提升军民一体化装备质量管理体系运行效果。

第6章　装备论证质量管理

6.1　装备论证工作概述

由于现代武器装备研制有很多不可预测的因素,风险很大,可能给国家带来无法挽回的损失和资金资源的大量浪费,所以对武器装备研制项目进行论证是非常必要的。武器装备论证在其立项决策中是一项减少和降低立项研制风险、控制研制进度和经费要求的严格评估措施,是装备建设中的一个重要环节,对装备的发展具有重要作用。

武器装备论证是指通过严密的科学方法和充分的论据对武器装备的设计、发展和管理等各方面预定目标进行推理证明,以说明实现该目标的可行性、必要性及可行方案的过程。开展武器装备论证工作是适应未来高技术战争和加强部队质量建设的前瞻性工作与基础性工作,也是武器装备发展的科学性、实用性、协调性和系统性得以保证的必然要求。

装备论证工作一般由装备科研业务部门负责组织,由装备科研院所承担实施,通常经历以下几个阶段。

6.1.1　装备论证计划策划

接受上级主管部门下达的装备论证任务,开展研究论证工作,首要环节是进行装备论证的计划策划。策划可以依据 GJB 9001C 8.1 条和 8.3.2 条的要求,重点确定:装备论证的质量目标和任务要求;装备论证的工作程序,确定过程、文件和资源的需求;装备论证的阶段划分;适合于各个阶段的评审、验证和确认活动;参与装备论证各方的职责和权限,相互之间的接口关系,有效的沟通;识别制约装备论证的关键因素和薄弱环节并制定相应的措施;装备论证的标准化要求和适用的标准与规范;运用可靠性、维修性、保障性、测试性、安全性、环境适应性等专业工程技术的要求;对参与装备论证的外协外包方的质量控制要求;提出监视和测量的需求;技术状态管理要求;风险管理要求。

6.1.2　装备论证需求输入

按照装备论证的计划策划展开研究论证前,首先要把装备论证的任务要求转化为与产品要求有关的输入,并通过审查或评审,确保输入的充分性和适宜性。装备论证的输入包括:功能要求和性能要求,即作战任务需求;适用的法律法规要求;来源于以前类似装备论证的信息。

装备论证的类型主要有研制立项综合论证、研制总要求论证、发展战略论证、建设规划计划论证、体制论证及专项技术研究论证等。不同类型的论证,军事需求各不相同,其论证要求也各不相同。例如,装备研制立项综合论证的军事需求要求主要包括:研制的必要性和重要性;作战使命任务;系统组成,研制初步总体技术方案;作战使用性能和主要战术技术指标;研制周期和进度;研制费用概算和寿命周期费用测算;关键技术,研制风险;作战效能分析评估。

为了把握需求输入的准确性,应当通过调查研究,征求作战、训练、运输等部门和装备研制、生产、试验、使用、维修等单位的意见,确认各种需求和约束条件。

6.1.3 确定装备论证内容要求

不同的装备论证类型,论证报告的内容要求也各不相同,应当根据论证任务需求,统筹考虑装备性能(含功能特性、可靠性、维修性、保障性、测试性、安全性和环境适应性)、研制进度和费用,提出相互协调的装备性能的定性定量要求、质量保证要求和保障要求。现以装备研制立项综合论证和装备研制总要求论证为例,说明论证的内容要求。

1. 装备研制立项综合论证

(1)作战使命任务:立项背景;需求分析;研制指导思想。

(2)主要作战使用性能:系统组成和研制规模;主要使用要求;主要功能和战术技术指标。

(3)初步总体方案:战术技术指标分析;初步总体方案设计;分系统初步方案设计;技术实现的可行性。

(4)研制周期:研制周期;进度安排;交付使用时间。

(5)研制经费概算:经费需求;经费概算与安排。

(6)关键技术突破与经济可行性分析:关键技术分析;经济可行性分析。

(7)作战效能分析:使用环境分析;能力综合评估。

(8)订购价格与数量预测:订购价格分析预算;装备原则及数量预计。

(9)命名建议:命名原则;装备命名。

2. 装备研制总要求论证

(1)作战使用要求:使命和任务;系统组成和研制规模;使用要求;主要功能和战术技术指标。

(2)研制总体方案:总体设计;分系统总体设计;保障性设计;组织与设施。

(3)系统配套设备:配套设备要求;配套方案及连接关系。

(4)保障设备方案:保障设备要求;保障方案。

(5)质量特性及标准化控制措施:质量控制措施;可靠性、维修性、保障性、测试性、安全性和环境适应性方案;标准化控制措施。

(6)状态鉴定状态和时间:状态鉴定技术状态;状态鉴定等级和类型;状态鉴定时间。

(7)研制经费概算:概算的原则依据;经费概算。

(8)产品成本概算:概算的原则依据;产品成本概算。

6.1.4 形成装备论证报告

装备论证报告的形成过程一般分为大纲、征求意见稿、送审稿和报批稿4个阶段。每个阶段的输出文件,应按照文件控制的有关规定进行审签、标准化审查、质量会签及发布前得到批准,还应当根据论证策划的安排,组织进行阶段评审,以保证论证文件的充分性和适宜性。

装备论证单位应当对论证结果进行风险分析,提出降低或者控制风险的措施。应当拟制多种被选的装备研制总体方案,并提出优选方案。装备研制总体方案优先选用成熟技术,对采用的新技术和关键技术,应当经过试验或者验证。

6.1.5 装备论证结果评审、验证和确认

根据论证策划的安排对装备论证结果进行的评审、验证和确认,是装备论证的重要活动。由于评审、验证和确认具有不同的目的,导致其活动的时机、方式、内容及参加人员有所不同,

但有时根据具体情况也可单独或以任意组合的方式进行。评审、验证和确认的结果及任何必要措施的记录,应当按照记录控制的有关规定予以保持。

1. 评审

评审的目的是评价装备论证的结果满足作战任务需求要求的能力。装备论证的评审根据论证策划的安排,在装备论证报告形成的各个阶段进行,如大纲阶段、征求意见稿阶段、送审稿阶段和报批稿阶段。评审可以根据需要采取逐级审查、会议评审或函审等形式。

评审的参加者应是与评审主题相关的有能力的人员。评审的内容主要有:与任务要求的符合性;理论分析、推理计算的科学性;功能、性能指标的先进性;技术、经费的可行性;文件资料的完整性;文字符号、计量单位的正确性;文档格式的规范性;审签、批准手续的完备性;与相关法律法规、标准的协调性。

2. 验证

验证的目的是确保论证的结果满足论证输入的要求。验证依据论证策划的安排,在论证报告输出形成前进行。验证的方法有:变换方法进行计算;进行仿真或模拟试验;专家评审等。验证一般由论证人员实施,顾客要求时应邀请并通知顾客参加。

验证的内容和对象是针对装备论证的结论是否正确。近些年部队投入大量经费,用于仿真试验条件建设,不仅提高改善了装备定型试验测试条件,同时也为新装备论证的仿真试验提供了重要保证。

3. 确认

确认的目的是确保论证的最终报告满足顾客要求和规定的作战任务需求要求。确认依据论证策划的安排,在论证报告输出形成后、报批稿正式上报前进行。确认的方法有验收、技术鉴定和专家评审等。确认一般由下达任务的上级机关主管部门组织,作战、训练、运输等部门和装备研制、生产、试验、使用、维修等单位的人员参加。

6.2 装备论证质量管理任务与要求

6.2.1 装备论证质量管理任务

武器装备的论证质量,是进行全寿命质量管理的第一个环节,也是非常重要的环节。装备论证是研制、生产的基础,打什么仗研制什么武器,由装备论证予以回答。因此,必须贯彻我国的战略方针和我军的作战原则,贯彻军委和总部关于我军武器装备建设的指示与要求,充分考虑作战需求,使军事战略、战役、战术使用对武器装备的技术性能要求具体化,作为设计研制武器装备的依据。

在《武器装备质量管理条例》中明确规定:“武器装备论证质量管理的任务是保证论证科学、合理、可行,论证结果满足作战任务需求。”同时要求“军队有关部门组织武器装备的论证,并对武器装备论证质量负责”。具体到某一项目论证,其质量管理是由军方主导、负责,任务就是开展论证项目的质量管控,保证论证科学、合理、可行,论证结果符合国家、军队的政策和规划,符合军兵种装备体制,满足部队使用管理要求,满足部队作战任务需求。

6.2.2 装备论证质量管理要求

装备论证产品(论证报告)的内在质量好坏往往要到装备研制、生产过程中,甚至要到装备交付部队使用后才真正体现出来,在论证报告产生时很难通过简单、直接的方法进行检验,来证明其质量高低。因此,装备论证质量管理和装备研制、生产的质量管理有所不同。

由于装备论证过程是一个特殊过程,可以通过对承担论证任务的论证单位资质、论证人员能力、论证工作程序、论证方法、资源保障能力等的确认,以及论证成果的专家评审验收,来保证装备论证质量。

针对装备论证的工作特点及其论证产品的特殊性,对装备论证质量管理的要求主要包括如下几个方面。

1. 建立装备论证质量管理体系

科学高效的组织管理是武器装备论证质量的最有力保障,要加强顶层设计,建立武器装备论证质量管理体系,统一规划计划,统一组织体制和统一标准。武器装备论证质量工作目标只有通过建立健全完善的论证质量管理体系才能得到全面落实,所以,要抓好论证质量管理,首先要建立以过程模式为基础的质量管理体系,形成自我完善、自我发展的论证质量管理体制与运行机制。一是强化武器装备论证质量管理顶层设计。其具体做法包括:设立专门的机构,统一规划质量建设;采取集成优化、整体推进的战略;制定质量管理的指导性文件;制定统一的技术标准体系,提供论证资源等。二是建立统一的领导机构,实现组织保障。为防止各自为政、兼容性差、重复建设等问题,必须调整体制,做到组织体制先行,领导机构先行,建立集中统一的实体性、权威性的质量管理组织机构,进行质量体系策划,确定质量方针和质量目标,规定各部门、各级领导的质量职责,为武器装备论证质量管理建设提供组织保障。三是建立和完善论证质量管理体制与运行机制。要做到统一思想、统一计划、统一部署、统一行动。实现由原来的自我建设、自我运行、自我管理的组织领导体制,向统一、高效和一体化的组织领导体制转变。

2. 论证过程清楚、论证工作程序化

武器装备论证过程是一个十分复杂的过程,涉及的因素很多。另外,不同类型论证之间也有所区别,在论证中要做到过程清晰完整,必须遵循论证的一般模式和武器装备论证的特定模式,科学划分论证各环节,充分说明武器装备需求的物理、行为特征,两者之间能够相互支撑和制约;各论证环节紧扣主题,充分为论证主题服务,同时各论证环节的可操作性强。因此,在《武器装备质量管理条例》中明确要求,“论证单位制定并执行论证工作程序和规范”。

通过程序规范装备论证的内容要求,是保证装备论证质量的重要因素。武器装备论证工作一般分为任务下达、论证研究、审查与报批、归档 4 个阶段。每个阶段都有其特定的任务和目标,一般情况下只有完成前一阶段的任务后方可转入下一阶段工作;特殊情况下,可根据具体论证项目的特殊性和要求,将各阶段交叉进行或反复进行,但必须达到规定的总目标。要防止按“既定方案”写说明,片面地跟着一种倾向走,缺乏客观的实事求是的论证;防止对关键问题(如关键技术、工艺、器件等)缺乏科学的验证或预测,主观臆测,造成“夹生”;防止占有资料不全面,没有做深入细致的全面调查研究工作,论证工作草草收场。因此,应按论证工作程序,一步一步、扎扎实实做好工作,才能保证论证质量,为领导审批决策提供可靠的科学依据。

3. 论证方法得当、科学

良好的论证过程,科学的论证成果都离不开论证方法的支持。方法和模型是武器装备论证的核心,高质量的装备论证所用方法与实际问题相适应,简便易行,可靠性强;所建立的指标体系完备、独立、合理,系统模型精确,而且与实际系统十分相似;相应的方法和模型在使用时的输入与输出数据准确,论证结果可行。

论证方法科学化的要求如下。

(1)充分占有资料。论证中要进行广泛调查研究和收集资料,特别是国内外最新的资料。对所引证的资料应进行科学分析和鉴别,确保资料的可信性。

(2)认真总结经验。全面分析和评估已有类似武器装备的使用性能和作战效能,并针对存在的问题在新装备论证中提出科学合理的对策方案,以增强论证方案的实践性基础。

(3)定性与定量分析相结合。在定性分析基础上通过经验对比、量化分析及计算机模拟等,对论证方案进行综合评价和分析比较,并不断修改完善,提高论证的准确性。

(4)充分利用先进手段和科学方法。运用严密的科学方法进行研究,必要时进行验证试验,以提高论证的先进性和科学性。

(5)合理采用高新技术研究成果。运用新理论、新技术、新方法拓展论证的深度和广度。

4. 论证单位和人员应具备相应资质

对承担论证项目的单位及其课题组人员的资格要进行审查,必须满足以下要求:

(1)与论证项目所需的专业对口。有的大项目需要多种专业相结合,课题组人员专业构成上必须与之相适应。

(2)有一定的论证经历,特别是与该项目相类似的论证经验。

(3)投入足够的研究力量,以满足论证工作的需要,特别是要有一定数量的专家级人员负责主要方面的论证工作。

(4)具有较强的科研手段、设备、资料和有关物资保障条件。

5. 强化风险控制和节点控制

风险无处不在,对于处于论证阶段的武器装备更是不可避免地存在多种风险,如对其提出前所未有的性能要求而造成的技术风险,预计时间内不合理的低费用所造成的费用风险,不切实际的进度估计造成的进度风险,装备项目外部资源和活动对其产生不利影响而产生的计划风险等。这些风险在论证过程中必须给予足够重视,充分评估,强化控制,否则装备论证报告将是有缺失、不完善的,论证质量将是难以保证的,并且在下一步的装备研制、生产中不仅给国家带来巨大的经济损失,而且影响国家的国防建设与社会发展。

装备论证工作过程通常经历大纲、征求意见稿、送审稿和报批稿等关键节点,在这些节点处对上一阶段论证工作、论证结果的检查、评审,对于论证工作起到把关、监督的作用,将有效地保证装备论证的质量。因此,应当强化装备论证节点控制。

分阶段评审是装备论证过程中不可缺少的“把关”环节,其目的就是防止在发展新型武器装备时的轻率从事。评审的内容与重点随论证阶段的不同而各有侧重。例如,在概念模型论证阶段,评审的内容和重点主要是集中在关于发展新的装备型号的目标与要求上。若对于发展新的装备型号,不仅明确,而且具体,则在评审中就会对所提出的概念模型予以肯定。否则,将会给予否定,并要求重新对装备的概念模型加以研究。

评审的组织工作,一般由各论证阶段所涉及的主管部门负责。评审结果如达到要求,便可申报上级批准转入下一论证阶段;若不能通过评审,则评审会将提出更改意见或呈报上级主管部门,建议重新进行有关的研究。

6. 论证报告内容完整,论证文件编写质量符合要求

论证成果主要是通过论证报告来体现的,所以,内容的完整性是对论证报告质量的一般要求,其编写应该符合国家军用标准的有关规定。论证文件配套齐全,内容符合要求,观点明确,结论清楚,语言表达准确,分析问题具有逻辑性。提出的指标合理,依据正确,指标先进可行,相互协调,实用价值高,要求明确,且有验证考核的方法,具有可操作性等。

7. 管控论证重点

装备论证的内容很多,作为负责论证质量的装备科研业务部门,应当根据质量管理突出重点的原则,组织承担论证任务的装备科研院所重点对武器装备作战需求论证、战术技术指标论证、作战使用要求论证、总体技术方案论证、大型试验初步方案论证、研制总要求论证等内容,加强质量管控,方可有效地保证装备论证质量。

6.3 装备论证质量管理内容

由于装备论证的产品是尚未真正实现的装备论证报告,难以用简单的标准、指标对论证质量进行衡量,因此,在《武器装备质量管理条例》中要求“实施论证过程质量管理”。结合装备论证过程的工作内容,其质量管理内容包括需求论证、指标分解、风险控制、方案优选、论证评审等方面。

6.3.1 需求论证管理

在武器装备发展论证中,首先面临的论证问题就是新型装备的需求问题,这是装备论证中最原则、最根本的问题。它是确定新型装备的作战使用性能、战术技术指标的必要条件。因此,新型装备的需求论证是装备发展论证的第一项论证项目,该项论证主要在装备论证的第一个论证阶段中加以解决。所以,武器装备发展论证过程中的第一个论证阶段称为需求论证阶段。这一阶段主要从未来作战和部队装备两个方面对发展新型装备的需求进行分析,阐述发展新型装备的必要性,并确定发展目标与要求,为后续的新型装备生成提出总体构想。

作战需求分析是该论证阶段的分析重点,主要以未来某类武器装备所应完成的作战任务为主要依据,通过评价该类武器装备的现行作战能力,明确现行作战能力在完成未来作战任务时存在的差距,提出该类武器装备作战能力有待充实与提高的各个方面。该项分析的目的是要了解发展某一个新型装备对于提高或充实某类武器装备作战能力的重要性程度和必要性程度,其分析的结果将是装备需求分析的前提和依据。

装备科研院所应当充分考虑军事威胁、作战任务、能力和相关约束条件等因素,从顶层和体系进行作战任务需求论证。论证工作应当征求作战、训练、使用管理等部门和武器装备研制、生产、试验、使用、维修等单位意见,确认作战任务、靶场(靶标)建设、配套建设、战场建设、装备体制规范等需求与约束条件,并在论证结果中落实。

装备需求分析是从某类武器装备的现状出发,根据适应未来作战需求的装备整体结构要求,来诊断现行装备在战术配套、技术配套等方面的不足或缺口,以及军队现行装备与外军同类先进装备在性能水平上的差距,分析发展该新型装备的迫切性程度。

武器装备需求论证工作要紧密针对部队作战需要,所提出的决策依据充分,能为必要性分析提供充足的证据,并能真正反映作战使用要求;武器装备需求论证具有层次性,论证中要从全局到局部层层深入进行分析,不同的论证项目应根据研究问题的层次和要求确定自己的重点内容,根据现有技术能力,进行技术发展预测,考虑可用的财力,通过需求论证确定重点,也就是确定发展哪些武器装备效果最好,排定各层次武器装备发展的优先顺序,引导科研力量解决当前和未来急需的装备;宏观调配经费流向,发挥现有技术力量和财力的最大效益,为武器装备的发展提供蓝图,指导武器装备建设全局。

6.3.2 作战使用性能论证管理

以装备需求分析阶段所确定的新装备发展目标和要求为依据,通过新型装备目标任务分析和系统概念分析,建立其概念模型。然后,以新型装备的概念模型为基础,进行装备功能分析,将新型装备目标和要求具体化为新型装备的各项主要作战使用性能和指标。该论证阶段包括概念分析、环境因素分析和功能分析三方面的内容。

6.3.2.1 概念分析

概念分析主要是明确新型装备的目标任务和有关的概念。一方面,在确定新型装备任务剖面的基础上,明确该新型装备的目标任务轮廓。另一方面,分析新型装备的有关概念,较为准确地对将要开发的新型装备进行定性描述。经过概念分析,论证人员可以获得新型装备的概念模型。

1. 任务剖面建立

任务剖面必须建立在科学的研究方法和有效的数据基础之上。在以往的新型装备论证中,由于对建立新型武器装备的任务剖面不够重视,使论证人员积累了不少教训。较常见的是在预测一些武器装备的作战使用任务和环境状况时,由于所采用的预测方法不够科学,依据的数据不够充足,从而导致在型号系统研制出来后,还不得不将许多精力和工作花费在如何使新型武器装备适应实际的作战使用需要和环境条件方面的更改上。

在确定任务剖面的过程中,必须考虑下述几个重要因素。

(1)应当把任务参数要求(或一组任务边界)表示为最低目标和最大值。一般不宜将任务参数定得过严,要根据是否能够达到要求和目标去估计每一个任务参数的临界值。

(2)提出任务,不仅是论证分析人员的事情,而且要从技术部门和军事部门抽调专家,运用协调一致的方法共同解决问题。

(3)随着工作的进展,可能需要取消一些任务,因为达到预定目标的风险可能太大。

(4)任务必须定得非常具体,要使分析人员能够检验装备的全部重要参数。

(5)必须能够模拟任务(军事演习和战斗方案模型)。

2. 概念模型获得

概念模型是用语言、符号和框图等形式对新型装备的外在特性和内在特征的定性描述。具体而言,概念模型就是对新型装备目标、规范、要素及制约等一系列界定因素的定性描述。

在武器装备型号论证的初始阶段,论证人员往往通过描述新型武器装备的概念模型,以谋求对新型武器装备概念系统全面、准确的定义。

一个有效的新型武器装备概念模型必须具备以下几个特征。

(1)独特性。所描述的新型武器装备的特征必须有别于其他同类武器装备的特征,即这些特征是该新型武器装备所独有的特征,且至少有一种特征描述具备独特性。

(2)准确性。概念模型特征描述必须含义明确、用语准确,要避免模棱两可的描述。

(3)规范性。构成概念模型的各种描述要力求规范用语、使用标准规范的概念与名词术语,尽量避免使用自造词语。若不得已必须使用,则应当用规范语言解释清楚。

6.3.2.2 环境因素分析

环境因素分析着重探求新型装备与环境(战场环境和自然环境)的关系,主要包括新型装备在其寿命周期内所处的环境及其主要影响因素,以及这些因素在新型装备的寿命周期内将产生的可能影响和影响的程度。环境因素分析的目的是为后续的各项分析内容提供客观合理的环境想定模式。

装备最终要在规定的使用环境中有效地使用,这里的使用环境,一是由自然界产生的自然环境,如地形、地貌、温度、湿度、压力等;二是由敌我兵力对抗所形成的作战环境,如来自敌方的火力威胁、装备的战术运用方式等。因此,在分析时需要把这两种环境结合起来考虑,对其中重要的环境要素参数作适当的评定和量化分析,要尽可能地根据武器装备将来的使用环境进行分析,特别是要分析极端的自然环境和变化剧烈的天气情况对武器装备特性与使用的影响。

6.3.2.3 功能分析

1. 功能分析概念

功能分析立足于新型装备的作战使用要求和目标任务轮廓,分析新型装备在完成该目标任务的过程中应当具备的各项基本行为与功能。同时,在定性描述这些功能相互关系的基础上,建立新型装备的功能分配图。

功能分析是武器装备发展型号论证过程中的重要一步,它将规定武器装备型号系统的功能基线和使用要求,是武器装备概念研究中系统生成不可缺少的一个环节。

对某一新型武器装备进行功能分析的目的,是根据其作战使命和总体功能的要求,进一步做功能上的分解,直至明确新型装备的各个功能单元,以及它们之间的相互关系,以确定新型装备及其构成要素的基本使用功能(功能基线)和与基本使用功能相对应的性能要求,为进行该新型装备的结构分析和作战使用性能指标体系分析等提供依据。尤其需要说明的是,进行功能分析的目的还在于为后续论证分析中确定新型武器装备的可靠性、维修性、保障性、测试性、安全性、环境适应性等有关指标提供分析依据。

对武器装备的功能进行分析,是针对那些分配给新型装备的功能而言的。在此需要明确的是,装备的功能和性能是两个既相互联系又相互区别的概念。功能是指由某装备构成要素完成的某项特性活动,而性能则是指完成某项功能的某一装备构成要素的具体表现状况。只有同时保证新型装备的功能基线和功能性能要求,才能充分满足对新型装备作战使用的基本要求。

功能分析是一种分析新型装备性能要求并将这些要求分解为个别任务或活动的方法。其任务是确定新型装备的主要功能,并将这些功能层层深入地分解为各项分功能。它规定了功能区、次序和接口,以此来支持任务分析。同时,论证人员和装备研制人员可以利用它来制定有关新型装备结构、硬件、软件、战术技术指标等方面的具体要求,以完成新型装备的建立和研制工作。

功能分析从明确顶层功能开始,最终将功能分配到装备系统中较低层要素上去。这项工作受装备系统要素综合的影响,因为要验证它们完成所分配要求的能力。换言之,功能分析与综合应协调一致,同时明确指出在哪些地方需要进一步考虑输入要求和工程研制之间的权衡问题。

2. 功能分析内容

功能分析有两项最基本的分析内容,即确定单元功能和分配技术要求。通过这两项基本的功能分析,将武器装备型号在作战使用和维修中的各种功能因素转化为具体的、定性和定量的装备设计要求。通常,可以通过逻辑功能分析和分配的方法来实现新型装备各单元的功能及其功能分配的要求,其具体分析内容如下。

(1)确定装备的工作功能和相应的维修职能,并按顺序加以排列,以达到装备概念分析及环境要素分析所规定的装备总体功能和要求。

(2)确定与每一项功能或职能有关的性能参数、工作有效度和可保障性指标,包括对装备的限度、约束条件以及预定的使用条件等方面应考虑的问题。

(3)按照总体的装备系统说明或是装备的组装方案确定性能、使用与可保障性指标,并适当地分配各项要求以便完成设计。

3. 总体功能的分解

分解新型装备的总体功能是将新型装备的总体功能逐级分解,直至分解到更为具体与直接的底层功能为止。如上所述,功能分析的中心内容就是对分配给新型装备的各项总体功能进行逐层次的分解。因此,可将功能分析视为一种自上而下的解决问题的办法。它是按照一定的逻辑组合体系,把新型装备各组成单元的特有子功能相互联系起来,研究它们的相互关系,以及它们和系统总体功能间的相互关系。

具体而言,对分配给新型装备的总体功能进行逐项分解,就是为了进一步认定对新型装备提出的关系功能要求,并据此将这些要求逐一分解为可以单独完成的新型装备的设计单元或设计活动。通过明确各个功能所涉及的范围、功能所起作用的顺序及功能间的接口关系,为对新型装备的各个功能单元提出性能要求提供依据。此外,根据功能分析的结果对那些保障新型装备的配套器材、软件、操作人员和操作程序等提出相应的技术要求,以便最终能全面地完成新型装备的研制、装备、使用等工作。

在进行功能分解时,论证人员应当按照科学的功能分解方式,准确、完整地构造出新型装备的总体功能结构。

进行功能分解,首先要确定新型装备系统应当具有的各项总体功能,并把它们在尽可能详细的层次上再分解为各个子功能。一般情况下,可采用"自上而下"的功能分解方式,即逐级地将新型装备系统的总体功能分解为若干部分(子功能),并在这些子功能之间存在着一定的接口关系。然后,对每个子功能再往下一层次分解下去,以使子功能的数目不断增加,而且每个功能也都有自己的接口。依此继续分解,一直分解到最低的功能层次,在这一层次上,可以根据各个功能的特点来确定能具体执行的单一的新型装备系统构成要素。这种自上而下的方法如图6-1所示。

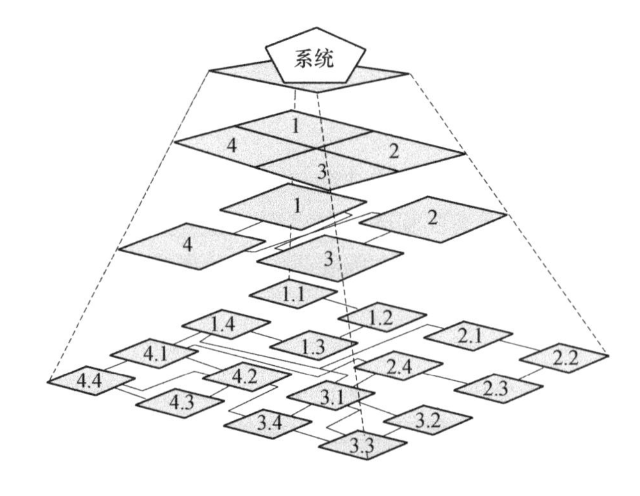

图6-1　自上而下功能分解法

图 6－1 表示通过功能分解，将某一新型装备系统的总体功能分解成若干个功能区或功能段。每个功能区是满足新型装备基本功能所分配的一个区段。这些区段集中起来就形成各个级别的完整的新型装备系统描述。当这些功能段彼此分开时（因为它们实际上可能各有其物理含义），就提出了必要的接口连接问题。功能向下一层分解一次，功能数量就大大增加一次。每项功能又自有其接口。这个过程持续下去，直至达到最底层，并能够按规定完成具体任务（如计算射程）为止。

自上而下分解法的最大优点之一是可以通过其总体结构首先触及最困难的设计区域。例如，在图 6－1 中，可以在研制一开始时解决款项 3 下的所有问题（3.1、3.2、3.3 等），从而减少风险。

6.3.3 方案综合论证管理

新装备型号系统方案综合论证阶段主要涉及系统结构分析和可行性分析两方面的内容。

6.3.3.1 系统结构分析

1. 概念

系统结构是系统保持整体性以及具备一定整体功能的内在依据，是反映系统内部要素之间相互联系、相互作用形式的形态化。

新型装备系统结构分析是根据新型装备的功能分配图，探索新型装备所应具备的总体结构形式。该项分析主要是采用系统的结构描述方法，以获得新型装备系统的构成要素关系图（结构关系图），并进行新型装备系统结构要素之间相互关系的分析。进行新型装备系统结构分析的目的是，试图分析新型装备各系统构成要素与各项作战使用性能的相关性（用结构模型加以表述），即其对作战使用性能发挥的影响程度，从而确定所“期望的”各项性能指标。

2. 结构分析与功能分析、性能分析之间的关系

新型装备系统结构分析与其功能分析和性能分析是相互连接的分析环节。

新型装备系统功能与其系统结构有着密切的联系。系统功能是指新型装备系统整体与外部环境相互作用中应当表现出来的效应和能力，用于满足新型装备系统目标的要求。尽管新型装备系统整体具有其各个组成部分所没有的功能，但是新型装备系统的整体功能又是由其结构，即系统内部诸要素相互联系、相互作用的形式决定的。然而，论证人员所研究的对象，往往是一个虚拟的系统，在提出了对新型装备系统的功能要求之后，还必须通过这些功能来研究新型装备系统应具备的形式。因此，对于新型装备论证，系统结构分析的主要任务是根据新型装备系统的功能要求分析系统的要素，以及构成要素之间的相互关系，提出新型装备系统结构方案，或者研究新型装备系统结构及其要素之间的关系对新型装备系统功能的影响。

新型装备组成要素在内部联系和与外部联系中表现出来的特性与能力是它的系统性能。系统性能分析有赖于系统结构分析给出的新型装备系统结构的描述，并根据性能要求规划其结构。系统性能是系统功能的基础，提供了发挥功能的可能性。功能只能在系统行为过程中呈现出来，通过它所引起的功能对象的变化来衡量。

3. 系统结构特性

装备的系统结构特性主要有稳定性、相对性和动态性。稳定性是指系统总是趋向于保持某一状态，它取决于系统内部要素稳定的有机联系方式。一旦外界环境的作用程度超过系统稳定性范围，则系统依作用的程度将改变甚至丧失原有的结构。一个装备型号在定型以后，其部件、组件等系统要素及组合就被确定下来，形成稳定的系统结构。在作战使用中受到敌方火力打击，且打击烈度超出装备物理特性能够承受的范围，部分要素会被击毁或者损坏，装备就会失去结构的稳定性。为恢复稳定性，需要采取战场抢修等措施。

相对性是指系统的结构形式是无限的，这与系统的层次是无限的相一致。在系统结构的无限层次中，高一级系统结构的要素，包含着低一级系统的结构；复杂系统的层次复杂性和构成要素的复杂性往往是由结构简单的系统要素构成。舰船、飞机和坦克等装备系统由众多的分系统组成，各分系统又由各种组件、部件和零件组成。但是对于高一级的系统，如相对于海军装备系统来说，各种舰船不过是组成要素之一，其系统结构包含在更高级系统的结构之中。了解系统结构的这一特性，对于认识武器装备系统可以减少简单化和绝对化。

装备系统在与环境进行物质、能量和信息的交换过程中不断发生结构的变化，即结构的动态性。随着装备使用年限的增长，它的组成要素会逐步发生老化，导致性能降低，结构特性发生变化。作战方式的发展和技术能力的提高，会促进装备新旧更替，组配调整。装备系统当前的结构状况，是其各组成要素相互作用，以及与环境相互作用的结果；同时，当前的结构状况又是新的结构生成的基础。无论是一个武器装备型号的结构，还是一类武器装备的结构，总是处于相对的稳定状态和绝对的动态状态之中。

4. 系统结构分析步骤

装备系统结构分析的一般步骤如下。

第一步：选择系统要素和确定要素间的关系。

第二步：建立结构模型。

第三步：提供决策说明。

可以用于装备系统结构分析的方法和工具有很多种，但从装备系统结构分析的实践上看，比较实用的是一类结构模型化技术，它是建立系统结构模型的方法论。

6.3.3.2 可行性分析

可行性分析主要是探讨新型装备系统的性能、结构等在战术、技术和经济三个方面的可行性，并提出有关的改善途径，以调整某些期望的性能指标，保证新型装备系统的性能和结构既先进又可行。

论证的可行性分析包括经济可行性分析、技术可行性分析、研制周期的可行性分析和生产可行性分析。在进行上述分析时要做到既有横向对比，又有纵向比较，充分占有各方面资料，包括国内和国外、过去和现在，信息资料完整、新颖，鉴别准确。综合考虑各方面因素，不单独割裂任何一项可行性研究，而是要置于国家的大环境，紧跟世界的发展趋势进行。论证中论点正确、完整，并且有针对性，论据准确、充分，具有代表性和可信性，论点与论点、论点与论据之间的逻辑关系严密、合理。最后得出解决方案的形成过程科学、规范，每个步骤及解决方法合适得当。最终的论证结果符合使用者的意图、符合作战任务，并且与整个武器装备发展战略相一致，能够满足未来作战的需要。

6.3.4 指标论证管理

武器装备论证的最后阶段是对新型装备所应具备的战术技术指标进行论证。首先，根据新型装备的作战使用性能项目的相互关系，确定战术技术指标（或性能项目）体系。其次，进行新型装备性能分析，即通过战术技术指标体系，建立各项性能模型，并在各项战术技术指标之间进行权衡，使每项系统性能达到前面论证阶段所确定的性能指标或要求。

性能及指标分析是在新型装备系统功能及其结构初步确定之后的一个论证环节。在新型装备系统功能分析中,其功能要求经过分解得到明确,下一步的工作就是将它进一步具体化为战术技术要求,并通过分析以各种可以度量的参数作出规定,即战术技术指标。它可以反映装备系统的性质、功能、技术水平,也界定了方案论证和方案技术设计的思考范围。该论证阶段包括系统性能分析和指标体系分析两个方面的研究。

1. 系统性能分析

系统性能分析主要是针对每一系统性能,将其分解为多个性能构成要素(相关的各项性能属性),以及更低层次上的影响性能属性的各个因素。其目的是通过将各项装备系统性能进行分解,了解最基本的性能影响因素及其相互关系,以建立新型装备系统的性能模型。

一般意义的系统性能是指系统所具有的性质和功能。对于装备型号来说,系统性能主要是指作战使用性能,它是装备战术技术性能和综合技术保障性能的函数。战术技术性能由战术性能和技术性能组成,是描述装备作战能力的主要参数。综合技术保障性能由一系列保障性参数组成,主要有保障性综合参数、保障性设计参数和保障资源参数,用使用可用度、可靠性和维修性等度量。

传统意义的装备作战使用性能主要是指战术技术性能。随着高新技术在装备系统中的广泛应用和新型装备系统技术复杂程度的提高,单一重视战术技术性能的观念已经过时,取而代之的是战术技术性能、质量和保障特性的综合权衡、同步论证的思想。对性能的要求不仅仅是满足于"今天的性能",而是要实现装备"长期的良好性能"。反映装备作战能力高低和质量好坏的标志除了一般意义的性能,还包括可靠性、维修性、可用性、经济性及时间性等诸多方面,它们经过系统综合就构成了新的装备性能概念——系统性能。

系统性能分析在装备论证过程中是前承系统功能分析、系统结构分析、后继指标体系分析的一个环节或阶段。其任务是把新型装备系统功能分析所确定的装备系统必须执行的任务、应产生的效果或应起的作用再进一步具体化,成为具体的技术要求。新型装备系统结构分析把其功能分析对其提出的要求从系统要素的组成、要素之间的作用和相互关系方面予以说明和描述。由于系统功能对系统结构有绝对依赖性的一面,通过新型装备系统结构分析还可以分析新型装备系统功能描述的合理性和实现的可能性。新型装备系统性能分析需要依据结构分析确定的系统要素及其相互关系,提出新型装备系统性能项目和参数。

2. 指标体系分析

指标体系分析是根据新型装备系统性能的分解结果及其性能模型所描述的各项性能属性和影响因素之间的相互关系,建立新型装备系统战术技术指标体系。此外,以建立的指标体系为基础,进行各项指标的权衡,并最终确定一个理想、可行的战术技术指标集合。

指标体系分析是在新型装备系统性能分析的基础上,通过分析、综合和权衡确定性能的指标体系和性能度量参数。在这个过程中,可采用多种分析手段,如逻辑推理、解析计算和仿真模拟,进行指标的相关性分析和优化实验分析,以进行指标的系统优化。还要确定反映新型装备系统类别和自身特点的主要特征性能指标与通用战术技术指标项目。最终提出既满足必要性,又具有可行性的指标体系备选方案。备选方案采纳以后,将作为型号设计、定型考核和技术保障的重要技术依据。

3. 系统性能与其指标之间的关系

关于装备系统性能与其指标之间的关系,一般认为:系统性能是论证人员站在使用方或采购方的角度,对装备系统的功能、结构、性质和技术水平等的基本要求。例如,某型装备的防护性能要求,说明该装备具有防敌毁伤的功能,也说明它属于装甲类装备的性质。防护能力的强弱,则说明它的技术水平。而且,装备系统性能可以定性规定,允许有一定的伸缩范围,这是研究的阶段和深度所要求的。装备系统指标是论证人员通过其性能的相关性分析和关键性能参数优化等项工作对装备系统性能总体认识和详细设计的结果。装备系统指标一般必须对其项目或参数作定量描述,这相对于装备系统性能描述来说要具体得多。指标体系用于直接指导装备系统的方案设计,因此,必须在必要性和可行性等要素之间进行充分权衡,有时需要通过建立物理模型或计算机仿真模型对关键指标进行可行性实验。装备系统的战术技术指标在方案设计和样机研制过程中还要不断调整,直到通过技术鉴定或定型考核之后才能最终得到确定。

4. 指标论证工作

装备科研院所应当根据论证任务需求,按照战术技术指标体系进行技术指标分解,应用理论分析、计算、仿真和必要的试验验证手段,对需求、约束等进行可行性综合研究,统筹考虑研制进度及费用等因素,提出相互协调的武器装备性能的定性定量要求、武器装备全寿命周期质量保证要求和保障要求。

6.3.5 风险控制

1. 装备发展存在风险的客观性

在武器装备发展过程中,风险是客观存在的,大多数的决策,包括最简单的决策都包含有风险。有些风险是可以接受的(如增加费用),有些风险则是完全不能接受的。

武器装备论证、研制是一个庞大而复杂的系统工程,在技术上,是具有复杂结构的技术体系;在时间上,是从设想到实践的具有复杂系列关系的连续过程。科学技术的发展,使现代武器装备系统向着高效能、自动化、多功能的方向发展,结构越来越复杂。其发展趋势是越来越多地运用现代最新科技成果,其广泛应用导致武器装备系统的复杂程度越来越高,复杂程度的增加使武器装备系统的研制风险越来越大。

武器装备系统发展本身具有不同程度的探索性,存在着种种不可预见的因素。此外,武器装备系统发展还受到国际、国内环境和可能利用的技术因素的制约。随着论证研制工作的进展可能会出现必要的修正,随着时间的推移可能增加新技术的应用,这些可能性均会伴随风险的存在。国际形势、国家的财力和政策、军队作战任务等的变化,这些客观和限制条件均可能对武器装备发展带来不确定性,从而产生风险。因此,在武器装备系统发展过程中,风险是客观存在的。

2. 风险种类

按照武器装备发展中风险源的性质,可划分为 5 类风险。

(1)技术风险。技术风险是指使用新技术、新材料、新工艺、新设计对装备提出前所未有的性能要求所承担的风险。该类风险与性能密切相关。

(2)计划风险。计划风险是指项目本身无法控制但又可能影响项目方向的各种因素所带来的风险,如政策改变、计划不周、决策延误、任务变化、预见性不强或能力不足造成项目研制中断等风险。该类风险往往与环境变化有关。

(3)保障性风险。保障性风险是指拟研制、正在研制或已完成研制的装备部署时可能出现的保障性问题,它是与装备系统的部署和维修有关的风险。该类风险源都是与保障性相关的,如可靠性与维修性、训练、人力、保障设备、共用性、运输性、安全性、技术资料等因素。保障性风险具有技术(风险)与计划(风险)两方面特征。

(4)费用风险。费用风险是指增加项目费用有关的风险。该类风险源与技术、计划、保障性、进度等风险敏感性有关。

(5)进度风险。进度风险是指延长项目进度有关的风险。该类风险源与技术、计划、保障性、进度等风险敏感性以及关键路径数等有关。

各类风险典型示例如表6-1所列。

表6-1 各类风险典型示例

典型技术风险源	典型计划风险源	典型保障性风险源	典型费用风险源	典型进度风险源
物理特性	材料可用性	可靠性和维修性	技术风险敏感性	技术风险敏感性
材料特性	人员不可用性	训练	计划风险敏感性	计划风险敏感性
辐射特性	人员技能	使用保障设备人力	保障性风险敏感性	保障性风险敏感性、费用风险敏感性
测试/建模	安全性	考虑因素		
综合/接口	保密	互用性考虑因素	进度风险敏感性	同时发生的程度
软件设计	环境影响	运输性	大修 G&A 速率估算错误	关键路径项目数估算错误
安全性	通信问题	系统安全性		
需求更改	劳动者罢工	技术资料		
故障检测	需求更改			
使用环境	政治因素			
成熟/不成熟工艺	承包商稳定性			
系统复杂性	投资方面			
独特/专用资源	条例更改			

3. 风险控制

风险是由不确定性导致产生的。不确定性仅仅考虑事项发生的确定程度,而风险则还要考虑事项发生后果的严重程度。

装备论证过程就是使新发展的装备不确定性越来越明确,降低武器装备系统发展的风险、采取措施控制风险,为装备的研制、生产、使用部署奠定良好的基础。

装备科研院所应当根据论证项目的特点确定论证中的关键和难点问题,进行制度、人员、环境、技术、费用风险分析,充分考虑预研攻关情况、技术储备、国内外技术现状、工艺水平及武器装备现状,提出降低或者控制风险的措施。采用的新技术和关键技术,应当是经过试验或验证的。

6.3.6 论证方案优选

在装备论证中,备选方案是那些可能有效地解决装备论证问题及满足论证目的的可行对策、措施或途径。在装备论证过程中,所提出的备选方案应当而且必须是多个(两个或两个以上),这是由装备论证所遵从的基本原则所决定的。只有备选方案的多样性,才能保证装备论证在一定范围内的完备性。

体现为对策或途径的备选方案，在装备论证中往往又称为备选系统（或备选系统方案）。因为在装备论证过程中，开展某项论证问题的研究时，论证人员通常习惯于将其定义为一个系统，它具有特定的功能和结构。装备论证的任务，便是针对该系统在功能方面表现得不够理想及结构方面存在着缺陷等具体问题，对对象系统进行新的构思与设计，提出合理的、可行的，并且是满意的备选系统方案。因此，提出备选系统方案的过程实际上是一个系统生成的过程。该过程主要包括定义对象系统、系统环境分析、系统概念分析、系统功能分析、系统结构分析、系统性能分析及系统优化分析，并最终形成备选系统方案的各项论证活动。

在提出方案的过程中，系统分析、系统综合及信息反馈始终贯穿于该过程的全部及其各个阶段。

多个解决装备论证问题的备选方案已经清晰明朗。然而，所获得的备选方案不可能全部付诸实施，而且各方案在满足论证目的的程度方面必然存在着差异。因此，评审备选方案是装备论证一个不可缺少的过程。这一过程的主要内容是对各备选方案进行系统评价，以选择一个最满意（或最有效）的备选方案。该备选方案在解决有关的装备论证问题方面能产生最令人满意的物质性和精神性效果。

在此需要说明的是，最满意的备选方案并不是绝对的最好的备选方案。这有下述两方面的含义：

（1）对各备选方案的满意程度具有明显的时效性，即各方案相对于论证目的的满足程度会随时间而发生变化。在当前时期内最满意的备选方案，在下一时期可能并不会令人非常满意，或许是不满意的方案，而当前并不很满意的备选方案，在今后也许是最满意的方案。

（2）最满意的备选方案并不意味着其各个方面（功能、结构、费用等方面）均比其他备选方案强。就某个方面的满意程度而言，不太满意的备选方案可能比最满意的备选方案要表现得令人满意。最满意的备选方案只是在一定的系统评价准则体系下，获得最佳的总体评价指标值。当评价准则体系发生变化时，最满意的备选方案也可能会发生变化。

因此，最满意的备选方案是一个相对的概念，是相对于具体的时间和某个评价准则体系而言的。在装备论证方案评审过程中，论证人员一定要把握好最满意备选方案的相对性。

要把握好最满意备选方案的相对性，就必须慎重地考虑备选方案的时效性和选择评价最满意备选方案的评价准则体系。对于装备论证，考虑备选方案的时效性，主要是指预测在某一既定的时期内实现该方案的军事效益与可行性，即该方案是否确实能在既定的时期内将对象系统的军事（或作战）效能提高到期望值，以及在既定的时期内在军事、技术及经费等方面实现该方案是否具有可行性。选择评价准则体系，则是力求该准则体系的正确性、合理性及全面性，为选择最满意的备选方案奠定基础。

具体到某一装备论证工作，装备科研院所应当拟制多种备选方案，借鉴相关装备的质量信息和质量评价结论，通过作战效能、研制风险、效费比、成本价格对比等分析论证，进行系统优化，即综合评价各备选的战术技术指标方案，提出优选方案，以作为新型装备系统研制的依据。

6.3.7 论证结果评审

对装备论证的方案和结论进行评审或审查是把好论证质量的重要一环，因此一定要根据GJB 20221《武器装备论证通用规范》的规定进行严格的评审，不仅要请最权威的专家认真审核，而且要在一定范围、甚至较大范围内征求意见，进行必要的修改和完善。

装备科研业务部门应当按照规定的程序,组织作战、训练、使用管理等部门和武器装备论证、研制、生产、试验、使用、维修等单位对武器装备论证结果进行评审,从论证结果的必要性、可行性、先进性、经济性、系统性和标准化等方面给出评价意见。

(1)必要性。是否满足我国战略方针和我军作战原则,以及战略、战役和战术使用的需求,在整个武器装备体制系列中占有重要的地位和作用,有利于提高我军战斗力。

(2)可行性。充分考虑科学技术基础、生产能力和经济支撑能力,社会和自然环境承受能力,以及国际合作的可能性等。

(3)先进性。尽量采用成熟可靠的高新技术,战术技术性能在已有同类装备中具有先进性,能在一定时期内满足作战训练的需求。

(4)经济性。在投资强度(寿命周期费用)相同的条件下可获得最佳的作战效能,或在作战效能相同的条件下尽可能降低投资,要充分考虑利用现有资源以及平战结合、军民兼顾等方面内容。

(5)系统性。要综合配套、整体优化和协调发展,有利于工程扩展和功能兼容。

(6)标准化。符合标准化方针政策与有关条令、条例、法规和标准、规范的要求,系列化、通用化和组合化程度高。

第7章　装备研制质量监督

7.1　装备研制工作概述

7.1.1　装备研制分类

装备研制分为装备预先研究，装备型号研制，装备仿制，装备改型、改装。

1. 装备预先研究

装备预先研究简称“预研”，是指装备发展过程中，验证应用研究成果用于型号发展的可能性与实用性的技术储备的研究工作。“预研”是为了给研制新型装备提供技术支撑，为改进现役装备的性能提供实用的技术成果，为国防科学技术和装备发展提供技术储备，以促进国防科技水平的发展和创新、缩短研制周期、降低研制风险。

“预研”可分为应用基础研究、应用技术研究和先期技术开发。我国国防工业领域的“预研”，主要是应用研究，即任何重大理论技术的“预研”成果均是型号研制的基础，可以说“预研”是以应用于型号的研制、生产为最终目标。从这个意义而言，“预研”是型号研制的先导，它对型号研制具有明显的服务性、超前性和决策可行性作用。

2. 装备型号研制

装备型号研制是指按规定的战术技术要求和使用要求，设计和试制新型号装备的工程技术活动。型号研制是装备生成的关键环节，是把先进技术转化为装备战斗力的重要阶段。其目的是按照研制总要求和研制合同的规定，研制出符合要求的样机和成套技术资料，最终提供可批量生产和使用的且满足性能先进、质量优良、配套齐全、使用要求的新型武器装备。

型号研制一般耗费大量资金，而且周期长、风险高，所以进行型号研制一般要进行多种方案充分论证，严格按照武器装备建设五年计划，实行研制立项、研制总要求报批制度。

3. 装备仿制

装备仿制是指对进口装备进行实物测绘、制造和按引进的定型图样等技术资料进行制造的活动。装备仿制可较快地获取性能比较先进的装备，而且能尽快掌握国外先进的设计技术、工艺技术和管理技术。

4. 装备改型、改装

装备改型是指在原型号基础上进行改进并给予区别标识的活动。装备改装是指已定型生产的装备在使用过程中进行局部加装、换装的活动。装备改装、改型的特点是投资小、满足需求快，是装备发展中不可缺少的环节。

7.1.2　装备研制过程与程序

装备研制过程是指在新装备正式投入批量生产前，有关装备论证、设计、试制和定型等工作的全部活动。或者说，研制过程就是科研成果，如一些新原理、新结构、新技术、新材料、新工艺、新器材等应用于开发新产品的过程,它是实现产品更新换代、创造新的质量水平的重要途径。

装备研制程序是指为进行新型装备研制所规定的途径。通常规定研制新型装备应遵循的步骤,要达到的目标、工作内容、使用方与承研方之间的相互关系及审批权限。

《常规武器装备研制程序》一般将装备研制程序划分为论证阶段、方案阶段、工程研制阶段状态鉴定阶段、列装定型阶段。

1. 论证阶段

论证的活动与任务在第6章已经详述,在此不再赘述。

2. 方案阶段

方案阶段是对装备研制多种设计方案进行论证与证明及择优的过程。该阶段主要是依据已批准的《研制立项综合论证报告》中的战术技术指标、初步总体方案等,由军兵种装备主管部门、总部分管有关装备的部门通过招标或择优方式,确定总体方案论证的承研承制单位,开展方案论证、方案设计及原理样机研制试验。在关键技术已解决、研制方案切实可行、保障条件已基本落实的基础上,由有关军兵种装备部和总部分管装备的部门组织进行《研制总要求》论证。

方案阶段成果形式是完成了原理样机、编制《研制总要求》和研制方案论证,结束形式是下达了《研制总要求》,成为设计、试制、试验、定型工作的依据,也是签订装备研制合同的依据。

3. 工程研制阶段

工程研制阶段是指按照批准的《研制总要求》进行具体设计、试制、试验的过程,是实现工程样机设计并将设计图样技术文件转化为产品实物的阶段。设计是否符合研制总要求和合同的要求、产品是否符合设计要求,都要通过工程研制阶段来实现和证实。工程研制阶段的主要工作是完成了工程样机(初样机和正样机或试样机)的设计和试制工作。

工程研制阶段的主要任务是研制单位根据下达的《研制任务书》和签订的《研制合同》进行武器装备的设计、试制、评审、试验、验证等工作。除飞机、舰船等大型武器装备平台外,一般要进行初样机和正样(试样)机的两轮研制。

工程研制阶段工作的主要成果是按照《研制总要求》完成全套设计、工艺技术资料以及按照这些资料试制出来的可供技术鉴定或定型试验的样机。它结束的标志是研制单位向定型委员会提出状态鉴定申请报告。

4. 状态鉴定阶段

状态鉴定是国家军工产品定型机构按照规定的权限和程序,对完成设计的军工产品的战术技术指标和作战使用性能进行全面考核,确认其达到规定的标准和要求的活动。

产品状态鉴定的依据是根据研制任务书和批准的状态鉴定试验报告及有关合同。其主要工作是进行状态鉴定试验与状态鉴定审查,主要成果是研制单位提供了成套的标准化图纸和状态鉴定文件、状态鉴定样机,结束标志是通过了状态鉴定审查。

5. 列装定型阶段

列装定型是国家军工产品定型机构按照规定的权限和程序,对军工产品质量稳定性以及成套、大批量生产的条件进行全面考核,确认其达到规定的标准和要求的活动。

列装定型的依据是研制任务书、状态鉴定结论以及有关合同,主要任务是由研制单位进行列装鉴定,并运送部队进行试用和基地试验,对产品批量生产条件进行考核,定型机构严格按规定的列装定型标准进行全面审查鉴定。该阶段成果是研制单位提供了成套生产工艺资料、列装定型文件、定型考核的武器装备，结束标志是通过了列装定型审查。

装备研制过程中一定要坚持各个阶段的工作达到规定要求后，方可转入下阶段工作，未经批准不得超越阶段工作。而对改型、改装、仿制或小型武器研制项目，经上级主管部门批准，可对研制阶段进行剪裁。

7.1.3 装备研制工作特点

武器装备是一个复杂的系统，是人们运用当代最先进的科学技术和其他领域的研究成果，在严密的计划管理下设计和制造出来的，其研制过程有其独有的特点。

1. 装备研制涉及分系统多、配套关系复杂

一种新型号武器装备的研究，是一个庞大而复杂的系统工程，从技术上讲，是具有复杂结构的技术体系，包含着很多分系统的同步或预先研究，这些分系统能否满足总体系统的要求，又要靠它的子系统的研制保证，而子系统能否满足分系统要求还得靠与之相配套的元器件、成品件、原材料、标准件等的研制质量来保证。若一个元器件或一个分系统研制质量满足不了要求，则总体质量就满足不了规定的要求，造成研制工作的反复。为此，对众多的元器件分系统的质量监督将是研制过程质量监督的重要任务。

另外，当今高新装备的研制，涉及好几个层次的配套，涉及很多工业部门的成百甚至上千个单位，形成一个研制工作的配套网络系统。要使武器装备研制工作顺利开展，首先要把这些成百上千的配套网络有计划地组织起来、管理起来，这是一项庞大的系统工程。在这个系统工程中，使用部门是通过批准立项、批准研制任务书、控制研制阶段转段、控制经费投入、监督研制质量、批准状态鉴定和列装定型等重要环节来管理的。为此，我国武器装备研制实行立项论证阶段、方案阶段、工程研制阶段、定型阶段 4 个节点来控制，并以合同管理手段来保证研制的工作质量。

2. 装备研制涉及技术复杂、专业门类多、管理难度大

科学技术的发展，使装备系统的发展趋势越来越多地运用现代最新科学技术，最新科技成果的广泛应用导致装备系统的复杂程度越来越高。并且先进的装备集中了众多学科和先进的科学技术成果，是高科技和现代工业的产物。通常还涉及许多基础科学、应用技术、试验技术、信息科学技术、新材料科学技术、生物科学技术、航天科学技术、新能源与可再生能源科学技术、海洋科学技术等。从具体学科而言，要应用空气动力学、流体力学、热力学、结构力学、仿生学、自动控制学、爆炸力学、金属材料学、电子工程学、机电工程学、飞行力学、光学、系统工程学、可靠性工程、维修性工程、人机工程、价值工程、安全性工程、测试性工程等，还要应用先进的试验技术、计量技术、工艺技术等。可以说，装备研制是一个浩大的知识和技术工程。对一个国家来说，几乎要动员所有的理工科方面的专家和制造业中的骨干力量来参加，这就给技术管理工作带来一定的难度。

3. 装备研制周期长、费用投入多

任何一代先进的装备研制，都是从设想到实践的具有复杂序列关系的连续过程，需要相当长时间才能完成。因为，从基础技术研究、方案提出、预研、工程研制到部队形成战斗力，整个过程需要较长时间。根据一些对世界先进航空装备研制周期的统计，一架成熟的飞机，不包括基础研究的时间，一般需 8 ~ 10 年，就是一些大型的改装型项目的完成也得 5 ~ 8 年。由于研制周期长，造成对研制目标实现的概率预测不确定性，对研制过程控制效应相对减弱，这些对提高装备研制管理水平不利。每一项型号装备研制，必须强调充分论证、充分预测、方案优选，实行“全寿命周期论证,分阶段决策”的方针。

同样,由于武器装备是集一切新科技成果之大成,在整个研制过程中,试验研究、设计试制、生产线建设和人员培训、设备配套等方面,需要大量人力、财力和物力等资源,需要大量的经费支持。例如,国内研制的某型歼击机,其直接费用达数十亿人民币。为此,对研制经费的管理、核算是军方必须重视的一项工作。

4. 装备研制技术风险大

新型装备的研制本身是一项创造性的探索工作,需要众多创造发明,需要攻关许多难点,许多“接口”需要平衡和协调等。由于其是一个创新的过程,存在着种种不可预见的因素。此外,装备研制还受到国际、国内环境和可能利用的技术因素的制约。随着研制工作的进展可能会出现必要的修正,随着时间的推移可能增加新技术的采用,伴随而来的是技术风险、不确定因素多,需要参加研制工作的工程技术人员要有高度责任心进行充分论证和优化方案,而且管理人员需建立严密的监督机制,以便预知风险、规避风险,使每项工作都在承制单位管理人员以及军事代表的管理和监督之下,减少风险发生,防止大的反复和周折。为此,在方案阶段要求研制单位对产品实现“一次成功”的风险进行分析和评价,并形成风险分析报告,使承研方和军事代表实行有针对性的风险控制和监督管理。

7.2 装备研制质量管理与监督

7.2.1 承制方研制质量管理

对武器装备而言,研制阶段自研制任务书下达,到状态鉴定、列装定型转入批生产之前。装备研制过程质量管理的目的,就是要保证装备的设计及其制造工艺能满足研制任务书(或研制合同)所列战术技术性能的要求。

装备研制过程质量管理的主体是装备承制单位,而作为装备使用方的军方质量工作主要是对装备承制单位研制工作活动开展质量监督,开展这项工作的主体是军方派驻在承制单位的军事代表。

承制方应做好的主要质量管理工作如下。

(1)建立健全适合研制工作特点的质量保证体系。研制单位应根据所承担型号任务的特点,以满足使用方质量保证要求为目的,建立与行政指挥系统、总设计师系统相适应的质量保证体系,制定并贯彻质量大纲。

(2)要特别注重按研制程序办事,分阶段实施质量控制。研制程序是经验的总结,是客观规律的反应,必须严格执行,不允许超越。产品研制要划分阶段,建立明确而明显的界限,规定开始条件、结束标志、应进行的工作项目和相互间的关系,把质量总目标分解为各阶段控制的子目标,以便检查、分析和评价,实行分阶段控制。为了使研制程序得以贯彻,在制定研制规划中所列进度、经费、技术措施和物质条件的要求和安排,必须给予必要的保证。

(3)制定设计规范。为使整个研制工作有所遵循,克服工作中的随意性,做到科学化管理,承制单位应根据质量标准,结合产品的特点,制定设计规范。设计是确立产品固有质量的过程,也是开展全过程质量控制的关键环节,必须首先抓好。原因如下:

①设计决定产品的固有质量,即规定了产品的质量极限,以后的一切活动都是为了保证这一水平的实现。

②设计的文件、图纸是生产的依据、检验的标准,要根据设计来制定质量标准,如若考虑不周到,将严重影响产品质量。

③不同的设计部门,不同的设计项目,不同的设计人员,其技术水平、工程经验和管理方法均不同,必须加以控制。

④实践证明,产品使用中出现的一些致命故障,大都属于设计质量问题,设计上“先天不足”必然导致“后患无穷”。设计对装备的制造、使用和维修影响巨大,起到决定性作用。

(4)实施可信性(可靠性、维修性、保障性、测试性、人素工程等)管理,周密编制并严格执行可靠性大纲、维修性大纲和测试性大纲等,正确制订预防性维修大纲和维修方案。

(5)实施综合保障工程,制订并执行综合保障工作计划,正确制订保障方案与计划。

(6)实施分级、分阶段的质量评审。根据系统、分系统整机功能级别和管理级别,在研制过程转阶段的关键时刻,运用早期报警原理,发挥专家和集体智慧,及早发现和消除设计缺陷,加速设计成熟,避免出现大的反复。

(7)加强对转承制方的质量控制,严格把好外购和外协件的质量关,进行筛选。对产品上用的元器件要进行功能和重要度分析,在分清主次的基础上,明确质量控制重点,并在设计图纸、零件目录、部件明细表上明确标注出关键件、重要件、关键特性、重要特性等,以便更好地控制加工制造的质量。

(8)开展工艺评审。工艺设计质量的好坏。直接关系到能否经济、有效地实现设计的要求。在工艺设计完成之后,付诸生产试制之前,开展工艺评审,及早发现和消除工艺设计的缺陷,加速工艺文件的完善、成熟,避免由于工艺设计不周而出现大的反复。

(9)制定试验规范,加强对试验工作的质量控制。试验是检查和验证原理设计、工程设计、工艺制造等能否满足研制任务书和合同要求的重要手段,要严格按照有关标准和规范实施。

(10)严格执行有关条令、条例的规定,加强标准化、规范化管理。涉及武器装备研制的国家标准和军用标准很多,要结合具体研制任务全面规划有关标准的贯彻实施,并建立严格的标准化审查制度。

7.2.2 装备研制军方质量监督概述

装备研制过程质量监督,就是要促使装备研制单位按研制合同和任务书以及有关法规、标准的规定,开展武器装备的研制工作,发现问题、及时提出意见和建议,把好研制阶段转段和定型关,保证研制质量满足研制总要求和合同及任务书规定的要求。同时,通过参加研制过程的有关工作,了解新型号武器装备的设计思想、工作原理、基本构造和工艺特点,学习掌握质量监督技能和方法,为开展产品检验验收工作打下基础。

对装备研制过程进行质量监督具有非常重要的意义。研制阶段是装备全寿命质量的决定性阶段。装备的性能、寿命、可靠性以及使用维修和后勤保障等问题均要在设计中解决。只有通过高质量的设计,才可能得到高质量的装备。开展研制过程质量监督,提高设计质量水平,对确保装备全寿命质量具有重要作用。据统计表明,装备设计缺陷占全寿命质量问题总数的60%左右。设计上的“先天不足”,必然导致使用上的“后患无穷”。因此,研制过程的质量监督工作,应作为落实装备建设的一项重要任务来完成。

7.2.2.1 研制质量监督目的

研制过程质量监督的目的包括以下几方面。

1. 提高装备的固有质量水平

产品质量是由论证阶段孕育、设计过程产生、生产过程形成、使用过程体现。因此,产品质量首先是设计出来的,设计质量是决定产品质量的首要环节。其原因如下:

(1)产品的功能、性能、寿命、可靠性、维修性、保障性、安全性、测试性、经济性要靠设计来确定。

(2)产品的结构形式和采用的元器件、原材料要靠设计选定。

(3)产品的可检验性、可生产性以及使用维修和技术保障的可能性要靠设计中解决。

可见,产品的固有质量水平是由设计确定的。抓好研制质量,就抓住了形成产品质量的关键环节,否则"先天不足",必然"后患无穷"。据国外对武器装备质量问题产生主要原因的统计分析和我国装备质量现状的统计,装备的质量问题有50%~70%属于设计失误。随着高新武器装备和专项工程研制的展开,现代质量意识及质量观已广泛被承制单位所接受,军方必须从研制阶段开始,从设计过程入手,开展全面、系统、有效的质量监督工作。

2. 保证装备研制一次成功

现代武器装备大都具有系统工程的特征,其质量是分层次的相互关联的许多分系统、元器件、原材料质量的综合体现。任何一个环节出现质量问题,都会不同程度地影响整个装备质量。由于产品的研制属于创造性、探索性劳动,未知因素多,更改协调多、风险大。某一个具体环节上的疏漏,往往会在研制中埋入严重质量隐患,引起大的反复,甚至造成整个系统研制的失败,造成时间、经济的极大浪费,影响装备计划的落实和部队战斗力的形成。因此,为避免因设计问题而引发的重大反复,保证武器装备研制的一次成功,军方必须从源头抓起,进行贯穿全过程、分阶段的质量监督,以促使装备研制单位确保设计、试制、试验质量全面处于受控状态,真正实现预防为主,一次成功。

3. 降低装备全寿命周期费用

当代质量观着眼于装备长期保持良好的性能和最佳周期费用,强调全系统、全寿命、全特性质量管理,强调预防为主,强调通过系统考虑和综合平衡性能、可靠性、维修性、安全性、保障性等质量特性的设计、制造,以提高装备的整体效能。国外对装备全寿命的分析研究表明,在装备论证阶段,虽花费不足总研制费的10%,而该阶段的工作却决定了装备全寿命费用的80%左右,到状态鉴定结束时,全寿命费用90%都已决定。

7.2.2.2 研制质量监督基本原则与要求

1. 研制质量监督基本原则

装备研制过程质量监督应坚持如下基本原则。

(1)坚持"军工产品质量第一"的方针。

(2)坚持"三不"和"三不放过"原则。"三不"是指不合格的材料不投产、不合格的零件不装配、不合格的产品不出厂;"三不放过"是指原因找不出不放过、责任查不清不放过、纠正措施不落实不放过。

(3)坚持"五成套"原则,即坚持成套论证、成套设计、成套生产、成套定型、成套交付。这一原则是军方长期工作实践的经验总结,是确保装备尽快形成战斗力的重要环节和途径。军方在研制过程质量监督工作中,必须贯彻"五成套"原则,在装备研制立项、论证、方案阶段就要监督承制单位充分考虑其成套性,特别是重点考虑装备保障问题,从源头做到真正"五成套",确保装备交付部队后尽快形成战斗力。

(4)坚持"三化"原则,即通用化、系列化、组合化原则。

2. 装备研制过程质量监督的基本要求

装备研制过程质量监督的基本要求如下。

(1)监督承研单位严格按《常规武器装备研制程序》开展研制工作。

(2)根据装备的特点和需要,编制相关的质量监督文件并实施。研制过程质量监督细则需经评审、批准后下发执行。研制过程质量监督细则实行分级管理。系统级产品的质量监督细则由军事代表局(办事处)组织评审,批准后生效;二次配套、单项(零星)、临时产品的质量监督细则由军事代表室组织评审,总军事代表批准。经批准的质量监督细则由军事代表室和承制单位联合下发执行。

(3)参与对承制单位的资格审查,监督承制单位质量管理体系有效运行,参加型号研制军地联合质量保证体系活动。

(4)对研制阶段转移进行监督控制,对大型复杂的装备系统进行研制阶段转移前的军方预先审查工作,并提出评价意见。

(5)对质量监督活动应做好记录,质量监督记录应规范、准确、完整、清晰,并具有可追溯性。

(6)按 GJB 3899A《大型复杂装备军事代表质量监督体系工作要求》的规定,建立大型复杂装备军事代表质量监督体系。

(7)坚持质量问题处理“双归零”要求;参与产品研制过程中质量问题的协调、处理,监督产品质量问题的归零工作。

(8)按有关规定上报研制情况和质量信息。

7.2.2.3 研制质量监督任务

装备研制过程中质量监督的主要任务如下。

(1)了解装备“预研”项目的技术和进展情况,特别是关键课题的攻关情况。

(2)参加装备的战术技术指标、总体技术方案论证和研制经费、保障条件、研制周期的预测。

(3)参加方案设计审查,并对研制方案的可行性、合理性提出评价意见。

(4)参加型号主要研制阶段的设计评审、工艺评审、产品质量评审,掌握装备研制技术质量,监督研制单位保证在研装备满足战术技术指标和作战使用要求。

(5)对关键件、重要件生产进行过程监督,对产品实物质量检查把关。

(6)参加试验方案、大纲等审查(或会签),参加试验的监督把关和结果审查。

(7)督促承制单位编制完备的产品使用和维修技术资料。

(8)会同型号研制单位提出定型申请,并对定型文件签署意见。

需要指出的是,装备研制质量的保证,主要是依靠全体研制人员的技术水平、质量意识和研制单位质量管理体系的正常有效运转来实现的。在研制过程中,研制单位和军事代表有着各自的任务与责任。军事代表应明确自己的任务,履行自己的职责,按规定的要求、程序、内容和方法,做好自己的质量监督工作,而不能越俎代庖,去参加或干涉具体的设计、计算、试制等工作,更不能把自己的意见强加给设计、研制人员。另外,军事代表要正确处理与工程设计人员及质量管理人员的关系,在尊重和维护行政指挥系统、总设计师系统和总质量师系统正常行使职权的前提下开展工作,充分发挥好军事代表对保证研制质量的监督作用。

当前,针对装备预研项目任务的不断增加,军事代表也应当参与预研过程的质量监督,即按合同规定的工作内容、技术和经费指标要求对预研过程进行监督,参加预研过程中的重要试验,并对试验结果进行确认,督促承制单位对重大课题或关键技术项目合同实行重大节点评审制度,严格转阶段控制。军事代表还应按合同要求参加型号项目研究报告或仿真模型研制的评审和课题鉴定。

7.2.2.4　研制质量监督重点时机

在装备研制过程质量监督中,应重点把握好以下时机。

(1)装备承制单位资格审查时。

(2)质量管理体系认证审核时。

(3)质量管理体系认定注册审核时。

(4)签订装备研制合同前的质量管理体系评定审核时。

(5)合同签订后的质量管理体系复审时。

(6)质量管理体系的组织结构发生重大变化时。

(7)分系统、设备研制任务书审查时。

(8)设计、工艺和产品质量评审时。

(9)技术状态更改时。

(10)阶段转移评审及军方预先审查时。

(11)产品设计验证时。

(12)研制经费付款时。

(13)产品图样、技术文件、工艺文件审查认可和签署时。

(14)研制过程中出现严重和重大质量问题时。

(15)产品定型(鉴定)时。

(16)合同检查和验收终止时。

(17)关键、特殊过程确认时。

(18)首件鉴定时。

7.2.2.5　研制质量监督管理职责

1. 军事代表局

军事代表局在装备研制过程中质量监督的职责如下。

(1)按装备主管机关(部门)的要求,组织或参与对装备承制单位资格的审查。

(2)参与装备研制合同订立与招标工作。

(3)参与新型装备的论证、方案设计审查、技术设计审查及对大型复杂装备进行阶段转移前的军方预先审查工作。

(4)参与装备定型(鉴定)试验大纲审查及试验和定型有关工作。

(5)组织装备研制过程中的质量监督,按照合同的规定,协调、处理装备研制过程中的严重质量问题,上报研制质量情况。

(6)组织或参与装备承制单位质量管理体系的第二方审核认定工作。

(7)组织检查承制单位装备研制合同履行情况,协调、处理合同履行中的有关问题。

2. 军事代表室

军事代表室在装备研制过程中质量监督的职责如下。

(1)参与装备承制单位资格的审查。

(2)参与装备研制合同订立与招标工作。

(3)负责监督承制单位严格履行合同规定的权利和义务,组织或参与合同检查,协调、处理合同履行中的有关问题;负责对研制合同的节点检查,提出付款建议,办理付款事宜。

(4)参与新型装备论证的有关工作及评审;参加研制过程中分级分阶段的设计评审、工艺评审和产品质量评审,按规定签署有关技术文件。

(5)监督承制单位按有关标准进行技术状态控制。

(6)对研制装备的过程实施质量监督,按照合同的规定,协调、处理装备研制过程中的质量问题。

(7)参与装备承制单位合同签订前的资格评定审核工作。

(8)按合同要求对承制单位质量管理体系进行合同签订后的审核和日常性监督工作。

(9)参与装备定型(鉴定)试验大纲审查及试验和定型有关工作。

(10)定期或不定期报告研制质量情况,及时办理上级交办的有关事项。

(11)建立装备研制工作档案,保证产品质量和军事代表工作质量具有可追溯性。

3. 军方代表应做的主要质量监督工作

军事代表应根据《武器装备质量管理条例》《军工产品定型条例》等国家有关规定,按照上级机关的指示,依据合同或技术协议参加型号研制过程的质量监督,其主要工作如下。

(1)监督承制单位建立健全质量体系,审核和监督质量保证大纲的编制与执行,严格监督承制单位按研制程序办事。

(2)审核和监督可靠性大纲、维修性大纲和综合保障工作计划的制订与贯彻执行。

(3)监督对转承制方的质量控制,以及外购件质量检验。

(4)按技术状态管理要求参加阶段转折的评审,对功能基线(战术技术指标要求)、分配基线(分系统研制要求)和产品基线(状态鉴定、列装定型)的确立、转折实施质量监督。

(5)参加试验大纲的评审,监督试验大纲的实施;按照上级科研部门的指示,监督承制方做好定型准备工作。

(6)对研制过程各阶段的质量水平作出准确评价,对研制中存在的质量问题,督促承制方及时采取纠正措施,并杜绝重复发生。

(7)全面掌握研制的进度、性能及费用情况,监督承制方严格保证合同执行。

(8)对定型遗留问题的处理进行监督和检验。

(9)全面、准确地收集部队使用要求,及时有效地反映到设计研制部门。

(10)加强标准化、规范化管理,督促有关条令、条例和标准的严格执行。

7.2.2.6 研制质量监督形式与方法

1. 研制质量监督形式

研制过程质量监督的形式一般包括资格审查、质量管理体系审核、体系监督、过程监督和样机定型试验检验验收5种,军事代表可根据实际情况选择适当的质量监督形式。

1)资格审查

资格审查是指在统一组织下,按照有关规定和要求,对装备承研单位承制资格的符合性进行逐一审查,给出明确的资质结论。凡承担军品承研任务的单位必须通过承制资格审查,证实其具备相应的承研资质。

2)质量管理体系审核

质量管理体系审核是指在统一组织下,按照有关规定的要求,对承研单位质量管理体系及其运行情况进行检查、给出明确的认定结论的活动。质量管理体系审核应在资格审查时进行,必要时军事代表及其装备主管机关(部门),也可以单独组织审核。

3)体系监督

根据组织、协调质量监督工作的需要,可在装备主管业务部门组织下,以装备总体承研单位驻厂(所)军事代表室为负责单位、配套产品承研单位的驻厂(所)军事代表室为成员单位,组成军事代表质量监督体系,实施以型号管理为主要任务的全面、系统的监督。体系监督通常分为型号研制体系监督和装备生产体系监督。

4)过程监督

产品形成中,军事代表应针对产品实现各个过程的特点实施专项质量监督。产品实现过程一般包括合同落实过程、研制过程、生产过程和售后服务过程。

5)样机定型试验检验验收

样机定型试验检验验收是军事代表对承研单位提交试验的产品进行质量合格与否的判定认可,凡需进行试验的样品都必须经过军事代表检验验收,检验不合格的产品不能进行试验,以确保装备质量符合规定的要求。

2. 研制质量监督方法

1)审签文件

审签文件是对产品质量保证文件、各种试验与鉴定报告、结论、大纲、规范等实施的审查和会签。其重点是:审查认可产品质量计划(质量保证大纲)并监督执行;监督研制工作网络计划的编制和明确节点要求,实施分阶段质量控制的情况,以及有关文件的成套性、准确性、合理性、可行性等。

2)参加论证

军事代表通过论证阶段和方案阶段技术论证,可以做到以下几点。

(1)了解新研制装备作战任务、作战要求和研制途径等内容,并对其完成情况进行监督。

(2)当上级业务部门有要求时,加强对承制单位资格审查。

(3)参加论证评审会,对型号的战术技术指标、初步总体方案和主要配套产品的可行性、研制周期及经费估算等提出意见和建议。

(4)参加方案阶段的论证,对研制方案的可行性及合理性提出评价。重点评价对研制中拟采用的新技术有无应用基础和供应单位,研制单位是否考虑了可靠性、维修性、保障性、测试性、安全性要求的实现,是否考虑了使用环境、强度、电磁兼容性、人机工程,软件方案能否满足规定要求,关键技术和关键设备有无解决途径等。

3)参加评审

参加评审是军事代表实施质量监督的重要手段,一般是指军事代表参加研制过程阶段转移前的设计评审、工艺评审、产品质量评审(含“六性”评审)。

4)参加试验

参加试验是军事代表参加涉及产品关键技术和重大、严重质量问题的有关试验,参加鉴定和定型试验。按照 GJB 5712《装备试验质量监督要求》规定,对装备研制/生产/使用过程中有关试验的质量实施监督,并会同承制方解决试验中出现的有关问题。

5)参加产品定型或鉴定

军事代表通过参加产品定型或鉴定工作,可以检查定型试验样品的质量状况,以保证试验结果的准确性;通过审查产品质量定型文件、生产条件,判断其是否满足装备定型要求;对发现定型或鉴定中出现的质量问题,监督承制单位予以解决。

6)参加并组织质量审核

质量审核是指确定质量活动和有关结果是否符合计划的安排,以及这些安排是否有效的实施并适合于达到预定目标的系统的、独立的检查。其一般包括质量管理体系审核、过程质量审核、产品质量审核和售后服务质量审核,通过质量审核可以评价是否需要采取改进或纠正措施。质量审核一般包括内部审核和外部审核(第二方、第三方审核),内容包括装备质量活动的符合性、有效性、适合性三个关键部分。

7)参加质量会议

军事代表通过参加研制过程中的质量问题通报会、质量问题分析会和处理会以及对不合格品审理会等,可以有效地解决各种产品质量问题,并对落实解决措施实行监督,以保证装备质量的符合性。

8)现场巡回检查

现场巡回检查是军事代表根据产品质量情况对研制过程所进行的一种有计划、有重点的质量检查活动。其目的是及时了解质量动态,及时发现质量问题,做好产品质量的预测和预防工作。其常用的手段较多,如进行现场调查,找有关人员了解情况,通过召开现场会议了解情况。而对大型复杂武器装备的研制,军事代表也可通过对各分系统的产品的现场巡回检查,通过查找档案记录、产品验收记录、产品质量随同卡等文件资料的方法,了解和掌握质量动态,并采取针对措施,予以解决。

巡回检查可以分为以下几种类型。

(1)围绕质量问题多发地点和工序实施综合性检查。

(2)以质量问题为线索实施跟踪的追溯性检查。

(3)以检查质量保证措施落实的符合性检查。

对巡回检查目标的选择,可以有以下方法。

(1)以某个承研承试单位为目标,如项目组。

(2)以某个要素为目标,如图纸、工具等。

(3)以某项工作为目标,如质量管理等。

9)节点控制

加强对节点的控制是保证产品研制一次成功的基本条件。在加强对关键节点的监督实施中,尤其要注重做好把关性的工作,重点把好研制阶段转移关、定型试验关、资料审查关、产品试生产关,以及生产过程零部件生产关、分机或整机装配关等。节点工作没有完成或结果不符合要求,军事代表不能同意转入下一阶段。

10)收集并处理质量信息

装备质量信息是反映装备质量要求、状态、变化和相关要素及相互关系的信息,包括数据、资料、文件等。装备质量信息是评价产品质量最直接、最确切、最及时、最客观的依据。军事代表对装备的质量监督是通过收集、处理产品质量信息实施的。同时,就承制单位而言,有效地利用质量信息,有助于产品质量的改进和提高,有助于工作质量的提高,有助于做好售后技术服务工作。

军事代表在对质量信息的收集和处理中,应进一步建立质量信息系统,编制信息流程图,制定质量信息收集、传递、处理、加工、储存和使用管理方法,并实施有效控制;做好研制、生产、检验、试验、使用、服务等全过程的质量记录;对信息进行综合分析;建立质量信息库,以对产品质量实施有效监督。

11）验证产品

验证是指通过提供客观数据证明规定要求已得到满足的认定。验证产品是对产品质量判定的最主要手段。军事代表对产品的验收是在工厂内对产品进行必要的检查、测试、试验，认为产品合格并提交以后实施验证的。

验证的方式通常有以下几种。

（1）符合性验证。对产品性能和可信性指标，或者对承制方提交的认为合格的产品实施验证，以证实产品质量与技术要求的符合性。而产品质量状态与承制方合格结论的符合性验证称为产品的符合性验证。这种方式多用于生产阶段。

（2）可行性验证。在产品研制中，对有些准备采用的新技术、新工艺、新材料或者准备采用的新设计方案对其确认，判定其是否可行和能否采用的验证。这种验证是一种预先是否可行的验证，主要用于研制过程中判断设计思想、设计方案、设计结构的可行性、正确性、完整性和可靠性等。它是考验新产品试制的新技术和新工艺、新材料是否可行的一种验证。

（3）再现性验证。当产品失效或故障后，经过机理分析，并通过试验验证，使故障再现；或者采取措施证实排故方案有效，称为再现性验证。再现性验证是质量监督中经常采用的一种验证方式。

对于装备而言，验证方式主要由军事代表对产品进行符合性验证。其主要用在生产过程中，对产品的实际状态是否符合已经定型（鉴定）批准的技术条件进行求证，以最终判断承制方检验结论的正确性，对其检验质量进行综合性的复核。

可行性验证和再现性验证主要由承制方实施。军事代表一般应参加并会签有关结论。验证常用的手段主要有对照核实、测试和试验。军事代表一般用的验证方法主要有：产品的交付，验收试验，例行试验，鉴定试验和可靠性、维修性、保障性试验等。

12）处理质量问题

产品质量问题是指由于特性未满足规定要求或造成一定损失的事件。处理质量问题是指对产品质量问题进行调查核实、分析查找原因，制定并采取纠正措施等一系列工作和活动。处理质量问题的目的是纠正存在的产品质量问题并防止问题的重复发生。

处理质量问题是军事代表的一项重要工作，它关系到军事代表对产品质量的严格把关和军事代表的直接责任，关系到能否向部队提供质量满足使用要求的产品。因此，军事代表要十分重视产品质量问题处理工作。

13）质量评价

质量评价是对经过统计处理的产品质量信息进行计算分析，从而定量描述产品质量水平的一种方法。其目的是评价产品质量。

产品质量评价可以掌握产品实际达到的质量水平和产品质量的变化趋势，找出带有倾向性的问题，查明产品质量问题的原则，从而采取针对性措施，防止已发生产品质量问题的重复发生，消除潜在的质量隐患，预防其他产品质量问题的发生。此外，通过产品质量评价还可以为军事代表确定质量工作的重点，调整零部件的检验品种和项目，评价承制单位质量管理体系和各项质量管理工作的有效性提供依据。

14）风险评估

风险评估方法是随着高新武器装备研制任务的增多，特别是武器装备随着边研制、边生产、边交付政策的实施，风险评估分析方法应用越来越多，作用越来越明显。

风险评估方法是对特定的不希望事件发生的可能性（概率）以及发生后果综合影响的分

析活动。它是项目风险管理的重要环节，是对装备研制生产过程可能遇到的技术、经济、进度等重大风险进行分析，找出风险的致因，制定可能对预期目标偏离的程度，确定每一个风险事件发生的概率和后果，从而评价风险的大小。

风险评估的方法通常有故障树分析法（FTA）、故障模式影响及危害度分析（Failure Mode, Effeets and Criticality Analysis, FMECA）、建模和仿真、可靠性预测、专业的技术评估。这些方法不是彼此孤立的，对一个项目进行风险分析可能同时用到两种以上方法。

以上介绍的5种质量监督形式和14种质量监督方法是实施质量监督工作中应用比较普遍的方法，不可能将所有的方法都囊括进来。在具体实施中可以根据实际情况，选用其中的有关方法。同时，装备软件研制、装备生产过程所涉及的军方质量监督形式与方法与此类同，后面章节不再另外赘述。

7.3 研制招投标与合同质量管理

7.3.1 招标过程质量管理

装备研制项目招标系指为执行国家武器装备发展规划和采办研制计划，委托方以其拟订的采办研制合同内容、要求等作为“标的”，招引或邀请愿意承包的单位进行招标，择优选定研制方的活动。装备研制项目招标应遵守自愿、公平、诚实、信用、择优中标和保密的原则。招标和授标是法人之间的技术、经济活动，受国家法律的保护和制约。

装备研制项目招标管理的目的是依据国家法律、法规和《武器装备研制合同暂行办法》及其他有关规定，确保招标工作在自愿，公平、诚实信用、择优中标和保密的原则下进行，最终保证装备的研制质量和进度，提高研制经费的使用效益。装备研制项目招标过程质量管理主要包括以下几个方面。

1. 招标质量管理

(1)确保招标书的质量。在研制项目科学论证的基础上编制招标书，要求内容完整，技术方案科学、先进、可靠，研制进度适当，成果形式、数量明确，投标报标的构成细目及制定原则清楚等。为了确保招标书的质量，在切实保密的前提下，招标书必须在适当范围内，请有关有经验的、权威性的专家反复讨论修订。招标书发出后，若确实需要修改，仍可通过程序修改。

(2)严格投标资格审查。投标方必须具备的资格包括：有关领导机关审核签发的《武器装备研制许可证》（以下简称为《许可证》），法定代表人资格证明或投标代理人资格委托书；近几年已承担的研制任务进展情况和研制成果质量水平；能用于本研制项目的各项技术人员和管理人员能力，有关技术设备能力，有关新技术开发能力，以及质量保证能力；近几年的财务状况资料等。对以上各项必须确实弄清，明确结论，作为评标时的重要依据。

(3)正确选择招标方式。常用的招标方式有以下几种：

①邀请招标方式：在持有《许可证》的单位范围内，邀请几个被认为最有研制能力和信誉的单位参加招标竞争。

②协商招标方式：在持有《许可证》的单位范围内，邀请几个被认为最有研制能力和信誉的单位进行协商，主要方式有连续协商方式、对比协商方式和分析协商方式。连续协商方式是先邀请一个最理想的进行协商，不成立再邀请第二、第三个；对比协商方式是同时邀请几个单位进行协商，进行对比分析后选出最优单位；分析协商方式是依据已有资料分析，充分认定单

一中标方,协商达成协议。

③一般招标方式:凡持有《许可证》的单位均可参加投标竞争。

(4)认真审查投标方案质量。对投标方提出的研制项目投标方案进行认真审查,包括方案的先进性论证、关键技术储备情况,以及可借鉴的预研成果等。要把投标方案与招标书的方案进行仔细比较分析,是否能满足招标书要求。

(5)严格依法管理。依据国家有关政策、法律和军队的有关规定对招标、投标活动进行严格管理。凡违反国家政策、法律和国家计划(含军队计划)的,凡在开标前泄露标底或投标书内容的,以及其他违反有关招标、投标规定的均被视为无效。若有泄露行为者,还应追究其法律责任。

2. 评标质量管理

(1)制定科学合理的评价标准和规范。招标方应对招标书的内容和标底进行分解,并分别判定出具体的评价准则的有关规范。要求评价准则全面系统,具体可比,切实反映招标书的要求,供评标组作为公正评价的依据。

(2)组织公正、权威的评标组。若采用邀请招标方式或一般招标方式,招标方应组织有技术、经济、生产管理、法律等方面的专家参加的评标组。招标方和投标方人员不得参加评标组。评标组是招标方的咨询组织,它应根据评价标准和规范,客观、公正、科学地评价投标书,提出评价报告。评标组可以分别约见投标方,请其解释和澄清投标书评审中不明确的问题。评标人员在评标过程中不得泄露任何评标情况,也不能讨论标价的变更问题。

(3)认真写好评价报告。评标组提出的评价报告为定标提供科学依据,应对各投标方的投标书作出科学合理、客观公正和全面具体的明确评价,对投标方的技术、经济和风险情况进行合理的分析,并提出中标推荐意见,以及需要进一步商谈的问题。

(4)把好定标质量关。中标的主要依据是投标方案先进、可行,能满足招标书有关要求,技术风险小,报价合理,能保证研制质量和进度。招标方应根据评标组的评价报告,有目的地分别找有关投标方进行议标谈判,最后全面衡量,择优定标。若所有投标书均不能满足规定要求,无法定标,此次招标应作为废标,可以在修订招标书后重新招标或终止招标。

7.3.2 研制合同质量要求

装备研制合同是指由装备主管机关(部门)授权的驻厂军事代表室或其他机构与确定的装备承制单位以书面形式订立的承制武器、武器系统和军事技术器材等装备的权利、义务关系的协议。

质量保证要求是装备研制合同的一个重要组成部分。通常,依据上级下达的研制计划和授权,研制合同中的质量保证要求内容由军事代表与承制单位在合同谈判前或合同准备时拟制,并将结果上报主管机关(部门)。

装备研制合同中质量保证要求应符合以下原则。

(1)合同中质量保证要求,应符合《中国人民解放军装备采购条例》及其有关法规、标准的规定和要求。

(2)合同中要求承制单位开展的质量保证活动,应是明确、具体、可证实的。

(3)纳入合同中的质量保证要求,应确保双方理解一致。

(4)提出合同中质量保证要求时,应考虑经济性、合理性。

(5)与承制单位签订研制合同时,应对承制单位与分承制单位签订的相关合同中的质量保证要求作出原则性规定。

1. 装备研制合同中质量保证要求的内容

(1)质量保证要求内容的确定。

①GJB 3900A《装备采购合同中质量保证要求的提出》附录 A 提供了合同中质量保证要求的具体内容,如表 7 – 1 所示,可供选择使用。

②必要时,针对研制装备的质量要求和承制单位质量管理体系的薄弱环节,提出补充要求,并应明确其证实方式和程度。

(2)合同中质量保证要求内容的表达。合同中质量保证要求的内容,可以下列两种方式表达。

①写入合同文本。

②将经过选择的 GJB 3900A《装备采购合同中质量保证要求的提出》附录 A(表 7 – 1)在选中条款和证实方式前的扩号中打"√"和补充内容,作为合同附件,并在合同正文中规定的位置写明"质量保证要求,见合同附件"。

表 7 – 1 合同中质量保证要求内容

合同编号			
装备名称		乙方(签字):	年 月 日
装备型号		甲方(签字):	年 月 日

序号	乙方应开展的质量保证活动	证实方式和证实程度
1	质量管理体系持续有效的运行	(1) 乙方持证期间质量管理体系经认证机构监督检查和复评合格; (2) 装备主管机关(部门)审核质量管理体系时,提供体系有效运行的证据; (3) 甲方代表按 GJB 9001A 对质量管理体系实施监督时,乙方提供体系有效运行的证据
2	GJB 1406 编制产品质量保证大纲并付诸实施	(1) 经甲方会签认可; (2) 定期向甲方提供执行质量保证大纲的记录或报告
3	编制装备交付试验(试飞、试航、试车等)大纲或规程	(1) 通过由装备主管机关(部门)、承制单位、试验单位及驻厂军事代表机构参加的试验大纲评审; (2) 提请甲方审签; (3) 向甲方代表提供装备交付试验(试飞、试航、试车)大纲或规程
4	对复杂的、从国外及合资企业采购的产品进行风险分析和评估	按规定将风险分析和评估报告提供甲方代表
5	按 GJB 1404 评定分承制单位的质量保证能力,编制合格器材供应单位名单	(1) 必要时,甲方代表参加对主要分承制单位质量保证能力的评定; (2) 合格器材供应单位名单提请甲方代表认可,并提供分承制单位评定证据
6	在与主要分承制单位签订采购合同时,由承制单位和驻厂军事代表提出质量保证要求。分承制单位驻有军事代表的,应与驻分承制单位军事代表协商一致或委托驻分承制单位军事代表提出质量保证要求	(1) 双方军事代表参加采购合同评审和签订工作; (2) 签订主要配套产品采购合同前,提请甲方代表认可

续表

<table>
<tr><td>合同编号</td><td colspan="4"></td></tr>
<tr><td>装备名称</td><td colspan="2"></td><td>乙方(签字)：</td><td>年　月　日</td></tr>
<tr><td>装备型号</td><td colspan="2"></td><td>甲方(签字)：</td><td>年　月　日</td></tr>
<tr><td>序号</td><td colspan="2">乙方应开展的质量保证活动</td><td colspan="2">证实方式和证实程度</td></tr>
<tr><td>7</td><td colspan="2">驻有军事代表的分承制单位提供的成品，未经驻分承制单位军事代表检验合格，不得装机使用</td><td colspan="2">经军事代表检查成品合格证明文件符合要求</td></tr>
<tr><td>8</td><td colspan="2">按 GIB 939 对外购器材进行质量控制</td><td colspan="2">(1) 甲方代表按 GJB 5714 实施监督；
(2) 关键类、重要类、软件产品、质量不稳定器材经甲方代表复验；
(3) 一般类外购器材经甲方代表检查复验记录，必要时对某些项目重新复验</td></tr>
<tr><td>9</td><td colspan="2">承制单位提出偏离许可或让步申请时，应履行审批手续</td><td colspan="2">经甲方或甲方代表审签</td></tr>
<tr><td>10</td><td colspan="2">原材料、元器件代用必须按规定办理审批手续</td><td colspan="2">按甲乙双方商定的范围，提请甲方代表审签</td></tr>
<tr><td>11</td><td colspan="2">产品图样、产品规范、试验规范等设计文件的更改，应履行审批手续</td><td colspan="2">(1) 向甲方提供设计更改报告；
(2) 向甲方提供设计更改试验报告；
(3) 履行审批(会签、评审)手续</td></tr>
<tr><td>12</td><td colspan="2">经甲方代表审签过的工艺文件的更改，应经甲方代表认可</td><td colspan="2">提请甲方代表审签</td></tr>
<tr><td>13</td><td colspan="2">按 GJB 908 进行首件签定</td><td colspan="2">甲方代表参加首件签定，并按规定会签</td></tr>
<tr><td>14</td><td colspan="2">按 GJB 467 和 GJB 909 要求，对关键件、重要件、关键工序及特殊过程进行控制</td><td colspan="2">(1) 定期向甲方代表通报关键件、重要件、关键工序及特殊性过程质量控制情况；
(2) 经甲方代表检查符合要求</td></tr>
<tr><td>15</td><td colspan="2">按 GJB 467 对生产所需设备、工艺装备、计量器具进行质量控制</td><td colspan="2">向甲方代表提供设备、工艺装备、计量器具(含产品实样)合格的证据</td></tr>
<tr><td>16</td><td colspan="2">按 GJB 571 设置不合格器审理委员会，制定并执行不合格品控制程序</td><td colspan="2">(1) 不合格品审理人员须经甲方代表确认；
(2) 不合格品审理应履行规定程序</td></tr>
<tr><td>17</td><td colspan="2">按 GJB 8471 和装备质量问题处理要求，乙方应建立并运行故障报告、分析和纠正措施系统</td><td colspan="2">(1) 将与生产、使用，维护有关问题的处理，纠正方案提请甲方认可；
(2) 甲方代表按 GJB 5711 实施监督</td></tr>
<tr><td>18</td><td colspan="2">应确定预防措施，以消除潜在不合格原因，防止不合格的发生</td><td colspan="2">向甲方代表提供采取预防措施的结果的记录</td></tr>
<tr><td>19</td><td colspan="2">对交付出厂的装备进行检验和试验，合格后方可提交甲方代表</td><td colspan="2">(1) 提交产品时提供检验和试验的记录或报告；
(2) 交付出厂的产品必须经使用方代表检验合格</td></tr>
<tr><td>20</td><td colspan="2">应落实合同和技术文件规定的综合保障要求</td><td colspan="2">产品交付前，甲方代表检查综合保障要求完成情况</td></tr>
<tr><td>21</td><td colspan="2">按 GJB/Z 3 结合实际制定售后技术服务工作细则，开展售后技术服务活动</td><td colspan="2">(1) 售后技术服务工作细则经甲方认可；
(2) 甲方代表按 GJB 5707 进行质量监督；
(3) 向甲方提供售后技术服务报告</td></tr>
</table>

续表

合同编号			
装备名称		乙方(签字)：	年　月　日
装备型号		甲方(签字)：	年　月　日
序号	乙方应开展的质量保证活动	证实方式和证实程度	
22	按 GJB 1443 对产品包装、装卸、运输、储存的质量实施控制	按 GJB 3916 检查	
23	按 GJB 1686 对装备质量与可靠性信息进行管理	按 GJB 1686 或按甲方提出的项目要求，向甲方提供与装备生产，使用和维护有关的质量、进度、费用等装备质量信息	
24	应按 GJB/Z 2 建立健全厂际质量保证体系	(1) 向甲方提供厂际质量保证体系有效运行的证据； (2) 甲方按 GJB 3899 进行质量监督	
25	按 GJB 439 的要求对军用软件进行质量控制	(1) 按 GJB 439 向甲方提供软件质量保证计划，并经审签认可； (2) 甲方按 GJB 4072 进行质量监督	

2. 合同中质量保证要求提出的工作程序

(1)根据上级下达的研制计划和授权，在合同谈判前或合同准备时拟制质量保证要求。

(2)必要时，对承制单位的质量管理体系进行审核。

(3)将拟制的合同中质量保证要求条款与承制单位进行协商或谈判，并将结果上报装备科研业务部门。

(4)必要时，参加承制单位的合同评审，以确保双方对质量保证要求理解一致。

(5)将双方确认的质量保证要求，按 GJB 3900A《装备采购合同中质量保证要求的提出》提供的方式纳入合同文本。

3. 装备研制合同中提出质量保证要求时应强调的问题

(1)质量保证要求由使用方提出并承制方承诺，协商后纳入合同。

(2)实施合同中质量保证要求的主体是承制方。

(3)合同中质量保证要求分为一般要求和详细要求，其基本内容如下。

①规定承制方应保持其质量管理体系持续有效运行，并向使用方提供证实材料。

②规定使用方对承制方质量管理体系进行监督的具体要求。

③规定承制方应执行的法规、标准及有关文件。

④规定承制方按规定产品质量保证大纲及使用方会签确认的要求。

⑤规定技术状态管理要求及使用方明确的技术状态项目。

⑥规定使用方主持或参加的审查活动和要求。明确产品转阶段或节点转移时使用方参与的方式及凡提交使用方主持审查的工作项目，承制方应事先确认合格等。

⑦规定承制方与使用方相互交换的质量信息的要求。

⑧按规定提出成套技术资料的质量控制要求，明确承制方向使用方提供的技术资料项目及交接办法。

⑨规定标的完成的标志，包括评定标准、规定的试验和批准的要求。

⑩提出对分承制方的质量控制要求。

(4)其他要求可根据装备特点及实际情况协商确定。

7.4　方案阶段质量监督

方案阶段是根据上级下达的《武器装备研制总要求》,对通过招标选定的装备研制单位的装备研制多种设计方案进行论证与证明及择优的过程。它一般经方案设计、技术攻关、原理样机试制试验、评审,证明在关键技术已解决、研制方案切实可行基础上,编制《研制任务书》并附《研制方案论证报告》,报使用部门和主管研制的上级部门批准后,作为设计、试制、试验、定型工作的依据,也是签订合同的依据。

7.4.1　方案阶段主要任务

1. 方案阶段研制工作内容

在方案阶段,研制单位应根据装备研制合同进行研制方案论证、验证,内容如下。

(1)根据战术技术指标要求,就装备先进性、继承性、可靠性、维修性、安全性、经济性、保障性、配套性、生存期、研制周期等进行多种研制方案对比。

(2)论证新技术、新器材采用的必要性、可能性。

(3)确定新装备的原理、结构、总体布局、系统配置以及主要技术参数。

(4)对一次成功的风险进行分析、评估,形成风险分析报告。

(5)对进行系统配套设备和软件方案以及保障设备方案进行论证。

(6)进行初步设计,即技术设计工作,如编制武器系统研制工作网络计划,起草各种规范和质量保证大纲,可靠性、维修性、保障性、安全性、标准化、软件管理保证大纲等。

(7)对将采用的新技术、新器材和关键技术进行验证和攻关。

(8)进行必要的设计计算和模拟试验。

(9)根据装备特点和需要进行模型样机或原理性样机的研制与试验等。

2. 方案阶段研制工作程序

方案阶段的主要工作是进行装备研制方案论证、验证工作,由研制主管部门或研制单位组织实施。其主要工作程序如下。

(1)根据选择的最佳方案,进行武器系统的方案设计。

(2)组织进行关键技术攻关和新部件、分系统试制与试验。

(3)根据装备特点和需要,进行模型样机或原理性样机的研制与试验。

(4)组织进行方案设计评审。

(5)在关键技术已经解决、研制方案切实可行、保障条件基本落实的基础上,由研制单位编报《研制任务书》(附《研制方案论证报告》),报送装备研制主管部门和使用部门。

7.4.2　方案阶段工作主要成果

对方案阶段工作的要求如下。

(1)满足战术技术指标的设计措施、关键技术问题已经解决,或有控制措施。

(2)原理样机或模型样机经试验验证,原理正确,满足可靠性、维修性要求,在工程上可行。

(3)落实了分系统、配套产品承研单位,满足安全性、勤务性的设计措施。

(4)通过了方案评审。

(5)批准了《研制任务书》。

《研制任务书》的主要内容如下。

(1)主要战术技术指标和使用要求。

(2)总体技术方案。

(3)研制总进度及分阶段进度安排意见。

(4)样机试制数量。

(5)研制经费概算(附成本核算依据和方法说明)。

(6)需要补充的主要保障条件及资金来源。

(7)试制、试验任务分工和生产定点及配套产品的安排意见。

(8)需试验基地和部队提供特殊试验的补充条件。

方案阶段研制工作结束的成果性标志是定型委员会批准下达了《研制任务书》,使用部门与研制主管部门或研制单位签订了装备研制合同。

7.4.3 方案阶段质量监督工作任务

1. 方案阶段质量监督主要工作

(1)关键技术攻关监督。装备科研业务部门组织装备科研院所和驻厂军事代表机构,监督承研单位对装备设计方案采用的新技术、新材料、新工艺进行充分的论证、试验和鉴定,并按照规定履行审批手续。

(2)研制总要求监督。装备科研业务部门组织开展装备研制总要求的综合论证、制定和审查工作。装备科研院所、驻厂军事代表机构监督承研单位根据研制总要求制定装备质量保证大纲、标准化大纲、“六性”大纲和分系统、设备研制任务书等文件。

(3)单机、分系统监督。装备科研院所、驻厂军事代表机构了解和掌握初步设计和原理样机的研制情况、关键技术问题的解决情况,参加原理样机的试验和评审工作,提出评价意见和建议。

(4)总体方案监督。装备科研业务部门组织总体方案的转阶段审查工作,对研制方案的可行性和合理性提出评价意见,确认达到规定的质量要求。

装备科研院所、驻厂军事代表机构参加审查,重点是成熟技术和通用化、系列化、组合化的产品应用情况,以及“六性”工程技术方法运用情况。

2. 军事代表在方案阶段的质量监督中应做好的工作

(1)了解和掌握作战使用要求、研制总体方案、系统和设备及软件方案、保障方案、研制经费预算和装备成本概算等《装备研制总要求》的综合论证内容。

(2)根据装备主管机关(部门)的要求,参与总体方案的论证、审查和评审工作,对研制方案的可行性和合理性提出评价意见。

(3)参与装备研制总要求的综合论证并参加审查和评审,提出评价意见和建议。

(4)根据研制装备的复杂程度,对承制单位提出的研制方案适时组织进行军方预先审查,并向装备主管机关(部门)报告审查意见和建议。评审内容如下:

①不同研制方案优选的依据和优选的结果。

②所选方案的正确性、先进性、通用性、可行性和经济性。

③方案的各项技术性能指标和要求满足合同或协议书的情况。

④系统分解结构和功能原理图。

⑤系统“六性”大纲、质量保证大纲及标准化大纲。

⑥重大技术、关键新技术、新材料、新工艺攻关项目进展和采用情况。

⑦元器件的选用情况。

⑧设计的继承性及采用新技术的比例。

⑨可生产性分析。

⑩系统验证试验方案。

⑪系统对分系统“六性”分析试验要求。

⑫研制程序和计划。

⑬全寿命周期费用预算及技术风险分析。

⑭工程研制技术状态或初步设计任务书。

在研制方案评审后,军事代表应督促承研单位落实会议提出的要求,认真分析评审过程专家提出的意见与建议,制定相应的措施。

(5)了解和掌握初步设计与原理样机的研制情况、关键技术问题的解决情况,参加原理样机的试验和评审工作,提出评价意见和建议。

(6)参加对质量保证工作有关文件的审查,主要包括质量保证大纲、“六性”大纲、产品标准化大纲等文件的审查。

7.5 工程研制阶段质量监督

工程研制阶段是实现工程样机设计并将设计图样和技术文件转化为产品实物的阶段。设计是否满足研制总要求和合同的要求、产品是否符合设计要求,都要通过工程研制阶段来实现和证实。工程研制阶段的主要工作是完成工程样机(初样机、正样机或试样机)的设计和试制工作。

7.5.1 工程研制阶段的主要任务

工程研制阶段的主要任务是研制单位根据下达的《研制任务书》和签订的研制合同进行武器装备的设计、试制、评审、试验、验证等工作。除飞机、舰船等大型武器装备平台外,一般进行初样机和正样(试样)机的两轮研制。

1. 初样机设计工作

方案阶段工作完成后,研制单位根据方案评审中专家提出的意见和建议进行认真分析研究,制定并落实有效的改进措施。主要任务包括:按研制合同和《研制任务书》分配各分系统或子系统的参数、指标并制定详细的设计规范;计算机软件已通过内部测试,配套软件所属系统已经通过初样评审,软件相关文件资料齐套、数据齐全,符合国家军用标准要求;各项目工程设计理论计算、原理性试验结果和设计指标满足分配指标的要求;配套分系统、组(部)件的各项指标、质量控制措施、技术性能和生产质量满足主机的使用要求;选用的新技术、新器材成果鉴定结论明确、实用有效、技术资料齐全;主要性能指标满足合同和《研制任务书》的要求。

2. 详细设计(工程设计)工作

详细设计主要包括完成全套工程图样的设计、产品技术规范和其他技术文件的编制;使技术文件达到完整、准确、统一,为样机试制的生产技术准备、采购等工作提供依据;形成软件产品规范、厂(所)级鉴定测评、软件运行程序及源程序、软件设计及使用、维护文档。在完成全部图样和技术文件后,研制单位申请或组织设计评审,重点对分系统和关键、重要部件进行评审。工艺技术准备完成后进行工艺评审。详细设计评审通过后,方可下发生产图样和技术文件,使研制工作转入初样机的试制和试验阶段。

3. 样机试制

初样机试制以制造出样机,验证设计为目的。主要任务包括:按工程设计文件进行零件制造、部件装配、主机总装和调试以及性能检测;初样机配套试验和模拟试验;强度、疲劳、兼容性试验;功能试验;环境试验;可靠性及环境应力筛选试验和对初样机的安全性评价等。

样机试制和试验阶段是实现和验证研制质量的关键阶段,必须进行严格的质量控制,重点控制内容包括:试制工艺总方案、技术协调方案和试制计划网络图;产品质量保证大纲和其他质量保证文件;工艺文件;工艺装备制造质量;试制过程质量及试验质量等。

在这一阶段,研制单位要适时安排试制、试验前准备状态的检查,初样机提交试验前的产品质量评审,试验后对试验结果进行评价等质量管理活动。在完成初样机工厂鉴定试验后,由研制主管部门会同使用部门组织鉴定性试验和评审,证明基本达到研制总要求规定的战术技术指标要求,试制、试验中暴露的技术问题已经解决或有切实可行的解决措施后,可进入正样机的研制。

正样机研制主要是解决初样机在鉴定试验中暴露出的各种技术质量问题,进一步完善和提高设计、工艺和制造质量,特别要重视可生产性和适用性,确保样机满足研制总要求和研制合同的各项要求。其试制、试验和质量管理活动同初样机的过程。正样机完成试制后,由研制主管部门会同使用部门组织鉴定,具备状态鉴定试验条件后,向定型委员会提出状态鉴定试验申请。

7.5.2 工程研制阶段主要工作成果

工程研制阶段主要的工作成果是按照研制总要求完成的全套设计、工艺技术资料以及按照这些资料试制出来的可供技术鉴定或定型试验的样机。本阶段工作结束的标志是,研制单位向定型委员会提出状态鉴定试验申请报告。

7.5.3 工程研制阶段质量监督任务

工程研制阶段质量监督任务如下。

(1)合同签订前,组织或参加对研制单位质量管理体系进行审核。合同签订后,对研制单位质量管理体系进行经常性的监督和检查,并适时对其质量管理体系组织审核,促使其正常有效运行。

(2)监督研制单位按规定对合同草案进行评审。对合同草案进行评审,主要是防止研制单位因对合同缺乏深刻理解而导致影响研制质量与进度。评审内容包括:合同规定的要求是否合适、可行;与投标不一致的要求是否已经协调解决;研制单位是否具有满足合同要求的能力;预测风险、问题,提出必须采取的质量保证措施等。在评审过程中,军事代表要主动与研制单位交换意见,以保证对合同的要求理解一致,并明确接口关系。军事代表有责任协助研制单位正确理解合同中关于质量条款的要求,使这些要求在研制单位的质量管理体系、产品质量保证大纲或其他质量管理文件中得到具体体现,并落实到各项工作中。

(3)监督研制单位根据合同和《研制任务书》的要求,结合产品特点制订产品质量计划(质量保证大纲),划分研制阶段,明确节点要求,实施分阶段质量控制,监督并参加承制单位组织的有关评审活动,对设计文件、工艺文件等进行审查和确认。

军事代表对产品质量保证大纲审查的重点是,大纲是否针对合同和产品的每一个特殊要求与风险点,制定了相应的质量保证措施,规定了必须进行的工作项目,明确了质量要求和具体责任者,提出了检查、控制的方法等。只有在确认其满足研制总要求和合同及其他有关规定后,军事代表才能办理认可手续,并在产品研制中监督研制单位贯彻落实。

(4)监督研制单位根据有关标准,结合产品特点,制定设计、试验规范。设计、试验规范是产品设计、试验过程中应遵循的技术准则、程序、方法等基本要求的产品标准,作为控制和评价设计、试验工作的准则。其中,技术准则是根据有关国家标准、国家军用标准、专业标准,结合研制产品类别的特点,对产品专业设计、试验的技术要求所作的定性和定量规定。程序和方法是根据工程原理与实际工作经验制定的,规定每一个工作项目做什么、何时何地如何做、如何控制、达到什么要求等。编制设计、试验规范是研制单位标准化工作的重要组成部分,其目的在于克服设计、试验工作的随意性,变经验设计为规范设计。但规范不能束缚设计人员的能动性和创造性。因此,规范既是设计、试验工作质量的控制依据和衡量、评价标准,又是设计、试验工作的指导性质量保证文件,还是编制产品质量保证大纲的基础和开展设计评审的依据。

(5)监督研制单位按有关设计规范进行设计,设计输出应满足设计输入要求,并进行设计验证。设计输入是指作为产品设计依据的有关要求的信息或文件,即对设计的要求在文件中加以明确规定,包括:产品的功能和性能要求;适用的法律和法规要求;以前类似设计提供的信息以及使用方提出的所有质量要求和设计所必需的其他要求。设计输出是指以图样、规范、计算书、分析报告和使用说明书等文件形式表述的设计结果,还包括样品,它们都是设计的成果。对设计输出的要求有:①满足设计输入的要求;②为采购、生产和服务提供适当的信息;③包含或引用产品接收准则;④规定对产品的安全和正常使用所必需的产品特性。设计输入、输出文件在发放前应进行评审。

设计输入评审的重点:输入是否充分,要求是否完整、清楚和统一。

设计输出评审的重点:设计输出是否能满足设计输入的要求。

由于将设计输入转变为设计输出是通过设计过程来实现的,所以军事代表要重视对这一过程质量的监督,如监督研制单位建立并实行设计输出文件校对、审核、批准的三级审签制度,工艺和质量会签制度,标准化检查制度等,以保证设计输出满足设计输入要求。督促研制单位采取必要的措施,以验证设计输出满足设计输入要求。例如,变换方法进行计算;将新设计与已证实的类似设计进行比较;进行试验和证实;对发放前的设计阶段文件进行评审等。提出控制(验证)节点,参加相应的各种评审会和验证活动,提出意见和建议。

(6)监督研制单位对研制产品进行功能特性分析,确定关键件(特性)、重要件(特性),编制关键件、重要件(特性)项目明细表,审查承制单位开展故障模式影响分析(FMEA)和故障树分析(FTA),监督研制单位按规定对产品的技术状态进行标识、控制、记实和审核。参加设计评审、工艺评审和产品质量评审。

特性分类是设计工作的一项重要任务。要求设计人员在对产品功能特性分析、可靠性预计和失效模式、影响及危害程度分析的基础上,按失效后果的严重性、失效发生的概率,将单组零、部(组)件划分为关键件、重要件或一般件。同样,对那些在组合、装配过程中保证的质量特性,如间隙、紧度、匹配、兼容等,划分为关键特性、重要特性和一般特性。关键件(特性)、重要件(特性)必须在图样和技术文件上标明,并汇编成明细表,作为成套技术资料的内容之一。同时,对保证产品质量起决定作用,需要严密控制的工序,如形成关键、重要特性的工序,加工难度大、质量不稳定、出废品后经济损失较大的工序及关键、重要外购器材的入厂检验工序等,应确定为关键工序,严格采取特殊的质量控制措施。

功能特性分析文件,以及关键件、重要件(特性)的设计参数及其制造工艺都要作为设计、工艺评审的重点评审项目从严审查,提高审批级别。功能特性分析文件和关键件、重要件(特性)项目明细表以及制造工艺都要履行质量会签。军事代表通过参加相应的设计、工艺评审会,对研制单位该项工作的组织、实施、控制及其结果是否符合要求提出意见和建议。只有在经审查确认关键件(特性)、重要件(特性)明细表符合要求后,军事代表才能办理认可手续。

(7)监督研制单位对新技术、新器材、新工艺的应用进行充分的论证、试验、鉴定,严格监督元器件、原材料的质量等级、二次筛选、失效分析、破坏性物理(Destructive Physical Aralysis,DPA)分析、降额使用及防静电措施,审查应力筛选规范,检查组件(分机)、整机的筛选结果。

一种新的型号产品的开发和研制,必然要采用一定比例的新技术、新器材。否则,就谈不上实现武器装备的更新换代和质量创新,型号研制也就失去了意义。研制过程就是把科研成果应用于开发新产品的过程。但这种应用是有条件的,必须采取十分审慎的态度。要考虑这些科研成果是否适合在本型号产品上应用,是直接应用,还是改进应用,是全部采用,还是部分采用;成果本身是否成熟,在其他产品上的推广应用情况如何;成果是否经过严格鉴定,技术资料是否齐全等问题。

研制单位对新技术、新器材的应用,必须实行风险管理。风险管理是一种管理方法,它致力于辨识和控制那些可能引发意外变化的范围或事件,通常包括技术性能、费用、进度和保障性等。就新技术、新器材的应用而言,风险管理至少包括风险分析、风险评估和风险处理技术等内容。事实上,型号研制过程中,任何一种新技术、新器材的应用,其结果都是一把“双刃剑”。用得好,可以提高设计特性,从而提高新产品的质量特性,创造出新的质量水平。若用得不好,则会给型号研制带来很大的技术风险。例如,为追求过高的性能指标而采用的一些新技术,可能导致设计中技术余量和继承性的减小,则型号不稳定性和失败的概率相应加大,还会给训练、使用和维修带来困难;为片面追求反应或计算速度而使用的计算机软、硬件可能导致产品的可靠性、维修性、保障性甚至安全性的降低等。一旦这些技术风险发生,又往往连带着进度、费用和保障性等风险的同时发生。而这些风险发生的概率是与采用新技术、新器材的比例成正比的。我国海军的工程实践经验是,作为一种新型武器装备,新研制的配套系统、设备和新技术的采用比例一般控制在30%以内。美国的经验是控制在17%以内。因此,对拟选用的新技术、新器材一定要进行科学的分析、充分的论证和严格的试验或试用验证,并控制一定的采用比例,通过设计评审后,才能决定。

军事代表通过参加新技术、新器材应用的论证、试验、攻关、验证、评审和风险评估,实施质量监督,监督研制单位切实做到:未经验证合格的零、部(组)件不装上整机;未经验证合格的整机不进入系统试验;未经试验合格或试验不充分的产品不进行实际使用状态试验。

(8)根据有关规定和上级指示,参加初步设计和详细设计审查,审查设计图样和技术文件是否符合研制总要求和标准规范要求。对软件设计进行专项审查,审查的重点是:软件需求分析,了解软件设计,参加软件单元、集成和系统测试,监督承制单位在重大试验前完成程序代码审查,对影响系统安全和关键功能的软件应提交国家或军队认可的第三方进行测试等。根据需要对工艺设计图样和技术文件进行审查、认可。

(9)根据工程研制阶段要求,审查各种试验大纲,监督研制单位按试验规范对总体、系统和分系统进行性能鉴定试验、环境试验、可靠性试验及其他必要的试验,参加上述试验并对试验结果进行评价。

在工程研制阶段,各种级别和形式的试制、试验、检查和评审活动频繁。军事代表要依据有关法规、标准和规定,参照研制工作网络计划和研制过程质量监督计划,采取审查各种试验大纲和计划、参加各种试制、试验、检查和评审等形式,对研制单位的研制过程质量管理工作和产品的研制质量实施监督,并及时向研制单位提出意见和建议。审查、检查和评审的重点是:试验大纲和计划的进度、内容及要求是否符合研制总要求和合同的规定,是否与研制工作网络计划一致;试制、试验前的准备工作是否充分、可靠;试制过程是否符合工艺规定;试验过程是否严格执行了试验大纲并按试验规范组织实施;试验结果是否准确、可信等。如军事代表与研制单位有意见分歧,经协商又不能统一,要及时向上级业务主管部门报告。确保上述活动的计划、过程和结果符合研制总要求和合同的要求。

需要强调的是,在此过程中,军事代表要特别重视样机鉴定性试验的质量监督工作,认真把好这一关。新产品必须经过试制、试验,并通过研制主管部门会同使用部门组织正样机鉴定(工厂鉴定)后,才可向定型委员会提出状态鉴定试验的申请。一般情况下,参加鉴定的正样机最终都将成为提交鉴定试验的样品,因此,正样机的质量,不仅直接关系到样机鉴定和阶段转移的成败,还将影响到状态鉴定试验能否取得成功。新产品由试制、试验阶段转入样机鉴定,必须经过设计、工艺和产品质量评审,并经总设计师批准。

军事代表的质量监督要着重做好 4 个方面的工作。

①参加试制、试验前准备状态的检查。试制前准备状态检查的主要内容有设计图样、工艺规程、技术文件、外购器材、工艺装备、设备、关键岗位人员培训和考核等是否符合有关规定与要求;试验前准备状态检查的主要内容有理论设计结果、试验目的和要求、试验大纲、数据采集要求、试验设备和仪器仪表的校验、受试产品的技术状态、试验过程中使用的故障报告和分析与纠正措施系统以及岗位设置和人员职责等是否符合有关规定与要求。

②在“三个评审”会上重点审查新产品是否具备了正式转入样机鉴定的条件,主要内容有:主要性能试验、系统试验、可靠性试验结果是否证明样机已满足研制总要求和合同要求并稳定可靠;试验中发现的主要问题是否已经得到解决;主要的工艺技术关键是否已经解决;构成产品的一般零部件、元器件、原材料,是否已由研制单位与供应单位按订货协议进行了鉴定;主要性能是否已做完了极限试验,并提出了阶段总结报告;产品图样和技术文件等技术资料是否经过设计评审及修改、整理,已经达到完整、正确、协调、统一、清晰的要求,并做到文文相符、文图相符和文实相符;试验记录和原始记录是否已经整理并完整。不具备上述条件时,军事代表就不能同意转入样机鉴定阶段。

③审查样机鉴定试验大纲是否符合研制总要求和合同要求;是否符合有关国家军用标准及试验规范的要求;项目的设置是否与状态鉴定考核的项目基本相同,以便对产品进行全面、系统的考核等。审查后应及时向研制单位提出意见和建议。

④参加试验全过程,监督研制单位按试验大纲和试验规范组织实施试验并进行有效的质量控制,同时做好记录。针对试验中出现的问题,督促研制单位认真分析、查找原因,制定纠正措施并实施跟踪监督,必要时,要求并监督研制单位进行补充试验。只有在新产品经样机鉴定合格后,军事代表才能同意向定型委员会提出状态鉴定试验的申请。

为了保持状态鉴定工作叙述的完整性,将状态鉴定试验的申请这一工作放入状态鉴定阶段进行阐述。

(10)督促研制单位编制产品规范(技术条件)和技术说明书、使用维护说明书,并经审查认可和会签。产品规范(技术条件)是军事代表检验产品的主要依据。审查的重点是测试(检验)项目的齐全性、测试(试验)方法的正确性、验收规则的合理性,以及成套性要求等。

产品技术说明书和使用维护说明书是指导部队学习掌握新装备原理、构造和性能,正确进行操作使用和日常维护的主要技术资料。审查重点是内容是否全面、通俗易懂、方法步骤是否清晰、明确,注意事项是否齐全完整等。

军事代表在新产品进入正样机试验前,就应督促研制单位编制上述文件,并以参与编写工作、会同研究讨论、提出具体修改意见、参加审查评审等方式实施监督。审查工作应在状态鉴定审查前完成,并列入状态鉴定文件上报定型委员会。

7.6 状态鉴定阶段质量监督

状态鉴定是国家对新研制产品(含研制、改型、革新、测绘仿制、功能仿制等)性能进行全面考核,以确认其达到《研制任务书》和研制合同等规定的标准与要求,并按规定办理审批手续。对新研制产品进行全面性能考核,主要是进行产品状态鉴定试验,包括试验基地试验和部队试用试验以及相关形式试验,以证明产品的性能达到批准的战术技术指标和使用要求。

7.6.1 状态鉴定阶段的主要任务

状态鉴定阶段的主要任务是,对新产品性能进行全面考核,以确认其达到《研制任务书》和研制合同等规定的标准与要求。

7.6.1.1 产品定型的原则

新产品定型应符合下列原则。

(1)新研制产品先进行状态鉴定,后进行列装定型。

(2)武器装备的全系统、生产批量很小的产品,只进行状态鉴定或状态鉴定与列装定型一并进行。

(3)按引进图样、资料仿制的产品,只进行列装定型。

(4)凡部队使用所需的专用检测设备随产品一并定型。

(5)单件生产的或技术简单的产品不进行定型,可采用鉴定方式进行考核。

(6)凡能独立考核的一般零部件、元器件、原材料,在产品定型前进行鉴定。

(7)产品必须依照国家规定成套定型,凡能独立考核的配套产品,在主产品定型前定型。

(8)由国外购买(引进)的产品配套于国内已定型产品使用时,凡影响主产品基本性能的,在正式列装前组织试验和鉴定。

(9)产品状态鉴定时,原则上不得遗留技术问题。产品的主要战术技术指标的调整,必须经原批准机关批准后,才能批准状态鉴定;非主要战术技术指标的调整,必须经使用部门同意后,才能批准状态鉴定。

产品只进行一种定型或只进行鉴定时,在下达研制任务时应预先规定。一般情况下,未经定型(或鉴定)的产品不能投入批量生产。

7.6.1.2 新产品状态鉴定的标准和要求

根据《军工产品定型工作规定》,新产品状态鉴定必须符合下列标准和要求。

(1)经过状态鉴定试验,证明产品的性能达到了批准的战术技术指标和使用要求。

(2)符合标准化、系列化、通用化的要求。

(3)设计图样及技术文件完整、准确,产品规范和验收技术条件及使用说明书等齐备。

(4)产品配套齐全。

(5)构成产品的所有配套设备、零部件、元器件、原材料等有供货来源。

7.6.1.3 状态鉴定阶段的一般工作程序

产品状态鉴定工作通常按以下程序进行。

(1)申请状态鉴定试验。

(2)制定状态鉴定试验大纲。

(3)组织状态鉴定试验。

(4)状态鉴定筹备。

(5)状态鉴定检查。

(6)状态鉴定审查。

(7)状态鉴定审批。

7.6.1.4 状态鉴定试验申请

提交给状态鉴定试验用的样品应满足下列要求。

(1)研制单位已按《常规武器装备研制程序》中对工程研制阶段的要求,设计、试制状态鉴定样品,并进行了正样机鉴定试验,证明产品的关键技术问题已经解决,性能能够达到批准的战术技术指标和使用要求。

(2)样品技术状态经使用部门和研制主管部门审查核定并已冻结。

(3)样品数量满足状态鉴定试验大纲或试验规范的要求。

(4)具备了鉴定试验所需的技术文件和图样,主要有产品规范和产品研制鉴定性试验报告,图实一致的产品原理图、结构图、技术说明书(初稿)、使用维护说明书(初稿)等。提交给状态鉴定试验用的样品,提交前应按总设计师和军事代表室总军事代表草签的产品规范进行检验,并经军事代表检查符合要求后,由军事代表室签署质量证明文件。样品满足上述要求并征求军事代表室的意见后,研制单位才可向定型委员会申请状态鉴定试验。申请报告一般包括研制工作概况、样品数量、状态、研制试验和正样机鉴定试验情况及结果(可列为附件)、对鉴定试验的要求和建议等。

定型委员会同意进行状态鉴定试验后,审批鉴定试验大纲。试验大纲以批准的战术技术指标和使用要求以及国家试验规范为依据,由承担试验的单位拟制,征求研制单位、使用部门的意见后,报定型委员会批准。试验大纲的内容如下。

(1)编制大纲的依据。

(2)试验的目的、意义。

(3)参试样品数量及试验任务。

(4)试验项目、内容和方法。

(5)试验数据处理原则、方法和合格判定准则。

(6)主要测试设备名称、精度。

(7)试验网络图和试验的保障措施及要求。

7.6.1.5 状态鉴定试验的组织实施

状态鉴定试验一般包括试验基地(含试验场、试验中心)试验和部队试验。试验基地试验主要考核产品的战术技术性能;部队试验主要考核产品的战术使用性能。部队试验一般在试验基地试验完成后进行,两种试验的内容各有侧重。试验由承担鉴定试验的单位严格按试验大纲组织实施并出具试验报告。如果需要变更试验大纲的内容,要征得研制、使用部门同意后报定型委员会批准。

在试验阶段,研制单位要做好以下工作。

(1)向承担试验的单位提供产品图样和技术文件以及正样机鉴定试验报告。

(2)提供试验样品,随机检测设备和工具。

(3)提供专用检测设备和工具。

(4)派人参加试验和负责处理试验中有关技术质量问题,保证试验样品技术状态良好。

7.6.1.6 状态鉴定筹备

鉴定筹备工作,在主管工业部门和主管使用部门的领导下进行。产品工程研制阶段结束前,成立产品鉴定筹备组,按技术责任制的原则组织实施。鉴定筹备组成员名单、工作计划和进展情况及时上报主管工业部门和主管使用部门,并抄送军兵种定型委员会办公室。

1. 鉴定筹备组的组成

鉴定筹备组由产品设计单位、生产单位和驻厂军代表室组成;必要时可吸收承担试验的单位和主要协作配套单位参加。状态鉴定或状态鉴定、列装定型一并进行时,鉴定筹备组由设计单位任组长,生产单位和驻厂军代表室任副组长,其他单位为成员。系统状态鉴定时,由系统技术责任总抓单位任组长,主管使用部门指定的军方单位任副组长,承担系统试验的单位、主要配套设备的设计和生产单位及有关军代表室为成员。

2. 鉴定筹备组的职责

(1)制订产品鉴定工作计划;督促完成产品鉴定前的性能、可靠性、维修性等试验;负责产品的齐装配套、工艺验证和设计图纸、技术文件的整理工作。

(2)参加产品鉴定试验大纲(草案)的讨论和鉴定试验工作。

(3)组织编写产品鉴定申请报告和摄制产品研制、试验情况的录像片。

(4)参加鉴定检查工作,并为召开鉴定审查会议创造必要条件。

(5)鉴定筹备工作完成后,经主管工业部门和主管使用部门同意,由鉴定筹备组正、副组长单位联合向定型委员会提出鉴定申请报告(含有关附件及产品研制、试验情况的录相片),同时抄送主管工业部门和主管使用部门。

7.6.1.7 鉴定检查

定型委员会收到鉴定申请报告后,定型委员会办公室可视情况派出鉴定检查组,赴现场对产品鉴定筹备工作进行检查。

1. 鉴定检查组的组成

状态鉴定或状态鉴定、列装定型检查组,由驻地区军事代表局或军方指定的单位任组长,主管工业部门的有关下属地区机关任副组长,承担产品论证、研制、试验、使用等部门或单位以及有关院校、主要协作配套和鉴定筹备组等单位为成员。主管工业部门和主管使用部门应派代表参加鉴定检查组的工作。

2. 鉴定检查组的职责

(1)听取鉴定筹备组的工作汇报,检查鉴定筹备工作是否完成。

(2)抽查产品的主要检测项目;复查产品的设计图纸和技术文件;检查产品的成套设计、试制、试验、外协配套和工厂生产工艺及技术管理(列装定型时)等情况;检查产品的设计图纸与实物,技术文件与实际是否相符、协调、准确、完整;确定产品设计图纸、技术文件的鉴定盖章范围。

(3)了解产品存在问题的解决情况及其解决措施是否可行,提出召开产品鉴定审查会议前必须完成的工作。

(4)向定型委员会提出产品鉴定检查报告,报告由鉴定检查组正、副组长和成员单位的代表签名,并抄送有关主管部门。

7.6.1.8　状态鉴定审查

定型委员会收到鉴定检查报告后(对未进行鉴定检查的产品,收到鉴定申请报告后),根据鉴定筹备、检查的情况,决定是否召开鉴定审查会和派出鉴定审查组进行审查。

1. 鉴定审查组的组成

状态鉴定审查组,由主管使用部门任组长,主管工业部门和有关省、自治区、直辖市主管国防工业的部门任副组长,有关论证、研制、试验、使用、主要协作配套单位及鉴定筹备组正、副组长等单位为成员。

2. 鉴定审查组的职责

(1)受定型委员会委托主持召开鉴定审查会议。

(2)听取鉴定筹备组和鉴定检查组的汇报,并检查其工作。

(3)全面审查产品是否符合鉴定的标准和要求,提出能否鉴定的结论性意见。

(4)对存在问题提出处理意见。

(5)向定型委员会提出产品鉴定审查报告。报告由鉴定审查组正、副组长和成员单位的代表签名。

(6)当某些产品定型委员会办公室未派出鉴定检查组时,鉴定审查组应兼负鉴定检查组的职责。

产品状态鉴定审查报告由审查组全体成员签署,通常包括下列内容。

(1)审查工作简况。

(2)产品研制、试验简况。

(3)产品技术特点。

(4)产品达到状态鉴定标准和使用要求的程度,并给出产品实际达到的性能与批准的指标对比表。

(5)存在问题的处理意见。

(6)审查结论意见。

产品通过状态鉴定审查后,研制单位按状态鉴定审查时提出的意见和要求,修改、补充、完善状态鉴定文件,及时解决并验证遗留的技术质量问题,并按下列要求汇总状态鉴定文件,与军事代表室联合上报定型委员会审批。

(1)状态鉴定申请报告。

(2)研制总结。

(3)战术技术指标。

(4)研制总要求。

(5)研制合同和技术协议。

(6)重大技术问题的技术攻关报告。

(7)研制试验大纲和试验报告。

(8)状态鉴定试验大纲和试验报告。
(9)设计和各种试验报告(含数学模型)。
(10)软件文件(含计算机程序、框图及说明等)。
(11)产品全套设计图样。
(12)新产品标准化大纲和标准化审查报告。
(13)质量和可靠性报告。
(14)经济性分析报告。
(15)产品规范(技术条件)和验收技术条件。
(16)军事代表室对产品状态鉴定的意见。
(17)技术说明书。
(18)使用维护说明书。
(19)各种配套表、明细表、汇总表和目录。
(20)产品相册(片)和录像片。
(21)定型委员会特定的其他文件。
上报的技术文件、产品图样、产品照片及录像片,必须符合规定的格式和要求。

7.6.1.9　鉴定的审批或审议

产品经鉴定审查后,提交定型委员会全会或定型委员会办公会议进行审批或审议。一级鉴定产品由各军兵种定型委员会审议,报国务院、中央军委军工产品定型委员会审批;二级鉴定产品由各军兵种定型委员会审批,报国务院、中央军委军工产品定型委员会备案。

7.6.2　状态鉴定阶段工作主要成果

状态鉴定阶段工作的主要成果是研制出首批符合状态鉴定技术状态的产品和成套的产品图样、技术文件。状态鉴定阶段结束的标志是定型委员会批准了研制产品的状态鉴定。

7.6.3　状态鉴定阶段质量监督任务

状态鉴定的主要质量监督工作包括了解状态鉴定产品质量状况、参加状态鉴定试验、开展状态鉴定审查、监督研制遗留问题处理。

状态鉴定中的质量监督工作方式主要包括审查文件资料、参加鉴定试验和相关会议。

参加状态鉴定工作的程序通常为状态鉴定样品检查、状态鉴定试验申请、状态鉴定试验、状态鉴定申请、状态鉴定审查、状态鉴定文件上报。

军事代表在状态鉴定阶段质量监督工作的主要要求如下。

(1)检查状态鉴定样品是否满足规定的要求;按研制合同规定,在状态鉴定样品质量证明文件上签署是否同意用于鉴定试验的意见。

(2)对状态鉴定试验申请提出意见,如认为不具备状态鉴定试验条件时,督促研制单位解决存在的问题并向上级报告。

(3)参加状态鉴定试验大纲的评审,对大纲的内容提出意见;当由研制单位负责拟制试验大纲并实施试验时,根据研制总要求、研制合同及国家军用标准规定的大纲内容要求对试验大纲进行审签,并按规定履行报批手续。

(4)参加状态鉴定试验。当试验在试验基地或在部队进行时,按上级业务主管部门的要求派人参加试验,了解掌握试验情况;特殊情况下,如飞机、舰船等大型产品的某些试验项目,不能在试验基地进行或试验基地不具备试验条件,需在研制单位进行时,按有关规定实施现场监督,并重点处理如下问题。

①监督研制单位严格按试验大纲进行试验,如需变更时,在对变更理由进行审查后报原批准单位批准。

②当试验出现危及安全或影响性能指标的重大技术质量问题和难以排除的故障时,及时提出中止试验的意见并向上级报告。

③当中止试验时,监督研制单位对存在的问题采取纠正措施,确认落实时提出恢复试验的意见并向上级报告。当涉及设计更改时,在经更改设计并通过试验证明问题确已解决后,方可恢复或重新试验。

④对试验报告进行审查认可。

(5)申请状态鉴定。产品通过状态鉴定试验后,按规定审查是否符合状态鉴定的标准和要求;认为已达到状态鉴定标准,报经上级业务主管部门同意后,会同研制单位向定型委员会申请状态鉴定。申请状态鉴定报告的内容要符合规定的要求。

(6)参加状态鉴定审查。参加状态鉴定审查工作和定型委员会办公室组织的状态鉴定审查会议,向审查会议提出是否同意状态鉴定的意见。

①对研制单位所做的研制工作报告提出意见。

②对重大技术质量问题及解决情况提出意见。

③对产品状态鉴定的意见。

会后督促研制单位对状态鉴定审查会议提出的问题采取纠正措施。

(7)上报状态定型文件。产品通过状态鉴定审查后,督促研制单位按鉴定审查会议的要求,修改整理产品图样和技术文件。经检查确认符合要求后,会同研制单位向定型委员会上报鉴定文件。

(8)处理和解决状态鉴定遗留问题。产品通过鉴定审查后,如有遗留问题,督促研制单位及时进行处理和解决,并充分验证其有效性。

7.7 列装鉴定阶段质量监督

经状态鉴定的产品,小批量生产与部队使用后,在正式批量投产前应组织列装鉴定,确认其达到规定的列装鉴定标准,并按规定办理审批手续。对不进行列装鉴定的产品,由研制主管部门会同使用部门进行生产鉴定。列装鉴定阶段的主要工作是进行产品的部队试用和列装定型试验、对产品生产条件进行鉴定、对产品进行列装鉴定审查。列装鉴定着重对承制单位的生产条件进行考核。列装鉴定阶段是决定武器装备能否批量生产、装备部队形成战斗力的阶段。

7.7.1 列装鉴定阶段主要任务

列装鉴定阶段的主要任务是对产品批量生产条件进行全面考核,以确认其达到批量生产的标准。

1. 产品列装鉴定的标准和要求

产品列装鉴定必须符合下列标准和要求。

(1)具备成套批量生产条件,质量稳定。

(2)经部队作战试验,产品性能符合批准状态鉴定时的要求和实战需要。

(3)生产与验收的各种技术文件齐备。

(4)配套设备及零部件、元器件、原材料能保证供应。

2. 产品列装定型的程序

产品列装定型工作通常按如下程序进行。

(1)部队试用。

(2)申请列装定型试验。

(3)制定列装定型试验大纲。

(4)组织列装定型试验。

(5)申请列装定型。

(6)组织列装定型审查。

(7)审批列装定型。

3. 试生产产品和生产条件鉴定

产品列装定型通常需经试制批和定型批的试生产过程,订货数量较少的产品,试制、定型批数量可酌减或合并进行。《军工产品定型工作规定》规定,产品在申请列装定型前,必须由生产主管部门按列装定型要求,组织承制单位对试生产产品和生产条件进行鉴定。

4. 部队试用

产品的部队试用由使用部门确定试用部队、地域和期限,并向试用部队下达试用大纲,由试用部队组织实施。试用产品在经军检合格的试生产产品中抽取,试用产品的数量由使用部门确定。试验样品数量要满足列装定型试验大纲的要求。试用时,产品承制单位根据需要派出技术人员进行现场服务,帮助部队掌握使用维护技术,指导试用工作。试用结束后,试用部队要提出试用报告并报定型委员会,同时抄报使用部门、生产主管部门、承制单位及军事代表室。试用报告的主要内容如下。

(1)试用工作概况。

(2)主要应用项目及其试用结果。

(3)试用中出现的主要问题及看法。

(4)试用结论及建议。

5. 列装定型试验申请和实施

列装定型的产品是否进行列装定型试验,由定型委员会根据产品的实际情况确定。若定型委员会决定对产品进行列装定型试验,则承制单位在完成产品试生产后,与军事代表室共同向定型委员会申请列装定型试验。申请报告通常包括试生产概况、产品质量状况、状态鉴定提出的有关问题解决情况、产品检验验收情况、对试验的要求和建议等。

为节省时间,根据实际情况,部队试用和列装定型试验两项工作也可以安排交叉进行。对于不进行列装定型试验的产品,试用完成后即可申请列装定型。

列装定型试验大纲的拟制和上报要求与状态鉴定试验大纲的拟制和上报要求基本相同。

列装定型试验的组织实施要求与状态鉴定试验的组织实施要求基本相同。

6. 列装定型申请

产品已达到定型标准时,由承制单位和军事代表室联合向定型委员会申请列装定型。列装定型申请报告同时抄报使用(订货)部门和生产主管部门。申请报告通常包括以下内容。

(1)产品试生产概况。

(2)试生产产品质量状况。

(3)试用(试验)情况。

(4)试生产过程中解决的主要生产技术问题。

(5)状态鉴定时提出的技术问题的解决情况。

(6)批量生产条件形成状况。

(7)列装定型结论性意见。

7. 列装定型审查及审批

产品列装定型的审查由定型委员会组织,由有关专家和使用部门、订货部门、生产主管部门、试用部队、定型试验单位、承制单位及军事代表组成审查组,以调研、抽查、评审等方式进行。产品列装定型审查报告由审查组全体成员签署,通常包括下列内容。

(1)审查工作简况。

(2)试生产工作概况。

(3)试验、试用概况。

(4)达到列装定型标准和产品满足使用要求的程度。

(5)审查结论意见。

产品通过列装定型审查后,承制单位按列装定型审查时提出的意见和要求,修改、补充、完善列装定型文件,然后与军事代表室联合上报定型委员会审批。

列装定型文件包括以下内容。

(1)申请列装定型报告。

(2)试生产总结。

(3)部队试用报告。

(4)列装定型试验大纲和试验报告。

(5)产品全套图样。

(6)工艺、工装文件。

(7)产品和重要零部件工艺鉴定报告。

(8)标准化审查报告。

(9)配套、成品、原材料、元器件及检测设备的质量和定点供应情况报告。

(10)产品质量管理报告。

(11)产品成本分析报告。

(12)产品规范和验收技术条件。

(13)军事代表室对产品列装定型的意见。

(14)技术说明书。

(15)使用维护说明书。

(16)各种配套表、明细表、汇总表和目录。

(17)定型委员会特定的其他文件。

上报的技术文件、产品图样、产品照片及录像片等必须符合规定的格式和要求。

定型委员会根据列装定型审查组的审查报告,作出是否批准生产定型的决定,下发批复。

8. 转厂、复产鉴定

已批准列装定型的产品转厂生产或停产后恢复生产,由使用部门和生产管理部门按列装定型的要求进行鉴定。

7.7.2 列装定型阶段工作主要成果

本阶段工作的主要成果是生产出了符合列装定型技术状态的产品、形成成套完整的列装定型技术文件和承制单位具备了批量生产产品的条件。该阶段结束的标志是定型委员会批准了研制产品的列装定型。

7.7.3 列装定型阶段质量监督任务

列装定型中的军事代表质量监督工作主要包括:考核承制单位生产条件,检查列装定型试验产品质量状况,了解部队试用情况,参加列装定型试验,开展列装定型审查,监督遗留问题处理。

列装定型中的质量监督工作方式主要包括审查文件资料、参与产品试用、参加定型试验和相关会议。

参加列装定型工作的程序通常为:承制单位生产条件考核,部队试用,列装定型试验申请,列装定型试验,列装定型申请,列装定型审查,列装定型文件上报。

军事代表在列装定型阶段质量监督工作的主要要求如下。

(1)质量监督和检验验收。按生产过程质量监督的要求,对试生产产品的生产过程实施质量监督,按定型委员会批准的产品图样和产品规范对试生产产品进行检验验收。

(2)参加生产条件鉴定。

①与承制单位组成厂级鉴定小组,对生产条件进行全面审查。其内容包括:产品的生产技术准备,生产线的形成,工艺工装、外购外协件的质量,图样和技术文件,产品性能和质量管理体系等。确认符合要求后,由承制单位向生产主管部门提出生产条件鉴定的申请报告。

②参加生产主管部门组织的生产条件鉴定,并在鉴定审查会议上提出是否同意通过生产条件鉴定的意见。

(3)了解部队试用情况。按照上级业务主管部门的安排,派人参加部队试用并督促承制单位派出技术人员到现场服务。

(4)参加列装定型试验。确认承制单位在试生产期间生产的产品符合图样和产品规范,质量稳定,具备批量生产条件时,会同承制单位向定型委员会申请列装定型试验;如认为不具备列装定型试验条件,督促承制单位解决存在的问题并报告上级业务主管部门。参加列装定型试验大纲的评审并参加试验,其工作内容与状态鉴定试验工作基本相同。

(5)申请列装定型。产品通过部队试用和列装定型试验后,按规定审查是否符合列装定型的标准和要求,确认产品已达到列装定型标准,经上级业务主管部门同意后,与承制单位联合向定型委员会申请生产定型。申请列装定型报告的内容要符合规定的要求。

(6)参加列装定型审查。参加列装定型审查工作和定型委员会办公室组织的列装定型审查会议,向审查会议提出是否同意列装定型的意见,其内容一般包括以下几点。

①对研制单位所作的试生产工作报告提出意见。

②对状态鉴定时提出的技术问题和试生产过程中出现的重大技术质量问题及解决情况提出意见。

③对产品列装定型的意见。

会后,督促承制单位对列装定型审查委员会提出的问题采取纠正措施。

(7)上报列装定型文件。产品通过列装定型审查后,督促承制单位按规定的要求,将列装定型文件上报定型委员会。

7.8　装备技术状态管理监督

7.8.1　技术状态管理概述

装备技术状态是指技术文件规定的并在产品中达到硬件、软件的功能特性和物理特性。功能特性包括装备性能指标、设计约束条件和使用保障要求，如使用范围、杀伤威力、射程、可靠性、保障性等。物理特性是装备的形体特性，如结构、形状、尺寸、公差、配合、表面光洁度、重量等。技术状态是在研制中规定、生产中体现并在使用中加以维护的。技术状态管理就是对技术状态项目所进行的技术状态标识、技术状态控制、技术状态纪实、技术状态审核四要素的管理活动。

技术状态管理始于装备设计阶段初期，涉及产品形成的全过程。因此，对技术状态管理的监督也必须是贯穿装备研制、生产全过程的监督，应围绕技术状态管理四要素，对承制单位的技术状态管理制度、技术状态管理形成的文件的程序，以及技术状态文件的更改等进行有效监督，以确保装备的技术状态项目在研制、生产、使用的任何时刻，都能使用正确的技术文件。

1. 技术状态管理的形成过程

装备技术状态是在装备研制中逐步形成的，技术状态的形成分为三个阶段。

(1)第一阶段：确定装备的功能要求和总体方案，确定功能基线，形成总体技术要求。

(2)第二阶段：将装备的功能分配给装备的各个组成部分，确定分配基线，形成各组成部分的技术要求。

(3)第三阶段：进一步详细规定装备的物理特性，确定产品基线，以使装备能够生产和检验，在装备的生产和使用过程中，还要对技术状态进行完善。

装备技术状态是通过一系列文件来描述的，这些文件包括装备的各类规范、图样和各种设计文件及相关的技术文件。对装备的技术状态进行管理，就是要正确地形成文件，并通过文件全面反映出装备现有的技术状态以及达到功能和物理要求的状况，确保在装备的整个寿命周期内，与装备的研制、生产、订购、使用、保障有关的所有人员在任何时候都能使用正确、准确的文件。

2. 技术状态管理的目的

技术状态管理实质上是一种技术方法，随着技术状态管理理论的不断发展，技术状态管理已成为一门学科。技术状态管理是装备寿命周期管理的一个组成部分，它与装备研制和订购中的计划管理、经费管理、技术管理、质量管理有着密切的联系，并对装备全系统、全寿命管理起着积极的促进作用。技术状态管理的目的如下：

(1)以最低的总寿命周期成本获得规定的技术状态项目性能，保证切实可行的进度、作战效能、后勤保障及战备完好性。

(2)实现最大限度的设计和研制自由。

(3)工程更改管理在必要性、成本、时间安排和执行方面获得最佳效果。

(4)在使用方与承制单位之间，使技术状态管理的政策、程序、资料、格式和报告获得最佳程度的一致。

(5)技术状态管理可以实现。①规范、图样及有关技术资料足以满足技术状态项目的需要,并满足整个型号的需要;②当需要时能获得经过验证的技术状态文件;③保持技术状态项目的标准化和兼容性;④在审批工程更改建议、偏离和超差处理时,切实掌握其对性能、费用、进度产生的影响;⑤按照预定进度,及时地对工程更改建议进行处理,并迅速地评价更改;⑥掌握正在使用和库存的技术状态项目的技术状态,并把各系统、设备和计算机程序之间相应的物理和功能界面编制成文件,加以控制。

3. 技术状态管理的作用

(1)确保硬件性能,改进综合保障和装备的战备完好性。

(2)加强标准化和装备进入供应系统的控制。

(3)增加了竞争性采购机会。

(4)减少了对价值不确定的技术资料的需求。

(5)加强了合同管理的统一性。

(6)使各级管理决策更为有效及时。

(7)使得诸如资源管理、系统工程管理、价值工程、技术资料管理和标准化等其他国防计划的执行能相互紧密配合。

4. 技术状态管理军方监督要求

军事代表作为使用方派驻承制单位的代表,在技术状态管理中担负着重要任务,主要有:对承制单位的技术状态管理工作实施监督;在权限范围内实施技术状态控制;参加使用部门组织的技术状态管理活动,完成法规性文件、合同、使用部门赋予的任务;会同承制单位组织有关的技术管理活动并协助承制单位实施技术状态管理。

(1)应依据有关法规和合同要求,对承制单位的装备研制、生产各阶段实施技术状态管理的监督,落实监督措施,确保监督的有效性。

(2)应监督承制单位按照装备类别、合同要求和有关标准,制定并执行技术状态管理形成文件的程序。

(3)应监督承制单位在装备系统或技术状态项目研制过程的不同阶段,分别编制出能全面反映其在某一特定时刻能够确定下来的技术状态的文件,经军方确认后建立功能基线、分配基线、产品基线,并控制对这些基线的更改,使对这些基线所作的全部更改都具有可追溯性,以确保装备系统或技术状态项目在其研制、生产和使用的任何时刻,都能使用正确的技术文件。

(4)应监督承制单位制订技术状态管理计划。技术状态管理计划应符合合同要求,明确对技术状态项目的功能特性和物理特性进行管理所采取的程序与方法。

(5)应对承制单位技术状态管理过程相互关联的活动实施监督。这些活动包括技术状态标识、技术状态控制、技术状态纪实、技术状态审核。

7.8.2 技术状态标识监督

技术状态标识是指确定产品结构,选择技术状态项目,将技术状态项目的物理和功能特性及接口与随后的更改形成文件,为技术状态项目及相应文件分配标识特性或编码的活动。

技术状态标识为技术状态控制、技术状态记实和技术状态审核建立并保持了一个确定的文件依据。武器装备的技术状态是通过技术状态的逐步标识确定的,也就是说,技术状态标识决定了武器装备的技术状态。因此,技术状态标识是技术状态管理的核心,是最重要的技术状态管理工作。

技术状态标识的内容包括：选择技术状态项目；建立技术状态基线；编制技术状态文件；技术状态文件保持；技术状态文件标识号指定；发放技术状态文件；技术状态文件控制；规定设计接口；特性标识。

军事代表应监督承制单位进行技术状态标识，为技术状态控制、技术状态纪实和技术状态审核建立并保持系统的文件依据。军事代表进行技术状态标识监督的内容如下。

1. 选择技术状态项目

技术状态项目指能满足最终使用功能，并被指定作为单个实体进行技术状态管理的硬件、软件或集合体。

军事代表应监督承制单位选择功能特性和物理特性能被单独管理的项目作为技术状态项目，一般选择以下内容。

(1) 装备系统、分系统级项目和跨承制单位、分承制单位研制的项目。

(2) 在风险、安全、完成作战任务等方面具有关键性的项目。

(3) 采用了新技术、新设计或全新研制的项目。

(4) 与其他项目有重要接口的项目和共用分系统。

(5) 单独采购的项目。

(6) 使用和维修方面需着重考虑的项目。

选择的技术状态项目应由承制单位和军事代表协商后共同提出，经批准的技术状态项目应在合同中规定。

2. 建立技术状态基线

技术状态基线是指在技术状态项目研制过程中的某一特定时刻，被正式确认并作为今后研制、生产活动基准的技术状态文件。实行基线管理是为了向使用方和承制单位提供一个对给定武器装备系统渐进的并经明确定义的成文框架，以及一个能够度量研制工作完成情况的方法，从而保证研制工作在建立基线及做好其他准备工作之后，才能转入下一步骤。基线一经建立就不能轻易更改。基线分为功能基线、分配基线和产品基线三种。

功能基线是指产品经批准形成的用以描述系统或技术状态项目功能、共用性、接口特性，以及验证这些特性是否达到规定要求所需的检查程序与方法的文件。分配基线是指经批准的用以描述技术状态项目从系统或高一层技术状态项目分配下来的功能特性和接口特性、技术状态项目的接口要求、附加的设计约束条件，以及为验证上述特性是否达到规定要求所需的检查程序和方法的文件。产品基线是指经批准形成的用以规定技术状态项目所有必需的功能特性和物理特性及其生产验收程序与方法的文件。由功能基线、分配基线、产品基线及其已被批准的更改所组成的技术状态文件分别称为功能技术状态文件、分配技术状态文件和产品技术状态文件。

军事代表应监督承制单位建立三种技术状态基线。

(1) 在论证阶段，编制功能技术状态文件，形成功能基线。功能基线应与装备战术技术指标协调一致。

(2) 在方案阶段，编制分配技术状态文件，形成分配基线。分配基线应与装备研制总要求的技术内容协调一致。

(3) 在工程研制阶段，编制产品技术状态文件，形成产品基线。产品基线应与研制合同中的技术要求协调一致。

3. 编制技术状态文件

技术状态文件是指规定技术状态项目的要求、设计、生产和验证所必需的技术文件。技术状态文件分为功能、分配、产品技术文件,这三种技术状态文件在不同研制阶段进行编制、批准和保持,且在内容上逐级细化。

(1)功能技术文件的监督。军事代表应监督承制单位编制功能技术状态文件,确认其满足装备主要作战使用性能要求。功能技术状态文件内容如下。

①装备总的功能特性指标。

②主要的界面特性及安装尺寸。

③验证总功能特性所需进行的试验项目。

④可靠性、安全性、维修性技术指标和保障性要求。

⑤设计规范及有关限制要求。

(2)分配技术状态文件的监督。军事代表应监督承制单位编制分配技术状态文件,确认其符合装备研制总要求。分配技术状态文件内容如下。

①根据装备的总功能特性指标制定各分系统的性能指标。

②确定各分系统的接口要求。

③分配可靠性、维修性技术指标。

④附加的设计约束条件。

⑤提出验证各分系统的特性指标所需的试验项目。

(3)产品技术状态文件的监督。军事代表应监督承制单位编制产品技术状态文件,确认其符合研制合同的要求。产品技术状态文件内容如下。

①所有的工程设计图样、产品规范、材料规范、试验规范等设计文件。

②根据设计文件及试验、生产要求编制形成的成套制造工艺、产品检验技术文件。

③关键件、重要件目录和相应的特性分析报告。

④合格供应商目录和器材验收标准。

⑤装备技术说明书和使用维护说明书。

⑥生产、使用、维护及综合保障各阶段的技术管理制度。

4. 技术状态文件的保持

技术状态基线建立后,军事代表应监督承制单位控制并保持所有现行已批准技术状态文件的原件。

5. 技术状态标识号的指定

(1)军事代表应监督承制单位指定用以标识每个技术状态项目、技术状态文件、技术状态文件更改建议,以及偏离许可与让步的标识号并进行编码。

(2)军事代表应监督承制单位对器材、毛坯、零件、组合件直至最终装备作相应的标识,以确保装备标识的可追溯性。

6. 技术状态文件的发放

(1)军事代表应监督承制单位制定并执行发放技术状态文件的程序,使其工程文件发放系统将有关的技术状态文件发放到各有关部门。被发放的每份技术状态文件均应有发放签字,以表明该文件是经批准的并适合于预期的用途。

(2)军事代表应监督承制单位确保工程文件发放系统记录技术状态文件发放的信息,并检查技术状态文件更改的落实情况。

7. 技术状态文件的控制

军事代表应监督承制单位按 GJB 9001C《装备质量管理体系要求》中的规定对技术状态文件进行控制。

8. 规定接口要求

(1)军事代表应监督承制单位规定武器装备系统和技术状态项目的接口要求。

(2)在研制期间,军事代表应检查合同中规定必须控制的接口要求是否纳入功能技术状态文件或分配技术状态文件。

(3)军事代表应监督承制单位确保所设计的各种硬件和软件之间的兼容性,并确保它们与技术状态文件中规定的相应接口要求之间的兼容性。

9. 特性标识的监督

军事代表应监督承制单位划定特性类别并做特性标识。同时,还应监督承制单位编制关键工序目录并做相应标识。

7.8.3 技术状态控制监督

技术状态控制是指在技术状态文件正式确立后,对技术状态项目的更改,包括技术状态文件更改及对技术状态产生影响的偏离和超差进行评价、协调、批准或不批准以及实施的所有活动。

工程更改、偏离、让步是技术状态更改的三种类型。实施技术状态控制的目的是防止进行不必要的或可有可无的更改,并同时加速对有价值的更改的审批和实施。

(1)工程更改。

工程更改是指对定型委员会或上级有关部门已正式确认或批准的现行技术状态文件所做的更改。使用方或承制单位,都可以提出工程更改的建议。使用方提出的工程更改建议应以书面形式通知承制单位,由承制单位履行更改程序。

工程更改可分为Ⅰ类、Ⅱ类和Ⅲ类工程更改。Ⅰ类工程更改是指涉及装备战术技术指标、强度、互换性、通用性、安全性等由使用方批准的工程更改;Ⅱ类工程更改是指不涉及上述性能和质量由承制单位自行控制的一般性修改、补充;Ⅲ类工程更改是指勘误、修正描图等不影响性能和质量的更改。

(2)偏离。

有些情况下,生产尚未开始,就已经知道在技术状态项目的某些方面无法按批准的现行技术状态要求制造产品。例如,外购的某种原材料已经停产,购买不到,此时往往要采取某种措施,在保证产品质量符合规定要求的前提下,使生产能够进行,这种措施称为“偏离”。偏离是指技术状态项目制造之前,对该技术状态项目的某些方面在指定的数量或者时间范围内,可以不按其已被批准的现行技术状态文件要求进行制造的一种书面认可。生产过程中的原材料、元器件代用以及采用临时脱离产品图样的方法制造零部件,均属于“偏离”。偏离是一种临时性的措施,它只对指定的数量或时间范围有效。允许偏离时,对技术状态文件不作相应的更改。

(3)让步。

在技术状态项目的制造期间或检验验收过程中,有时会出现技术状态项目的某些方面不符合规定要求,如某个零件的某个尺寸超出了公差范围。如果重新制造,可能会延误交付时间等。遇到这种情况,在保证产品质量的前提下,往往采用办理“让步”手续的办法解决这个问题。让步接收的项目有两种使用状态:一种是原样使用;另一种是经返修后使用。让步接收是一种一次性有效的处理方式,处理后再次发生同样的情况且须作让步接收处理时,要重新办理手续。

1. 技术状态控制监督的要求

(1)有效地控制对所有技术状态项目及其技术状态文件的更改。

(2)制定有效控制技术状态文件更改、偏离许可和让步的程序与方法。

(3)确保已批准的更改得到实施。

2. 技术状态控制的内容

技术状态控制主要是指控制技术文件更改、偏离许可限制和让步。

(1)技术状态文件更改(工程更改)。技术状态文件更改指对已确认的现行技术状态文件所作的变更修改。

①技术状态文件更改原则。

a. 纠正缺陷。

b. 满足装备使用需要。

c. 提高装备质量,降低装备成本。

d. 确保图样、资料的完整、正确和统一。

e. 偏离许可、让步不得进行技术状态文件更改。

②技术状态文件更改的程序。军事代表应监督承制单位按下列步骤办理技术状态文件更改。

a. 提出技术状态文件更改,判定技术状态文件更改的必要性。

b. 确定技术状态文件更改类别。

c. 审查和评价更改。

d. 拟定技术状态文件更改建议。

e. 将技术状态文件更改建议提交军事代表审签或备案。

f. Ⅰ类技术状态文件更改应上报主管装备机关(部门)审批或备案。

g. 将已确认的技术状态文件更改纳入技术状态文件,必要时将其纳入合同。

h. 对相关文件实施更改。

③技术状态文件更改的提出。

a. 军事代表和承制单位都可对现行已批准的技术状态文件提出技术状态文件更改的建议。

b. 军事代表因装备使用需要提出技术状态文件更改建议时,应书面通知承制单位。

c. 军事代表应监督承制单位提出的技术状态文件更改建议符合技术状态更改的原则。

④技术状态文件更改类别的确定。军事代表监督承制单位在提出技术状态文件更改建议时,确定正确的技术状态文件更改类别。当军事代表对承制单位确定的技术状态文件更改类别有异议时,双方协商且经军事代表确认。

⑤技术状态文件更改建议的编写。技术状态文件更改建议应由承制单位拟定并附必要的资料(如实验数据分析、保障性分析、费用分析等)。

Ⅰ类技术状态文件更改建议可按承制单位自行规定的格式编写,应包括下述内容。

a. 更改的装备名称(型号)、技术状态项目和技术状态文件的名称与编号。

b. 建议单位名称和提出日期。

c. 更改内容。

d. 更改理由。

e. 更改方案。

f. 更改的迫切性。

g. 更改带来的影响（包括对装备战术技术性能、结构、强度、互换性、通用性、可靠性、安全性、维修性、保障性等的影响）。

h. 更改所需费用估算。

i. 更改的实施日期。

j. 对已制品和在制品的处理意见。

Ⅱ类、Ⅲ类技术状态文件更改建议按承制单位自行规定的格式编写，其内容可参照Ⅰ类技术状态文件更改建议的内容进行适当剪裁。

⑥技术状态文件更改的批准权限。

a. Ⅰ类技术状态文件更改，军事代表应参加相关验证试验和鉴定工作，并签署意见后上报装备主管机关（部门）审批，未经批准前，不得更改。

b. Ⅱ类技术状态文件更改，由军事代表和承制单位双方按有关规定协商处理，必要时需双方联合上报装备主管机关（部门）备案。

c. Ⅲ类技术状态文件更改，由承制单位处理，并通知军事代表。

⑦技术状态文件更改的实施。

a. 军事代表应督促承制单位将已经确认的技术状态文件更改迅速纳入受影响的技术状态标识文件。

b. 涉及已交付的装备停用、返修和更换时，军事代表应联合承制单位按规定办理上报审批手续。

c. 军事代表应对有关的技术状态文件更改执行情况和效果进行检查与记录。

（2）偏离许可控制。偏离许可是指产品实现前，偏离原规定的许可。

①偏离许可限制。

a. 军事代表一般不受理承制单位涉及安全性及致命缺陷的偏离许可申请和影响部队使用或维修的偏离许可申请。

b. 经军事代表同意的偏离许可申请仅在指定范围和时间内适用，并不构成对功能技术状态文件、分配技术状态文件或产品技术状态文件的更改。

c. 应在技术状态项目制造之前办理偏离许可申请和审批手续。

②偏离许可的申请。军事代表应审查承制单位提出的偏离许可申请，偏离许可申请可按承制单位自行规定的格式编写，包括下述内容。

a. 偏离许可申请的编号。

b. 标题。

c. 装备名称（型号）、技术状态项目名称及其编号。

d. 申请单位的名称及申请日期。

e. 受影响的技术状态标识文件。

f. 偏离许可的内容。

g. 实施日期。

h. 有效范围。

i. 偏离许可带来的影响(包括对装备战术技术性能、可靠性、维修性、保障性、安全性、互换性、通用性的影响)。

j. 相应的措施。

③偏离许可的办理。

a. 军事代表应按规定权限签署承制单位提出的偏离许可申请,其中涉及下列因素的偏离许可申请应签署意见后上报装备主管机关(部门)审批:装备战术技术性能、可靠性、维修性、保障性、安全性、互换性、通用性。

b. 军事代表应监督承制单位分析偏离的原因,检查、评价所采取纠正措施的落实情况和后效,防止偏离重复出现。

(3)让步。让步是指对使用或放行不符合规定要求的产品的许可。让步有时称为超差特许。

①让步限制。让步限制通常仅限于在商定的时间或数量内,对含有不合格特性的产品的交付。

a. 军事代表一般不批准承制单位涉及安全性及致命缺陷的让步和影响部队使用或维修的让步。

b. 经军事代表批准的让步仅适用于特定数量的制成项目,不构成对功能技术状态文件、分配技术状态文件或产品技术状态文件的更改,也不能作为以后让步和检验验收的依据。

②不合格品控制。

a. 军事代表应监督承制单位确保不合格品得到识别和控制,以防止其非预期的使用或交付。

b. 当在交付或开始使用后发现产品不合格时,军事代表应督促承制单位采取与不合格的影响或潜在影响的程度相适应的措施。

③让步办理。

a. 对承制单位作出不合格品审理意见,军事代表应在认真分析并确定其影响的基础上,按规定权限签署处理意见。其中,如与承制单位有意见分歧,由军事代表室和承制单位双方协商,仍不能取得一致意见时,应上报装备主管机关(部门)处理。

b. 军事代表应监督承制单位分析产品不合格的原因,制定切实可行的预防和纠正措施,验证预防和纠正措施实施后的效果,并将有效措施纳入技术文件或形成制度,防止不合格产品重复出现。

技术状态控制是一项重要的工作,因此,在此对军事代表技术状态控制监督的具体工作再作一强调论述。

军事代表对承制单位技术状态控制活动实施监督,就是依据有关法规性文件、国家军用标准,对承制单位的确定更改类别、履行更改程序、进行内部和外部协调及履行签署手续等项工作实施监督检查,促使承制单位严格按有关规定及内部管理制度开展技术状态控制活动。

在技术状态控制中,军事代表要参加承制单位组织的一些活动,如分析更改的必要性,进行验证试验、评价更改等。军事代表在参加这些活动中,一方面要切实了解掌握情况,为下一步正式审查工程更改建议或偏离、让步申请打好基础;另一方面要加强与承制单位的协调,尽可能地对有关问题取得一致意见。为此,军事代表必须做到以下几点。

(1)要履行好对技术状态控制监督的任务。

军事代表在技术状态控制中,主要有3项任务:对承制单位的技术状态控制活动实施监督;参加承制单位组织的技术状态控制活动;实施技术状态控制。

技术状态控制在技术状态管理中有着特殊的地位。如果技术状态控制不严格,技术状态基线建立、技术状态审核等多项工作做得再好,也会前功尽弃,产品质量也将受到极大的不利影响。任何Ⅰ类工程更改、偏离或让步,首先要通过军事代表的审查,才能获得批准。军事代表对保证更改的正确性负有直接的责任。技术状态管理是一项使用方和承制单位共同完成的工作,但就军事代表工作而言,在技术状态管理的4项活动中,唯有技术状态控制,军事代表拥有批准权或决定是否报批的权利,技术状态控制中的有些工作是军事代表独立完成的。因此,实施技术状态控制,是军事代表在技术状态管理中的一项最主要、最重要的工作,也是质量监督和检验验收工作中的重点工作之一。

(2)把握好实施技术状态控制的原则。

要切实严格技术状态控制,军事代表应该把握好以下4项基本原则。

①严格按技术状态控制的基本准则行事。也就是要注意维护使用方的利益,只有那些给使用方带来显著利益的更改才能获得批准,不能使更改成为接收不合格品的手段。

②确立系统观念。一项技术状态更改,往往牵涉方方面面。在更改办理的过程中,不仅要考虑更改对产品质量的直接影响,而且要运用全系统、全寿命管理的思想,充分考虑更改对武器装备全系统、寿命周期的各个阶段、装备使用和管理的方方面面的影响,综合考虑实施更改的有利因素和不利因素,保证通过实施更改获得最佳军事、经济效益。

③严格进行试验验证。产品基线确立以后,不要轻易地进行更改,这是技术状态控制的一个基本原则。这是因为,只有经过试验,才能证明产品质量是否符合规定要求。产品基线是在充分地进行了基地试验、部队试验等定型试验的基础上而确定的。在办理更改过程中所做的验证试验,其严格性和全面性很难达到定型试验的程度。因此,对那些必需的更改,必须尽可能地进行严格、全面的验证试验,并把试验结果作为判定是否进行更改最主要的依据。

④严格履行更改程序。军事代表不但要对承制单位履行更改程序的情况进行监督,还要严格执行军事代表系统有关技术状态控制的内部管理程序。严格按制度办事,严格履行程序,尤其要按规定的权限办事,不能超越权限确认或批准更改。

(3)实施好技术状态控制。

①审查更改类别。由于更改类别与批准权限相对应,所以,正确地确定更改类别是十分重要的。更改类别先由承制单位初步确定,然后提交军事代表审查后最后确定。审查中,既不要把应确定为低级别的更改上升为高级别,更不能把应报批的更改确定为不需报批的更改。对承制单位有批准权的Ⅱ类更改,也应予以审查,发现错误及时纠正。在审查让步申请的类别时,要重点检查是否重复发生。重复发生超差的原因,或者是承制单位质量保证能力不足,或者是技术要求太高,不合理。对那些重复发生的让步申请,要提高批准的级别,以促使问题的彻底解决。

②判定更改的必要性。实施技术状态控制的目的之一,就是防止不必要的或可有可无的更改。因此,在办理更改时,必须对更改的必要性进行判定。判定的基本准则,就是更改应有利于使用方。判定更改必要性的重点,是判定工程更改的必要性。因为工程更改是永久性的更改,一旦出现错误,其影响是长远的。

③审查和评价更改。对更改的审查和评价,是更改办理过程中的一项最重要的工作。审查和评价更改,分为两项内容:分析、评价更改带来的影响;进行验证试验。更改的审查和评价完成以后,应形成完整的审查、评价资料。资料包括分析评价报告、验证试验报告。必要时,还应有专题分析报告,如保障性分析、费用分析等。审查、评价资料应作为工程更改建议或偏离、让步申请的附件。

④审查更改方案。更改方案是实施更改的具体方案。通常包括:需更改的技术状态文件名称,更改的内容、范围;更改实施日期;与更改相关联而需更改的工艺文件、工艺装备;对与更改相关联的产品、技术资料的处置方案,如已交付产品、备件、在制品和使用维护说明书、培训教材等;与更改相关联的其他事宜,如合同、费用等。审查更改方案的重点是方案的完整性、合理性和可行性,以及方案与审查、评价资料的相符性和协调性。

⑤审查工程更改建议(偏离、让步申请)。按照更改程序,承制单位在完成判定更改的必要性、确定更改类别、审查和评价更改等工作后,要拟制工程更改建议或偏离、让步申请并提交军事代表审查。

完成对工程更改建议或偏离、让步申请的审查后,对权限内的更改,由总军事代表签署批准或不批准意见。对须报批的更改,应履行报批手续。

⑥更改批准后的质量监督。工程更改获得批准后,由承制单位负责将批准的工程更改纳入技术状态文件。军事代表应对承制单位将批准的工程更改纳入技术状态文件的工作进行监督,保证批准的工程更改(包括相关更改)落实到所有有关的技术状态文件中,包括承制单位各管理部门、生产现场、军事代表使用的及拥有该图样、技术文件的外单位的图样和技术文件。对工程更改、偏离和让步,军事代表均应对实施情况进行监督,保证工程更改按批准的技术要求落实到产品上,偏离和让步按批准的技术要求及在指定的范围和时间内实施。对工程更改,还应注意检查是否对相关的工艺文件、技术资料做了相应更改,对相关的设备工装等采取了相应措施。对偏离的实施,也应注意检查是否对相关的工艺文件、工艺装备、检验要求和方法做了相应的临时更改处置,并在批准的偏离有效期结束后恢复原状。

7.8.4 技术状态纪实监督

技术状态纪实是指对已确立的技术状态文件、建议的更改状况和已批准更改的执行情况应作的正式记录和报告。在技术状态项目的第一份技术状态文件形成以后,就开始进行技术状态纪实,并连续地跟踪记录和报告技术状态更改情况,提供所有更改对初始确定的基线的可追溯性。技术状态纪实贯穿于产品的整个寿命周期。技术状态纪实包括记录、报告和分析三项工作。

纪实工作的具体要求如下。

(1)标识各技术状态项目的已批准的现行技术状态文件,给出各有关技术状态项目的标识号。

(2)记录并报告技术状态文件更改建议提出及其审批情况。

(3)记录并报告技术状态审核的结果,包括不符合的状况和最终处理情况。

(4)记录并报告技术状态项目的所有偏离许可和让步的状况。

(5)记录并报告已批准更改的实施状况。

(6)提供每一技术状态项目的所有更改对初始确定的基线的可追溯性。

1. 有关记录的监督

军事代表应定期或不定期地检查承制单位技术状态状况记录是否准确、及时,记录内容是否符合要求。通常记录内容应包括技术状态项目、技术状态基线、技术状态文件更改、偏离许可和让步,及其相应的零组件号、文件号、序列号、版本、标题、日期、发放状态和实施状况等。

2. 有关报告的监督

军事代表应定期或适时地审查承制单位下述不同类型的报告。

(1)技术状态项目及其技术状态基线文件清单。

(2)当前的技术状态状况。

(3)技术状态文件更改、偏离许可和让步状况报告。

(4)技术状态文件更改实施和检查或验证的报告。

3. 质量问题的分析

军事代表应监督承制单位进行以下质量问题分析:

(1)对所报告的质量问题进行分析,以查明质量问题的动向。

(2)评定纠正措施,验证是否已解决了相应的质量问题,或是否又产生了新的质量问题。

7.8.5 技术状态审核监督

技术状态审核是指为确定技术状态项目符合其技术状态文件而进行的审查。在技术状态项目完成了工程研制或小批量试生产,并按规定进行了状态鉴定试验、生产定型试验、验收检验之后,必须进行技术状态审核。

技术状态审核可分为功能技术状态审核和物理技术状态审核。功能技术状态审核是为证实技术项目是否已达到了功能技术状态文件和分配技术状态文件中规定的功能特性所进行的正式检查。物理技术状态审核是为证实已产生出的技术状态项目的技术状态是否符合其技术状态文件所进行的正式检查,列装定型时的技术状态审核,一般只进行物理技术状态审核。在实际工作中,当技术状态项目批准状态鉴定,投入小批量试生产时,或者技术状态项目转厂生产、停产后复产时,对试生产的首批产品也要进行技术状态审核。这种情况下进行的技术状态审核称为技术状态验证审核。除对已批准的产品技术状态文件不作审核外,技术状态验证审核的方法和内容,与物理技术状态审核基本相同。在我国功能技术状态审核和物理技术状态审核一般结合技术状态项目的定型(鉴定)审查进行。而技术状态验证审核一般结合技术状态项目的首批试生产鉴定审查进行。

1. 技术状态审核监督

军事代表应按合同或装备主管机关(部门)的要求,参加在承制单位现场进行的技术状态审核工作。

(1)应对每个技术状态项目进行功能技术状态审核和物理技术状态审核。如果合同要求,还应对整个装备系统进行功能技术状态审核和物理技术状态审核。

(2)功能技术状态审核应在状态鉴定前根据拟正式提交状态鉴定的样机或装备的试验情况进行。

(3)物理技术状态审核应在完成功能技术状态审核之后,或与功能技术状态审核同时,根据按正式生产工艺制造的首批(个)生产件的试验与检验情况进行。

(4)物理技术状态审核应详细审核有关的工程图样、产品规范、工艺规范、材料规范、设计文件、用于技术状态项目生产的各项实验,以及计算机软件配置项的使用和支持文件。物理技术状态审核还应审核已发放的工程文件和质量控制记录,以确保这些文件如实反映了按正式生产工艺制造的技术状态项目的技术状态,审核完成后,最终建立产品基线。

2. 技术状态审核前军事代表的工作

(1)按装备主管机关(部门)的要求指定参与审核的人员。

(2)了解承制单位审核人员的资格。

(3)督促承制单位编制审核计划、提交审核清单、准备审核资料。

(4)与承制单位协调审核日程和地点。

3. 技术状态审核内容

1)功能技术状态审核内容

(1)审核承制单位的试验程序和试验结果是否符合装备研制总要求的要求。

(2)审核正式的试验计划和试验规范的执行情况,检查试验结果的完整性和准确性。

(3)审核试验报告,确认这些报告是否准确、全面地说明了技术状态项目的各项试验。

(4)审核接口要求的试验报告。

(5)对那些不能完全通过试验证实的要求,应审查其分析或仿真的充分性及完整性,确认分析或仿真的结果是否足以保证技术状态项目满足其技术状态文件的要求。

(6)审核所有已确认的技术状态文件更改是否已纳入了技术状态文件并已经实施。

(7)审核未达到质量要求的技术状态项目是否进行了原因分析,并采取了相应的纠正措施。

(8)对计算机软件配置项,除进行上述审核外,还可进行必要的补充审核。

(9)审查偏离许可和让步清单。

2)物理技术状态审核内容

(1)审核每个硬件技术状态项目的有代表性数量的工程图样和相关的工艺规程(工艺卡),以确认工艺规程(工艺卡)的准确性,包括反映在工程图样和产品硬件上的更改。

(2)审核技术状态项目所有记录,确认按正式生产工艺制造的技术状态项目的技术状态准确地反映了所发放的工程资料。

(3)审核技术状态项目的试验数据和程序是否符合产品规范的要求,审核组可确定需重新进行的试验,未通过验收试验的技术状态项目应由承制单位进行返修或重新试验,必要时,重新进行审核。

(4)确认分承制单位的制造地点所做的检验和试验资料。

(5)审核功能技术状态审核遗留的问题是否已经解决。

(6)对计算机软件配置项,除进行上述审核外,还可进行必要的补充审核。

4. 技术状态审核完成后的工作

技术状态审核完成后,军事代表应进行下列工作。

(1)审查有关审核记录,保证其内容正确、完整地反映了军事代表的所有重要意见。

(2)协助装备主管机关(部门)做出技术状态审核的结论。

(3)跟踪监督审核遗留问题的解决及效果。

7.8.6 技术状态管理计划监督

技术状态管理计划是规定如何对某项具体的采购或工程项目实施技术状态管理的文件

(包括政策和程序)。对承制单位制定的技术状态管理计划的监督,是军事代表不可忽视的一项监督工作。要求每个技术状态项目都必须制订技术状态管理计划,以明确进行管理所采取的程序和方法。

军事代表应该对承制单位的技术状态管理计划的编制工作及实施工作进行监督。对大型复杂的武器装备系统,应该注意系统内各承制单位编制的技术状态管理计划的相互协调。

技术状态管理计划主要用来明确规定技术状态管理的过程、方法和程序,同时对各项技术状态管理活动做出安排。技术状态管理计划通常包括以下内容。

1. 技术状态管理的综合性信息

技术状态管理的综合性信息包括:所管理的武器装备系统或技术状态项目的说明;重要技术状态管理活动的时间安排;技术状态管理计划的编制目的和管理范围;相关文件,如分承制单位的技术状态管理计划。

2. 技术状态管理程序和办法

技术状态管理程序和办法包括:技术状态管理的有关制度和规定;技术状态管理组织机构;技术状态项目选择准则;内部报告和向使用方提供报告的时间间隔,报告的分发和控制要求。对分承制单位的技术状态管理工作的控制方法。在这一部分中,有些内容需要与使用方或分承制单位协调并取得一致意见,如技术状态项目的选择准则等。

3. 技术状态标识

技术状态标识包括:技术状态项目的规范树;规范、图样和更改的编号制度;需建立的技术状态基线、进度及文件类型;所使用和分配的序列号码或其他可追溯性的标识;发放程序。

4. 技术状态控制

技术状态控制包括:建立技术状态基线前的更改控制程序;建立技术状态基线后,从提出工程更改建议到检查批准的工程更改实施情况的程序;偏离、让步的控制程序。

5. 技术状态纪实

技术状态纪实包括:记录技术状态标识及技术状态控制过程中的有关事项和数据的方法;为形成技术状态纪实报告所需资料的收集、记录、处理和保持的程序;对所有各类技术状态纪实报告内容和形式的规定。

6. 技术状态审核

技术状态审核包括:要进行技术状态审核的技术状态项目清单,这些技术状态项目研制进度与武器装备系统研制进度的关系;审核程序;审核报告的形式。

7.9 装备软件质量监督

军用软件是指用于军事目的的实现某些特定功能的计算机程序、数据、有关资料及其承载平台的统称。具体到用于武器装备的软件是指装备立项研制拟装备于部队的软件,包括计算机程序和数据,以及作为最终型号/项目交付的软件等,还包括用于可交付软件的支持软件,含可直接支持创建、测试和维护可交付软件的汇编程序、编译程序、连接程序、加载程序、编辑程序、代码生成程序、分析程序、地面模拟和训练程序、飞行测试数据还原等在内的主操作系统软件等。

近年来,软件在武器装备中得到了大量应用,使其成为武器装备工程重要的组成部分。然而,由于软件质量问题而造成重大损失的事件屡见不鲜(如由于软件上遗漏一个点,可能造成一枚导弹作用的失败)，使人们认识到软件质量的重要性，推动了软件工程化管理工作的开展。软件工程化管理就是建立一套系统的技术和管理规则，对软件研制、生产和维护过程实行控制与管理，以获得质量满意的可靠的软件。

装备软件与硬件相比，由于质量形成过程、失效机理、生命周期以及失效率等具有“不可见”的特点，决定了软件研制过程和硬件研制过程质量监督有不同的方式和内容。

7.9.1 装备软件研制特点及其质量特性

1. 装备软件的研制特点分析

对于武器装备这种关键性的应用领域而言，软件系统的研制与一般软件相比具有很多自身的特点。

1)装备软件对可靠性、可维护性、安全性要求高

由于武器系统本身就需要高可靠性、维修性和安全性的要求，再加上武器装备所担负任务的重要性，使得对武器系统的指挥控制核心，即装备软件的可靠性、可维护性与安全性也提出了更高的要求。

2)装备软件多为实时的嵌入式软件

装备软件是一个有实时性要求的系统，尤其是在信息的传输处理以及制导控制时有很高的实时性要求。同时，装备软件大多以嵌入式为主，功能与硬件结合紧密，很难对软件进行考核和管理，这一点也决定了其开发环境是特殊的，是受硬件装备所制约的，因此不同于通用软件的开发。当然，装备软件也有独立安装运行的软件，如态势分析软件、辅助决策软件等，但这些软件在开发中同样需要搭建特殊环境。

3)装备软件以自行研制为主，研制阶段复杂、多变化

装备软件通常无法从他处获得有效的借鉴，因此多是通过自行研制的方式获得。装备软件的开发工作通常是由武器系统中各分系统的研制人员承担，软件常被作为硬件系统的某个部件来对待，其开发过程往往与硬件系统混为一体，缺乏完整有效的软件工程化体系。同时，装备软件作为装备的重要组成部分，同样要经历一个复杂、多阶段的研制过程，并可能根据每次试验的需求不同形成多个中间版本，也可能因为使用需求不同而产生多个改进版本，这种情况下，就更需要按照软件工程化的要求进行配置管理工作。

4)装备软件研制协作关系多，接口需求复杂

大型装备软件的研制往往需要若干单位的共同协作、联合攻关或统一设计、分别研制，若软件的工程化程度低，配置管理水平不够，则难以形成统一的意见和遵循统一的管理要求，也就无法形成平稳的同步开发和无缝衔接。武器装备是一个错综复杂的大系统，同时与上级、同级以及子系统之间有着复杂的接口关系，因此在装备软件的研制管理中，必然存在大量的协调工作。同时由于接口关系复杂，需求多变，也会进行许多更改与验证工作，这些都是软件配置管理工作的重要内容。

5)装备软件研制进度要求严

武器装备的研制通常有严格的时间节点，因此，装备软件必须在研制初期就制订严格的开发计划，以确保装备研制各阶段任务的完成。

6)高新装备软件与传统软件研制管理的区别

(1)顶层要求不同。高新装备软件的研制应按照军方最新的软件研制管理办法执行，软件要作为独立的产品进行管理，重要、关键软件还必须经过有国家认证资格的软件测试机构进

行第三方定型(鉴定)测评,交付时还需提供专门的软件文档。而传统的装备软件通常随硬件一起进行研制管理,并没有严格的第三方测评的要求,大多是在内部进行自测试,如单元测试和组装测试等,通常在交付时也不提供独立的软件文档。

(2)管理方式不同。由于顶层要求的不断提高、装备软件开发规模的不断增大、软件地位的逐步提升以及配置管理技术的不断成熟,使得装备软件从早期单纯的版本控制转变发展为现在的配置标识、基线控制、三库模式、过程管理、变更控制等一系列全面的配置管理。

(3)侧重的开发语言有所差别。传统装备软件由于与硬件的紧密交链多以汇编语言为主,但汇编语言也存在着编程复杂、不直观、可读性差、缺乏开发和测试环境、质量保证难等问题,同时高新装备也对人机交互性提出了更高的要求,因此后期开发的装备软件除了有一些考虑到继承性原因采用汇编语言之外,更多采用的是面向对象的编程语言。

(4)高新装备软件可以作为独立产品进行管理。传统装备软件的研制管理工作大部分和硬件一起完成,而对于新型装备软件而言,软件要作为独立的产品进行。如果该软件是嵌入式且其功能性能只有通过硬件才能反映出来,那么除了软件的灌装工作,其余交付工作均同硬件一起,但还须提供一整套单独的软件使用文档。如果是非嵌入式软件,那么它的研制与验收、交付工作均同硬件一样单独进行。同时,软件还需根据规模与重要程度划分级别,并作为独立产品列入型号配套表。

2. 软件质量特性

同硬件相似,软件管理的核心是质量管理。首先应当对软件质量及其度量有一个比较全面的理解。

在系统中,软件的质量最终要影响系统的质量。但软件已成为单独产品,它应当在满足系统总体要求基础上有其单独的要求,这些要求有的是明确规定的,有的是隐含的。所以,软件质量的概念与其他产品相似,可定义为软件产品具有满足规定的或隐含要求能力有关的特征与特性总和。

软件质量可以用一组特性和特征来表示,这就是软件质量特性。一个质量特性还可以被细化为多级子特性。

对于软件质量需要加以量度,这就是软件质量度量,即能用来确定特定软件产品某一质量特性的一种定量尺度和方法。

显然,对于软件质量同样应当进行管理和控制,而订购方应当进行质量监督。

对于软件的质量特性有不同的描述和区分。根据 GJB 2434A《军用软件产品评价》,装备软件的质量特性通常包括以下内容。

1)功能性

功能性是与一组功能及其指定性质有关的一组属性,这里的功能应当包含满足明确的和隐含的需求的全部功能。显然,功能性是软件特性中最基本的特性。简单地说,就是软件功能是否完全、完善。软件功能总是要通过硬件及其指挥、控制下的其他硬件来体现。功能性可细化为以下子特性。

(1)合适性:与规定任务能否提供一组功能以及这组功能的适合程度有关的软件属性。

(2)准确性:与能否得到正确或相符的结果有关的软件属性。

(3)互操作性(互用性):与同其他指定系统进行交互作用的能力有关的软件属性。

(4)安全性:为防止对程序和数据未授权的故意或意外访问的能力有关的软件属性。

2）可靠性

在规定的时间内和规定的条件下，可靠性是与软件维持其性能水平的能力有关的一组特性。从概念上说，软件可靠性与硬件是相似的，但导致软件失效的原因是软件自身固有的设计缺陷。所以，软件可靠性主要体现在以下子特性。

（1）成熟性：与软件故障引起失效的频度有关的软件属性。

（2）容错性：与软件错误或违反指定接口的情况下维持规定性能水平的能力有关的软件属性。

（3）易恢复性：与在失效发生后，重建其性能水平并恢复直接受影响数据的能力以及为达到此目的所需的时间和努力有关的软件属性。这里的恢复并不是修复，因为它并没有消除引起失效的原因。

3）易用性

易用性是由一组规定或潜在的用户为使用软件所做的努力和所做的评价有关的一组属性。简单来说，就是易学易用。易用性可细化如下。

（1）易理解性：与用户认识逻辑概念及其应用范围所做努力有关的特性。

（2）易学习性：与用户为学习软件应用（如运行控制、输入、输出）所做努力有关的软件属性。

（3）易操作性：与用户为操作和运行控制所做努力有关的软件属性。

4）效率

效率是与在规定的条件下软件的性能水平同所使用资源之间关系有关的一组属性。在这里所使用的资源包括时间和其他有形资源。效率可细化如下。

（1）时间特性：与在软件执行其功能时的响应和处理时间以及与吞吐量有关的软件特性。

（2）资源特性：与在软件执行其功能时所使用资源数量及其使用时间有关的软件属性。

5）可维护性

可维护性是与进行指定的修改所需的努力有关的一组属性。软件维护实际上是对软件进行修改，这是与硬件维修不同的。因此，软件可维护性与硬件维修性有所不同，也与上述的可恢复性不同。可维护性可细化如下。

（1）易分析性：与为诊断缺陷或失效原因及为判定修改部分所需努力有关的软件属性。

（2）易改变性：与进行修改、排错或适应环境变化所需努力有关的软件属性。

（3）稳定性：与修改所造成的未预料结果的风险有关的软件属性。

（4）易测试性：与确认已修改所需的努力有关的软件属性。

6）可移植性

可移植性是与软件从某一个环境移植到另一个环境的能力有关的一组属性。可移植性可细化如下。

（1）适应性：与软件无须采用有别于为该软件准备的活动或手段就可能适应不同的规定环境有关的软件属性。

（2）易安装性：与在指定环境下安装软件所需努力有关的软件属性。

（3）遵循性：使软件遵循与可移植性有关的标准或约定的软件属性。

（4）易替换性：与软件在该软件环境中用来替代指定的其他软件的机会和努力有关的软

件属性。

在上述6个质量特性中,每个质量特性还包含一个依从性的子特性,其含义是使软件遵循有关的标准、约定、法规及类似规定的软件属性。

7.9.2 软件质量监督的目的、内容与方式

1. 质量监督的目的与方式

根据GJB 1405A—2006《装备质量管理术语》中质量监督的概念,在此定义软件质量监督的概念是:为了确保软件质量满足规定的要求,对组织、过程和产品的状况进行监视、验证、分析和督促的活动。实施软件质量监督的目的是:预防、发现和纠正质量问题;为定型和检验验收软件产品提供证据;促使承制单位提高软件质量保证能力。

软件及其质量管理、控制和监督是随着计算机硬件,特别是计算机应用的产生和发展而不断发展起来的。尽管软件与硬件相比存在着很多的差异,但可以借鉴对硬件实施质量监督、管理的思路和方法,实际情况也是如此。例如,为了让顾客满意,组织需要对硬件产品研制、生产和服务全寿命周期实施质量管理,采取诸如评审、验证、确认,以及纠正和预防措施等方式,对软件也是如此。下面从了解硬件产品质量监督的主要方式开始,分析软件的质量监督方式。

首先,从实施质量监督主体的来源方面看,质量监督主要分为内部和外部。其中,内部质量监督是组织自己或以组织的名义进行的内部监督;对于组织而言,外部质量监督包括来自顾客、消费者、独立的第三方或政府主管部门等方面的监督。其次,从实施质量监督的对象来看,质量监督主要是针对产品、过程、体系等。

因此,通常采用的质量监督方式有组织内部对其产品、过程、体系的监督,以及组织外部对其产品、过程和体系的监督。对软件的质量监督,目前也多采用这些方式、方法。例如,针对产品的有软件测试、软件的独立验证与确认等;针对过程的有软件过程能力评定或CMM(Capability Maturity Model)认证;针对体系的有内部质量体系审核、第二方的质量体系评定或第三方的质量体系认证等。

实施软件质量监督要从两方面来考虑:一是软件承制方。软件承制单位要对软件的研制过程进行产品化管理,以具备实施监督的条件。二是软件使用方(军方)。军方的软件质量监督是建立在软件承制单位实施软件管理的基础上,进行重点监督。实施软件质量监督的主要依据是:研制总要求、研制合同(技术协议)、采购合同;国家和军队有关法规、标准;双方约定的有关技术文件。

2. 质量监督的内容与方法

根据装备软件的特点,尽管已颁布了GJB 4072A—2006《军用软件质量监督要求》,规定了软件研制阶段、生产阶段、售后技术服务阶段,以及质量体系方面的监督要求,但这些要求对于诸如飞机、导弹、航天等复杂武器装备系统的软件质量监督是不够的。例如,应增加对软件过程能力的监督;对于软件研制阶段的监督,不能仅限于对软件基本生存周期阶段的监督,而应结合复杂武器装备系统软件的特点,增加对软件实现管理过程,如责任制管理过程、综合管理过程、技术管理等过程的监督。因此,为了更好地实施武器装备系统软件质量监督工作,军方对装备软件所采用的监督方式和监督内容要比GJB 4072A—2006的内容更加系统、细化。

如前分析,军方对武器装备系统软件的质量监督应从三个方面着手:对承制单位软件质量

保证能力进行监督,对承制单位软件实现过程进行监督,对软件产品及外包软件进行监督,如图7-1所示。在实施装备软件质量监督时,军方可根据不同的监督内容,采用不同的监督方法,与前述研制质量监督方法相同。

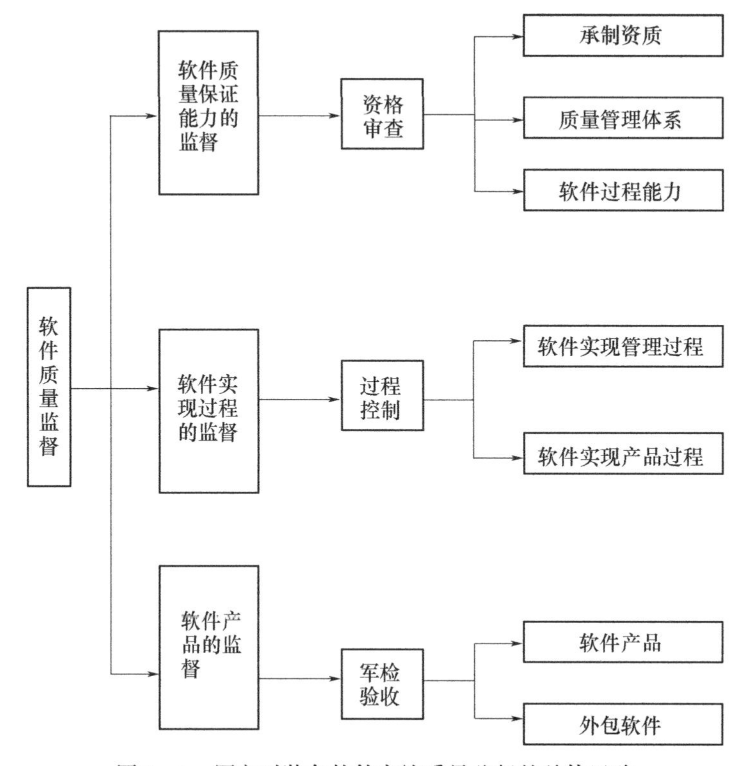

图7-1 军方对装备软件实施质量监督的总体思路

7.9.3 软件研制阶段质量监督

与装备硬件相比,装备软件质量主要形成于研制阶段,因此军方需要着重关注其研制阶段质量管理,加强研制阶段质量监督工作。

1. 监督要点

军用软件研制过程包括系统要求分析和设计、需求分析、概要设计和详细设计、代码实现、软件测试、状态鉴定等各个阶段。其监督要点如下:

(1)软件文档。

(2)软件测试。

(3)软件评审。

(4)软件配置管理。

(5)软件技术状态更改。

(6)鉴定条件。

(7)鉴定遗留问题。

2. 监督要求

军用软件研制过程质量监督要求如下:

(1)督促承制单位按照软件工程化管理要求开展软件研制。

(2)督促承制单位按照 GJB 438A—1997 和 GJB 2786A—2009 的要求,制订软件开发计划,明确软件研制过程、文档和评审要求。

(3)督促承制单位按照软件开发计划的要求,编制研制过程各个阶段的各种软件文档,审查承制单位编制的软件文档格式和内容是否符合要求,向上级提出是否进行阶段评审和测试的意见。

(4)督促承制单位按照软件开发计划的要求,实施分级、分阶段评审。参加软件评审,监督承制单位落实评审意见或纪要要求。

(5)督促承制单位按照 GJB 2255—1994 的要求,制订软件测试计划,实施分级、分阶段软件测试,监督软件测试过程,必要时督促承制单位进行软件代码审查。督促承制单位建立和完善软件测试环境。

(6)督促承制单位按照 GJB 2255—1994 的要求,制订软件质量保证计划,开展软件质量保证工作,适时提出评价、意见和改进建议。

(7)督促承制单位按照 GJB 2255—1994 和 GJB 2786—2009 的要求,制订软件配置管理计划,实施软件配置管理。督促建立软件开发库,将通过承制单位内部评审的有关软件和相关文档纳入软件开发库管理。督促建立软件受控库,将通过阶段评审的有关软件和相关文档纳入软件受控库管理,检查软件配置管理情况,提出改进意见和建议。

(8)参加软件军方测评工作。

(9)督促承制单位到国家或军队认可的测试机构进行第三方测试。

(10)组织实施软件出厂(所)检验,会同承制单位提出鉴定测评、部队试用申请。

(11)收集成本信息,按规定参加价格审核工作。

(12)参加鉴定测评和部队试用,督促承制单位解决鉴定测评、部队试用中的问题。

(13)审查研制软件是否具备定型条件,会同承制单位联合提出定型申请。

(14)参加定型审查会,督促和监督承制单位限期解决定型遗留问题,验证并确认定型遗留问题已得到解决。

(15)督促承制单位将通过定型审查的软件产品源程序、目标程序、各种交付文档和运行平台软件纳入软件产品库管理。

(16)督促承制单位将开发平台软件纳入承制单位归档管理。

7.9.4 软件质量监督与管理关键环节

对军用软件实施质量监督与管理的过程复杂、环节众多,因此军事代表既需要从系统的层面把握整个活动实施的方向,也需要对以下 4 个关键环节进行重点把握。

1. 基线控制

以基线为基础进行装备软件的质量管理是最基本的方法,也是十分有效的方法。基线是指在软件各开发阶段末尾的特定节点,经正式评审而“冻结”的技术状态,它是对前一阶段技术工作的总结,也是后一阶段开展技术工作的起点与依据,标志着有一个或多个软件配置项的交付,且这些软件配置项已经过技术审核而获得认可。因此,通过对基线版本的控制可实现对软件的版本控制,通过对基线的变更控制可实现对软件的变更控制,通过对基线的管理可实现对软件过程的管理。军用软件研制过程中的基线控制如图 7-2 所示。

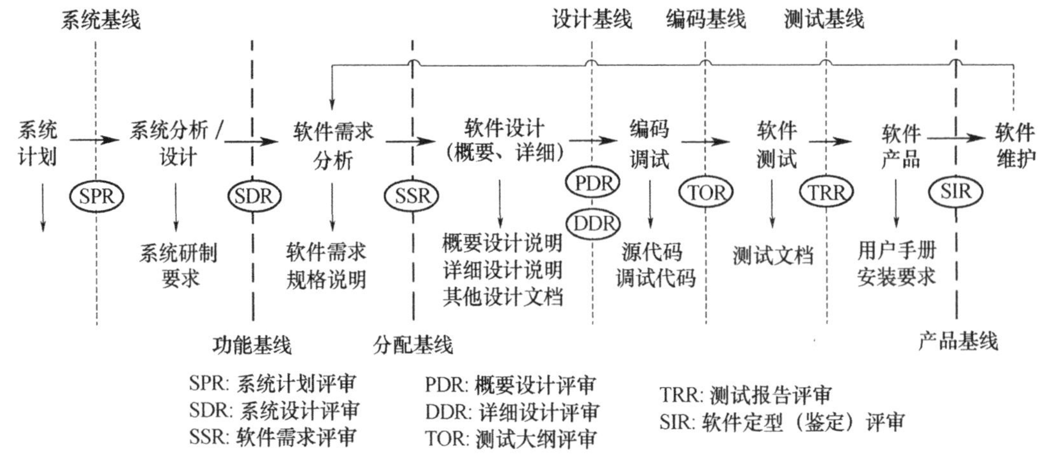

图 7－2　军用软件研制过程中的基线控制

图 7－2 描述了军用软件研制过程中的所有配置基线与软件开发各阶段的关系。软件基线通常分为功能基线、分配基线和产品基线 3 种，但对于新型装备中一些状态多样、周期较长、协作关系复杂的大型软件而言，可对这 3 种基线进一步细化，即可增加系统基线、设计基线、编码基线、测试基线等，更加严密地描述与控制软件的状态。这些基线都应具以下属性。

（1）在通过正式的评审后建立。

（2）基线存在于配置库中，且必须通过正式的变更过程才能进行变更。

（3）基线是进一步开发和修改的基准。

（4）一旦软件状态进入基线，则要对变化进行有效管理，变化对其他无影响的可不纳入基线。

上述基线都将接受配置管理的严格控制，对它的修改将严格按照变更控制要求的过程进行，在一个软件开发阶段结束时，上一个基线加上增加和修改的基线内容可形成下一个基线，这就是“基线控制与管理”的过程。这些基线相互独立又相互约束，它们的独立性体现在每个基线独立完成软件过程中的一个独立任务，而约束性则体现在后一个基线总是以前一个基线为输入。在具体的实践应用中，对于状态复杂的装备软件可通过建立基线信息跟踪表的形式进行标识和管理，也可在软件配置状态报告中增加这方面的内容，这样既可体现该软件基线的规划，也可用于基线的信息跟踪。

2. 软件“三库”管理

为满足对装备软件安全性、保密性等方面的要求，可通过建立软件“三库”来实现对装备软件的配置管理。软件“三库”是指软件开发库、受控库、产品库。软件开发库通常是存放与软件开发工作有关的文档、程序、数据记录等信息的库；软件受控库是存放那些在预定时刻其状态应予冻结的作为阶段产品的文档、程序以及数据记录等信息的库；软件产品库是存放取自受控库的产品且可供生产、交付、维护的文档、程序以及数据记录等信息的库。

软件“三库”是软件配置项的物理存储和管理单位，它们可实现不同层次和级别的配置管理过程，可分阶段记录、保存和配置项有关的信息，并可利用库中的信息评价变更的结果，还可方便地查询库中的产品版本、变更记录、用户访问记录等信息。开发库一般设立在软件开发部门，由部门受控；受控库一般设立在技术状态管理部门，并配有兼职或专职的库管理员；产品库一般设立在档案部门，配备有库管理员。受控库和产品库中的软件入库时要填写《软件入库单》，软件在转库时可按照图7－3所示的关系进行。

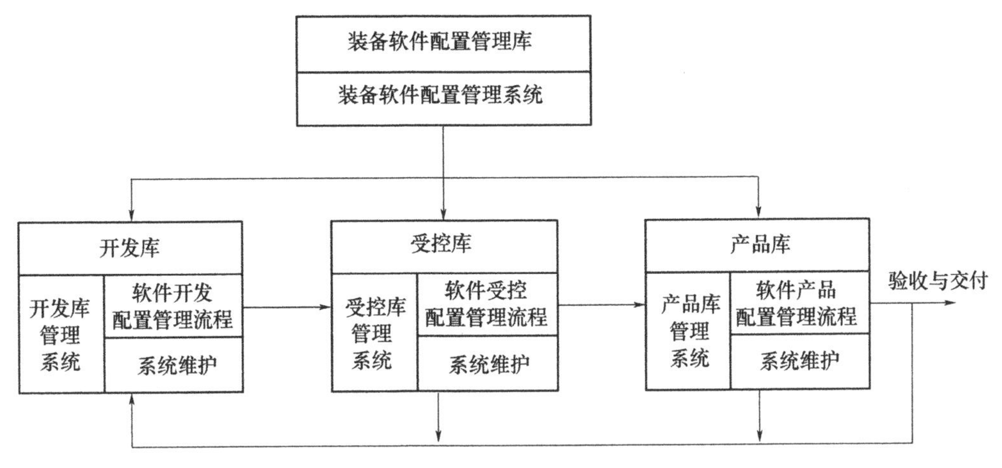

图7－3　装备软件的“三库”管理

软件“三库”管理，既便于软件研制，又能有效控制软件的技术状态，是软件工程化管理的常用方法，也是军事代表监督的重要手段。从软件技术状态形成过程、有效控制和管理的角度看，一般在软件形成初期，对未进行测试和评审的软件，采用软件开发库控制管理；在软件形成过程初、中期，对通过测试和评审的软件，采用软件受控库控制管理；在软件形成末期，对通过状态鉴定的软件，采用软件产品库控制管理。

软件在库中的更改可严格按照配置管理中的变更控制流程进行，但在转库时应遵循以下原则。

(1)开发库中的软件必须经过受控库才能转入产品库。

(2)产品库中的配置项不能直接转入受控库。

(3)软件转库必须经过批准并办理相关手续。

(4)进入受控库和产品库的软件应通过阶段性评审后方可提交入库。

(5)交付给用户验收或使用的软件应提取自产品库。

3. 软件配置变更控制

变更控制是软件配置管理的核心内容之一，它通过创建产品基线，在产品的整个生存周期中控制它的发布和变更，其目的是建立一套控制软件修改的机制，以确定在变更控制的过程中重点控制什么、如何控制、由哪一级控制变更、何时以何种方式进行变更，以及变更的批准和验证等内容。对于加入“三库”中的软件配置项，即使在权限允许的情况下也不能随意更改，无控制的更改将会使软件状态迅速导致混乱，对于新型装备中大型关键软件而言更是如此。

在新型装备软件的变更控制过程中，通常需要完成以下4个步骤才能真正地完成一次变更，即变更请求、变更许可、变更实施和变更验证等。变更请求既可以由设计人员提出，也可以由用户提出，既可以对软件缺陷问题进行变更，也可以对改进需求进行变更，但无论哪种变更都需要提出申请，申请的重点是为变更提供输入。变更许可通常需要根据更改问题的类型、软件的级别等多因素综合决定许可的权限，对变更的许可分为文档审批和会议评审两种形式。对于重要修改应进行评审，通常某个更改方案在评审后、更改验证前应采用技术通知单的形式进行相关文件的修改，等验证试验通过后，再通过更改单落实到正式文件上。变更实施是在某问题的变更经许可后,有更改输入的前提下执行程序或技术文件的修改。变更验证是指软件或相关文档在执行了变更后进行回归测试、实装验证等工作。

需要注意的是,软件在定型(鉴定)后的变更,应按照软件级别和变更类型的级别履行更为严格的手续,应同处理硬件产品技术状态的更改一样执行(分为Ⅰ类、Ⅱ类和Ⅲ类更改)。另外,在执行完变更后,应将变更过程记录到配置状态报告中。

4. 软件版本控制

版本是指一个配置项具有一组定义功能的一种标识。随着功能的增加、修改或删除,配置项被赋予不同的版本号。所有置于"三库"中的配置项都应赋予版本的标识,并保证版本命名的一致性。目前,对版本的管理已不再局限为仅对源程序进行版本的标识和控制,它已扩展到对库中其他配置项的标识和控制管理。版本管理主要包括版本标识、版本控制和版本发布三个过程。版本标识的目的是便于对版本加以区分和跟踪,主要可分为线性版本标识、非线性版本标识、序号版本标识、符号版本标识和属性版本标识等。版本控制主要是指对软件版本升级的时机、相应版本软件的入库、状态跟踪和使用等进行管理。版本发布是指软件产品定型(鉴定)后要交付给用户软件版本的过程。可以看出,版本控制是整个版本管理的核心内容。

在软件开发过程中,为了纠错和满足用户的需求,往往对一个软件配置项要保存多个版本。另外,版本升级的时机、相应版本软件的入库以及状态跟踪等问题也都是版本控制需要解决的问题。在对新型装备软件进行版本控制时需要重点把握以下几点。

(1)必须将各软件配置项中的各种版本进行高效存储。

(2)要保存各软件配置项的老版本,以便能够对以后出现的问题进行追溯。

(3)能够根据军方的不同需求提供不同版本的软件配置项,并根据需求配置不同的系统。

(4)软件版本升级后应及时将该版本的软件交付入库,入库的软件文档要完整,内容要准确,入库过程要规范,应履行相关手续。

第 8 章　装备生产质量监督

装备质量是在设计过程产生、生产过程形成、使用过程体现。在装备的论证、研制、生产、使用到退役的全寿命周期中，生产过程处于承上启下的重要阶段。它是研制阶段所取得成果的实现过程，又给使用阶段创造了满足用户需求的物质基础。在此阶段，装备质量管理的主体是承制方，军方主要是对装备生产过程实施质量监督，尤其是军方所派出的驻厂军事代表担负着质量监督的重要责任，通过对装备制造过程中的人、机、料、法、环、测等因素直接进行监督，促进承制单位提高质量保证能力，为部队提供高质量的武器装备。因此，开展生产过程质量监督是保证装备质量的重要环节，也是军事代表最经常、最大量、最基础的工作。

8.1　装备生产过程及其质量管理

8.1.1　生产过程概述

生产过程是指产品经由原材料等外购器材采购入厂、投料加工、总装调试、检验直至包装出厂的全过程。生产过程包括了一系列相互联系的劳动过程和自然过程。

(1)工艺过程。工艺过程是改变工件的几何形状、尺寸大小、表面状态、理化属性的过程。

(2)质量控制和检验过程。它是对原材料、毛坯、半成品、成品等的质量进行控制和检验的过程。

(3)运输过程。运输过程是将劳动对象由上道工序送往下道工序、由一个车间送往另一个车间的过程。

自然过程是指借助于自然力的作用，使劳动对象发生物理或化学变化的过程，如冷却、干燥、自然时效等。

生产过程按其作用不同，主要分为生产技术准备过程、基本生产过程、辅助生产过程、生产服务过程等。生产技术准备过程是指承制单位的各种已定型产品在投入生产前所进行的各项技术准备工作过程，如工艺设计、工艺装备设计、材料消耗定额和工时定额的制定与修改、劳动组织和生产线的建立与调整等。生产技术准备的成果，是为基本生产过程和辅助生产过程提供拟进行生产的各种产品和工艺装备的设计图样、工艺规程、技术标准和各种定额等生产技术资料，以及样机、样件，调整或采购有关的加工设备和试验检测仪器，并提供技术咨询。基本生产过程是承制单位基本产品的形成过程，即直接把劳动对象转化为主要产品的过程。辅助生产过程是为保证基本生产过程正常进行所从事的各项辅助生产活动，如工艺装备的制造、设备与厂房的维修，以及动力的生产与供应。生产服务过程是为基本生产过程和辅助生产过程正常进行所从事的各项生产服务活动，如原材料、半成品和工具的供应、保管、运输、配套与检验测试。

基本生产过程根据生产工艺的特点和生产组织的要求，又可进一步划分为若干相互联系的工艺阶段。由于各工艺阶段的作业所采用的设备和工艺方法的不同,各工艺阶段又可进一步划分为许多相互联系的工序。工序是组织生产过程最基本的环节。

8.1.2 生产过程质量管理

生产制造质量是指制造后的产品符合设计要求的程度,即符合性质量。生产制造的质量管理包括生产技术准备质量控制和过程质量控制两个方面。

1. 生产技术准备质量控制

生产技术准备阶段,是从审查产品的工艺性开始,到产品可能投入生产并能有效控制为止。其包括审查设计工艺性,编制工艺过程计划,制订工艺规程,提供齐全、统一、正确、清晰的工艺文件,设计并制造结构合理、使用方便、质量可靠的工艺装备,为制造提供物质技术条件。在这一阶段,应当根据设计图纸和技术要求,结合工厂实际情况,制订出切实可行的生产技术装备质量控制计划,使制造过程处于受控状态。受控状态的受控对象包括人员、材料、制造设备、工艺方法和工艺装备,以及检查与试验、采购、能源、环境条件及计算机软件等。

2. 过程质量控制

整个制造过程是由一系列的工序所组成的,工序状态的优劣决定了产品质量的优劣。制造过程的质量控制,重点是搞好工序控制。影响工序质量的因素是人员、设备、材料、工艺方法、检测和环境等,因此必须对这些因素加以控制。

开展生产制造过程质量管理,必须强调全过程的预优先控制和重点工序的控制,使各类操作完全处于受控状态,要求做到以下几点。

(1)对与生产操作直接有关的条件,包括人员(操作者)、机器、原材料、方法、环境进行控制。宏观上,要求各生产技术业务部门为生产提供并保持符合标准要求的条件,并以良好的工作质量保证工程质量,以良好的工程质量保证产品质量。微观上,要求每道工序的操作者都对所规定的生产条件进行有效的控制。

(2)对关键工序,在控制了上述生产条件的同时,还要随时掌握产品加工质量的变化趋势,使其始终处于良好状态。

(3)对特种工艺进行控制,是决定直观不易发现的产品内在质量好坏的关键,特种工艺控制主要是控制加工参数和影响参数波动的环境条件。

(4)加强工序质量检验,工序与工序转换之间要有严格的质量检验,不合格者不能进入下道工序。

此外,还包括:加强对转承制方的质量控制,对外购件质量进行严格的检验;加强标准化审查;严格验收试验的质量管理等方面。

上述生产质量管理,实质上是基本生产过程的质量管理。为保证基本生产过程实现预定的质量目标,保证基本生产过程正常进行,还必须加强辅助生产过程的质量管理。

辅助生产过程的质量管理,一般说来包括物资供应质量管理、工具供应质量管理和设备维修质量管理等。

(1)物资供应质量管理。与基本生产过程直接联系的物资,包括原材料、辅助材料、外购件、外协件等,这些物资本身质量的好坏直接影响产品质量。因此,物资供应质量管理的任务,就是在选定合格供应厂家名单基础上要保证所供应的物资符合规定的质量标准,做到供应及时、方便。同时,要在保证能够满足生产需要的前提下,减少储备量,以利于加速资金的周转。

物资进厂入库要按质量标准进行检查和验收，加强运输和仓库管理，防止物资的错放、混放和变质，造成使用中的质量事故。

对于外购或外协物资，要进行入厂检验或委托检验，不合格的物资，要实行退货或索赔。对于大宗的重要物资，在确定订货或采购之前，要到货源单位去调查了解该项物资的质量情况及该单位质量保证体系情况。对于定点供应和固定的外协单位，可以建立经常性的、固定的质量管理联系。例如，邀请供货单位参加产品设计、试制和鉴定的会审；向供应单位的职工宣传介绍本厂产品质量与国防建设的关系，供应单位所供的物资对本厂产品质量的具体影响等，以便提高供货单位职工对质量重要性的认识，使他们对保证所供应的物资质量能够采取积极配合的态度。

(2)工具供应质量管理。工具包括各种外购的标准工具和自制的非标准工具等，如工、模、卡、量、刃具等。

工具不同于原材料之处，在于它不是一次性的消耗品。有的工具，如量具，使用的时间很长，因此在使用期间如何保证质量，是质量管理的一项重要内容。特别是量具(包括各种测试工具)，直接影响制造过程的质量检验工作，应在当地计量部门统一组织下进行定期的检验，以保证示值准确。为了统一全厂的量值，企业计量室应负责全厂量具的验收、保管、发放、鉴定、校正和修理工作。

生产中所需的大量非标准工具和各种工艺装备，一般由工具车间或机修车间制造。在制造过程中的质量管理，应按前面所讲的产品制造过程中的质量管理要求进行。

自制非标准工装，经过完工检验合格后，应送入工装库保存备用。使用时间长的工装，也有一个在使用期间如何保证质量的问题。对这类工装，一般应采取“借用”办法，由工装库统一管理。要建立工装卡片，记录使用单位、使用负责人以及使用消耗情况、借还日期。用毕后要退库，验证合格后入库，如检查后发现有损坏或达不到质量要求的，要进行修理或报废。对长期在用的工装，要定期到使用地点进行检验，发现质量问题要及时处理。

大量消耗的刃具，要采取集中刃磨的办法，以保证刃具质量。贵重的、使用时间长的复杂刃具，更要重视采取上述工装管理办法，以保证其质量。

(3)设备修理质量管理。设备质量的好坏直接影响产品的质量。保持设备的良好状态，首先，要依靠生产工人正确使用和认真维护保养，及时消除隐患，使设备完好率保持在90%以上。其次，要有专门的设备检修队伍来为生产服务。

企业的机修车间负责制订年度设备修理计划，实施设备的大、中修理和制造修理备件。它与产品生产过程的质量管理相类似，要像保证产品质量一样，设置专职检验人员，保证修复的设备达到规定的质量标准。

设备的“三级保养”工作应由工厂的设备管理部门负责组织和领导。维修人员和日常生产活动有着密切联系，对保证设备质量，从而保证产品质量，起着重要作用。从质量管理要求来说，应做到以下几点。

①经常巡回检查设备，及时发现和解决设备隐患问题，预防设备故障的发生。

②与生产工人相结合，正确使用和维护设备，以生产工人为主进行一级保养，以维修工人为主进行二级保养。

③对发生故障的设备进行修理。修理要做到及时、迅速，修复设备的质量要符合标准。对关键设备要进行抢修。

8.2 装备生产质量监督概述

8.2.1 生产质量监督概念与作用

产品是过程的结果,过程的质量决定产品的质量。产品的质量是设计和生产出来的,与生产过程密不可分,其中任何一个环节发生问题,都会不同程度地影响最终产品的质量。质量监督是为了确保满足规定的要求,对实体的状况进行连续的监视和验证并对记录进行分析。军事代表对生产过程实施质量监督,是指军事代表以国家和军队的有关法规、合同、产品图样和技术文件、国家标准和军用标准为依据,对订货产品质量及生产过程运作和控制的有效性实施科学的检查、验证和连续评价,并针对存在问题开展纠正偏差工作。其目的是预防不合格品的产生和及时纠正发现的偏差,保证装备生产的全过程处于受控状态,促使承制单位增强质量保证能力,从而持续稳定地为部队提供优质装备。

生产过程质量监督中的现场检查的作用具有双重性。它既是对承制单位生产过程运作和控制有效性的监督检查,又是对质量管理体系运行的监督检查。开展生产过程质量监督可以验证承制单位生产过程运作和控制的有效性。承制单位建立质量管理体系之后,要保证质量管理体系正常运行,要保证质量管理体系具有适宜性和有效性。生产过程运作和控制的有效性,是质量管理体系有效性的具体体现。生产过程运作和控制的有效性,是指生产过程运作和控制是否达到了预期的目标。它包括三个方面:一是承制单位是否严格按质量管理体系文件的规定实施运作和控制;二是对运作和控制中发生的偏离文件的情况,即运作和控制中出现的偏差,是否及时采取了纠正措施;三是产品质量是否达到了规定要求。承制单位在生产过程中,通过严格执行各类文件,严格控制各种影响产品质量的因素,不断纠正生产过程中出现的偏离文件的问题,确保产品质量形成的各个环节处于受控状态,从而保证运作和控制的有效性,以达到保证产品质量的目的。验证承制单位生产过程的运作和控制是否有效,是军事代表生产过程质量监督工作的目的之一。军事代表通过检查承制单位的运作和控制工作及产品质量,验证承制单位质量管理体系的有效性,包括生产过程运作和控制的有效性,同时,也验证了承制单位的质量管理体系是否完善,是否能够适应使用方对产品质量的要求不断发展的需要,从而为验证承制单位质量管理体系的适宜性提供了基础和依据。

生产过程质量监督的直接作用是预防不合格品的产生和及时纠正发现的偏差。生产过程是产品质量的形成过程。生产过程中影响产品质量的因素很多,如人员、机器、材料、方法、环境和检测等,任何一个因素出现异常都有可能导致不合格品的产生。军事代表通过开展生产过程质量监督,能够促使承制单位加强质量控制,消除不合格品产生的因素,及时采取预防措施,从根本上杜绝不合格品的产生。对出现的偏差进行纠正,同时采取纠正措施,防止问题的重复发生,从而保证订货产品符合规定要求。

生产过程质量监督能促使承制单位加强质量管理工作,增强质量保证能力。从质量管理的发展历史看,无论是质量检验阶段还是统计质量控制阶段,都把工作重心放在生产阶段上。因此,与研制过程和服务过程相比,生产过程质量管理是较为成熟的。但是,我国的企业质量管理起步晚,而且由于历史原因,跳过了统计质量控制阶段,直接由质量检验阶段进入全面质量管理阶段,因此,生产过程质量管理的基础薄弱,与经济发达国家相比有较大的差距。在20世纪90年代,每年的产品质量国家监督抽查合格率都在75%左右的低水平。军品承制单位也不例外,在生产过程中,质量意识淡薄、有章不循、管理不严的情况时有发生,造成了大量人为的、低层次的质量问题。军事代表开展生产过程质量监督工作,能够促使承制单位加强生产过程质量管理的基础工作,严格管理,不断增强质量保证能力,持续稳定地生产优质装备。

8.2.2 生产质量监督任务

武器装备生产质量监督的任务是参加武器装备生产质量管理活动,监督承制单位生产质量,开展质量管理体系日常监督、生产过程质量监督和检验验收工作,监督承制单位保证武器装备质量符合状态鉴定文件和合同要求。

军事代表对军品生产过程进行质量监督的主要任务如下。

(1)按合同规定要求审查认可产品质量保证大纲,监督检查过程控制文件运行的有效性。

(2)监督检查重要原材料、主要元器件和主要配套件,审查认可合格器材供应单位名单。

(3)监督检查关键工序、特种工艺。

(4)监督检查生产工装设备、计量检测器具及工作环境。

(5)监督技术状态管理,控制技术状态更改。

(6)确认不合格品审理人员资格,对不合格品的管理进行监督。

8.2.3 生产质量监督要求

武器装备生产质量监督要求如下。

(1)以武器装备采购合同和有关规定为依据。

(2)坚持体系监督、过程控制和检验验收相结合。

(3)以整机产品、关键工序和关键件重要件为重点。

(4)坚持质量问题处理“双归零”要求。

(5)健全生产过程记录,确保可追溯性。

军事代表对军品生产过程进行质量监督的工作重点如下。

(1)关键件(特性)、重要件(特性)。

(2)生产质量不稳定、容易出问题的项目。

(3)装配后不易检验的项目。

(4)施工条件恶劣、影响产品表面质量的项目。

(5)产品技术标准。

(6)关键工序。

(7)特种工艺、无损检测和重要项目检测。

(8)重要外购器材。

(9)生产用工装设备和测量器具的质量状况。

(10)生产环境与工艺纪律执行。

军事代表对生产过程的质量监督工作,通常包括对产品实现策划、生产准备状态检查、采购和外包过程、标识和可追溯性、工序质量控制、监视与测量装置、检验系统、质量记录控制、产品储存与搬运、试验与交付、不合格品控制、技术状态管理等方面的监督。

8.2.4 生产质量监督基本程序

生产过程质量监督遵循的一般工作程序,通常分为确定内容、制订计划、组织实施和总结

4个阶段。

1. 确定质量监督检查的内容和方法

生产过程质量监督应该是全过程的监督,即军事代表的监督应覆盖承制单位生产过程的所有运作和控制工作。但是,生产过程运作和控制工作面广、量多,军事代表不可能对所有的工作均进行全面、深入的检查。因此,军事代表的监督工作应是有重点、有层次的。军事代表应对生产过程的关键环节和薄弱环节以及产品质量进行监督。其关键环节有两类:一类是军品承制单位生产过程运作和控制的共性关键环节,如技术状态管理、不合格品管理等管理环节;另一类是具有产品特点的关键环节,如电子产品的环境应力筛选、材料类产品的热处理工序。薄弱环节则应根据实际情况确定。需要指出的是,薄弱环节是动态的,情况变化时,应对重点予以调整。对生产过程中的实物产品,包括原材料、元器件、零部(组)件乃至构成整机的分系统,也应明确哪些需要进行重点监督抽查。为了便于叙述,称上述承制单位的各个管理环节及实物产品为“项目”。

对确定为重点的监督项目,军事代表应进行较为全面、深入的监督检查;对未纳入重点的其他项目,也应该了解掌握总体情况。确定质量监督的项目后,还应该确定监督的方法。一般地,对重点项目,以机动检查为主,巡回检查为辅;对其他项目,以巡回检查为主,机动检查为辅。至于实物抽查方法,则根据检查的具体项目确定是否需要采用。

对于确定为重点监督检查的项目,还应确定最低限度的检查内容和具体的检查方法。例如,对电子产品环境应力筛选,一般的检查方法和至少应检查的内容是:在各个级别的筛选过程中对筛选应力参数(振动应力、温度应力、循环次数等)是否符合相应的筛选方案及筛选效果进行现场检查,或通过查阅承制单位的筛选记录进行检查,并做好记录。对纳入重点监督范围的实物产品,则应确定具体的检测参数、检测方法。

为保证质量监督工作得到落实,确保监督工作的连续性,并能充分获取监督信息,还应确定监督的频次,一般确定一个最低频次。例如,对重点项目,可以规定每季(批)至少一次;对一般项目,可以规定每年至少一次。

2. 制订质量监督工作计划

军事代表对生产过程质量监督的具体实施,主要是依据 GJB 5710—2006《装备生产过程质量监督要求》进行的。但细则是相对稳定的,而质量监督工作却是动态的。这是因为,承制单位的质量管理体系是不断前进发展的,生产过程的薄弱环节、产品的订货量及生产安排都是不断变化的,同时军事代表人员数量和力量也是在变化的。这些因素使得军事代表的质量监督工作具有动态性。这就需要制订周密的生产过程质量监督工作计划,合理利用资源,保证质量监督工作协调、有序、高效地开展。计划应依据 GJB 5710—2006《装备生产过程质量监督要求》,结合承制单位生产安排等实际情况,明确监督检查项目的内容、方法、检查时机(频次)及责任人等。生产过程质量监督工作计划,可以纳入军事代表室的业务工作计划,也可以单独编制。

3. 监督实施

军事代表应根据监督计划,结合承制单位的生产进度,在日常工作中对有关的内容进行分解,并进行实际的检查、测定,掌握有关的数据信息,并做好监督记录,定期汇总分析。如发现监督对象发生重大变化或发生质量问题,应及时对监督内容进行调整,以增强监督工作的针对性和有效性。

4. 质量监督工作总结

生产过程质量监督与研制过程质量监督不同,它是对同一种产品循环往复进行的,应按照全面质量管理 PDCA 管理循环工作程序的要求,不断总结提高。军事代表室应通过定期总结,巩固成绩,吸取教训,调整监督内容,制订新的监督工作计划。必要时,视情况对质量监督细则进行修订。

8.2.5 生产质量监督常用方法

生产质量监督常用方法有机动检查、巡回检查、实物抽查、质量审核、系统纠偏等。

1. 机动检查

机动检查是军事代表对生产过程进行的一种有计划、有重点的质量检查活动。机动检查主要适用于对重点项目的检查,也可用于对一般项目的检查。机动检查既带有机动性,又具有计划性。一方面,机动检查的检查项目和检查内容是相对稳定且动态调整的,检查的频次和时机以及检查点的选择是视实际工作情况确定的;另一方面,检查又必须按计划、按要求进行。监督的重点项目,一般均应纳入机动检查,而且对其检查的内容和检查频次,必须保证至少满足最低限度的要求。机动检查的一般程序如下。

(1)制订计划,确定检查项目和时机。机动检查应有计划地进行。计划应明确具体的检查项目、检查内容、检查时机和责任人。机动检查计划一般纳入质量监督工作计划,是质量监督工作计划的一个组成部分,也可以形成独立的计划。检查项目应突出重点,包括生产过程中的关键环节与薄弱环节、在制品加工质量容易发生的季节性问题等。检查应根据承制单位的生产情况,选择合适的时机进行。

(2)做好准备。检查人员应详细掌握各种质量信息,包括承制单位的质量信息报表,检验验收、试验中发现的各类技术质量问题,部队使用反馈的质量信息以及产品的质量动态等。同时应掌握产品的加工过程、工艺特点、检测计量要求及检验试验规范,确定检查方式和方法。

(3)实施检查。军事代表应根据检查计划,在最有利于发现问题的时机组织实施检查,并做好相应的监督检查记录。

(4)评价。军事代表应对被检查项目的情况作出评价,并将发现的问题和意见反馈给被检查单位。问题严重的,如属于系统性偏差,军事代表应书面通知承制单位质量管理部门,直至最高管理者,承制单位应采取纠正措施并书面回复军事代表。

(5)落实纠正措施。对承制单位所采取的纠正措施进行跟踪检查,以验证纠正措施的有效性。

2. 巡回检查

巡回检查是指军事代表按一定的巡回路线,对产品生产过程质量进行的流动检查。巡回路线应由监督检查人员根据具体产品的生产特点而定。一般可采用顺向路线,即由最初的工序开始,直至产品最终工序结束。也可采用逆向路线,即由最终工序向前查至最初工序。巡回检查主要适用于一般项目的监督检查,也可在巡回检查中对重点项目进行检查。与机动检查相比,巡回检查的监督面广,因而是一种面上的检查,而机动检查则是侧重于“点”上的检查。实施巡回检查,应注重检查的覆盖面,尽量覆盖生产过程运作和控制的各个方面。通过巡回检查,了解掌握承制单位生产过程质量管理工作的总体情况,并为调整质量监督重点提供信息。

军事代表在实施巡回检查中,必要时可制定巡回检查表,明确检查的项目、时间、地点、频次和抽样方法,保证巡回检查有节奏地进行。检查中如发现问题,可有针对性地扩大检查的范围,切实查清问题的性质和范围,督促承制单位采取纠正措施加以解决,以确保产品生产过程的质量。

3. 实物抽查

实物抽查是军事代表为验证承制单位生产过程运作和控制的有效性,在适当的工序或工位上抽取实物,对其质量特性进行的检查验证。

实物抽查可在承制单位生产过程的各阶段进行,在具体实施过程中,可以结合机动检查和巡回检查组织实施。其抽查频次与时机取决于产品特性的重要性和加工难易程度。

实物抽查一般可分为两类:一类是抽查的品种和项目相对固定,主要是比较关键或重要的外购器材、零部(组)件等。对此类实物产品,一般承制单位在入库、流转或装配使用前,要通知军事代表,然后由军事代表实施抽查;另一类是随机抽查的品种,主要是一般外购器材或零部(组)件。这类抽查,军事代表可在机动检查或巡回检查中随时随地进行。

质量监督中的实物抽查和检验验收工作中的零部件检验是两项性质不同的工作。实物抽查属于监督性工作,其作用侧重于预防,其主要目的是验证承制单位的运作和控制工作是否正常,产品的质量是否处于受控状态;零部件检验属于检验验收工作,其作用侧重于把关,其主要目的是判定产品质量的符合性。实物抽查的抽查品种、检查数量和项目的确定,具有灵活性,由军事代表根据监督工作的需要决定;而零部件检验的品种、项目的确定要履行相应的手续。实物抽查的方法和程序由军事代表根据工作实际情况确定,检查后一般不需履行签署手续;而零部件检验必须严格按规定的程序和方法实施,检验结束后军事代表要履行签署手续。实物抽查中发现了不合格品,对产品批是否合格一般不作判定,对产品批的处理方法也较为灵活;而零部件检验要对提交的产品批作出合格与否的判定,若出现不合格,则产品批要经承制单位采取纠正措施后再次提交,产品批合格后才能流转。应该分别按质量监督和检验验收的工作要求,做好实物抽查和零部件检验这两项工作。

4. 质量审核

生产过程质量监督中的质量审核有过程质量审核和产品质量审核两种类型。当过程运作或控制质量不稳定,以及过程运作或控制文件发生较大变化时,军事代表可对过程质量进行审核;当产品质量不稳定或产品的生产条件、产品结构有重大变化时,军事代表可对产品质量进行审核。为验证过程质量或产品质量的稳定性,军事代表也可对过程质量或产品质量进行审核。质量审核通常由军事代表独立进行,也可与承制单位联合组织进行。

(1)审核范围。过程质量审核的范围可以是整个生产过程,也可以是生产过程的一个子过程,如不合格品管理,或者是某个子过程中的一个子过程,或者是某个工序控制点。工序质量控制是过程质量审核的重点。产品质量审核的范围包括成品和关键零部件。

(2)审核依据。过程质量审核的依据是过程运作和控制文件,如技术规范、工艺文件、有关国家标准和国家军用标准。产品质量审核的依据是产品图样、产品规范、合同等有关要求。

(3)审核内容。过程质量审核的主要内容包括:过程质量控制计划等文件;过程因素的受控情况,如人、机、料、法、环、测等因素;过程的实物质量;过程能力,如工序能力、设备精度等。产品质量审核的主要内容包括:产品质量,如产品性能、包装质量等;检查产品质量的条件,如检验人员技能、检测用量具、仪器和设备的周期检定等。

(4)审核的实施。质量审核一般按下列工作步骤实施。

①准备工作。准备工作主要包括制订审核计划、确定审核依据、成立审核组等。

②实施检查。过程质量审核根据审核计划实施检查,如检查操作、设备,查阅工作记录等。

产品质量审核的检查包括抽取样品和检测样品。检查中要做好记录,审核结束后要形成审核报告。

③审核分析。审核结束后,要对检查获得的质量信息进行分析。过程质量审核要分析过程运作和控制有无失控情况,若存在失控的问题,则要通过分析找出失控主导因素;产品质量审核要针对检查中发现的不符合产品质量规定要求的问题,查找原因。当质量审核由军事代表独立进行时,审核分析工作可会同承制单位一并进行。

④制定纠正措施。军事代表应督促承制单位纠正存在的问题,针对产生问题的原因制定纠正措施并予以落实。军事代表应对纠正措施的落实情况及其有效性实施追踪检查。

5. 系统纠偏

现代武器装备的生产过程,无论在技术上还是管理上都十分复杂。由于种种因素的影响和作用,往往会发生偏差。偏差可分为系统性偏差和偶然性偏差。系统性偏差是由于系统性原因造成的,对产品质量具有较大的、长期的影响。没有建立规章制度,工作中无章可循;虽有规章制度,但不符合有关规定,或者规章制度基本上没有得到执行,这些都是产生系统性偏差的原因。系统性偏差的主要特征是问题普遍存在或重复发生。例如,已批准的工程更改未落实到现场使用的图样中的问题在各个生产车间普遍存在,或在一个车间重复发生,一般都属于系统性偏差。而由偶然因素引起的,对产品质量影响较小或暂时性的偏差,则属于偶然性偏差。例如,由于一时疏忽产生的偏差。

对应于生产过程质量监督作用的双重性,系统性偏差可分为两种类型。由于质量管理体系文件不完善造成的系统性偏差属于质量管理体系存在的偏差,而由于执行文件不严格而造成的偏差则属于生产过程运作和控制存在的偏差。前一种偏差影响体系的适宜性和有效性;后一种偏差影响生产过程运作和控制的有效性,因此也影响体系的有效性。

由于系统性偏差对产品质量影响的长期性和严重性,军事代表在生产质量监督纠正偏差工作中,必须把工作的重点放在纠正系统性偏差上,对偶然性偏差,则一般采取现场纠正的方法实施纠偏。以下着重论述对系统性偏差的纠偏方法。

(1)系统性偏差的认定。要做好系统纠偏工作,首先要识别系统性偏差。为保证识别的正确性,在监督中发现问题后,若认为可能是系统性偏差,则可拓宽检查范围,加大样本量和检查频次,获取足够的数据,并运用统计分析等手段进行分析。若现场检查和统计分析表明偏差是普遍存在或经常重复发生的,则可认定是系统性偏差。

(2)系统纠偏的程序和方法。

①发出纠偏通知单。对系统性偏差,军事代表应立即向承制单位发出纠偏通知单,指出存在的问题及其影响,并附必要的数据,提出军事代表的意见或建议。纠偏通知单一般应直接送承制单位质量管理部门或最高管理者。

②查找原因。承制单位接到纠偏通知单后,必须认真、及时查找原因。同时,军事代表也应当对原因进行分析,提出独立的看法。在原因查找时,承制单位和军事代表可以相互沟通,但对结论性意见,应各自独立作出。这样,才能促使承制单位切实纠正偏差。

③审查纠正措施。承制单位制定具体的纠正措施后,军事代表应对纠正措施的针对性、可行性进行审查。

④验证效果。对制定的纠正措施,军事代表应督促承制单位抓好落实,并从管理和实物质量两个方面验证纠偏效果。当承制单位纠偏不力时,军事代表可采取包括停止验收在内的更严厉的纠偏手段,促使承制单位有效纠偏,直到承制单位的纠正措施能满足要求,问题不再重

复发生为止。必要时,军事代表应督促承制单位将有效措施纳入有关文件,通过标准化、制度化保持纠正措施的后续有效性。

8.3 装备采购合同质量管理

根据上级下达的采购计划和授权,在与装备承制单位进行装备采购合同谈判前或合同准备时应拟制质量保证要求,写入采购合同条款。合同中质量保证要求,应符合《中国人民解放军装备采购条例》及其有关法规、标准的规定和要求。合同中要求承制单位开展的质量保证活动,应是明确、具体、可证实的。提出合同中质量保证要求时,应考虑经济性、合理性。纳入合同中的质量保证要求,应确保双方理解一致。

装备采购合同质量保证条款应当包括性能指标、质量风险控制和保证要求、验收准则和方法、售后服务及其他质量责任等。具体内容参见第7章装备研制合同相关质量保证条款的要求。

将拟制的合同中质量保证要求条款与承制单位进行协商或谈判,并将结果上报装备采购业务部门。装备采购业务部门和装备综合计划部门在合同拟制与签章过程中,应当审查质量保证条款相关内容。

与承制单位签订采购合同时,应对承制单位与分承制单位签订的相关合同中的质量保证要求作出原则性规定。驻厂军事代表机构应会签承制单位主要产品配套合同,确保其质量保证条款满足军方要求。

8.4 质量保证大纲监督

质量保证大纲是对应用于特定产品、项目或合同的质量管理体系的过程(包括产品实现过程)和资源作出规定的文件。它是承制单位针对具体产品为满足特殊要求而制定的质量保证文件。

承制单位在建立质量管理体系时,编制了相应的质量手册、过程策划、运作和控制所需文件及程序文件,这是承制单位通用的、最基本的质量管理体系文件。军品的质量特性要求高,有其特定的要求和需要重点控制的项目。签订合同时,使用方也可能提出一些特殊要求。为确保这些特定的或特殊要求在生产过程中得到落实,承制单位应编制具体产品的质量保证大纲,作为质量管理体系文件的具体化和补充。

1. 对质量保证大纲的基本要求

(1)合同签订后,生产开始前,承制单位应根据产品的特点和合同的特殊要求,组织编制产品质量保证大纲。

(2)编制的产品质量保证大纲,应做到内容完整、正确,与承制单位质量管理体系文件协调一致,并办理相应的确认、审批手续。

(3)承制单位应定期检查、评价产品质量保证大纲的执行情况,发现问题,及时改进,确保其内容和要求得到全面、有效的贯彻落实。

2. 对质量保证大纲的监督方法

(1)军事代表根据合同、承制单位的质量管理体系文件,审查质量保证大纲是否满足具体产品的质量保证要求,并按规定办理认可手续。

(2)定期对质量保证大纲的执行情况进行检查、评价,发现问题,及时督促承制单位采取纠正措施予以解决。

8.5 生产准备状态监督

当使用方订购的产品属于承制单位状态鉴定后的试生产、间断性生产和转厂生产时,在正式生产前,承制单位应对设计和工艺文件、生产计划、生产设施、人员配备、外购器材、质量控制等方面进行全面系统的检查,审查是否具备批量生产条件,避免和减少在产品质量、生产进度和费用等方面的风险。

驻厂军事代表机构,应当与装备承制单位联合下发生产质量工作计划、质量监督与检验验收细则,审签确认相关图样和技术资料。督促装备承制单位建立健全厂(所)际质量保证体系,根据采购合同要求编制产品质量保证大纲,完成人、机、料、法、环、测等生产准备。

8.5.1 生产准备状态检查的主要内容

启动生产前,督促承制单位制定并落实生产准备状态检查计划,检查评估生产准备状态的全面性、系统性、可行性和安全性。其具体要求如下。

(1)检查技术文件。产品的设计图样和主要设计、试验、军检验收、使用等有关技术文件应当完整、正确、协调、统一、清晰,并盖有定型和批次章,能够满足生产的需要。试制、研制遗留技术质量问题应当已得到有效解决,相关型号和部队使用中发现的技术质量问题应当已完成举一反三,其改进落实措施已纳入相应的设计图样、设计文件、过程运作和控制文件之中,并已归档。应当有严格的设计更改控制程序,更改符合规定的要求。

(2)检查生产计划。产品在正式投产前,应当有详细的生产计划,做到全面、协调、均衡生产,生产进度安排应当满足合同规定或上级明确的要求。

(3)检查生产设施与设备。应当配备了满足批量生产质量和数量要求的生产设施、设备和器具,并按照规定组织保养、检修、检定,且有相应的“合格”“限用”等标志。当产品生产和工艺对温度、湿度、清洁度、振动、电磁场、噪声等环境因素有特殊要求时,应当有保证设施,使生产环境符合规定的要求,并有相应的监测手段和记录。

(4)检查人员配置。承制单位应当根据生产的需要,合理配置人员,做到负责现场生产的设计、工艺等技术和管理人员,在数量上和技术水平上满足生产现场的工作需要。各工序、工种应当配备足够数量并具有相应技术水平的操作和检验人员。各类操作人员和检验人员应当熟悉本岗位的产品图样、技术要求和工艺文件,并经培训考核持有合格证书。

(5)检查工艺准备。工艺是联系设计和生产的纽带,是保证产品质量的重要因素。首件鉴定工作已经完成并有合格结论,制造工艺应当符合设计要求;已组织工艺评审;工艺状态稳定,工艺规程、作业指导书等各种工艺文件已经完善,能满足产品批量生产的要求;工艺装备、计量器具、测试设备等,按照批量生产配备齐全,其准确度和使用状态可以保证批量生产的要求,并编制检修、检定计划;对检验与生产共享的工艺装备、调试设备,有相应的准确度验证程序;工艺方面重大技术问题已经解决,其改进措施纳入了工艺规程或其他有关文件;关键工序的控制方法已经得到验证,能有效地保证产品质量,并纳入工艺规程;特种工艺的工艺文件和质量控制程序齐全并得到了有效的贯彻落实。同时,根据产品生产的需要,合理制定内控指标。

首件鉴定是指对试生产的第一批零部(组)件进行全面的过程和成品检查,以确定生产条件能否保证生产出符合设计要求的产品。

内控指标是指承制单位为了确保出厂产品的质量,对产品某些质量特性(包括性能、精度、可靠性、安全性、寿命等)制定了高于相应的技术文件、规范地用于承制单位内部生产时控制的质量标准。

(6)检查外购(协)产品。应当定点供应,其质量、数量和供货能力满足生产要求。

(7)检查质量控制。制定了相应的批生产质量保证大纲,生产过程和产品质量处于受控状态。

(8)评价。详细记录检查中发现的问题,并对其准备状态和存在的风险作出客观的判断,对检查结果作出正确的评价。

(9)检查结束后,按照《生产准备状态检查表》填写检查结果及意见。对不能满足要求的项目,提出限期改进或改进后重新检查意见。如有分歧意见,报军事代表局(办事处)。

8.5.2 生产准备状态检查监督方法

生产准备状态检查监督有以下几种方法。

(1)督促承制单位成立生产准备状态检查组织。生产准备状态检查组织由承制单位一名主管领导负责并任检查组长,由设计、工艺、检验、质量管理、计划、生产等部门有经验的技术人员和管理人员组成。军事代表室派专人参加,并担任副组长。军事代表对检查计划的全面性、系统性,组织的协调性进行重点监督检查。

(2)验证技术质量问题解决效果。状态鉴定后,军事代表应对产品设计定型时遗留的技术质量问题进行系统的归纳整理,并对承制单位解决措施的实施效果进行检查验证。

(3)参加生产准备状态检查。参加生产准备状态检查时,军事代表要根据检查计划确定的检查项目,对承制单位生产准备状态实施检查,详细记录检查中发现的问题,并对其准备状态和伴随的风险作出客观的判断,对检查结果作出正确的评价。

(4)督促承制单位实施整改。军事代表参加生产准备状态检查结束后,应对检查结果签署意见,对不能满足要求的项目,提出限期改进或改进后重新检查意见。如与检查组有分歧、意见不能取得一致,由承制单位与军事代表室领导协商解决,必要时向上级主管部门报告。

8.6 外购外包质量监督

外购器材是指构成产品所需的、非承制单位自制的器材,包括外购的原材料、元器件、附件以及外单位协作制造的零部(组)件等。外包过程是组织根据情况需要将它委托给其他组织来完成的过程。

外包过程与外购过程既有区别又有联系。从广义上来说,"外包"也是一种"外购"。但外购过程侧重是指产品的采购过程,而外包过程是指质量管理体系中所需的过程外包给其他组织去完成的过程。

例如,外购产品所需的原材料、元器件、零部件,这是外购过程。把产品的设计开发过程、生产制造过程或生产制造过程中某个子过程、产品的运输过程、产品的试验过程、仪器的校准计量过程外包给其他组织去完成,这是委托过程。可以说,外购过程是采购某种产品的过程,外包过程是外包质量管理体系中的某个过程。

外购过程与委托过程又有联系。例如,采购新设计开发的产品,是一种采购,可以认为它是采购过程,但也可以认为是一个外包过程,把某种新产品的实现过程外包给其他组织去完成。因为,要完成这个新产品需要设计开发过程、生产制造过程。还有,请其他单位按照组织设计的要求或按照组织的特定技术质量要求生产制造某个零部件或某个分系统,可以认为这是一种外包过程(把产品的生产制造过程外包给其他组织去完成),但也可以认为是一种外购(向其他组织采购某个零部件或某个分系统产品),是一种采购过程。所以,像这种情况,既可以认为是一种外包过程,也可以认为是一种外购过程。不管是外购过程还是外包过程,重要的是,应对这些过程进行有效的控制,使这些过程的结果能够满足组织的要求。

随着产品结构的日益复杂和高科技含量的不断增加,现代武器装备,如导弹、火炮、坦克等常常由成千上万种包括原材料在内的外购器材作为其重要组成部分。外购器材的质量,对武器装备的质量有着直接的影响。承制单位的外购器材管理工作主要包括:制定选择、评价和重新评价外购器材供应单位按要求提供产品的能力的准则;评价和选择供应单位;确定外购器材采购要求,对外购器材质量进行验证等工作。

驻厂军事代表机构应当督促承制单位认真分析和掌握技术文件与产品对外购器材的质量要求,选择适用的外购器材及合格的供应单位,编制合格供应单位名录,参加合格供应单位名录评定工作。审查、确定外购(协)产品的采购方式和需要特别控制的外购(协)产品目录,对采购过程实施质量监督。

外购(协)产品质量监督的主要内容包括:监督承制单位外购(协)过程,参加供方厂际质量保证体系活动。一般采用审查采购文件、合格供方选择评定、巡回检查、下厂验收、入厂复验等方式进行。外购(协)产品质量监督一般在承制单位编制采购文件、评价和确认合格供方资质、外购(协)产品验收、供方质量管理体系发生重大变化或产品质量不稳定时进行。

8.6.1 外购器材控制基本要求

外购器材控制基本要求有以下几点。

1. 外购器材的选用和供应单位的选择、评价

外购器材的选用必须符合技术文件与整机系统的要求。为此,承制单位必须分析和掌握技术文件与整机系统对外购器材的质量要求,并编制出相应的采购文件。采购文件的基本内容一般包括:外购器材的名称、类别、形式、质量要求或其他准确标识方法;外购器材的技术要求;外购器材包装、运输和防护方面的要求;对外购器材的交付期要求;外购器材的检验规则;质量保证要求等。

对外购器材供应单位的质量保证能力的要求,应纳入承制单位的采购文件。这些要求包括程序方面、过程、设备、人员资格、质量管理体系等。

外购器材供应单位的选择十分重要,应认真选择好。外购器材供应单位应具备的条件包括:提供的外购器材能完全满足技术文件的要求,价格合理;具有相应的质量保证能力;采购方便,货源稳定,供货及时;能提供良好的服务。

外购器材供应单位的确定应经过严格的程序审定。经考察、评价确认的外购器材供应单位,应由承制单位按产品品种分类编制合格外购器材供应单位名单(合格供方名录),纳入成套技术文件,作为选用、采购的依据。对使用方要求控制的外购产品,应邀请军事代表参加对供方的评价和选择。承制单位应根据规定的间隔时间,对外购器材供应单位进行重新评价,适时修正合格供方名录。

同时,承制单位应定期对供应单位提供合格外购器材的持续保证能力进行考察监督和评价。考察监督的广度、深度和频繁程度,应以满足质量要求为目的,根据器材的性质、需要数量和质量的历史区别对待。对少数关键的外购器材,即对最终产品质量影响重大的,或涉及产品安全性的外购器材,除对供应单位提出质量管理体系要求外,还可向其派出常驻或流动的质量验收代表,对外购器材生产的中间过程进行监督和控制。

复杂的武器装备,还应建立厂际质量保证体系。这是因为复杂武器装备配套件多、技术密集、协作面广,经常遇到技术协调问题。为使外购器材能够满足整机、系统的质量要求,建立严密的厂际质量保证体系是十分必要的。这是供需单位共同保证武器装备质量的有效组织形式。

2. 外购器材的验证确认

对外购器材进行验证确认,是外购器材质量把关必不可少的环节。接收外购器材时,需进行到货确认和质量验证。

(1)到货确认,即对供应单位提供的质量证明文件进行确认,主要包括:供应单位与合同中的单位是否相符、涉及的合同与批次是否相符、供应单位检验结果、日期与签字;到货数量是否与合同要求相符等。

(2)质量验证,即对外购器材进行首件(批)样品检验和进货检验。

首件(批)样品检验,应在合同中规定一个适当的时间提供首件(批)样品,以便在样品检验发现缺陷时,供应单位有足够的时间消除,而且不影响交货。首件(批)样品应具有代表性,供应单位还应保证以后交货的质量水平不低于首件(批)样品的水平。

进货检验是承制单位根据外购器材对整机质量影响的重要程度,用不同形式对外购器材进行检验,以证实外购的器材满足规定的采购要求。对整机的性能、精度、可靠性、安全性、寿命有较大影响的器材及关键原材料、外协零部件、配套件等关键外购器材,一般应全部进行检验。如果驻供应单位军事代表提供了合格证明,可按要求进行抽验。影响整机外观,或可能影响整机某些功能的重要外购器材,一般要进行抽样检验。对一般原材料、标准件等外购器材,可仅检查合格证书,必要时,也可进行抽样检验。

承制单位根据需要,也可到供应单位现场对外购器材的质量进行验证。到供应单位现场进行验证时,应在采购合同中明确验证的时机、验证的方式以及产品放行的必备条件。

对验证合格、待验和验证不合格的器材,应能加以鉴别,待验外购器材应单独设置保管区,防止未经验证投入使用。验证不合格的器材应进行有效的隔离,并做明显标识。经验证合格的外购器材,按规定办理入库手续。

3. 外购器材的保管、发放

外购器材经验证合格后,由库房接收保管。库存品按规定进行标识,并分类存放。库房的环境条件应符合外购器材的存放要求。对易损坏、易变质、易腐烂和有储存期限要求的外购器材,要有专门的保管规程,规定保管方法和验证周期,以便随时掌握质量动态,及时采取处理措施。

对关键原材料、元器件或易损坏、易变质的外购器材,发放时要进行复验,以免错用不合格品。出库时需要复验的外购器材要在管理制度中列出明细表,由检验部门复验。复验后,按规定办理出库手续。库房保管员要及时办理外购器材的发放登记和清点手续,确保账物相符。

4. 外购新器材的质量控制

外购新器材是指新研制的、经过鉴定可以转入实用阶段的器材。这类器材由于缺乏适用性验证,风险较大。承制单位应制定和执行选用新器材的质量控制程序与质量责任制,对重点环节进行严格控制。选用新器材时,要经过充分论证、复验鉴定、试加工、匹配试验、装机试用,确认满足要求并在征得军事代表同意后,履行审批手续。

8.6.2 外购器材控制监督方法

对外购器材控制监督有以下几种方法。

(1)检查外购器材的订购合同、采购文件和管理文件,确认其是否满足要求。订购合同应完整、正确,除基本内容——器材名称、规格、数量、质量、价格、结算方式及期限、交货方式、违约责任等条款外,其技术质量条款应完整,并和产品规范、采购文件一致。采购文件应与外购器材规范、图样中的内容、要求相一致。

(2)掌握主要外购器材供应单位的质量管理体系与产品质量情况。军事代表应督促承制单位制定选择、评价和重新评价外购器材供应单位按要求提供产品的能力的准则,建立健全合格器材供应单位评价组织;必要时参加承制单位组织的对外购器材供应单位的评价、选择或招标;督促承制单位根据选择、评价结果,编制合格供方名录,纳入成套技术资料管理范围;参加对器材供应单位的器材样品进行的有关试验,掌握质量情况,并对试验情况做出明确结论;抽查合格器材供应单位的质量记录和承制单位组织的选择、评价记录,并对承制单位修正合格供方名录的工作实施监督。

(3)抽查进厂复验情况。重点检查外购器材进厂复验技术标准是否符合器材规范、图样、采购文件、采购合同中的有关要求;复验设备、仪器、仪表、专用量具的技术状态是否符合器材复验技术标准及复验规范的要求并合格有效;各项复验记录是否符合复验规范的规定。对关键、重要的外购器材,军事代表可对其性能指标进行抽查测试,对承制单位的进厂检验结论进行验证。

(4)定期检查外购器材保管质量。军事代表应定期检查待验器材、合格器材和不合格器材的库存情况,督促承制单位做到库房环境满足器材安全、不变质和其他特殊要求。库存器材做到账物相符;重点检查易老化、易变质器材的技术状态,督促承制单位及时隔离或剔除、报废老化和变质器材;检查器材的有效期,督促承制单位对技术规范允许复验的超期器材及时进行复验,复验合格的器材按规定办理超期使用手续。

(5)严格外购器材代用手续。元器件、原材料的代用,必须严格按规定办理偏离许可手续,影响关键或重要特性的器材代用应征得军事代表同意。只有在承制单位对规定的元器件、原材料的采购确有实际困难且影响生产进度时,或采用新材料对保证和提高产品质量确有效益时,才能采取代用办法,否则军事代表应要求承制单位严格按图样规定的元器件、原材料进行生产。

8.6.3 对外包过程实施控制的基本要求和监督方法

为确保外包过程能有效运行,使外包过程的结果满足组织的要求,组织应对外包过程实施控制。控制的要求应与外包过程对组织的质量管理体系运行和产品质量影响程度相适应。控制的要求与程序应在质量管理体系文件中作出规定。

一般来说,外包过程可从以下几方面进行控制。

(1)评价选择外包方。要确保外包过程的结果满足规定的要求,必须选择合格的外包方。可参照评价选择采购产品供方的准则,评价外包方有无完成外包过程的能力(包括质量保证能力、过程的能力、设备的能力、人员的能力等),选择合格的外包方。

对于承担重要过程的外包方,如产品的设计过程、产品的生产制造过程等,组织应到外包方的现场去考察,以确认外包方的能力。对于外包的特殊过程,如产品表面涂覆过程等,组织应确认外包方的特殊过程能力是否能满足要求。对于承担体系其他过程的外包方,如仪器的校准计量过程、产品的运输过程、产品的试验过程等,组织应确认这些外包方的资质以及完成这些过程的能力。

(2)与外包方签订合同或协议。为了明确外包过程双方的职责,组织应与外包方签订外包合同或协议,在合同或协议中,应明确对外包方的要求,如外包过程的结果所要达到的要求。必要时,还应包括:对外包方的质量管理体系要求及过程、程序、设备和人员的要求;有关法律法规的要求等。

对外包方的要求应与外包方进行沟通,并明确各方的职责及有关问题的协调、处理要求。

(3)验证外包过程的结果。应按合同或协议的规定,验证外包过程的结果是否满足规定的要求。验证可以在组织内部进行,也可以在外包方处进行。验证的要求及方法应在合同或协议中作出规定。应保持外包过程验证记录。

(4)对重要的外包过程,应到现场进行监控。对于某些重要的外包过程,组织应到外包方进行现场监控,以确保外包过程按照要求实施。

例如,对外包的设计开发过程,组织应参与外包方的设计评审、设计验证和设计确认,验证其结果是否符合要求。对外包的生产制造过程,组织应到外包方现场监控其过程的运行是否符合规定的要求。

8.7 工序质量监督

工序是产品、零部件制造过程的基本环节,是组织生产过程的基本单位,也是生产和检验原材料、半成品、成品的具体阶段。它是人、机、料、法、环、测(5M1E)多种因素综合作用的过程,也是产品质量的形成过程。

为了确保产品质量,承制单位必须把生产过程运作和控制工作的重点放在工序质量的管理上,运用科学的管理手段,使工序中影响产品质量的人员、设备、器材、方法、环境和测量等主导因素处于受控状态,从而使生产过程处于稳定的条件下。

军事代表对工序的质量监督,就是通过对工序各因素的检查、分析以及纠偏等工作,使其达到规定的要求和状态,促进承制单位从根本上保证产品质量。

8.7.1 工序质量管理主要内容

1. 器材质量控制

器材质量是进行工序质量管理的条件和基础。进入工序的器材,包括原材料、元器件、毛坯、零件、部件、组件、外购成品件及主要辅助材料等,必须具有合格证明文件;实物数量与随工流程卡注明的数量应当相符合;代用器材必须有按规定办理的偏离许可文件。

2. 设备、工艺装备、计量器具的控制

生产现场每一道工序都需要有必要的、符合规定要求的设备、工艺装备(包括刀具、夹具、工装和辅具等)和计量器具(包括通用和专用量具、仪表等),它们是实施工序质量管理的重要保证。工序使用的设备、工艺装备、计量器具必须符合工艺规程的规定,具有合格证明文件和标志；新制成或修理后的设备、工艺装备、计量器具，应经过鉴定，确认能保证产品质量后，方可正式投入使用；产品质量特性需要由设备、工艺装备的精度提供保证时，其精度必须满足要求；大型、精密及数控加工设备，在安装、调试合格后，要进行试加工检查，确认能保证产品质量后，方可正式投入使用。

3. 技术文件控制

生产现场每道工序使用的技术文件，包括设计文件（如图样、技术规范等）、工艺文件（如工艺规程、作业指导书、数控程序文件等）、质量控制文件，必须是现行有效版本，做到齐全、完整、清晰，且文文相符、文图相符、文实相符。文件中有关检验的工序或项目，应经质量部门会签。

4. 环境控制

工作场地的环境条件，如温度、湿度、清洁度等应符合技术文件和标准的规定，达到保证产品质量所需的要求；成品、半成品、在制品等应按不同要求分别摆放在指定位置，工艺装备和测量器具也应按定置管理要求摆放；返修品、废品应在指定区域进行隔离；认真执行预防多余物的保证措施，防止产品中出现多余物；卫生、技术安全、环境保护等必须符合国家有关法规、法令及相应国家标准的要求。

5. 人员控制

人员是工序质量管理的核心。操作、检验、测试人员应掌握本工序的全部技术文件，了解前后工序的技术文件和在制品的工艺过程，熟悉本工序所使用的设备、工艺装备和计量器具；掌握进入本工序的毛坯、半成品、元器件、零部（组）件、外购成品件和辅助材料的质量特性与要求，严格遵守工艺纪律；新上岗或调换工种的人员，必须经过相应工种“应知应会”和质量管理基础知识的培训并经考核合格，持有资格合格证方可上岗工作。

6. 首件检验

对批量生产的首件产品实施自检和专检，它不同于首件鉴定，是防止出现成批超差的预先控制手段。

首件检验一般适用于逐件加工形式。有下列情况之一者，必须执行自检和专检，并填写首件检验记录卡，且在记录上签章后方可继续加工。

（1）每个工作班开始。

（2）更换操作者。

（3）更换或调整设备、工艺装备。

（4）更改技术文件、工艺方法、工艺参数。

（5）采用新标准。

（6）采用新材料或材料代用后。

（7）更换或重新化验槽液、渗透液。

7. 质量信息

各项质量信息如检验、试验记录等应齐全，数据正确，并妥善保管，具有可追溯性。与工序控制有关的各项质量信息要及时反馈，并按规定的程序进行分类、统计、分析和处理。

8. 关键工序控制

关键工序是指产品生产过程中对产品质量起决定性作用、需要严密控制的工序。一般包括：关键、重要特性形成的工序；加工难度大、质量不稳定、原材料昂贵、出废品后经济损失较大的工序；关键外购器材入厂检验工序等。对关键工序的控制，除满足工序质量控制的基本要求外,还应符合下列要求。

(1)对关键工序进行标识,在工艺规程和随工流程卡上加盖“关键工序”标记。

(2)设置控制点,编制控制卡,对控制的项目、内容、方法、原始记录作出具体规定,并纳入工艺规程。

(3)工艺部门编制的“关键工序”目录和涉及质量控制的有关文件,需经质量部门会签。

(4)关键工序必须实行“三定”,即定人、定设备、定工艺方法。填写“三定”表,并经工艺、质量、劳资部门认可。

(5)凡从事关键工序加工、装配的操作和检验人员必须保持相对稳定,并定期进行考核。人员变动时应重新填写“三定”表。

(6)对首件进行自检和专检,并做好实测记录。

(7)可行时,对关键、重要特性实施100%检验。

(8)适用时,运用统计技术对关键工序控制以及工序能力进行验证分析,减少质量波动。

9. 特种工艺控制

特种工艺一般是指化学、冶金、生物、光学、电子、辐照加工过程。在机械加工中,特种工艺一般包括锻造、铸造、焊接、表面处理、热处理以及复合材料胶接等。特种工艺形成的质量特性,大都是直观不易发现、不易测量或不能经济测量的产品的内在质量。

特种工艺控制应做到以下几点。

(1)必须对特种工艺进行过程确认。过程确认包括:过程鉴定;设备能力和人员资格的鉴定。确认时应采用规定的方法和程序,并进行记录。必要时,可进行再确认。

(2)特种工艺的技术文件除明确工艺参数,还对其工艺参数的控制方法和环境条件作出具体的规定。

(3)特种工艺参数的变更,必须经过充分的试验和验证,其结论经批准并纳入有关技术文件后方可执行。

(4)特种工艺环境条件的鉴定,必须经过有关部门确认。

(5)特种工艺操作人员必须持有等级资格证书,方能从事相应的工作,承担相应的责任。

(6)各种槽液必须按技术文件的要求定期分析,保证其成分在规定范围内。凡超期或化验不合格的槽液,检验人员应在明显处挂上“禁用”标牌。

(7)各种监控用的仪表,应按其功能分别设置,严禁一表多用。各种辅助材料,应按相应材料标准的有关要求进行入厂复验。

(8)产品在加工过程中,检验人员应经常在生产现场监督工艺规程的执行情况和原始记录情况,并做好监督检查记录。

(9)特种工艺的各种质量检查填写记录和化验、分析报告、控制图表等必须按归档制度整理保管,随时处于受控状态。

10. 工序控制点的质量控制

工序控制点是指需要重点控制的关键工序的质量特性和工序中存在问题的环节。对工序控制点的质量控制,除满足工序质量管理的基本要求和关键工序质量控制的有关要求外,还需采取更严格的质量控制手段和方法。对工序控制点的质量控制应做到以下几点。

(1)承制单位应根据产品质量特性分类、产品工艺流程以及生产中存在的质量问题,通过分析,确定产品生产全过程应建立的工序控制点,并编制工序控制点明细表。

(2)工序控制点应明确规定控制的项目、控制方法、控制类别、控制要求、检测频次、测定方法、分析图表及测定人员。

(3)对工序控制点进行巡检和定期监督,发现异常,立即分析原因,采取纠正措施。

8.7.2 工序质量监督方法

工序质量监督方法有以下几种。

(1)军事代表应对工序中有关人、机、料、法、环、检测等生产要素是否符合规定的要求以及承制单位工序质量控制工作情况进行检查。当不符合要求时,军事代表应督促承制单位采取纠正措施,以确保产品的质量。

(2)对现场质量记录进行抽查,评价产品的加工质量是否稳定,过程是否处于受控状态。

(3)根据产品和生产加工特点,对关键件、重要件,质量不稳定的项目以及在制品和库存半成品进行实物质量抽检。必要时,军事代表还可以对产品图样、技术条件规定的任何一个项目进行检测,以验证工序质量管理是否满足要求。

(4)会同承制单位采用定期进行工序能力指数检查、工序审核、关键工序考核等方法,评价工序能力和质量控制效果。

工序能力是指工序在规定的技术条件下保持产品质量特性值一致性的能力,其大小是以质量特性值波动的幅度来表示的。通常规定工序能力 B 的范围为质量特性值分布的标准偏差 d 的6倍,即 $B=6d$。此时能保证质量特性值落在范围 B 之内的概率为99.73%。需要指出的是,随着质量管理理论的发展和产品质量要求的日益提高,经济发达国家的一些著名企业已将工序能力的范围扩大到 $12d$,以防止生产过程产生不合格品。

工序能力指数是指工序能力满足产品质量标准(产品规格、公差)的程度,通常用CP表示,$CP=T/B$。T 为技术标准(公差范围),B 为工程能力。一般认为,当 $1.67>CP>1.33$ 时,工序能力是充分的;当 $CP<0.67$ 时,工序能力严重不足,应停止生产,查找原因,采取纠正措施。

工序质量审核是为了获得工序质量信息,对工序质量管理计划的可行性和执行情况进行检查与评价的活动。审核的主要内容一般包括:工序质量管理计划及有关技术文件的实施情况;对工序的人、机、料、法、环、测等因素是否达到工序质量管理的要求进行检查与分析;对工序产品质量进行评价;必要时对重要工序的在制品进行检测并计算工序能力指数。

(5)定期开展产品与图样、图样与工艺、工艺与操作的对照检查活动,并针对存在问题提出改进措施,督促承制单位纠正。

8.8 计量测试监督

计量测试是产品质量保证的基础。无论是承制单位的质量管理,还是军方的质量监督,都是以完备的计量测试手段为技术基础的。因此,计量测试工作是保证计量的量值准确统一,确保技术标准的贯彻执行,保证零部件的互换性能和评价产品质量是否符合标准的基本手段和方法。

8.8.1 计量测试管理内容

计量测试管理内容如下。

(1)承制单位必须明确产品实现过程所需的测量,包括验证产品符合性规定要求的全部测量、检验、试验和验证活动,确定这些活动中所涉及的测量和监控装置,将它们全部纳入受控范围。

(2)最高计量标准器具必须满足量值传递规定及需要,使用和保管符合要求,严格执行强制检定。其具体要求如下:

①配备的最高计量标准器具,应满足所承担任务的需要,即根据本单位承担的军品生产任务,配备准确度和精密度等级高于产品工作计量器具的最高计量标准。

②最高计量标准应能追溯到国防最高计量标准或国家基准。承制单位应编制各类计量器具最高计量标准目录,向指定的量值传递单位申请强制检定,其周期检定率和合格率均应达到100%。

③最高计量标准器具的使用和保管应符合规定的要求。

(3)计量器具和测试设备应根据规定的检测试验项目和准确度的要求,合理选用、配备。其检测能力,如量值、准确度、分辨力、稳定性等应满足使用要求。

(4)编制计量网络图和计量周期检定表,按照规定的程序和周期,对计量器具、仪器仪表、设备进行检定。现场使用的计量器具、测试仪表及设备,其周检率和合格率一般应在95%以上。经检定合格的计量器具,要在实物上作出明显的"合格"标记。合格标记的内容至少有检定日期、责任者和有效期。检定不合格以及超过检定周期的,应在实物的显著位置上作出"禁用"标记,严禁使用。合格的计量器具在使用中发现异常时,亦应暂时挂上"禁用"标记,有关部门应及时作出处理。

(5)对影响产品质量的所有测量和试验设备,使用前均应进行校准。使用中的设备应按规定的周期间隔进行再校准。生产与检验共享的工艺装备和调试设备用作检测、试验手段时,在使用前应进行校验,同时按周期验证。

(6)从事计量测试工作的人员,应按《中华人民共和国计量法》和《国防计量监督管理条例》的规定,分级组织培训考核,合格后授予相应的资格证书,持证上岗。

8.8.2 计量测试管理监督方法

计量测试管理监督方法如下。

(1)检查承制单位计量测试系统的管理制度和工作程序是否满足规定的要求,计量器具和测试设备检定周期的确定是否满足使用与检测的要求。

(2)定期检查承制单位计量、测试系统的管理制度和工作程序是否得到严格执行,计量测试设备的配备是否符合产品技术规范的要求,最高计量标准的强制检定、保管是否符合规定要求。

(3)结合工序质量监督和检验、试验工作,检查承制单位测试用计量器具和试验设备的周期检定、现场使用、校准记录和相应的标识情况,检查测试用工艺装置、自动检测设备的软件及程序验证、复检记录、完好性。自制的检测设备是否经过鉴定和批准后才投入使用。

(4)对计量测试人员的资格考核工作进行检查,根据需要抽查计量检定人员有无资格证书,必要时可对计量测试人员出具的检定结论进行验证,对检定差错进行纠正。

8.9 产品标识与质量记录监督

8.9.1 产品标识和可追溯性的监督

1. 产品标识与可追溯性的概念

产品标识是指识别产品特征的标志或标记。每一个产品都有其固有的标识,如产品的图号及版次、产品的型号规格等。为了识别产品并防止外形类似、不同功能特性的产品之间的混淆，在产品接收和生产、交付及安装的各个阶段，应以适当的方式标识产品。在生产过程中，如果产品单一或产品外形差异明显且不会产生混淆，对产品可不另作标识。

可追溯性是指通过记载的标识，追踪实体的历史、应用情况或场所的能力。在产品接收和生产、交付及安装的各阶段，当需要追溯原材料和零部件的来源、产品形成的过程及有关人员职责履行情况、交付后产品的分布和场所时，承制单位应制定并执行产品可追溯性程序，对产品的可追溯性进行控制。

可追溯性的控制要求是以“在规定有可追溯性要求的场合”为前提的，这种场合通常包括：①合同要求；②行政法规和标准要求；③关键件、重要件；④其他规定需要追溯的场合。

在上述场合下，承制单位对每个产品或每批产品都应标有唯一性标识，如序号、日期、投料批号、成品批号。当需要追溯生产过程时，可根据产品标识追溯到过程记录、操作者、原材料、工装、设备状态，以及加工方法。可追溯性标识应记载在适用的检验和产品记录上。

2. 产品标识与可追溯性的基本要求

（1）建立并执行产品标识程序。承制单位应根据产品的特点，建立并执行产品标识的程序，规定需追溯的产品、追溯的范围、标识及记录方式。当在产品上进行标识时，应在相应图样上作出规定，明确标识的位置和方法。在规定有可追溯性要求的场合时，每个或每批产品都有其特定的标识并有相应记录；当产品或零部（组）件的可追溯性至关重要时，整个过程都应保持其识别标志，确保产品的识别与质量的可追溯性。

（2）实施批次管理。批次管理是产品批量生产中按批组织生产，确保投入产出数量清、质量清的有效办法。承制单位对于按批组织生产的产品应制定批次管理的程序，规定批次管理及其标识的办法，做到批次管理、产品标志、质量记录与产品一致。一旦出现产品质量问题时，通过产品及批次号应能追踪到：产品的出厂或生产日期；组成该产品的组装件的批次号、同批产品所涉及的范围、交付后产品的分布和场所等。

（3）建立批次随工流程卡。根据产品的生产流程，按批次建立随工流程卡，详细记录投料、加工、装配、调试、检验的数量、质量、操作者和检验者。随工流程卡在生产过程中的各个环节之间应相互衔接，传递正确，并存档备查。

（4）建立产品合格标志。承制单位对经过检验、试验的半成品、在制品都要通过标记、检验印记、标签、履历卡、检验记录等，标明产品是否合格。

3. 产品标识与可追溯性的监督方法

（1）抽查批次管理记录，掌握承制单位执行产品标识程序和批次管理制度的情况。重点检查承制单位是否按规定的产品标识程序，对产品接收和生产、交付及安装各阶段的产品进行标识；批次管理是否严格做到了“五清六分批”，即产品批次清、质量状况清、原始记录清、数量清、批（炉）号清，分批投料、分批加工、分批转工、分批入库、分批装配、分批出厂。批次标记是否与原始记录保持一致。

（2）结合工序质量监督、零部件质量检验，检查随工流程卡、产品实物、质量记录和标识是否一致，并按规定随工件流转。

（3）结合工序质量监督、零部件质量检验，检查可追溯性重要识别标记，特别是表明产品检验和试验状态的识别标记是否按规定执行，有无错批、混批及错标、漏标等现象发生。

8.9.2 质量记录监督

记录是为已完成的活动或达到的结果提供客观证据的文件。质量记录为证明满足质量要求的程度或为质量管理体系运行的有效性提供客观证据。它是实现可追溯性的前提,也是进行统计分析,制定纠正措施、预防措施,实现不断改进的基础。

1. 质量记录控制的主要内容

承制单位对产品全寿命周期内的质量管理活动,都应如实地记录,以证明本单位对合同中提出的质量要求予以满足的程度,证明产品质量达到的水平。对其具体要求如下:

(1)制定并执行质量记录的收集、标识、编目、归档、储存、保管、查阅和处理的制度。

(2)质量记录应能提供产品实现过程的完整质量证据。与产品质量直接有关的记录,如测量、检验、试验、验证、鉴定、确认、试用等记录,应能清楚地证明产品是否符合规定的要求。

(3)质量记录应保持系统性、完整性、正确性、可追溯性,记录文字正规、清晰,易于识别和检索。

(4)质量记录的保存时间应满足使用方和法律、法规的要求,与产品的寿命周期相适应。

2. 质量记录控制的监督方法

结合机动检查、巡回检查和实物抽查,检查承制单位各类质量记录的完整性、正确性和可追溯性以及质量记录的标识、保存、使用等是否满足规定要求。

8.10 技术状态管理监督

生产过程中技术状态管理的目的是严格控制设计批准的技术状态,使生产使用的成套技术资料与技术状态的规定协调一致,并现行有效,确保交付使用的产品符合技术文件所规定的特性。

8.10.1 技术状态管理内容

在生产过程中实施技术状态管理的重点是控制技术状态的更改及其贯彻执行。其主要内容如下。

(1)实施完整、统一的技术状态管理。

(2)对技术文件进行有效的控制,保证生产、检验现场和各职能部门所使用的图样、工艺规程和其他技术文件现行有效,文文一致,文实相符。失效的技术文件,应及时从所有使用点清除。

(3)严格控制更改,包括工程更改、偏离和让步。工程更改前要充分考虑其对相邻、相关的零(部)件、系统的影响,并经充分论证和必要的试验后,按规定履行审批手续。

(4)所有工程更改必须记录论证、试验、审批和执行更改的情况及其效果。

8.10.2 技术状态管理监督方法

技术状态管理监督方法如下。

(1)督促承制单位建立健全技术状态管理制度,监督检查其实行效果。重点监督检查工程更改控制原则及程序是否落实。

(2)定期检查承制单位图样资料是否完整、正确和统一,生产现场使用的技术资料是否文文一致、文图一致、现行有效,资料规定与产品实物是否相符。

(3)严格控制更改,参与更改的分析、论证、试验与评价,防止进行不必要或可有可无的更改。

(4)定期检查更改的实施情况及效果,检查更改记录的完整性和正确性。

8.10.3 技术状态管理监督实施

技术状态管理监督实施要点如下。

(1)监督承制单位编制相应技术状态标识控制文件;监督承制单位从原材料、元器件、毛坯、零部件直到最终产品作相应的标识,确保产品标识具有可追溯性。标识的位置、方法、大小、内容应当符合有关标准,并在设计文件和工艺文件中作出具体规定。同时,各种标识方法不能影响产品性能、寿命和防护质量。

(2)督促承制单位将已经确认的技术状态更改及时纳入受影响的技术文件,并履行相关手续;涉及现役装备时,会同承制单位按照规定办理上报审批手续,并督促承制单位以书面形式通报使用部队;对技术状态更改执行情况和效果进行检查、记录。

(3)监督承制单位进行技术状态纪实,准确记录技术状态项目,保证可追溯性。督促承制单位建立健全装备全系统、全寿命技术状态信息管理系统,记录应清晰、完整、准确、真实,确保技术状态管理有效;建立技术状态分析报告制度,定期提供技术状态更改、偏离和超差状况,以及更改实施和检验等情况;及时纠正信息管理存在的问题。

(4)指定人员参与技术状态审核;督促承制单位编制审核计划、提交审核清单、准备审核资料;与承制单位协调具体审核事宜;对技术状态审核的内容进行监督;审查有关审核记录;监督承制单位及时解决遗留问题。

(5)对承制单位提出的技术通知单、更改单和质疑单进行审查,确认其不影响产品性能、质量等技术要求,履行会签手续并督促承制单位落实。

(6)按权限签署承制单位提出的偏离许可申请。对涉及装备战术技术性能、可靠性、维修性、保障性、安全性、互换性、通用性的,签署意见后报军事代表局(办事处)审批;监督承制单位分析偏离原因,检查、评价所采取纠正措施的落实情况和效果,防止偏离重复出现。

(7)对承制单位提出的让步申请,分析、确认其影响,并按权限签署处理意见,有意见分歧时,报军事代表局(办事处);涉及安全性、致命缺陷和影响部队使用、维修的让步申请不予批准。监督承制单位分析产品不合格的原因,制定切实可行的预防和纠正措施,并验证实施效果,将有效措施纳入技术文件,形成制度,防止问题重复出现。

8.11 质量检验与监督

检验是指对实体的一个或多个特性进行的诸如测量、检查、试验或度量,并将结果与规定要求进行比较,以确定每项特性合格情况所进行的活动。

在生产过程中,检验可以起到以下三个方面作用。

(1)质量信息的反馈。通过检验,把产品存在的质量问题反馈给有关部门,供分析、查找出质量问题的原因,在设计、工艺、生产和管理等方面采取针对性的措施,改进产品质量。

(2)质量问题的预防及把关。例如,通过检验,确保不合格的原材料不投料、不合格的零部件不装配、不合格的产品不出厂,避免批不合格事件的发生。

(3)检验的结论作为产品验证及确认的依据。验证是通过检查和提供客观证据表明规定要求已经满足的认可;确认是通过检查和提供客观证据表明一些针对某一特定预期用途的要求已经满足的认可。

8.11.1 质量检验管理的主要内容

1. 检验机构

检验工作能否做好,首先取决于有没有一个健全的检验机构。健全的检验机构应满足以下要求。

(1)检验组织实行集中统一管理。

(2)检验机构设置合理。

(3)人员的素质达到要求。

(4)分工明确,职责清晰。

(5)独立行使职权。

2. 检验规程

检验组织应根据产品图样、技术规范、合同要求和其他有关质量文件,编制检验规程,明确检验的方式、项目、程序、方法、环境、场所、检验所需的器具和设备,以及接收和拒收判据等。对产品的最终检验和试验项目、关键特性或重要特性的检验和试验项目以及需要建立的记录,应征得军事代表的同意。

3. 检验器具和设备

承制单位应具备验证产品质量所需的检验器具和试验设备,并按规定周检。

4. 检验作业

检验组织应根据有关标准、规范、产品图样、检验规程等要求,组织外购器材检验、工序检验、成品检验、包装发运等检验,对产品质量符合性作出科学、客观、正确的判断和结论。

5. 检验人员

检验人员应坚持原则,具有本工种操作经验,并经过培训和资格考核,在取得检验操作证和检验印章后方可上岗。检验印章应做到专人专用,职责落实。

6. 检验记录

承制单位应对所要求的产品检验和试验项目以及所需建立的记录,在相应的文件中作出详细的规定。检验人员应及时做好检验记录。检验记录一般包括产品质量状况检测记录、检验合格证明文件、拒收单、废品单等。检验记录应内容完整、数据准确、字迹、印记清晰,并要妥善保管,满足产品质量状态的可追溯性要求。

8.11.2 质量检验监督方法

质量检验具有把关、预防和报告的职能,质量监督中的处理、决策离不开检验所提供的信息和结论。检验作为一种质量验证手段,贯穿于质量管理的全过程,是质量保证的一个有机组成部分。检验的质量保证作用,决定了军事代表应加强对承制方质量检验的监督。

常用的质量检验监督方法有以下几个方面。

(1)掌握检验组织机构设置、人员素质及其变动情况,如发现不符合规定要求并影响检验质量,军事代表应及时向承制单位提出,必要时可停止检验验收产品。

(2)对产品的最终检验和试验项目、关键特性或重要特性的检验和试验项目以及需要建立的记录,军事代表应进行审查、认可。

(3)参加承制单位质量管理部门组织的对检验工作质量的抽查。重点对首件检验、外购器材检验、过程检验、成品检验的制度执行情况和检验记录进行抽查。

(4)结合机动检查,对检验机构各级人员履行职责情况进行抽查,通过抽查实物质量等方法,验证检验质量。对由于检验人员技术水平不高、责任心不强而产生的各类差错,督促承制单位加强相应的技术培训或教育考核,并严格落实奖惩制度。

(5)抽查检验印章的使用和管理情况。重点检查检验印章是否做到专人专用,实行注册管理;对调换岗位的检验人员,是否做到及时培训考核,合格后上岗。

对自动测试设备的准确性及程序设计的适合性及完整性进行审查和评价,定期或不定期地观察现场操作,审查其打印出的数据记录。

8.11.3 三类重点产品检验

驻厂军事代表机构不仅监督承制方的质量检验工作,在必要情况下还应组织开展质量检验活动。应当按照武器装备采购合同或协议、产品图样、技术文件及相关标准的要求,进行进货检验、工序检验和最终产品检验。对检验合格的产品及其配套的设备、备件和技术资料,应当在合格证明文件上签字,并办理验收手续。对不符合验收要求、配套不全的产品,应当拒绝验收,同时监督承制单位采取措施整改。

对于军事代表来说,外购器材、零部件和成品这三类产品的检验尤为重要。

8.11.3.1 外购器材的检验

外购器材(包括外协件)是指形成产品所直接使用的、非承制单位制作的器材,包括外购的原材料、元器件、生产辅助材料、成件、设备,以及外单位协作的毛坯、零部(组)件等。

同自制器材相比,外购器材的质量有自己的特殊性,主要表现在以下几个方面。

(1)重要性。外购器材是社会生产分工和协作的产物。现代社会化的工业大生产,分工越来越细,协作越来越广泛。据国外资料统计表明,不计原材料,仅就零部件而言,一些发达工业国家的工业产品外购器材的比重占产品的70%~80%。我国的部分资料调查也表明,有些产品的外购器材价值占产品总成本的50%~60%。由此可见,保证外购器材的质量对于保证产品的质量具有相当的重要性。

(2)基础性。如上所述,外购器材的数量和价值在许多产品中已占半数以上。因此,只有这些占产品半数以上的外购器材的质量得到了保证,产品质量才能最终得到保证;反之,就难以得到保证。

(3)间接性。对外购器材而言,间接性是订购方只能对供货方(协作方)提出技术、价格、数量和生产(研制)进度等方面的要求,并对其在合作过程中进行监督,在交付过程中进行检验,而外购器材本身质量的形成和保证工作,则只能由供方(协作方)来完成。

(4)受非技术因素的影响较大。就外购器材而言,其质量除和技术紧密相关外,还和管理机制、市场价值规律及国家政策的稳定等非技术因素相联系,甚至供求双方领导层或具体业务工作人员之间的私人关系,也可能在某种程度上对其"质量、价格和进度"产生制约力。一言以蔽之,外购器材的质量受"投资环境"影响较大。

根据GJB 939—1990《外购器材的质量管理》、GJB 5714—2006《外购器材质量监督要求》、GJB 1404—1992《器材供应单位质量保证能力评定》和GJB 9001C《质量管理体系要求》等规定,军事代表在对承制单位实施监督和对外购器材进行检验验收中应着重把握以下几个方面。

(1)检查承制单位是否规定、传递采购要求。设计和开发输出所提供的有关采购的信息,不但应包括有关采购器材的要求,还应按采购的器材对随后的产品实现或最终产品的影响,确定对采购器材的控制要求,这些要求应反映在采购信息中,适当时包括以下几点。

①器材、程序、过程和设备的批准要求。其中,对器材的批准是指对供方提供的器材样件的批准。在履行批准时,可采用由供方提供有关器材的样件以及检验和试验的记录。对程序的批准是指对供方在器材实现过程中有关需要确认的过程实施批准的手续。尤其是外包过程,必须履行批准手续。对设备的批准是指对供方在器材实现过程中直接影响器材质量特性的设备,如特殊过程、关键过程中需要认可的设备等,履行批准手续。

②人员资格的要求。当承制单位认定在供方实现器材的过程中某些岗位的人员需要具备相应的资格时,应明确对其提出要求,包括外包设计和开发任务时对有关设计人员的资格要求,以及器材实现过程中国家规定的焊接、探伤等人员资格等。

③质量管理体系的要求。随着 GJB 9001C 的贯彻实施和质量管理体系认证的普遍开展,对供方的质量管理体系的要求在采购中是最基本的。

上述要求应通过合同、订单以及必要的供需双方沟通等形式,把这些要求传递到供方,并最终让供方理解和接受这些要求。

(2)检查承制单位是否评价并选择供方。为了能公平合理地对供方进行评价,承制单位应制定选择、评价和重新评价供方的准则。而采购要求的能力应作为选择的依据。根据相应规定,从采购器材的质量、价格、交货情况及对问题的处理等方面对供方进行评价。通过评价,从中选择优秀的供方。根据评价结果编制合格供方名录。根据供方的业绩,定期按规定的评价要求进行重新评定,以便对供方进行动态管理,并及时对合格供方名录进行修订。

特别需要提出的是,对军事代表提出要求控制的采购器材,应督促承制单位在文件中予以明确,并要求承制单位届时邀请军事代表参加对这些供方的评价和选择。

(3)检查承制单位对采购器材的验证情况。督促承制单位对采购器材的检验进行策划,确定对采购器材检验活动的安排以及接收准则。应根据器材重要程度及检验的复杂程度,确定检验活动的安排。

对于采购器材的关键特性、重要特性,适当时应到供方进行验证或采取其他控制措施。

对采购的新设计和开发的器材,除了上述基本要求,还应督促承制单位进行充分论证,并按规定进行审批,在技术协议或合同中详细规定其要求,并经过验证、确认满足要求后方可使用。这些验证和确认,包括复验鉴定、匹配试验、装机使用等。

8.11.3.2 零部件检验

零部件检验也称为过程检验或工序检验。工序是产品、零部件制造过程的基本环节,是组织生产过程的基本单位,也是生产和检验原材料、零部件、整机的具体阶段。

军品的工序质量控制,应符合 GJB 467A《生产提供过程质量控制》的规定。军事代表应督促承制单位确定直接影响产品质量的生产和安装工序(如存在安装工序时),制订计划,保证这些工序处于受控状态。受控状态内容如下。

(1)若没有作业指导书就不能保证质量,则应对生产和安装方法制定作业指导书。

(2)使用符合要求的生产和安装设备,提供符合规定的工作环境。

(3)在生产和安装过程中对产品的主要特性与关键工序进行监控。

(4)需要时,对工序和设备进行鉴定。

(5)工艺的评定准则应用文字或代表性的样品加以规定。

(6)符合有关标准、规范(包括法规性文件)和质量计划的要求。

对军事代表来说,对产品形成过程中的全部工序进行检验是不可能的,事实上也没有这个必要。因此,军事代表在确定检验项目时,应把重点放在关键件、重要件、关键工序和特种工艺上。

1. 关键件、重要件和关键工序的检验

对于关键件(特性)、重要件(特性)和对产品质量起决定性作用的工序即关键工序,应当根据 GJB 909A—2005《关键件和重要件中的质量控制》规定,编制专门的质量控制程序,进行重点控制。

关键件、重要件一般是在研制阶段确定的。关键件、重要件的特性实现取决于某些工序,即关键工序,其选取的原则如下。

(1)形成关键件、重要件特性的工序。

(2)关键、重要的外购器材(原材料、元器件、成件)的入厂检验工序。

(3)加工难度大的工序。

(4)加工质量不稳定的工序。

(5)加工出不合格品的损失较大的工序。

对关键件、重要件、关键工序的重点控制如下。

(1)建立关键件、重要件目录清单,并在相应图纸或技术文件上标识。

(2)建立关键工序目录清单,并在相应工艺规程(或工艺卡片)上标识。

(3)建立专门的质量控制程序、制定专门的检验规程。

(4)实施百分之百的检验。

(5)对工序质量采用统计质量控制(Statistical Quality Control,SQC)。

(6)有详细的质量记录,保证出现质量问题后的可追溯性。

(7)严格对不合格品的处理、隔离。

(8)清晰醒目的质量状态标识。

(9)限额发料,发料数与用料数一致。

(10)实行批次管理。

2. 特种工艺(特殊过程)检验

特种工艺(特殊过程)是指形成的产品是否合格,不易或不能经济地进行验证的工艺(过程),如焊接、热处理、塑压等过程。

这些特种工艺(过程)对产品质量的形成起着重要作用。尽管其难以或不能经济地验证,但必须履行一种特殊的验证方式——过程确认。其目的是对这些特种工艺(过程)实现策划结果的能力进行证实和认定。

确认的环节和内容如下。

(1)为工艺(过程)的评审和批准所规定的准则。也就是说,在产品正式生产之前,要明确需要确认的特种工艺(过程),其中包括具体项目、内容和要求,以及审查和批准的程序,以作为生产和服务提供的准则。

(2)设备的认可和人员资格的鉴定。要确保特种工艺(过程)中所需的资源条件。对这些特种工艺(过程)中的制造设备、监视和测量装置进行认可,包括对设备的精度和状态进行认可;对人员的资格,包括教育、培训、技能和经验,按岗位要求进行资格鉴定。

(3)使用特定的方法和程序。为确保与确认时状态的一致性,必须按确认的结果,规定具体的工艺(过程)方法和程序,如使用的设备、人员资格、过程参数、工作环境、操作程序等,并在工艺(过程)中实施和保持。

(4)记录的要求。为了证实对工艺(过程)的控制,要求做好记录并给予保存。记录能为上述确认项目和内容提供依据。

(5)再确认。一般应对这些特种工艺(过程)的能力按规定的时间间隔进行再确认。当工艺(过程)中使用的设备、操作人员以及工艺规程(过程方法)发生变更时,应重新进行确认。当工艺(过程)停工时间过长时,也须再确认。

8.11.3.3 成品检验

成品检验也称为最终检验,它是产品交付到使用部队之前的最后一次检验,因此,也是控制产品质量的最后一道防线。显然,成品检验的目的是防止不合格产品入库或交付出承制单位。成品检验应包括以下几项。

(1)完工零件的质量检验。

(2)部件、组件、分机的质量检验。

(3)整机、全系统的质量检验。

成品检验应具备以下条件。

(1)有明确的检验依据。

(2)成品检验前的所有工序都已完成,各项质量检验都合格通过。

(3)符合批次质量管理及检验要求。

(4)暴露、发现的质量问题都已按规定处理完毕,有书面通过的依据。

(5)成品按规定有完整、齐套、规范的质量记录、质量信息及质量标记。

(6)成品检验所需要的5M1E条件齐备、合格。

(7)承制单位的"厂检"完成并合格。

工程实践证明,军事代表在履行成品检验时,应注意以下几个问题的处理。

(1)必须严格按依据的质量标准进行检验。成品检验是末道检验,成品如果不合格就前功尽弃,承制单位会因之发生经济损失,因此,承制单位一般都会比任何时候都重视和紧张。如果略有超差,或稍微超出许可限制,也许说情的、求饶的、找客观理由的各类人员会接踵而来。在这种情况下,军事代表一定要保持清醒的头脑,站稳立场,在维护军方权益的大前提下,按相应的检验验收标准处理。即便是确不影响使用的超差,也要办理超差使用手续,并按规定履行审批手续。

(2)帮助承制单位分析、查找、处理重大质量问题和批次性质量问题。当成品检验中发现重大质量问题,或批次性报废的质量问题时,无论涉及多大的经济损失,该报废的要坚决报废,该返工的返工,该返修的返修。但作出处理后,军事代表应本着"帮助过关"的主人翁态度,积极主动地帮助承制单位分析、查找原因,参与、协助采取纠正或预防措施,尽最大努力将损失降到最低限度,而不应袖手旁观,不闻不问。

(3)注意发现和处理系统积累性问题。如果在成品检验中发现了前面工序未发现的问题,除了要反思该道工序检验方法或检验人员的技能是否存在问题,还应从系统角度综合进行思考、分析。例如,数道工序检验结果都是在下偏差范围内,到了成品,系统积累就可能超出指标范围等。只有这样,才能真正找到问题的症结,并有的放矢地采取措施。

8.12 不合格品管理监督

8.12.1 不合格品的概念

不合格品管理的主要目的是防止不合格品的非预期使用或交付。非预期使用或交付是指不合格品未经规定程序审理就予以使用或交付。不合格品管理的主要工作内容是对不合格品进行标识、记录、隔离、审理和处置,采取纠正措施,以防止不合格品重复发生。对不合格品管理的监督,是军事代表在生产过程质量监督中的一项重要工作,是把好产品质量关的重要手段。

1. 不合格

不合格是指没有满足要求,其分为不合格品与不合格项。前者是针对产品而言,后者是针对质量管理体系而言。这里所说的不合格是针对不合格品而言的。

按照程度,不合格可分为轻度不合格和严重不合格。

(1)轻度不合格。轻度不合格是在下述方面不会产生有害影响的不合格:人体健康和安全,性能,互换性、可靠性和维修性,有效的使用和操作,重量和外形(有要求时)。

(2)严重不合格。严重不合格是指轻度不合格以外的不合格。

2. 不合格品

不合格品是指具有一个或一个以上不符合合同、图样、样件、产品规范(技术条件)或其他规定的技术文件所要求特性的产品。

3. 不合格品处置方法

对不合格品有以下 4 种常用处置方法。

(1)返工。对不合格品采取措施,使其满足规定的要求。

(2)返修。对不合格品采取措施,使其虽然不符合原规定的要求,仍是不合格品,但能满足预期的使用要求。返修通常应按规定的返修规程进行。返修规程是指由承制单位提出,经军事代表认可,可以重复使用的修理规程。返修后的产品必须办理规定的让步审批手续才能使用或放行。

(3)原样超差使用。由承制单位有关授权人员批准,适用时经使用方代表批准,不再返工或返修而直接让步使用、放行或接收不合格品。

(4)采取措施,防止其原预期的使用或应用。如报废,对于不合格程度严重且不能修复或不能经济地修复的不合格品,办理报废手续,由承制单位做上标记,登记后送废品库。

8.12.2 不合格品管理工作内容

1. 建立不合格品审理组织

由质量、设计、工艺、生产等部门的代表组成不合格品审理委员会,负责对不合格品进行审查和处置,对不合格的原因进行分析,对纠正措施的制定与实施进行监督检查,其日常办事机构设在质量部门。

不合格品审理委员会的主要职责如下。

(1)对不合格品作出是否具备适用性的判断。

(2)按“三不放过”的原则,对不合格品的原因分析和纠正措施的制定与实施进行监督。

(3)委员会每一成员对不合格品的处置决定(主要指原样超差使用)具有否决权。

(4)决定使用不合格品时,应提请军事代表认可。

不合格品审理常设机构的主要职责如下:

① 负责不合格品的日常审理工作。

② 将严重不合格品提交不合格品审理委员会处置。

③ 负责不合格品的统计与分析工作。

④ 监督纠正措施的制定与实施。

⑤ 保存不合格品审理文件。

2. 落实不合格品管理措施

(1)建立健全包括对不合格品的鉴别、隔离、控制、审查与分级处理的程序。

(2)从事不合格品审理的人员,须经资格确认,并征得军事代表同意,由最高管理者授权。不合格品审理组织独立行使职权。如果要改变其处置结论,须由最高管理者签署书面决定,并存档备查。

(3)生产现场出现不合格品时,应立即隔离,对不合格品作出明显标记或挂标签,并严加控制,防止与合格品混淆而误用;决定报废的不合格品,应采用破坏性或非破坏性方式明显标记,并加以隔离以防误用。

(4)处置不合格品应做到原因不清不放过、责任不清不放过、纠正措施不落实不放过,有效防止不合格品重复发生。

(5)纠正措施是指为了防止已出现的不合格品再次发生,消除其原因所采取的措施。

(6)不合格品审理组织的每一成员对不合格品的处置决定(主要指原样超差使用)具有否决权,只有在意见一致的基础上才能提请军事代表认可。返修规程以外的返修,也应提交军事代表认可,必要时,返修工作应在军事代表的监督下进行。

(7)不合格品的审理结论,仅对当时被审理的不合格品有效,不能作为以后审理不合格品的依据,也不影响使用方对产品的判定。

(8)承制单位应保存和积累不合格品的资料,定期进行综合分析,采取综合性纠正措施。同时,还应对不合格品的质量成本进行分析,制定措施以降低质量损失费用。

3. 不合格品审理程序与权限

承制单位不合格品的审理一般分为三级:车间(分厂)、不合格品审理常设机构、不合格品审理委员会。

(1)当检验员发现不合格品时,除及时对不合格品进行标识和隔离外,应在不合格品审理文件上至少记录下述内容。

①产品的标志,如产品代号、图号、名称。

②发现日期。

③数量。

④发生地点或工序号。

⑤追溯标记,如批次号。

⑥不合格具体情况的描述。

⑦重复出现的次数。

⑧检验员印章。

检验员不负责处置不合格品,应及时将不合格品审理文件提交责任单位。责任单位在填写下述内容后，提交给授权的车间（或分厂）质量管理人员。

①不合格品产生的原因。

②责任者。

③具体纠正措施及责任人。

④责任单位负责人签名或盖章。

（2）授权的车间（分厂）质量管理人员对不合格品的处置权限，仅限于下述情况，处置后应签名或盖章。

①通过车间（分厂）返工。

②报废。

③按返修规程修理。

④退回供应单位。

以上情况均不符合时，提交不合格品审理常设机构处置。

（3）不合格品审理常设机构对提交的不合格品进行审理时，应确定不合格品属于下列何种情况，审理后签名或盖章。

①需跨车间（分厂）返工。

②报废。

③按返修规程以外的修理方案进行修理。

④原样超差使用。

⑤严重不合格品提交不合格品审理委员会。

按③、④两项处置的不合格品需提交军事代表认可。

（4）不合格品审理委员会对提交的严重不合格品进行审理，并对按返修规程以外的修理方案进行修理的不合格品和原样超差使用的严重不合格品提交军事代表认可。

8.12.3 不合格品管理监督方法

装备产品生产中，由于受各种主、客观因素的影响，不可避免地要产生一些不符合产品图样和技术文件规定的成品、半成品。为确保产品质量，防止不合格品流向下二道工序或出厂，军事代表必须加强对不合格品管理的监督。对不合格品管理的监督和处理，是军事代表的重要任务之一，也是把好产品质量关的关键环节。

（1）检查不合格品审理组织是否健全，是否按要求履行规定的职责，能否独立行使职权。军事代表应对不合格品审理人员的资格进行审查、认可。

（2）定期检查不合格品管理措施的有效性。重点检查不合格品的审理是否符合规定的程序，是否严格坚持了“三不放过”的原则，不合格品是否重复发生；不合格品的隔离、标记是否规范，账物是否相符；不合格品审理记录是否齐全；凡经批准使用的不合格品，是否做到标识清楚，保证可追溯性。

在检查中，尤其要着重检查承制单位的纠正措施及其落实情况，对纠正措施的有效性进行评价，确保消除导致不合格的因素，防止问题的重复发生。

（3）定期对不合格品情况进行分析，掌握产品质量趋势和承制单位质量工作中的薄弱环节，督促承制单位采取有效措施实施纠正。

（4）按职责权限和程序受理承制单位的让步申请，并实施正确处理。

军事代表受理的让步申请，必须同时满足下列条件。

(1)不合格品的管理制度健全并已全面贯彻落实,不合格品审理组织能独立、有效地行使职权。

(2)不合格品产生的原因、责任已经查清,纠正措施已经落实,不合格品得到了有效管理或控制。

(3)严重不合格品让步申请已经得到承制单位不合格品审理委员会一致同意(主要指原样超差使用);一般不合格品让步申请已得到承制单位不合格品审理常设机构审理通过。

(4)不合格品的返修符合返修规程或返修方案。

(5)提交军事代表审理的文件、记录完整、正确、清晰。

军事代表对不合格品的让步接收拥有最终决定权。军事代表对不合格品的让步接收,应严格掌握标准,坚持原则,贯彻系统的思想,全面系统地考虑问题,并按有关规定正确处理。

军事代表对不合格品的处理方法如下:

(1)进行鉴定。对有争议的不合格品应进行技术鉴定,分清不合格品的严重程度。

(2)分析试验。对要利用的超差品,应进行定性、定量分析,必要时进行试验、验证。

(3)落实措施。查清造成不合格品的原因,采取改进措施,认真落实后方可处理。

(4)按级处理。处理的一般原则是:对产品质量没有影响,数量较小的,由军事代表室决定;对产品质量没有影响,成批的或对产品非主要性能有影响的,由军事代表局审批;对产品主要性能没有影响的成批超差品或影响产品主要性能的超差品,上报订货主管部门审批。

8.13 产品储存与搬运监督

产品的储存和交付是指进货产品、过程产品及最终产品的储存和交付。生产过程中产品零部(组)件由上道工序向下道工序移交或生产单位之间的移交,一般在车间(分厂)内部或半成品库房之间进行,而最终产品则由承制单位向使用单位移交。为减少产品在储存和交付过程中的损失,保证产品质量,必须对产品的储存、交付和发运的质量实施有效控制。这里主要阐述对零部(组)件的储存和搬运以及成品保管储存的有关要求。成品的交付、发运按有关规定和“试验和交付的监督”内容执行。

8.13.1 产品储存与搬运管理的主要内容

产品储存与搬运管理主要内容如下。

(1)半成品和成品库房都必须具备所要求的储存环境条件。能够防潮、防热、防火、防腐、防爆、防雷、防震、防盗、防尘等。有温湿度要求的库房,保管人员应每天记录实测数值。危险品之间、危险品库与其他库房之间应保持规定的安全距离;库房内应有灭火装置,根据需要安装自动报警装置;有特殊要求时,应有防静电设施。

(2)入库产品必须具有合格证明文件和标识,标明产品的名称、批次等,以便分类存放。库房保管人员对入库产品应放置平稳、整齐,做好出、入库账目,做到账物相符。

(3)承制单位应根据产品特点,采用正确的搬运方法和手段,防止产品在搬运过程中损坏、变质或降低性能。

8.13.2 产品储存与搬运监督方法

产品储存与搬运监督方法有以下两种。

(1)定期检查产品储存环境是否满足规定的储存条件。军事代表应根据产品特点和储存要求,定期检查储存场所的有关数据(如温、湿度)、产品安全存放情况及保管员的观测记录,并与储存条件进行比较,发现问题时,督促承制单位纠正。必要时,可抽查库存产品实物质量。

(2)检查承制单位的搬运工具和设备的完好性,对搬运中需要特别保护的产品,督促承制单位采取相应措施,确保产品质量稳定。

8.14 试验与交付监督

8.14.1 试验质量监督

军事代表室在系统、设备交付前,应监督承制单位按规定进行各项产品试验,严格把好试验质量关。

试验应按经批准的试验大纲进行,保证试验程序、试验时间、负荷强度和环境条件等满足要求,做到充分试验,充分暴露问题,严防走过场。

1. 产品试验的要求

试验应具备的条件主要包括:产品制造完工并经检验合格;系统、设备预先调试并处于正常状态;试验所需的各种仪器、仪表和设备准备就绪,精度满足测试要求;试验环境及各项安全措施符合试验要求;试验计划安排经军方认可;有关参试人员到位。

2. 试验组织和实施

例行试验由军代表根据合同或技术规格书的规定,在军检合格后的产品中抽样进行(机电设备的型式试验在出厂验收试验前进行)。试验的内容、程度和方法按例行试验大纲及实施细则进行。

由多种研制设备组成或接口关系复杂的系统(如装舰、装机)前应进行地面联调试验。系统在地面联调试验由系统技术责任单位负责组织,有关单位和军事代表室参加。试验按经批准的试验大纲和计划进行。

系统、设备应按有关标准、规定开展可靠性试验。当系统、设备不具备有关可靠性试验条件时,可采用以低层次产品的可靠性试验结果推算系统或整机可靠性值的方式进行,试验方案由军事代表室与承制单位协商确定,但应提供充分的依据,在可靠性试验大纲中明确或报经上级批准。电子装备的可靠性鉴定试验应依据各使用部门的规定进行。

对有保障要求的装备,应根据合同要求和装备保障性要求,对产品进行保障性试验,试验方案由军事代表室与承制单位协商确定,按有关标准和规定对保障性指标要求进行全面试验。

3. 试验结果的处理

试验过程中如出现故障或超差,军事代表应监督承制单位及时分析、查明原因,经排除故障或重新进行必要的调整后,根据其影响程度并按有关规定全部或部分重试。必要时,应对与该试验项目有关联的项目进行检查。若试验因外界原因中断,待外界原因排除后,可根据其对试验的影响程度,按有关规定,继续或重新进行试验。

试验结束后,承制单位应及时整理试验记录并出具试验报告。试验结束合格后,军事代表应签字认可,否则应监督承制单位查明原因,采取有效的纠正措施,经军事代表同意后进行试验或重新提交。当例行试验、可靠性试验提交不合格时,军事代表室应拒收该批产品,由双方联合或分别上报上级主管部门。

4. 装备试验质量监督方法

军事代表机构可根据需要有选择地采取下列方法开展试验质量监督。

(1)对试验大纲、试验规范及其他相关文件进行审查、提出建议、签署意见。

(2)对试验设施、设备、器材、环境条件和试验产品进行检查或验证。

(3)对试验操作人员资格进行审核或确认。

(4)对试验过程进行现场观察并记录有关情况。

(5)对试验出现的异常情况提出处理意见或建议。

(6)参与收集、处理试验数据,对试验结果的准确性提出意见。

(7)参加技术、质量问题的分析与处理,并按规定程序上报情况。

(8)有要求时,参加试验大纲的论证或拟制,参与试验的相关组织与协调工作,对试验报告进行审签。

5. 军方组织的大型试验

军方组织的大型试验,如导弹武器装备批抽检飞行试验,应坚持贴近实战,按作战流程组织实施。装备采购业务部门组织拟制、审查、呈报试验大纲,督促承制单位完成试验前技术准备和质量复查,组织驻厂军事代表机构、装备科研院所和使用部队参加试验,实施试验过程质量监督,参加试验结果评定。

8.14.2 产品交付监督

1. 产品交付的条件

系统、设备交付应具备的条件包括:承制单位已按合同及技术规格书规定的工程范围完成全部工作内容;已完成各项试验并经军检合格;备品、备件、附件、仪器、仪表和随机文件齐全;包装符合国家有关规定和合同规定要求;对验收合格的产品采取了保护措施,并按规定进行维护保养(这种保养应延续到产品交付的目的地)。

军事代表应在确认系统、设备具备交付条件,承制单位已出具产品合格证的前提下,签署军检合格证。

2. 产品交付手续

产品交付的一般步骤如下。

(1)产品出厂计划。产品经验收合格后,军事代表室应按上级主管业务部门的规定上报产品出厂计划,或根据合同条款的规定编制产品出厂计划。

(2)产品调拨。产品出厂的依据一般有三种形式:一是上级下达的产品调拨通知单;二是上级下达的产品入库或接收计划;三是在合同中规定产品的发往单位或出厂方式。无论是哪种形式,军事代表在明确了产品发往单位以后,就监督承制单位主动与产品接收单位联系,具体确定产品出厂的时机和方式。

(3)联系产品运输事宜。如果确定产品由地方运输部门承运,军事代表室应根据经批准的军事运输计划,会同或督促承制单位,及时找承运单位办理火车、汽车、飞机、船舶等运输计划的手续。当运输部门驻有军事代表机构时,应及时与他们联系产品的发运事宜。督促承制单位按照有关的运输规则和技术规范实施装载,监督检查装载质量。

3. 产品交付时的出厂检查

出厂检查的目的是检查已验收合格的产品在承制单位保管期间质量状况是否发生了变化,如包装是否损坏,标志是否清晰,产品合格证明文件是否完整,备品、备件、附件、仪器、仪表和随机文件是否齐全等,以验证所交付装备是否满足规定要求。

军事代表室应对产品出厂前的包装、储存、防护和出厂时的发运工作进行检查,发现有不符合规定的,应监督承制单位在产品出厂前予以解决。

接装部队在接收装备时,通常与军事代表、承制方一起进行装备首次检测。军事代表在首次检测中的主要工作如下。

(1)配合部队检查确认交付产品项目数量、包装状况、外观质量,配套完整性,装箱清单准确性,合格证明文件正确性,随装资料齐套性和功能、性能符合性等。

(2)首次检测前,对超过规定计量检定、维护保养周期的产品,应会同部队采取必要的计量检定、通电检查和维护保养措施。

(3)对出现的技术质量问题,督促承制单位查明原因、现场解决;现场难以解决的,督促承制单位限期返厂解决;更换备件的,督促承制单位及时补充备件,确保交付的备件配套齐全。问题解决后,履行军检验收手续,督促承制单位在相关质量证明文件中记载,并会签。

(4)收集汇总分管产品首次检测中发现的问题,会签纪要。首次检测工作情况报军事代表局(办事处)。

8.15　统计技术应用监督

统计技术作为过程控制的重要手段,在质量管理中得到广泛的应用。它可以验证过程和产品的符合性。过程控制和过程能力的研究、确定抽样方案、数据分析、性能评价、不合格原因分析、安全性评价、风险分析等都要用到统计技术。统计技术的种类很多,必须根据需求和相应的场合,来选择采用不同的统计技术。

在生产过程质量监督中,军事代表应督促承制单位运用统计技术研究、改进质量控制办法及措施,对产品质量形成的全过程进行适时有效的控制,确保产品质量的稳定可靠。

第 9 章　装备使用与维修质量管理

武器装备交付部队后,能否形成战斗力,保持战备完好性,充分发挥使用效能,既与承制单位的服务质量有关,也与部队的使用、训练及对武器装备的日常管理、技术保障等项工作紧密相关。加强对使用过程武器装备的质量管理与监督,是使用方和承制方的共同职责。

9.1　概　　述

9.1.1　相关概念

一个装备经过设计、制造形成最终产品,交付使用单位转入使用阶段,发挥其应有的效能。使用质量是所有质量管理活动的最终成果,是装备质量管理的归宿点,也是新的出发点。使用阶段是实施全寿命质量管理的最后阶段,使用质量以设计质量和生产质量为基础,同时也受到使用和维修条件的影响。作为装备的"后天"质量管理,即使用阶段的质量管理,关系到现役装备形成战斗力及成建制、成体系形成作战能力和保障能力的问题。

装备使用阶段的质量管理是指在装备调配、使用、技术保障(含维修)过程中,为保证装备质量而进行指挥和控制组织协调的活动,其目标是充分发挥、保持、恢复和促进改善装备特性,保证装备调配、使用与维修保障系统有效运行,满足部队作战和训练需要。着重从以下几个方面开展工作。

(1)正确使用装备,保持其良好技术状态。

(2)采用科学方法维修装备,提高维修质量。

(3)重视装备储存的质量管理。

(4)保证装备延寿改进质量。

(5)做好装备退役、报废的质量工作。

使用与维修质量管理是以使用单位为主导的,当然承研承制单位也有一定责任,主要工作是开展售后服务,随之而来的是驻厂军事代表机构也承担部分责任。

1. 承制方应做的主要工作

(1)协助使用方制订初始部署计划,根据装备特点和使用要求,提高部署质量。

(2)做好使用和维修人员的初始培训工作,保证培训质量。

(3)制定部队接收前质量管理的规定,产品包装、搬运、发送质量控制程序,保证交出厂的装备符合验收标准。

(4)装备配套的保障资源(如使用和维修的设施、设备、工具、器材、备件、技术资料和计算机资源等)要保证质量,按时到位,并协助部队建立保障系统。

(5)做好售后服务工作,保证使用质量。质量不仅仅是指装备本身,服务也是产品。使用方在购买装备的同时,还需要买服务、买知识。因此,要把销售和服务结合在一起考虑,以超前意识为用户提供方便。必须加强技术服务工作,密切使用与生产的关系,保证使用质量。技术服务既能保证在使用单位有良好的战备完好性,又能通过技术服务了解到使用单位的要求和装备的使用问题,为改进性能,发展新装备提供依据。

(6)做好停产后的供应保障工作。

2. 军事代表应做的主要工作

军事代表要关心交付到部队的产品质量,确保部队的作战、训练和使用安全,主要工作如下。

(1)编制《新装备通知书》,明确新装备的性能、结构、使用、维修和保养的方法。

(2)会同承制方搞好使用和维修人员的初始培训,必要时应组织承制方工程技术人员深入部队实地讲课、操作、修理,培训部队使用和维修人员。

(3)做好装备交接过程的质量监督工作,特别要注意帮助接收人员做好验收工作,保证验收质量。

(4)强化配套设备和规定保障资源的质量管理,严格检验,按时提供使用部队,帮助部队建立有效的保障系统,以便尽快形成战斗力。

(5)建立质量信息反馈网络、故障报告制度和采取措施纠正制度,对现场使用质量信息进行收集、整理、分析、评价和传递。建立主要产品质量档案,不断改进和提高产品质量。

(6)督促检查承制方对 GJB/Z 3《军工产品售后技术服务》的规定及厂、军双方签定的合同和有关协议的执行情况,持续做好售后技术服务。

3. 使用单位应做的主要工作

武器装备的使用部队,应按照《中国人民解放军武器装备管理工作条例》的要求,做好装备的质量管理工作,做到管理科学化、制度化和经常化。

(1)领导重视,首长亲自抓武器装备的质量管理,做到长期有目标,年初有安排,平时有检查,年终有总结,坚持做好经常性的爱装、管装、用装教育。

(2)有关业务部门以装备质量管理为中心,分工明确,密切配合,各司其职,各尽其责,随时掌握装备质量情况,及时解决实际问题,不断改进工作,提高质量管理水平。

(3)建立和不断完善装备保障系统,使各维修级别的维修任务以及所需的保障资源与要求的战备完好率相适应,使装备保持良好的战备完好率。

(4)健全和落实有关质量管理的规章制度,严格管理,奖优罚劣。

(5)对装备管理和技术人员进行严格的上岗资格审查,并定期考核,不合格者不能上岗。

(6)按规定动用和使用操作装备,严格遵守操作规程,提高操作水平,确保操作安全。

(7)辅助设施和配套设备、器材、备件等按规定存放,保证储存质量,防止损坏、遗失。

(8)重视装备质量信息的及时收集、统计、分析和传递,建立装备质量档案,进行质量监控。

9.1.2 使用与维修质量管理目的和作用

使用与维修质量管理目的和作用如下。

(1)产品能否在使用中充分发挥效能,与使用人员能否正确地操作、使用产品,使用单位和产品能否得到充分的技术保障紧密相关。通过开展使用过程质量管理与监督,促使承制单位及时向部队提供技术服务,使得使用部队能够熟练掌握产品的原理、性能、结构及使用操作要求和方法,掌握维护保养、保管、修理的要求和方法,在需要时能够获得必要的技术支持,从而确保产品在使用中能够充分发挥作用。

(2)产品能否在战时发挥作战效能,关键在于能否保持良好的战备完好性。使用过程质量管理与监督工作,促使部队正确使用、科学保养装备,促使承制单位做好产品零备件的提供、使用过程的产品检查修理等各项工作,对产品保持良好的战备完好性,有着积极的促进作用。

(3)随着武器装备的技术含量越来越高,系统集成程度越来越高,世界各国对武器装备的综合保障工作日益重视。尤其自提出“战备完好性”的概念之后,保障特性已成为与使用特性并列的、构成武器装备性能的两个基本要素之一。在装备的研制、生产和订购中,保障性被视为与性能、进度、费用同等重要的第四个决定性因素。使用过程质量管理与监督,有助于保障设备、人员技能、训练器材及各类技术资料等保障资源合理开发和利用,有助于提高部队的综合保障能力。

(4)使用是对产品质量最严格、最可信的检验。通过开展使用过程质量管理与监督,掌握大量的部队需求、产品使用、产品质量状况等信息,这对于促使承制单位不断改进、提高产品质量,以及军事代表改进自身的质量监督与检验验收工作,都有很大的帮助作用。

(5)作为军队派驻承制单位的代表,军事代表在部队与承制单位间具有“桥梁”的作用,负有联络员的职责。军事代表对部队需求有较深了解,对承制单位的情况又较为熟悉。通过军事代表的使用过程质量监督工作,可以加强部队与承制单位的联系和沟通,有助于部队及时获得技术支持,有助于承制单位更好地掌握部队需求,提高服务质量。

9.1.3 使用与维修质量管理任务与要求

1. 使用过程质量管理与监督的任务

军方在武器装备使用阶段质量管理工作的任务是通过开展装备接收、日常管理、维护维修、技术保障、改进延寿和退役报废等质量管理活动,保持、恢复和改善武器装备性能,保障武器装备作战效能的有效发挥。

同时,装备使用过程质量工作离不开承制单位的支持、参与,也应要求军事代表监督承制单位装备使用过程的相关质量活动。使用过程质量监督是指军事代表依据法规、合同和国家军用标准,对承制单位的服务过程质量以及使用过程产品质量实施监督的全部活动。军事代表的使用过程质量监督有两部分工作内容:对承制单位的服务过程实施监督;通过收集使用过程产品质量信息,对使用过程产品质量实施监督。

在使用过程质量监督中,军事代表的主要任务如下。

(1)监督承制单位建立服务组织,健全服务制度,完善质量信息网络,做好技术服务工作。

(2)收集产品质量信息,建立产品技术质量档案,及时向承制单位反馈质量信息并提出改进要求和建议。

(3)督促和协助承制单位及时解决产品使用中出现的技术质量问题。

(4)监督和组织承制单位,按上级的指示全力做好战时动员或紧急专项任务的技术保障工作。

2. 使用过程质量管理与监督的要求

武器装备使用与维修质量管理要求如下。

(1)坚持战斗力标准。装备是部队战斗力的重要组成部分。强大的火力和摧毁杀伤能力,以及持续地保持或再生能力是部队战斗力的重要标志。欲使装备平时处于良好的技术状态,战时有持续遂行任务的能力,正是装备使用与维修质量管理的任务和目标。通过装备使用与维修质量管理工作的各项活动才能完成上述目标和要求。武器装备越是现代化,对装备质量管理工作要求就越高。

(2)坚持依法从严治装,科学管装。装备建设作为国家建设和军队建设的重要方面,贯彻落实依法治国、依法治军的方针,最根本的一条,就是要把装备工作纳入科学化、法制化和规范化轨道。依法治装、依法管装,严格规章制度,使装备质量工作始终保持良好的秩序,沿着健康的道路快速发展。依法从严治装,是依法治军、依法治国的重要组成部分,是加强军队革命化、现代化、正规化建设的重要保证。

随着科学技术的发展及其在军事领域的广泛应用,武器装备的复杂化、系统化程度越来越高,使得现代战争的对抗完全是一种系统、体系的对抗。影响武器装备质量的因素也日趋复杂,任何一个小的质量问题都足以导致这种系统、体系对抗的失利。因此,必须统筹规划整个武器装备系统的发展、质量管理工作。这种武器装备建设系统化的特点,决定了对其质量管理必须运用系统的观点、方法,实施科学的管理。

(3)坚持经常性质量管理,加强维修质量管控。全面质量管理理论要求装备质量管理工作落实到日常活动全过程、全方位之中。装备日常使用与管理的很多活动都与其质量相关,因此要求经常开展装备使用与管理中的质量管理工作。装备日常质量管理工作的好坏,平时直接关系到部队的训练、执勤、战备和部队建设,战时则直接影响作战任务的完成,甚至关系到部队的生死存亡。加强装备日常质量管理,有利于促进军队现代化、正规化建设,有利于促进部队战斗力的提高,有利于提高军事经济效益。

装备维修是为保持或恢复装备良好的技术性能而进行的维护和修理活动,平时可以最大限度地保持装备良好的技术状态,延长其使用寿命,战时可以修复大量战损装备,保证部队的持续作战能力。因此,必须把维修质量放在首位,保证维修后的装备符合相应的质量标准。装备越先进,其结构和功能越复杂,对维修质量要求越高。因此,在装备维修活动中,为确保质量需要采取相应的管控措施。

(4)坚持质量分析评估,加强质量信息反馈。装备在使用与维修过程中受诸多因素的影响,其质量特性必然发生变化。通过质量分析、评估,装备使用与管理者随时掌握装备质量特性的变化情况,是充分发挥装备效能,提高管理效益的基本要求。

装备使用与维修过程的质量信息,是装备论证、研制、生产阶段成果的直接检验,及时地反馈相关使用与维修质量信息,有助于装备质量的改进与提高,有助于新装备论证、研制、生产的质量管理工作,因此应加强质量信息反馈,提高质量信息利用价值。

军事代表在装备使用过程监督装备承制单位质量活动的基本要求如下。

(1)确立为部队服务的思想。军事代表工作的目的,就是为部队提供性能先进、质量优良、价格合理、配套齐全、满足使用要求的武器装备。在开展使用过程质量监督中,军事代表必须牢固确立为部队服务的思想,想部队之所想,急部队之所急,积极地为部队排忧解难,积极地促使承制单位努力满足部队需求,让部队满意。

(2)督促承制单位建立售后技术服务工作机构。承制单位要完成服务过程质量管理的职能,必须建立、健全与管理职能相适应的机构,从组织上保证各项服务工作的顺利开展。军事代表要对承制单位的售后技术服务工作机构的建立情况实施监督,每年签订订货合同之前,要对该机构的健全性和工作的有效性实施检查,发现问题及时提出改进要求和建议。

(3)督促承制单位制定并执行服务工作程序。军事代表应督促承制单位制定并执行售后技术服务的实施、验证和报告程序。明确规定服务的范围、内容和要求,服务职能的主管部门、相关部门及人员的职责、权限和相互关系,服务过程控制措施和要求,服务记录要求等。在开展各项技术服务的过程中,军事代表应会同承制单位制订周密的实施计划,并对各项工作的实施情况实施监督。技术服务工作完成后,军事代表室应会同承制单位向上级报告工作情况,需要时军事代表室也可单独向上级报告工作情况。

(4)精心组织、周密计划。使用过程质量监督工作,涉及面广,工作关系复杂,必须精心组织,周密计划。军事代表在开展使用过程质量监督中,应该依据合同规定的售后服务工作任务,制订使用过程质量监督工作计划。工作计划应针对具体的工作任务,明确监督的内容、时机和方法,并把监督工作分解落实到有关人员。工作计划可以纳入年度业务工作计划,也可以是一份专项工作计划。当接到上级临时下达的工作任务时,也应该制订相应的工作计划。在开展服务工作的过程中,军事代表应督促或会同承制单位做好组织工作,严格按工作计划做好各项工作。

(5)做好联络员工作。在开展使用过程质量监督工作中,军事代表要积极了解、掌握部队需求和产品质量信息,及时向承制单位传递有关信息并提出要求。当部队提出技术支持等请求时,做好部队与承制单位的沟通工作,督促承制单位及时作出安排。当部队人员来访时,要妥善做好接待工作,尽力帮助解决来访人员提出的问题。接到部队的来函、来电,要及时予以处理。在开展各项技术服务工作中,军事代表要做好部队与承制单位之间的协调工作。遇到超出职权或军事代表室、承制单位无法解决的问题时,军事代表室应及时向上级请示、报告。

9.2 接收质量管理

装备出厂、调拨、借用、送修均应组织交接,要交清、接清数量、质量、技术状况、备附件、工具和文件资料,办好交接手续,做到严肃、认真、细致、准确、手续齐全。

1. 交接原则

装备交接工作要根据上级文件、计划或调拨通知单进行。

新装备及返修装备出厂,均由军代表负责检查验收,接收单位可派技术人员到工厂了解新装备技术状况,交接及部队入库检查发现的问题,由军事代表与工厂联系解决。

新装备出厂交付时,应按中央军委文件规定“实行三包”“合格出厂,成套交付”等原则办理,以确保质量。否则,可拒绝接受。新装备出厂应随装备交技术使用说明书、维修大纲、履历书、产品证明书和合格证等。返修装备出厂应有承修单位技术鉴定说明书和军事代表签署意见。部队间交接要有交接清单。交接工作要做到技术情况清、数量清、文件资料清、手续清,办好交接双方签字、盖章手续,责任清楚。

2. 交接办法

交方在交接前应全面做好交付准备,务使交付的装备质量可靠,数量准确,配套齐全,包装完好,并负责向接方做全面情况介绍。接方要根据接装任务,制订好接装计划,组织人员进行必要的学习和训练,明确分工,做好各项准备,在交付方的协同下,认真、全面、细致地在现场进行清点和检查。

装备使用管理业务部门组织使用部队、装备研究院所和驻厂军事代表机构,开展接收武器装备的静态检查和动态测试等活动,全面掌握接收武器装备的质量性能状况。静态检查主要是确认武器装备包装、外观、随装备附件、资料的完整性、配套性;在条件许可时,装备应进行通电通气的动态测试,主要是检查武器装备的质量性能指标是否满足其战术技术要求。

交接中出现质量问题,由交付方负责解决,其他方面的问题,双方协商解决,必要时报请上级解决。

交付时一般由接方前往交方领取,并在交方协同下,完成接装。特殊情况下,可根据上级指示,由交方将装备运至接方驻地实施交接。

3. 交接要求

交接工作人员应熟悉装备性能、结构原理、技术指标、检查方法、配套标准、实际质量状况和交付前使用管理情况,熟悉装备运输要求,确保交接工作顺利进行。

交接完毕后,双方负责人要在调拨通知单、交接清单及其他有关文书上签字,交接双方各自逐级上报交接情况总结报告。

借用装备在交回前,借用单位必须进行认真的维护保养,使其保持良好的技术性能。

9.3 日常质量管理

使用部队装备日常管理的很多活动,都对装备质量有或多或少的影响,主要包括以下几个方面:装备的动用使用、维护保养、封存保管、计量定检、质量信息管理、质量评估与定级转级等。

9.3.1 正确动用使用

装备使用,是通过装备操作来发挥其战术技术性能的过程。组织装备的正确使用是装备日常管理的重要一环,是保证部队各项任务顺利完成的必要途径。各级部队应充分发挥装备的战术技术性能,提高装备的使用效能。

保证装备的正确使用,是装备日常管理的重要任务。装备的正确使用,是指使用装备的部队和人员严格按照装备的编配用途、技术性能、操作规程和安全规定使用装备,防止违章操作和超强度、超负荷使用装备,造成装备质量下降。

使用者必须熟悉装备的性能、结构、原理、操作规程和技术安全之后,方可操作使用。坚持做到先检修后使用,不准带故障操作。操作中发现不正常现象和故障,以及非因紧急需要或中断操作会发生严重后果时,均要采取果断措施立即停止操作,及时排除故障,不得强行操作使用。

按编配用途使用装备。部队各种装备都有规定的编配用途,它是由装备本身的战术技术性能、部队作战和保障任务的需要决定的,是为特定作战目的服务的。只有严格地按照编配用途使用装备,才能充分发挥每一种装备特定的作战效能。因此,平时非经上级特别批准,战时非特殊情况,不得任意改变装备的编配用途,不得挪作他用。

按装备的战术技术性能和操作规程正确、安全地使用装备。装备的不同用途是由其战术技术性能体现的,性能不同则用途不同。如不能按性能和规范使用装备,就有可能影响装备的正常使用,情况严重时还会造成装备损坏和人员伤亡。对于复杂的装备系统来说,如果在操作使用的任一环节上违背性能和技术要求,就可能使整个装备系统失灵或失控,造成重大的军事和经济损失。因此,应加强装备操作使用人员的训练,使他们熟练掌握操作技能,严格遵守操作规程,正确、规范、安全地使用装备,保持装备质量。

按规定控制使用装备,就是部队平时对在编装备实行计划限量使用,防止装备质量大面积下降,保持装备整体质量处于较高水平。控制使用的措施之一是确定合理的战备封存比例,其要求是既能满足训练和战备值勤的需要,又能最大限度地将暂时停用的装备封存保管起来。控制使用的措施之二就是限制某些在用装备,特别是一些重要在用装备的使用,以防止装备发生故障和技术状况下降,给以后的使用造成不利影响。例如,为战斗和运输车辆等规定摩托小时和车公里限额,以防止无节制使用,造成车辆技术状况出现整体滑坡。

9.3.2 及时维护保养

及时维护保养是装备使用过程中的一个重要环节,也是保持装备质量的重要手段,其目的是及时恢复和经常保持装备的完好状态,保证装备按照战术技术性能和用途正常使用。

各种装备都有规定的维护保养时机、种类(一、二、三级保养等)、范围、内容以及人力和资源(油料、零配件)消耗标准等。一般情况下,装备运行了一定的时间或里程后,即应按规定进行某一种维护保养。维护保养的主要内容是清洁、调整、紧固、润滑、加添油液、补充备品备件,以及检测诊断、排除故障等。

战时维护保养通常应由部队首长根据当前战况、可控时间及装备的技术现状等决定保养的时机、地域、种类和完成的时限。为了保证安全,维护保养应力求在隐藏地域进行,并搞好伪装和警戒。为了应付突发情况,维护保养工作应逐次展开或轮流进行。为了争取时间,应将定期与不定期维护保养结合起来,重点保养保证装备开得动、打得准、联得上的主要部位。维护保养人员应以装备操作人员(不含飞行人员)为主,必要时可派出修理人员协助解决技术难点问题,加快保养速度。

9.3.3 妥善封存保管

1. 装备封存

装备封存是指对一定时间内不动用的装备进行必要的技术处理后,按规定的标准或要求进行存放保管。用作战备储备的装备,部队精简整编中编余的装备,以及在编非动用装备,均应进行封存保管。封存装备是保持装备完好、提高军事经济效益、适应战备需要的重要措施,对装备质量具有重要的影响。

1)封存装备的要求

封存装备应符合以下要求。

(1)确保质量。应根据技术使用说明书所规定的要求,按维护保养项目对拟封存装备进行全面彻底的维护保养,进行通电、启动、运转、试车等全面技术检查,排除故障;要按封存要求对应封存的部位、仪表、仪器、备附件、工具等仔细地进行密封;装备的文书资料要装袋保存;整件装备要入库转为停放状态,解除负荷。装备封存前后要进行相应检查,严格执行封存程序,确保装备封存质量。

(2)讲求效益。装备的封存要动用人力、物力、财力,讲求效益在装备封存工作中具有重要意义。一般来说,装备处于封存状态比处于使用状态对经费、物资、器材的消耗要小,但个别装备封存的综合消耗却较大。因此,必须考虑经封存后的装备的实际使用价值,对封存的效费比进行综合分析,力争以最少的封存开支,取得高质量的封存效果,确保装备封存具有较好的经济效益。

(3)保证安全。装备封存既要保证装备的安全,也要保证人员的安全。在装备封存过程中要注意防止装备、器材的损坏和意外事故发生,还要防止丢失元器件。各级装备部门要制定相应的装备封存安全守则和措施,并督促各级部队认真执行。

2)封存装备的组织

装备的封存是一项复杂细致、技术要求很高的工作,应周密组织,严格按照装备封存实施的步骤有条不紊地进行,以保持装备质量状态。

(1)封存准备。军事装备种类繁多,各单位在组织装备封存前应做好充分准备。

①制订封存计划。装备部门应根据上级指示、封存任务以及部队的实际情况等制订周密的实施计划。其内容主要包括装备封存的组织领导,装备普查,技术骨干培训,封存试验,封存中修理力量的使用、分工以及时间进度等。封存计划报本级首长批准后,还应报上一级装备机关备案。

②培训技术骨干。封存前,要适时举办技术骨干培训班,学习装备封存的技术规程,统一封存项目、封存工艺、封存部位、贴封尺寸、密封质量等技术标准,为检修和封存打下良好的基础。

③进行装备检查。封存前首先要组织装备普查或点验,弄清部队装备的数量、质量,并进行附品、工具的清点,检查配套情况,认真进行登记统计,做到项项有记载、封存有依据。此外,还应搞好封存器材的准备工作,把封存器材、工具准备就绪,并进行检查。

(2)封存实施。完成封存准备后,应适时将有关人员编组成清洗、除锈、沾油、封贴、配套、包装等作业小组,全面展开装备封存工作。

①进行技术处理。要对拟封存装备进行检修,恢复其战术技术性能。同时,应补充短缺附件、工具,配齐装备的附件备品。还要对装备进行清洗和表面处理。在对装备进行技术处理的过程中,应确保不损伤装备。

②进行封存。对装备实施封存时,要严格遵守技术规范。如操作中断时间较长,必须采取暂时性保护措施。封存装备应着重做好除锈和密封这两项关键工作。封存装备应强调采用科学而简易的技术。封存方法很多,应根据使用环境、分类和封存时间进行选择。除了按要求使用耐油包装,涂敷防锈剂,还可视情使用防机械和物理损伤的包装(不用防锈剂)、防潮包装(根据需要使用防锈剂)、防水耐油包装(根据需要使用防锈剂)、可剥性塑料涂层包装和充氮封存等方法。无论采取哪种方法封存装备,都应做到利于运输、存放,便于启封。

③检验。封存的每一道工序都应有相应的检验项目和要求。例如,封存包装前,应检验包装材料的质量;装备清洗后应检验表面清洁度,查看有无异物、悬浮物或沉淀物。对封存软包装的材料应进行减压保持试验,以检验其密封性能;对刚性容器则应进行压力保持试验。封存完毕的装备最后还要进行相应的试验,经质量检验确实不符合技术要求和标准的,不能入库存放。

④封存包装标记。封存装备应切实做好封存包装标记,以便于识别和管理。封存包装标记的主要内容为:使用防锈剂的种类或代号;应用包装方法的种类或代号;封存包装地点;封存时间;封存包装的年月或代号。

2. 储存保管

为确保装备质量,装备在库房、阵地储存保管期间应开展以下相应的管理活动。

(1)改善环境。影响装备储存保管期间质量的主要因素是库房、阵地的各类环境因素如温度、湿度、腐蚀性气体等,应根据装备储存保管的实际需要,不断改善装备的储存保管环境,及时、准确记录储存保管环境温、湿度,收集影响装备质量的环境信息。

(2)定期检查。入库封存的装备要指定专人负责,做到定期进行质量检查。检查比例应视数量和保管条件而定。检查的主要内容包括:金属是否生锈,橡胶是否老化,油液是否变质,反后座装置、液泵是否漏气、漏液,电气元件有无锈蚀、氧化,各电气部分工作是否正常,光学部件是否生雾、生霉等。

(3)组织保养。封存装备应根据需要进行维护保养,如定期转动活动机件,定期进行通电检查,定期进行密封检查等。装备部门应根据各类装备的特点,制定封存期间的保养规定,并拟制实施计划,组织有关机构和部(分)队展开工作。

(4)健全制度。要抓好装备封存入库后的管理工作,必须建立一套严格的规章制度。这些规章制度主要包括管理责任制度、维护保养制度、登记统计制度、人员出入登记制度和检查制度。只有建立严格的规章制度并认真履行,才能提高封存装备管理的质量和效益。

9.3.4 严格计量定检

军事计量是以科学先进的计量测试技术为手段,通过对武器系统及仪器仪表的定期检定和校准,建立完善的计量保障体系,确保部队装备的完好率和良好的战备状态。

现代高技术武器装备是高、精、尖产品,技术参数繁多,技术性、整体性强,精度要求高。计量检定工作能够提供准确的参数,保证各种测试仪器的准确可靠工作,确保武器装备的可靠使用。

业务素质高的专业人员和性能良好的计量器具,还需要科学、合理、有序地组织。所以,计量工作的组织实施是保证计量准确的重要因素。

1. 计量环境要求

计量室是进行精密测量的场所。为了保持测量结果的准确可靠,就要求一定的测量环境条件。这些条件包括空气的温度、空气的相对湿度、空气的清洁度、空气的压力和空气流动的速度、计量室的抗振动性能、抗磁场和噪声干扰能力等。

测量结果的准确度,不仅取决于测量标准的准确度和测量仪器的准确度,而且还受被测量以外的一些量的影响。这些量就是影响量和干扰量。上述的测量环境条件,有的属于影响量,有的则属于干扰量。在测量过程中必须严格控制影响量和干扰量的大小,以保证这些量不致于使测量结果的不确定度超出一定的允许范围。

2. 武器装备计量时机和目的

(1)初级计量检定。判断和确定武器装备有无故障,以及评定新武器装备的质量。通常是在新武器装备出厂或启封时进行。

(2)周期计量检定。判断设备参数变化对武器装备精度的影响及校准工作。通常是在规定的时间间隔内(半年或一年)进行。应根据不同的计量检定对象,科学地论证一个合理的最大有限时效的检定周期。

(3)修复计量检定。参照维修规范和检定规程的有关技术参数,判定维修武器装备是否达到维修目的,即判定是否恢复了武器装备的固有战术技术性能。通常是在武器装备维修后进行的。

3. 计量过程中应遵守的规则

(1)计量器具都必须经检定合格。计量开始以前,要做的第一件事,是检查所有要用的计量器具是否经过检定合格,其检定证书是否仍处于有效期内,否则不能保证计量结果准确可靠。忽略这个起码的常识,往往使大量计量结果报废,造成很大损失。

(2)计量器具必须放置得当。在安装计量器具以及有关辅助设备时,应该注意使它们之间不要相互影响,如电源、热源、震源、磁场等不致使计量器具的示值发生差错和不稳。计量器具与门窗和通风口应当保持一定的距离,并且应该放在使操作者便于使用和读数的地方。对读数标尺应有良好的照明,使能消除视差。计量过程中所需要的一切附件,应该有次序地放在操作台附近,以防因堆放凌乱而引起事故。

(3)计量器具应处于良好的工作状态。所有计量器具必须调整到正确位置和处于稳定状态。在安装和调整仪器时,不得用书本、纸片或木块等作为垫块,因为这些物品本身就不稳定,会导致较大的计量分散性,影响计量的质量。每次调整以后,可能再也得不到原来的计量结果。

(4)熟悉使用说明书,及时排除故障。新设备到货以后,必须深入地了解说明书的内容,掌握使用方法和排除一般故障技巧。在计量过程中,发现仪器不正常,应立即停止工作,消除故障。寻找故障的原因,往往不容易,最好请有经验的人帮助。切忌冒失乱动,既浪费时间,又可能损坏设备,对于高准确度计量设备,尤其应该注意。

(5)注意操作安全。实验室内应有必要的安全措施,特别是有高压电源、有害物质或运动着的物品,更应注意,要采取预防措施。要知道,即使是最细心的操作者,也难免有一时疏忽。

(6)保持清洁卫生。整个实验室以及计量器具、辅助设备和营具,必须配置整齐,清洁卫生,使员工工作时心情舒畅、安心。这是保证获得可靠计量结果的重要条件。有时一粒小灰尘也会带来很大的误差,更不用说磨损或腐蚀仪器设备。所以定期打扫卫生、清洗仪器是非常必要的。

9.3.5 重视质量信息

使用过程的质量信息,是评价装备质量最直接、最确切、最及时、最客观的依据。军方通过收集、利用使用过程装备质量信息,能够有效地掌握装备质量状态,实现装备精细化管理,充分发挥装备效能,提高部队在现代战争中的作战能力。同时,就承制单位而言,有效地利用使用过程质量信息,有助于装备质量的改进和提高,有助于工作质量的提高,有助于进一步做好售后技术服务工作。

使用过程质量信息管理,是承制单位服务过程的重要工作内容。开展这项工作的目的是掌握装备在使用过程中的质量状况,掌握装备的使用效果,了解部队对装备质量和服务质量的要求,为改进和提高装备质量,开发新装备,进一步做好服务工作提供依据。

1. 建立质量信息网络系统

建立质量信息网络系统,是加强使用过程质量信息管理的有效手段。运用这种手段,可以广泛、系统地收集储存、维护、测试等各类质量信息,迅速、及时地传递、处理质量信息,全面、有效地利用质量信息,大量、可靠地储存质量信息。

(1)建立机构。质量信息网络系统的组织机构,通常由装备管理业务主管部门、装备研究院所、使用单位、军事代表、承制单位组成。信息网络系统的中心,通常设在装备研究院所。质量信息网络系统中心的任务就是及时、准确地收集、传递、处理和储存使用过程中与装备质量有关的信息。

(2)制定制度。装备质量信息网络系统建立之后,要制定质量信息管理制度,明确系统各成员单位的工作职责和工作分工,明确信息收集、传递、处理和储存的要求与方法。只有明确了职责,明确了具体的管理要求和方法,质量信息网络系统才能顺利、有效地运转起来。

(3)形成闭环。形成闭环是指信息自信息源发出之后,经过传递、处理、利用后,必须回到信息源。对于反映异常情况的信息,必须实行闭环管理,才能保证信息所反映出的异常问题得以解决。要实现闭环管理,系统的各成员单位必须严格执行质量信息管理制度,严格履行职责,严格按统一、规范的要求和方法收集、传递、处理、储存信息,防止信息在管理过程中散失、失效或失真。

2. 使用过程质量信息的内容

在装备使用过程中,信息量是非常大的。这就要求既要尽可能地增加信息的收集量,又要剔除不必要的信息,以减小信息处理的工作量,提高信息传递和处理效率。在使用过程中,装备质量信息通常包括以下三个方面的内容。

1)与装备使用有关的信息

(1)装备接装时间、数量、质量等交付信息。

(2)装备工作时间、里程、次数等使用信息。

(3)装备储存、使用环境条件等环境信息。

(4)装备使用中,通过检测、试验等产生的有关数据、资料等。

2)与装备质量有关的信息

(1)各类质量问题的性质、现象、发生的时机及环境条件,原因分析、影响后果、纠正情况及效果。

(2)涉及装备的环境适应性、可靠性、维修性、保障性、安全性、测试性、配套性、储存性、使用寿命等方面的综合信息。

(3)对加装或改装装备,加装、改装的内容、时间、地点、试验报告、工作过程及加装或改装的效果等方面的信息。

3)与保障有关的信息

(1)保障设备及设施、人员技能、训练器材、运输系统、各类技术资料等保障资源和综合保障工作的有关情况及存在问题。

(2)装备维修的时间、间隔、次数,维修的等级类别,维修的方式,修理的部位和难易程度,修理后的使用效果。

(3)承制单位售后技术服务的情况。

3. 使用过程质量信息的收集方式

使用过程中的质量信息主要由装备使用单位提供。质量信息向两个方向传递:装备管理业务主管部门和总部质量信息组织;承制单位、军事代表室和质量信息中心。

质量信息的收集主要有以下几种方式。

(1)在有条件的情况下,可建立一定数量的信息采集点,承制单位和军事代表通过与采集点保持固定的联系,收集信息。选择信息采集点时,通常应考虑装备的类型、战术技术指标要求、作战使用特点、接装部队对装备的使用情况,以及我国的地理环境、气候条件等因素。这样收集的质量信息才具有代表性和普遍性。这种收集信息的方法,通常适合于装备批量大、使用单位分布地域广的装备。

(2)采用随装备出厂发放信息反馈卡片的方法收集质量信息。这种方法的优点是信息收集覆盖面广,但存在着卡片回收率低、信息内容难以规范统一的缺点。

(3)现场收集质量信息。通过装备售后技术服务人员定期和不定期的走访部队,或者利用开展现场技术服务的机会,直接收集质量信息。用这种方式采集的信息完整性好、可靠度高,信息失真小。因此,军事代表应要求承制单位的装备售后技术服务人员在现场技术服务过程中,做好信息收集工作。

(4)通过与部队来访人员、接装人员和部队接受培训的人员进行交流，了解装备使用中的质量状况，收集质量信息。这种形式收集的信息往往较为零散，但是收集的速度快，可同时反映各个不同部队的装备使用情况。

(5)承制单位和军事代表通过信函、电传、电话等，主动与使用单位联系，收集质量信息。这种方法较为灵活，针对性强，常用在有明确目的的场合。但难以保证信息内容的完整、规范。

无论采用哪一种方式收集信息，信息的收集者都要填写信息表格。质量信息网络系统中心要统一规范信息表格的格式、内容及填写方法。

9.3.6 定期评估定级

装备在使用或储存过程中受诸多因素的影响，其质量特性必然发生变化。因此，装备使用和管理者随时掌握装备质量特性的变化情况，以充分发挥装备效能，提高管理效益。

装备使用管理业务部门应当定期组织装备质量分析评估，梳理、汇总装备使用过程中的问题信息，研究提出保持、提高装备质量性能和加强改进质量管理工作的措施意见。使用部队应当按照装备质量分级技术标准，开展装备质量定级和转级工作。

1. 装备定级与转级的要求

装备的定级与转级应符合以下要求。

(1)制定质量分级标准。质量分级标准是装备质量分级的依据。对于不同类型的装备，应由总部装备主管部门组织制定不同的质量分级标准。质量分级标准的级别划分和各质量等级的具体技术参数与指标，应能正确地反映装备的实际技术状况和质量状况，以便于区分装备等级，制定相应的使用、储备和维修计划，以达到装备分级管理的目的。

制定质量分级标准，应抓住能够客观反映装备质量技术状况的主要方面(如火炮身管的磨损量、发动机的工作小时等)，确定关键的量化参数数值。

(2)严格区分装备质量等级。区分装备质量等级时，必须符合总部颁发的各种装备质量等级技术标准。不允许把尚能使用或尚有修理价值的装备提前列入报废装备中，也不得为掩盖管理中存在的问题而放宽标准，把已不能使用且无修理价值的或可能发生危险的装备定为堪用品。

确定具体装备的质量等级时，应对大型装备逐件(部)进行技术状况检查和评定。质量等级评定结果应经有关部门批准予以确认。装备的质量等级评定结果应按规定登记入档、上报，以便各级管理部门掌握。

(3)转级手续完备。装备质量发生较大变化时应当及时转级。应根据装备技术状况变化速度，确定装备的转级评定时机。当装备经检查、鉴定，确认应当转级时，应填报有关文书，按批准权限上报，经批准后方可转级。

2. 装备等级划分

装备在使用和储存过程中，一般来说质量是逐渐下降的。通常依据质量状况将装备区分为新品、堪用品、待修品和废品 4 个质量等级。

(1)新品：经检查合格出厂的新装备，未经部队携行使用的新装备，储存年限符合规定，且配套齐全，能用于作战、训练等。

(2)堪用品：全部战术技术性能或基本战术技术性能符合规定的要求，质量状况良好，能用于作战、训练、执勤或执行其他任务的装备。堪用品包括的面比较广，为了便于实施装备精细化管理和装备作战运用，装备可根据其剩余使用寿命、质量性能状况，将堪用品进一步细分为一级堪用品、二级堪用品、三级堪用品等。

(3)待修品:需要送工厂修理的装备。这一等级的装备,不修理不能遂行作战、训练任务,且不能由使用分队自行修理,需大、中修才能用于作战、训练。

(4)废品:达到总寿命规定,且无延寿、修复、使用价值的装备,或者未达到总寿命规定,但是已经无修复、使用价值的装备,以及超过储存年限并影响使用、储存安全的弹药,均视为废品。

3. 装备转级

装备转级是指按照技术标准规定,经技术鉴定后,改变装备质量等级的过程。装备转级,必须经团以上部队组织技术鉴定,必须按规定的审批权限报批。

装备的定级与转级,是一项十分重要而且技术要求很高的工作。因此,各级装备部门一定要熟悉装备质量分级的规定,掌握装备质量变化的规律和趋势,确保装备的定级与转级符合技术规定。

9.4 维修质量管理

维修是装备在储存和使用(服役)过程中,使装备保持或恢复有关技术文件所规定的状态,以达到预期作战效能所进行的全部技术和管理活动。装备的维修,是保持和恢复装备作战效能的重要手段,已为历次战争所证明。现代的装备维修既要继承和发扬已有的好经验与好做法,更要运用现代科学技术的理论和手段,深入研究装备的故障模式、故障原因和具体的维修方法与技术,并且日益注重从宏观上去把握维修保障与装备发展之间的关系,研究现代战争对维修保障的要求,从而对与维修保障系统有关的各种复杂因素加以分析、综合、权衡和判断,制定出经济而有效的对策,使装备的维修保障建立在科学的基础上。

装备维修活动一般包括以下作业活动。

(1)检测:确定装备的技术状况或参数量值。

(2)保养:为了保持装备处于规定状态所需采取的维护措施,如润滑、加燃料、加油、清洁等。

(3)故障定位:确定故障大体部位的过程。

(4)故障隔离:把故障部分确定到必须进行修理范围的过程。

(5)拆卸(分解):为了便于接近装备的某一部分或便于进行某项维修活动,而拆下装备的若干零部件。

(6)更换:将需更换的零部件拆下,安装上替换品。

(7)修复:对装备的某些故障零部件所进行的原件加工或其他修复措施,以恢复该零部件的功能(状态),又称为原件修复。

(8)再装(结合):把分解拆下的零部件重新组装。

(9)调准:对装备内某些不协调情况进行调整校正,使装备恢复到规定的工作状态。

(10)检验:为检验维修的效果,保证正常运转时达到规定功能状态而进行的试验。

(11)校准:由指定的机构或标准的测量仪器查出并校正仪表或检测设备的任何偏差。

9.4.1 维修质量管理基本概念

维修质量是指通过维修,使装备保持、恢复到规定的质量指标。如果是改进性维修,装备维修质量要求,应达到改进后新规定的质量指标。GJB 1495A 对质量的定义是:“一组固有特性满足要求的程度。”这里的要求是指明示的、通常隐含的或必须履行的需求或期望。经维修的装备同样要达到这个质量要求。在这里“明确的需要能力”,即标准、规范、图纸和技术要求等文件已作出规定的,“隐含的需要能力”是指部队对维修装备的期望,人们公认的,不必作出规定的。例如,要经久耐用,适应在各种条件下使用等。这些需要都转化为质量特征和特性的总和,如性能、可靠性、维修性、安全性、储存性、适应性、经济性、时间性等。维修后的装备必须要达到保持和恢复规定的质量要求的目的,尤其要重视保持和恢复装备的可靠性、维修性和安全性,绝不能以恢复某些战斗性能为满足。这是现代维修质量观念上的重大变化,只有树立这样的质量观念,才能真正保证维修质量。

维修质量管理是为确保维修质量而进行的管理活动。也就是用现代科学管理的手段,充分发挥组织管理和专业技术的作用,合理地利用维修的人力、财力、物力资源以实现装备维修的高质量、低消耗。维修质量也是维修管理工作质量的反应,要有高的装备维修质量必须要有高的维修管理工作质量,有科学的、严密的维修决策。例如,对维修类型的选择不当,或进行了不必要的维修作业,都不能取得高质量的维修效果。装备的现代化对维修质量管理提出了更高的要求。装备越先进,其功能越多,结构越复杂,对维修的要求越高。维修这些先进的装备不仅要有相应的技术条件,同时还必须有一套科学的质量管理方法。

装备使用管理业务部门组织驻厂军事代表机构、装备科研院所建立健全维修质量监督体系,开展装备维修质量监督和检验验收工作,保证武器装备维修过程受控、维修质量符合维修合同要求。部队所属承修单位应当建立健全维修质量管理体系,组织开展武器装备维修质量管理活动,保证维修质量。

9.4.2 影响维修质量因素

1. 人的因素

人员对维修质量的影响,基本表现形式有维修操作人员的工作差错和维修管理人员的工作失误两种。两者比较,维修管理人员的工作失误对维修质量的影响更大、更多。

按发生原因的性质,维修操作人员的工作差错大体包括技术性差错、违章性差错、过失性差错、体质差错。

管理人员工作失误大体包括决策失误、计划不周、用人不当、管理不善、标准不高、要求不严等。

2. 备件、器材、油料等的影响

维修时所用零部件(电子器件、金属件、橡胶件等)不符合技术标准,油料混有杂质、水分,机加工所用金属材料理化性能不合格等。

3. 工具设备的影响

维修用的工具、量具、检测用的仪器、设备和机加工用的夹具、模具,对维修质量的影响主要是精度低、误差大、适用性差。

4. 维修规程和方法方面的影响

(1)维护规程和工艺规程所规定的内容、标准、操作方法、检验方法不科学、不正确。

(2)在这些方面缺乏明确的规定,造成完全凭个人经验去维修。

(3)维修方法不当,降低维修效果等。

5. 维修环境的影响

环境是指季节、气候,工作场所(厂房、工作间)的温度、湿度、噪声、尘埃、照明及供电(电压是否稳定)、供水(是否清洁)情况。环境因素不仅直接影响检测仪器的准确性和部件、附件的修理质量,而且也直接影响维修人员的情绪、精力,从而影响维修质量。

影响维修质量的因素,按性质可分为随机因素和系统因素。随机因素是随时会起作用、难以预料的因素,它所造成的质量波动称为正常波动。系统因素是经常起作用、可以避免的因素,它所造成的质量波动,称为异常波动。异常波动必须找出其影响因素加以排除。

9.4.3 维修质量管理主要工作

装备维修操作过程与装备生产制造过程相似,因此维修过程质量管理活动应参考生产制造过程质量管理的措施,同时结合装备维修的特点开展进行。按照预防为主、科学维修、突出重点、保证质量、注重效益的维修基本要求。运用现代质量管理的理论和方法,对各项维修生产的技术活动,实施全过程的、全员的和全面的质量管理,保证装备的修理质量符合质量标准要求。装备维修质量管理的主要工作有8项。

1. 进行质量教育

使所有维修人员重视维修质量,树立“质量第一”的思想,精心地实施修理,而且熟知现代质量管理的基本观点和方法,为实行全面质量管理打下可靠的基础。

质量教育要区别对象,各有侧重。领导干部要着重学习质量管理的理论和军内外的先进经验;维修生产人员主要掌握质量控制的原理和实用方法;所有人员都要理解质量管理与本职工作的关系。在普遍教育的基础上,注意培养各专业的质量管理骨干,组织他们参加质量管理,在实践中提高。

质量教育要坚持经常。新的人员一到,就要进行质量教育,对干部、骨干要进行集训和定期轮训。要经常运用质量成果报告会、质量现场会等形式进行质量教育,使全体人员不断增长质量管理的知识,交流经验,互相提高。

2. 建立质量保证体系和质量责任制

质量保证体系是为保证某一产品、过程或服务质量能够满足要求,由机构、职责、程序、活动和资源等构成的有机整体。修理工厂(所)应当建立由主要领导负责的质量管理机构,明确各种人员的责任、权限和相互关系;规定质量检验制度、程序和标准;提供保障质量工作所需的人员、设备、工具仪表等资源。

3. 制订并实施质量计划

对维修工作质量和装备维修质量上的薄弱环节,制订质量计划,提出一定时间内达到的质量目标、改进措施、进度和负责人等。要认真执行质量计划,组织考核计划的完成情况,对于成功的经验要及时纳入制度或规程中。

4. 建立健全质量检验制度

加强质量检验工作要把自检、互检和专职检验结合起来,切实做好修前检查、工序检验和完工检验,使质量检验贯穿于实施修理的全过程。严格掌握质量标准,切实把住质量关,做到不合格的半成品不在维修生产过程中流转,不合格的装备不交付使用。

(1)修前检查是为了掌握待修装备的技术状况,以便制订修理计划和修理的工艺流程,安排重点修理和重点保障的质量项目。

(2)工序检验是施工过程中对所完成的各道工序进行的质量检验。特别是对质量影响较大的关键工序,要设置必要的质量监控检验点。

(3)完工检验是按照规定的修理内容全部完工后为鉴定修复装备技术状况所进行的质量检验。所有修复的装备和制作的零、备件都必须进行完工检验,确认合格后,才能交付使用。

5. 组织全体人员参加质量管理活动

质量管理小组是开展群众性的质量管理活动的重要组织形式。其主要开展以质量控制和质量攻关为中心的各种活动,如对质量检验中的重要检测结果,用数字、图表或文字进行记录;开展质量分析,组织质量分析会议;围绕质量难点,开展学习、研究和攻关活动;参加质量报告会等。

6. 搞好质量统计分析和信息管理工作

通过维修质量的统计分析工作找出存在的质量问题,分析问题的产生原因或影响的重要因素。做好维修质量的统计分析工作,要以维修质量信息的收集管理工作为基础。质量信息是指反映维修质量的工作情况、基本数据,以及使用过程中暴露出来的问题。通过对信息的分析,可以看出影响装备维修质量的各个方面的因素,用以控制、协调各个环节,提高维修质量。

7. 组织好文明生产

文明生产对维修质量有直接影响。维修人员应当养成文明生产的良好习惯,其具体要求是:严格执行工艺规程、操作规程;遵守安全规则,保证安全生产;经常保持工作场地和工作服的整洁;工具设备、器材按照规定摆放整齐;爱护工具、公物,正确使用和维护;及时准确填写记录表格等。

8. 培养全体人员为部队服务、为战备服务的强烈意识

把这项工作作为维修质量的重要内容来抓,保证按时完成维修计划,及时将修复的装备交回部队,并且负责到底。经常到部队巡回检修,听取部队的意见。

9.5 售后技术服务质量监督

9.5.1 售后技术服务及其质量监督概述

承制单位参与装备使用阶段质量活动的主要工作就是售后技术服务。服务是质量管理活动的一部分,也有个质量问题,服务质量就是服务工作的质量,一般包括服务态度、服务技能和服务的及时性等。开展售后服务的目的是充分发挥装备固有的使用价值,保证装备使用质量,取得良好的军事、社会和经济效益,让部队满意。

售后技术服务工作的内容和要求,一般在订货合同中予以规定。售后技术服务通常包括6个方面的内容:为部队培训技术力量,为部队提供技术资料,为部队提供零备件,到部队使用现场进行技术服务,处理与使用过程有关的技术质量问题,战时和紧急专项任务的技术保障。

装备使用管理业务部门应当督促装备承制单位建立健全售(修)后服务保障机制,组织开展武器装备售(修)后技术服务,开展使用部队技术培训、咨询,及时解决武器装备交付后出现的质量问题。

对售后技术服务工作实施监督,是军事代表使用过程质量监督最主要的工作内容。装备售后技术服务过程质量监督的主要内容包括:督促承制单位建立售后服务组织机构、健全制度、规范内容,落实服务措施;向承制单位反馈使用质量信息;督促承制单位及时解决武器装备使用中出现的技术质量问题;监督承制单位售后技术服务质量;参加部队装备技术保障工作。

军事代表会同承制单位建立装备质量信息反馈、维修保障、部队技术骨干培训、备件保障、技术咨询、操作训练体验、军地双方技术交流等装备售后技术服务军地合作机制,并参加相关活动。

装备售后技术服务过程质量监督主要方式有审查评价、巡回检查、走访部队、技术培训与保障、现场服务等。

9.5.2 售后技术服务质量监督内容

1. 技术培训

技术培训是指承制单位对部队使用、维护及管理人员进行的,以能正确地使用、维护装备为目的的技术教学和训练。技术培训一般采用举办培训班的形式进行。技术培训工作开展得好坏,直接影响装备的使用、维护,从而影响装备使用质量和军事效益的有效发挥。装备在部队使用中出现技术质量问题,并非都是装备的固有质量有问题,有相当一部分问题是部队使用人员不熟悉装备的性能特点、工作原理和操作方法而使用不当造成的。因此,必须十分重视技术培训工作,尤其要重视做好首次装备部队的装备技术培训工作。

1)技术培训的组织及准备工作

技术培训的组织工作,通常由军事代表、承制单位和使用部队共同协作承担。一般而言,如果技术培训地点在使用单位,组织工作应以使用单位为主,军事代表和承制单位予以协助;如果培训地点在承制单位,组织工作应以承制单位为主,军事代表做好协助和协调工作。在技术培训开展前,军事代表应该重点抓好两项工作。

(1)根据合同规定或上级业务主管部门要求的培训内容,与承制单位共同研究,制订培训计划或大纲。培训计划要具体、详细,可操作性强。计划一般包括培训时间安排、培训内容、授课方式、授课人员、受训人员对每一项培训内容需要掌握的程度等。对首次交付的装备,由军事代表室督促、会同承制单位编制培训大纲,经军事代表局审核后,报上级审批;其他情况,应当将培训大纲报经下达培训任务的机关审批,并抄送军事代表局。

(2)审核培训教材。培训教材通常由承制单位负责编写,军事代表也可以参加编写。对于培训教材的审核,主要审核其内容能否满足培训计划的要求,是否完整齐全。教材既要有一定的理论深度,又要通俗易懂,便于受训人员自学。上级有要求时,培训计划和培训教材要上报上级业务主管部门审批。

2)培训方法

技术培训可以采取走出去、请进来的方式进行。走出去是由承制单位派出授课人员直接到需要培训的装备使用单位现场进行技术培训。这种方法的最大优点是能把授课与部队装备的使用管理直接结合起来,也便于承制单位及时了解装备的使用情况。请进来是将需要培训的部队人员全部请到承制单位进行培训。这种方法的最大优点是可以将已装备同样装备的各部队使用人员集中起来培训,提高培训效率。同时,请进来培训也便于受训人员了解装备的生产制造过程,对于掌握装备的结构、原理和技术问题的处理方法更具有直观性,能够增强培训效果。

技术培训的教学,通常采用课堂教学和实际操作训练相结合的方法。课堂教学主要讲授装备的理论知识,如装备的基本性能、工作原理、结构特点等。为了提高教学效果,授课人员应该认真备课,制作相应的教具,如幻灯片、电视录像片等辅助教学工具。实际操作训练是一种最实用、效果最明显的教学方法。承制单位的授课人员一边操作一边讲授装备的使用方法,或者指导受训人员动手操作,使受训人员通过实践掌握操作要领。实践证明,实际操作训练质量的高低,是决定培训效果的关键。

3)培训内容

技术培训的内容,依据合同规定、上级要求及部队实际需要,并参照装备技术说明书、使用维护说明书等技术资料确定。具体的培训内容应在培训大纲或培训计划中予以明确。培训内容通常包括以下几个方面。

(1)装备基本性能、构造和原理。

(2)安装与调试方法。

(3)使用操作方法和安全知识,有关注意事项。

(4)日常维护与保养方法。

(5)常见故障诊断及其排除方法。

(6)储存和保管。

4)考试和考核

为了防止技术培训工作走过场,流于形式,并引起授课人员与受训人员对培训的高度重视,应该对培训质量、培训效果作出准确评价。评价可根据培训的内容采用试卷考试,结合实际操作考核的方式进行。考试、考核结果作为受训人员学习情况的鉴定依据。

2. 提供技术资料

技术资料是装备说明性文件、装备质量状况证明文件,以及保证装备使用、维护工作正常进行的各类文件、目录、清单的总称。技术资料是部队使用、维护装备的方法依据。因此,技术资料的质量,直接影响着装备的正确使用和维护。军事代表应把技术资料的质量视为与装备质量同等重要,协助、督促承制单位保证技术资料的质量。

技术资料的提供方式一般有三种:一是随装备配套提供,如装备使用维护说明书等;二是由上级业务主管部门单独提出要求,由承制单位按要求提供,如装备教材等;三是即时提供,如技术通知、服务通报,以及使用单位要求提供的零星技术资料等。

军事代表应对承制单位提供技术资料的工作实施监督,保证及时、完整、高质量地向部队提供技术资料。对装备使用维护说明书、技术说明书等重要的技术资料,军事代表应参与编写工作并予以审查。

技术资料主要包括以下几种。

(1)装备使用维护说明书。

(2)装备技术说明书。

(3)装备合格证及履历书。

(4)装备维修手册。

(5)装备教材。

(6)教学录像片。

(7)装备器材目录。

装备技术说明书和装备使用维护说明书是最基本、最重要的技术资料,下面予以重点介绍。需要指出的是,不同专业门类的装备,其技术说明书和使用维护说明书的内容有所不同。本书介绍的内容是就一般情况而言。

1)装备技术说明书

装备技术说明书主要阐述装备的原理、构造,一般包括以下内容。

(1)装备主要战术技术指标、用途。

(2)装备结构和工作原理,各部分组成、相互关系,各主要部件的名称及作用。

(3)装备分解、结合的方法、步骤、要领,专用工具的使用方法,结合后的检查方法、调整方法以及要达到的要求等。

(4)装备的安装、调试方法。

装备技术说明书中,要附有必要的插图,如装备的全貌图、行军状态图、工作原理图、总装配图、必要的部件装配图和零件图、工作关系图、安装调试图、电气线路组合图等。

2)装备使用维护说明书

装备使用维护说明书主要阐述装备的使用和维护方法,一般包括以下内容。

(1)概述。概述介绍装备的用途,主要组成及构造、作用与动作原理。

(2)装备基本操作使用方法、步骤、要领,技术检查要求和方法。

(3)装备常见故障和故障原因及排除方法。

(4)装备的保管与维护保养。

(5)附录。附录包括工具、备件、附件、装具等。

3. 提供零备件

承制单位在交付装备时,应按设计部门编制的清册或合同、协议规定提供配套备件和有限寿命部件。使用单位所需配套外的零备件,可另行签订合同。使用单位要求的紧急订货,承制单位应及时提供。承制单位提供的零备件,必须有装备检验合格证。

承制单位向使用单位提供零备件通常有三种形式:一是在装备订货时,作为易耗易损件或装备的备附件,与装备配套提供;二是由上级业务主管部门向承制单位单独订购;三是由装备使用单位直接向承制单位订购。

对于第一种情况,应该把零备件作为订货装备的一个组成部分来看待,随同订货装备一并进行生产过程质量监督和检验验收。

对于由上级业务主管部门向承制单位单独订购的零备件,军事代表应将这些零备件视为成品,按照合同的规定和成品检验验收程序适时实施检验验收,并做好生产过程的质量监督工作。

对于由部队直接向承制单位订购的零备件,使用单位与军事代表联系时,军事代表应积极帮助部队与承制单位沟通并利用熟悉装备和承制单位的有利条件,协助订货单位做好订货合同的签订工作。同时,积极督促承制单位按时完成这些零备件的生产。

4. 现场技术服务

现场技术服务主要是指由承制单位派出服务人员到使用单位开展现场技术服务,是最直接的技术服务,能及时地为部队提供技术支持,现场解决技术质量问题,保证装备的正常使用。通过现场技术服务,承制单位和军事代表可以获得第一手的装备使用质量信息,对于改进装备质量,提高工作质量具有很大的意义。现场技术服务内容丰富,组织工作难度大,是军事代表服务过程质量监督中最重要的一项工作。现场技术服务,一般依据合同规定或上级业务主管部门的指示进行,也可以以承制单位走访部队的形式进行。

1)现场技术服务的主要内容

(1)承担或指导装备的安装、调试。

(2)提供技术咨询和技术指导。

(3)现场处理装备出现的技术质量问题和协助解决因保管、储存、使用、维护不当而造成的故障问题。

(4)对装备进行技术检查或修理。

(5)掌握装备使用情况,收集使用过程质量信息。

2)现场技术服务的基本要求

(1)现场技术服务应当严密组织、精心准备、认真实施,做到队伍精干、准备充分、服务到位、部队满意。工作结束后,应当形成使用部队、承制单位、军事代表室三方纪要,并及时向上级报告。

(2)装备事故鉴定处理,军事代表室应当根据上级指示,积极参与鉴定处理工作,督促承制单位积极配合,并按要求抓好有关工作落实。

(3)装备故障诊断及排除,应当做到原因分析准确,故障排除彻底,装备修复及时。因条件限制一时无法排除的故障,应当与部队协商后续工作计划,并尽快予以解决。

(4)因质量问题造成的装备事故、故障,按照 GJBz 20359《军工产品质量问题处理规范》及有关规定处理。军事代表室应当督促承制单位按规定落实"包修、包换、包退、包赔"的要求。

(5)大型复杂装备的现场技术服务,一般应当由驻总体单位军事代表室会同总体单位牵头成立联合服务组,协调开展工作,驻配套单位军事代表室应当积极配合。

(6)参与重大演习或执行紧急任务时的技术保障,有关单位应当高度重视、行动迅速,确保人员、器材等及时到位。

3)军事代表在现场技术服务中的主要工作

(1)督促承制单位制订现场技术服务工作计划,做好各项准备工作。

(2)参加现场技术服务,对承制单位的工作实施监督。

(3)现场处理装备技术质量问题时,参与原因分析,纠正措施的确定等工作。必要时,向上级请示、报告。

(4)协助承制单位做好技术咨询、技术指导、安装调试、技术检查和修理等工作。

(5)协调承制单位与部队的关系。

(6)收集装备使用、质量信息。

(7)完成现场技术服务任务后,会同承制单位向上级报告工作情况。

5. 处理装备质量问题

装备在部队战备训练、储运和技术处理过程中,发生装备功能丧失或部分丧失或出现装备事故时,承制单位在得到装备质量问题的信息后,应及时查明原因,迅速处理,并及时通知使用单位。

装备在使用过程中出现的质量问题,原因可能是多方面的。有因设计上的缺陷造成的,有因生产制造和管理不善而引起的,也有因使用、维护、保管不当而产生的,还有的则与一些偶然性因素有关。一般在装备规定的储存、使用保证期内,对属于设计、制造原因造成的质量问题,承制单位要按照"三包"的有关规定无偿给予解决。确属使用、维护、保管不当产生的质量问题,承制单位可收取适当的修理成本费用。在处理质量问题中,军事代表要本着为部队服务、为用户服务的思想,本着保证和提高部队战斗力和装备完好率的思想,督促承制单位及时解决装备使用过程出现的技术质量问题。

6. 战时和紧急专项任务的技术保障

部队执行作战、专项和重大任务时,装备使用管理业务部门组织装备承制单位,依照法律、法规的要求实施伴随保障和应急维修保障,协助部队保持、恢复武器装备的质量水平。

战时、专项和重大任务时的装备技术保障的主要任务是根据上级指示和要求,实施技术保障,组织装备物资供应及装备抢修,协同有关部门组织技术保障力量的动员,为使用部队提供高效、稳定、持续的作战技术保障。

战时和紧急专项任务的技术保障,往往具有时间紧、任务重的特点。而且,战时和紧急专项任务通常由总部或军兵种的业务主管部门下达,更显重要,影响面也大。因此,必须特别重视,全力以赴地做好保障工作。对战时和紧急专项任务的技术保障,要重点做好如下几项工作。

(1)接到上级业务主管部门有关战时和紧急专项任务的技术保障工作的指示之后,军事代表要正确理解指示精神,了解掌握任务的具体内容和详细要求,迅速向承制单位通报并组织召开专题工作会议,制订技术保障工作计划,配备技术保障工作人员,布置保障工作任务。

(2)对于保障中需要装备及零备件的,要研究、分析和确定所需的品种与数量。如果上级指示中已明确了品种、数量,按上级指示落实。所需装备及零备件,首先从承制单位的库存装备和生产线上解决,若与正常订货发生矛盾,则要优先保证战时和紧急专项任务所需。如果库存和生产线上的装备及零备件的品种、数量不能满足要求,要集中调度最强的生产、技术人员,最好的生产设备,加班加点组织生产、加工,全力保证保障工作的进度要求。

(3)需要现场服务保障的,要迅速组成服务保障组,携带维修工具及零备件,赶赴上级指定的现场,开展服务保障工作。服务保障组要选择政治素质高,工作责任心强,技术水平高,经验丰富的人员组成。参加现场服务保障的军事代表要坚决贯彻上级指示,主动与部队沟通联系,及时掌握服务保障动态,根据需要调整保障方案,协助、督促服务保障组按任务的需要实施保障,确保服务保障工作的顺利完成。

9.6 重大任务质量管理

重大任务是指部队进行重大军事演习、执行紧急任务或专项军事任务等活动,如导弹批抽检、作战试验、延寿试验等,除去如前所述的承制单位技术保障工作,主要是承制单位为使用单位在执行重大任务时提供备品备件、开展现场技术服务保障等,以确保使用单位重大任务的完成。同时,作为装备使用责任主体的军方也应开展一系列质量管理活动,主要是装备使用管理业务部门组织使用部队、驻厂军事代表机构、装备科研院所等开展作战检验和训练演习等装备保障过程中的质量管理活动。

9.6.1 重大任务装备管理重难点

部队执行重大任务时,地域气候环境复杂多样,如高温高湿、高原高寒等,加上装备动用频繁,存放条件差,武器装备质量性能受到严峻挑战。执行重大任务时装备质量性能主要受气候环境恶劣、难于统一管理及存放条件较差三个方面的影响,其中环境因素影响最为明显。

1. 气候环境影响巨大

1)高温高湿对武器装备的影响

高温高湿条件下,散热不佳,局部温度过高,绝缘材料的吸湿、表面凝露及元器件受潮等诸多不利条件影响武器性能。高温高湿对装备车辆底盘的影响包括:一是底盘的管路、接头等金属部件易发生严重锈蚀,甚至锈死,直接影响行驶安全;二是底盘皮件、木质、橡胶等非金属部件会有腐蚀、发霉现象;三是高湿会使电解液的浓度变小,影响车辆启动;四是高温影响制动系统的工作温度,温度过高使制动系统橡胶制品软化,影响行车安全;五是高温影响行驶系统轮胎气压,高温、高速行驶易导致轮胎爆胎。

高温高湿对大型装备的液压设备的影响主要体现于对液压油、执行元件和辅助元件的影响,如高温使液压油黏度变小,引起泄漏增大,效率下降,甚至不能正常工作;高温常常会造成金属制品腐蚀加剧,使油缸表面损坏,同时产生的腐蚀物降低油液品质;高温使液压系统的橡胶密封件性能变差,甚至密封失效。

在高温、潮湿的气候条件下,装备光学零件易发生霉变、生雾、开胶、脱黏等,密封性下降,潮湿空气进入仪器,加上温度变化,致使光学仪器生雾,直接影响其能见度、聚焦等性能,影响装备使用。

2)高原高寒对武器装备的影响

高原气候的特点主要是空气密度减小,含氧量降低,平均气温低,昼夜温差大,气候干燥,日照辐射强,风沙尘埃密度大等。这种环境对电子装备的影响主要体现在高压电路绝缘介质强度降低、电气间隙击穿电压降低、电压放电现象增加、局部放电起始电压降低、开关电器灭弧性能降低、散热能力减弱;连接电缆及绝缘材料的机械性能下降,变硬、变脆;放大电路、测试电路特性发生变化,测试电路普遍存在精度降低、零点漂移严重等。

高原气候对车辆影响体现为发动机功率下降,动力性能下降严重,燃烧室积炭严重,发动机早期磨损严重,寿命降低;机油黏度增大,启动阻力力矩增加,蓄电池容量降低,致使低温启动困难;高原区域多为沙土路等简易公路或季节性道路,路面凹凸不平,机件磨损,行驶阻力大,发动机功率下降,轮胎寿命会大大减少,同时行驶润滑系统受到污染,影响行驶。

2. 装备统一管理难度增大

执行任务期间,部队部署分散、点多面广,难以实施有效的装备集中管理,更难以做到统一部署、统一组织、统一行动、统一检查,装备实现实时监控、安全管理、责任落实、性能完好的要求极大提高。同时,部队担负的任务多样,装备动用使用频繁,装备动态管理难度明显增大。

3. 装备规范保管条件不足

执行任务期间受野外条件限制,装备各类库室、场所按规定和要求设置较难实现,装备车辆大都简易存放,存储条件较差。自然不可抗力因素增多,雷电、雨雪、风沙等自然现象频发,修理分队难以选择合适地域展开,装备安全管理难度加大,安全系数明显下降。

9.6.2 重大任务质量管理措施

执行重大任务时装备质量管理,必须以装备法规制度及维护保养知识技能的熟练掌握为前提,以装备安全为基础,以装备性能保持为重点,注重人员、装备、环境三大因素的有机结合,坚持个性化保养、精细化保障,用科学理念推动部队装备质量工作不断向前发展。

1. 加强人员管理,抓好装备知识学习、教育

任何工作中,人员始终是核心因素。现代武器装备种类齐全、结构复杂,对人员的要求非常高。一是针对装备机关装备法规制度掌握不深不细、指导检查基层能力偏弱的问题,下大力气开展"学法知情"活动,让装备机关人员个个成为装备法规条例的活字典。二是针对实际工作中重使用、轻维护,重结构原理、轻维护保养知识的状况,重点解决官兵对维护保养知识、技能的掌握,搞好管装爱装教育。三是学习编发《装备技术保养手册》,明确不同环境条件下的维护保养时机、方法、要求以及标准。四是组织专业号手维护保养技能培训,邀请承制单位技术专家进行主战装备维护保养知识讲座,就维护保养中的重难点问题答疑解惑。五是在装备维护现场开设维护保养小课堂,让维修骨干边讲解边示范,普及装备保养知识和技能。通过学习培训,提高操作人员装备保养能力。

2. 加强维护保养,注重细节、末端的管理

针对高温高湿地区执行任务,要特别强调主战装备必须入库存放,严禁暴晒,只要进行操作训练,必须启动空调等刚性措施。针对高原地区执行任务,特别强调露天存放的主战装备必须盖好防雨篷布,防寒防沙;要经常开展装备完好率评比,促进管理制度落实;强化修理分队与其他分队的捆绑保障力度,及时指导装备维护保养和开展故障检修,将故障消除在萌芽状态,确保装备性能得到有效保持。针对因设计、制造工艺原因产生的故障,要积极与上级机关、工业部门协调沟通,进行归零处理,提高装备可靠性。

针对执行任务期间的特殊要求和气候特点,搞好备件消耗规律研究,弄清各类备件应携带的比例、数量,有针对性地进行筹措,一旦发生故障能够有备件可换,确保装备性能质量不受影响。

3. 加强环境管理,采取针对性防护措施

应对恶劣环境对装备的影响,必须遵循自然规律,积极发挥主观能动性,充分利用各种有利条件,坚持技术防范、突出重点、因地制宜、简单实用、科学用装的原则,最大限度地防范和降低对武器装备的损伤。

针对高温高湿地区气候特点,主要进行"遮盖、包裹、干燥、三通"等工作。"遮盖"是指对装备进行整体遮盖,充分利用地形地物,采取遮掩、躲避、封盖等方式,避免装备受太阳直射暴晒和雨水侵蚀;"包裹"是指将外露传感器、电插头、液压器件等关键部位和精密仪器,采取"包、贴、堵、盖、遮"等措施,封住间隙,罩住裸露,捆紧接头,改善局部环境,防锈防霉防漏电;"干燥"是指以舱内、箱内、盒内存放的仪器设备为对象,主要利用变色硅胶对存放于密闭空间的设备进行干燥;"三通"是指定时通风、通电、通液,避免装备发生锈蚀、漏电或打火现象。

针对高原特点,主要进行防结冰、防松动、防沙尘阻塞工作。组织分队每天及时放掉油水分离器中的积水,防止结冰,阻塞油路;每周进行一次车辆紧固件检查,排除安全隐患;每半月进行一次空气滤清器清洗,防止动力不足。

4. 加强修理保障,提高装备完好率

执行任务期间,装备动用频繁,故障率较平时有明显提高。要保持好装备性能,不仅要防好、管好,还要在出现故障时能及时修好。一是伴随维修与支援维修相结合。根据部队整体部署,在各作战分队设立伴随保障组进行伴随保障,同时开设野战修理所,解决伴随保障组在装备维修中的疑难问题。二是军地结合。对军地通用车辆装备,充分利用地方修理机构进行快速、专业化维修,确保各类装备能够得到及时修复,提高装备完好率。

5. 加强质量信息管理,及时准确记录、存档

部队执行重大任务期间,装备所处环境差、动用强度高,不可避免地影响装备质量。及时、准确记录装备在此期间生成的各类质量信息,如运输、测试、使用环境等,用于分析,评估装备的性能质量状态,为装备运用决策提供支持。

9.7 延寿改进与退役报废的质量管理

9.7.1 延寿改进质量管理

装备延寿是指对接近或达到规定寿命的现有装备,通过维修、加改装等方式,延长其使用寿命、安全寿命、技术寿命的活动,亦有军兵种称为装备整修。装备改进是指不改变现有装备主体结构和主要性能，只进行局部完善，以提高其战术技术性能的活动。装备改进相对装备延寿开展工作范围小，都涉及装备的拆卸、加工、装配等活动，对质量管理的要求有相同之处，因此综合在一起论述。装备的延寿改进，对于复杂武器装备系统，能够取得良好的军事、经济效益，尤其是在和平时期，是一项十分重要的装备工作活动。

1. 装备延寿改进工作特点

与装备研制、生产活动相比，装备延寿改进活动所涉及的单位、人员更广，过程也有独特之处，所涉及的技术除与研制、生产活动的相同之外，亦有延寿改进所必须解决的一些关键技术。其主要表现出以下几个特点。

（1）整个工作以军方主导开展。装备延寿改进整个过程主要由各军兵种装备部门发起、组织、控制，由其领导军兵种装备研究院所开展从决定装备延寿改进的型号批次、组织攻关延寿改进关键技术、实施延寿改进工程活动、直至延寿改进后的检验验收，与装备研制、生产活动中以装备承制单位为主体形成明显差别。

（2）参加单位多。装备延寿改进工作涉及方方面面，装备部门机关、装备使用部队、装备研究院所、军事代表机构、装备承修单位、地方高校研究所等单位都参与其中，承担着不同的任务。如何保证装备延寿改进顺利实现、高质量完成，对其组织管理工作，尤其是质量管理工作提出很高的要求。

（3）承修单位、人员水平参差不齐。实施装备延寿改进工程活动的既有地方原装备承制单位，也有军兵种专业维修机构，还有作战部队维修单位，参与单位的质量管理水平相差较大，参与人员的技术水平有明显差别，尤其是军方维修单位参与延寿改进工程活动的人员与装备原承制单位人员相比，相差较大。

（4）活动过程特殊。装备延寿改进活动既有与装备生产过程类似的环节，如原材料、元器件、外协件入厂，零部件加工、组装，成品的装配等，也有装备维修的特殊环节，如旧装备入厂检验、拆卸、原部件的性能检测与评估等。在组织管理中，不仅运用装备生产过程一系列质量管理措施，还必须针对其特殊之处采取措施，以保证装备延寿改进的质量。

（5）涉及技术领域多、复杂，质量难以控制。装备延寿改进不仅与装备研制、生产技术相关，而且涉及一些新的技术领域，尤其是较多旧的零部件需要继续使用，对其的失效机理、试验方法、性能质量评估方法、使用标准与安全性等方面均需进行深入研究，才能够保证延寿改进后装备的质量。对复杂武装系统而言，如导弹装备，这些研究涉及的领域非常广，如弹头、发动机、控制仪器、弹体结构、安全系统、惯性仪表、火工品、金属、非金属、电子元器件等，其中的关键技术如不能取得突破，将会带来质量隐患。此外，装备延寿整修后，新件、旧件混合在一起使用，较准确地评估装备质量状况同样是质量管理的一个难题。

2. 延寿改进质量控制措施

为保证装备延寿改进的质量，应结合装备延寿改进的特点，有针对性地采取相应的质量控制措施。

（1）以现代项目管理理论与方法为指导，科学管理组织装备延寿改进工作。针对复杂武器装备系统延寿改进所涉及的单位、人员众多，技术繁杂，具有一次性、不可重复等项目管理的前提，应运用现代项目管理理论与方法恰当设计管理模式，科学组织，以保证延寿改进工作信息沟通顺畅，任务规划、人员资金配置合理。这是保证装备延寿改进质量的前提条件。

（2）建立质量管理体系。不仅要求承担延寿改进工作的组织领导、关键技术攻关、工程实施的各个单位建立各自有效的质量管理体系并通过认证，尤其是军方维修机构应做重点要求、检查,而且针对整个延寿改进项目,建立起跨行业、跨部门的项目质量管理体系,才能有效地保证装备延寿改进的质量。

(3)人员上岗资格认证。参加装备延寿改进人员技术水平参差不齐,尤其是军方维修单位参与延寿改进工程操作活动的人员,与地方装备承制单位工艺、检验和操作人员相比,差距较大,需要派出人员到承制单位接受培训、学习,或请装备承制单位派出技术过硬的工艺、检验和操作指导人员进行现场指导,经过操作技能、质量意识及安全意识培训,使其具备上岗资格。

(4)完善技术文档(技术状态文档管理)。装备延寿改进过程中,对使用中暴露的一些质量问题,需要进行适当的修正,一些工艺规程需要进行更改;同时,装备可能增加新的功能、部件,配套情况变化较多,必须如实填写装备证明文件中的配套表,保证装备配套的准确性。要求相关责任单位,如承修单位、装备研究院所、军事代表机构完成技术文书资料的填写和签字,清查随装资料,确保准确无误。针对装备延寿改进过程中各方的分工及职责,清查装备证明书中的延寿改进合格结论页,督促各方进行签字盖章,确保各单位担负起各自在整修过程中的职责。

(5)过程控制。有效地控制装备延寿改进过程,是提高装备延寿改进质量的重要途径之一。在装备延寿改进之前,由军方统一组织装备承制单位、承修单位、使用部队、装备研究院所、军事代表机构等单位技术专家作为延寿改进工作技术岗位把关负责人,包含设计、工艺、检验、操作等相关岗位,严格按岗位分工,负责完成延寿改进技术把关工作,使延寿改进过程受控。

针对装备延寿改进过程的特点,既要采取类似装备生产过程的一系列质量管理措施,如严格按照国家军用标准、行业标准,从耗材、配套件、工具的源头上确保装备质量,严格执行并完善工艺规程,保证操作过程的正确性;认真填写质量跟踪卡,对关键工序录像,并对出现问题的产品进行拍照,确保延寿改进质量的可追溯性;对关键过程和产品进行严格军检,对测试与总装过程出现的每一个质量问题,从发现到处理形成闭环,有效保证总装质量;按要求分阶段进行严格技术安全检查,保证各项指标均满足要求;操作现场环境条件受控;总装前严格清查耗材、更换及配套件合格证及数量,确保现场使用耗材、配套件的批次、有效期等符合装备要求;各方对工具、设备进行清查,确保工具齐套,并处于校验期内。

同时,也要针对装备延寿改进过程的特殊环节,如旧装备入厂检验、拆卸、旧部件的性能检测与评估、总装装备的试验与评估等,采取相应措施控制过程。重点是旧装拆卸过程、零部件清洗与检测、延寿关键技术试验过程、装配后整装产品试验过程。

(6)充分试验,严格检验,合理评估。装备延寿改进的试验包含两个方面。首先,装备延寿改进涉及旧部件的失效机理、性能质量评估方法、使用标准与安全性等问题,这些问题必须予以解决才能保证延寿改进后装备的质量,只有对这些涉及延寿改进质量的关键技术充分试验方可得出可靠结论。其次,延寿改进后装备整体的试验,大批量新旧部件组装而成的装备,其质量与可靠性只有经过必要的环境、使用、实弹等形式的测试、试验,才能提供进行评估的基础数据。

装备延寿改进质量检验比装备新品的质量检验更复杂,因为新品一致性好,易于把握标准,而延寿改进新旧部件混在一起,检验标准难以把握,有些旧部件延寿后甚至无标准,因此检验组织更复杂。装备延寿改进过程中关键工序、主要质量控制节点均应由军事代表按相关技术条件进行严格军检验收,装备符合相关技术条件要求。

装备延寿改进后质量的评估是未来装备管理与训练作战运用的基础。面临服役履历信息混乱、新旧部件混合一起、标准不一致、承修过程信息不充分、部件失效机理不清、隐患难以排除、各类质量数据海量等难题,应充分收集、梳理与装备延寿改进质量相关的信息,抓住影响装备延寿改进质量的主要因素,研究质量评估方法,建立质量评估模型,合理评估装备延寿改进后的质量。

9.7.2 退役报废质量管理

装备退役通常是指对达到规定的战术技术指标、型号技术落后,或由于其他原因不宜继续装备部队,军队不再保留的装备,作退役处理。装备报废是指达到总寿命规定,没有延寿、修复价值;未达到总寿命规定,但已经不具有使用、修复价值;超过储存年限并影响使用、储存安全的弹药作报废处理。它是装备使用管理的一个重要方面,既关系到装备储备的合理布局和部队战斗力等重大军事、经济效益问题,又具有严肃性和科学性,关系着人员安全和装备器材的保密、开发、研制等多方面问题。

退役报废装备的利用途径是依据部队装备退役报废后的状态,分别作储存备用、教学、训练、外销、使用、假目标、假阵地使用,以及装备预备役部队或民兵、用于国防教育、拆件留用、价拨作非军事使用或作废旧物资处置。因此,其质量管理仍然具有重要意义。

对退役报废的武器装备,应做好标识、隔离、存储等质量管理工作。

1. 处废与回收的概念

处废是装备废品处理的简称,具体是指对已报废装备的毁形销毁和加工转化工作。处废的目的如下。

(1)消除储存隐患。一些装备特别是弹药因报废、失效,火工器的安全性恶化,增加了储存的危险性,所以及时对报废弹药予以处理,无疑可以消除事故隐患,确保储存的安全。

(2)保证使用安全。报废装备混杂在良品中会增加使用的危险性,轻者增大故障率,重者出现机毁人亡的恶性事故,甚至贻误战机。剔除和处理这些报废品,自然保证了使用安全。

(3)回收物资,增加效益。报废的装备中各类零部件因寿命不一,不可能同时报废,在废品处理中,可以将未失效的零部件拆卸下来充作备件,将全报废零部件作为原材料回收,使其“物尽其用”。

可利用品回收是指将可利用的废旧装备物资收集起来,并使其转化成为可以利用的物资的工作。回收的范围通常包括废旧装备及其包装品和维修器材。我军对常规陆军武器、雷达、指挥仪、车辆轮胎(含钢圈)、炮弹空药筒,以及包装箱、专用备件箱、油桶、维修器材等,按规定的物资名称、型号、数量和比例进行回收。回收利用工作由部队领导组织实施,技术人员参加技术指导。回收时,先彻底查清危险品,并就地销毁。对可利用的物资,分类包装上缴,经装备技术部门技术处理后,可用于教学、训练、科研、技术革新、展览等,也可用于装备的修复、复装或加工转化成其他产品。

2. 处废的基本要求和方法

1)处废的基本要求

处废的基本要求是安全第一、科学处理、提高效益。

安全第一是指处废工作必须有计划、有组织、有领导地进行;处废的方法要正确,安全措施要可靠,规章制度要健全,监督措施要有力;废品处理要彻底,严禁留有后患的处理方法,严禁将未处理品混入回收物资之中。

科学处理是指要制定一套科学的、行之有效的处废规则和操作规范;严格按制定的规则和规范进行工作,严禁有章不循,违章操作;对处废人员进行必要的业务培训,合格者方能上岗作业。

提高效益主要是指在确保安全前提下提高经济效益,具体是指:提高物资回收率(如尽可能多拆卸);提高工作效率(如改进工艺、更新设备提高作业效率);向深加工要效益(如开展深加工研究、拓展开发利用渠道);节约开支,减少处废原材料的浪费,降低处废用具(含专用工具)和设备的损坏率。

2)处废的方法

(1)销毁。销毁是对报废弹药采用拆毁、烧毁、炸毁、倒空装药等方法,使弹药失去危险性。

拆毁是指对废品弹药及其元件和零部件进行分解、拆卸,是危险性很大的作业。废品弹药拆卸一般是在防爆间使用专用工具或隔离操作和采用自动化设备进行,并要求废品拆毁处理较彻底,物资回收率较高。

烧毁是指对废品弹药先分解为元件,并按元件分类清理,对能烧毁的元件或零部件分别投入烧毁炉或在野外进行烧毁。每次烧毁量根据烧毁弹药品种、爆炸能量和烧毁炉(坑)的抗爆能力确定。废品弹药烧毁处理回收较低,危险性较大,不易彻底处理。

炸毁是指对拆毁处理有危险的废品弹药元件采用爆炸方式销毁处理。因其危险性大,一般在炸毁炉或偏僻的野外进行。炸毁应选择利于起爆、殉爆的码堆方法和安全位置,每次炸毁量根据装药量,破碎片飞散距离计算确定,力求一次性彻底炸毁。

倒空装药是指倒出药筒、弹头内的装药。废品弹药倒药处理回收率高。倒空装药的主要方法有蒸汽溶药法、蒸汽水煮溶药法、热水脱药法等。此外,粉装药等可直接拆卸倒出装药。

(2)毁形。毁形是对废品枪械、火炮、火箭筒、雷达、指挥仪、光学仪器等装备采取拆、砸、割焊、熔炼等手段破坏其原形,使其丧失原有使用性能而转为废品材料。废品装备毁形处理,应根据各类装备不同情况分别确定,有保存价值的装备应留作样品备用,有的转入教学训练用或拆件利用,有的则作全部报废和部分报废处理等。对不便保存样品的应保存模型、图片、声像片等作为历史资料。

(3)加工转化。加工转化是对拆毁的军械装备及零部件经过技术鉴定,合格件涂油包装,转作零备件使用;无使用价值的金属零部件送工厂熔炼或改制维修配件;非金属零部件采用改造工艺、深化加工、复制再生产或原材料,如报废的发射药可进行化学合成,转化为油漆、肥料等。对非常规装备的报废处理应按有关规定执行。

3. 可利用品回收的要求和方法

可利用品回收利用工作包含两项内容:一是回收,二是利用。回收是利用的基础,利用是回收的目的。

1)可利用品回收

对不同的物资回收的情况各不相同,我军的有关要求如下。

(1)废旧装备一般由总部统一制定回收的标准、规则、范围和处理方法。

(2)全军通用、数量大、回收频繁的废旧零部件、包装用品、维修器材等,由总部统一对回收比例、集中地点、管理要求、运输事项、经费决算等作出详细的要求。

(3)一般可利用品则由军兵种或大军区有关部门作出补充规定,并组织处理和利用。

(4)零星的可利用品由各级业务主管部门作出具体规定,无明确规定的可以暂存或自行处理,自行处理后要上报。

(5)战时的废旧装备物资,一般只作原则性或针对性要求,但每次战斗结束后,各部队应对回收情况写出详细的统计报告。

2)回收物资利用

对于回收物资的利用,往往视其可利用程度作出决定,通常有三种利用方式。

(1)整体利用。整体利用是对某些未丧失全部功能可重复使用或外形未严重损坏的废旧装备,只要将这类装备的整体经过简单的修理加工,可恢复其原先的总体功能或局部功能,并可投入使用。例如,退役的装备稍加整修就可整体用于教学、科研、陈列展览、训练、装备民兵或储存备用;又如弹药的包装箱、炮弹的药筒经过简单的整形可以重新使用等。

(2)部件利用。部件利用也称为拆件利用,即当某些装备整体已成废旧状态,但其某些部件、零件仍有利用价值时,可将这些有用的部件、零件拆卸下来应用或储存备用。例如,指挥仪报废后,其某些电器组合或元件仍可作修理备件。

(3)原材料利用。原材料利用是将废旧装备经加工处理提取或还原成原材料。例如,采用新技术、新工艺提取贵重金属、武器金属构件、零件回炉冶炼,火炮轮胎可以制成再生胶等原料,火药、炸药既可用于地方工程爆破,又可进行深加工,制成油漆的重要原料。

第10章　装备质量信息管理

质量信息是开展武器装备质量工作活动的基础和条件。如果用“过程方法”的模式来理解武器装备质量工作,那么其全面质量管理活动的表征,实际上是质量信息在整个过程中的有效流动。因此,做好武器装备全寿命周期内特别是研制、生产和使用过程中的质量信息管理工作,是军方的一项重要职责,对武器装备建设具有十分重要的意义。

10.1　质量信息概念与分类

10.1.1　概念

关于“信息”一词,不同的研究领域,不同的历史阶段,其概念的表达各有不同。其中,有代表性的有以下几种。

(1)信息是用符号传送的报道。

(2)信息是指具有新内容、新知识的消息。

(3)信息是由实体、属性及它的价值所组成的集合。

(4)信息是数据所表达的客观事实,数据是信息的载体。

(5)信息是表征事物状态的普遍形式,是帮助决策的知识。

(6)信息是经过加工处理的数据、指令、报表、图纸、文件、资料、规章制度的总称。

(7)信息是指客观的一切事物通过物质载体所发生的消息、情报、指令、数据、信号中所包括的一切可传递和交换的知识内容。

吸取不同时期、不同领域的内涵,GJB 9001B在附录D中对“信息”一词给出明确、统一的规定:有意义的数据。

需要说明的是,数据是指记载下来的事实。数据使用可以被人们识别的、各种形式的符号,如用来表示事物的名称或代号的符号是数据;用来表示事物的数量的数字是数据;用来表示事物抽象的性质和概念的文字也是数据等。数据可以通过各种物理介质或载体,如文件、磁盘、光盘、显示终端等记录或表现出来。数据主要类型有数字、文字、图像、音响以及过程控制中通过采样并经过模数转换后得到的数据等。

在提出信息概念的基础上,GJB 1405A《装备质量管理术语》中又提出了“质量信息”的概念:与各种报表、资料和文件承载有关质量活动有意义的数据。

10.1.2　质量信息分类

质量信息管理是指对质量信息进行收集、传递、处理、储存和使用等的一系列活动。

在装备寿命周期的不同阶段,其质量信息来源、种类是不同的,就研制、生产阶段而言,质量信息包括产品质量信息和工作质量信息。

(1)产品研制过程、生产过程和服务过程质量监督记录。

(2)质量管理体系监督记录和文件。

(3)检验验收记录。

(4)质量问题处理记录和文件。

(5)各类问题归零报告。

(6)各类财务数据。

(7)产品图样和技术文件。

(8)各种试验报告。

(9)各类评审报告。

(10)产品历史资料。

(11)各种业务报表和质量工作法规、标准等。

质量信息作为信息的具体类型之一,是对质量活动状态和运行方式的反映,可从不同的角度进行分类。

1. 按信息的产生范围

按信息的产生范围,质量信息可分为内源信息和外源信息。

内源信息是某一既定范围内所产生的各种信息,外源信息是既定范围以外所产生的信息。就军方质量工作而言,内源信息指的是产生于军方内部的各种质量信息,外源信息是产生于军方以外的质量信息。

2. 按信息的产生过程

按信息的产生过程,质量信息可分为原始信息和再生信息。

原始信息是事物第一次发出且未经人们作任何加工处理的信息,也称为一次性信息。原始信息本身不受人的意识干扰,它是事物状态或方式的客观反应。

再生信息是以原始信息为基础,经过加工处理以后而产生的二次或二次以上的信息,也称为加工性信息。有的再生信息是对原始信息的简化或浓缩所得。例如,某装备合格与否这个信息,是军事代表依据产品规范对其进行检验,得到各项检测数据和检验结果等原始信息,在此基础上进行简化描述后,所得到的一条再生信息。有的再生信息则是对原始信息进行重新组合或分析计算而形成。例如,某装备批次质量水平这个信息,是经过对该批产品有关质量检测数据按某个数学模型进行计算后,得到的一条再生信息。一般来说,再生信息比原始信息有更强的针对性,且有更大的使用价值。

原始信息是质量信息管理工作的基础,而再生信息是开展各项质量活动和管理工作的决策依据。

3. 按信息的时效性

按信息的时效性,质量信息可分为静态信息和动态信息。

静态信息是指不经颁发单位(或颁发单位指定的部门)批准,信息的内容不可随意更改的文件、标准类信息。其特点是此类信息一般具有较长时间的使用或参考价值。动态信息是指随时间、场合、对象的不同,其内容随时会发生变化的信息。其特点是此类信息的内容有具体的适用时段,且一般只适用于特定的、比较单一的场合和对象,如生产现场的检验记录、各种质量报表和报告、工序控制记录等。

4. 按信息的功能

按信息的功能,质量信息可分为指令信息和非指令信息。

指令信息又分为静态指令信息和动态指令信息,它可作为质量工作的准则和比较、判断的标准。静态指令信息是指国家和上级机关正式颁发的具有法律效力的政策、标准、文件以及正式定型确认的产品图样、产品规范等信息。动态指令信息是指军队上级机关根据不同的工作需要下达的各种指令性文件,以及经上级机关确认,需承制单位在某一时段执行的各类文件,如订购合同等信息。

指令性信息之外的其他信息称为非指令信息。非指令信息同样可分为静态非指令信息和动态非指令信息。指令信息和非指令信息的区别在于:前者的信息内容具有执行的强制性、权威性和严肃性,而后者的信息内容不一定强制执行。

5. 按信息的时序

按信息的时序,质量信息可分为常规信息和随机信息。

常规信息是在正常活动中,按一定的运行秩序和运行规则而产生的信息。信息收集的时机、渠道、项目、内容有固定的要求。例如,产生于军事代表工作中的年、月计划和总结,来自承制单位的各种年、月、周、批(产品)质量记录和报表等。

随机信息是受意外因素的影响而产生的信息。随机信息收集的时机、渠道、项目和内容在一方面或几方面具有不确定性,这类信息具有偶然性、突发性的特点,需要及时采取措施进行处理。例如,承制单位在生产过程中发生的产品质量问题、工程更改和材料代用等。

10.1.3 质量信息特性

质量信息管理是质量管理的主要手段之一,在质量管理中占有极其重要的地位和作用。因此,有必要了解和掌握质量信息的特性,端正开展质量信息管理活动的指导思想。

1. 质量信息的真实性

质量信息的真实性也称为准确性,主要是指质量信息要尊重事物特征的客观性和反映事物的真实性。这就要求质量信息从实际出发,如实地反映事物的现状和变化,从大量的质量信息中进行认真地筛选,去伪存真,由表及里,使质量信息在质量活动过程中起到协调控制作用,作为决策的基础。

为了保证质量信息的真实性,要做到以下几点:①要做好调查研究工作,实事求是地做好各种原始记录和统计资料;②对原始信息要严肃认真地进行整理加工和筛选,防止人为的变异和人为的臆断;③及时做好信息的传递工作,尽可能减少干扰和失误现象发生;④要提高信息工作人员的素质。

2. 质量信息的时效性

在客观世界里,任何客观事物总是在不断地变化的,每一变化都会产生信息,客观事物变化越快,信息的时效性越强。这就要求尽可能迅速地搜集、整理、传递信息,以保证信息能及时、有效地被利用。

3. 质量信息的系统性

信息的系统性是指一组具有特定内容和特定性质的信息在一定环境与条件下形成的有机整体。承制单位的各项质量职能,对保证产品质量所起的作用,虽然在管理上都具有相对的独立性,但它们之间又存在着不可分割的联系。例如,市场研究对产品开发设计,及至生产制造的指导作用;产品设计、工艺手段、采购供应、设备、检查与生产制造过程的紧密联系;销售和售后服务对生产制造和改进设计的反馈联系等,而所有这些联系都离不开信息的传递;这就要求从大量的单个信息中找出信息的系统性,从而认识客观事物变化的内在规律和发展趋势。

4. 质量信息的目的性

为了保证信息具有明显的目的性,要做到如下几点:①按科学的方法加工处理信息,提取尽可能多的有价值的信息,突出信息的目的性;②对搜集到的信息要进行科学的管理,便于按信息的目的有效利用;③信息在传递过程中,要保证信息的真实性,使信息可靠。

5. 质量信息的有效性

信息的有效性主要是针对信息的传递而言的,就是在最短的时间内传递尽可能多的有价值信息。为了提高信息的有效性,一定要选择最有价值的信息,选择最合适的传递工具和最合理的传递渠道。

10.1.4 质量信息作用

质量信息是各级领导执行国家、军队各项质量政策和进行质量管理的基本依据。在信息化社会中,质量信息系统又是协调各项质量职能之间正常运行必不可少的重要环节,亦是质量管理体系不可缺少的重要组成部分。

1. 为质量决策提供依据

一个单位在制定质量方针目标、开发新产品和改造老产品、编制质量计划以及处理质量问题的决策和预测中,都需要掌握有关历史和现状的质量信息。否则,将会出现判断失误,必然造成不应有的损失。开展系统的质量信息管理的主要目的,就是要为各级管理层的决策者提供准确、可靠的信息,以便做出适时、正确的决策。

2. 为质量改进提供依据

一个单位质量管理可以被看作一个调节系统(图 10-1),把所获得的实际质量与期望质量相比较,如果发现偏差,就把偏差质量信息反馈到会影响装备质量或工作质量的有关部门,通过质量信息中心及时发出调节指令,影响装备质量和工作质量部门采取纠正措施,把质量始终控制在期望质量水平的范围内。不断地收集信息,及时反馈信息,就能不断地调节控制质量的偏差,为质量改进提供依据。

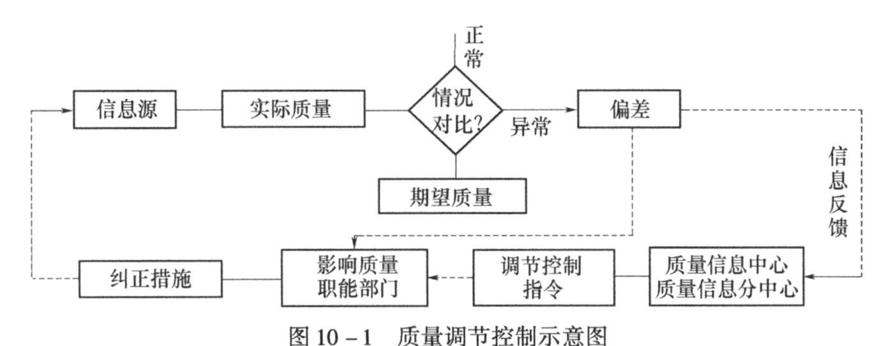

图 10-1 质量调节控制示意图

3. 为质量检查考核提供依据

一个单位内的质量管理必须与其经济责任制紧密结合,进行严格的考核。要进行严格的考核,就必须完整地掌握能正确反映日常生产经营活动的质量动态信息(如统计资料),并使之与质量要求信息(计划、指标、标准)相比较,才能鉴别优劣,奖罚分明。因此,通过质量信息管理活动,为质量的检查考核提供依据。

一个单位的各项质量指标和质量工作,通过质量计划下达各有关部门,各部门的执行情况可通过产品质量情况报告和质量管理正常信息目录规定的内容与时间反馈到质量信息管理中心,经汇总后报经济责任制管理部门进行考核。这样,质量计划、质量指标、质量成本、工序控制、工艺纪律、市场调查与预测、新产品开发、用户意见,以及设备、工具、工装、计量的管理现状等均以质量信息形式在单位内部进行传递。根据单位责任制有关规定,运用上述日常信息,质量管理部门按月、年对有关部门进行考核并提出奖罚意见。

4. 为建立质量档案提供资料

质量信息资料要分类、分级建立质量信息档案,以便随时查询,质量信息档案是质量档案的重要组成部分,是质量信息管理一项十分重要的工作。它不仅为调节控制当前的实际质量提供资料,还为今后指导工作提供方便。一个单位质量信息管理中心、各质量信息分中心及各信息网点都要建立质量信息档案,一般包括装备质量情况报告、质量信息汇总报告单、质量信息反馈单、质量信息反馈登记表、质量信息措施完成报告单、走访使用单位情况报告、用户服务报表、综合统计报表、装备质量用户意见事例处理反馈单、用户意见征求书、市场调查报告、工序质量表、作业指导书、设备定期检查记录卡、设备月点检记录卡、工装周期检查记录卡、量检具周期检定卡、质量成本分析报告等。

10.2 质量信息管理系统

质量信息管理是武器装备质量管理重要手段之一,是开展质量管理的重要基础工作。质量信息管理系统是应用系统论、控制论、信息论的原理建立一整套专门从事质量信息管理的网络,是质量管理体系的一个重要组成部分。质量信息管理系统由信息源、信息流、信息中心、信息决策机构及执行机构等要素组成。它是单位各项质量职能之间、单位内部部门之间、单位内部与外部之间进行质量信息联系的纽带。由此可见,建立和健全质量信息管理体系对充分发挥信息的作用、提高质量管理水平具有非常重要的意义。

10.2.1 质量信息管理要求与任务

1. 质量信息管理任务

对于一个单位、系统,开展装备质量信息管理工作的任务主要有以下几个方面。

(1)建立装备质量信息机构和管理机制,规划、计划和实施装备质量信息的管理。

(2)进行装备质量信息需求分析,确定信息的来源和输出要求。

(3)确定装备质量信息的获取、处理、使用的程序和要求。

(4)开发与维护装备质量信息系统。

(5)为装备研制、生产与使用过程中评价和提高装备质量提供决策依据与信息服务。

通过开展上述工作,实施信息闭环管理,充分发挥信息资源效益,实现信息资源共享,为武器装备全系统全寿命质量管理提供决策依据和信息服务,提高装备系统效能,降低装备寿命周期费用。

2. 质量信息管理要求

装备质量信息管理应结合武器装备建设实际,按国家和军队有关法规与标准,进行装备质量信息内容、分类、格式和编码的标准化管理;进行质量信息需求分析、获取、处理、使用、上报、交换和反馈的标准化管理;进行信息系统建设的标准化管理。

各类装备质量信息系统所采用信息单元的定义、标识名及其缩写,以及信息项及其缩写和信息代码,应与 GJB 1775、GJB 3837 等有关规定相一致。

(1)建立装备研制、生产和使用质量信息管理系统,制定相关管理制度,确定信息内容,规定信息获取、存储、处理、传递、修改和删除的具体要求。

(2)在质量信息识别、收集和录入等获取过程中,应正确运用管理和技术手段,做到信息准确、完整、及时和规范。

(3)质量信息应明确存储期限,在存储期内,应安全、可靠、完整地保存,并能方便地进行查询和检索。

(4)在质量信息筛选、分类、汇总和统计分析等处理过程中,应做到及时、准确、实用、完整和安全。

(5)在质量信息上报、反馈、交换等传递过程中,应按规定的程序和时间,承制单位、使用部队、上级机关相互之间做好信息传递工作,加强质量信息共享。如超出信息传递范围,应经上级批准后再行提供。

(6)确定专人负责质量信息管理,质量信息的修改和删除需经授权,并履行校核手续,对装备故障和质量问题记录的源文件,不得进行修改。

(7)装备质量信息管理工作应遵守如下安全保密要求。

①执行国家和军队安全保密规定,按照国家和军队有关信息网络安全保密技术体制与管理要求,制定质量信息管理安全保密制度。

②按国家和军队有关信息安全与保密规定,对装备质量信息和信息载体划分密级,按密级管理和使用。

③综合运用管理和技术手段,提高安全保密防范能力,严格落实安全保密措施,杜绝出现安全漏洞。

10.2.2 质量信息管理系统构成

按运载工具,质量信息管理系统可分为人机系统和人工系统两大类。人工质量信息管理系统是用人工方法建立起来的能够起到人机系统基本作用的一种质量信息管理形式,为建立人机系统打下基础。人机质量信息管理系统是以人为主体,以电脑为辅助管理的信息管理系统。它具有快速、系统、精确、集中、统一和信息储存量大等特点,是质量信息管理的一种现代化管理形式。

1. 质量信息源

质量信息源是质量信息发生和发出的始端,可以理解为质量信息产生的来源和产生的根源。质量信息源也可理解为由两个过程组成:一是质量信息产生的来源(发出);二是质量信息产生的根源(发生)。例如,某承制单位装配工段在装配过程中发现主电机有质量问题造成产品整机性能不良的质量信息,该质量信息的来源(发出)是该单位装配工段,但造成质量问题的根源(发生)是主电机的生产厂家;由于设计的失误造成用户申诉的质量信息来自用户,其质量问题的根源在承制单位设计部门。因此,常把质量信息发生和发出统称为质量信息源。但质量信息管理中信息源一般是指质量信息发出的单位。

2. 质量信息流

质量信息流是指质量信息的流动。每个单位都存在人流、物流、信息流三种流。人流是指单位人员岗位的变动;物流是指从装备、备附件、外购外协件等进入退役报废整个活动的过程;信息流是从信息指令发出到信息执行结束的管理活动过程。信息不断地反映人流、物流的状态并不断地追踪和控制着人流、物流的运动,达到最优的经济效果。信息流本身是无流的,也不会流动,它是伴随着人流、物流的流动而流动的,它必须依靠各种运载工具才会变成信息流。另外,信息还必须按照规定的流程流动,以保证质量信息管理系统有秩序地运行。

3. 质量信息中心

科学和现代化质量信息管理需要建立质量信息中心,它是主管质量信息管理工作的机构,是质量信息系统的中枢。一般设在质量管理综合部门内,设专职质量信息员负责日常质量信息管理工作。

4. 质量信息决策机构

质量信息决策机构(决策者)是指作出指令的各级组织机构或质量负责人,各级质量信息中心均在相应的决策机构直接领导下开展工作。

5. 质量信息执行机构

质量信息执行机构(执行者)是指接收指令信息并具体实施指令信息的部门,如一个单位各职能部门及基层部队等。

10.2.3 质量信息管理系统建设

装备质量信息系统的建设和运行管理可概括为以下几个方面。

(1)制定必要的规章制度和相关规定。为保证装备质量信息系统正常运行,要制定质量信息工作的政策、法规、标准和规范,以及信息组织的管理章程和有关的工作细则等,使质量信息工作制度化、规范化。

(2)进行信息工作基础条件建设。为适应开展装备质量工作的需要,要配置必要的技术设备,制定规范化的信息表格和信息代码系统,编制配套的计算机数据库和分析软件,开展信息分析处理、传输和应用等信息技术与方法的研究工作。

(3)信息系统标准化管理。标准化是资源共享的前提和提高信息质量的重要保证。在信息系统管理中,实施标准化管理就是从系统的应用出发,在系统指标体系、文件格式、分类编码、交换格式、名词术语等方面,提出一系列标准化的原则和具体要求。在各管理层次和部门,要使各类信息能及时、准确地传递,必须抓好标准化工作,以实现资源共享。

(4)信息分类编码。信息分类与编码标准化,就是将信息按照科学的原则进行分类并加以编码,经有关方面协商一致,由标准化主管机关发布,作为各单位共同遵守的准则,并作为有关信息系统进行信息交换的共同语言使用。装备质量信息编码应符合 GJB 3837 的要求,对某一装备可补充一些编码,以满足不同装备的特殊需要,但通过的编码必须符合标准要求。

(5)明确信息管理责任单位和人员,利于信息收集、汇总、分析,方便信息管理工作。

(6)实行信息的闭环管理。对信息实行闭环管理是开展装备质量信息工作的基本原则。信息的闭环管理有两层含义:①信息流程要闭环;②信息系统要与有关的工程系统相结合,不断地利用信息解决实际问题,形成闭环控制。为此,要依据对信息的需求,对信息流程的每个环节进行有效的管理,并对信息的应用效果进行不间断的跟踪、评估。

(7)技术培训。信息工作人员的素质是搞好信息的关键,要有计划地开展技术培训工作,以建立一支从事装备质量信息工作的专业队伍。

(8)质量信息安全建设。信息安全关系国家安全和装备建设信息化建设成败,质量信息系统建设必须采取以下对策与措施:采用与民用互联网络物理隔离的专用网络,对上网传输的装备质量信息采取数据加密,开发与使用自主技术的信息安全产品,研究与综合运用安全技术,建立一系列信息安全机制、强化信息安全管理等。

10.3 质量信息需求管理

10.3.1 信息需求提出

信息需求一般由信息用户根据装备质量工作要求提出。信息用户包括装备论证、研制、试验、生产、订购、使用与维修保障等部门或单位。这些部门或单位的信息机构根据所承担的任务和主管部门、上级信息机构的要求,按规定的程序和要求合理确定信息需求,并按信息需求确定所收集信息的用途、内容、范围、来源、分类、项目、格式及统计指标体系。

信息需求是信息系统运行的推动力,是开展装备质量信息工作的基本依据,因此也是各级信息系统及信息用户首先要解决的问题。要在不同的时期,以开展装备质量工作的实际需要为依据,从必要性、经济性和可行性等方面进行信息的需求分析,合理地确定信息收集的范围、内容和来源。只有这样,才能增强信息系统运行的有效性。

10.3.2 信息需求分析

信息需求分析的任务是对所需信息的必要性和信息收集的可行性进行论证,确定信息的用途、内容、范围、来源、分类、项目和格式,设计质量信息收集表格,提出信息输出要求和标准化要求。在进行信息需求分析时,应本着实事求是、讲求实效的原则,有针对性地、有选择地确定信息需求和工作重点,使信息工作尽快收到效益。

在装备质量活动中,不同的管理层次、承担不同任务的信息用户,对信息的需求范围和内容各不相同。各级信息组织和用户都应按照一定的程序进行信息需求分析。

(1)根据服务的范围和对象以及所承担的任务,提出所需信息的类别和内容,并明确主次关系。

(2)调查所需信息的来源。首先要搞清是否可以通过现有的信息系统获得这些信息;哪些可以通过本系统得到,哪些需要从系统外索取。对于尚无来源的信息则制定解决办法,如建立新的信息系统或进行必要的试验。

(3)评估获取所需信息在技术上和经济上的可行性,并写出评估报告,报上级批准或备案。对那些没有信息来源或代价过高的需求,则暂时不列入信息收集范围。

(4)确定信息需求的类别和内容并制定相应的信息收集表格。

上级机关和上级信息机构审查信息需求分析报告时,应对信息的有效性、系统性和经济性进行审查,以保证收集的信息既能满足工作的需要,又能避免因重复收集而造成的资源和人力浪费。报告一经批准,信息机构即应按其要求开展工作,如需对其进行修订,必须经上级信息机构审查确定,并报主管部门批准。

10.4 质量信息管理流程

装备质量信息管理流程一般包括信息的识别、收集、录入、上报、反馈、统计、评估、分析、归档、维护,可分为信息收集(与提交)、信息处理、信息储存、信息反馈与交换、信息分类与编码等几个阶段。各部门各单位由于具体任务不同,其信息工作流程会有所区别,但基本工作内容和流程是相似的。

10.4.1 信息收集

质量信息是客观存在的,只有将分散的、随机产生的信息有意识地收集起来,并加以处理才能利用,使其为开展质量工作服务。信息收集或提交是信息工作循环的起点,也是信息工作的关键环节。没有信息收集或提交信息,也就没有“源”,没有信息工作可言;同时,收集、提交信息的质量影响或决定着信息工作最终输出即决策依据或建议的正确。

1. 信息收集与提交的要求

1)及时性

信息的及时性要求是由质量信息的时效性所决定的。信息价值往往随时间的推移而降低,信息及时收集才能充分发挥其应有的作用,体现其实际价值。特别是影响安全、可能造成重大后果的严重质量问题的信息,一经发现就应及时提供,以免造成重大的损失。

信息收集和提交及时,首先是采集、记录信息及时。例如,装备使用或维修信息,应当在使用或维修过程结束的当时采集和记录,特别是像故障或事故信息,处理或维修的信息,都应当在当时而不是靠事后追记。事实上,由于没有及时采集和记录,追加的信息往往靠不住。其次,对于要求定期收集和提交的信息要按规定时限采集与提供。

2)准确性

准确性是信息的生命。信息必须如实地反映客观事物的特征及其变化情况,信息失真,不但无用,还会导致错误的决策。对信息的描述要清晰明确,避免模棱两可。因此,在采集信息和填写收集信息卡片时,除了要加强调研工作和责任心,还要采取必要的防差错措施,如加强信息的核对、筛选和审查,可利用计算机自动查错等,以提高信息的准确性。

要求收集、提交的信息真实、可靠、精确,包括定性或定量信息均如此。这首先要求有关信息概念、术语使用正确,以便准确反映事实和沟通;同时,要实事求是地定性和定量描述事实,特别是对装备研制、生产、试验、使用(含储存、维修)中的故障和事故及其后果;信息或数据的准确性要以有关标准或准则为依据。

3)完整性

完整性是信息全面、真实地反映客观事物的必要条件。为保证质量信息的完整性:一是要按照对质量信息的需求进行收集,内容要全,做到不缺项。因为信息之间往往是相关的,丢失一项就可能使许多信息失去应有的价值。二是要求质量信息数量上的完整,而且数量多也是弥补个别信息不准的有效措施。

收集或提交的装备质量信息要能够满足装备研制、生产、试验、订购、使用含储存、维修等过程管理工作的需要。特别应当认识信息资源是最宝贵的资源,信息的完整性是最基本的要求。常常有这样的情况:收集了一大堆数据,却因为缺少某一个数据,作不出所需的结论。同时,要强调信息收集的完整性是从整个装备管理工作需要考虑的,而并不一定是每个具体单位管理工作的需要。例如,装备质量特别是可靠性、维修性、保障性等特性主要表现在使用过程,尽管部队一般不直接使用这些信息,但有关这些方面的信息主要靠部队使用、维修、仓储单位或部门收集和反馈。部队应当按照规定完整地收集这些信息并及时报告或反馈。GJB 1775《装备质量与可靠性信息分类和编码通用要求》及各类装备的类似标准,分别规定了各种装备完整的质量和可靠性(含维修性)信息收集的要求。这些标准适合于装备寿命周期各阶段,在各阶段都要按要求收集规定的数据。

4)连续性

信息的连续性、系统性是保证信息流不中断及有序性的重要条件。在装备寿命过程的不同阶段,其质量状况不断发生变化,为了掌握装备质量的动态变化规律,必须保持信息收集上的连续性。信息不连续或时断时续与信息不完整一样,难于找出变化规律,同样会导致错误的决策。

为了实现这些要求,一个单位信息组织首先应当根据单位任务确定信息需求,包括所需信息的种类、具体内容,以及何时需要这些信息;将这些信息需求排列出来,经过分析、筛选、协调、综合,确定信息收集或提供的要求,包括信息的种类、内容、收集或提供的时机、任务分工等。在此基础上,各级信息组织制定自己的信息收集、提交的具体要求和计划。

(1)信息收集和提交的范围和内容。

(2)信息的来源。

(3)信息收集和提交方法、流程。

(4)信息提交的时限要求。

按照提交时限,装备质量信息大体上分为日常信息和临时(事件)信息,前者通常是定期收集或提交,如有关装备的各种年、季、月、周、日报;临时信息是针对"事件"收集的信息,如装备研制、生产、试验和使用中的各种活动(会议、评审、检查、总结等)、事故、成果等信息。基层信息组织要按照规定的时间、地点收集这些信息,及时、准确、完整地记录装备信息,并对其进行严格的审查。

2. 信息收集的基本程序

1)确定信息收集的内容和来源

各级信息系统和信息用户都应根据所承担的任务,在对信息需求进行论证的基础上,具体确定信息收集的类别和内容。要逐项选择和落实它们的来源与渠道。对内部信息的收集,要按照信息流程图明确各级信息组织所应承担的任务,特别是要抓好各个信息源的采集记录工作。对外部信息的收集,受多方面因素的制约,可控性差,困难也就比较大。因此,除了从上级和有关的信息组织可以获取的信息,还要采取多种方式和手段间接收集有关的情报资料等,解决好信息的来源问题。

2)编制规范的信息收集表格

表达和记录信息可以采用语言、文字、表格、磁带或磁盘等各种不同的形式,其中信息表格是最基本的记录形式。因此,需按照信息收集的类别和内容设计一系列的信息收集表格,信息表格的设计和编制应遵循下述原则。

(1)统筹规划,分类编制。质量信息涉及面广、层次多、信息量大,因此,首先要对信息统筹规划和科学分类,然后在分类的基础上确定每类信息的具体内容,设置不同的信息表格。信息表格的设置要层次清楚,分工明确,各表格之间既要体系化又要有相对的独立性。

(2)要便于信息的收集和填写。在满足需求的前提下,表格中栏目要尽量少,内容尽量避免重复,一张表格中的内容应在同一单位就可完成采集和填写,并尽量做到简单易填,以免出现漏填和错填。

(3)应符合标准化、规范化的要求。首先,对表达信息内容的信息单元和信息项要采用标准化的术语。信息单元是指信息的基本要素,它应具有唯一的含义,可以用一系列特定的信息内容来描述。信息表格的标准化、规范化是提高信息工作质量和效率的重要条件。

(4)要便于信息的自动化管理。计算机是处理信息,实现现代化管理的基本工具,因此信息表格的设计要适合于计算机对信息录入、储存、检索和分析处理的要求。为此还要采用编码技术,选用和编制标准化信息代码,以提高信息加工处理的效率。

3)采集、审核和汇总信息

对各个信息来源,要根据信息收集的计划和要求,按信息表格逐一进行校核和审查。对遗漏的和有误的信息或发现了新问题、新情况,则进行修正或补充收集。最后对信息进行汇总,并及时将信息按照规定的流程提交或反馈给有关部门和信息组织。

10.4.2 信息处理

来自基层的装备质量信息是第一手材料,一般来说,具有真实、具体、直观的优点,但它们同时又可能具有比较分散的缺点。因此,这些信息往往不能直接进行反馈、交换,也不能提供装备有关决策支持。这就需要对收集的装备原始信息进行加工,“去粗取精,去伪存真,由此及彼,由表及里”。分析处理信息是各级信息组织的主要任务,应当按照规定的权限、程序、原则对收集或下级信息组织提供的信息进行分析处理。

信息的加工处理是提高装备质量信息工作质量和效率的重要手段,同时也是对信息价值的再开发,以扩大其应用范围。通过对大量信息的去伪存真、去粗取精和综合分析的处理过程,可以得到更系统的信息资料,以便为各级管理层提供决策的依据,并为新产品的研制和生产积累宝贵的技术资料。

1. 对信息加工处理的基本要求

(1)真实准确。对信息加工处理最基本的要求是真实准确,即是指对所形成的信息资料经过一系列加工处理,从而更真实、准确地反映客观情况和变化。

(2)实用可用。实用包含两个方面的含义:加工后的信息要符合对信息的实际需求,以便充分发挥信息利用的预测和控制作用;对信息加工处理所采用的程序和方法要符合单位的实际情况。

(3)系统完整。加工后的信息应能全面反映客观事物的变化规律,这就要求在对各类信息分别进行加工的同时,注意综合分析处理,使原始的、彼此孤立的信息变成有序的、系统的、彼此紧密联系的信息,以便输出价值更高的信息资源。

(4)浓缩简明。要求加工后的信息内容上要浓缩,表达上要简明、清晰,要尽量用图、表的形式输出。

(5)经济有效。对信息的加工,要讲求经济效益的原则,注意加工后信息的价值与所耗费用之间的关系。因此,对信息的加工既要注意系统性,又要特别注意做好那些对装备质量有重大影响的信息的分析工作,以便收到事半功倍的效果。

2. 信息加工处理的一般程序和方法

信息加工处理没有固定的模式,不同的信息管理层次对不同的信息,进行加工的程序和方法要求各不相同。一般的程序和方法应包括信息审查、信息分析和信息综合与编写报告几个步骤。

1)信息审查

信息审查的主要目的是“去伪存真”。由于种种原因,收集或由下级组织提供的装备质量信息,有时难免有错误或失真的地方,就是有所谓的“病态信息”。病态信息或病态数据是一个广泛的概念,它是从信息集合角度来说的,包括信息集合不完整、不适用、不好用、假信息等各种表现形式。出现装备病态数据的原因也是多方面的,有认识或思想方面的,有工作作风和制度方面的,还有具体技术方面的。事实上,完全避免病态数据是不可能的。因此,对于收集或下级提供的装备信息要逐项逐个地进行审查或检测,发现、鉴别有错误或失真的信息,对这些信息进行复查或要求提供单位复查和重新提供;通过认真筛选、谨慎剔除病态数据,以保证装备信息的准确性。总之,要尽量减小信息的失真,提高信息的完整性和准确性,使所需信息达到能够录入和进行统计、分析的水平。

2)信息分析

对于经过审查的装备信息,需要通过统计分析、工程分析、综合分析,“去粗取精,由此及彼,由表及里”,从中找出规律性的东西,以便为装备研制、生产、使用(含维修、储存)以至退役提供信息支持和决策依据,这就是信息分析的目的。分析是信息工作的核心环节,它以信息收集与提交和信息审查为基础,为有用信息的使用包括反馈、交换和提供决策咨询奠定基础。

装备信息分析一般分为统计分析、工程分析和综合分析三种。

(1)统计分析。把来自各单位或各时机的数据经过分类整理,按照预定要求统计,计算所需的评价参数,对装备及其某方面性能或工作的状态、水平、发展趋势作出估计。例如,将某一时期某型装备使用或储存中的故障数据加以统计,计算故障率 λ 或平均故障间隔时间(MTBF),对装备可靠性作出估计和评价;将各次排除故障时间加以统计,求平均值计算平均修复时间(MTTR),对装备维修性作出估计和评价。

(2)工程分析。统计分析基本上是一种定量分析,“用数据说话”。工程分析是更为广泛的分析,它以统计分析结果为基础,着重于从工程技术上对这些数据和结果分析其产生原因、后果或影响,研究可能或应当采取的措施和对策。例如,在统计分析掌握装备可靠性、维修性状况后,分析原因,找出薄弱环节,确定纠正(改进)措施,就是工程分析的任务。各种不同的工程分析有其特殊的分析方法。例如,可靠性、维修性工程中的故障模式、影响和危害性分析(FMECA)、故障树分析(FTA),安全性工作中的事件树分析(Event Tree Analysis,ETA)等,都是工程分析方法。

(3)综合分析。在上述两类分析的基础上,行业、部门或其他高层信息组织要定期或适时进行信息综合分析,更加完整、系统地掌握装备研制、生产、使用的状况和发展趋势,作出更为全面的评价,发现趋势性或倾向性的问题,提出更为权威、更为重大的意见和建议。这种意见和建议往往不是针对一个单位或具体事项就事论事的,而可能是具有全局性或长远性的。其分析过程的确要由此及彼、由表及里,包括查阅有关历史数据或资料,分析综合作出判断。

为了做好信息分析工作,各级装备信息组织应当根据自身的任务、管理信息需求和有关各方面对其提供信息的具体要求(如科研、生产单位对部队提供信息的要求,或部队对科研、生产单位提供信息的要求),确定信息分析的要求,制定信息分析的指导性文件,明确规定装备信息分析的具体内容、提供的评价参数和分析方法。各级装备信息组织可以根据实际需要和有关标准、文件,对该指导文件未予规定的参数和内容进行必要的补充。

3)信息综合与编写报告

对经过分析的信息应当进行整理,作出结论,编写报告。信息综合和编写报告实际上是对信息进行的又一次加工提炼、升华。这个过程是为信息储存、反馈、交换从而发挥作用做准备。

3. 开发装备质量数据库和计算机分析软件系统

由于装备质量信息量巨大,手工操作不能满足信息管理的要求,利用计算机管理信息,必须做好数据库的建立和分析软件的编制工作,以充分利用计算机的功能,发挥其应有的作用。

数据库是按一定的结构方式存储在计算机硬盘或软盘中相关数据的集合。数据库技术可以将大量的数据独立于应用程序而存在，又具有最小的重复性和较高的可靠性，可以使数据具有共享性，即可以被不同用户的不同程序所使用，用户可以按需要采取统一的控制方法快速地对数据进行调用、查询和检索。建立数据库是软件开发的重要组成部分。

计算机软件开发质量，直接影响对信息处理的及时性、经济性和使用效果。实践经验表明，做好软件的开发工作应特别注意以下几个方面。

(1)要根据质量信息管理的需要，在统筹规划的基础上，严格按软件工程的方法，对每个软件做好需求分析，明确软件的功能和设计要求，避免或减少因考虑不周而造成编程中的反复和软件的使用寿命的降低。

(2)软件开发要按有关的标准进行，严格设计程序和步骤，文档要齐全，对软件要进行严格的测试，以保证软件的开发质量。

(3)软件的开发要采用模块化和结构化设计，要根据实际需要突出重点，按轻重缓急，避免因贪大求全而造成长期不能投入使用的局面。

(4)要注意软件的维护工作，随着使用环境的变化和软件功能的扩展，需要对软件不断进行修改和维护，这是不断完善软件功能，延长其使用寿命和降低软件寿命周期费用的重要环节，要予以高度重视。

10.4.3 信息储存

各种装备质量信息应当按照需要保存，并能方便地查询和检索，以保证信息的可追溯性，为装备研制、生产、使用(维修、储存)、报废决策提供依据。例如，武器装备在实际作战中的具体性能、故障和损伤数据，是研制(论证)新装备、改造现役装备最重要的一类依据。我军多年来曾经经历了国内外作战，也曾经收集过一些武器装备方面性能、故障和损伤数据，有的编入了各种总结报告。但是，由于种种原因，大量的数据没有保存下来。至今，我军关于装备生存性、战场修复方面的研究最大的困难就是数据缺乏。所以，装备信息的储存至关重要。只有把信息科学地存储起来，才能在更广的范围内利用它，并有利于信息资源的再开发。

1. 储存种类

根据装备质量信息的应用价值，储存的装备质量信息一般可分为三类。

(1)永久储存的信息。对于装备研制、生产和使用有长远意义需要永久保存的信息。例如，各种装备的沿革和性能、可靠性、维修性、保障性等参数指标，研制、生产、验收和使用中的重大事件，特别是重大事故记录、分析报告、采取的措施及其结果等。

(2)长期储存的信息。在较长时间内对装备研制、生产和使用有价值的装备质量信息。例如，装备研制、生产、验收和使用中的重要事件、问题及其处理报告，装备的各种检测、试验结果等。其储存应当直至该型装备退役后一段时间为止。

(3)短期储存的信息。在短时间内对装备研制、生产、验收和使用有价值的装备质量信息，主要是指研制、生产和使用中的一些过程信息、数据，个别性的非关键问题及其处理记录等。它们主要是直接相关的单位或部门使用。其保存时间由有关信息组织确定。

对于永久信息不得修改或销毁、删除，其他信息在未达到规定保存期之前也不得销毁或删除。对装备故障或事故实物、图片、记录正确的源文件都不得随意修改。

2. 储存方式

信息的存储有多种方式，如文件、缩微胶片、计算机和声像设备等。传统上一般采用文件的方式来存储信息。随着信息量的急剧膨胀以及计算机的广泛使用，信息的存储已普遍按计算机数据库的方式进行。

3. 储存基本要求

(1)在信息的存储期内,应能安全、可靠和完整地保管好各类信息。

(2)在需要信息时,能方便地进行信息的查询和检索,保证信息的可追溯性。

(3)信息的存储应按分级集中管理的原则进行,分级就是各管理层次的信息组织应按所承担的信息管理任务分工来存储信息,集中则是指单位各层次对按分工所需保管的信息进行集中存储。

10.4.4 信息反馈与交换

信息只有流动才有作用。经过分析处理的装备质量信息只有通过在装备论证、研制、生产、验收、使用(含维修、储存)和管理等各有关单位或部门之间的反馈、交换,才能发挥作用;同时,由于武器装备的特殊性,这种信息交换又必须在严密组织、严格控制之下有序地进行。

1. 信息反馈

信息反馈是一种用系统活动的结果来控制和调节系统活动过程的方法,把决策的实施结果所产生的信息传送回来,用以修正决策目标和控制、调节受控系统活动的有效运行,信息的输出与反馈是一个不断循环的闭环控制过程。

在系统的闭环控制中,信息反馈是从受控系统向决策者传送信息,它也是一种信息收集。所以与对信息收集的要求类似,信息反馈应及时、准确、完整和连续,并要求合理地设置信息反馈点,确定信息的流向和时限。信息反馈原则上应按照规定的信息流程图来进行。一个系统的内部信息,反馈比较容易保证,关键在于加强管理;对外部信息,应积极沟通信息渠道,并通过制定必要的信息反馈制度或签订合同等措施,以保证信息反馈的正常进行。信息反馈的时限要求,可根据信息的重要程度分为定期反馈和紧急反馈。

质量信息系统必须形成闭环控制,在装备质量工作中要不断反馈各种信息, 从装备信息提供或反馈途径来说,基本上是两类:一类是从装备研制生产单位、部门向装备使用部门、单位提供研制、生产信息;另一类是从装备使用部门、单位向研制、生产单位、部门反馈使用中的信息,并提出改进措施,避免出现同类问题,同时,避免下一代新型号研制装备出现同类问题。这两类交换都很重要。

在信息交换中,装备军方代表起着很好的作用,可以说是一条重要的渠道。信息提供或反馈最重要的要求是及时性,要按照有关规定定期反馈信息,对重要、紧迫的事故、异常信息应当尽快及时反馈。

2. 信息交换

装备质量工作是一项复杂的系统工程活动,为了在全部活动中不断地对各种问题力求作出正确的决策,必须要有大量的来自各方面的信息作为支持。这些信息少量来自系统内部,大量的则来源于系统外部。信息交换是指各单位、部门或各类信息组织之间相互提供彼此所需信息的过程。信息交换是获取信息的重要来源,是交换双方互通有无、实现信息资源共享,避免重复收集、重复试验,节约经费,争取时间,经济而有效地获取信息的重要手段。各单位和各部门都应积极支持并参与信息交换工作,还应制定必要的制度,以使信息交换工作得以顺利进行。

信息交换可以采取各种不同的形式。例如,发行各种简报、信息索引,通过信息网等。我国已经建立的军用电子装备可靠性信息网,各工业行业和军兵种的一些质量与可靠性信息网,就是交换质量与可靠性信息非常有效的组织。此外,各级信息组织还应当向上级提供信息咨询。

10.4.5 信息分类与编码

信息分类是将具有某种共同属性或特征的信息归并在一起,把不具备共同属性或特征的信息区分开来的过程。信息编码是将表示信息的某种符号体系转换成便于计算机和人识别与处理的另一种符号体系的过程。

信息分类和编码并不是信息工作流程中的一个步骤,但它是整个信息工作流程各步骤的基础。建立系统、完整的装备信息分类和代码体系,是及时、准确、完整收集和提交装备信息的基准,也是分析处理和交换信息的前提。如果没有科学的、统一的分类,信息单元和信息项划分不一致,实际上各个信息组织之间就没有共同的语言;如果没有科学、统一的代码体系,以计算机为核心的信息管理系统就无法接收、处理和传输装备信息。所以,在整个信息工作流程进行之前必须进行信息分类和编码,建立标准化的装备信息分类和代码体系。

建立装备信息分类和代码体系,应当在主管部门统一领导下,按照有关标准,统筹规划、全面协调进行。装备质量与可靠性信息是装备信息中最为重要的部分,也是军方内部以及同工业部门、单位信息交换最多的一大类信息。GJB 1775《装备质量与可靠性信息分类和编码通用要求》和飞机、舰船、航天系统、火炮、车辆、电子系统等相应的下层次标准对各种装备质量与可靠性信息分类和编码要求做了具体规定,是进行这一工作的依据。其他装备质量信息也应当制定相应的标准或手册,规范装备质量信息分类和编码工作。

1. 装备质量信息分类

信息分类是收集和管理信息的基础,特别是计算机编码的基础。如前所述,装备质量信息内容繁多,可以根据不同需要分类(10.1.2 节)。在这里,主要是根据所在部门或单位的任务和信息需求,确定所涉及的装备信息范围,在此基础上再将其分类。装备质量与可靠性信息一般分为以下几类。

(1)装备及其组成部分(产品)标识的信息。

(2)产品工作状态与环境的信息。

(3)产品缺陷的信息。

(4)产品故障的信息。

(5)产品维修的信息。

上述第(1)项是装备的基本信息,对一台(架、辆、门)装备(一个产品)是不变的,区别于其他装备或产品的信息。后面4项是动态信息,直接或间接说明或反映这一具体装备或产品质量与可靠性的状况。

2. 信息单元设置

信息单元(Data Element)是信息的基本要素。例如,为了标识产品可能需要若干信息,产品名称(如歼击机)、型号(歼8Ⅱ)、机号、出厂日期等,这些信息属于一类。其中,每一个就是信息单元,具有唯一的含义。

装备信息单元的设置应当根据信息工作的实际需要,在满足需求的条件下,尽可能减少信息单元的数量。信息单元应当使用统一规定的术语表达,其称谓应力求简练,信息单元有各自明确的定义。

GJB 1775 对各类质量与可靠性信息应设置的信息单元做了一般性规定。

(1)与装备标识有关的信息单元至少应有装备名称、型号、编号、出厂日期、承制单位、工作单元。

(2)与装备工作状态和环境有关的信息单元至少应有所处状态、工作方式、工作时间、计时单位、工作环境、使用单位、使用地点、试验单位、储存单位、储存地点、使用人员级别。

(3)与装备缺陷有关的信息单元至少应有缺陷内容、缺陷原因、缺陷判明方法、缺陷影响、缺陷处理、缺陷责任。

(4)与装备故障有关的信息单元至少应有故障模式、故障发现日期、故障发现时机、故障前工作时间、故障判明方法、故障原因、故障影响、故障处理、故障责任。

(5)与装备维修有关的信息单元至少应有维修类别、维修级别、维修内容、维修程度、维修日期、维修时间、维修工时、维修费用、维修单位、维修人员级别。

该标准对上述各个信息单元的含义做了具体说明。各种类型装备的相应标准对信息单元设置还有待更进一步的补充和细化。

3. 信息项预置

由上可见,信息单元虽然是信息的基本要素,但它实际上仍是一类信息,即信息单元可由一系列的信息项(Data Item)来描述。信息项是描述信息单元的某一特定内容,例如,以上关于质量与可靠性 5 个信息单元中的每一个具体内容都是一个信息项。

在设置信息单元后,要对每个单元预置一系列信息项,并对每个信息项的含义给予明确的表述。信息项预置的基本要求如下。

(1)完整。每个信息单元的信息项系列应当足以准确地描述该信息单元。例如,上述的 GJB 1775 规定各质量与可靠性信息单元“至少应有”为了保证信息项的完整,必须有的信息项,它们从不同的角度描述信息单元,如果缺少其中的某一项或几项,就不能准确反映信息单元。例如,与装备标识有关的信息单元中的装备名称、型号、编号、出厂日期、承制单位、工作单元等信息项,缺少某一项或几项,就不能标识一个产品。

(2)不重复交叉。各个信息项应当是相互独立的,既不能重复,又不能交叉,保证准确描述一个信息单元且所需信息项最少。

(3)方便使用。信息项的预置应当使每个信息项都能够方便地采集、记录和汇总。特别是那些要由基层单位收集的数据项,应当是基层单位经常使用的或易于理解的、易于观测或检测的,它们本身不应当是需要经过复杂的计算或处理的。

(4)信息项的含义要明确、无歧义。

(5)分类和排序。为了便于编码,应当将每个信息单元的各个信息项按照一定的规律和原则分类与排序。

4. 信息编码

为了对信息进行计算机管理,必须进行信息编码,为此首先要建立信息代码体系。信息代码体系是指对于服务于特定目的信息单元和信息项,通过选择合适的代码类型、结构及编码方法,编制成的用于特定目的的代码集合体。信息代码体系应当与信息分类体系一一对应。装备质量与可靠性信息分类为 5 种,设置 5 个信息单元,那么,装备质量与可靠性信息代码也就应当分为相应的 5 类:装备标识信息代码;装备工作状态与环境的信息代码;装备缺陷的信息代码;装备故障的信息代码;装备维修的信息代码。

应按照装备信息代码体系进行信息代码设计。所设计的信息代码应当满足唯一、简单、合理、适用、具有可扩展性等要求。信息代码要符合有关标准、手册的规定。例如,装备质量与可靠性方面的编码要求应当遵守 GJB 1775 和各类装备质量与可靠性信息编码要求。事实上,这些标准对于质量与可靠性代码已经做了非常具体的规定,按照这些规定进行编码,既方便,又有利于信息的收集、处理和交换。

10.5　质量问题处理

一般来说,质量信息的处理程序包括收集、加工、传递、储存和反馈 5 个步骤。要使“有意义的数据”发挥其作用,实现“增值”的目标,就应当对质量信息进行科学的处理。质量问题的处理是装备质量信息处理中的重要环节和重点内容,对于保证、提高装备质量具有非常重要的作用。

20 世纪 90 年代以来,世界许多优秀企业普遍开展了“零缺陷管理”,但要绝对做到生产中不产生不合格品是不可能的。因为影响产品质量的因素很多,有的还带有随机性,其中任何一个因素出现异常,都可能造成不合格品的产生。对此,企业家和质量管理专家是十分清楚的。之所以推出“零缺陷管理”,是为了确定一个奋斗目标,并通过努力向这个目标迈进,尽最大可能地防止不合格品的产生,确保产品质量,不断提高产品的竞争能力。

作为装备质量监管的主要力量和承制单位与使用部队之间的纽带,军事代表在处理产品质量问题中担负着重要责任,装备在研制、生产、使用中出现的质量问题都需要军事代表参与处理。

10.5.1　质量问题处理概念

装备在研制、生产或使用中,由于某种原因,出现了质量达不到规定要求,或不符合虽未“明示”,但规定用途或已知的预期用途所必需的要求的情况,称为装备质量问题。需要指出的是,在“以顾客为中心”的质量管理理论提出来之前,一般都把装备质量问题界定为不符合规定要求,这种观念是陈旧的。按照现代质量管理理论,如果装备在使用中出现了不能满足使用方未“明示”,但规定用途或已知的预期用途所必需的装备要求的情况,尽管装备质量是符合规定要求的,仍要把这类问题视作装备质量问题。需要注意的是,这类质量问题的识别要慎重。

装备质量问题处理是指对装备质量问题进行调查核实、分析查找原因、制定并采取纠正措施等一系列的工作和活动。处理装备质量问题的目的和作用在于纠正存在的装备质量问题和防止问题的重复发生。对那些处理过程较为复杂的装备质量问题,通常由承制单位会同军方组成工作小组进行处理。对一些性质严重、涉及面广、影响面大的装备质量问题,也有由军队领导机关组织工作组进行处理的。如果装备的生产单位不是装备的设计单位,或者装备是配套产品,处理一些较为严重的装备质量问题,设计单位或总装厂以及军方相关单位要参加装备质量问题的处理工作。

装备发生质量问题后,承制单位负有解决质量问题的全部责任,军事代表的主要职责是对承制单位的工作实施监督和把关,并协助承制单位做好各项工作。同时,军事代表还要履行向上级请示和报告、执行上级指示的职责。军事代表的上述各项工作,构成了军事代表的产品质量问题处理工作。

军事代表通过检查承制单位的工作,参与或会同承制单位开展调查核实、分析查找原因、制定纠正措施、验证纠正效果等工作并实施监督;通过审查承制单位的工作过程是否符合规定要求、工作结果是否正确、纠正措施是否有效实施把关。必要时,军事代表可独立地开展原因分析、效果验证等项工作。需要指出的是,装备质量问题处理中的组织工作十分复杂,无论是质量问题处理的整体工作还是其中的某个单项工作,有些情况下是由上级领导机关组织的,有时是由军事代表室会同承制单位共同组织的,有的是由承制单位组织的。但是,不论质量问题处理的组织工作是由谁负责的,承制单位都应对各项工作的过程及结果负责,尤其要对质量问题处理的最终结果负完全责任。军事代表则对军事代表的监督和把关工作负责,尤其要对把关工作中军事代表的结论性意见的正确性负责。

为了保证正确处理装备质量问题,规定了严格的装备质量问题处理要求和程序。从理论上来说,任何装备质量问题的处理都必须严格执行程序。但在实际运作中,有些装备质量问题,涉及的装备数量很少,原因简单且很容易查清,解决办法也很简单,不需要系统考虑采取防止重复发生的措施。对这类明显不是系统性原因造成且处理过程十分简单的装备质量问题,往往采取一种较为简单的处理方式,即质量问题的处理完全由装备承制单位或使用单位负责,军方代表、上级机关基本不参与处理工作,只是从总体上实施监督把关。例如,在装备检验验收中发现了一个产品不合格,而且符合上面所述情况,一般直接退给装备承制单位返工,而不参与承制单位的调查核实、查找原因、区分责任、分析验证等项工作。为了便于叙述,姑且将这类产品质量问题称为"简单的装备质量问题",而将处理中需要军方严格执行处理程序的装备质量问题称为"复杂的装备质量问题"。本节所述内容主要是针对"复杂的装备质量问题"。

10.5.2 质量问题分类

装备质量问题处理工作中最常用的一种分类方法,是把装备质量问题划分为重大质量问题、严重质量问题和一般质量问题。

1. 重大质量问题

重大质量问题是指危及人身安全、导致或可能导致装备丧失主要功能或造成重大损失的事件。通常,重大质量问题与装备的关键特性以及装备质量检验中的致命缺陷相对应。一般情况下,如果装备的关键特性不合格、带有致命缺陷,就构成重大质量问题。此外,不论装备质量问题本身是否严重,但只要质量问题的发生给使用方造成了重大损失,如人员伤亡、产品严重损坏、造成重大经济损失或贻误重大军事活动等,亦属重大质量问题。由于装备质量问题而造成了重大或严重损失的事件也称为质量事故。

2. 严重质量问题

严重质量问题是指不构成重大质量问题,但导致或可能导致装备严重降低性能或造成严重损失的事件。通常,严重质量问题与装备的重要特性以及装备质量检验中的严重缺陷相对应。一般情况下,装备的关键特性符合规定要求,但重要特性不符合规定要求,装备不带有致命缺陷,但带有严重缺陷,就构成严重质量问题。此外,不论装备质量问题本身是否构成重大或严重质量问题,但只要质量问题的发生给使用方造成了严重损失,则亦属于严重质量问题。

3. 一般质量问题

一般质量问题是指不构成重大或严重质量问题,只对装备的使用性能有轻微影响或造成一般损失的事件。通常,一般质量问题与装备的一般特性以及装备质量检验中的轻微缺陷相对应。一般情况下,装备的关键、重要特性符合规定要求,但一般特性不符合规定要求,装备不带有致命、严重缺陷,但带有轻微缺陷,就构成一般质量问题。

10.5.3 质量问题处理权限

产品质量问题的处理权限,是与产品质量问题的严重程度相对应的。产品质量问题越严重,处理的权限级别也越高。一般地,重大质量问题由总部、军兵种的业务主管部门负责处理;严重质量问题由军事代表局负责处理;一般质量问题由军事代表室负责处理。“负责处理”是指负责质量问题处理的总体组织工作并最终决定处理结论,包括对带有质量问题的产品的处置方法。质量问题处理中的各项具体工作,由承制单位实施,军事代表室负责监督和把关并予以协助。

在装备研制、生产、使用与维修的不同阶段,质量问题处理的装备业务主管部门有所不同。在研制阶段,装备科研业务部门组织装备科研院所、驻厂军事代表机构等单位,跟踪、参与研制过程质量问题处理。对可能影响装备研制计划、战技指标、成本等质量问题,应当逐级报装备科研业务部门。在生产阶段,驻厂军事代表机构应当参加武器装备。此阶段质量问题分析、论证、试验及验证工作,并对质量问题处理结果负责。重大质量问题应当及时上报装备采购业务部门。属于研制设计问题,由装备科研业务部门督促整改;属于批产质量问题,由装备采购业务部门监督归零。在使用阶段,使用部队负责武器装备使用质量问题分析、汇总、上报,参加武器装备使用质量问题处理。重大质量问题应当及时上报装备使用管理业务部门。驻厂军事代表机构应当参加武器装备大修质量问题分析、论证、试验及验证工作,并对质量问题处理结果负责。

装备质量问题对装备质量的影响,不仅取决于质量问题本身的严重程度,还与产生质量问题的原因是否属于系统性原因有关。由系统性原因而产生的质量问题对装备质量具有较长远、较广泛的影响,解决和防止重复发生的难度也较大。为了保证这类问题得到彻底解决,一般对那些明显由系统性原因造成的装备质量问题,要提高处理的级别。例如,对一般质量问题,把处理级别提高为处理严重质量问题的级别。此外,对那些牵涉面广,不宜由军事代表室或军事代表局负责处理的装备质量问题,或者虽属军事代表室处理权限内,但军事代表室与承制单位存在严重分歧的装备质量问题,也要提高处理的级别。

遇有以下几种情况时,一般应提高处理级别。

(1)重复发生的装备质量问题。装备多次、重复发生同一质量问题,经多次采取纠正措施仍然不能解决,除了根本原因未找准,其症结可能有以下两种。

①承制单位的质量保证能力不足,如技术能力弱,管理不善,加工设备精度不足,操作人员技术水平低。

②技术要求过高或不合理,国内的技术包括工艺达不到要求的水平。多次重复发生的装备质量问题一般都是由系统性原因造成的。

(2)批量大的装备质量问题。成批性出现的装备质量问题一般都是由同一原因造成的,产生质量问题的原因一般也都是系统性原因。

(3)涉及面广、影响面大的装备质量问题。有的装备质量问题涉及面广,或者影响面大,处理中组织、协调关系复杂。这类装备质量问题,一般由相应层级的装备领导机关负责处理。例如,装备质量问题牵涉与装备有配套关系的其他产品;或者牵涉与装备使用相关联的其他产品;或者牵涉已交付使用的装备,装备质量问题在部队造成了很大影响。

10.5.4 质量问题处理工作程序与内容

1. 程序

装备质量问题处理应严格履行规定程序。一般情况下,装备质量问题处理按下列步骤进行。

(1)报告装备质量问题。

(2)调查核实有关情况。

(3)分析查找原因。

(4)制定纠正措施。

(5)验证效果并实施纠正措施。

所有装备质量问题的处理都应严格执行装备质量问题的处理程序。军事代表处理质量问题的工作,原则上应该包括程序规定的各个工作步骤,但工作的广度和深度,则视具体情况而定。例如,对分析装备质量问题的原因,军事代表可以采取了解、掌握承制单位的工作过程;参与承制单位的分析工作;会同承制单位共同分析;独立地开展分析等多种方法。对一个具体的装备质量问题采取哪一种或哪几种方法,则要根据装备质量问题的严重程度、涉及面、影响面、质量问题发生时在其寿命周期中所处的阶段、质量问题解决的难易程度等诸方面的因素予以确定。

2. 内容

质量问题处理中的各项工作主要内容如下。

1)起草装备质量问题报告

装备质量问题报告也称为故障报告。在发现装备质量问题后,发现者或承制单位、使用单位的有关部门要填写规范统一的故障报告表。故障报告表按有关规定向承制单位的有关部门、使用方的有关单位和部门传递。承制单位的有关部门、使用单位的有关部门要对有质量问题的装备作标记并予以隔离,必要时,要保护发生装备质量问题的现场。若发生的装备质量问题属重大质量问题,则应立即停止验收、使用。

2)质量问题的调查与核实

装备质量问题发生后,要对有关情况进行调查核实。调查核实的内容主要包括:装备质量问题发生的时间、地点、时机、环境条件、责任者;装备质量问题涉及的范围和装备生产批次、数量;装备质量问题的现象及发生过程;装备质量问题给装备研制、生产、使用造成的影响等。

质量问题核实也称为故障核实,是通过按质量问题发生时的实际情况,采用模拟试验等方法重现故障现象,以及通过对故障发生中损坏的硬件等故障证据进行分析、试验来完成的。核实的目的,是准确地识别装备质量问题,弄清所发生的装备质量问题的真实情况,防止误报或错报。在核实中,若出现缺乏证据的情况,应予以说明并记录。

在生产、使用过程的装备质量问题调查核实中,要对同一生产条件下生产的所有装备进行检查,并对带有质量问题的所有装备实施隔离。在调查核实中,还要查明造成装备质量问题的责任人员,并依据相关规定对责任单位予以惩处。

3)分析查找原因

分析查找产生装备质量问题的原因,是装备质量问题处理中最关键的工作,也是难度最大的工作。分析查找原因时,要运用系统分析方法,对质量问题的产生原因、影响及危害程度进行全面、深入、系统的分析。只有准确地找准产生质量问题的根本原因,全面、透彻地弄清质量问题的危害程度及影响,才能有针对性地采取行之有效的纠正措施。

分析查找原因要广泛采用理论分析、故障复现试验、分解检查、与同类质量问题信息进行比较分析等各种方法,采用召开分析会议、组织专家评审等多种形式,力求切实找准原因。产生装备质量问题的原因,除使用不当等一些与研制、生产无关的原因外,一般可归结为管理和技术两个方面。例如,设计不当、执行管理制度不严格、工艺水平达不到要求等。某种原因可能带有管理和技术两种因素。同时,产品质量问题的原因和结果的关系十分复杂,某种原因可能在一个装备上造成多个质量问题。例如,一个电子元器件的失效,可能使产品的多项性能受到影响。另外,一个产品质量问题,又有可能是多种原因综合作用的结果。例如,工人操作不当产生了不合格零件,而检验人员又出现漏检,致使不合格零件流入装配而造成了质量问题。此外,某一种原因,可能又是另一个原因的结果。例如,产生质量问题的直接原因是生产现场使用的图样错误,而产生图样错误的原因则是未将已批准的工程更改落实到现场使用的图样中去。进一步追究下去,可能还会查找出改图的方法有缺陷、技术状态管理制度不健全等原因。

装备质量问题的原因和结果的因果关系的复杂性,给质量问题处理中的原因分析、查找工作带来了很大的困难,使它成为质量问题处理中最复杂、最容易出现失误或偏差的工作。因此,在分析、查找原因时,必须全面、深入、系统地做工作,确保找出产生质量问题的所有原因,尤其是最根本的原因,才能切实有效地解决质量问题,并真正做到防止问题的重复发生和预防其他问题的发生。

在分析、查找原因的同时,还要对质量问题的影响和危害程度进行分析。分析的范围主要包括:质量问题对安全及装备的性能、使用、维修、训练乃至技术资料的影响和危害;对已交付出厂的装备和装备在制品的影响;对有配套关系和使用中有关联的其他装备的影响;对履行合同的影响等。如果拟通过采用改进设计的方法解决质量问题,还要防止更改设计带来新的问题。

4)制定纠正措施

在完成系统分析,找准质量问题产生的原因之后,要研究、提出装备质量问题的处理意见,或称为处理方案。处理意见包括三方面的内容:纠正装备质量问题的方法;防止问题重复发生的措施;与处理相关的工作。将这三项工作统称为纠正措施。需要指出的是,在质量管理中,纠正措施和纠正是两个不同的概念,纠正涉及对现有的不合格进行处置,纠正措施涉及消除不合格的原因。为了便于叙述,这里不加以区分。

纠正质量问题的方法,也就是对带有质量问题的装备的处置方法,一般有改进设计、返工、返修、原样使用、降格使用和报废。它还包括对已交付出厂的装备及在制品的处置。

防止问题重复发生的措施,是针对产生质量问题的原因制定的,必须对所有的原因制定纠正措施,并保证能够彻底消除质量问题。

与装备质量问题相关的工作,包括实施纠正措施的计划安排,确定是否需要更改合同,是否需要订立有关修理已交付出厂装备的合同等。当解决质量问题的方法是改进设计时,还包括装备图样、技术文件的工程更改,以及确定是否需要对已交付的各类技术资料进行更改等。

5)验证效果并实施纠正措施

用事实说话,用数据说话,是装备质量问题处理的一个基本原则。对解决质量问题的具体方法,尤其是技术方法,除了理论上的分析论证,必须经试验验证。只有经试验证明确实有效的纠正措施,才能在所有带有质量问题的装备上实施。只依靠理论分析,不进行实际的试验验证，是十分危险的，这方面有许多沉痛的教训。例如，某飞机发动机的承制单位，在处理一个小弹簧片镀锌时起泡的质量问题时，将镀锌改为镀镉。处理中未经充分试验，只凭理论分析认为镉的熔点为321℃，比弹簧片工作部位的工作温度高28℃。实际使用中，飞机在夏季做低空大速度飞行时，弹簧片温度高达360℃，致使熔化后的镉被甩出后堆积在其他零件上并渗入零件内部，引起该零件镉脆裂纹，最终导致空中爆破，造成了三起机毁人亡的一级事故。对那些防止问题重复发生的措施，也要通过分析、试验、检查来验证效果。

在纠正措施被批准以后，要严格按照批准的工作计划实施各项工作。实施中必须进行质量控制，以确保纠正措施的严格执行及其有效性。

6）请示和报告

军事代表在发现重大或严重质量问题，或得知装备发生重大或严重质量问题后，要及时向上级报告。在生产过程中，对重大质量问题，应在问题发生后的24h之内报告装备质量问题概况和采取的处理措施；对严重质量问题，应在问题发生后的72h之内报告装备质量问题概况和采取的处理措施。

在装备质量问题处理的过程中，军事代表室和承制单位要做好向上级领导机关请示报告的工作。对于一般质量问题，在问题处理完毕后，军事代表室要以文字形式及时向军事代表局报告。对严重或重大质量问题，军事代表室和承制单位应按负责处理问题的上级领导机关要求的内容、时机，请示或报告工作。一般地，在完成调查核实、分析查找原因、制定纠正措施及完成质量问题处理工作之后，均应分别请示报告。如果经过调查核实和分析，确认装备质量问题已影响或可能影响已交付使用的装备和其他承制单位生产的装备以及部队的使用、维修、训练等，应立即报告。对处理工作中遇到的承制单位、军事代表室无法解决的问题，也应及时请示报告。军事代表室可会同承制单位向上级领导机关请示报告，也可单独请示报告。

在制定纠正措施并经验证之后，向上级领导机关上报的请示报告内容如下。

（1）装备名称。

（2）质量问题的现象及发生过程。

（3）质量问题发生的时间、地点、环境、条件。

（4）质量问题涉及的产品数量、范围。

（5）质量问题的影响及危害。

（6）产生质量问题的原因。

（7）纠正措施。

（8）纠正措施的效果验证情况。

（9）实施纠正措施的工作计划。

（10）其他与质量问题处理有关的问题。

7）装备质量问题处理资料的归档

装备质量问题处理完毕后，军方和承制单位应分别将处理质量问题的有关资料归入装备档案，并按装备质量信息管理的要求实施管理。

装备质量问题的档案资料如下。

（1）现场记录。

（2）试验数据。

（3）会议记录、纪要。

(4)技术报告(检验、分析、鉴定、审核等)。

(5)有关文件,包括各类请示、报告、上级指示、批复等。

10.5.5 质量问题处理“双归零”准则

“双归零”或者说是“双五条”是当前我国质量界特别是军工行业质量界使用频率较高的一个关键词,包括“技术归零”和“管理归零”两个方面。“双归零”作为已融入相关国家军事标准的装备质量要求,它孕育于航天领域质量形势严峻的20世纪80年代初期,诞生于航天领域的发展陷入低谷徘徊的90年代中期,成长于航天领域的发展走出困境并跃上蓬勃发展轨道的90年代中后期。今天,它正以其自身的科学性、先进性和有效性,被越来越广泛地应用于包括航天系统在内的全国其他各个技术领域,它既是规范人们质量活动的一项共同的行为准则,也是人们开展质量信息工作的一种非常有效的活动。

10.5.5.1 “双归零”准则内涵

1. 技术归零

技术归零是指针对质量问题的技术原因进行归零,包括“定位准确、机理清楚、问题复现、措施有效、举一反三”5条具体要求。

定位准确是要求确定质量问题的准确部位;机理清楚是要求通过理论分析和试验等手段,确定问题发生的根本原因;问题复现是要求通过试验或其他验证方法,确定问题发生的现象,验证定位的准确性和机理分析的正确性;措施有效是指针对发生的质量问题,制定并采取可行的纠正措施,保证产品质量问题得到解决;举一反三是指把发生的质量问题信息反馈给本型号、本单位和其他单位、其他型号,并采取预防措施。

“归零五条”是一个有机的整体。定位清楚是前提,是处理问题的基本条件;机理清楚是关键,只有弄清问题的根本,才能对症下药,制定切实可行的措施;问题复现是手段,只有通过问题复现,才能验证定位是否准确,机理分析是否正确;措施有效是解决问题的核心,真正有效的措施不仅仅是消除现存的缺陷,还应确保不再发生重复性的质量问题;举一反三是延伸,只有做到举一反三,才能从根本上达到防止质量问题重复发生的目的。

2. 管理归零

管理归零是指针对质量问题的管理原因进行归零,包括“过程清楚、责任明确、措施落实、严肃处理、完善规章”5条具体要求。

过程清楚是要查明问题发生、发展的全过程,从中查找管理上的薄弱环节或漏洞;责任明确是要求根据质量职责,分清造成质量问题的责任单位和责任人,并分清责任的主次;措施落实是要求针对管理上的薄弱环节或漏洞,制定并落实有效的纠正措施和预防措施,确保类似问题不再发生;严肃处理是指对由于管理原因造成的质量问题应严肃对待,从中吸取教训,达到教育人员和改进管理工作的目的,对重复性和人为责任质量问题的责任单位和责任人,应根据情节严重程度和造成的后果,按规定给予一定处罚;完善规章是指要针对管理上的漏洞或薄弱环节,健全和完善规章制度,并加以落实,从制度上避免质量问题的发生。

这里要特别强调的是,人为责任质量问题是指由于有章不循、违章操作等人为因素造成的质量问题。重复性质量问题是指本单位已发生过的质量问题或各级已通报的其他型号(或单位)发生的质量问题在本单位再次发生。

在研制、生产、使用各阶段发生质量问题时,都要按上述5条标准认真作好在管理上的管理归零工作,产品的责任单位在产品交付时,要向上一级主管部门提交归零报告,型号出厂评审前要完成质量问题的管理归零工作。

10.5.5.2 "双归零"准则实施要点

"双归零"准则是人们在长期的工程实践中,探索并总结出来的解决质量问题和管理问题的一种科学思路与程序。按现代质量观的要求,凡属质量问题都应进行归零。符合质量问题归零范围的质量问题,应按技术归零五条要求或管理归零五条要求进行归零,并完成归零报告。对既属技术归零范围,又属管理归零范围的质量问题,既要进行技术归零,又要进行管理归零。这是"双归零"准则的一般要求。在遵循一般要求的前提下,在具体运用"双归零"准则过程中,还应当把握以下5个方面的基本要点。

1. 要明确职责

明确责任主体是"双归零"准则最基本也是最重要的一项要求。按航天系统目前的管理分工,技术归零工作由型号指挥系统负责组织,在外场试验则由试验队长负责组织。管理归零由责任单位的行政正职负责组织。质量问题归零的具体实施工作则由具体责任单位进行。

尽管如此,实际工作中总还存在一些难以区分责任主体的现象。对此,航天系统又明确了如下一些补充要求:当难以分清设计和生产责任时,归零工作由型号负责人确定归零单位;当难以分清系统责任时,由型号总师确定归零单位;当难以分清单位责任时,由系统技术负责人确定归零单位;当难以分清总体和系统设计责任时,由总体设计单位归零;当难以分清系统和单机设计责任时,由系统单位归零;而对于外协产品的质量问题,则由订货单位负责监督外协单位按规定归零。这些要求的明确,杜绝了责任主体的"真空"和"死角",有效地协调并解决了相互扯皮、彼此推诿的现象。

2. 要区分不同的阶段和区域

"双归零"准则有特定的适用范围。从时序上看,它仅限于从初样开始到出厂交付后的使用阶段,不包括论证、预研等阶段。从空间上看,对科研、生产、试验、靶场和使用单位等不同的区域,"双归零"准则也"因地制宜",有不同的程序和要求,而不是统得过死的"一刀切"的机械模式。例如,对一些问题定位十分准确、机理非常清楚的质量问题,就不一定都一一进行问题复现;而对少数确实无法进行复现的问题,在报请上一级批准同意后,采取加强理论分析的措施予以弥补,并在归零报告中加以说明。因此,实施"双归零"准则的过程中,应根据不同的要求区别对待,剪裁或补充一般程序,力求以最简的方法、最省的费用、最短的时间,实现最佳的归零效果。

3. 要翔实、准确地记录过程信息

"过程信息"是开展归零工作的任务来源,是实施归零工作的依据和指南,也是追溯归零效果、总结归零经验教训的原始凭证。因此,"过程信息"记录得是否翔实、完整、准确,对归零工作的最终效果至关重要。

从航天系统当前的归零工作来看,"过程信息"至少包括以下基本内容。

(1)质量问题现象(过程)描述。这里除了重点叙述质量问题或过程现象,还须包括型号或系统的名称、研制阶段、生产批次、产品编号、工作状态、环境条件、任务性质,发生的时间、地点,设计或生产单位等。

(2)归零工作实施计划及必需的试验大纲,应包括程序、方法、责任主体、必要资源、时间要求、最终目标及必要的预案等。

(3)工艺方案、分析报告、试验或验证数据以及有关过程评审意见等。

(4)纠正或预防措施及其实施情况。

(5)归零结果报告等。

4. 评审和确认

评审的目的主要有4个方面:归零实施方案的各方确认、归零方案的科学性、结果的有效性以及将来的可追溯性。根据有关标准要求,归零过程中如果牵涉技术状态的更改,其中关键件、重要件和关键工序的更改,以及状态鉴定阶段后的归零结果,都须经顾客认可,是军品则必须经军事代表认可或确认。

5. 反馈和监督

反馈工作除要对出现质量问题的型号或产品举一反三外,还应把质量问题的归零方法或措施,应用或移植到后续产品、其他产品以及其他单位中去。而监督则是为了促进归零工作的尽快施行、完备施行和有效施行。这些监督工作,除了内部监督,还应包括政府机关的监督,如国家技术监督局的监督、航天系统的“部派代表监督”,对军品来说,更不能缺少顾客——军事代表的监督。

工程实践充分证明,把握住以上这些要点,就能很好完成质量问题归零的核心和主体工作。

10.6 质量评估与分析

经军事代表检验验收而交付部队的新品,都是合格的装备。但是,合格装备也有一个质量水平高低的问题。此外,装备质量是动态变化的,目前的合格,不代表今后也仍然合格。装备服役后,因训练、储存等使用与管理因素的作用,质量存在下降趋势。装备维修、延寿后,因其维修、延寿过程技术与管理等因素影响,装备质量水平也参差不齐。及时掌握产品质量状况及变化趋势,对于提高装备质量管理与监督工作的针对性和有效性,实现装备管理工作的精细化和精确化,以及保证战时装备的有效运用有着重要作用。

在装备质量形成以及保持过程中,对装备质量定期进行评估和分析,是准确把握装备质量状况和发展趋势,及时采取纠正和预防措施,防止产生不合格品和装备质量下降过快,不断促进装备质量提高和有效保持的有效方法。

10.6.1 概念

装备质量评估是对经统计处理的装备质量信息进行数学计算,从而定量描述装备质量水平的一种方法。其目的是评价装备质量。

装备质量分析是利用装备质量评估的结果和经统计处理的装备质量信息,进行比较和分析,找出装备质量变化发展规律的活动。其目的是掌握装备质量及影响装备质量因素的变化趋势,以便有针对性地采取纠正和预防措施。

在生产阶段,装备设计定型投入批量生产后,驻厂军事代表机构可定期开展装备质量评估与分析工作。装备质量评估和分析工作,既可由驻厂军事代表机构会同承制单位联合进行,也可由驻厂军事代表机构独立开展。

在使用阶段,由装备机关、使用部队定期开展装备的质量评估和分析工作。在装备维修与延寿后,可由驻厂军事代表机构会同承修单位联合进行,也可由驻厂军事代表机构、承修单位、装备研究院所独立开展。

10.6.2 质量评估与分析作用和基本要求

1. 质量评估与分析作用

在开展装备质量监督、检验验收和使用与维修工作中，获取了大量的装备质量信息。通过利用这些装备质量信息，进行系统的评估和分析，可以掌握装备实际达到的质量水平和装备质量的变化趋势，找出带有倾向性的问题，查明产生质量问题的主要原因，从而有针对性地采取纠正和预防措施，防止已发生的装备质量问题重复发生，也可消除潜在质量隐患，预防其他装备质量问题的发生。

除此之外，装备质量评估和分析还可为驻厂军事代表机构确定质量工作的重点，调整检验品种和项目，评价承制单位质量管理体系和各项质量管理工作的有效性提供依据，为军事代表局和总部、军兵种的业务主管部门掌握装备质量动态提供帮助，为装备精细化管理和作战运用决策提供技术支撑。

2. 装备质量评估与分析的基本要求

(1)建立评估与分析制度。建立装备质量评估与分析制度，是保证装备质量评估与分析工作持久、有效开展的必要条件。制度应对装备质量评估与分析工作的时机、内容、方法，评估与分析报告的格式和内容等作出规定。

(2)建立故障报告、分析和纠正措施系统。应要求并督促承制承修单位、使用单位建立故障报告、分析和纠正措施系统，保证完整地收集各类装备质量信息，准确地查找产生故障的原因，及时有效地采取纠正措施，为开展装备质量评估与分析工作打下基础。承制承修单位、使用单位应通过建立装备质量信息数据库，做好装备质量信息的分类储存工作，并实行计算机管理。

(3)做好装备质量评估与分析的规范化工作。做好规范化工作，是实现装备质量信息共享，使装备质量评估与分析的结果具有可比性，实行计算机管理的必要条件。规范化工作应由总部、军兵种的业务主管部门统一组织，这样才能保证装备质量评估与分析工作最大限度地实现规范统一。

规范化工作主要包括：建立统一的质量评估指标体系，确定各层次的质量评估特征值；确定质量评估的数学模型；对质量分析的范围和内容予以界定；规范各类装备质量信息分类的类别；统一质量分析的基本方法等。

10.6.3 质量评估信息收集与统计

1. 装备质量信息收集

系统、完整、准确地收集装备质量信息，是做好装备质量评估与分析工作的基础。通过承制承修单位、使用单位的故障报告、分析和纠正措施系统以及开展质量监督、检验验收、使用与维修工作收集装备质量信息。

在装备寿命周期的不同阶段，影响其质量的因素有较大差异，因此开展质量评估与分析所收集的信息也有较大差异。装备质量信息可分为生产过程质量信息和成品检验验收质量信息，使用过程动用使用、年检测试、维护管理信息，维修过程质量控制与质量检验信息等，以供不同阶段的质量评估与分析使用。

生产过程装备质量信息一般包括：在制品质量问题信息，外购器材复验情况，关键过程(工序)及特种工艺控制情况，偏离和让步情况，军事代表零部件检验质量情况等。成品检验验收质量信息一般包括装备质量问题信息、装备批合格率、装备达到规定的性能指标情况等。

使用过程装备质量信息一般包括动用使用强度与环境、年检测试信息、维护保养、储存环境、故障发生与修理、备件更换等。

维修过程装备质量信息一般包括:拆装信息,维修质量问题信息,外购器材复验情况,关键过程(工序)及特种工艺控制情况,偏离和让步情况,零部件检验质量情况,零部件更换与保留情况,装配情况,总装后质量问题信息、达到规定的性能指标情况检验等。

2. 装备质量信息统计处理

所收集的装备质量信息一般是较为零散的,要把这些信息用于评估与分析,必须对信息进行整理、归类、统计。信息的整理、归类、统计必须按统一规范的方法进行。为了保证通过质量分析能够找出共性的、倾向性的问题,对同一个装备质量信息,要同时按照不同的分类方法进行归类。例如,对一个具体的装备质量问题信息,可分别按质量问题发生的时机、发生时的环境条件、严重程度和产生原因进行归类。在完成归类后,再分别对各个类别及其子类别中的装备质量信息频次进行统计。

10.6.4 质量评估方法

装备质量评估是按照规定的装备质量特征值,收集相应的观察值,并应用规定的数学模型,对观察值进行计算处理,获得评价值。通过评价值,可以判断装备质量水平的高低,从而实现对装备质量水平的评价。

新品装备质量评估使用的质量信息应以成品检验验收质量信息为主,以生产过程质量信息为辅。现役装备质量评估使用的质量信息以其年检测试、故障信息、运用使用信息为主,其他使用管理信息为辅。维修、延寿后的装备质量评估使用的质量信息以总装后的装备测试、检验验收信息为主,以维修过程质量信息为辅。

开展装备质量评估,首先要确定能够反映装备质量水平的产品质量特征值,而且特征值的选取应尽可能规范统一。由于武器装备的专业门类繁多,各专业门类的装备质量特征各具特点。以装备的可靠性为例,电子装备通常使用平均无故障工作时间作为特征值,而枪械装备一般使用寿命、故障率作为特征值。在确定特征值时,要综合兼顾规范统一和反映装备特点两个方面。特征值可以是产品批的合格率,如一次交验合格率;可以以装备具体的性能指标为基础,以装备性能实测值相对规定指标的裕度作为特征值;可以以反映装备平均故障率的故障密度等指标作为特征值;也可以对若干个特征值进行加权求和处理,形成一个综合的特征值。

通过一段时期的质量监督与检验验收、使用与管理工作,可以获得若干个装备质量特征值的观察值。例如,每验收一批装备,每年度装备的检查测试,都可获得一个观察值。通过建立一个数学模型,对这些观察值进行计算处理,从而获得一个能定量反映评估期内装备质量水平的评价值。

10.6.5 质量分析方法

装备质量分析是通过对经统计处理的装备质量信息进行综合、系统分析,找出规律性的、倾向性的问题,查明质量问题产生的主要原因,判断装备质量的变化趋势,为及时、有效地采取纠正和预防措施提供依据。

1. 共性问题的分析

装备质量分析不但要着眼于具体的装备质量问题,更要着力找出带有规律性的、系统性的问题,一般包括以下内容。

(1)通过对装备质量信息的统计结果进行分析,找出共性的装备质量问题。

(2)通过对产生质量问题的原因进行分析,找出产生装备质量问题的共性原因。

(3)通过对生产过程质量信息以及检验验收质量信息中与生产过程有关的信息进行分析,找出承制单位过程控制的主要薄弱环节;通过对使用过程使用与管理质量信息进行分析,找出使用单位管理工作主要薄弱环节、装备研制生产存在的问题;通过对维修、延寿过程质量信息以及总装后测试、检验验收质量信息进行分析,找出承修单位过程控制的主要薄弱环节。

完成装备质量分析工作后,要针对共性装备质量问题、共性原因和过程控制、管理工作的主要薄弱环节,督促承制承修单位、使用单位制定纠正和预防措施,调整质量监督、质量管理工作重点。

2. 主要质量问题分析

主要质量问题分析是对批次性装备质量问题、发生频次高的装备质量问题和严重影响装备性能与使用的装备质量问题,详细分析产生的原因,并采取具体的纠正措施。

3. 装备质量的比较分析

将当前的装备质量评价值与以前的装备质量评价值进行比较,将当前的故障频次等装备质量信息统计结果与以前的统计数据进行比较,从中分析装备质量是否稳定,有无变化,是上升了还是下降了,质量问题是否重复发生,从而掌握装备质量的变化趋势。将不同使用单位相同装备质量水平进行比较,分析使用单位装备使用管理工作水平。将同一装备不同子系统质量水平进行比较,分析装备系统的薄弱环节。

总部、军兵种的业务主管部门、军事代表局可以对上报的装备质量评价值进行综合分析,也可以确定一个覆盖全部订货装备质量特征值,从而在总体上把握所有订货装备的质量变化趋势。还可以通过同品种或同类装备间的评价值和有关统计结果的横向比较分析,得到各承制承修单位质量保证能力、各军事代表室工作质量和使用单位的使用管理工作质量等有关信息。

第11章　装备质量经济性

11.1　质量经济性管理

11.1.1　相关概念与发展历程

质量经济性是指质量与经济的关系,以及质量因素对经济产生影响和影响结果的特征。质量与经济的关系是商品经济社会固有的特性,质量对经济的影响及其结果则不是固有的特性。在短缺市场和卖方市场形势下,质量对经济的影响较弱;在社会经济繁荣和买方市场形势下,质量对经济影响较强。在不同的社会条件下,人们对质量的要求也表现出巨大的差异。因此,质量经济性不能直接包括在质量特性之中,反映质量经济性的主要指标是质量成本、质量经济效果和质量经济效益。

质量经济性管理主要是通过对产品质量与投入、产出之间关系的分析,对质量管理进行经济性分析和经济效益评价,以达到在满足顾客需求的同时为企业创造最佳的经济效益,即从经济性角度出发,应用成本经济收益分析方法,对不同的质量水平和不同的质量管理改进措施进行分析和评价,从中找出既满足顾客需求又花费较低成本的质量管理方案。可见,质量经济性管理就是力求做到经济性改善和提高质量,即将产品质量保持在满足质量要求的水平上,而不是片面地追求不切实际、偏离顾客要求的"高质量水平"。按照质量经济性管理的观点,任何过高或过低的质量水平都是不经济的,都会导致成本增加、经济效益下降。这就涉及一个相关概念——质量定位,即在开发、生产一个产品时,产品的质量控制在一个什么样的档次上,这也和产品定位有关。

质量经济性管理的产生可以追溯到20世纪50年代初期。1951年,美国质量管理专家朱兰博士在《质量控制手册》一书中提出了质量经济学的概念,其中包括对质量成本的论述和他的著名观点——"矿中黄金"与"水面冰山"。"矿中黄金"是说废品损失很大,找到提高质量的方法将带来巨大的收益,犹如一座金矿山等待开发。"水上冰山"是讲明显的废品就像水面的一部分冰山,而淹没在水面下还有一大部分未暴露的"潜在不合格品",如果对此进行有效控制,可得到更大效益。这些观点逐渐被接受,质量成本及其管理在此基础上发展形成。同时,许多质量管理专家也着眼于质量成本及其管理问题的探讨及应用,1967年由美国质量管理协会编写的《质量成本——是什么和如何做》一书则成为质量成本应用中最受欢迎的资料。不少公司,如国际商用机器公司(IBM)等也建立了有效的质量经济性管理系统。20世纪80年代,质量管理学科中又兴起了质量经济控制(Economic Quality Control,EQC)热潮。目前,质量经济性管理工作在世界各国已广泛开展。

11.1.2　质量经济分析内容

质量经济分析的内容包括从产品设计、制造到产品的销售和售后服务的全过程,对质量和质量管理进行全面系统的经济分析,具体包括以下几个方面。

1. 产品设计过程的质量经济分析

产品设计是整个产品质量形成的关键环节,设计过程的质量经济分析,就是要做到使设计出来的产品既能满足规定的质量要求,又能使产品的寿命周期成本最小。它包括质量等级水平的经济分析、产品质量的三次设计(系统设计、参数设计和容差设计)、质量改进的经济分析、工序能力的经济分析和可靠性的经济分析。

2. 产品制造过程的质量经济分析

产品制造过程的质量经济分析是力求以最小的生产费用,生产出符合设计质量要求的产品。在生产过程中出现高于或低于设计要求的产品,都是不经济的。高于设计要求,就会增加原设计成本;低于设计要求,又会使产品的不合格率上升,废次品、返修品多,损失大。所以要求确定出适合设计水平的最佳制造水平,使生产出来的产品质量水平既能满足设计要求,又能使制造中发生的成本最低。其主要分析内容包括不合格品率的经济分析、返修的经济分析、质量检验的经济分析,以及工序诊断调节的经济分析和生产速度的经济分析等。

3. 产品销售及售后服务的质量经济分析

产品销售及售后服务的质量经济分析主要是研究产品质量与产品销售数量和售后服务费用之间的关系。其中,主要包括产品质量与市场占有率和销售利润的综合分析、产品质量与产品销售及售后服务费用的关系、最佳保修期和最佳保修费用分析、交货期的经济分析、广告费用与提高质量的对比分析等。

4. 质量成本分析

质量成本分析涉及的面较广,上述三个方面都涉及质量成本。因此,质量成本分析是一个全面综合的质量经济分析问题,它往往是作为一个专门的问题加以讨论研究,本书在后续章节从其主要方面予以介绍。

11.1.3 质量经济性管理方法

根据 ISO 10014《质量经济性管理指南》相关内容,质量经济性管理的方法如图 11 - 1 所示。

首先通过识别和评审企业的过程和顾客的满意程度,确定、监控、报告企业的活动及相关费用,然后根据过程成本报告和顾客满意度报告所提供的信息进行管理评审,确定改进和提高顾客满意度的机会,并对这些改进进行成本收益分析,在同时考虑短期效益和长期效益的情况下,确定其是否恰当。最后,对通过成本收益分析所确定的改进活动进行策划并付诸实施。

1. 识别和评审过程

在清楚地认识和掌握顾客需求与产品质量形成过程的前提下,以实现顾客需求为目标,对产品质量的主要影响因素进行分析和评价,并根据企业实际情况对过程的相关资源和活动进行识别与评审,确定关键过程及经济效益较低而有较大改进可能的过程,由此制定质量经济性改进措施和方案。一般情况下,过程的经济效益可采用过程成本及顾客满意度指标来进行度量。

1)过程成本识别与评审

过程成本识别和评审包括过程成本识别、费用监控、编制过程成本报告三个环节。过程成本识别是对产品质量形成过程中的各环节、各项活动进行识别,主要是为了明确过程活动的输入、控制手段和资源以及过程活动的各项输出,区别其重要性,并根据重要性的不同为各项活动和环节分配相应的资源与费用。费用监控是在识别过程的基础上,对每一过程及过程中的

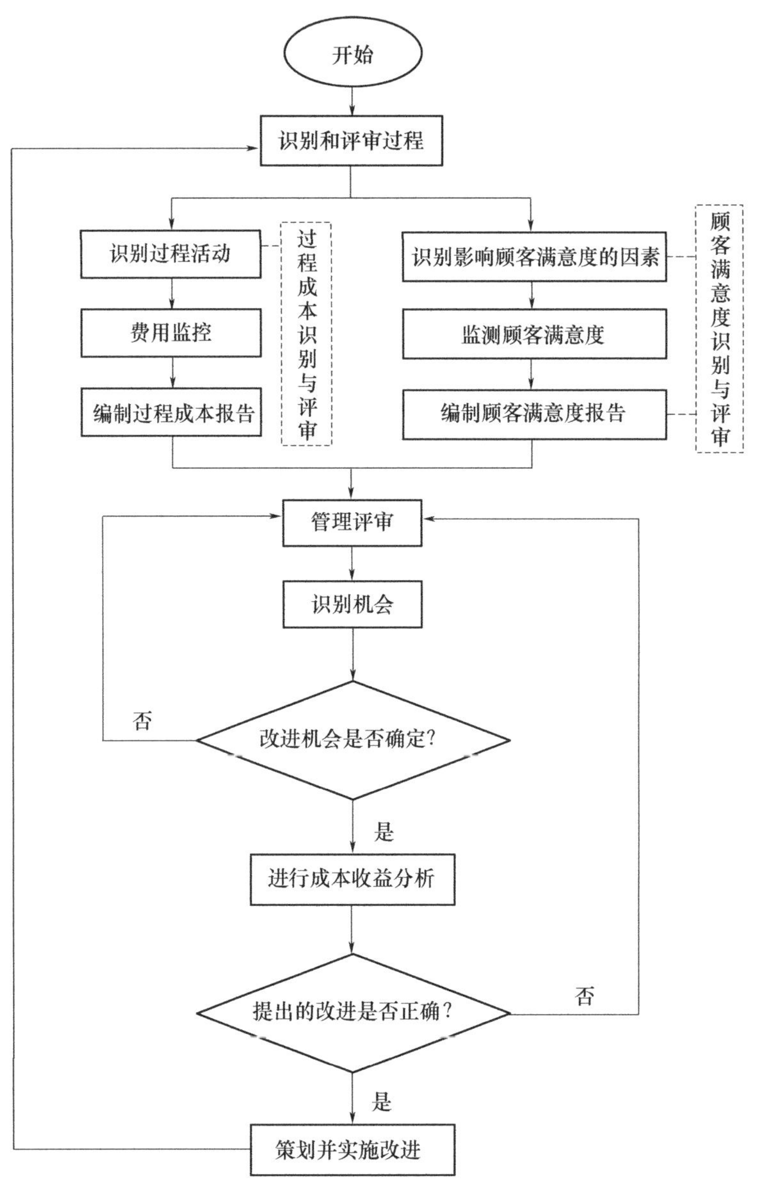

图 11－1　质量经济性管理方法

各项活动的相关费用(包括直接和间接人工费、材料费、设备费、企业管理费等)进行确认和监控。编制过程成本报告是在对各项活动的费用进行监控和确认的基础上,对费用进行汇总,并使用净销售额、投入成本等适当的测算基准进行相对比较分析。

2)顾客满意度识别与评审

(1)识别影响顾客满意度的因素。顾客对企业所提供的服务是否满意受到很多因素的影响,根据这些因素对顾客满意度的影响程度,可将它们划分为使顾客不满意的因素、满意的因素和非常满意的因素。引起顾客不满意的因素可能是无效过程或非预期的产品特性,当这些因素存在时,顾客满意度显著下降。顾客对这些因素严重性看法远远超过企业所能认识的程度,如产品性能不好、服务不周、不能按时交货、员工对顾客的态度恶劣或对顾客的抱怨表示漠不关心等,这些都会使顾客产生不满意直至失去这些顾客。使顾客满意的因素一般为有效过程或产品特性满足顾客期望,这些因素越多,顾客越满意,如产品物美价廉、品种多、规格齐全、性能好等都是使顾客满意的因素。但是还应注意的是,使顾客满意的因素未必能弥补不满意因素所造成的影响,如顾客收到的产品存在缺陷,则顾客很快就会忘记该产品具有价廉和交货快的特点。

(2)监测顾客满意度。任何企业为了能够生存都要满足顾客的需求,而顾客的需求在不断发生变化,若得不到及时满足,顾客的满意度必然会降低。因此,企业为了提高顾客的忠诚度,应不断分析顾客需求,并对顾客满意度进行持续监测,专门组织人员进行这方面的调查研究,收集反映顾客满意度的信息,切实掌握企业顾客的满意度及忠诚度级别,以便对其变化趋势进行有效分析。一旦发现有变化的倾向,应及早采取措施,尽量使企业能够拥有更多忠诚的顾客。一般可采用定性和定量调查方法进行监测。

(3)编制顾客满意度报告。将顾客满意度的监测结果转化为能对其进行分析评价的报告,以便为决策提供依据。顾客满意度报告应包括信息来源、收集资料采用的方法、检测活动的结果及对影响顾客当前满意程度主要因素的分析评价等,并最好与前期结果进行比较分析,与竞争对手进行比较分析,研究其发展趋势。对一些关联性较强的行业,若能够联合调查顾客满意度,将会为企业提供更多、更有价值的信息,效果会更好,更易发现一些急需改进的问题。

2. 质量改进管理

1)管理评审

管理者应定期评审与产品质量有关的成本报告和顾客满意度报告,结合经营环境的变化情况,对报告进行详细分析,用相关数据对报告和计划进行比较分析,掌握其变化趋势,以便能真正关注目前的关键问题,制定和实施质量改进措施,并为下一步发现改进机会提供依据,不断采取改进措施,提高顾客满意度。一般情况下,关键问题是成本较高而顾客满意度较低的过程或产品。

2)识别机会

通过对成本报告和顾客满意度报告的分析与评审,利用其中的信息,重点从不合格的矫正、预防等方面寻求改进机会。为了确保改进工作高效进行,应将改进机会的目标和范围形成文件,并不断通过管理评审来实施改进措施。其中,长期改进计划主要侧重于提高品牌价值、提高企业的美誉度、考虑资源的有效配置等问题;短期改进计划主要是将长期改进计划转化为提高企业价值的可操作性措施。

3)进行成本和收益分析以验证改进的正确性

在进行上述各项工作的基础上,应考虑分析评价可能采取的质量改进措施的经济效果,然后将改进获得的收益与付出的代价进行对比分析,以便确定优先顺序并作出决策。显然,收益与成本比值越大的质量改进措施越是应该优先考虑。在营利性组织中,可以预测由于采取质量改进措施而使顾客忠诚度提高和顾客群增加及市场占有率提高所增加的效益。在非营利性组织中,提高顾客满意度为企业带来的财务收益,主要取决于企业的运作机制。有时,虽对顾客有增值作用,但却难以量化,如某组织由于采取多种质量措施使其声誉提高,服务对象显著增加,社会效益可能大大提高,却难以直接量化其收益。为了有效进行成本和收益分析,企业可按以下步骤开展工作。

(1)明确规定改进措施和企业目标的一致性要求,详细安排成本计划和估算任务。

(2)通过增加使顾客满意和非常满意的因素,减少引起不满意的因素来预测改进措施对顾客满意度的影响。

(3)估计因提高顾客满意度而得到的重复订单和新业务所增加的收入。

(4)识别顾客和其他收益者的隐含收益。

(5)估计质量改进过程成本。

(6)检查所建议改进措施的整体财务效果。

(7)将整体收益与改进措施的整体投资进行比较,从而决定所采取的改进措施的正确性。

在分析过程中,企业可采用各种财务决策指标,如净现值、回收期、内部收益率等分析决定是否采取改进措施。另外,企业不能忽略隐含收益,虽然它难以量化,但决策时可作为一个重要因素进行定性分析,如员工士气提高会提高生产率,进而提高经济效益等。不同的改进措施应由不同管理层次做出,一般可根据投资大小及其对企业经济效益影响大小,由相应决策层做出。

4)策划并实施改进

若改进措施方案已获得有关部门批准,企业应着手策划和实施质量改进方案。为确保实现预期改进目标,企业应根据上述成本报告和顾客满意度报告的分析结果,开展改进工作,使之有条不紊地进行,取得预期效果。质量改进方案实施后,企业还应按照改进计划,对改进结果进行评审,以确保改进工作的有效性,并识别过程中存在的问题,作为下次改进措施的实施重点。

11.1.4 我军质量经济性管理方面存在问题

随着技术的进步和装备的发展,武器装备研制、采购、使用维修费用急剧上涨,那种一味追求高性能、高指标,很少顾及费用的做法,将导致军队买不起或用不起足够数量的武器装备。美国的诺曼·奥古斯汀经过计算,曾于1982年在美国航空和航天学会上发表了以他的姓氏命名的定律,即到2054年美国全部国防预算只够购买一架战术飞机。像美国这样的超级大国,也早已意识到费用问题的严重性,不得不对武器装备费用的增长进行适当的控制,将费用作为设计时的独立变量,以免装备费用过快增长给武器装备建设的总目标带来有害的影响。由此可见,费用已成为制约装备发展的重要因素。加强武器装备经济性管理,实现经费、进度、性能的综合平衡和最佳费效比,变得越来越重要。

近年来,我军在质量经济性管理方面进行了一些有益的探索,积累了一定的经验,但在武器装备建设过程中,仍存在一些问题,主要包括:对加强武器装备经济性管理的认识不深,重技术决策、轻经济决策情况普遍,如决定装备费用的早期研制阶段经济性分析做得不够等;加强武器装备经济性管理的法规、规定不够详细,经济性衡量、评价指标体系不健全,经济性管理方法研究少、程序操作性不强;重视一次性投资费用,忽视使用维修等重复性费用,且将各阶段费用割裂开来自行管理而非全寿命管理;产品定型后确定价格的“事后算账型”的定价办法,导致军方只能就真实性、符合性等把关,在经济性方面往往难有大的作为,同时抑制了承制承研单位降低成本的积极性;单一来源采购方式占整个装备采购比重大,竞争机制发挥不充分。

11.2 质量成本管理

新时期我军装备发展战略对武器装备的研制和生产提出了更新、更高的要求,装备成本控制更显重要。承制单位要对与装备的功能或适用性有关的费用进行独立核算,以便找出降低成本的有效途径,在确保装备质量的基础上,提高经济效益。同时,装备价格管理人员从加强装备价格管理入手,努力提高装备经费的使用效益。装备的质量水平与质量成本密切相关,因此,从军厂双方的利益出发,对装备进行质量成本的有效管理是十分必要的。

11.2.1 质量成本概念及其构成

1. 质量成本概念

20世纪50年代,美国质量管理专家费根堡姆最早提出质量成本的概念,我国是1978年在引进全面质量管理的同时引进这一概念的。在国家颁布的《质量管理和质量保证术语》中明确规定:质量成本是将产品质量保持在规定的质量水平上所需要的费用,它是为确保规定的产品质量水平和实施全面质量管理而支出的费用,以及因未达到规定的质量标准而发生的损失费用的总和。

应该明确的是,质量成本的概念同产品成本并不是一回事,它们之间既有联系又有区别。产品成本是一种职能成本,是综合反映企业生产经营活动成果的一项重要经济指标,而质量成本则是生产经营过程中需要核算的一项专项成本,实质上它是“衡量与优化全面质量活动的一种手段”,是衡量产品质量和质量管理活动的一项经济指标。这部分费用是产品质量形成全过程中同质量水平(合格品率或不合格品率)最直接、最密切、最敏感的那一部分费用,而不是生产时的工资、材料或企业管理费等。

计算或控制质量成本,是为了用经济的手段达到规定的质量目标,是为了寻找质量改进的途径,以达到降低成本的目的。应当指出,质量成本属于管理会计的范畴。简而言之,质量成本就是指为将产品质量保持在规定的质量水平所需的费用。

质量成本管理是组织对质量成本进行预测和计划、统计、分析、控制和考核等一系列有组织的活动。其中,质量成本的预测、计划是展开质量管理活动的基础,分析和控制是质量成本管理的重点。

由于质量成本是产品经济性的一种体现,它从经济角度反映着质量体系运行状况,研究质量成本结构变化规律,进行质量成本分析,有利于在降低成本的前提下提高产品质量。军品实行质量成本管理的目的在于,对军品实施有效的质量监控、检验验收,同时将质量监督和成本监控相结合,企业利益与军事经济效益融为一体,通过预测、评价发生的经济活动,找出成本变动的关键,为军方帮促企业提高质量、持续改进、降低成本提供有效途径,更好地为武器装备效益最大化服务,还可以为企业经营管理者进行成本、利润预测和生产经营管理提供依据。具体地讲,质量成本虽不是定价成本的直接组成部分,但质量成本管理的结果通过减少由于质量问题造成的产品成本的增加,为军品价格定期调整提供有力证据,直接影响定价成本,进而影响装备价格。

2. 质量成本构成

核算质量成本之前,首先要明确哪些费用属于质量成本的范畴,通常将预防成本、鉴定成本、内部损失成本、外部损失成本归为运行质量成本,将特殊情况下需要使用的外部质量保证成本单独列出。

1)运行质量成本

(1)预防成本。预防成本是指用于预防产生不合格品或发生故障所需的各项费用,一般包括如下内容。

①质量工作费:为保证和控制产品质量而开展质量管理活动所发生的费用,如宣传、收集质量情报、制定质量标准、编制质量法规文件和质量计划、开展质量管理小组活动、工序能力研究等所支付的费用。

②质量培训费:为达到质量的要求,提高人员素质,对有关人员进行质量教育所开支的费

用，以及以改进产品质量为目的对有关人员进行技术培训所发生的一切费用。

③质量奖励费：为改进和保证产品质量而支付的各种奖励，如质量管理小组奖、产品升级创优奖、合理化建议奖等费用。

④质量改进措施费：用于建立质量管理体系、提高产品质量和工作质量、改进产品设计、调整工艺、开展工序控制和为提高质量所进行的技术革新等技术改进的措施费。

⑤质量评审费：新产品开发的各阶段所进行的设计评审、工艺评审、产品质量评审和进行实验及模拟试验与对试制产品的质量进行鉴定等发生的费用。

⑥工资及附加费：质量管理科室和车间从事专职质量管理人员的工资与奖金。

⑦质量情报信息费：获取和发布企业内外部情报信息所需的费用。

(2)鉴定成本。鉴定成本是指为评定产品是否符合质量要求而进行的试验、检验和检查等项目的费用，一般包括如下内容。

①进货检验费：对进入企业的原材料、外购件、外协件、工量具等进行检验、试验发生的费用。

②工序检验费：对生产中的半成品、在制品按质量标准进行检验、试验所发生的费用。

③成品检验费：对产品按质量标准进行检验、试验所发生的费用。

④试验设备校准维护费：对检测设备和仪器进行日常维修、保养和校准所发生的费用。

⑤试验材料费：检验、试验产品消耗试验材料所发生的费用。

⑥检验设备折旧费：用于质量检测仪器和设备的折旧费。

⑦办公费：为检验、试验而发生的办公费用。

⑧工资及附加费：专职检验、计量人员的工资和奖金等费用。

(3)内部损失成本。内部损失成本是指产品在交货前因未能满足质量要求所造成的损失，如重新提供服务、重新加工、返工、重新试验、报废等所造成的损失，一般包括如下内容。

①废品损失费：无法修复或在经济上不值得修复的在制品、半成品和成品报废而造成的损失。

②返工损失费：对不合格的在制品、半成品和成品进行返修所耗用的材料、动力和工时费用，还包括修复后的复检费用。

③因质量问题发生的停工损失：由于产品质量事故而导致停工所造成的损失，即指停工期间计划生产的产品所创造的价值。

④质量事故处理费：对质量问题进行分析处理而发生的费用，包括由于抽样检查不合格而对产品进行筛选的费用。

⑤质量降级损失：产品因达不到原定质量标准，但又不影响主要性能而降级处理造成的损失。

(4)外部损失成本。外部损失成本是指产品在交货后因未能满足质量要求所造成的损失，如产品维护和修理、担保和退货、直接费用和折扣、产品回收费、责任赔偿费等所造成的损失，一般包括如下内容。

①索赔损失费：因为产品质量缺陷使用户遭受损失而支付给用户的赔偿金。

②退货损失费：产品售出后，由于质量问题而造成的退货、换货所发生的损失。

③保修费用：在保修期内或根据合同规定为用户提供修理服务所发生的费用。

④诉讼费用：用户认为产品质量低劣，提出申诉、索赔，企业为处理申诉所支付的费用。

⑤降价损失费：产品出厂后因质量不合格或适用性不良而降价出售造成的收益损失。

2)外部质量保证成本

在合同环境下,根据用户提出的要求而提供客观证据所支付的费用,统称为外部质量保证成本,内容如下。

(1)为提供特殊的附加质量保证措施、程序、数据所支付的费用。

(2)产品验证试验和评定的费用,如经认可的独立试验机构对特殊安全性进行检测试验所发生的费用。

(3)为满足用户要求,进行质量体系认证所支付的费用。

11.2.2 质量成本构成比例及特性曲线

质量总成本内各部分费用之间存在着一定的比例关系,探讨其合理的比例关系是质量成本管理的一项重要任务。实际上,在质量成本构成的四大项目(预防、鉴定、内部故障、外部故障)中,不同的行业构成比例存在差异,甚至在同一个企业的不同时期,构成的比例关系也会有所不同或发生变化。但是,根据历史资料的对比,通过同本行业、企业间的比较,如对同类产品情况的对比、分析,能发现其中存在的问题,揭示提高产品质量、降低产品质量成本的潜力和途径。

1. 质量成本的构成比例

四大项质量成本费用的比例关系通常是:内部故障成本占质量总成本的25% ~40%;外部故障成本占质量总成本的20% ~40%;鉴定成本占10% ~50%;预防成本占0.5% ~5.0%。这四项成本之间并不是相互孤立和毫无联系的,而是相互影响相互制约的。例如,对有些企业来说,内部与外部故障成本之和可以达到质量总成本的50% ~80%;但对一些生产精度较高或产品可靠性要求特高的企业,预防和鉴定成本就占较高的比例,有时可超过50%。可以设想,如果产品不加检查就出厂,鉴定成本可以很低,但可能有很多不合格品出厂,一旦在使用中被用户发现,就会产生显著的外部故障,致使质量总成本上升;相反,若在企业内部严格检查加强把关,则鉴定成本和内部故障成本就会增加,而外部故障就会减少。但是,在一定范围内,若增加预防费,加强工序控制,则内、外故障,甚至鉴定成本都可能降低,并导致质量总成本大大下降。从我国目前企业的情况看,普遍是预防成本偏低,因而使质量总成本过高,这是值得注意的。在质量成本管理中,要搞清楚和掌握四大项质量成本合理的比例关系,以及它们之间的变化规律,以便在采取降低质量成本的措施中作出正确的决策。根据长期实践经验的摸索和总结,质量成本各项目之间的相互作用和影响,如表11-1所列。

表11-1 质量成本费用项目的关系

质量成本项目	降低质量成本的措施			
	A.降低评价与预防成本	B.提高评价成本(加强检查筛选)	C.加强工序质量控制	D.提高预防成本
预防费用	1/24	1/24	1/24	2/24
筛选检验	1/24	3/24	2/24	1/24
工序控制	1/24	1/24	4/24	2/24
内部故障	1/24	12/24	8/24	2/24
外部故障	20/24	3/24	2/24	1/24
合计	24/24	20/24	17/24	8/24

由表 11-1 可以看出,如采取措施 A,即降低评价与预防成本,将导致外部故障很高,因为预防成本低,必然产生很多不合格品,而对这些不合格品又未严格检查把关,大部分将流入用户手中,因而外部故障必然很大,如果采取措施 B,即加强检查筛选,严格把关,阻止了大量不合格品流入市场和用户手中,因而外部故障就降低,但代价是内部故障增加了,但总的损失还是比采取措施 A 时有所降低,即从 24 降到 20。一般认为,从内部与外部故障来看,即使两者损失相同,也宁可增加内部故障,而减少外部故障。因为发生外部故障还会导致企业的信誉下降,从而给企业带来潜在的无形损失,这往往是极其严重和无法估量的;采取加强工序质量控制的措施 C,在生产过程中尽量防止不合格品的产生,虽然内部故障增加了一些,但总的质量成本却有较大下降(降至 17);最后,采取措施 D,即增加预防费用,虽然数量有限,但效果最好,质量总成本下降最为显著(降至 8)。

20 世纪 60 年代初期,美国工业企业尚未普遍推行质量成本管理,质量专家费根堡姆作过一个分析:一般企业内、外部故障约占质量总成本的 70%,鉴定成本占质量总成本的 25%,而预防成本最多不超过 5%。这样的管理模式,必然造成经济效益低劣。因为 70% 的故障成本,完全是由于质量的缺陷造成的。为此,工厂为了挽回信誉,就尽量从产品中剔除有缺陷的不合格品,便付出了 25% 的鉴定费用。从而导致预防费用不得不降低。这样,缺陷品将继续增加,又使检查筛选费用随之增加,从而导致一种失控的恶性循环。费根堡姆进一步指出,如果实行以预防为主的全面质量管理,着眼于降低不合格品的产生,实行合理的抽样检查,不但可以降低鉴定成本和外部故障成本,而且内部故障成本也会显著下降。这样的结果,假定预防成本增加 3% ~5%,质量总成本可以下降 30%。

2. 质量成本特性曲线

质量成本中四大项目的费用高低与产品合格质量水平(即合格品率或不合格品率)之间存在一定的变化关系。这条反映变化关系的曲线称为质量成本特性曲线。质量成本特性曲线的基本模式如图 11-2 所示,其中曲线 C_1 表示预防成本加鉴定成本之和,它随着合格品率的增加而增加;曲线 C_2 表示内部故障加外部故障之和,它随合格品率的增加而减少;曲线 C 为上述 4 项之和,为质量总成本曲线,即质量成本特性曲线。

从图 11-2 可以看出,质量成本同制造过程符合性质量水平密切相关,或者说它是合格品率(或不合格品率)的函数。此处如设不合格品率为 p,合格品率为 q,则有 $p+q=1$ 的关系。由图 11-2 可见,当合格品率为 100% 时,不合格品率为零;反之亦然。在质量成本曲线 C 左右两端(即合格率为零或 100% 时)质量成本费用都相当高(理论上为无穷大),中间有一个最低值(A 处),对应的不合格品率,称为最适宜的质量水平,A 处的质量成本也称为最佳质量成本。

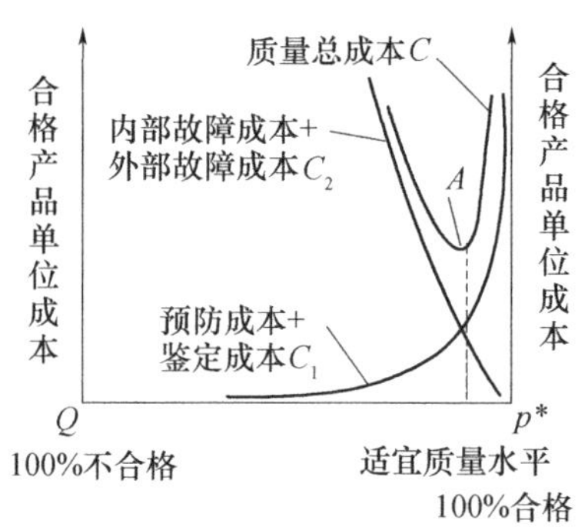

图 11-2 质量成本特性曲线

曲线 C 所表现的规律,其原因是十分清楚的。在曲线 C 的左端,不合格品率高,产品质量水平低,内、外部故障都大,质量总成本 C 当然也大;当逐步加大预防费用时,不合格品率降低,内、外部故障及质量总成本都将随之降低。但如果继续增加预防,直至实行 100% 的预防,即不合格品率为零,见图 11-2,内、外部故障可以趋于零,但预防成本本身的费用很高,导致质量总成本 C 相应急剧增大。曲线从大到小变化到从小到大,中间出现一个最低点(图中为 A)。例如,以鉴定成本来说,如果不合格品率为 5%,即平均每检查 20 个产品,就能找出一个不合格品,这还是比较容易的。如果质量提高了,不合格品率达到万分之一,这时为筛选和剔除一个不合格品,则平均要检查一万个产品,其直接成本将大得惊人。

图 11－3 清楚说明了质量成本费用的变化关系,图中增加了两条虚线,为基本生产成本 C_3 和生产总成本 C_4。图中虚直线 C_3 表示一个确定值,它是由产品结构及工艺设计等条件所决定的基本生产成本,如由基本生产工人的工资、原材料、燃料或动力费与管理费等所组成。尽管由于种种原因,产品的符合性质量水平(合格品率)会有一定变化,但在一定条件下,基本生产成本大致是一个定值,将它与质量总成本 C(曲线 C)相加,就得到虚线表示的曲线 C_4,这就是产品的生产总成本曲线。如图 11－3 所示,生产总成本的极小值 B 和质量总成本的极小值 A 都对应着产品不合格率 $p*$ 值。其结论是当质量总成本达到最低值时,产品的生产总成本也将达到最低值。

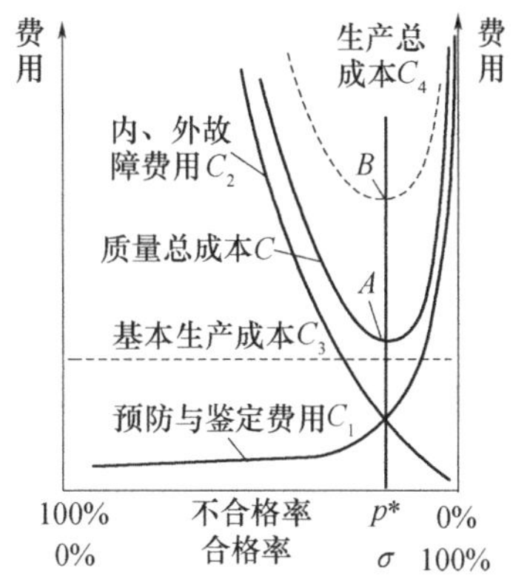

图 11－3　各项费用同合格品率的关系

从图 11－3 还可以看出,当符合性质量水平低时(即不合格品率高时),在预防与鉴定成本方面所采取的措施效果很显著,即预防与鉴定费用稍有增加,就可使不合格品率大幅度下降,表现在曲线 C_1,平缓上升的左段;但当符合性质量水平提高到一定程度后,情况就有较大变化。这时,要进一步提高质量水平,即便是要求不合格品率稍有降低,也要在预防与鉴定成本上付出很大的代价,这反映在曲线 C_1 右端急剧上升的部分。下面再考虑一下曲线 C_2,若生产中不出现任何不合格品,则不会有任何内、外故障成本,所以曲线 C 必然与不合格品率为零处的横轴相交。然后,随着不合格品率的增加,故障成本几乎成直线地上升,上升速度较快,是由于产品信誉下降而对产品销售利润的影响,这方面的损失往往比材料报废及保修的损失要大得多。

为了便于分析质量总成本的变化规律,将图 11－3 曲线 C 最低点 A 处一段局部放大,如图 11－4 所示。该图可分为Ⅰ、Ⅱ、Ⅲ三个区域,分别对应着各项费用的不同比例。

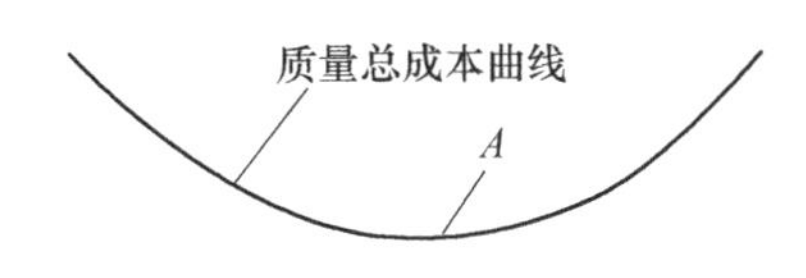

100%不合格品	适宜区	100%合格品
Ⅰ	Ⅱ	Ⅲ
质量改进区域 故障或损失 成本>70%, 预防成本<10% 应确定改进项目, 并予以实施	控制区域 损失成本≈50%, 预防成本≈10% 如找不出更有利 的改进项,将重 点转为控制	至善论区域 损失成本<40%, 鉴定成本>50%, 此时质量过剩, 重新审查标准或 放松检查方案

图 11－4　局部放大图

(1) Ⅰ区是故障成本最大的区域,它是影响达到最佳质量成本的主导因素。因此,质量管理工作的重点在于加强质量预防措施,加强质量检验,提高质量水平,故称为质量改进区域。

(2) Ⅱ区表示在一定组织技术条件下,如难于再找到降低质量总成本的措施,质量管理的重点在于维持或控制现有的质量水平,使质量成本处于最低点 A 附近的区域,故称为控制区。

(3) Ⅲ区表示鉴定成本比重最大,它是影响质量总成本达到最佳值的主要因素。质量管理的重点在于分析现有的质量标准,减少检验程序和提高检验工作效率,甚至要放宽质量标准或检验标准,使质量总成本趋近于最低点,故称此区域为至善论区域或质量过剩区域。

应当指出,从整个变化规律看,各个企业质量成本的变化模式基本相似,但不同企业由于生产类型不同、产品的形式和结构特点不同、工艺条件不同,所以质量总成本的最低点的位置及其对应的不合格品率 $p*$ 的大小也各不相同。同样,三个区域(Ⅰ、Ⅱ、Ⅲ)所对应的各项费用的大小比例也各不相同,不能把图 11-4 所示的数字作为一个通用的比例。美国质量管理专家朱兰博士提出各类费用的比例大致如表 11-2 所列,可供一般性参考。

表 11-2　各类费用占质量总成本

质量费用	占质量总成本的百分比/%
内部故障	24 ~ 40
外部故障	25 ~ 40
鉴定费用	10 ~ 50
预防费用	1 ~ 5

3. 质量成本优化

质量成本优化是要确定质量成本各项主要费用的合理比例,以便使质量总成本达到最低值。为此,可利用质量成本特性曲线来进行。由图 11-3 可以看出,在曲线 C_1 最佳点以左(A 点以左),随着预防成本和鉴定成本的增加,质量总成本迅速下降;过了最佳点 A,再增加预防和鉴定成本,质量总成本将增加,这说明增加预防和鉴定成本所带来的效果,实际上已小于预防和鉴定成本的增加额。

基于这一规律,可以采取逐步逼近的方法,达到最佳质量水平。首先,可以采取某种质量改进措施,即增加预防或鉴定成本,若此时质量总成本下降或有下降的趋势,则说明质量成本的工作点位于最佳工作点 A 的左面,可以增加这一措施的强度,或增加类似改进措施,直至质量总成本停止下降为止,说明已接近最佳工作点,应转向采取控制措施。相反,当采取某项质量改进措施后,质量总成本上升了或有上升趋势,则说明质量工作点在最佳点的右侧,此时则应撤销这一措施,或采取反作用的“逆措施”,按相反的方向接近最佳点。实际上,进行观察分析或采取措施本身也需要投资,所以一般并不需要找出绝对的最佳工作点,只要知道已位于“适宜区”即可,此时的特点是,无论采取正向措施或逆向措施,质量总成本的变化都很小。

根据以上讨论,可以得出以下三点结论。

(1)在最佳点 A 左侧,应增加预防费用,采取质量改进措施,以降低质量总成本;在最佳点 A 右侧,若增加预防费用,质量总成本反而上升,则撤销原有措施,或采取逆向措施,即降低预防费用。

(2)增加预防费用,可在一定程度上降低鉴定成本。

(3)增加鉴定成本,可降低外部故障,但可能增加内部故障。

11.2.3 质量成本预测和计划

1. 质量成本预测

为了编制质量成本计划,需对质量成本进行预测。质量成本预测是编制质量成本计划的基础,是企业质量决策依据之一。预测主要根据是企业的历史资料、企业的方针目标、国内外同行业的质量成本水平、产品技术条件和产品质量要求、用户的特殊要求等,结合企业的发展,采用科学的方法,通过对各种质量要素与质量成本的依存关系,对一定时期的质量目标值进行分析研究,作出短期、中期、长期的预测,使之符合实际情况和客观规律。预测的目的是挖掘潜力,指明方向,为提高质量、降低成本、改善管理、制订质量改进计划、质量成本计划、增产节约计划提供可靠的依据。其中,最主要的要达到以下三个目的。

(1)为企业提高产品质量,挖掘降低成本的潜力指明方向和采取措施。

(2)利用历史的统计资料和大量的观察数据,对一定时期的质量成本水平和目标进行分析、计算,编出具体的质量成本计划。

(3)为企业各单位和部门有效进行生产与经营管理活动明确要求和进行控制。

质量成本预测可采用经验判断法、计算分析法和比例测算法。通常,质量成本预测的步骤为:①调查收集信息资料及有关数据;②对收集的信息资料和数据进行整理、分析和计算;③通过对信息资料的整理、分析和计算,找出问题,分析原因,提出改进措施和计划。在此基础上,作出尽可能可靠的预测,进而编制出具体的质量成本计划。

2. 质量成本计划

如前所述,质量成本计划是在预测的基础上,针对质量与成本的依存关系,用金额的形式确定生产符合性产品质量要求时质量上所需的费用计划。其中,包括质量成本总额及降低率、4 项质量成本项目的比例,以及决定实现降低率的措施。质量成本计划按时间可划分为长期计划和短期计划。长期计划通常是 3 ~5 年的计划,短期计划通常是指年度(或季度、月度)的计划。按管理范围可划分为企业成本计划和部门成本计划。质量成本计划由财会部门编制,提交综合计划部门下达。质量成本计划一经确定,就成为质量成本目标值,作为进行质量成本管理提供检查、分析、控制和考核的依据。编制质量成本计划的目的是要力求实现质量成本的最佳值。

质量成本计划的主要内容包括:①主要产品单位质量成本计划;②全部商品产品质量成本计划,即计划期内可比产品及不可比产品的单位质量成本、总质量成本及可比产品质量成本降低的计划;③质量费用计划;④质量成本构成比例计划,即计划期内质量成本各部分的结构比例及与各种基数(如销售收入、总利润及产品总成本等)相比的比例情况;⑤质量改进措施计划,这是实现质量成本计划的保证。

质量成本计划编制和计算方法:质量成本计划的编制通常由财会部门直接进行;或者由车间(科室)分别编制,交由财会部门汇审和归总后,提交计划部门下达。两者计算方法基本相同。编制成本计划必须依据:①企业历史资料,它包括一个时期的平均质量成本水平、按时间序列的质量成本变动情报和趋势分析,以及质量成本的构成分析等;②企业产品结构及生产能力的变化情况;③企业方针目标,同时参考国内外同行业的质量成本资料。在掌握企业有关上述情况的基础上,再来确定预防费用和鉴定费用的增长率或降低率;然后,根据上级主管部门或质量计划对各产品的综合合格品率的要求,计算各单位产品的预防鉴定及内外损失成本或故障成本的大小,最后编制出产品质量成本计划。

具体计算方法如下。

计划期单位产品预防成本计划额 = 上期预防成本单位产品实际发生额 ×(1 + 计划投资的增长率或降低率)。

计划期单位产品鉴定成本计划额 = 上期鉴定成本单位产品实际发生额 ×(1 + 计划投资的增长率或降低率)。

计划期单位产品内部损失计划额 = 上期单位产品内部损失实际额 ×(1 - 计划降低率)。

计划期单位产品外部损失计划额 = 上期单位产品外部损失实际额 ×(1 - 计划降低率)。

将上述四项成本计算结果相加后,即得各单位产品质量成本计划。

11.2.4 质量成本分析和报告

1. 质量成本分析

质量成本分析是质量成本管理的重点环节之一。通过质量成本核算的数据,对质量成本的形成、变动原因进行分析和评价,找出影响质量成本的关键因素和管理上的薄弱环节。

质量成本分析的内容如下。

(1)质量成本总额分析:计算本期(年度、季度或月度)质量成本总额,并与上期质量成本总额进行比较,以了解其变动情况,进而找出变化原因和发展趋势。

(2)质量成本构成分析:分别计算内部故障成本、外部故障成本、鉴定成本以及预防成本各占运行质量成本的比率,运行质量成本、外部保证质量成本各占质量成本总额的比率。通过这些比率分析运行质量成本的项目构成是否合理,以便寻求降低质量成本的途径,并探寻适宜的质量成本水平。

(3)质量成本与比较基数的比较分析。

①故障成本总额与销售收入总额比较,计算百元销售收入故障成本率。它反映了由于产品质量不佳造成的经济损失对企业销售收入的影响程度。

②外部故障成本与销售收入总额比较,计算百元销售收入外部故障成本率。它反映了企业为用户服务的支出水平,以及企业给用户带来的经济损失情况。

③预防成本与销售收入总额比较,计算百元销售收入预防成本率。它反映为预防发生质量故障和提高产品质量的投入占企业销售收入的比重。

此外,也可以采用产值、利润等作为比较基数,以反映产品质量故障对企业产值、利润等方面的影响,从而引起企业各部门和各级领导对产品质量故障与质量管理的重视。在实际中,企业应该根据实际需要选用比较基数。

质量成本分析时注意两点:①围绕指标体系分析以反映出质量成本管理的经济性和规律性;②运用正确的分析方法,找出造成质量损失的重要原因,以便围绕重点问题找出改进点,制定措施进行解决。

2. 质量成本分析的方法

质量成本分析方法分为定性分析和定量分析两类。定性分析可以加强质量成本管理的科学性和实效性。例如,企业领导和职工质量意识的提高情况;为领导提供正确信息进行决策的情况;帮助管理人员找出改进目标的情况;加强基础工作提高管理水平的情况等。定量分析是能够计算定量的经济效果,作为评价质量体系有效性的指标,其方法主要有以下几种。

1)指标分析法

(1)质量成本目标指标:在一定时期内质量成本总额及其四大构成项目(预防、鉴定、内部故障、外部故障）的增减值或增减率。设 C、C_1、C_2、C_3、C_4 分别代表质量成本总额及预防、鉴定、内部故障、外部故障在计划期与基期的差额，则有

C = 基期质量成本总额 − 计划期质量成本总额

C_1 = 基期预防成本总额 − 计划期预防成本总额

C_2 = 基期鉴定成本总额 − 计划期鉴定成本总额

C_3 = 基期内部故障总额 − 计划期内部故障总额

C_4 = 基期外部故障总额 − 计划期外部故障总额

其增减率分别为

$$p_1 = \frac{\text{预防成本差额}}{\text{基期质量总成本}} = \frac{C_1}{\text{基期质量总成本}} \times 100\%$$

$$p_2 = \frac{\text{鉴定成本差额}}{\text{基期鉴定总成本}} = \frac{C_2}{\text{基期鉴定总成本}} \times 100\%$$

$$p_3 = \frac{\text{内部损失差额}}{\text{基期内部故障成本}} = \frac{C_3}{\text{基期内部故障成本}} \times 100\%$$

$$p_4 = \frac{\text{外部损失差额}}{\text{基期外部故障成本}} = \frac{C_4}{\text{基期外部故障成本}} \times 100\%$$

（2）质量成本结构指标：预防成本、鉴定成本、内部故障成本、外部故障成本各占质量总成本的比例。设 q_1、q_2、q_3、q_4 分别代表上述 4 项费用的比例，则有

$$q_1 = \frac{\text{计划期预防成本}}{\text{计划期质量总成本}} \times 100\%$$

$$q_2 = \frac{\text{计划期鉴定成本}}{\text{计划期质量总成本}} \times 100\%$$

$$q_3 = \frac{\text{计划期内部故障}}{\text{计划期质量总成本}} \times 100\%$$

$$q_4 = \frac{\text{计划期外部故障}}{\text{计划期质量总成本}} \times 100\%$$

（3）质量成本相关指标：质量成本与其他有关经济指标的比值指标。这些指标如下：

$$\text{百元商品产值的质量成本} = \frac{\text{质量成本总额}}{\text{商品产值总额}/100}$$

$$\text{百元销售收入的质量成本} = \frac{\text{质量成本总额}}{\text{销售收入总额}/100}$$

$$\text{百元总成本的质量成本} = \frac{\text{质量成本总额}}{\text{产品成本总额}/100}$$

$$\text{百元利润的质量成本} = \frac{\text{质量成本总额}}{\text{产品销售总利润}/100}$$

根据需要，还可以用百元销售收入的内外部故障、百元总成本的内外部故障等指标进行计算分析。

2）质量成本趋势分析

趋势分析是要揭示质量成本在一定时期内的变动趋势。其中，又可分短期趋势与长期趋势两类。短期的如 1 年内各月变动趋势，长期的如 5 年内每年的变动趋势。如图 11 − 5 及图 11 − 6 所示。

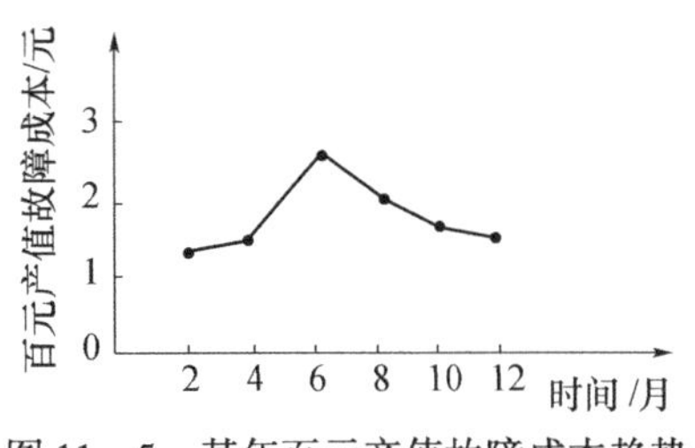

图 11－5　某年百元产值故障成本趋势

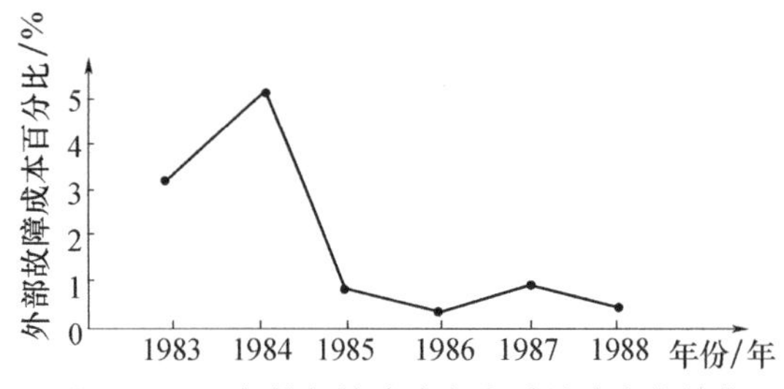

图 11－6　5 年外部故障成本占质量成本的趋势

3)排列图分析

排列图分析是应用全面质量管理的排列图原理对质量成本进行分析的一种方法。应用这种方法,特别是当质量成本类型位于质量改进区域内,而工作重点应放在改善产品质量和提高预防成本上时,其效果更为显著。图 11－7 所示为某装备车辆轮胎企业各车间质量成本分布排列,图中显示占质量成本总额比率最大的是炼胶车间,其次是硫化车间和成型车间。

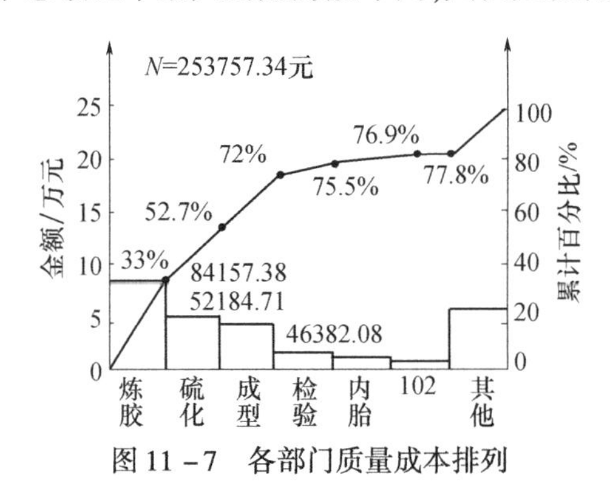

图 11－7　各部门质量成本排列

3. 质量成本报告

质量成本报告是根据质量成本分析的结果,向领导及有关部门汇报时所作的书面陈述,以作为制定质量方针目标、评价质量体系的有效性和进行质量改进的依据。质量成本报告也是企业质量管理部门和财会部门对质量成本管理活动或某一典型事件进行调查、分析、评议的总结性文件。

质量成本报告的内容视报告呈送对象而有所不同。例如,送高层领导的报告,应以简明扼要的文字、图表说明企业质量成本计划执行情况及趋势,着重指出报告期内改进质量和降低成本方面的效果及进一步改进的潜力;送中层部门的报告,可按部门或车间的实际需要提供专题分析报告,使他们能从中找到本单位的主要改进项目。质量成本报告的频次,通常对高层领导较少,以每季度一次为宜;对中层或基层单位,以每月一次为宜,甚至可每旬报送一次,以便及时为有关领导和部门的决策与控制提供依据。提出报告应由财会部门与质量管理部门共同承担,以便既保证质量成本数据的可信度,又有助于分析质量趋势。

1)质量成本报告的内容

(1)质量成本计划执行和完成的情况与基期的对比分析。

(2)质量成本组成项目构成比例变化的分析。

(3)质量成本与相关经济指标的效益对比分析。

(4)典型事例及重点问题的分析与解决措施。

(5)效益判断的评价和建议。

2)质量成本报告的分类

(1)按时间分为定期(月、季、年)报告和不定期的报告(典型事例及重点问题)。

(2)按报送对象分为向领导和有关部门的报告。

(3)按报告的形式分为陈述式、报告式、图表式(如排列图、波动图)或兼而有之的综合性报告等。

质量成本的分析和报告应纳入经济责任制进行考核。

11.2.5 质量成本控制与考核

质量成本控制是以降低成本为目标,把影响质量总成本的各个质量成本项目控制在计划范围内的一种管理活动,是质量成本管理的重点。质量成本控制是以质量计划所制定的目标为依据,通过各种手段以达到预期效果。由此可见,质量成本控制是完成质量成本计划、优化质量目标、加强质量管理的重要手段。

质量成本考核是定期对质量成本责任单位和个人考核其质量成本指标完成情况,评价其质量成本管理的成效,并与奖惩挂钩以达到鼓励鞭策,共同提高的目的。因此,质量成本考核是实行质量成本管理的关键之一。

为了对质量成本实行控制与考核,企业应该建立质量成本责任制,形成质量成本控制管理的网络系统。对构成质量成本费用项目分解、落实到有关部门和人员,明确责、权、利,实行统一领导、部门归口、分级管理系统。

1. 质量成本控制的步骤

质量成本控制贯穿于质量形成的全过程,一般应采取以下步骤。

(1)事前控制。事先确定质量成本项目控制标准。按质量成本计划所定的目标作为控制的依据。分解、展开到单位、班组、个人,采用限额费用控制等方法作为各单位控制的标准,以便对费用开支进行检查和评价。

(2)事中控制。按生产经营全过程进行质量成本控制,即按开发、设计、采购、制造、销售服务几个阶段提出质量费用的要求,分别进行控制,对日常发生的费用对照计划按期进行检查对比,以便发现问题和采取措施,这是监督控制质量成本目标的重点和有效的控制手段。

(3)事后控制。查明实际质量成本偏离目标值的问题和原因,在此基础上提出切实可行的措施,以便进一步为改进质量、降低成本进行决策。

2. 质量成本控制的方法

质量成本控制的方法,一般有以下几种。

(1)限额费用控制的方法。

(2)围绕生产过程重点提高合格率水平的方法。

(3)运用改进区、控制区、至善论区(图11.4)的划分方法进行质量改进、优化质量成本的方法。

(4)运用价值工程原理进行质量成本控制的方法。

企业应结合自己的情况选用适合本企业的控制方法。

3. 质量成本考核

质量成本考核应与经济责任制和“质量否决权”相结合,也就是说,是以经济尺度来衡量质量体系和质量管理活动的效果。一般由质量管理部门和财会部门共同负责,汇同企业综合计划部门总的考核指标体系和监督检查系统进行考核奖惩。因此,企业应在分工组织的基础上制定详细的考核奖惩办法。对车间、科室按其不同的性质、不同的职能下达不同的指标进行考核奖惩,使指标更体现经济性,并具有可比性、实用性、简明性。质量成本开展初期,还应考核报表的准确性、及时性。建立科学完善的质量成本指标考核体系,是企业质量成本管理的基础。实践证明,企业建立质量成本指标考核体系应坚持以下4个原则。

(1)全面性原则。产品质量的形成贯穿于开发、设计、制造到销售服务的全过程。因此,必须有一套完备、科学而实用的指标体系,才能全面反映质量成本状况,以进行综合的切合实际的评价和分析。强调全面性,不能使质量成本考核项目多而杂,应该力求简练、综合性强。最终产品质量是各方面工作质量的综合体现,同时质量的效用性是质量的主要方面,是质量的物质承担者。因此,质量成本考核指标应以产品的实物质量为核心。

(2)系统性原则。质量成本考核系统是质量管理系统中的一个子系统,而质量管理系统又是企业管理系统中的一个子系统,质量成本考核指标与其他经济指标是相互联系、相互制约的关系。分析子系统的状况,能促使企业不断降低质量成本,起到导向的作用。

(3)有效性原则。质量成本考核指标体系的有效性,是指所设立的指标要具有可比性、实用性、简明性。可比性是指质量成本考核指标可以在不同范围、不同时期内进行横向的动态比较;实用性是指考核指标均有处可查,有数据可计算,可定量考核,并相对稳定;简明性就是要求考核指标简单易行、定义简明精练、考核计算简便易行。

(4)科学性原则。企业质量成本考核对改进和提高产品质量,降低消耗,提高企业经济效益具有重要的实际意义,在实际中是企业开展上述工作的依据。因此,质量成本考核指标体系必须具有科学性。其科学性主要是指考核指标项目的定义范围应当明确有科学依据、符合实际,真实反映质量成本的实际水平。

根据上述原则建立企业的质量成本考核指标体系是完善的,能够比较全面、系统、真实地反映质量成本的实际水平,为企业综合评价和分析提供决策、控制和引导的科学依据。各系统的考核评价应服从大系统的优化。质量成本考核指标体系从纵向形成一个多层次的递阶结构,各层次之间相互衔接不可分割。也就是说,高层次是对低层次的汇总,低层次是高层次的分解,这样就构成了一个有内在联系和规律的考核网络。

11.3 全寿命周期费用管理

寿命周期费用,又称为全寿命费用,是在装备寿命周期内,为装备的论证、方案、工程研制、定型、生产、使用与保障、退役等所付出的一切费用之和。

装备寿命周期费用也可看成获取费用与继生费用之和。装备获取费用是由论证、研制和生产成本等构成的费用。继生费用是装备在使用中为保障使用、维修、储存和运输等所需的费用。

寿命周期费用分析是对寿命周期费用各组成部分的识别、量化和评价,以建立费用相互关系和确定各部分对总费用的影响,从而为装备的费用设计和经济性决策提供依据,使装备在达到规定的性能指标的情况下,具有最低的寿命周期费用。

11.3.1 寿命周期费用概述及其要求

装备寿命周期费用管理是从全系统、全寿命来考察装备管理工作的一种综合管理。它把装备在不同阶段的任一项管理工作及其对其他阶段管理工作的影响,量化为可以进行比较的费用,据以进行综合权衡,用来指导和改进装备管理。它是装备在预期的寿命周期内设计论证、研制、使用、维修和保障所需的直接、间接、重复性、一次性和其他费用之和。不管资金渠道与管理控制如何,所有相关的费用均应包括在内。用寿命周期费用来权衡装备管理的各项措施,无疑是最全面、最客观的。为使所计算的费用具有可比性,还必须考虑资金的时间价值,并考虑各种不确定性因素的影响,进行必要的修正,或作灵敏度分析。

在日常生活中,运用寿命周期费用观念处理问题的例子并不少见,购买彩电、冰箱时,大家都瞄准名牌货,加之寿命长,从总体上看是省钱合算的,这实际上就是产品整个寿命期内的总费用。例子虽然简单,却概括了寿命周期费用法的目标、适用范围和基本要素。寿命周期费用法是对那些寿命周期长、使用维修费用可观的产品,谋求总费用最小的方法技术。寿命周期费用管理是在一定的生产和科学技术水平及客观需要的基础上产生和发展起来的,追溯它的历史可看清它的前景。

周期费用方法正式进入决策系统是在20世纪60年代初美军建立并实施《规划、计划、预算系统》时,为了把过去脱了节的制定规划与编制预算联系起来,使军事需求与费用和资源分配挂上钩,并达到以尽可能少的费用实现保证国家安全必需的武装力量的总目标。那时,第二次世界大战后出现的经济计量学科已迅速全面地发展,可靠性工程也经过奠基阶段全面兴起,加上国防建设的需要,有力地推动了寿命周期费用法的发展。

20世纪70年代,美军更加重视寿命周期费用。原因有多个方面:一是国防经费的减少,1960年占国家预算的46%,到1977年只占26%;二是新型武器系统不仅采购费昂贵,而且使用维修更是大幅度地增加。例如,美海军的舰艇总数,在1972年为654艘,维修和现代化改装费用为14亿美元,1978年舰艇总数减至462艘,费用却增至30亿美元,整个美军研制、采购、使用维修费之比在1964年为1∶2.1∶1.6,1972年为1∶2.4∶2.8,1980年达到1∶2.6∶3.5。使用维修费的迅速增长,不仅成为沉重的负担,而且影响对新武器的预研和投资,削弱了装备更新的能力。为此,美军制定了一种新的可担负性采办政策,就是说不仅买得起,且是用得起的,同时狠抓了寿命周期费用管理。

上述措施20世纪80年代开始已明显奏效,1985年三项费用的比例为1∶ 3.1∶ 2.5。降低使用维修的同时,也使研制费的比例在国防经费中上升,这意味着将更多的投资转入了高科技领域,为研制技术要求高的武器装备创造了一个条件,是在相对和平条件下,加强国防建设十分有效的途径。

美军这种以费用为杠杆来启动、加速和调节国防建设的做法取得的重大成效引起广泛的瞩目。于是,寿命周期费用法也就迅速推广至政府及民用部门。美国的许多州市,都把提出寿命周期费用评价作为设计的要求,有的州甚至把它规定在法律条文中。

到20世纪80年代,寿命周期费用法已应用到许多国家,最典型的例子是国际权威性的标准化机构,国际电工委员会(IEC)可靠性和维修性技术委员会于1987年颁布了《寿命周期费用评价——概念、程序及应用》标准草稿。标准是"由有关各方根据科学技术成就与先进经验共同合作起草,一致或基本上同意的技术规范或其他公开文件,其目的在于促进最佳的公众利益,并由标准化团体批准"。寿命周期费用上升成为国际标准,不仅说明它已经成熟、世所公认,而且也到了予以法规化,以促进广泛应用,取得最佳效益的时候。

我国开始编制寿命周期费用的有关标准,最早是从20世纪90年代初《军用雷达寿命周期费用估算手册》和《电子对抗装备寿命周期费用估算》两项国家军用标准开始的。而后,GJB z 20517《武器装备寿命周期费用估算》于1998年颁布实施。

1. 寿命周期费用的基本观点

概括起来,寿命周期费用(Life Cyde Costs,LCC)的基本观点有如下三条。

1）继生费用不可忽视

随着各种装备的性能日益完善，结构更加精密复杂，不但研制、生产成本日益增长，而且继生费用也不断增长，甚至比获取费用的增长幅度更大。根据美国国防部的研究，典型装备的论证和研制阶段的费用仅占费用的15%，生产阶段占35%，使用阶段占50%。我军的一些装备也有上述类似情况。例如，统计某型坦克使用20年的继生费用为采购费的4.4倍，某型飞机使用15年的继生费用可以购买该飞机6架。

由此看来，继生费用是不可忽视的。在过去一段较长的时间里，人们容易知道产品的价格，在采购装备时常常只考虑购置费用，只考虑买得起多少装备，而不习惯去估算继生费用，“买得起，用不起”的事便时有发生。因此，应当重视装备的继生费用。

2）寿命周期费用的先天性

装备从论证研制到淘汰处理各阶段的费用，固然是由各阶段的需要而定的，但是在装备寿命周期各阶段中，越是前面的阶段，对寿命周期费用越是有重大的影响。寿命周期费用实际上在装备生产之前，已由论证、研制“先天”地基本确定了。到了使用阶段，装备的结构和性能（包括可靠性和维修性在内）都已基本确定定型，降低使用与维修费用的余地是很小的。据美国B－52飞机寿命周期费用研究表明，各个阶段对寿命周期费用的影响是：论证（含初步设计）阶段影响85%，研制阶段影响10%，生产阶段仅影响4%，到使用阶段只能影响1%了。对于不同装备，各阶段对费用的影响程度是不一样的，但基本规律是一致的，即寿命周期费用主要取决于论证研制阶段，到使用阶段就很难改变了。

上述情况说明，寿命周期费用必须及早考虑，在装备可行性研究或战技指标论证时，就应对装备寿命周期费用进行初步估算，以确定装备发展的必要性和可行性。

3）只有寿命周期费用才能衡量装备的经济性

在进行装备系统的各种权衡分析中考虑经济性时，只有寿命周期费用才能真实地反映经济性。不仅要降低装备的获取费用，而且也要降低装备的继生费用，只有寿命周期费用最小才是真正最经济的。

装备的获取费用和继生费用彼此间也是密切相关的，在既定性能要求下，提高可靠性和维修性要求，可能降低获取费用，但将导致使用与维修费用的上升。实践表明，由于获取费用是一次性投资，使用维修费用是若干年内连续性投资，因此，通常在装备研制过程中，增加一些投资来改善可靠性和维修性，将换来寿命周期费用的较大节约。

2. 寿命周期费用估算基本要求

（1）明确估算时机。寿命周期费用估算可用到寿命周期各阶段。在不同的阶段估算寿命周期费用，估算的目标和估算的方法不完全相同。

（2）明确估算目标。根据估算的时机、具体估算任务、要求、确定估算目标，比如是估算寿命周期费用还是估算某个单项费用。

（3）选择合适的估算方法。根据所具备的条件选择合适的估算方法。对不同的方案优先采用可比的费用估算方法，可能时用两种及以上的方法分别估算后进行比较，互相验证，选取置信度较高的估算结果。

（4）明确费用估算的起止时间，并考虑在此期间的一切费用项目，并对每个项目及具体组成部分都有明确的定义和划分（尽量与财务部门一致）；论证、研制、生产、使用与维修等部门对这些定义和划分必须具有相同的理解。避免费用的重复计算或漏算，以防出现估算误差。还要区分已知费用、未知费用、不变费用和可变费用等。

(5)定性分析与定量分析相结合,以定性分析为前提,以定量分析来深化和扩展,定性分析和定量计算结合应贯穿于估算工作的全过程。

(6)寿命周期各阶段中每个费用单元估算都应考虑费用的时间价值、物价指数等,为了比较各待选方案,在估算时应有一个共同的时间基准。一般是将决策的时刻作为贴现基准时点。贴现是把某一时点上的资金折算到基准时点上的等值资金,基准时点一般为基准年。

(7)对估算结果一般应进行不确定性分析和灵敏度分析。在费用估算时,必然会有一些假定和约束条件,如在经济、资源、技术、进度等方面的假定和约束条件,若这些因素有可能发生误差或变化,就称为不确定性因素。应找出这些不确定性因素,并分别对其进行灵敏度分析,弄清这些因素发生可能的变化对费用估算结果的影响程度。

11.3.2 寿命周期费用估算程序与估算方法

1. 估算程序

装备寿命周期费用估算的一般程序如图11-8所示。

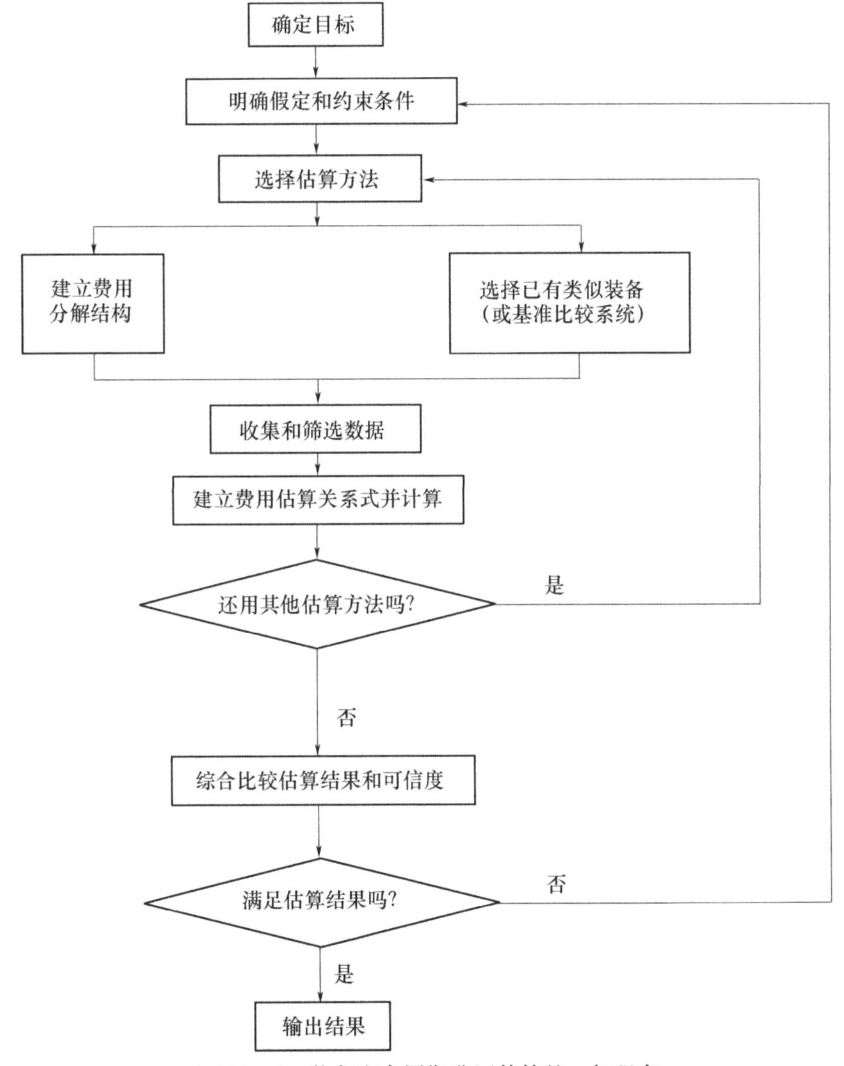

图11-8 装备寿命周期费用估算的一般程序

1) 明确假定和约束条件

假定和约束条件一般包括进度、装备数量、使用方案、使用年限、维修要求、利率物价指数、科学技术发展水平以及可供借鉴的资料等因素。

随着寿命周期阶段的推进,原有假定和约束条件可能发生变化,应及时修正。

2) 选择估算方法

估算方法的选择取决于费用估算的目标、时机和掌握的信息量。常用的 4 种估算方法及在装备寿命周期各阶段的适用性如表 11 - 3 所列。

表 11 - 3　费用估算方法的适用性

估算方法	论证阶段	方案阶段	工程研制(含定型)阶段	生产阶段	使用阶段	退役阶段
类比估算法	○	√	○	○	√	○
参数估算法	√	○	○	×	×	×
工程估算法	×	×	√	√	√	○
专家估算法	√	√	○	○	○	√
注:√—主要方法;○—次要方法;×—通常不用						

3) 建立费用分解结构

根据估算的目标、假定与约束条件,确定费用单元,建立费用分解结构。

费用分解结构的一般要求如下。

(1) 一切费用既不遗漏也不重复,必须考虑装备整个估算范围内所有费用。

(2) 由上到下逐级分类展开,一直分解到可进行估算的费用单元。根据费用估算的时机、目标、进度和方法不同,费用分解的范围和层次可以有所不同。

(3) 费用分解结构宜与财会费用类目相协调。

(4) 每个费用单元必须有明确的定义和代号,并为各有关单位所共识。

根据 GJB 1364 确定的原则,装备的寿命周期费用按寿命周期阶段分解为论证费、研制费、型号管理费、购置费、使用与维修费、退役处置费等主要费用单元,如图 11 - 9 所示。上一级的费用单元可分解为若干个下一级的费用单元。

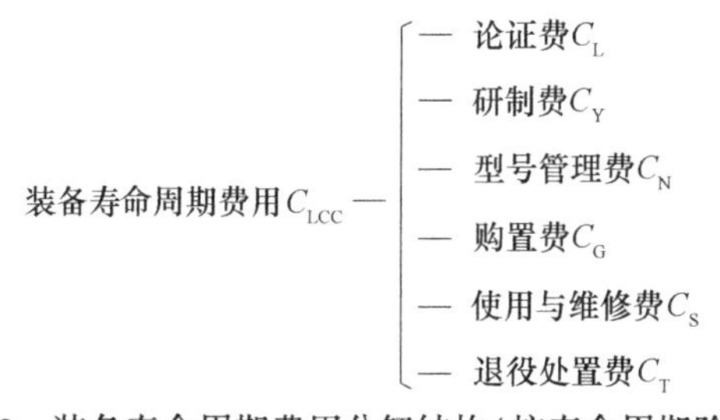

图 11 - 9　装备寿命周期费用分解结构(按寿命周期阶段划分)

4) 选择已知类似装备

若用参数估算法应选择多种已知类似装备,若用类比估算法应选择基准比较系统。

(1) 选择已知类似装备多一些为好,主要要求为作战任务和战术性能基本类似,技术体制和技术指标基本类似,与被估算费用相应的费用已知。

(2) 选择基准比较系统的一般要求:作战任务和战术性能基本类似,技术体制和技术指标基本类似,装备使用和保障要求以及使用寿命已知,研制费、采购费和使用与维修费已知。

5)收集和筛选数据

收集和筛选数据的一般要求如下。

(1)准确性:费用数据必须准确可靠,虚假的数据将导致估算精度降低或失败。

(2)系统性:费用数据要连续、系统和全面,应按费用分解结构进行分类收集,费用单元不交叉、无遗漏。

(3)时效性:要有历史数据,更要有近期和最新的费用数据。

(4)可比性:要注意所收集费用数据的时间和条件,使之具有可比性,对不可比的费用数据使其具有间接的可比性。

(5)适用性:选出那些对估算目标有用的费用数据。

6)建立费用估算关系并计算

根据估算目标和估算方法,拟定出费用估算公式,该式应能使估算简易、快速。为估算某些因素或参数对整个寿命周期费用的影响,必要时可建立主导费用单元费用估算关系式。利用估算关系式进行计算前须进一步收集、整理并筛选费用数据。进行计算时应考虑费用的时间价值并进行折算。

7)不确定性因素和灵敏度分析

不确定性因素是指可能与分析时的假定(或约定)有误差或有变化的因素,主要包括经济、资源、技术、进度等方面的假定和约束条件。对于不确定性因素应进行灵敏度分析。

灵敏度分析主要是指分析某些不确定性因素发生变化时,对费用估算结果的影响程度,以便为决策提供更多的信息。对重大不确定性因素必须进行灵敏度分析。

2. 估算方法

1)工程估算法

工程估算法是一种"自下而上"的估算法,通过逐个计算最下层次费用单元的费用,然后进行逐级累加得到寿命周期的费用。装备寿命周期费用一般分解结构如图11-10所示,工程估算法的估算公式为

$$C_{LLC} = C_F + C_Y + C_X + C_G + C_S + C_T \tag{11-1}$$

式中:C_{LCC}为装备寿命周期费用;C_F为方案论证费;C_Y为研制费;C_X为型号管理费;C_G为购置费;C_S为使用与维修费;C_T为退役处置费。

运用工程估算法要注意以下几点。

(1)每个基本费用单元都用工程法计算,方法随着研制工作的深入,所提供的数据渐趋完备,估算值越接近真实值。

(2)在计算每个基本费用单元时,都应考虑费用的时间价值,注意以基准年为准的费用折算。具体折算公式为

$$P = P_i \times B(n) \tag{11-2}$$

式中:P为贴现值;P_i为投资值;$B(n)$为贴现系数。

$$B(n) = (1+i)^n(1+\beta)^n \tag{11-3}$$

式中:i为年平均利率;β为年平均物价上涨系数;n为贴现年数。

(3)在计算论证费、研制费和型号管理费时,要考虑首批研制(或生产)的数量,必要时将这些费用进行分摊。

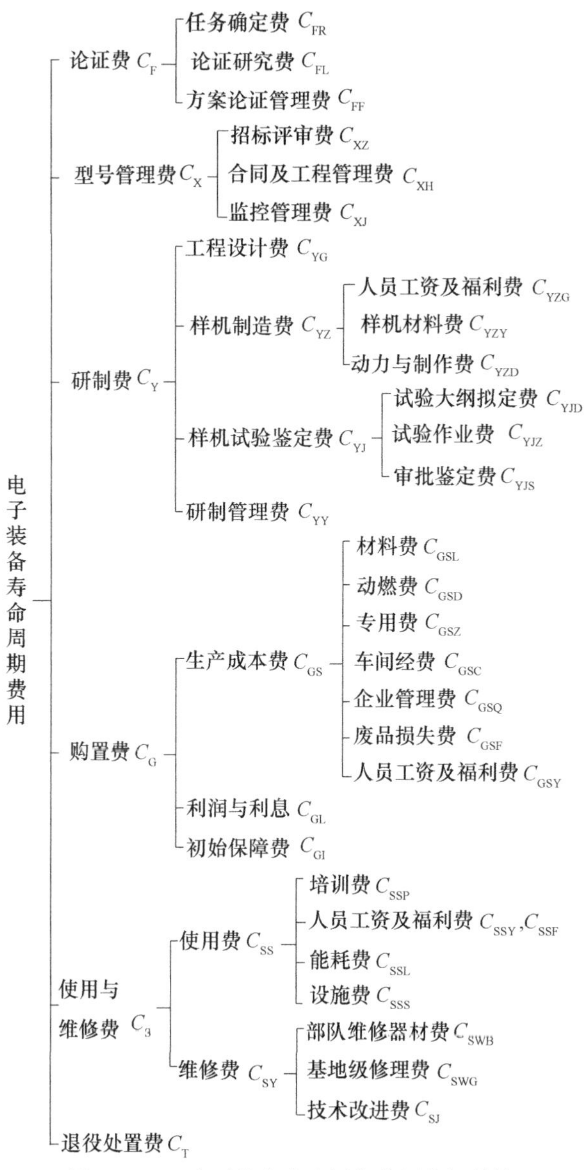

图 11-10　电子装备寿命周期费用分解结构

2)参数估算法

参数估算法是根据已有类似装备与费用关系密切的主要性能参数(或其他的主要设计特性和使用特性参数)和费用资料,运用回归分析法建立起主要性能参数与费用的关系式,然后把待估算装备的相应参数代入关系式,以此来进行费用估算。

正确建立参数与费用的数学关系式是参数估算法的关键。作为费用估算自变量的备选参数,必须与费用有着密切的关系。备选参数可先根据同类装备的有关历史资料,把与费用有关的参数都列出来,然后筛选和综合出若干个(一般不超过 5 个)对费用影响最显著的参数。

参数估算法的一般步骤如下。

(1)确定与装备费用有密切关系的性能参数。可先根据类似装备历史数据资料,找出与装备费用有密切关系的所有性能参数作为备选参数,诸如速度、射程、火力、口径、重量、尺寸、载重量、软件、可靠性、维修性等。装备的功能和结构不同所选参数显然也不完全相同。然后采用参数—费用相关性分析法，从备选参数中确定与费用关系最为密切的参数，至少 1 个，最多一般不超过 5 个。进行相关性分析时要一定数量的同类现有装备数据资料作样本。

(2)建立已有同类装备有关数据的样本矩阵。同类装备样本一般不少于 5 个。样本矩阵应包括与费用关系密切的备选参数和装备费用。根据此样本矩阵进行参数—费用关系式的回归分析。

(3)建立参数法费用估算关系式。根据选出的主要参数和费用的量，进行回归分析。若只有一个参数，进行一元回归分析；若有两个及以上的参数，先求出综合性能指数，然后再进行回归分析。经回归分析后建立的参数—费用关系式，还必须进行显著性检验，检验估算公式能否达到规定的置信度。对于两个以上的多元参数，也可采用多元回归分析来建立估算关系式。

单个参数线性费用估算公式为

$$Y_c = a + bX \tag{11-4}$$

式中：Y_c 为估算的费用；X 为参数值；a 为截距；b 为斜率。

单个参数非线性费用估算公式为

指数关系：

$$Y_c = a\mathrm{e}^{bX} \qquad (b > 0) \tag{11-5}$$

幂次关系：

$$Y_c = aX^b \qquad (b > 0) \tag{11-6}$$

多参数线性费用估算公式为

$$Y_c = b_0 + b_1X_1 + b_2X_2 + \cdots + b_nX_n \tag{11-7}$$

以上各式中的常数 a，b 要通过对样本量的计算来决定。

(4)将被估算装备的有关参数代入估算关系式就可估算出相应的费用。对最后输出的费用，要考虑时间价值因素。

3)类比估算法

类比估算法将待估算的装备与已知基准比较系统作比较，找出主要异同点及其对费用的影响，从而估算费用。基准比较系统应与待估算的装备相类似，它可以是现役装备，也可以是由现有不同装备的某些部分组成的合成体，其费用数据应是已知的。

下面以新研装备论证阶段估算研制费和寿命周期费用为例，来讨论类比估算法。

(1)假定和约束条件。

在论证时估算研制费用和寿命周期费用的假定与约束条件如下。

①贴现基准年。

②年利率与物价指数。

③研制期。

④装备数量。

⑤使用年限(寿命)。

⑥使用维修保障要求。

(2)明确被估算的新研装备情况。

在论证阶段应明确以下情况。

①任务和战术性能。

②技术指标和技术体制，技术实现难度。

③基本结构和设备，重要原材料订购情况。

④使用条件和保障要求。

⑤研制期和使用年限。

⑥可能的生产量。

⑦其他。

(3)选定基准比较系统。

①选定基准比较系统的一般要求如下。

a. 作战任务和战术性能基本类似。

b. 技术体制和技术指标基本类似。

c. 装备使用和保障要求以及寿命已知。

d. 研制费用、采购费用和使用维修保障费用已知。

②收集基准比较系统的有关数据资料,特别是费用和与费用有关的数据资料。

③确定类比项目。根据新研装备和相似装备的异同情况,以及收集到的有关数据资料,将影响装备研制费用和寿命周期费用的主要因素作为类比项目。每个类比项目对费用的影响应是基本独立的,若有两项费用的影响密切相关,应合并为一项。类比项目不宜太多过细,当然太少也不好。一般类比项目如表 11 -4 所列。

表 11 -4　费用类比项目表

序号	类比项目	基准系统	新研装备 η	备注
1	战术、技术综合性能	1	η_1	含功能差异
2	技术实现难度	1	η_2	
3	基本结构(设备量)	1	η_3	含关键器件和原材料
4	使用环境条件	1	η_4	
5	使用年限	1	η_5	
6	研制期限	1	η_6	
7	使用保障要求	1	η_7	
8	维修保障要求	1	η_8	
9	生产量	1	η_9	

④估算费用系数(η)。根据类比项目,作新研装备费用估算见表 11 -4。装备和比较的项目不同,类比项目也不一定相同,应找出对费用影响较大的所有项目。项目之间若相互影响,应进行合并,减少重复计算费用。

计算新研装备的类比项目费用系数 η_i。以基准比较系统的类比项目为基准(费用系数取 1),然后考察新研装备相对应的类比项目,估计费用系数 η_i,有三种可能情况。

a. 相同或差异很小,则 $\eta_i = 1$。

b. 有差异,且对费用影响呈上升趋势,则 $\eta_i > 1$,具体数值根据费用可能上升程度估计。

c. 有差异,且对费用影响呈下降趋势,则 $\eta_i < 1$,具体数值根据费用可能下降程度估计。

计算新研装备费用系数 η。新研装备费用系数计算公式为

$$\eta = \prod_{i=1}^{n} \eta_i \tag{11-8}$$

式中:n 为类比项目数。

本例要估算两种费用,其类比项目数不完全相同。估算研制费时,“生产量”这一项可以不考虑。

(4)估算新研装备费用。

①估算新研装备等同费用。等同费用是指以基准比较系统费用的时间为基准,估算新研装备的费用。本例等同费用由下式计算:

研制周期等同费用为

$$C_{e0}=\eta_e C_r \tag{11-9}$$

寿命周期等同费用为

$$C_{LCC0}=\eta_{LCC} C_{rLCC} \tag{11-10}$$

式中:C_r 为基准比较系统研制费用;C_{rLCC}为基准比较系统寿命周期费用;C_{e0}为新研装备等同研制费用;C_{LCC0}为新研装备等同寿命周期费用;η_e 为研制费用系数;η_{LCC}为寿命周期费用系数。

②估算新研装备的实际费用。实际费用是指以贴现基准年为准,将等同费用经过贴现后的新研装备费用。计算公式如下:

$$C_e=(1+i)^m(1+\beta)^m C_{e0} \tag{11-11}$$

$$C_{LCC}=(1+i)^m(1+\beta)^m C_{LCC} \tag{11-12}$$

式中:C_e 为新研装备研制费用;C_{LCC}为新研装备寿命周期费用;i 为年利率;β 为年物价上涨指数;m 为贴现年数。

11.3.3 寿命周期费用控制措施

全寿命周期费用的管理目标是从全寿命周期费用的角度对设计、订购及使用与保障中的问题作出正确的决策,力图以最低的全寿命周期费用确保实现装备的作战使用要求,或以可承受的全寿命周期费用实现满意的作战使用要求。

全寿命周期费用管理要求建立费用管理机构,加强全寿命周期费用管理;制定全寿命周期费用指标,实行目标管理;持续地进行全寿命周期费用估算与分析;开展全寿命周期费用阶段评审,强化全寿命周期费用控制;重视研制早期对全寿命周期费用的管理,及时采取有效的控制措施;充分利用现代信息技术,广泛收集全寿命周期费用数据。

在武器装备不同寿命周期阶段,控制全寿命周期费用有不同的内容。

1. 立项论证阶段控制装备全寿命周期费用措施

研制立项论证阶段的内容主要包括该装备的作战使命任务、主要作战使用性能(含主要战术技术指标)、初步总体方案、研制周期、研制经费概算、预研关键技术突破和经济可行性分析、作战效能分析、装备订购价格与数量的预测等。

经验表明,武器装备系统的全寿命周期费用主要部分的确定取决于早期论证研究和立项阶段的科学决策。根据国内外武器装备研究单位多年的统计观察,装备若按论证、采购、使用服役三个阶段构成全寿命期,这三个阶段费用分别占全寿命周期费用的比例为5%~10%、25%~30%、60%~70%。但这三个阶段的工作成果对装备全寿命周期费用影响正好相反。装备立项综合论证阶段的成果将决定全寿命周期费用70%;研制总要求论证工作结束后,将决定全寿命周期费用的85%;工程研制阶段工作结束时,装备全寿命周期费用的95%已经被确定;而进入服役使用期间,只能影响全寿命周期5%费用。

因此,武器装备立项综合论证阶段,虽然在全寿命周期中所占时间比重很少,所花费用占全寿命周期费用的比例也不大,但对全寿命周期费用起着决定性的影响。因此,控制武器装备的全寿命周期费用,必须重视武器装备立项论证阶段的战术技术论证研究,做好经济分析,使装备与分系统设备的效能和费用达到最佳结合,从而使有限的费用满足武器装备需要,达到最合理的需求。

(1)强化高层领导机关对立项论证阶段的决策,根据武器采购费用额分级审批和管理。为加强全寿命费用管理,提高武器装备发展水平,调动各级装备管理人员的积极性。在武器装备立项论证阶段,应强化高层领导机关的决策,并根据武器装备的投资额和重要性进行分类,按级负责,明确审批权限。对于一些投资额巨大、具有战略意义的武器装备立项,需经最高决策层审查和批准。在形成的主要作战使用性能中,除要进行战术技术指标、总体技术方案的论证,保障条件和研制周期的预测,必须还同时给出武器装备全寿命周期各阶段关键项目费用的估算,以便于高层领导机关决策。

对于通常情况下武器装备应采用定费用设计,严格控制装备费用。同时,要有足够的资源支持,没有足够资源保障的方案,建议高层决策机构不应批准立项。

(2)加强财务审价部门在立项论证阶段的作用,建立各层次费用分析小组。控制装备全寿命周期费用的核心是目标管理,即要求确定全寿命周期费用的各项费用的目标值,而全寿命周期费用管理的先决条件是进行全寿命周期费用分析。所以西方国家特别强调财务、审价部门在控制装备全寿命周期费用的作用,在国防装备采办队伍中,财务、审价、经济分析方面人员约占全体采办人员的1/3。因此,加强装备发展部及各军(兵)种财务审价部门在立项论证阶段的作用,对控制装备全寿命周期费用是极为重要的。

①在装备发展部及军兵种装备部组建费用分析小组(室),军事代表局或大型装备型号办组建费用分析小组,专门负责本部门武器装备全寿命周期费用管理和控制工作。

②各层次费用分析小组,应当有职有权,直接向本层次主管装备首长负责。通过与相应层次的业务部门共同审核,提出武器装备全寿命周期各个阶段的目标基线(费用、性能、进度的目标值及所允许超出的最大范围),并在满足装备基本性能和质量要求的前提下,有权否决超出费用目标值的技术方案。

2. 方案阶段控制装备全寿命周期费用措施

(1)严格按照方案基线目标开展方案设计。研制总要求论证主要包括:该装备作战使用要求;总体方案;系统、配套设备和软件方案;保障设备方案;质量、可靠性及标准化控制测试;设计定型状态;设计定型时间;研制经费的核算和装备产品成本概算等。

该阶段是根据装备立项论证报告进行武器装备研制方案的论证、验证,以形成《武器装备研制总要求》。因此,该阶段是武器装备形成的关键,欲想选择出装备性能和费用的最佳方案,就必须在严格遵循方案基线目标的前提下,在对分系统的设计性能和整个武器的特性(可靠性、可维修性、综合保障等)进行论证、综合分析和权衡的基础上,分析和估算各分系统对武器全寿命周期各项费用的影响,辨识和分析各种设计途径的费用及其相应的费用效能。在此基础上,对费用、进度和各系统性能进行权衡,提出研究结果,从而确立装备的研制基线。拟定出装备性能、费用、性能目标后,进一步明确和冻结武器装备的有效参数与技术状态,以达到整个武器系统性能和费用最佳状况,并有效地控制装备全寿命周期费用。

(2)优化武器装备方案阶段工作,确保武器装备费效比的科学合理。为了控制装备的全寿命周期费用,在确保装备基本性能指标的基础上,武器装备研制技术方案的选定,应遵循以下原则。

①充分利用预研成果和成熟技术,严格控制新技术采用比例,防止研制出现反复,确保研

制一次成功。

②在满足战技指标要求和确保质量的前提下,优先采用费效比科学合理的技术方案,提倡限额设计。

③武器装备尽量形成批量生产,以减少装备的准备工程和配套设备费用。

④凡是各军兵种可以通用的装备,则不必另行研制军兵种专用装备,以提高国防经费的使用效益。

⑤凡可能军民通用的装备,一定采用民品,充分利用市场竞争机制。

⑥凡可以采用标准化部件的一定采用标准化,便于实现设备标准化和互换性。

(3)做好全寿命周期费用分析和评审工作。当武器装备进入方案阶段时,武器装备主要性能参数已基本确定,对所研制的装备也掌握了较多的资料和信息。因此,在该阶段对装备全寿命周期费用已不再只是定性的分析和测算,而必须运用价值工程分析方法,对武器装备逐项费用进行全面、客观、科学的定量分析测算,特别是对装备采购价格进行认真的测算,以达到指导后续工作的目的。

在对武器装备技术方案进行评审的基础上,军委各部和军(兵)种装备管理决策机构应从国家长远资源规划角度出发,着重对装备的全寿命周期费用、年度经费要求、各军兵种的承受能力,以及保障条件落实等方面进行全面评审。通过评审,要确立装备的研制基线(即计划费用、进度、性能指标),优选费效比最佳的设计途径和基线,并证实按周期费用设计能达到预定目标值。评审结果呈报军委各部或军兵种装备管理决策机构审批后,相应的指标就不得随意改变,并作为工程研制阶段工作的根据。

3. 工程研制阶段控制装备全寿命周期费用措施

1)严格遵照研制基线开展好工程研制工作

本阶段的主要工作是根据批准的《武器装备研制总要求》进行武器装备的设计、试制、试验,由此确定在总体性能和费用权衡最佳前提下的武器装备分系统与总体性能。

工程研制阶段必须进一步详细确定武器装备系统、分系统以及各种设备,把方案阶段制订的性能基线加以更加详细的工程描述,最后形成军方和装备承制方对建造武器的技术部分有统一见解的合同格式的文件(即为分配基线)。经济分析人员要更进一步深入分析装备全寿命周期费用,优化和修正前阶段对装备全寿命周期费用的估算值,对武器装备建造费用要提供现实生产费用的估算值,为控制装备全寿命周期费用及合同谈判制定价格标底提供依据。

2)建立竞争机制,实现招标和择优定价

在市场经济中,最大限度地依靠市场竞争机制,是控制装备全寿命周期费用,获得优质武器装备和售后服务的最好措施。其主要手段就是对建造武器装备采用招标和择优定价。

招标和择优定价工作必须把握好以下关键环节。

(1)向有资格的厂家发出招标邀请书。实行招标和择优定价时,首先军方负责武器采办的机构要根据研制武器的类型和特点,向国内有资格的生产厂家(多于两家)发出招标邀请书。标书是向有希望中标的厂家传递包括合同条款、招标须知和条件的成套资料。

制定标书是武器招标中很重要的工作,应由相应的专业技术、经济分析、法律等方面专家,在全面了解研制武器装备生产基线的基础上编拟。

(2)制作好价格标底。要准确、公正地选出价格合理的中标单位,制定研制武器装备的价格标底是很重要的环节。制定价格的标底要依据军品价格管理办法,执行国家对军品价格实行低利政策,以及必须以价值规律为准则,体现平等竞争原则。要在认真分析比较相近的武器装备技术和建造要求的基础上,建立相关的数学模型,以形成较为科学合理的价格标底。

(3)对投标书的评选——评标和定标。评标和定标也是招标工作的重要环节,评标择优的原则是:严格按照标书和经公证处认可的评标方法,做到对各投标的生产厂家(或联合体)进行公正、认真细致的评标。选择技术战术规格、价格、研制进度及合同技术服务等综合最优的投标生产厂家(或联合体)为最佳投标预选单位。

(4)合同谈判。评标初步确定了制造武器装备第一候选厂家,合同谈判是合理控制装备采购费用的关键环节。为了使军方在谈判中始终处于有利地位,以合理的成本获取最理想的装备,在合同谈判时要做好谈判准备,谈判人员要了解武器装备的主要原材料、配套设备、工时费等当前国内、外的行情,熟悉全寿命周期费用分解结构、购置费的构成、主要费用项目及影响因素。在全面审查投标价格计算书的基础上,找出与价格标底的差距,做到对报价中的错、漏、高、低心中有数,从而使军方处于主动地位。

(5)合理解决分歧,促进合理订立合同。谈判通常是一个漫长的过程,某些条款由于双方均从本方立场出发,理解不同,往往造成很大分歧,有时通过多次协商仍然无法找出共同点。这时需要双方都作出让步,合理解决分歧,促进合同的订立。

(6)根据采购装备的性质选择相应的合同类型。合同分为两大类:凡着眼价格因素的合同称为定价合同;凡着眼于成本因素的合同,称为成本补偿合同。前者应适用于技术比较成熟的装备订货,后者适应用于风险大的新型装备的研制。根据采购装备的性质,选择相应的合同类型,这是提高军队装备经费的使用效益,获得优质的国防装备,控制装备全寿命周期费用的有效措施之一。

4. 设计定型阶段和生产定型阶段控制装备全寿命周期费用措施

武器装备在经过工程研制阶段之后,即进入了设计定型以至生产定型阶段,在该阶段控制装备全寿命周期费用的措施是:驻厂军事代表在维护军方利益前提下,监督、检查承制单位严格按照合同条款,保质、保量,并按规定时间进度,完成相应的军品生产任务。同时,要督促承制单位如实地提供生产军品的各项费用明细表,供军方在控制装备全寿命周期费用时,作为可借鉴的原始资料。在产品完工后,要按照作战使用要求,切实完成各项试验和检验,保证部队获得质量可靠、战技指标优良和技术资料与备件齐全的装备。

5. 使用阶段控制装备全寿命周期费用措施

当装备投入军队服役,进入使用阶段时,这时装备全寿命周期费用95%已经完全确定,因此控制费用的措施是:严格按照设备操作规程运行和操作设备,并按定期修理和视情修理相结合的方式,实事求是地确定修理项目与范围,避免大拆大卸和盲目修理现象,并且在平时要加强对武器装备保养,要尽量避免装备失修。其控制费用措施的具体做法如下。

1)制定明确的装备维修规划及经费宏观调控的方向和目标

(1)谋求装备维修经费的供需平衡,保证装备维修系统平衡运转,避免装备大面积失修现象的出现。

(2)通过总结各项维修项目所需维修费用的结构规律,以及维修费用的投向、投量规律,合理调整装备维修内部结构,发挥有限维修资源的最大效益。

(3)协调装备购置、维修费用间的关系,求得装备平衡发展。

2)建立全军装备维修计划及经费的宏观调控指标

其主要包括三个方面的指标。

(1)调整与控制维修费用供给与需求总量平衡指标(总量控制指标),使维修系统运行在维修费用供求平衡状态下平稳运转。

(2)调整和控制维修系统内部各项费用结构比例和维修费用投向投量比例指标,使在有限的维修经费情况下,通过合理调整维修费用结构比例,优化维修资源配置,达到资源效益最大化。

(3)调整和控制维修要求,协调维修计划指标。使在制订维修计划时,能够定量计算对维修事业保障强度,定量地协调和控制装备动态使用规模,以求得整个装备管理系统协调。通过上述维修经费有关指标的建立,在客观上控制装备的维修经费。

3)克服当前装备修理经费管理存在的问题,达到控制装备全寿命周期费用的目的

当前武器装备维修经费管理上存在以下三个方面的问题。

(1)确定武器装备(给定武器类型及修理等级)维修经费(价格)没有明确依据,不便于审价和市场监督。

(2)维修合同管理不够规范,难以做到客观公正。

(3)缺乏统一的装备修理定额和工时费率,对修理费的确定无章可循。

为此,应采取下述措施。

(1)各军(兵)种尽快制定本军(兵)种各种类型装备修理定额。

(2)建立以计划和市场相结合的武器装备维修经费管理办法。

(3)强化维修合同的监督管理。

11.4 装备价值工程分析

11.4.1 价值工程产生与发展

价值工程是技术与经济相结合的边缘学科,是改进和提高产品的功能和质量、降低成本的有效途径。价值工程产生于第二次世界大战以后的美国。第二次世界大战期间美国的军火工业迅猛发展,由于战争对物资的消耗和为了保证武器性能及交货期限,导致了对有限资源的大肆滥用,使美国物资短缺的矛盾非常尖锐。当时,通用电气公司产品所需的石棉板,供应奇缺、价格剧涨。负责采购的麦尔斯(L. D. Miles)把成本与产品功能联系起来分析采购石棉板的目的。经调查研究发现,产品上涂料时因涂料溶剂落在地面上容易引起火灾,消防法规定要铺石棉板防火,说明采购石棉板的目的是其具有防火功能,为此就寻找具备同样功能的其他材料。他找到一种货源充足、只有石棉板价格 1/4 的不燃纸来代替石棉板,解决了生产问题,并节约了大量费用,但是违反了美国消防法。这件事引起了社会舆论的广泛关注与讨论,最终导致了消防法的修改。

通过这次事件,麦尔斯认为,如果有组织地进行这种物质代用,可以大幅度地降低成本,也是有效的利用资源。通过实践,他进一步发现这种材料代用的分析方法,在所有的产品设计中都可以应用,并不局限于材料供应困难必须代用的情况。他认为:用户购买的是产品的功能,设计人员应该用最低的生产费用提供用户所必需的功能。他以电冰箱为对象,从功能分析入手,在保证用户所需功能的前提下,对其进行了改进,使成本大幅度下降。

麦尔斯从一系列的研究、实践中得出的结论如下。

(1)用户购买的东西,表面上是商品,而实质却是需要商品的功能。

(2)用户总是希望花最少的钱,买到同样功能的商品。

(3)从功能和费用的关系,得出了价值这个概念。功能通过一定的方法量化以后,价值就可以用数值衡量其大小,并以此来优选功能与费用的最佳配合。这就是价值分析。

1947 年,麦尔斯以“价值分析”为题,发表了研究、实践的成果。1954 年,美国海军舰船局在确认了价值分析的成效之后,决定加以采用,并改称为“价值工程”(Value Engineering,VE),应用后取得了显著的效果,仅第一年就节约了 3500 万美元。此后,价值工程在美国的各个领域,如建筑、垦荒、邮电、卫生等领域都得到了广泛的应用,并取得成效。价值工程陆续被世界许多国家引用,不仅将其应用于重点材料代用,而且着重应用于决策、改进设计、改进工艺、改进生产计划等领域,乃至新产品的开发设计。

价值工程在 1978 年引入我国,对我国的经济建设产生了重大影响,目前已有一批企业运用这门技术创造出良好的经济效益。随着时代的发展,价值工程的方法定将更为完善,在企业运营、设计管理、新产品开发乃至扩大社会资源利用效果等方面将发挥更大作用。

11.4.2 装备价值工程分析概述

1. 装备价值工程分析概念

价值工程分析是对装备剔除多余的功能(质量)和消除不必要的成本,寻求从最低成本,达到装备(零部件)所要求的性能和外观价值,所进行的技术性、经济性和组织性的综合分析活动。也就是分析在保证装备质量功能的作用下,改革设计、工艺、用料及生产组织等,使成本降低的方法。可见,装备的功能分析是价值工程分析的核心,提高装备的价值是价值工程分析的目的。

必要功能仅仅是指军队所需求的功能以及与实现军队所要求的功能有关的功能。在判定产品中的某些功能是否属于必要功能时,只能从军队的需求出发,而不能根据设计者的想象与主观臆断。装备的功能分为整体功能和零部件功能。而装备中的必要功能必须与系统中的其他装备或零部件功能相匹配。因为装备的功能水平取决于各组成部分的规格与性能。所以,必要功能是一个以整体约束局部,以局部支持整体的“必要的”协调系统。

2. 装备价值工程分析的特点

从装备价值工程分析的概念中,可知装备价值工程分析有如下特点。

(1)满足军队的效用需求和价值需求。功能最终是为军队服务的,军队所需求的功能,在价值工程中必须百分之百地满足。根据军队的购买行为,在购买功能时又希望花费最低,而价值工程在满足功能的同时,通过功能实现方式的替代来追求成本最低。所以,从这个意义上讲,价值工程确实把军队的需求作为进行分析和设计的出发点,坚持了为军队服务的方向。此外,它还把提高企业的利润引导到提高装备价值的良性轨道上来,从而调节了企业与军队的矛盾。

(2)以功能分析为核心。进行装备功能所需费用的分析,是价值工程一种独特的研究方法。因为军队要求的不是装备本身,而是装备所提供给他们的功能。价值工程就是要通过军队的功能分析,找出什么是必要功能,什么是不必要功能,什么是不足功能,什么是剩余功能,使装备的功能既无不足也无浪费,从而更好地为军队建设服务。

(3)以提高技术经济效益为目的。技术经济效益是人们在从事社会实践活动时,为了实现某个技术方案,所得到的使用价值与投入的劳动消耗之间的比值。实际上,要想提高技术经济效益,必须提高产品的价值。而提高技术经济效益,又是企业生产和经营的目的。为此,价值工程正好要解决的就是这个问题。

(4)以集体的智慧开展的有计划、有组织的活动。因为提高装备价值涉及装备的设计、制造、采购等过程，为此必须集中人才，依靠集体的智慧和力量，发挥各方面、各环节人员的积极性，有计划、有组织地开展活动。

(5)采取系统分析的方法。价值工程创始人麦尔斯指出：价值工程是一个完整的系统。这个系统运用各种已有的技术知识和技能，有效地识别那些对军队的需要和要求没有贡献但增加成本的因素，改进装备、工艺流程或服务工作，以提高其价值。所以，价值工程不是一个局部行为，它把装备、装备的功能和装备实现功能的手段与费用，都看作一个系统，并以系统的分析方法，进行功能以及实现功能的费用分析，进行功能评价，以及最终方案的选择。它不是强调某一个或某几个因素的最优化，而是强调整个功能系统和整个装备的最优化，以达到以最低费用可靠地实现装备总体功能的目的。

(6)运用创新思想和创造性活动。价值工程强调不断改革和创新，开拓新构思和新途径，获得新方案，创造新功能载体，从而简化装备结构，节约原材料，提高装备技术经济效益。

3. 提高装备价值的途径

综合以上所述，价值分析并不单纯追求降低成本，也不片面追求提高功能(质量)，而是要求提高它们之间的比值。

从购买者的立场考虑，价值的高低可用功能和费用的相对比值来表示，即

$$价值 = 功能/费用$$

装备价值的提高，有赖于装备的功能与实现装备功能的费用(或成本)之间关系的变化。在价值工程的实践中，人们已不局限于对实现某一特定功能的成本降低的追求，而是寻求一切可以提高价值的途径。为了叙述方便，以下用V代表价值，用C代表费用，用F代表功能，用↑表示提高，用↓表示下降，用↑↑表示提高幅度比↑大，用↓↓表示下降幅度比↓大，用→表示不变。

(1) $V\uparrow = F\uparrow/C\downarrow$，即提高功能，降低全寿命周期费用。这是一种提高价值的最为理想的途径，它可以使装备价值有较大幅度的提高，这也是价值工程追求的目标。例如，新技术的迅速发展与应用，可以使实现某种功能的装备在结构或方法上实现较大的突破，这不仅有助于装备功能的提高，而且还可以同时使装备的成本降低，从而使价值有较大的提高。电子技术从电子管到晶体管到集成块的变化，就反映了这个事实。

(2) $V\uparrow = F\uparrow/C\rightarrow$，即在控制全寿命周期费用不增加的条件下，采取措施提高功能，达到提高价值的目的。例如，价值工程对象原有的必要功能不足，采取措施补充不足的必要功能，虽然生产过程中的花费可能随之上升，但使用费用下降，结果全寿命周期费用保持不变，最终使价值提高。

(3) $V\uparrow = F\rightarrow/C\downarrow$，即在保证对象必要功能的前提下，采取措施降低全寿命周期费用，提高价值。例如，新材料、新工艺的出现，在完全可以满足原有装备功能要求的情况下，而使成本降低；又如装备中有些零部件的寿命超出了装备的总体寿命，适当地减少这些零部件的过剩寿命，而保持装备的总体寿命不变(即总体功能不变)，以使装备成本降低，价值提高。

(4) $V\uparrow = F\uparrow/C\uparrow$，即全寿命周期费用略有增加，而功能大幅度提高，使价值提高。例如，随着情况的变化，用户对装备的功能要求提高了，为了弥补功能不足，适当提高了全寿命周期费用，但由于消除了不必要功能或采取的其他降低全寿命周期费用的措施，而使全寿命周期费用的增长幅度低于功能提高的幅度，提高了价值。

(5) $V\uparrow = F\downarrow/C\downarrow\downarrow$，即功能稍有降低，但全寿命周期费用大幅度下降，价值提高。

以上是提高产品价值的5种途径，在实际运用时必须灵活掌握，但要注意的是，在运用前

4 种途径提高价值时,装备功能水平都没有降低,而在第 5 种途径中,虽然价值有所提高,但同时使功能有所下降,这在一般情况下很少采用。

4. 价值分析步骤

(1)选择对象,明确分析的重点。首先要选择价值分析的对象,装备、零部件、半成品、设备、配件所用材料,加工工艺、设备、工装以及采购服务等各种管理业务,都可以作为分析的对象,一个复杂的装备,要分别就功能的重要性按成本的比例,把工程构造或装备的零部件用排列图进行排列,从中选出要分析的重点。

(2)收集情报资料,收集与分析对象有关的情报资料,如质量(功能)、成本、工艺、材料、设计试制过程及使用情报资料等。通过收集情报资料,可以得到价值分析活动的依据、标准、对比对象,受到启发,打开思路,深入发现问题,科学地确定问题所在、问题的性质、严重程度以及设想改进方向、方针和方法。对不同分析对象所需要的资料是不同的。

(3)进行质量(功能)分析。这是对质量(功能)的重要性进行定量化分析。分析该对象为什么需要以及应具备什么质量(功能)。用一对一比较法对性能加以分析评价,发现多余的、过剩的质量(功能)。

(4)进行成本分析。这是在保证质量的前提下,对成本支出是否合理进行分析评价,以寻找降低成本的途径。

(5)方案创造。方案创造是在装备功能分析和评价的基础上,选出需要改进的功能(领域),并以此为出发点,探索和发展出一种新的方案来代替原有方案,以便更好地实现军队所需的必要功能,并提高价值。方案创造的理论依据是功能载体具有替代性。

进行方案创造有两种形式:一种形式是新装备的设计。通常是从最终功能出发,一步一步地构想手段功能,创造出一个全新的设计方案。另一种形式是老装备的改造。通常是以功能系统图为依据,从某一功能范围入手,创造出一个老装备改造的方案来。方案创造首先是从军队要求的功能出发,形成各种设计思想,然后通过集体讨论和汇集,创造出各种方案。由于最初提出的方案很多,首先应进行概略评价,粗选出有价值的几个方案,然后再进行方案的详细评价。经过技术的、经济的、社会的和综合的详细评价,若可行,从中选出一两个方案作为最终确定的方案付诸实施。若方案经试验后不可行,则还应回到方案创造,重新构思方案,然后继续概略评价。如此经过几个循环,才能获得满意的方案。

(6)方案评价。方案评价是为了从已创造出的许许多多方案中,选择出一个可行的最优方案。评价过程中,要回答“新方案能满足要求吗?”“新方案成本是多少?”等问题。因此,方案评价内容一般包括:围绕功能——方案能否实现功能及实现程度为中心的技术评价;围绕经济效益——成本是否降低及其降低幅度为中心的经济评价;围绕社会效益——社会影响为中心的社会评价;围绕价值——方案价值大小、是否总体最优为中心的综合评价。

(7)方案的试验和证明。通过试验来检验改进方案的可靠性和经济效果,作出方案是否实施的决定。

(8)监督方案的实施与效果的评价。组织有关部门制订实施计划和跟踪督促,按期执行,检查效果并加以评价。

11.4.3 装备价值工程分析基本方法

1. 功能分析

价值分析的基本思想是装备质量应与成本相适应,即在一个装备或部件中,某部件的成本应该与零件质量重要性相称。若某零件的质量在装备中占次要地位,但它占的成本却很高,则说明这个零件的成本分配偏高,成本构成有不合理的地方或有过剩质量的现象,应该加以改进。因此,价值分析提出了要用最低的成本获得必要的功能,即必要的质量。为了掌握需要的功能,就必须进行功能分析。

(1)明确基本功能和次要或辅助功能。基本功能是装备存在的主要原因,如果不具备基本功能,装备就失去存在的价值。次要功能则是为了更有效地实现基本功能而附加的功能。

(2)明确真正功能和代用功能。真正功能是军队要求的功能,也就是与军队的利用价值直接相联系的最终特性。代用功能是不能与军队的利用价值直接相联系的功能特性,它是实现真正功能的一种手段。

(3)找出真正功能与代用功能以及各产品功能构成要素间的相互关系。为了确定质量目标,找出必要的功能,必须掌握真正功能与实际管理所用的代用功能的关系,以及真正功能与产品构成要素(组件、零部件等)的关系。

2. 功能评价

功能评价是功能分析的重要步骤,是整个价值工程活动的中心环节。功能评价是对功能进行评价,而不是对整个装备来评价,把装备的结构系统撤开,以功能系统的各个功能区域来进行评价。评价的对象是功能,评价的尺度是实现功能的最低成本,称为功能评价值,这个功能评价值就是目标。目标确定以后,采用与目标相同的尺度来测定现状,最后把目标与现状进行比较,找出价值低的功能区域,作为价值工程开展活动的改进对象。这样以价值的大小来评定功能的工作称为功能评价。

目前国内推行价值工程时,多采取以零部件为评价的对象。当功能和零部件的划分比较粗时,功能和零部件容易一致;当功能和零部件划分比较细时,两者就不易一致起来。

功能评价使用的公式为

$$V=\frac{F}{C} \tag{11-13}$$

式中:V 为功能价值(或功能价值系数);F 为功能评价值(或功能评价系数);C 为功能的现实成本(或功能成本系数)。

当用式(11-13)对功能进行评价时,会出现下列三种情况。

(1)$V=1$,即 $F=C$,说明实现功能的现实成本与目标成本功能评价值相符合,是理想情况。

(2)$V<1$,即 $C>F$,说明实现功能的现实成本高于功能评价值,应设法降低其功能现实成本,以提高其价值。

(3)$V>1$,即 $C<F$,遇到这种情况,应先检查一下功能评价值 F 是否定得恰当,如果 F 定得太高,应降低 F 值;如果 F 定得合理,再检查 C 低的原因。如果功能现实成本 C 低是由功能不足造成的,那么就应提高功能以适应军队的需要。

目前,功能价值评价的标准主要有如下两种形式。

(1)以功能系数为标准。根据功能的重要程度或实现难度,对各功能评分,而后以某功能的得分数与装备所有功能的得分总和之比作为该功能的系数,即某功能的得分数占装备所有功能得分总和的比例。以此作为标准,用功能的成本系数,即某功能的目前成本,与装备目前总成本的比重,与功能系数进行比较,判断目前成本的高低,也就是计算价值并评价其高低。

(2)以实现功能的最低成本为标准。用实现某一功能的最低成本(费用)量化功能,并以此作为标准。这个“最低成本”又称为功能目标成本或功能评价值,它是指社会上实现这一功能的最低成本。进行功能评价时,以承制单位实现这一功能的目前成本与“最低成本”这个标准相比较,以判断目前成本的高低,也就是计算价值并评价其高低。与这两种评价标准相对应,有两种功能评价方法,即功能评价系数法和功能成本法。

3. 功能评价系数法

用功能评价系数法求价值系数时,是把 F 和 C 都按所占比例的大小进行定量。某功能在总体功能中所占比例,称为该功能的功能评价系数。同样,某功能成本在总体功能成本中所占的比例,称为功能成本系数。这时求价值系数的公式为

$$V_i = \frac{F_i}{C_i} \tag{11-14}$$

式中:V_i为 i 功能(或零部件)的价值系数;F_i为 i 功能(或零部件)的功能系数;C_i为 i 功能(或零部件)的成本系数。

当 $V_i = 1$ 时,说明零部件功能与成本相当,是合适的。

当 $V_i < 1$ 时,说明成本对于所实现的功能来说偏高,应降低成本,这个零部件可以选为改进对象。

当 $V_i > 1$ 时,说明零件功能高,成本低,此时应检查这个零部件是否能实现必要功能,或有无多余功能。若必要功能实现,则应通过改进舍弃多余功能,以降低零件成本。

这种方法是根据功能重要性系数,确定功能评价值的方法。应用这种方法,一般装备的目标成本已经具备,目的是将装备的目标成本按功能的重要性系数分配给各功能区域,作为该功能的目标成本,即功能评价值。关键问题在于如何准确地确定功能重要性系数,一般采用的方法有以下两种。

(1)直接评分法。对功能数量较少的装备,可以采取这种方法。依靠经验,对各零件功能的重要性打分来表示功能值的大小。具体做法上可以由专家组成若干小组,站在客观立场上分别评分,按不同类别功能取平均值;也可以请军队在调查表上打分来进行。

(2)强制确定法(Forced Decision Method,FDM)。这种方法即 0 - 1 两两对比评分和 0 - 4 两两对比评分法。

强制确定法是一种目前流行较广的功能评价法。其基本思想是装备的每一个零部件成本应该与其功能的重要性相称。如果某零件的成本很高,但它的功能在装备中却处于很次要的地位,说明功能与成本的匹配不合理,或者不能实现必需的功能;相反,则说明功能可能有过剩或多余的现象,应予以改进。

强制确定法的具体步骤为:首先进行功能评分,求出功能系数 F_i和成本系数 C_i,再根据 F_i和 C_i求出价值系数 V_i。根据 V_i确定价值工程的改进对象。其具体做法如下。

①计算功能重要性系数。按 0 - 1 评分法,请 5 ~ 15 名对产品熟悉的人员各自参加功能的评价。首先按照功能重要程度一一对比打分,重要的一方打 1 分,次要的一方打 0 分,要分析的对象(零部件)自己和自己相比不得分,用“—”表示。最后,根据每名参与人员选择该零部件得到的功能重要性评分情况,可以得到该零部件的功能重要性评分平均值。

②计算成本系数(C_i)。先分别计算各零部件的成本值,相加后得出成本总值,然后以成本总值分别去除各零部件的成本值,即

$$C_i = \frac{\text{各零部件的成本值}}{\text{成本总值}}$$

③计算价值系数(V_i)。根据功能重要性系数和成本系数求价值系数,计算公式为

$$V_i = \frac{\text{功能重要性系数}}{\text{成本系数}}$$

式中,$V_i < 1$ 的零部件,可作为重点改进的对象。

另外,为了避免 0-1 打分的绝对化,也可以采用 0-4 打分法,即在两个零部件相互比较打分时,不是简单地打 0 或 1,而是照顾到各零部件在整个产品中的重要程度,打 0~4 分。0-4 打分的优越性在于可以更细致地分等级,缺点是不易掌握,对参加打分的人员要求较高。要克服这种缺点,需要组织较多有经验的人员参加。从本质上讲,0-4 打分法是一种加权打分法。

功能评价系数法将价值系数相同的零部件同等看待。由于功能评价系数和成本系数的绝对值不同,价值系数相同,但其对产品价值的实际影响是有很大差异的,这样选择改进对象就不能保证重点。为了弥补功能评价系数法的这个缺陷,可采用最合适区域法。

最合适区域法是日本田中教授提出的,也是一种国际流行、通用的求算价值系数,选择价值工程改进对象的方法。它求算价值系数的方法与步骤和强制确定法相同,其不同点是提出一个价值系数的最合适区域问题,凡是分布在最合适区域以内的零件,都视为合理,不作为价值工程(Value Engineering,VE)对象;凡是分布在区域以外的零件,都视为不合理,可作为 VE 对象;凡是远离区域的,则作为 VE 重点改进对象。而强制确定法认为凡是价值系数小于 1 或大于 1 的零件,原则上皆可为 VE 对象,实际上 $V=1$ 的零件很少,因此势必浪费 VE 的人力、物力和财力,不能保证重点。

最合适区域法是为克服强制确定法的缺点而提出的。它的基本思想是:价值系数相同的零件,由于功能评价系数和成本系数的绝对值不同,因而对产品价值的实际影响有很大差异,在选择 VE 对象时,不应把价值系数相同的零件同等看待,而应优先选择对产品价值影响大的对象;至于对产品影响小的,则可根据必要与可能,决定选择与否。

4. 最低成本法

功能最低成本法是以实现同一功能的最低成本作为功能价值评价的标准,并以此成本与实现这一功能的目前成本进行比较,就很容易发现实现这一功能的目前成本是偏高还是偏低,为判断这一功能是否存在过剩或不足提供了依据。功能最低成本法的计算公式为。

$$V = \frac{F_{\min}}{C} \tag{11-15}$$

式中:V 为功能价值;$F_{\min}$ 为功能最低成本;C 为功能现实成本。

功能成本降低幅度:

$$C_d = C - F_{\min} \tag{11-16}$$

其计算步骤如下。

(1)计算功能现实成本。成本历来是以产品或零部件为对象进行计算的。而功能现实成本的计算则与此不同,它是以功能为对象进行计算的。在产品中零部件与功能之间常常呈现一种“相互交叉”的复杂情况,即一个零部件往往具有几种功能,而一种功能往往通过多个零部件才能实现。因此,计算功能现实成本,就是采用适当方法将零部件成本转移分配到功能中去。分析每个零部件在实现功能的过程中起了什么作用,可利用功能系统图找出功能与零部件之间的关系。在功能整理中,功能卡片上应注明实现该功能的零部件名称,然后整理到功能系统图上,从中便可看出功能或功能区域与零部件之间的关系。

零部件对实现功能所起作用的比重,可请几位有经验的人员集体研究确定,或者采用评分方法确定。

(2)确定功能目标成本。这里首先需要指出的是,功能方式的最低成本,从不同角度进行分析,可以有不同的名称。但在通常情况下,基本上指的是同一内容。从价值和价值标准的角度,称为“最低成本”;而从这个最低成本是改进方案的成本实现目标这个角度,又称为“目标成本”。从价值评价概念方面来看,它还是评价现实成本的标准。所以,又称为功能成本的评价值或功能方式的评价值,简称为功能评价值。

功能最低成本的寻求,需要从两个方面进行。首先,是现已存在的最低成本的寻找(包括在现有功能方式中的比较),这要依赖于信息与资料收集的成果,不足时,需要进一步调查分析。而对于潜在最低成本的寻求,则需要通过功能实现方式的方案探索和功能载体的替代。

(3)求功能实现方式的价值系数,确定成本降低的幅度。求功能实现方式的价值系数(V_i),确定成本降低的幅度(C_{oi}),计算公式如下:

$$V_i = \frac{C_{\min i}}{C_{oi}} \tag{11-17}$$

$$C_{di} = C_{oi} - C_{\min i} \tag{11-18}$$

式中:C_{oi}为 i 功能(或零部件)的功能现实成本;$C_{\min i}$为 i 功能(或零部件)的功能最低成本。

(4)选定重点改进对象和功能现有实现方式的改进顺序,这是功能评价的最终目的。

11.5 提高装备质量经济性措施

提高装备质量经济性措施主要内容如下。

1. 在装备立项前对装备的经济性进行充分论证,不但包括技术层面的论证,更要进行经济层面的论证

装备立项前的技术经济综合论证是依据国际斗争的形势,在综合分析世界国家现有相应装备作战能力和发展趋势的基础上,结合我国经济技术基础、装备现状及发展前景,权衡需要与可能、中长期规划与阶段性计划等各种主客观条件,提出和确定研制项目的使命任务与战技指标,并就研制周期和经费概算进行全面的论证与分析等一系列工作。综合论证的充分与否,不仅对研制过程的耗费和研制装备的价格水平有着决定性的影响,而且还“铸就”了装备研制的军事经济效益。国外经验表明,装备研发中最重要的阶段是早期阶段,即立项前的技术与经济的综合论证阶段。装备综合论证所需的费用仅占整个装备研制费用的3%左右,但却“铸就”了装备的绝大部分费用(包括生产和使用阶段的费用)。这一阶段的工作和后来的系统设计工作决定整个系统全寿命周期费用的85%。

装备的综合论证是一项涉及面极广的研究工作,需要投入充分的人力和精力,花费大量的时间。缺乏深入细致的综合论证,必然导致装备研制中的研制拖期、经费上涨和指标降低的现象,从而降低装备研制的军事经济效益。美军高性能、高效益装备研制成功的大量事实已经证明:充分的装备综合论证是装备研制工作取得事半功倍效果的前提和保证。装备的综合论证既要在充分研究该型装备对抗或打击敌方目标的目前和未来的作战使命、作战任务、作战方式的基础上,考虑能满足目前并适当兼顾未来的作战需求的总体技术方案,又要考虑该型装备与其他协调使用武器系统战术技术指标和作战效能的匹配性,提出科学合理的装备使命任务和战术技术指标,避免片面追求过分的多任务、多功能和高指标导致的经费浪费。装备的综合论证既要考虑装备的先进性、稳定性、可靠性、维修性和保障性,还要考虑装备的技术继承性、新技术工程实现的可能性和采用新技术的比例以及装备发展的系列化,以减小人为造成的技术难度和装备研制的风险,保证研制周期和一次成功,并为装备良好的生产性和经济地升级换代奠定坚实的基础。

在装备的研制工作中,首先要加强研制项目的综合论证,在搞好技术设计的同时,积极搞好经济性设计和工程设计阶段的成本控制,力求在满足战术技术指标、可靠性、维修性和保障性的基础上,通过对战术技术指标和装备功能尽可能地详细分解,找到战术技术指标和功能与费用之间对应关系的合理定位,以获得装备研制低耗费高效能、低成本高质量的最佳方案。装备战技指标一经确定,就决定了项目研制生产对技术设施、加工设备和技术基础的要求、项目研制过程直接耗费的水平、国家基建投资和技改投资额度、装备科研费、购置费和维修费的支出额度。所以,装备研制项目的综合论证对装备未来作用效能的发挥,对于国防经费的支出具有重要影响,既有重要的军事意义,又有重要的经济意义。

2. 在研制工作中要采用并行工程、模块化设计等先进的设计思想和理念,遵循科学的装备工程研制程序

1)运用并行工程思想于装备研制

装备设计过程是产品形成的起点,对装备质量有着决定性的影响。据有关专家统计,一种装备质量,设计的贡献率可达70%。传统的装备设计是采用串行的方法,也就是在装备设计中,各种活动和过程由各个部门按时间顺序分别完成。首先,装备设计从需求分析、结构设计、工艺设计一直到加工制造和装配,需要很长的时间才能完成;其次,设计质量差、成本高。由于下游设计部门不参与上游设计部门的工作,使他们所拥有的信息、知识难以加入早期设计。装备设计人员在设计过程难以考虑到制造工程、质量控制等约束因素,易造成设计与制造的脱节;所设计的装备可制造性、可装配性较差;不能在设计早期阶段发现问题,修改费用大,成本高。

1988年,美国国家防御研究所完整地提出了并行工程的概念,即并行工程是产品及其相关过程(包括制造和支持过程)进行并行、集成设计的一种系统化的工作模式,这种工作模式使设计人员从一开始就考虑到从概念形成到报废的全寿命周期中的所有因素,包括质量、成本、用户的进度需求等。并行工程的基本思想包括:设计时同时考虑装备全寿命周期的所有因素,包括装备功能、可靠性、可制造性、可装配性、质量保证等;装备设计过程中各阶段的活动并行展开,同时进行;与装备全寿命周期有关的不同领域的技术人员全面参与并协同工作,实现全寿命周期中所有因素在设计阶段的集成。在设计中采用并行工程,可以优化设计,从总体上降低装备的全寿命周期费用。例如,波音公司弹道导弹分部采用并行工程思想后,单位工时的费用平均下降28美元,产品的成本下降30%。

2)运用模块化技术于装备研制

模块化技术是标准化工作的一种具体形式。模块化设计的作用如下。

(1)有利于武器装备的技术更新,缩短新产品设计周期,减少了大量的低水平重复劳动,节减经费开支。

(2)有利于提高产品的可靠性。由于现有模块的设计、制造、组装均已定型,适应性和可靠性已得到全面的验证,所以模块化结构可大大提高整机的可靠性。

(3)有利于提高产品的机动性和可维修性。模块化产品是组合式结构,便于分解和组装,还便于装卸和运输,增强了武器装备的机动性和可维修性。

(4)产品具有良好的经济性。武器装备的更新换代,不能一蹴而就,经济条件不允许。而模块化产品采用更新武器装备上的关键模块方法,即可达到技术更新的目的,提高武器装备性能,经济效益十分明显。模块化产品的构成模式可用一个简单的公式来表达,即

新产品(系统)=通用模块(不变部分)+专用模块(变动部分)

由于模块化产品的这种“拼装”结构,导致这类产品具有十分灵活的可变性和创新性,同时要求有更高的标准化程度。所以在开展装备模块化研究、设计、研制工作中,首先要根据不同武器装备的性能特点,做好各类通用模块划分,根据各军兵种的不同需求,设定专用模块的使用类别;其次要制定各类模块的“接口”标准。通过科学的标准、规范,使各类模块符合标准化、系列化的要求,从体系制度上推动标准化和模块化工作。

3)按照科学程序开展装备研制

装备研制具有探索性、创造性、继承性和风险性的特点,决定了装备研制工作周期长、经费投入高、风险大和劳动耗费的倍增,而工程研制阶段是装备研制工作的重要环节。装备的工程研制阶段是指装备设计、试制和试验的整个过程,这一过程既是装备使用价值实现和消耗价值最高的阶段,又是影响装备军事经济效益的重要阶段。装备工程研制包括工程样机研制与试验、初样机研制与试验和正样机的研制与试验等阶段。各个阶段之间的工作既有密不可分的内在联系,又有不同的工作内容和目的。如果省略其中的一个或多个环节,极有可能就隐藏了致命的技术和质量问题。所以,研制的每一阶段工作都是在逐步降低研制风险,并可通过不断完善技术、工艺和试验方案的设计使装备不断走向“成熟”。

降低装备成本的潜力主要在于装备的设计,包括装备的结构、形状、尺寸、位置、选材和质量等要求的设计,既决定了装备性能指标的实现,又决定了研制生产的耗费,因此无论从技术上讲还是从经济上讲,都有着重要意义。装备在完成设计后,就要按照设计要求,研究确定装备的制造方法,设计、配套工艺装备,也就是制定工艺方案。往往工艺方案不是唯一的,工艺方案确定的合理与否,不仅对装备性能、质量的实现和对承制单位总体耗费水平都会产生不同程度的影响,而且还影响着装备研制生产成本水平。因此,对工艺方案的编制应达到技术上的先进和经济上的合理。

装备试验是对每个工程研制步骤产生的效果进行系统全面鉴定的一项工作,包括环境试验、环境应力筛选试验、可靠性鉴定试验、寿命试验、设计定型和生产定型等大量项目繁多的试验。每项试验都有其不同的作用和目的,其主要目的是:检验装备研制方案的正确与否;考核研制装备的战术技术指标是否达到要求;验证装备的可靠性、维修性和保障性;指出装备存在的问题和改进建议;评估装备作战适用性、使用效能和军事效益。为了真实反映新装备的性能和对战争环境的适应能力,一方面,在工程研制阶段对试验手段和试验工作质量的要求越来越高、越来越严,试验的耗费也日益攀高;另一方面,试验越充分,装备暴露和解决问题越全面,对于实现装备各项指标要求的保障程度就越高。正是由于试验费用的高昂,需要充分重视试验方案科学合理的设计,从而使装备的技术状态尽快稳定,为后续装备的批量生产、备品备件生产和维修保障打下坚实的基础,为加速装备战斗力形成提供必要的条件,最终实现装备军事经济效益的大幅提高。

3. 在装备研制、生产中,要培育、鼓励竞争,采用灵活的装备采购模式

长期以来,我国的装备研制实行的是计划经济管理模式,建立的是一套与计划经济模式相配套的装备采购模式。在激烈市场经济浪潮冲击下的传统装备采购模式无法使市场的调节作用得到充分的发挥,越来越显现出不足和暴露出诸多的弊端。

(1)垄断严重,即竞争格局尚未真正形成,资源配置效益不高,造成竞争主体不足,缺乏公平、公正、公开的竞争规则和良好的竞争环境。

(2)评价无力,即缺乏相对独立的评价机构,缺乏科学合理的评价指标体系,缺乏行之有效的评价手段,缺乏高素质的评价队伍。

(3)监督有限,即监督主要依靠行政管理模式,手段不完善、监督体系不健全、监督机构不独立、监督责任不落实,装备采购各相关部门没有形成有效的相互监督和制约机制,外部监督也缺乏有效的手段,造成装备采购透明度差,存在暗箱操作和舞弊隐患。

(4)激励不足,即尚未建立专门的激励制度,对于承制单位以及装备采购部门和人员的激励,由于受到各项政策、权限的限制,在激励的方式、手段、方法和范围上还有一定差距,没有真正做到奖罚分明。

这些弊端造成了装备采购效益低下,阻碍了高性价比装备的采购。为了提高采购装备的军事经济效益,亟待对传统的采办模式进行改革和创新。

随着我国经济体制改革的不断深入和完善,为采用科学灵活的装备采购模式提供了必要条件。政府采购制度的出台和《装备采购条例》的贯彻,使国内初步具备了军事装备竞争性采购的法治环境。科学灵活的装备采购模式就是遵循市场经济规律,引入竞争、评价、监督和激励机制,最大限度地促使研制单位将研制装备的军事经济效益和本单位的经济利益与社会效益紧密地结合起来。这些机制使承制单位变被动为主动,变外因为内因的改进技术、降低成本、提高质量、增强服务、改善管理和提高效率,同时不断地刺激他们通过价格、质量和进度方面维护自身的诚信,为他们在提高装备军事经济效益方面提供了更大的创造空间。因此,采用科学灵活的装备采购模式有利于国防工业资源的优化配置,有利于遏制装备价格漫天要价和只涨不降的现象,有利于维护采办工作中军方的主动权,有利于遏止装备研制的“拖、降、涨”现象,有利于提高装备经费的使用效益和装备的军事经济效益。

总之,决策的失误是最大的浪费,装备研制的充分论证是提高装备质量经济性的基础;采用先进设计思想和理念,遵循科学装备工程研制程序,是提高装备质量经济性的保证;而培育和鼓励竞争,采用灵活装备采购模式则是提高装备质量经济性的一种有效手段。

参 考 文 献

[1]伍爱. 质量管理学[M]. 3 版. 广州:暨南大学出版社,2006.

[2]孙静. 质量管理学[M]. 3 版. 北京:高等教育出版社,2011.

[3]花兴来,刘庆华. 装备管理工程[M]. 北京:国防工业出版社,2002.

[4]康锐,王自力. 装备全系统全特性全过程质量管理概述[J]. 国防技术基础,2007(4):25-29.

[5]龚源. 军品质量工程[M]. 北京:国防工业出版社,2008.

[6]王汉功,徐远国,张玉民,等. 装备全面质量管理[M]. 北京:国防工业出版社,2003.

[7]上海质量管理科学研究院. 质量链理论与运行模式研究[J]. 上海质量,2011(8):10-13.

[8]王煊军,汪元贵,曹小平. 军事计量学[M]. 北京:科学出版社,2004.

[9]张林,雍明远,赵生禄. 装备可信性管理与监督[M]. 北京:国防工业出版社,2008.

[10]宣兆龙,易建政. 装备环境工程[M]. 北京:国防工业出版社,2011.

[11]宋太亮,李军. 装备建设大质量观[M]. 北京:国防工业出版社,2010.

[12]阎连新,曹会智,吉朝军,等. 后勤装备全面质量管理中的人才培养研究[J]. 管理观察,2010(404):282-283.

[13]陈志,张文平. 持续推进军工质量文化建设[J]. 科技创新导报,2012.(12):192-193.

[14]王巧云,等. GJB 9001B—2009 武器装备质量管理体系国家军用标准解读[M]. 北京:中国标准出版社,2010.

[15]李明,刘澎,等. 武器装备发展系统论证方法与应用[M]. 北京:国防工业出版社,2004.

[16]陈明军,田旭,王丽. 装备论证质量管理应关注的几个环节[J]. 移动电源与车辆,2011(1):27-29.

[17]罗新华,高俊峰,钟建军,等. 装备研制过程质量监督[M]. 北京:国防工业出版社,2013.

[18]余高达,赵潞生. 军事装备学[M]. 北京:国防大学出版社,2000.

[19]宋太亮. 装备保障性系统工程[M]. 北京:国防工业出版社,2008.

[20]熊刚强. 装备通用质量特性的学习与对策探讨[J]. 化工管理,2014(4):74-77.

[21]沈军,徐翔,李健,等. 关于装备"六性"问题的几点思考[J]. 航空维修与工程,2015(10):50-53.

[22]梁志君. 强化鱼雷研制通用质量特性监督工作的对策和方法[J]. 环境技术,2017 35(2):50-53.

[23]徐小芳,宋海靖,郭毓文. 从飞行试验看飞机通用质量特性研制现状[J]. 测控技术,2018,37(增刊):69-72.

[24]中国航天科技集团公司. 通用质量特性[M]. 北京:中国宇航出版社,2017.

[25]宓林,吴凤凤. GJB 9001C—2017《质量管理体系要求》解读[J]. 标准研究,2018(1):8-13.

[26]孟冲,宋华文. 一体化装备质量管理体系建设的系统思考[J]. 军事运筹与系统工程,2011,25(4):35-40.

[27]张根保. 现代质量工程(第 4 版)[M]. 北京:机械工业出版社,2019.

[28]张西民. 浅谈质量管理体系文件的编写[J]. 化工质量,2003(2):15-16.